U0227888

大话

数据库

邹茂扬　田洪川　编著

清华大学出版社

北京

内 容 简 介

本书是一本独特的数据库入门书，以最有效的教学思路讲解数据库的每一个知识点，完全以初学者的思维方式提出疑问再深入答疑。这也许不是一本传统的教科书，但绝对是自学数据库的首选书籍。本书采用【老田、小天】二人对话的形式讲解，其中不乏诙谐幽默的问题和解答，避免对知识点生搬硬套。

通过学习本书，你能够在嬉笑怒骂的环境中轻松掌握数据存储原理、数据库设计技巧以及大量数据库编程的实战经验，更重要的是能够掌握一种优秀的学习方法、解决问题的思路和思考的方式。这些经验和技巧得益于我和邹老师两人加起来近 25 年的项目开发和教育培训经历。

本书第一部分对于数据库的创建、备份、配置、安全等做详细介绍，通过这部分学习，可以掌握关系数据库的基础，以及对数据库的日常维护操作；本书第二部分对于分析项目需求，创建表，然后使用T-SQL 语句和存储过程对表中数据做各种操作等做详细讲解，通过这一部分的学习，可以掌握对数据库的基本应用，熟练使用 T-SQL 语言建库、建表、T-SQL 查询、高级检索、存储过程、性能优化技巧等；

读者对象：希望靠一本书从头到尾自学的零基础学员；培训讲师的备课资料，因为这本书总结了我们培训过程所遇到的问题和学生会问的问题、有疑虑的地方；自觉性不高的学员。

本书封面贴有清华大学出版社防伪标签，无标签者不得销售。
版权所有，侵权必究。举报：010-62782989，beiqinquan@tup.tsinghua.edu.cn。

图书在版编目(CIP)数据

大话数据库 / 邹茂扬，田洪川编著. —北京：清华大学出版社，2013.3（2022.12重印）
ISBN 978-7-302-30571-2

Ⅰ.①大… Ⅱ.①邹… ②田… Ⅲ.① 数据库系统—基本知识 Ⅳ.①TP311.13

中国版本图书馆 CIP 数据核字(2012)第 261412 号

责任编辑：栾大成
装帧设计：杨如林
责任校对：徐俊伟
责任印制：刘海龙

出版发行：清华大学出版社
　　　　　网　　址：http://www.tup.com.cn，　http://www.wqbook.com
　　　　　地　　址：北京清华大学学研大厦 A 座　　　　邮　　编：100084
　　　　　社 总 机：010-83470000　　　　　　　　　邮　　购：010-62786544
　　　　　投稿与读者服务：010-62776969, c-service@tup.tsinghua.edu.cn
　　　　　质量反馈：010-62772015, zhiliang@tup.tsinghua.edu.cn
印 装 者：三河市铭诚印务有限公司
经　　销：全国新华书店
开　　本：188mm×260mm　　印　张：29.75　　插页：1　字　数：634 千字
版　　次：2013 年 3 月第 1 版　　　　　　　　印　次：2022 年 12 月第 10 次印刷
印　　数：20001～20800
定　　价：89.00 元

产品编号：048508-02

前言

只有枯燥的教材，没有枯燥的编程

——天轰穿

"编程很枯燥！"是这句话是我要写一套编程类入门书籍的主要诱因。

而**数据库**则是作为进入编程世界的一个重要"关卡"，为什么这么说，首先，因为所有编程语言到了实际应用阶段都无法避免地与数据库打交道；其次，数据库是体现编程艺术的一个重要平台；另外，学好数据库，会使你以后学习其他语言的时候事半功倍。

而能否让你学得轻松、学得扎实就成为了一个至关重要的条件，这也是本书的宗旨。

通过学习本书，你能够在嬉笑怒骂的环境中轻松掌握数据存储原理、数据库设计技巧以及大量数据库编程的实战经验，更重要的是能够掌握一种优秀的学习方法、解决问题的思路和思考的方式。这些经验和技巧得益于我和邹老师两人加起来近 25 年的项目开发和教育培训经历。

本书特色

这不是一本以传统顺序堆砌而成的书

1. 本书以最有效的教学思路讲解数据库的每一个知识点，完全以初学者的思维方式提出疑问再深入答疑。这也许不是一本传统的教科书，但绝对是自学数据库的首选书籍。

2. 本书并非严格将数据库知识分类整理讲解，而是按照初学者的思维习惯，将每一个知识点放在最恰当的位置，所以单看目录，会感觉知识的排列不像同类书那样"井井有条"。

3. 本书采用【老田、小天】二人对话的形式讲解，其中不乏诙谐幽默的问题和解答，避免对知识点生搬硬套。

4. 本书总是提出问题再来解释，通过解释的过程来讲解新的知识。这样极大地避免了知识点的生硬出现，转而将学习的过程变成了解决问题的过程，同时也复习的相关其他知识点。

5. 本书中出现的专业术语随着知识的深入而出现，故尽量从头开始阅读。

6. 每章最后的"每日一练"中提出的问题常常有错误的问法夹杂其中，在这种题下面会紧跟着一道题，要求你将前一个题修改正确，极大避免了填鸭式教学，让你想不思考都不行。

7. 本书配备对应的视频教程，去百度谷歌"天轰穿趣味编程"就可以找到，或者去学云网搜"天轰穿"。

这是一本教会你学习方法的书

- 学习方式是按照初学者的理解方式，看实例→提出问题→解答问题；
- 通过对小天提出问题的解答来引导学员的思考和学习；
- 学习时间按"天"计算；
- 每章均有本章学习线路提示。

读者定位

- 希望靠一本书从头到尾自学的零基础学员；
- 培训讲师的备课资料，因为这本书总结了我们培训过程所遇到的问题和学生会问的问题、有疑虑的地方；
- 自觉性不高的学员。

关于本书的创作起点与过程

我在 2006 年制作了《天轰穿 VS 2005 入门.Net2.0 系列视频教程》，其"非主流"的讲授风格受到大部分兄弟姐妹的肯定。截至目前，该视频在 6 年时间，已知的浏览量超过 1000 万次。

从 2007 年开始做培训，直到现在，我带过完全零基础的社招培训班、去高校上过专业课、去企业做过专题培训，也做了大量的以"天轰穿"命名的视频教程。在积累了大量实体培训和与网络学员交互培训的经验后，我再次萌生了要写一套专门给自学的兄弟姐妹的教材，于是和成都信息工程学院邹茂杨老师联合编写了这本书。

我不想太多去谈这本书怎么样，但当你翻开本书，那些无伤大雅的小幽默和深入浅出的实例引导会让您觉得选择这本"由初中生+高校教授的诡异组合"撰写的教材来学习数据库是对的。因为本书不仅是我个人自学技巧和教学经验的深度体现，还是邹茂杨老师十余年教学经验的总结和汇聚。

近几年，常常有去一些企业和高校做讲座的机会，总有学员问："川哥，我英语不好，能学好编程吗？我数学不好，能学好编程吗"。我的回答永远都是："只要你努力，只要你坚持，就肯定能学好编程"。

- 因为你底子再差，不会比我这个初中生更差；
- 因为你英语再差，不会比我这个初中英语最高成绩就没不及格过的家伙差；
- 因为你数学再差，不会比我这个因为不会计算圆柱体面积而被老师骂的刺头更差。

我从 1999 年第一次接触计算机，从连鼠标都不会玩的土包子到做出自己的网站用了不到一年（一个纯静态页面组成的图片网站），再从只会做 HTML 页面到做出第一个 ASP 的留言本用了一年，之后多次闭关学习新技术（最狠的一次为了管住自己的双脚，把眉毛剃掉）。

回想写这本书的过程，眼眶湿了。虽然今天已经是学云网 CEO，但作为一个 1996 年初中毕业就混社会的农村小伙子而言，这一路走来，有欢笑也有泪水，但更多是汗水。由此得出一个结论，要学好编程，不在于你智商多高，而取决于你能否坚持，取决于你是否勤奋。编程不是看书、看视频就能学会了，而是靠大量的练习——不断举一反三的练习。

出社会后这十几年，我养成了一个习惯，无论做什么事都会全力以赴（如果做不到，就人为斩断自己的一切退路），写本书的时候也一样，我辞去公司的讲师工作、推掉所有找上门的外包项目和一些高校的课程安排，期间仅靠老婆的工资和我去企业做培训的收入来糊口，过程中也有两周写不完一章的情况，由于想不出更好的办法来将深奥的知识讲得足够有趣，很多时候觉得自己很笨、很失败，很想放弃。但在老婆和朋友们的鼓励下，我坚持了下来。在此，感谢我亲爱的老婆，感谢这一路走来所有支持我、理解我、鼓励我的兄弟姐妹们！谢谢你们！！！

目 录

第一部分　关系型数据库基础

第二部分 设计、实现和使用数据库

第一部分　关系型数据库基础

第1章 概　述

学习时间：第一天	地点：老田办公室	人物：老田、小天

本章要点

- 数据库是什么
- 为什么要使用数据库
- 数据库的基本概念
- 数据库的历史
- 数据库的分类
- SQL 语言及 SQL 标准
- 管理工具及其作用
- 针对熟悉工具的一系列小实践

本章学习线路

我们从一个问题来引入数据库是什么、为什么要用数据库、数据库的发展历史、SQL语言的概念和标准，最后将落点放到熟悉我们学习所用的工具使用实践。

全文以问答的方式，依照零基础学员的思维方式一步步地引导和讲解，以防止纯书面化那种严肃的文字风格导致学员无法耐心地去看完所有内容。

本书主要的出发点是引导一个完全没有编程思维的人一步步地具备这种以一个架构师的角度和方式去思考并解决问题的能力。为避免学员因为不熟悉工具而在学习中无谓地浪费时间，因此在本章后面有针对地对工具做了一系列的小实践。之后的章节则以开发和设计为主了。

1.1　什么是数据库

小天：老田，常听说学习编程必须学好数据库。这是为什么啊？数据库是干啥的呢？

老田：额……首先，数据库就是指存放数据的仓库，如同水库是存水的，军火库是放军火的。其次并非所有计算机程序都需要用到数据库，但是如果希望你的程序具备对大量数据的存储、整理、分析等，这就需要涉及数据库了。

小天：明白了，如果我的计算机程序只是存放极其少量的数据，则可以不必使用数据库，而是将数据存放在xml这类的文本文档中就OK了，只有当需要存储大量的数据，并且经常性地对这些数据进行操作时才需要用到数据库。但是我下一个问题又出来了，我问人家，我要学习编程，要学数据库的话学什么。人家好像说有什么SQL Server、MySQL、Oracle、DB2等，这些又是啥呢？不会是说我学个编程要学这么多数据库吧？

老田：额……当然不用了，其实几种数据库除了各自的管理有些不同外，对于数据的操作都是大同小异的。因为SQL Server、MySQL、Oracle、DB2这么多数据库管理系统，我们完全可以简单地将它们理解为不同厂商或者组织开发的性质差不多的关系型数据库管理系统。对，它们就是一个数据库管理系统，进一步简化理解为存储和管理数据的工具就行了。

小天：不对啊，老田你在忽悠我吧？存储大量的数据和管理数据我觉得不一定要用数据库啊，我看很多人现在用Excel也挺不错的呀。

1.2　为什么要使用数据库

老田：我们来打个比方，如图1-1所示，你看看是不是类似这样的管理呢？

	A	B	C	D	E	F	G
1	员工姓名	目前所在区域	所属部门	部门主管	电话	所属分公司	公司领导
2	汪静远	北京	人力资源部	高大伟	15855445566	北京分公司	罗天伟
3	朱超	合肥	项目实施部	疯扯扯	15784547788	安徽分公司	黄世元
4	秦良骏	重庆	项目实施部	疯扯扯	36534324	重庆分公司	邹坤

图 1-1　Excel 表

小天：对啊，我觉得一目了然。

老田：那么当遇到频繁地做下面几种操作的时候你烦不烦：

（1）添加新员工；

（2）部门主管换电话了；

（3）部门换主管了；

（4）换公司领导了；

（5）多个员工换分公司；

（6）某个员工换部门；

（7）当员工数量超过500人。

接下来我们模拟做一下下面这几件事。

添加新员工：总体来说这个只要员工的归属资料齐全的话还是比较轻松的。万一不齐全就只好慢慢地一行行地查了。

部门主管换电话：如果你还不知道Excel可以全文搜索和替换的话呢，就只能一行一行地改了，如果恰恰你之前录入某人资料的时候打错字了的话……

小天：擦汗ing……

老田：部门换主管，如果这个主管是直接走人了倒也干脆，否则的话先把新换上来的主管资料逐行改了还要继续为他安排新的工作。

当然，这些如果是数据量少其实都不是大问题了，但这个公司如果是中石油、中移动，那么数据量应该是不上万也是千吧？

还有个最严重的问题，你无法保证不会重复添加数据。

小天：别说啦，你说的这些情况我其实早烦透了，但是这些问题是否在你所谓的数据库中就解决了？如果真解决了，那快教我怎么用吧。

老田：当然解决了，因为我接下来要给你说的是关系型数据库，所以这些让人凌乱的关系问题都可以迎刃而解。比如上面这个难题，我们用数据库创建如下三张数据表，一次就解决了，以后再也不用担心那些麻烦事。

（1）分公司表

分公司 ID	公 司 名	分公司领导	地 址
G1	北京总公司	罗天伟	北京 XX 路 XX 号
G2	安徽分公司	黄世元	合肥 XX 路 XX 号
G3	重庆分公司	邹坤	重庆 XX 路 XX 号

（2）部门表

部门 ID	部门名称	部门领导	所属分公司的 ID
B1	人力资源部	高大伟	G1
B2	市场部	疯扯扯	G1
B3	综合管理部	李洁	G1
B4	项目实施部	天轰穿	G2

（3）员工表

员工工号	姓 名	电 话	所属部门的 ID
U1	田皓文	18080801234	B2
U2	黄旺男	18080804321	B4

老田：发现上面三张表之间的关系没有？有什么好处？

小天：发现了，公司表中全部是各分公司的信息。部门表中全部是部门的信息，同时有一个项是说明这个部门属于哪一个分公司。员工表中全部是员工个人信息，同时也有一个项目来说明其属于具体哪一个部门。这样可以顺着关系一层层地理清楚某个员工具体属于某个公司的某个部门。同时，要调动一个员工，只需要更改员工所属部门就可以了。要改变某个主管的信息也非常简单，直接改变就是了，因为一个主管实际上在数据库中只存在一条记录。但是这个要做成数据库应该很困难吧，一张表就可以搞定的，要写这么多内容。

老田：其实非常简单，当你学完本书第4章之后，你就会发现，原来一切如此简单。我现在就不用给你数据库的全部代码了，因为我就是想调下你的胃口，哈哈。我们说要学好一门技术，就必须一步步来，而不是一步登天。毕竟我们学的是科学，不是修真，即使修真也是一步步来的，否则让你直接去渡劫，一次玩完。

1.3　数据库的基本概念

要想了解数据库的前因后果，就得从数据库的概念到历史再到现状分别进行解释。这段你可以学得快一些，没必要又要记笔记又要背，老田我最恨背书的人。所以我会让你快乐地学到懂，而不是背到你死。

DBMS：数据库管理系统（Database Management System）是一种操纵和管理数据库的大型软件，用于建立、使用和维护数据库，简称DBMS。它对数据库进行统一的管理和控制，以保证数据库的安全性和完整性。用户通过DBMS访问数据库中的数据，数据库管理员也通过DBMS进行数据库的维护工作。它可使多个应用程序和用户用不同的方法在同时或不同时刻去建立、修改和访问数据库。DBMS提供数据定义语言DDL（Data Definition Language）与数据操作语言DML（Data Manipulation Language）供用户定义数据库的模式结构与权限约束，实现对数据的追加、删除等操作。

RDBMS：关系型数据库管理系统（Relational Database Management System）的概念更简单，就是在数据库管理系统的基础上增加关系。它通过数据、关系和对数据的约束三者组成的数据模型来存放和管理数据。

数据库：在一个数据库管理系统中，可以有多个数据库，如图1-2所示。

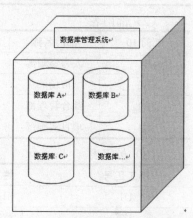

图1-2　数据库管理系统与数据库

1.4 数据库的历史

数据库大体可分为网状数据库、层次数据库和关系数据库三类。

数据库从出生到现在只半个世纪左右,已经形成了坚实的理论基础、成熟的商业产品和广泛的应用领域,吸引越来越多的研究者加入。数据库的诞生和发展给计算机信息管理带来了一场巨大的革命。几十年来,国内外已经开发建设了成千上万个数据库,它已成为企业、部门乃至个人日常工作、生产和生活的基础设施。同时,随着应用的扩展与深入,数据库的数量和规模越来越大,数据库的研究领域也已经大大地拓广和深化了。

在数据库诞生之前:那时的数据管理非常简单。通过大量的分类、比较和表格绘制的机器运行数百万穿孔卡片来进行数据的处理,其运行结果在纸上打印出来或者制成新的穿孔卡片。而数据管理就是对所有这些穿孔卡片进行物理储存和处理。

1951年,雷明顿兰德公司(Remington Rand Inc)的一种叫做UNIVAC 1的计算机推出了一种一秒钟可以输入数百条记录的磁带驱动器,从而引发了数据管理的革命。

1956年,IBM生产出第一个磁盘驱动器——the Model 305 RAMAC。此驱动器有50个盘片,每个盘片直径是2英尺,可以储存5MB的数据。

1961年,通用电气公司(General Electric Company)的查尔斯·巴赫曼(Charles William Bachman)成功地开发出世界上第一个网状DBMS,也是第一个数据库管理系统——集成数据存储(Integrated DataStore,IDS),奠定了网状数据库的基础。

1968年开发的IMS(Information Management System),是一种适合其主机的层次数据库。这是IBM公司研制的最早的大型数据库系统程序产品。

1969年,埃德加·科德发明了关系数据库。1970年关系模型建立之后,IBM公司在San Jose实验室增加了更多的研究人员研究这个项目,这个项目就是著名的System R。其目标是论证一个全功能关系DBMS的可行性。该项目结束于1979年,完成了第一个实现SQL的DBMS。然而IBM对IMS的承诺阻止了System R的投产,一直到1980年System R才作为一个产品正式推向市场。

1970年,IBM的研究员埃德加·科德博士在刊物《Communication of the ACM》上发表了一篇名为"A Relational Model of Data for Large Shared Data Banks"的论文,提出了关系模型的概念,奠定了关系模型的理论基础。

1973年,加州大学伯克利分校的Michael Stonebraker和Eugene Wong利用System R已发布的信息开始开发自己的关系数据库系统Ingres。他们开发的Ingres项目最后由Oracle公司、Ingres公司以及硅谷的其他厂商所商品化。

1976年,霍尼韦尔公司(Honeywell)开发了第一个商用关系数据库系统——Multics Relational Data Store。关系型数据库系统以关系代数为坚实的理论基础。其代表产品有

Oracle、IBM公司的DB2、微软公司的MS SQL Server以及Informix、ADABASD等。

1979年，Oracle公司引入了第一个商用SQL关系数据库管理系统。

1983年，IBM 推出了DB2数据库产品。

1985年，为Procter & Gamble系统设计的第一个商务智能系统产生。

1987年，赛贝斯公司发布了Sybase SQL Server系统，用于UNIX环境。

1991年，W.H.Bill Inmon发表了"构建数据仓库"。

小天：哎呀，我要用要学的都是最新的，你给我说这么多干什么啊？

老田：好吧，时光如梭，转眼到了1998年，微软发布了Microsoft SQL Server 7.0版本，该版本在数据存储、查询、可伸缩性方面有了巨大的改进，也使它有了和IBM的DB2、甲骨文的Oracle、赛贝斯的Sybase ASE系统有了竞争的本钱。

2012年3月，微软发布Microsoft SQL Server 2012 RC0，同期市面上应用非常广泛的还有Oracle，也在Oracle 11G之后发布了Oracle 12C，MySQL这个开源数据库也发展到了MySQL 6了，IBM的DB2也发展到V10版本。

小天：打住，打住，你这时间飘得太快，一下飘了21年。我是否可以这样理解，从20世纪80年代开始，数据库技术就进入了关系数据库时代。而数据库经历了网状数据库、层次数据库和关系数据库三个时代，我们现在接触到的基本上都是关系型数据库，而Microsoft SQL Server、MySQL、Oracle、DB2等也只是关系数据库中的一种。

老田：随着互联网Web 2.0网站的兴起，传统的关系数据库在应付Web 2.0网站，特别是在超大规模和高并发的SNS类型的Web 2.0纯动态网站中已经显得力不从心，暴露出很多难以克服的问题，而非关系型的数据库则由于其本身的特点得到了非常迅速的发展。但是非关系型数据库并未形成一定标准，各种产品层出不穷，内部混乱，各种项目还需时间来检验。

小天：哇哦，非关系型数据库不成熟，咱不学，但是还有这么多数据库，就算它们大同小异，我们要学习总得具体落实到一个点上吧，我该怎么学啊，不会一次把所有数据库都学会吧？

老田：当然不会，事实上只要你掌握好一种数据库之后花很短的时间就可以掌握其他几种数据库。考虑到你对数据库几乎没有什么概念，我选择上手最容易，帮助文档最智能的Microsoft SQL Server作为学习的载体。当然，既然关系数据库发展到了顶峰，我们就有必要进一步解释一下：到底啥才是关系数据库。

1.5　关系数据库

关系数据库是建立在关系模型基础上的数据库,借助于集合代数等数学概念和方法来处理数据库中的数据。现实世界中的各种实体以及实体之间的各种联系均用关系模型来表示。关系模型是由埃德加·科德于1970年首先提出的，并配合"科德十二定律"。

如今虽然对此模型有一些批评意见，但它仍是数据存储的传统标准。标准数据查询语言SQL就是一种基于关系数据库的语言，这种语言执行对关系数据库中数据的检索和操作。关系模型由关系数据结构、关系操作集合和关系完整性约束三部分组成，如图1-3所示。

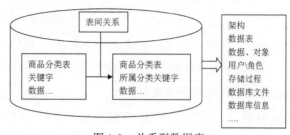

图 1-3　关系型数据库

　　小天：看着图1-3的意思好像是说，在数据库中有很多表，而数据则是按照一个个分类存储放在不同的表中？

　　老田：是的，所谓的关系，说的就是不同表之间的关系。那么这些表又是怎么被设计出来的呢？这就要说到另外一个在设计程序中非常有名的东东——实体关系模型（Entity-Relationship Model，E-R Model），它是陈品山（Peter P.S Chen）博士于1976年提出的一套数据库的设计工具，他运用真实世界中事物与关系的观念，来解释数据库中抽象的数据架构。实体关系模型利用图形的方式（实体—关系图（Entity-Relationship Diagram））来表示数据库的概念设计，有助于设计过程中的构思及沟通讨论。

　　关系模型就是指二维表格模型，因而一个关系数据库就是由二维表及其之间的联系组成的一个数据组织。当前主流的关系数据库有Oracle、DB2、Microsoft SQL Server、Microsoft Access、MySQL等。

1.6　为什么选择 SQL Server

　　小天：既然有这么多的数据库可以选择，为什么我们一定要学习Microsoft SQL Server呢？总不能说它最容易上手就学它，要是学会以后出去找不到工作找谁哭啊？

　　老田：你这个问题太尖锐了，多余的还是不要去说的好，就单论咱们的个体情况来说，我认为这样：

　　首先，微软的产品一贯传统良好的用户体验，无论界面操作还是系统帮助，都非常人性化。就这两点，对初学的人来说绝对是首选，因为相对入门来说，几种数据库查询语言和控制语言差异并不大，那么我们就选最容易学的入门。否则只一个安装过程就把我们给弄昏了，还咋学呢？

　　Oracle和Microsoft SQL Server还有一个对比，前者非常灵活，你需要哪个功能就购买哪个功能，不需要则不用多花钱，但是Microsoft SQL Server却是一次购买所有的，无论你是否需要。这看似是一个缺点，但作为初学者来说就不是缺点了，因为我们现在根本不知道该买什么，不该买什么。

至于其他的什么性能、售后、趋势等咱们不去得罪人，呵呵。

小天：照你这么说，我还是学Oracle吧，虽然学的时候复杂点，但是一次就学成了。

老田：事实上，如果学习数据库只是用于软件开发而不是作为数据库管理员使用的话，那么学什么数据库都差不多，以后并不需要专门去学什么，因为几种流行数据库的数据检索语句都遵循ANSI SQL标准，不同的是它们各自的维护语法。另外，从SQL Server 2000开始，Microsoft SQL Server也逐渐被大型的项目所接受了，而发展到当前的2012版本，很多方面已经丝毫不逊色，甚至在云计算方面已经超越Oracle了。

小天：也就是说学你这本书就只能用SQL Server？

老田：当然不是了，这本书重点讨论的是利用关系数据库作为数据存储来开发各种类型的计算机应用程序。换句话说，只要是遵循了SQL标准的关系数据库都可以看这本书，比如Oracle、MySQL、PostgreSQL等。

1.7 SQL 语言

小天：你说的ANSI SQL标准是个神马东西？

老田：要说ANSI SQL标准就得先说神马是SQL，SQL（Structured Query Language）结构化查询语言是一种数据库查询和程序设计语言，用于存取数据以及查询、更新和管理关系数据库系统。同时也是数据库脚本文件的扩展名。读音可以是S-Q-L，逐个发音，不过大多数牛人更习惯读作"sequel"。SQL是高级的非过程化编程语言，是沟通数据库服务器和客户端的重要工具，允许用户在高层数据结构上工作。它不要求用户指定对数据的存放方法，也不需要用户了解具体的数据存放方式，所以具有完全不同底层结构的不同数据库系统，可以使用相同的SQL语言作为数据输入与管理的SQL接口。它以记录集合作为操作对象，所有SQL语句接受集合作为输入，返回集合作为输出。这种集合特性允许一条SQL语句的输出作为另一条SQL语句的输入，所以SQL语句可以嵌套，这使它具有极大的灵活性和强大的功能。多数情况下，在其他语言中需要一大段程序实现的功能只需要一个SQL语句就可以达到目的，这也意味着用SQL语言可以写出非常复杂的语句。

SQL语言包含以下3个部分。

- 数据定义语言（Data Definition Language，DDL），定义（definition）。例如：CREATE、DROP、ALTER 等语句。

- 数据操作语言（Data Manipulation Language，DML），操作（make）。例如：
  INSERT（插入）、UPDATE（修改）、DELETE（删除）等语句。
- 数据控制语言（Data Controlling Language，DCL），控制（control）。例如：
  GRANT、REVOKE、COMMIT、ROLLBACK 等语句。

小天：我在其他的SQL Server的书中常常看到"T-SQL语言"这个词，是什么？

老田：T-SQL，全称Transact-SQL。它也遵循SQL标准，但是在这个基础上，做了少量的扩展。换句话说，T-SQL语言是遵循SQL标准的，专门为SQL Server做了少量扩展的扩展SQL语言。

小天：我又要担心了，我要学习的是数据库，不是单纯的SQL Server。

老田：在本书范围内所讲的99%的T-SQL语法，都是完全遵循SQL标准的。否则我干脆叫它为大话SQL Server，何必叫它大话数据库呢？

1.8　SQL 标准

小天：也是哦，那你上面说"具有完全不同底层结构的不同数据库系统，可以使用相同的SQL语言作为数据输入与管理的SQL接口"，可这个SQL语言总得有个标准规范，所有数据库厂商都去遵守吧？

老田：说你看书不认真，你还真是。上面不就说到ANSI SQL标准吗？这个标准是ISO和IEC发布的SQL国际标准，在1992年制定了一个标志性的版本，称为SQL-92。1999年，再次修订。目前最新的版本是SQL-2008，而这期间还有SQL-2003、SQL-2006。从SQL-99到SQL-2008，可以看到标准修订的周期越来越短，多少也反映了对技术的需求变化之快。当然，这些事并不是我们这种浅层次应用的菜鸟需要担忧的，因为国际标准出来，MS Access、DB2、Informix、MySQL、MS SQL Server、Oracle、Sybase等都必须去遵循。另外，从SQL-99的改进，主要是针对XML、Window函数、Merge语句等，特别是对XML的增强。对于基本的数据定义和操作语言并有更多的修正，所以目前大部分的数据书籍更多还是重点在ANSI SQL的标准范畴内。

> **注：** 美国国家标准局（American National Standards Institute，ANSI）与国际标准化组织（International Organization for Standardization，ISO）已经制定了SQL标准。ANSI是一个美国工业和商业集团组织，负责开发美国的商务和通信标准。ANSI同时也是ISO和IEC（International Electrotechnical Commission）的成员之一。

小天：SQL标准是不是就像中国的普通话一样，是一个大家都遵从的执行标准？

老田：是的，简而言之，1992年标准就是一个所有关系数据库都遵从的数据操作语言标准。1974年，IBM的Ray Boyce和Don Chamberlin将Codd关系数据库的12条准则的数学定义以简单的关键字语法表现出来，里程碑式地提出了SQL语言。SQL语言的功能包括查询、操纵、定义和控制，是一个综合的、通用的关系数据库语言，同时又是一种高度非过程化的语言，只要求用户指出做什么而不需要指出怎么做。SQL集成实现了数据库生命周期中的全部操作。

小天：这么说来，只要我学习一种遵从ANSI SQL标准的SQL语言就可以在所有流行的关系型数据库中都适用？

老田：是这么个理，但并不完全，不同的数据库语言之间确实有一些细节的差异。除了SQL标准之外，大部分SQL数据库程序都拥有它们自己的私有扩展。当然，纯粹的数据查询、增加、删除、修改是一致的，主要在控制语言、附加语言元素等方面有一些差异，这也是为什么前面我多次提到，作为一个程序员来说，学什么数据库对后面影响都不大，但要做DBA（数据库管理员）就必须选择你对口的数据了。

1.9 10分钟探索IDE

小天：明白了，话虽这样说，要学SQL编程，总得有个IDE（继承编程环境）吧？比如.NET编程有Visual Studio。

老田：当然有了，不过本书的讲解从表面来看基本上是倚重SQL Server Management Studio，但这并不妨碍你使用其他数据库来学习，只是说如果你完全零基础的话，我推荐你跟着我的脚步来走。

首先建议你安装SQL Server 2008。如果不会安装的话，去搜索一下安装SQL Server 2008的图文教程，网上很多。安装完成后记得将下载包:\示例数据库\SQL2008.Adventure Works_All_Databases.x86这个文件安装了。在本书第2章会多次用到这个实例数据库。

接下来要简单地介绍一下后面整个学习过程都要接触到的工具——SQL Server Management Studio。它是从SQL Server 2005版本开始出现的一种新的集成环境，将各种图形化工具和多功能的脚本编辑器组合在一起，完成访问、配置、控制、管理和开发SQL Server的所有工作。后面我们学习中大部分的实践都在这里面。它启动后主窗口如图1-4所示。

图1-4 SQL Server Management Studio 主窗口

小天：等等，现在微软的SQL Server 2012都出来了，图1-4我怎么看都像是SQL Server 2005或者SQL Server 2008，为啥不用最新的啊？还有，你不要老讲理论了，咱们时间紧迫，哪怕是讲这个，你也可以找点实例来让我做，这样既学会了工具又能够多少学点东西。

老田：好吧，我选择SQL Server 2008作为演示的最大原因是它有"动态帮助"，这个小功能对初学者的意义非常大，后面我会讲到如何用。对于实际动手方面，我列一个清单，我们一个个地来做一次，做完后，基本上SQL Server Management Studio你就应该会用了。

- 启动 SQL Server Management Studio。
- 与已注册的服务器和对象资源管理器连接。
- 更改环境布局。
- 显示文档窗口。
- 显示对象资源管理器详细信息页。
- 选择键盘快捷方式方案。
- 设置启动选项。
- 还原默认的 SQL Server Management Studio 配置。

小天：老田，你不要糊弄我啦，你这个压根就是我们安装SQL Server的附带《SQL Server 教程》第一页就有的东西，你直接粘贴过来就想把我打发了，过分哦。

> **小提示：** 打开SQL Server 教程的方法，在"开始"菜单上，指向"所有程序"，再指向 Microsoft SQL Server 20xx（2005、2008、2012），然后再打开文档和教程，最后单击 SQL Server 教程。

老田：怕你啦，你说你希望做些什么嘛？

小天：我希望实践的顺序如下。

（1）打开SQL Server Management Studio 我知道了，但是我还不是很清楚怎么进到图1-4所示的那个主窗口去。

（2）修改登录验证模式。

（3）SQL Server Management Studio和数据库服务器之间如何联系的？可以同时管理多个服务器吗？

（4）可以在这里修改数据库服务器的一些属性吗？

（5）可以在这里直接启动和停止数据库服务器吗？

（6）如何创建T-SQL脚本？

（7）如何创建表、视图、存储过程等？

（8）如何创建新的登录账户？

（9）如何管理报表？

老田：Stop，越说越过分了，你一口吃得下这么多吗？就算你一口吃得下，我一天教得完吗。前5个问题下面我分别回答，其余4个问题以及你还没有问出来的，我们会在本书后面的章节中陆续进行讲解。

小天：那你就不能按照项目来讲吗？我就是想在学习的过程中，一次性学会如何做项目。

老田：哥，我说你小子怎么就这么浮躁呢？听过"爬都没有学会就想跑"这句话没有？你现在需要的是将最基本的使用搞懂，下一章开始我们就涉及到如何对数据库进行创建、删除、修改、备份、压缩等，以便你在完全熟练工具的同时学习到程序员必须学会的数据库维护技术。之后依次从SQL语言开始讲解一直到如何设计一个最简单的数据库到大型的数据库。一步步来嘛，一口是吃不胖的，但是可以一口噎住自己。

小天：好吧，我们开始熟悉工具吧，但是你最好简单点，什么安装配置这些我可以在网上搜索，不需要你用大篇幅地给我截图、讲解。

1.9.1 启动和登录 SQL Server Management Studio

老田：知道，我也不想干那种事，开始我们的第一个实例——启动和登录SQL Server Management Studio，步骤很简单，如下所示。

（1）单击Windows开始菜单。

（2）选择"程序"或者"所有程序"命令。

（3）选择Microsoft SQLServer 2008目录。

（4）选择SQL Server Management Studio，启动后首先是连接到数据库服务器，如图1-5界面。

服务器类型：就是你要登录的那一项服务，比如数据库引擎、分析服务、报表服务等。

服务器名称：你要登录到的服务器名字或者IP地址+实例名（默认实例名则可以不填写），例如THC\SQLEXPRESS或者192.168.11.11。如果是本地服务器同时又是默认实例名，则直接用"."代替。

图 1-5 登录 SQL Server Management Studio

身份验证：在安装SQL Server的时候，我们选择身份验证模式了，我提醒过最好是选择混合模式，如果在那里选择了"Windows身份验证模式"，这里就只能选择"Windows

身份验证"，否则的话在这里选择"SQL Server身份验证"，用户名填写"sa"，密码就是安装时候你设置的那个。

最后单击"连接"按钮，如果你的机器快的话就可以进入了，否则就等下了。

小天：错误了，你看图1-6所示。

老田：发生这样的错误，一般来说只

图1-6 登录时发生"无法连接"的错误

有两种情况：第一种情况是你的"服务器名称"项填写错误了，第二种情况就是检查你的服务器是否启动了，检查的方法如下。

首先，打开SQL Server 配置管理器，方法如下。

（1）单击Windows开始菜单。

（2）选择"程序"或者"所有程序"命令。

（3）选择 Microsoft SQLServer 2008命令。

（4）选择配置工具命令。

（5）选择SQL Server配置管理器，打开后窗口如图1-7所示。

注意看你的服务器是否如图1-7所示，要连接的服务器是否处于"正在运

图1-7 服务器状态

行"状态。启动模式就好解释了，自动就是随系统启动，手动就是啥时候需要了自己来启动。

1.9.2 修改登录验证模式

小天：懂了，我就是在安装的时候为了节省计算机资源，所以设置了全部为手动启动，于是这里服务就没有启动了。

奇怪，为什么我只能用Windows身份验证模式登录呢？而用SQL Server身份验证模式登录的话，则弹出如图1-8所示的错误提示信息。

图1-8 登录错误

老田：如果遇到这个问题，多是因为SQL Server服务器没有启用TCP/IP协议，按照下面的步骤检查一下设置。

（1）单击Windows开始菜单。

（2）选择"程序"或者"所有程序"命令。

（3）选择Microsoft SQLServer 2008命令。

（4）选择配置工具命令。

（5）单击SQL Server配置管理器。

（6）展开配置管理器左边的"SQL Server网络配置"节点。

（7）单击"MS SQL SERVER的协议"选项。

（8）得到图1-9，设置启用它的Named Pipes（命名管道）和TCP/IP协议。

图1-9　检查连接协议

双击TCP/IP选项，弹出如图1-10所示的对话框。在"协议"选项卡中将"已启用"选项设置为"是"，然后单击"确定"按钮。此时系统会要求你重新启动服务器，先不管它，继续启用Named Pipes协议。最后的结果是除VIA协议外，其他协议全部启用。

小天：在这里重新启动服务器怎么做，不是要我重新打开SQL Server Management Studio用Windows身份验证连接到服务器后再重启服务器吧，太麻烦了。

老田：你想复杂了，重新启动服务器其实很简单的。在如图1-11所示的对话框中，选择左边窗格中的"SQL Service服务"选项，此时右边窗格中会显示该计算机上全部的SQL Server服务

图1-10　启用协议

图1-11　重新启动服务器

项目。选择你要重启的选项，单击鼠标右键，在弹出的快捷菜单中选择"重新启动"命令，这样就可以关闭该窗口，就可以在SQL Server Management Studio中使用SQL Server身份验证模式登录了。

小天：老田你就忽悠我吧，怎么还是不行！你看，又换了个错误提示信息，如图1-12所示。

老田：如果继续出现错误提示，那

图1-12　登录错误提示

就是你的服务器中还未设置"混合验证模式"，或者是"sa"账户还处于禁用状态。按照下面的步骤检查设置，解决你所说的问题。

（1）设置"混合验证模式"

使用Windows身份验证登录SQL Server服务器。在"对象资源管理器"中选择要设置的数据库，单击鼠标右键，在弹出的快捷菜单中选择"属性"命令，如图1-13所示。

在打开的"服务器属性"对话框中选择左侧列表框中的"安全性"选项，并在"服务器身份验证模式"选项组中，选中"SQL Server和Windows身份验证模式"单选按钮，如图1-14所示。

图1-13　选择"属性"命令

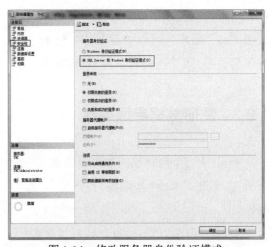

图1-14　修改服务器身份验证模式

（2）启用"sa"账户

启用方法如下。

① 打开"对象资源管理器"，找到"指定的Sql Server实例"，打开该实例下面的"安全性"选项，再打开"登录名"选项，找到"sa"账户，然后双击"sa"账户，或者在"sa"账户上单击鼠标右键，在弹出的快捷菜单中选择"属性"命令，打开登录属性窗口对话框，如图1-15所示。

② 如果忘记了安装时为"sa"账户设置的密码，那么就在图1-15中标注

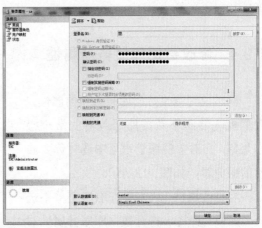

图1-15　登录属性对话框

"1"的位置重新输入密码，需要重复输入两次以确认。

③ 接着取消选中下面的"强制实施密码策略"复选框。关于密码策略后面会详细讲到。

④ 在"登录属性"对话框中选择左边的"状态"选项，为该账户设置"授予"连接数据库引擎的权限，并在"登录"选项组中选择"启用"选项，如图1-16所示。

设置完成后单击"确定"按钮，关闭该对话框。最后是重新启动服务器，就按照前面所说的步骤执行。好了，现在你可以再次登录了。另外插一句话，关于"sa"账户，可以修改名称，但最好不要去做，改了出问题我可不负责哟！

图 1-16　修改 sa 属性

1.9.3　注册数据库服务器

小天：好了，两种模式都可以登录了，下面的问题是如何再添加一个服务器呀？

老田：看图1-17，注意红线标注了的那个位置。

直接选择自己看，和第一个问题差不多，我就不多说了。

图 1-17　注册新的服务器

1.9.4　修改数据库服务器属性

既然说到修改数据库服务器的属性，我们就先熟悉下数据库服务器的常规操作菜单，在对象资源管理器中选择你要修改的服务器，如图1-18所示。

要修改属性，当然是在右键菜单中选择"属性"命令。打开数据库服务属性对话框后，左边是属性分类，右边则是每个分类的详细设置，修改完后记得单击"确定"按钮。

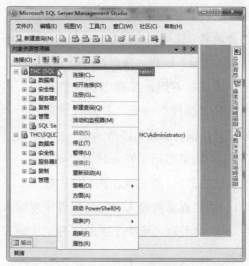

图 1-18　数据库服务器的常规操作菜单

1.9.5 启动和停止服务器

小天：修改完，单击"确定"按钮后出现提示，如图1-19所示，要求重新启动SQL Server，那如何重启呢？

图 1-19 提示信息

老田：其实坦白地说，这个问题你不该问啊，小天，学习中要多看，多尝试，不要什么都依赖外物。在你修改属性之前，单击鼠标右键弹出的快捷菜单中难道没有看见有启动、停止、暂停、重新启动命令吗。

1.9.6 创建查询

如图1-20所示中红线标注的位置，单击左上角的"新建查询"图标，而具体的SQL语句则是写在右边红线标注区域中。最终查询结果和消息显示在右下区域。

1.9.7 使用指定数据库

图 1-20 新建查询

小天：老田，在一个服务器（数据库管理系统）中存在多个数据库，按照图1-21这样执行一个操作，SQL Server Management Studio怎么就知道你是要操作的那张表呢？你的SQL语句中只指定了表名，又没有数据库的名字。

老田：这个问题问得好，有两种方式可以指定，一种是直接在SQL Server Management Studio中选择，如图1-21所示。

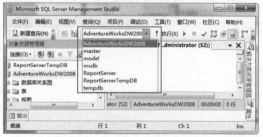

图 1-21 选择要使用的数据库

另外一种方式就是，执行一条SQL语句，格式为use+空格+要使用的数据库名称，例如要使用AdventureWorksDW2008这个数据库，就执行：

```
use AdventureWorksDW2008
```

本 章 小 结

本章我们首先解释了什么是数据库，然后分析为什么要使用数据库，接着罗列出数据库的发展历史和SQL Server 2008的框架结构，通过这四点让学员对此有一个感性的认识。

接下来我们进入实际操作阶段。

首先是介绍数据库的安装规划。

接着是安装步骤。

然后对安装好的数据库各项进行简要的配置。

第三个阶段就是带领学员一起了解常用的管理工具，让学员能够对数据库做浅显的接触。

最后我们对数据库和数据库对象的特点进行分析。

问 题

1. 数据库是什么？
2. DBMS的中文和英文全称分别是什么？
3. 目前数据库市场上主流的数据库有哪些，同时说出对应的厂商名称？
4. 只要遵循SQL标准的数据库系统，其SQL语法是否完全一样？
5. SQL标准的解释。
6. 执行基本的SQL脚本是在什么工具中？
7. 数据库服务实例名是什么？
8. 什么是Windows登录验证？什么是混合验证？
9. 如何修改sa的密码？

第 2 章　创建和维护数据库

| 学习时间：第二天 | 地点：小天办公室 | 人物：老田、小天 |

本章要点

- 系统数据库：系统数据库的说明

- 数据库文件和文件组：概念，管理，优化数据库设计

- 创建数据库：数据库文件、日志文件和文件组

- 修改数据库：扩大、收缩和重命名

- 删除数据库

- 附加和分离数据库

- 备份数据库

- 还原数据库

- 移动数据库

- 备份、还原数据库

本章学习线路

本章从数据库的作用入手讲到如何创建、修改和删除数据库，再从维护的角度出发讲解附加和分离数据库、备份和还原数据库、移动和压缩数据库。

这一部分除了讲解如何使用SQL Server Management Studio和SQL语句来操作外，同时还指出一些效率问题和小技巧。

本章主要学习目的是让学员在学习到数据库维护知识的同时，熟练掌握学习所使用的IDE和学习到一些学习的小技巧。

知识回顾

小天：我的数据库都已经安装好了，晚上我无聊，又安装了两次，现在已经非常有心得了，快点教我怎么用数据库来管理吧。

老田：不急，我们回顾一下昨天的东西吧。

小天：你是不是每天都要回顾？好吧，我汇报下我昨天晚上的学习情况：首先我重新安装了我的系统到Win 7，跟着老大走嘛，然后直接安装SQL Server 2008，中途报错，说我的IIS有问题，检查后启用了IIS，后来又出现"性能计数器注册表配置单元一致性"的问题，去网上搜索了下，一大堆解决办法，随便找了个一步步地照做解决了。后面又遇到些不大不小的问题，都通过搜索解决了。最后得出个感慨，因为软硬件环境不同，系统配置问题等，很多时候出现的错误还是得靠网络，自己去搜索解决方案。

老田：确实是这样的，在我们后面的学习中也是一样，我只能教给你学习的方法和基本的知识，至于能够学到多少，还是要看你练习得够不够。当然，上一章的内容只要你亲自练习着安装几次，也没有太大回顾的必要了。我们开始今天的学习吧，从上面的学习线路你也知道了，今天我们就开始学习如何创建和简单的维护了。

2.1　系统数据库

数据库是整个数据库管理系统的核心，是存放数据的容器，那么如何设计好数据库、定义和优化好数据库就注定了数据库的执行效率高低问题了。而如何去备份、移动、压缩数据库则成为我们保证数据安全的另一种重要手段。

本章我们主要针对这几个方面来讲述。

小天：我这两天一直看见有个系统数据库，不知道它是什么意思？

老田：所谓系统数据库，就是存储数据库系统本身运行所需要的全部数据的数据库。虽然这句话比较绕，但这是事实，SQL Server、MySQL、Oracle、DB2等都一样，它们都把系统运行所必需的数据存放在一个或者多个数据库中。而系统数据库通常分为以下几个。

- 系统信息数据库，主要存放各种系统运行所必需的数据。
- 模板数据库：创建数据库的模板。
- 临时数据库：用于保存临时对象或中间结果集。

不同的数据库系统会有一些不同，下面我们来看看SQL Server，不管哪个版本，你会发现只要系统安装上，就会存在这几个数据库，简介如下。

master　数据库	记录 SQL Server 实例的所有系统级信息
msdb　数据库	用于 SQL Server 代理计划警报和作业
model　数据库	用作 SQL Server 实例上创建的所有数据库的模板。对 model 数据库进行的修改（如数据库大小、排序规则、恢复模式和其他数据库选项）将应用于以后创建的所有数据库
Resource　数据库	一个只读数据库，包含 SQL Server 包括的系统对象。系统对象在物理上保留在 Resource 数据库中，但在逻辑上显示在每个数据库的 sys 架构中
tempdb　数据库	一个工作空间，用于保存临时对象或中间结果集

2.1.1　修改系统数据

小天：要是我不小心删除或者修改了系统数据库会有什么后果呢？

老田：如同大部分数据库系统一样，SQL Server不支持用户直接更新系统对象（如系统表、系统存储过程和目录视图）中的信息。实际上，SQL Server提供了一整套管理工具，用户可以使用这些工具充分管理他们的系统以及数据库中的所有用户和对象。其中包括：

- 管理实用工具：如SQL Server Management Studio。
- SQL-SMO API：它使程序员获得在其应用程序中管理SQL Server的全部功能。

- Transact-SQL脚本和存储过程：它们可以使用系统存储过程和Transact-SQL DDL语句。

这些工具保护应用程序不受系统对象更改的影响。例如，SQL Server有时需要更改SQL Server新版本中的系统表，以支持添加到该版本中的新功能。但应用程序在发出直接引用系统表的SELECT语句时，通常依赖于旧的系统表格式。站点可能在重写从系统表中进行选择的应用程序之后，才能升级到SQL Server的新版本。SQL Server考虑了系统存储过程、DDL和SQL-SMO发布的接口，力求维持这些接口的向后兼容性。

SQL Server 不支持对系统表定义触发器，因为触发器可能会更改系统的操作。

有些是可以动的，比如，你在你同学的数据库系统的模板数据库中创建一个名为"kengdie"的数据表，然后不管它了。以后只要他在这个系统上直接创建数据库，新的数据库中就存在一张名为"kengdie"的数据表，这就是后果。

小天：太损了，你的意思我明白了，就是说系统定义的这些东西咱们最好不要去动，只可以用。我不动可以，但是给我看下总行吧？

2.1.2　查看系统数据

应用程序可以通过以下方法获得目录和系统信息。

- 系统目录视图。
- SQL-SMO。
- Windows Management Instrumentation（WMI）接口。
- 应用程序中使用的数据API（如ADO、OLE DB或ODBC）的目录函数、方法、特性或属性。
- Transact-SQL系统存储过程和内置函数。

小天：这5种方法都怎么用呢？

老田：放心吧，既然都说出来了，我们在后面肯定会逐渐地用到。

2.2　创建数据库

创建数据库有两种方式：一种是利用SQL Server Management Studio，另外一种当然就是利用Transact-SQL语句了。下面具体讲解如何利用Transact-SQL创建的方式。对于如何使用SSMS（SQL Server Management Studio）创建，在你懂了基本的概念后，稍微换个思路去试试，多用用你的鼠标左、右键。

2.2.1　使用 Transact-SQL 语句创建数据库

小天：好吧，那你再说说使用Transact-SQL语句创建数据库吧。

老田：使用Transact-SQL语句创建数据库其设置主要包含数据库名字、主文件和日志文件、文件的大小、最大长度、增量、分组等几个方面，需要注意的是数据库的名字最长可以包含128个字符。具体步骤如下。

（1）在SQL Server Management Studio工具栏中单击"新建查询"图标，如图2-1中的标注1位置；

图 2-1　使用 Transact-SQL 创建数据库

（2）在图2-1中的标注2位置输入新建数据库的SQL语句，代码如下：

```
create database Stu_db2        --后面的 Stu_db 是我们要创建数据库的名字
on primary                     --primary 是指定关联的文件列表，定义主文件
    (name=studio_db2,          --文件名字
    filename='d:\studio_db2.mdf',  --数据文件的路径以及名字
    size=3mb,                  --初始大小
    maxsize=unlimited,--最大上限，未指定就是不设定文件上限，直到磁盘满
    filegrowth=10%    --增量，可以用% 或者 xMB，但是不能超过最大上限
    ),
    (name=studio_db_two,
    filename='e:\stu_db2_two.ndf',
```

```
    size=3MB,
    maxsize=500MB,
    filegrowth=10MB
    ),
    filegroup studio_new_group        --一个新的文件组
    (name=studio_db_new,
    filename='d:\studio_db2_new.ndf',
    size=3MB,
    maxsize=300MB,
    filegrowth=0)
log on
    (name=studio_log,
     filename='d:\studio_log.ldf',
     size=3MB,
     maxsize=20mb,
     filegrowth=1MB
    )
```

（3）单击"！执行"按钮如图2-1的标注3位置。

（4）最终结果如图2-1所示，在图2-1的标注4位置可以看到执行结果。

（5）在"对象资源管理器"中指定实例下面的"数据库"节点上单击鼠标右键，在弹出的快捷菜单中选择"刷新"命令，可看到新建的数据库Stu_db2，如图2-1中标注5位置。

小天：什么是文件增量、文件长度上限和文件组？

老田：关于这些在后面的2.3节中将有详细讲解，这里简单提一下。

- 文件：所谓文件，就是数据最终存放在计算机硬盘（存储装置）上的物理文件。而数据和日志都是保存在这些文件里面的。

- 文件的最大长度值：数据无休止地写入文件中，那么文件的体积必然随之增大。最大长度值就是指定当文件大到一定程度就不允许再继续写入数据了。默认情况下，这是model数据库中设置的值。

- 文件的增量：比如最初将文件大小设置为3MB，那么当3MB空间写满时，文件长度就需要增加，但是增加多少，就要依据这个增量了。比如一次增加10MB。

- 数据文件和日志文件：数据文件就是保存数据的，而日志文件则是保存我们操作数据库的操作记录的。

- 文件分组：是将文件分成不同的组。如果不设置分组，默认情况下，文件组为PRIMARY，所有文件都在这个组中。

小天：还有另外一个问题，自己写代码创建数据库总是要写这么多吗？人工费好高啊。

老田：刚说你懒你就会喘，不过还真可以写一行T-SQL语句就能创建好数据库，将如下代码写在查询分析器（见图2-1中标注2位置），然后单击"！执行"按钮（见图2-1中标注3位置）：

```
create database Stu_db3
```

如果这样写的话，数据库的其他选项全都是默认设置，只有一个文件组，包含了一个主文件和一个事务日志文件，其中主文件的初始大小为3MB，增量为1MB，文件大小不限制，而日志文件的初始大小为1MB，增量为10%，文件上限为2 097 152MB，简单来说就是2TB，这也是 model 数据库中设置的值。最终效果如图2-2所示。

图 2-2　一行代码创建数据库

小天：默认设置就是同模板数据库完全一样的设置吗？

老田：是的，所有的设置、内容都和模板数据库完全一样。

2.2.2　查看数据库文件属性

小天：这种只用一句话创建数据库的方式没有指定文件的名字，如果我希望找到具体的数据库文件去哪里找呢？

老田：数据库文件的默认路径是C:\Program Files\Microsoft SQL Server\MSSQL10. MSSQLSERVER\MSSQL\DATA，即在安装数据库时选择的文件存放位置，而"文件名"处设置数据库的名字，如果不输入的话，则数据库主文件的名字会默认设置成"数据库名字.MDF"，日志文件的名字为"数据库名字_LOG . LDF"。

最后那一句话，创建数据库的方式的路径和用SSMS（SQL Server Management Studio）方式创建数据库的文件位置差不多，位置也是在我们安装数据库的时候选择的位置中。如果在那里没有设置，则默认为C:\Program Files\Microsoft SQL Server\MSSQL10. MSSQLSERVER\MSSQL\DATA。

小天：我当初选择安装的是D:\Program Files\Microsoft SQL Server\MSSQL10. MSSQLSERVER\MSSQL\DATA，但是现在下面没有数据，怎么办？如何才能够找到呢？

老田：现在还有个办法。

（1）在"对象资源管理器"中指定实例下面展开"数据库"节点，在你要找文件的数据库上单击鼠标右键，弹出如图2-3所示的快捷菜单。

（2）选择"属性"命令，打开当前数据库属性窗口。

（3）单击属性对话框左边的"文件"选项，切换到数据库文件详细信息界面，如图2-4所示。

（4）在图2-4所示右边的"数据库文件"列表框中就可以看到文件的各项信息。

图 2-3　打开右键快捷菜单　　　　　　　　　　图 2-4　数据库属性对话框

2.3　数据库文件和文件组

从上面创建数据库的实例中我们可以看到，一个数据库的文件至少有一个数据库主文件和一个事务日志文件，当然也可能是多个。下面我们分别来讨论下这两个文件。

小天：那最多可以是好多个文件，不会是没有上限吧？

老田：最多可以为每个数据库指定32 767个文件和32 767个文件组。

小天：哇，这么多文件，那我有几个问题了。

（1）每个文件的大小有没有限制呢？如果大小不限制的话，查找数据好恐怖。

（2）我按照你上面的第一种使用SQL Server Management Studio去创建数据库的方法创建了一个数据库，然后自己又单击增加文件，随便起了个名字。完成后按照你查看属性的方式去查看文件，发现多增加的数据文件名字后缀是.ndf，如图2-5所示。都是数据文件，这个为什么叫ndf呢？弄得我有点迷糊了，数据文件和日志文件到底是什么意思呢？

逻辑名称	文件类型	文件组	初始大...	自动增长		路径	文件名
Stu_db3	行数据	PRIMARY	3	增量为 1...	...	d:\Program...	Stu_db3.mdf
ewef	行数据	PRIMARY	3	增量为 1...	...	d:\Program...	ewef.ndf
sss	行数据	PRIMARY	3	增量为 1...	...	d:\Program...	sss.ndf
Stu_db3_log	日志	不适用	1	增量为 1...	...	d:\Program...	Stu_db3_log.LDF
www	日志	不适用	1	增量为 1...	...	d:\Program...	www.ldf

图 2-5 查看数据库文件

（3）还有这么多文件肯定需要分组，那么能不能详细介绍下文件组吧。

2.3.1 数据库文件的类型

老田：现在我来一个个地来回答你的问题吧。

首先文件的大小是肯定有限制的，这个限制就是你的硬盘大小。在创建数据库的时候，我们可以指定文件的上限数额，比如最大100MB、10GB、1TB等，如果不指定，那么就默认model数据库中设置的大小，如果设置为unlimited，则一直到把整个硬盘占满为止。

第二个问题是文件类型的问题。下表罗列了三个类型文件的解释。

文 件	说 明
主要数据文件	主要数据文件包含数据库的启动信息，并指向数据库中的其他文件。用户数据和对象可存储在此文件中，也可以存储在次要数据文件中。每个数据库有一个主要数据文件。 主要数据文件的建议文件扩展名是.mdf
次要数据文件	次要数据文件是可选的，由用户定义并存储用户数据。通过将每个文件放在不同的磁盘驱动器上，次要文件可用于将数据分散到多个磁盘上。另外，如果数据库超过了单个 Windows 文件的最大大小，可以使用次要数据文件，这样数据库就能继续增长。 次要数据文件的建议文件扩展名是.ndf
事务日志	事务日志

小天：设置文件大小的单位有哪些？我觉得目前来说MB差不多了，但是以后可能更大，难道要整出一长串数字啊，比如1万兆，就要写成10000MB？

老田：现在最大的单位是TB，可用的单位主要是KB、MB、TB，默认是MB。

2.3.2 文件组

接下来就是你的第三个问题：每个数据库有一个主要文件组。此文件组包含主要数据文件和未放入其他文件组的所有次要文件。可以创建用户定义的文件组，用于将数据文件集合起来，以便于管理、数据分配和放置。

例如，可以分别在三个磁盘驱动器上创建三个文件Data1.ndf、Data2.ndf和Data3.ndf，然后将它们分配给文件组fgroup1。然后，可以明确地在文件组fgroup1上创建一个表。对表中数据的查询将分散到三个磁盘上，从而提高了性能。

另外，如果在数据库中创建对象时没有指定对象所属的文件组，对象将被分配给默认文件组。不管何时，只能将一个文件组指定为默认文件组。默认文件组中的文件必须足够大，能够容纳未分配给其他文件组的所有新对象。

PRIMARY文件组是默认文件组，除非使用ALTER DATABASE语句进行了更改。不过就算你改了，系统对象和表仍然分配给PRIMARY文件组，而不是新的默认文件组。

下面我们做一个实例，对stu_db1数据库增加一个文件组，然后向这个组中增加一个新文件，代码如下：

```
USE master                                           --指定使用master数据库
GO

ALTER DATABASE Stu_db1 ADD FILEGROUP file_group  --向数据库增加新文件组
                                                     file_group

GO

ALTER DATABASE Stu_db1 ADD FILE (                    --向数据库中增加新文件
NAME = N'new_datafile'
, FILENAME = N'd:\new_datafile.ndf'
, SIZE = 3072KB
, FILEGROWTH = 1024KB
)
  TO FILEGROUP file_group                            --指定该文件所在的文件组
GO
```

执行后代码如图2-6所示。

执行完成后，你可以再看一下Stu_db1这个数据库的属性，然后验证文件和文件组，看是否真的添加上了。

上面的代码其实不是我手写的，只有格式和注释是我手动作了一次而已。全部的代码还是用SQL Server Management Studio自动生成的，步骤如下。

（1）查看指定数据库的属性。

（2）打开属性对话框后切换到"文件组"设置界面。

（3）添加一个文件组。

（4）切换回"文件"设置界面。

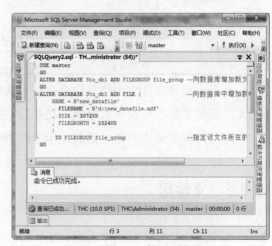

图2-6　执行后代码

（5）添加一个数据文件，并为文件命名。

（6）在"文件组"项中选择刚建立的组。

（7）单击"脚本"按钮。本次操作（从打开属性对话框到单击这个按钮期间）生存脚本，如图2-7所示。

图 2-7　将操作生成脚本

我这里告诉你这个方法，一来是演示如何完成上面的实例，另外是教你一个偷懒的办法。不过在你学习的初期，我是非常非常不赞同这样做的。无论你的英语水平如何，我都建议你认真地去输入代码，只有这样，才可能深刻理解。

既然话都这样说了，为什么我还是要在这里告诉你这个方法呢，主要是因为有的时候你想实现一个功能，但是又想自己写代码，可惜英语水平太差，记忆力也严重不行，那么就可以使用这样的方法来学习，加深印象。

2.3.3　删除数据库文件

小天：文件既然可以增加，删除我也会，不过只会在SQL Server Management Studio中用查看数据库属性的方式删除，但是用Transact-SQL语句怎么删除呢？

老田：要用Transact-SQL语句删除文件的话，就需要用到ALTER DATABASE（修改数据库）了，例如要删除Stu_db3数据库中你新增加的那个次要数据文件"sss.ndf"，执行SQL语句如下：

```
USE Stu_db3
GO
ALTER DATABASE  Stu_db3  REMOVE FILE sss  --不加扩展名
GO
```

执行后会得到"文件'sss'已删除"的消息，如图2-8所示。

图 2-8　删除数据库文件

2.3.4　管理文件组

先前的讲解中说到每个数据库都有一个默认的**PRIMARY**文件组，这个组是不可被删除，那么我们需要玩（具体如何最优化文件设计关注2.3.6小节）的话就只能新建了。例如，我们在数据库"OneDb_bak"（练习创建数据库的时候随手建立的一个新数据库）中创建一个名为Two_fg的文件组，Transact-SQL语句如下：

```
ALTER DATABASE OneDb_bak
ADD FILEGROUP Two_fg
```

小天：你说这默认文件组和自定义文件组之间有什么区别呢？

老田：默认文件组最大的好处是新创建文件只要不指定文件组，那文件都放在默认组中，另外，系统表等信息总是放在**PRIMARY**文件组中，即使它不再是默认文件组。

小天：咦，听你这口气，默认文件组是可以重新设置的哦？

老田：当然了，可以将用户自定义的组设置为默认文件组。在SQL Server Management Studio中，使用Transact-SQL语句不能在创建的时候一次设置，只能以修改的形式来设置，例如我们将上面创建的Two_fg设置为默认文件组，Transact-SQL语句如下：

```
ALTER DATABASE OneDb_bak
MODIFY FILEGROUP Two_fg  DEFAULT
```

小天：你又忽悠我，这样不行的，你看图2-9所示。

老田：错误提示很明显了，你看不出来啊？

小天：我看出来了，但是不知道怎么向特定的组里面添加文件啊？你不会是要我就在SQL Server Management Studio中操作吧，以后人家问，我可说是老田你没有教哈。

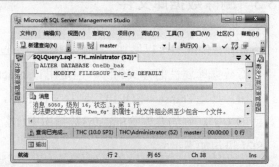

图2-9　在文件组中不存在文件的时候无法更改文件组属性

老田：别贫嘴了，其实在2.3.1小节中已经演示过了，只是你自己没有注意，看下面的SQL语句和相应的注释吧。

```
USE master
GO
ALTER DATABASE OneDb_bak      --修改的数据库名
ADD FILE (
NAME = 'OneDb_bak'           --文件在数据库中的名字
, FILENAME = 'd:\DATA\OneDb_bak.ndf' --文件在Windows中的路径和名字
```

```
, SIZE = 3072KB                 --文件初始大小
, FILEGROWTH = 1024KB )         --增量
 TO FILEGROUP Two_fg            --指定添加到 Two_fg 文件组
GO
```

小天：添加一个文件再修改就OK了。对了，如果我想把新建的文件组名字改一下，例如将上面创建的"Two_fg"修改为"User_fg"该怎么做呢？

老田：和上面修改属性的方法差不多，Transact-SQL语句如下：

```
ALTER DATABASE OneDb_bak
 MODIFY FILEGROUP Two_fg name = User_fg
```

执行后效果如图2-10所示。

接下来给你个题目，我们希望文件组"User_fg"中的文件全部只读，你觉得该怎么做呢？

小天：刚才去网上搜索了，答案就是：如果我们对数据库文件所在的文件组设置了只读，那么这个组里面的文件都只读了，而对文件组设置只读也很简单，就是READONLY，我做出来了，Transact-SQL语句如下：

图 2-10　修改文件组名成功

```
ALTER DATABASE OneDb_bak
 MODIFY FILEGROUP User_fg  READONLY
```

老田：不错嘛，最后一点，删除文件组，你继续说吧。

小天：这个我都不去网上搜索了，一猜就出来了，Transact-SQL语句如下：

```
ALTER DATABASE OneDb_bak
 REMOVE FILEGROUP  User_fg
```

老田：真的可以？

小天：当然真的可以，我可是自己试过两次了，不过要确保组里没有数据文件才行。否则会如图2-11所示。

图 2-11　因文件组中还有文件，删除出错

2.3.5　文件组的填充策略

文件组对组内的所有文件都使用按比例填充策略。当数据写入文件组时，SQL Server数据库引擎按文件中的可用空间比例将数据写入文件组中的每个文件，而不是将

所有数据都写入第一个文件直至其变满，然后再写入下一个文件。例如，如果文件f1有100MB可用空间，文件f2有200MB可用空间，则从文件f1中分配一个区，从文件f2中分配两个区，以此类推。这样，两个文件几乎同时填满，并且可获得简单的条带化。

假定将数据库设置为自动增长，则当文件组中的所有文件填满后，数据库引擎便会采用循环方式一次自动扩展一个文件以容纳更多的数据。例如，某个文件组由三个文件组成，它们都设置为自动增长。当文件组中所有文件的空间都用完时，只扩展第一个文件。当第一个文件已满，无法再向文件组中写入更多数据时，将扩展第二个文件。当第二个文件已满，无法再向文件组中写入更多数据时，将扩展第三个文件。当第三个文件已满，无法再向文件组中写入更多数据时，将再次扩展第一个文件，以此类推。

2.3.6 优化数据库的策略

使用文件和文件组可以改善数据库的性能，因为这样允许跨多个磁盘、多个磁盘控制器或RAID（独立磁盘冗余阵列）系统创建数据库。例如，如果计算机上有四个磁盘，那么可以创建一个由三个数据文件和一个日志文件组成的数据库，每个磁盘上放置一个文件。在对数据进行访问时，四个读/写磁头可以同时并行地访问数据。这样可以加快数据库操作的速度。

另外，文件和文件组还允许数据布局，因为可以在特定的文件组中创建表。这样可以改善性能，因为可以将特定表的所有I/O都定向到一个特定的磁盘。例如，可以将最常用的表放在一个文件组的一个文件中，该文件组位于一个磁盘上；而将数据库中其他不常访问的表放在另一个文件组的其他文件中，该文件组位于第二个磁盘上。下面是一些对于数据库文件和文件组设计时的建议。

通常，数据库在只有单个数据文件和单个事务日志文件的情况下性能发挥得才更好。

如果使用多个文件，最好为附加文件创建第二个文件组，并将其设置为默认文件组。这样，主文件将只包含系统表和对象。

若要使性能最大化，请在尽可能多的不同的可用本地物理磁盘上创建文件或文件组。将数据操作频繁的对象置于不同的文件组中。

使用文件组将对象放置在特定的物理磁盘上。

将在同一链接查询中使用的不同表置于不同的文件组中。由于采用并行磁盘I/O 对链接数据进行搜索，所以性能将得以改善。

将最常访问的表和属于这些表的非聚集索引置于不同的文件组中。如果文件位于不同的物理磁盘上，由于采用并行I/O，所以性能将得以改善。

不要将事务日志文件置于其中已有其他文件和文件组的物理磁盘上。

2.3.7　文件状态

小天：我刚才无意间错按到删除数据库文件了，幸好被提示文件正在使用而没有删掉，这个是怎么回事？难道文件也有状态？我新建了数据库后就一直在看你上面讲的东西，没有使用这个数据库啊。

老田：只要这个数据库在服务器上，而服务器在运行，那么相应的文件也就处于被使用的状态。比如"在线状态、离线状态、还原中"等，不同数据库系统的状态关键字会有所不同，你可以根据你所使用数据库提供的手册去查询。

2.4　数据库状态和选项

小天：文件如果是离线状态，那么文件所属的数据库是否也是离线或者至少来个异常吧？

老田：当然，上面我们讲了数据库文件的状态，接下来我们要讲的就是数据库的状态。那么什么是数据库的状态呢？比如数据库正常在线，可以对数据库执行操作等，我们看下表。

状　态	定　义
ONLINE	可以对数据库进行访问。即使可能尚未完成恢复的撤销阶段，主文件组仍处于在线状态
OFFLINE	数据库无法使用。数据库由于显示的用户操作而处于离线状态，并保持离线状态直至执行了其他的用户操作。例如，可能会让数据库离线以便将文件移至新的磁盘。然后，在完成移动操作后，使数据库恢复到在线状态
RESTORING	还原状态，正在还原主文件组的一个或多个文件，或正在脱机还原一个或多个辅助文件。数据库不可用
RECOVERING	正在恢复数据库。恢复进程是一个暂时性状态，恢复成功后数据库将自动处于在线状态。如果恢复失败，数据库将处于可疑状态。数据库不可用
RECOVERY PENDING	恢复未完成状态，SQL Server 在恢复过程中遇到了与资源相关的错误。数据库未损坏，但是可能缺少文件，或系统资源限制可能导致无法启动数据库。数据库不可用。需要用户另外执行操作来解决问题，并让恢复进程完成
SUSPECT	可疑状态，至少主文件组可疑或可能已损坏。在 SQL Server 启动过程中无法恢复数据库。数据库不可用。需要用户另外执行操作来解决问题
EMERGENCY	紧急状态，用户更改了数据库，并将其状态设置为 EMERGENCY。数据库处于单用户模式，可以修复或还原。数据库标记为 READ_ONLY，禁用日志记录，并且仅限 sysadmin 固定服务器角色的成员访问。EMERGENCY 主要用于故障排除。例如，可以将标记为"可疑"的数据库设置为 EMERGENCY 状态。这样可以允许系统管理员对数据库进行只读访问。只有 sysadmin 固定服务器角色的成员才可以将数据库设置为 EMERGENCY 状态

小天：上面这个表倒是一目了然，还有我看到数据库属性中那么多的选项到底是什么意思呢？

老田：可以为每个数据库设置若干个决定数据库特征的数据库级选项。这些选项对于每个数据库都是唯一的，而且不影响其他数据库。当创建数据库时这些数据库选项设置为默认值，而且可以使用ALTER DATABASE语句的SET子句来更改这些数据库选项。

小天：有没有办法可以一次设置，一劳永逸的，比如我希望以后所有数据库的AUTO_SHRINK选项的默认设置都为ON。

老田：若要更改所有新创建的数据库的任意数据库选项的默认值，就要更改model数据库中相应的数据库选项。你说这个希望AUTO_SHRINK数据库选项的默认设置都为ON，则将model的AUTO_SHRINK选项设置为ON。

小天：这些状态除了我们不小心瞎整弄出来的，还有什么办法可以人为地设置呢？比如我想给我同桌那个MM的数据库设置为不可用，然后敲诈她主动请我吃饭。

老田：有前途，首先数据库有一系列的可用性选项，可以控制数据库是在线还是离线、何人可以连接到数据库以及数据库是否处于只读模式。具体可以去查询相应数据库的手册。

小天：哇，我查了下SQL Server的文档，发现除了可用性选项之外，还有什么数据库可用性选项、日期相关性优化选项、外部访问选项、自动选项、游标选项、参数化选项、恢复选项等。这么多的选项，我现在也看不完，看不懂，就先放这里，以后慢慢回来查找，现在教我怎么用SQL语句修改数据库的这些选项吧，那个MM快回来了，呵呵。

老田：使用ALTER DATABASE来修改数据库选项。但是要注意一点，修改的时候使用的数据库应该是master数据库，如图2-12所示，我们把数据库AdventureWorksDW2008的AUTO_CLOSE和AUTO_SHRINK选项的值都设置为ON。

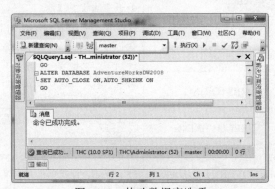

图 2-12　修改数据库选项

小天：有什么办法设置服务器的选择呢？应该也可以吧？

老田：使用sp_configure 存储过程可设置实例范围内的配置选项。例如将系统recovery interval设置为3分钟。

```
USE master
GO
EXEC sp_configure 'recovery interval', '3'
```

```
RECONFIGURE WITH OVERRIDE
GO
```

2.5　查看数据库

小天：就算我想修改数据库选项，也要先查看到数据库现在这些选项吧，有什么办法可以看到呢？一种办法是使用SQL Server Management Studio，直接在"对象资源管理器"中指定的数据库上单击鼠标右键查看数据库的属性，然后进到"选项"设置界面，如图2-13所示。可是如果我们用Transact-SQL语句该如何写呢？

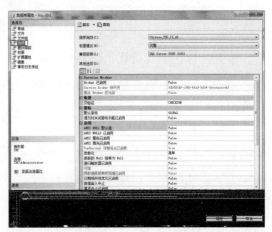

图 2-13　查看数据库选项

老田：要用Transact-SQL语句查看则可以使用系统内置函数DATABASEPROPERTYEX查看指定数据库中指定选项的值，语法：DATABASEPROPERTYEX（database，property），比如查看Stu_db1数据库中autoshrink数据库选项的状态，如图2-14所示。

小天：郁闷，凭什么你就可以，我试了很多选项都查不出值啊，全都显示NULL。

老田：不要急，该函数第二个参数的值可以在需要的时候去数据库文档中分别查询。

图 2-14　查看数据库指定选项的值

> 小提示：系统内置函数和系统存储过程这两个是指使用SQL语言在数据库系统中写好的功能代码段。不同数据库就算有相同功能的函数或者存储过程，其名称也有差异。所以本书后面提到的系统内置函数和系统存储过程这两项，不同数据库系统可能不存在。

小天：好多哦，又成一个字典了，另外你上面说数据库文件如果不限制的话就会无限制地增加到把磁盘占满，那么有什么办法可以看到目前数据库文件的大小？

老田：可以执行系统存储过程sp_spaceused来获取数据库大小，如图2-15所示，我们看到数据库大小7.00MB，未分配的空间4.78MB。再看下面一个结果集中，预定义的空间1248KB，其中数据使用了488KB，索引占了656KB，还有104KB未使用。

小天：这个还比较清楚，有什么办法可以使数据库的文件在哪里，文件的上限、增量等都显示出来呢？

老田：也可以的，使用系统存储过程sp_helpdb+要查看的数据库名，如图2-16所示。

小天：你这个太奇怪了，为什么内置函数的用法和系统存储过程的用法不一样呢？

老田：详细使用方法在本书后续讲到函数和存储过程时会详细阐述，这里简单说下。使用存储过程（无论系统存储过程还是用户自定义存储过程都使用exec或者execute+空格+存储过程名）；而函数则直接当成类似于数据表这样的对象来使用就行，比如前文直接使用select+空格+函数名，或者select+空格+函数名（函数参数）即可。

图 2-15　查看数据库空间使用情况

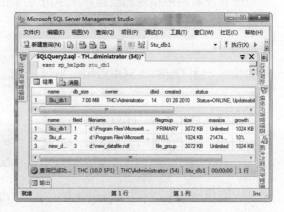

图 2-16　使用 sp_helpdb 查看数据库文件

2.6　删除数据库

小天：出错了，我这里无聊在想，删除数据库对象好像大部分都是用DROP，于是我按照创建的方式，去运行drop database OneDb，想删除上面创建的OneDb数据库，结果就提示如图2-17所示的错误。

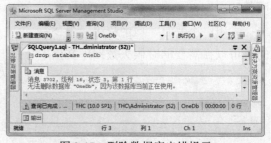

图 2-17　删除数据库出错提示

老田：晕死了，你当前正在使用这个数据库，这就好比你躺在床上，却执行把床扔了的动作一样，肯定不行了。

小天：明白了，也就是说只要数据库在使用中，就无法删除，对吧？如果一定要删除，就要首先保证数据库不处于使用状态。

老田：是的，若要使用DROP DATABASE，则连接的数据库上下文不能与要删除的数据库或数据库快照相同。

另外DROP DATABASE语句必须在自动提交模式下运行，并且不允许在显式或隐式事务中使用。自动提交模式是默认的事务管理模式。

执行删除数据库的操作会从SQL Server实例中删除数据库，并删除该数据库使用的物理磁盘文件。执行删除操作时，如果数据库或它的任意一个文件处于脱机状态，则不会删除磁盘文件，那就只能手动去删除这些文件。

在删除数据库之前，必须将该数据库上的所有数据库快照都删除。

如果数据库涉及日志传送操作，请在删除数据库之前取消日志传送操作。

无论数据库处于下列哪种状态，都可将其删除：脱机状态、只读状态或可疑状态等。

小天：明白了，还有使用
SQL Server Management Studio
删除数据库怎么做？

老田：这个问题问得有点傻，因为在"对象资源管理器"中找到"指定的SQL Server实例下面的指定数据库"，单击鼠标右键的时候，都可以看到删除这个命令。选择该命令后弹出确认删除对象的对话框。不过如果目标数据库正在使用或者有其他打开的连接，仍然删

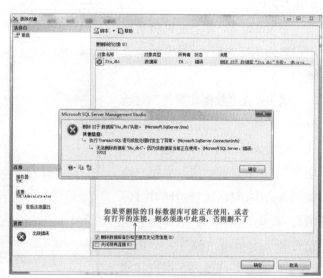

图 2-18　删除数据库

不了。这个时候要强制删除则必须选中"关闭现有连接"选项，如图2-18所示。

2.7　修改数据库

老田：其实上面我们在修改数据库选项的时候已经涉及到了，接下来我们继续进行修改数据库名，扩展数据库，扩大、缩小数据库等操作。

2.7.1　修改数据库名称

小天：不是吧，修改数据库名称这个你不说我都已经会了，你看我的做法对不对，

首先在对象资源管理器中，连接到SQL Server数据库引擎实例，然后在"对象资源管理器"中展开指定实例下面的"数据库"节点，右键单击要重命名的数据库，在弹出的快捷菜单中选择"重命名"命令。最后输入新的数据库名称，再按Enter键。

老田：这样确实是对的，不过在实际使用中还要切忌确保没有任何用户正在使用数据库，然后将数据库设置为单用户模式。

接下来我们看一下如何使用Transact-SQL语句修改吧。例如我们将上面创建的数据库"OneDb"修改为"OneDb_bak"，执行效果如图2-19所示。

图 2-19 修改数据库名称

小天：等等，你上面说将数据库设置为单用户模式，这个如何设置？

老田：在"数据库属性"对话框中，切换到"选项"设置界面。在"限制访问"选项中，选择"单用户"。这个时候如果其他用户连接到数据库，将出现"打开的连接"消息。若要更改属性并关闭所有其他连接，请单击"是"。一切就OK了，同理要修改为多用户和这个过程一样，如图2-20所示。

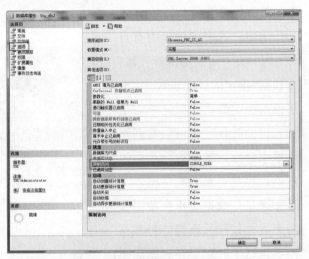

图 2-20 设置限制访问为单用户

2.7.2 扩展数据库

小天：帮我看下，我这里发生了1005错误，大概意思是说"请删除不需要的文件、删除文件组中的对象、将其他文件添加到文件组或为文件组中的现有文件启用自动增长，以便增加可用磁盘空间。"

老田：这种情况是因为你的数据库空间已经填满了，这个时候唯一的解决方式就是扩大数据库。要扩大数据库，有三种办法：第一，设置数据库为自动增长方式；第二，增加数据库中数据文件和日志文件的大小，也就是修改它们的MAXSIZE属性；第三种方式就是，为数据库增加新的次要数据文件或日志文件。

最优选择第三种方式，为数据库增加新的次要数据文件或者日志文件，执行如下
Transact-SQL语句：

```
use master
go
alter database OneDb_bak           --指定要修改的数据库
 add file
    (name=OneDb_bak_one,           --文件在数据库中的名字
    filename='d:\OneDb_one.ndf',--文件路径和在文件系统中的名字
    size=2MB,                      --文件初始大小
    maxsize=unlimited,             --文件上限
    filegrowth=10%                 --增量
    )
go
alter database OneDb_bak
 add log file
        (name=OneDb_bak_one_log,
        filename='d:\OneDb_one.ldf',
        size=10MB,
        maxsize=20mb,
        filegrowth=5%
        )
go
```

执行后效果如图2-21所示。

执行完成后可执行"exec sp_helpdb OneDb_bak"，查看数据库文件情况。

小天：修改增量和修改文件大小怎么做呢？

老田：也是通过 ALTER DATABASE来实现。SQL语句如下：

图2-21 增加数据库文件

```
use master
go
```

```
alter database OneDb_bak        --要修改的数据库
modify file(
name=OneDb                      --要修改的文件名
,size=20                        --文件大小
,filegrowth=10%                 --增量
)
go
```

至于使用SQL Server Management Studio如何增加文件和修改文件属性，则请参考前面的2.2节。

2.7.3　收缩数据库

小天：明白了，如果是数据库临时扩大一下，后来我又想缩小，该怎么做呢？

老田：收缩数据库其实也是很正常的，比如我们一次把系统中10年前的数据全部删除或者转移了，只保留最近3年的，那么数据库必然会空出很多空间。还有种情况，是设计数据库的时候因为某种原因，设计得很大，后来发现用不上或者必须收缩。处理方式也有三种；第一种是设置数据库为自动收缩，通过设置AUTO_SHRINK数据库选项实现；第二种是通过手动执行DBCC SHRINKDATABASE语句来收缩整个数据库的大小；第三种是执行DBCC SHRINKFILE语句来手动收缩数据库中文件的大小。

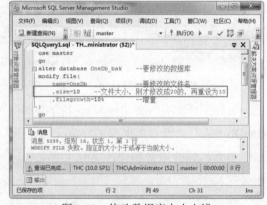

图2-22　修改数据库大小出错

小天：我还有个办法，就是上面修改数据库大小那种方法，我试试……噢耶……，不行，出错了，如图2-22所示。

老田：还是看我的吧，首先我们设置数据库的自动收缩属性吧。

小天：这个不用你说，我知道，上面不是才学了吗，不就是设置AUTO_SHRINK数据库选项的值为ON嘛。看我的，Transact-SQL语句如下：

```
alter database OneDb_bak
 set auto_shrink on
```

老田：小样，我再给你补充点，将AUTO_SHRINK数据库选项设置为ON后，数据库引擎将自动收缩具有可用空间的数据库。此选项可以使用ALTER DATABASE语句来进行设置。默认情况下，此选项设置为OFF。数据库引擎会定期检查每个数据库的空间使用情况。如果某个数据库的AUTO_SHRINK选项设置为ON，则数据库引擎将减少数

据库中文件的大小。该活动在后台进行，并且不影响数据库内的用户活动。

　　但是这并不代表将此选项打开就是上策了，除非有特定要求，否则不要将AUTO_SHRINK数据库选项设置为ON。

　　小天：这么好的功能，为什么不建议打开啊？

　　老田：因为只有在执行会产生许多未使用空间的操作（如截断表或删除表操作）后，执行收缩操作才最有效。

　　大多数数据库都需要一些可用空间，以供日常操作使用。如果反复收缩数据库并注意到数据库变大，则表明收缩的空间是常规操作所必须的。在这种情况下，反复收缩数据库就显得你很无聊了。你有权无聊，但反复收缩会增加数据库的碎片，所以此功能还是要慎用。

　　收缩操作不会保留数据库中索引的碎片状态，通常还会在一定程度上增加碎片。这也是为什么收缩数据库时无论如何都不能将数据库收缩到最初的大小，比如我们最初是3MB，你在它50MB的时候收缩，可能回到30MB、20MB、8MB，但绝对不会回到3MB。

　　小天：哦，这个自动收缩应该也有个标准吧，不会是系统一旦闲得无聊就收缩啊？

　　老田：当然不会，只有在数据库引擎检查到数据库文件空间中超过25%都是未使用空间的时候，才会执行收缩。

　　接下来我们看看如何使用DBCC SHRINKDATABASE命令，其语法形式如下：

```
DBCC SHRINKDATABASE（'要收缩的数据库名',可用空间的比例）
```

　　例如要收缩上面多次用到的数据库OneDb_bak，只给它留下20%的可用空间，Transact-SQL语句如下：

```
DBCC SHRINKDATABASE('OneDb_bak',20)
```

　　执行效果如图2-23所示。

图 2-23　执行 DBCC SHRINKDATABASE 收缩数据库

小提示： 如果收缩当前使用的数据库，可用0代表数据库名，例如：

```
DBCC SHRINKDATABASE(0,20)
```

　　如果你多次执行该收缩命令，将会看到执行不成功的提示，如图2-24所示。

　　小天：我猜最后一种收缩文件的语法肯定是这样的"DBCC SHRINKFILE（'文件名'，可使用比例）"，对不对？

老田：大概是对的，有点不同的是，这里不再是可使用空间比例，而是收缩后文件的大小，这个时候就有个问题，假设数据库文件为50MB，其中有30MB的数据，而我们在这里指定要收缩到35MB，没有问题，系统将未使用的20MB中的数据移动后直接将末尾处的15MB释放掉，但是如果其中有40MB数据，那么系统也只能把文件收缩到40MB了。还是看个实例：

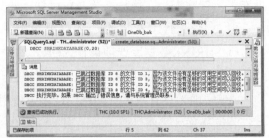

图2-24　无聊地多次执行收缩数据库的提示

```
DBCC SHRINKFILE('OneDb',20)
```

小提示： 命令中用到的数据库文件名不是只在Windows中的名字，而是指在数据库系统中的名字，关于这点请参阅上面"扩展数据库"那个实例代码中的注释。

另外也可以使用SQL Server Management Studio压缩，具体步骤可以自己试一下。

小天：使用SQL Server Management Studio不就是在"对象资源管理器→指定服务器实例→数据库→指定的数据库上面单击鼠标右键→任务→收缩"，像我这么聪明的人一看就明白了。

下面一个我解决不了的问题是，起初数据库可能设置了多个次要文件，现在我的收缩方式首选删除这些文件，怎么做呢？

老田：怎么做？看2.3.3小节。接下来我们介绍数据库快照。

2.8　数据库快照

小提示： 下面所讲的知识，不同关系型数据库的原理是一样，但是具体SQL语言和选项的语法略有不同，非SQL Server数据库系统请根据学习思路查阅相关文档。

小天：听这名字，好像是对数据库进行照相的？像我这么帅的人照相就是把影像存下来了，数据库这么抽象的东西照出来的结果是什么样子啊？

老田：其实我看你也很抽象，哈哈。想象一下，把你的照片拿出来，只能看，不能掐，不能拧，这叫什么，这叫只读。其实数据库快照也一样，它是当前数据库的只读静态视图，不包括那些还没有提交的事务。没有提交的事务被回滚了，这样才能保证数据库事务的一致性。

小天：那这个有什么用啊，别搞那么多没用的东西。

老田：怎么说没用呢，假设我们对某企业内部办公系统进行大量的分析，最好的做法是将目前的数据库备份到另外一个数据库服务器上来分析。初期无所谓，但是如果将来这个数据库很大了，备份的操作可能很容易引起系统崩溃。而数据库快照则可以很好地解决这个问题。

还有其他的很多用处，我们来看一下《SQL Server教程》中的解释。

> 只有 SQL Server 2005 Enterprise Edition 和更高版本才提供数据库快照功能。所有恢复模式都支持数据库快照。
>
> 数据库快照是数据库（源数据库）的只读、静态视图。多个快照可以位于一个源数据库中，并且可以作为数据库始终驻留在同一服务器实例上。创建快照时，每个数据库快照在事务上与源数据库一致。在被数据库所有者显式删除之前，快照始终存在。
>
> 与用户数据库的默认行为不同，数据库快照是通过将 ALLOW_SNAPSHOT_ISOLATION 数据库选项设置为 ON 而创建的，不需要考虑主数据库或模型系统数据库中该选项的设置。
>
> 快照可用于报表。另外，如果源数据库出现用户错误，还可将源数据库恢复到创建快照时的状态。丢失的数据仅限于创建快照后数据库更新的数据。
>
> 数据库快照是数据库（称为"源数据库"）的只读静态视图。在创建时，每个数据库快照在事务上都与源数据库一致。在创建数据库快照时，源数据库通常会有打开的事务。在快照可以使用之前，打开的事务会回滚以使数据库快照在事务上取得一致。

2.8.1　数据库快照的应用

小天：可以用通俗点的话来说一下它的典型应用不？

老田：客户端可以查询数据库快照，这对于基于创建快照时的数据编写报表是很有用的。而且，如果以后源数据库损坏了，便可以将源数据库恢复到它在创建快照时的状态。因为这个特性，我们可以用在以下几个地方。

维护历史数据以生成报表。由于数据库快照可提供数据库的静态视图，因而可以通过快照访问特定时间点的数据。例如，您可以在给定时间段（例如，财务季度）要结束的时候创建数据库快照以便日后制作报表。然后便可以在快照上运行期间要结束时创建的报表。如果磁盘空间允许，还可以维护任意多个不同期间要结束时的快照，以便能够对这些时间段的结果进行查询。例如，调查单位性能。

使用为了实现可用性目标而维护的镜像数据库来减轻报表负载。使用带有数据库镜像的数据库快照，使您能够访问镜像服务器上的数据以生成报表。而且，在镜像数据库上运行查询可以释放主体数据库上的资源。

使数据免受管理失误所带来的影响。

在进行重大更新（例如，大容量更新或架构更改）之前，可创建数据库快照以保护数据。一旦进行了错误操作，可以使用快照将数据库恢复到生成快照时的状态。采用此方法还原很可能比从备份还原快得多；但是，此后您无法对数据进行前滚操作。

使数据免受用户失误所带来的影响。定期创建数据库快照，可以减轻重大用户错误（例如，删除的表）的影响。为了很好地保护数据，可以创建时间跨度足以识别和处理大多数用户错误的一系列数据库快照。例如，根据磁盘资源，可以每24小时创建6～12个滚动快照。每创建一个新的快照，就删除最早的快照。

若要从用户错误中恢复，可以将数据库恢复到在错误发生的前一时刻的快照。采用此方法还原很可能比从备份还原快得多；但是，此后您无法对数据进行前滚操作。

或者，也可以利用快照中的信息，手动重新创建删除的表或其他丢失的数据。例如，可以将快照中的数据大容量复制到数据库中，然后手动将数据合并回数据库中。

管理测试数据库，在测试环境中，当每一轮测试开始时针对要包含相同数据的数据库重复运行测试协议将十分有用。在运行第一轮测试前，应用程序开发人员或测试人员可以在测试数据库中创建数据库快照。每次运行测试之后，数据库都可以通过还原数据库快照快速返回到它以前的状态。

> **小提示：** 由于数据库快照不是冗余存储，因此，它们不会防止磁盘出现错误或其他类型的损坏。所以千万不要把这作为数据安全的手段，要安全，定期备份才是王道。

2.8.2 数据库快照的原理

小天：看起来用处还蛮大的，虽然我目前可能还用不上这个功能，但是以后大项目中难免会用，顺便再给我说说它的工作原理到底是怎么回事吧。

老田：数据库快照在数据页级运行。在第一次修改源数据库页之前，先将原始页从源数据库复制到快照。此过程称为"写入时复制操作"。快照将存储原始页，保留它们在创建快照时的数据记录。对已修改页中的记录进行后续更新不会影响快照的内容。对要进行第一次修改的每一页重复此过程。这样，快照将保留自创建快照后经修改的所有数据记录的原始页。

为了存储复制的原始页，快照使用一个或多个"稀疏文件"。最初，稀疏文件实质上是空文件，不包含用户数据并且未被分配存储用户数据的磁盘空间。随着源数据库中更新的页越来越多，文件的大小也不断增长。创建快照时，稀疏文件占用的磁盘空间很少。然而，由

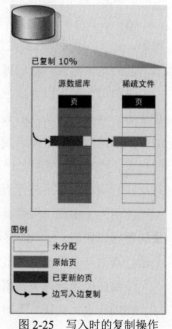

图 2-25 写入时的复制操作

于数据库随着时间的推移不断更新，稀疏文件会增长为一个很大的文件。

如图2-25所示，快照关系图中的浅灰色方框表示稀疏文件中尚未分配的潜在空间。收到源数据库中页的第一次更新时，数据库引擎将写入文件，操作系统向快照的稀疏文件分配空间并将原始页复制到该处。然后，数据库引擎更新源数据库中的页。图2-25说明了此类写入时的复制操作。

小天：上面的写入时操作我大概看明白了，对应的读取又是怎么回事呢？

老田：对于用户而言，数据库快照似乎始终保持不变，因为对数据库快照的读操作始终访问原始数据页，而与页驻留的位置无关。

如果未更新源数据库中的页，则对快照的读操作将是从源数据库读取原始页。图2-26显示了对新创建的快照（因此其稀疏文件不包含页）的读操作。此读操作仅从源数据库读取。

更新页之后，对快照的读操作仍访问原始页，该原始页现在存储在稀疏文件中。图2-27说明了对访问源数据库中更新页的快照的读操作。此读操作从快照的稀疏文件中读取原始页。

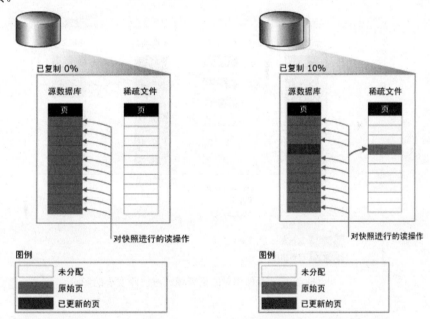

图 2-26　从源数据库的读取操作　　图 2-27　从快照的稀疏文件中读取原始页

小天：按照你说的，根据磁盘资源，可以每24小时创建6～12个滚动快照。每创建一个新的快照，就删除最早的快照。那万一我的数据库非常大了，我怎么知道保持多少个快照滚动最合适呢？

老田：快照理想的使用期限取决于其增长率以及可用于其稀疏文件的磁盘空间。快照所需的磁盘空间取决于在快照使用期限内源数据库中更新的不同页的数量。因此，如果大多数情况下更新重复页的小子集，则随着时间的推移，增长率会降低，快照所需空间也会相对较小。相反，如果最终将所有原始页至少更新一次，则快照将会增长到源数据库的大小。如果磁盘将满，则快照会互相争用磁盘空间。如果磁盘驱动器已满，则无法将操作写入所有快照。

因此，在计划快照预计使用期限内所需空间量时，了解数据库的常用更新模式是很有用的。对于某些数据库，更新率可能相当稳定。例如，库存数据库可能每天都更新很多页，这对每天或每周替换旧快照非常有用。对于其他数据库，更新页的比例在业务周期内可能有所不同。例如，目录数据库通常可能每季度更新，会在其他时间偶尔更新。逻辑策略是在每季度更新前后创建快照。如果发生严重更新错误，允许还原更新前快照，而更新后快照用于报告下一季度的写入。

图2-28说明了两种相对的更新模式对快照大小的影响。更新模式 A 反映的是在快照使用期限内仅有 30% 的原始页更新的环境。更新模式 B 反映的是在快照使用期限内有 80% 的原始页更新的环境。

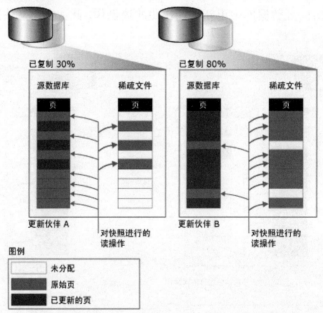

图 2-28　两种相对的更新模式对快照大小的影响

2.8.3　管理数据库快照

小天：可能是我对数据库整体理解太浅，对于图2-28我多半还是有点没有看懂，要不你先教我怎么创建、修改、删除吧，也许实际使用一下，心里就有谱多了。

老田：创建可以使用 CREATE DATABASE 语句。例如我们为数据库 AdventureWorksDW2008创建一个名为AdventureWorksDW2008_snp_200909241123的快照，如下：

```
USE master
GO
CREATE DATABASE AdventureWorksDW2008_snp_200909241123 --快照名称
ON (
    --源数据库的逻辑名称
NAME=AdventureWorksDW2008_Data
    --快照文件存放位置和文件名称,文件后缀名称随便
,FILENAME='d:\DATA\AdventureWorksDW2008.SNP'
)
    --指明为哪个数据库创建快照
AS SNAPSHOT OF AdventureWorksDW2008
GO
```

执行上述代码后,在D:\DATA\下面可以看到如图2-29所示的文件。

| AdventureWorksDW2008.SNP | 2009/10/24 11:29 | Snapshot 文件 | 87,168 KB |

图 2-29　新建的快照文件

小天:我想删除的语句一定是这样的:

```
DROP DATABASE AdventureWorksDW2008_snp_200909241123
```

嘿,确实删掉了。遇到多个文件的数据库就建立不起快照了,它提示我缺少文件,可是我又无法添加多个文件,怎么办?

老田:这是因为创建快照需要指定源数据库的每个数据库文件的逻辑名称,有多少个数据文件就必须指定多少次,日志文件不能做快照如下所示,我们为test2数据库创建快照。

```
create database test2_snp      --创建快照的名称
on(                            --第一个数据库文件
name=aaaa,                     --逻辑文件名称为aaaa的数据文件
filename='d:\t2_1.thc'         --快照文件物理路径
),                             --继续第二个
(
name=test2,                    --逻辑文件名称为test2的数据文件
filename='d:\t2.thc'           --快照文件物理路径
)
 as snapshot of test2          --源数据库为test2
```

老田:就这么简单,赶快重新建立一个吧,我们接下来就对快照进行一些简单的操作。

第一，查询快照，如图2-30所示。

第二，对快照进行插入新数据的操作，如图2-31所示。

 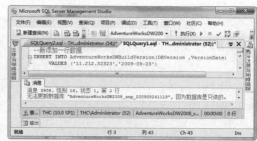

图 2-30　对数据库快照执行查询　　　　图 2-31　因快照是只读，插入数据出错

第三，如果在联机数据库中发生用户错误，则可以将数据库恢复到发生错误之前的数据库快照。例如，我们对上面创建的test2数据库恢复其快照test2_snp，代码如下：

```
--恢复 数据库test2 来自 数据库_快照 = 快照名
restore database test2 from database_snapshot='test2_snp'
```

使用快照恢复数据库，恢复的时候要确保快照和目标数据库都没有被使用，否则会出现如图2-32所示的错误。

小天：5555555！我把所有查询窗口都关闭了，只剩下这一个了还是一样的提示，怎么办啊？

老田：恢复数据库其实也是很危险的操作，所以建议保证断开所有连接，再以管理员身份登录上去恢复。在恢复操作过程中，快照和源数据库都不可用。源数据库和快照都标记为"还原中"。如果在恢复操作期间发生错误，则数据库在重新启动后，将尝试完成恢复操作。

图 2-32　因为被恢复的快照正在被其他使用而无法恢复

另外，再次慎重提醒：尽量不要把恢复快照作为对数据安全保障的一种手段。

小天：你真啰唆，现在我就只会这一种，你多次提醒不要用这种方式，那你推荐几种更好的方式嘛。

老田：其实……其实我真想给你一砖头扔过来。接下来会讲到分离、附加数据库以及备份、还原数据库，这些才是更为安全的方法。

2.9　分离和附加数据库

如果要将数据库更改到同一计算机的不同SQL Server实例或要移动数据库，分离和附加数据库最合适。因为它可以分离数据库的数据和事务日志文件，然后将它们重新附加到同一或其他SQL Server实例。

2.9.1　分离数据库

分离数据库是指将数据库从SQL Server实例中删除，但使数据库在其数据文件和事务日志文件中保持不变。之后，就可以使用这些文件将数据库附加到任何SQL Server实例，包括分离该数据库的服务器。

小天：这个听起来不错，具体怎么操作呢？

老田：在指定的数据库上单击鼠标右键，在弹出的快捷菜单中选择"任务"→"分离"命令，打开"分离数据库"对话框。如图2-33所示。

在图2-33中，我们注意到数据库"状态"，如果这里是"就绪"，则可以直接单击右下角的"确定"按钮；如果显示正在使用，那么最好停止使用，或者选中"删除连接"复选框。

图 2-33　"分离数据库"对话框

图 2-34　当数据库存在快照时，无法分离

小天：哎，又被你耍了，错误了，如图2-34所示。

老田：不是你自己要马上见效的嘛，自己不会看错误提示啊。

小天：我知道错了，这个错误的意思是不是要先把数据库的快照删除了才可以分离啊？

其他还有些什么需要注意的没有呢？

老田:第一,数据库中存在数据库快照。必须首先删除所有数据库快照,然后才能分离数据库。

第二,已复制并发布数据库。如果进行复制,则数据库必须是未发布的。必须通过运行sp_replicationdboption禁用发布后,才能分离数据库。

第三,该数据库正在某个数据库镜像会话中进行镜像,除非终止该会话,否则无法分离该数据库。

第四,数据库处于可疑状态。在SQL Server 2005和更高版本中,无法分离可疑数据库。必须将数据库设为紧急模式,才能对其进行分离。

小天:使用Tranasact-SQL语句分离数据库怎么做呢?

老田:使用内置存储过程sp_detach_db来完成,例如分离数据库"Stu_db2",SQL语句如下:

```
USE master
GO
EXEC sp_detach_db Stu_db2
```

小天:分离倒是很顺利了,但我有个疑惑,比如我创建了登录名"xiaotian",默认数据库就是这个被分离的,那……

老田:那么"xiaotian"的默认数据库就将变成master数据库,同时也会删除其所有的元数据。

2.9.2 附加数据库

接下来我们看看如何附加到新的实例中。通常附加好数据库以后,数据库的状态会和被分离前的那一刻完全一样。但是有些问题需要注意。

- 从SQL Server 2005和更高版本中,附加和分离操作都会禁用数据库的跨数据库所有权连接。
- 附加数据库时,TRUSTWORTHY均设置为OFF。
- 附加数据库时,所有数据文件(MDF文件和NDF文件)都必须可用。如果任何数据文件的路径不同于首次创建数据库或上次附加数据库时的路径,则必须指定文件的当前路径。
- 如果附加的主数据文件是只读的,则数据库引擎假定数据库也是只读的。
- 无法在早期版本的SQL Server中附加由较新版本的SQL Server创建的数据库。
- 与任何完全或部分脱机的数据库一样,不能附加正在还原文件的数据库。
- 分离再重新附加只读数据库后,会丢失差异基准信息。这会导致master数据库与只读数据库不同步。之后所做的差异备份可能导致意外结果。因此,如果对只读数据库使用差异备份，在重新附加数据库后，应通过进行完整备份来建立当前差异基准。

小天……小天……又睡着了，哼，先把你这里除系统数据库、分析、报表数据库外的所有数据库都分离了。

小天，地震了，快跑……

别吵啦，你刚才叫我就听见了，你把我可以玩的数据库都分离了，我知道，快教我怎么重新附加上来吧，再说，我也没睡觉，是在思考，懂不！

老田：使用SQL Server Management Studio附加数据库很简单。

（1）在"对象资源管理器"中找到"指定的SQL Server实例"下的"数据库"节点，单击鼠标右键，在弹出的快捷菜单中选择"附加"命令。弹出"附加数据库"对话框。

（2）单击对话框右边中部的"添加"按钮，添加要附加的数据文件，如图2-35所示。

（3）单击"确定"按钮，完成数据库附加。

下面来看看如何用Transact-SQL语句附加吧，就附加上面分离出去的"Stu_db2"数据库。Transact-SQL语句如下（记得要先把这个数据库分离出去再执行下面的代码来附加）：

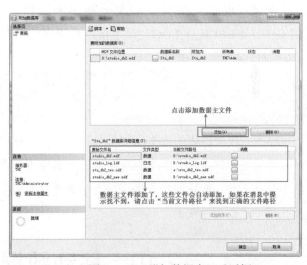

图 2-35　"附加数据库"对话框

```
USE master
GO
CREATE DATABASE Stu_db2 ON
( FILENAME = N'D:\studio_db2.mdf' ),
( FILENAME = N'D:\studio_log.ldf' ),
( FILENAME = N'e:\stu_db2_two.ndf' ),
( FILENAME = N'D:\studio_db2_new.ndf' )
 FOR ATTACH
GO
```

执行后效果如图2-36所示。

小天：如果从低版本服务器分离出来的数据库要附加到高版本服务器的话，还会自动升级，相反就无法附加对吧？

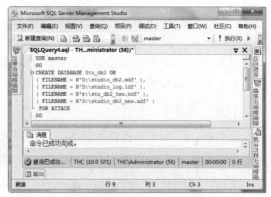

图 2-36　附加数据库

老田：是的，另外，如果分离出来后日志文件无法使用了，可以使用FOR ATTACH_REBUILD_LOG关键字指定系统重建日志文件。SQL语句如下：

```
CREATE DATABASE OneDb_bak ON
( FILENAME = '数据库文件所在路径\OneDb.mdf' )
 FOR ATTACH_REBUILD_LOG
GO
```

小天：我觉得我的数据库文件放得太深了，路径我根本记不住，每次都要去打开目录复制地址，好麻烦，有办法改变下这个路径不？我刚才试了直接在Windows资源管理器中移动不行，就只好把数据库分离了再重新移动，然后再附加，但是这样好麻烦，有什么简单点的办法呢？

2.10　移动数据库文件

老田：办法是肯定有的，而且不但可以移动文件，甚至用户数据库和系统数据库都可以移动。下面我们先讲如何移动文件。

可以通过在ALTER DATABASE语句的FILENAME子句中指定新的文件位置来移动系统数据库和用户数据库。数据、日志和全文目录文件也可以通过此方法进行移动。这在下列情况下可能很有用。

- 故障恢复：例如，由于硬件故障，数据库处于可疑模式或被关闭。
- 预先安排位置需要调整。
- 文件所在的磁盘需要维护操作而进行的位置调整。

小天：也可以把文件移动到其他的服务器上吗？

老田：不行的，如果要移动到其他的服务器上就只有通过上面的分离、附加或者下一章要讲的备份、还原才可以解决。

（1）在执行文件移动前先运行如下代码将**Stu_db2**数据库状态设置为OFFLINE。

```
ALTER DATABASE Stu_db2 SET OFFLINE
```

（2）将所有的文件在Windows资源管理器中移动到新的位置。

（3）对于已移动的每个文件，请运行以下语句：

```
ALTER DATABASE database_name
MODIFY FILE ( NAME = 文件逻辑名
, FILENAME = '新路径\Windows 中的文件名' )
```

例如下面的例题，我们将Stu_db2数据库的文件studio_db2移动到D:\studio_db2.mdf这个路径，执行后效果如图2-37所示。

（4）设置完成后，恢复Stu_db2数据库状态，设置为ONLINE。

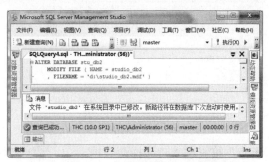

图 2-37　修改数据库文件的位置

```
ALTER DATABASE Stu_db2 SET ONLINE
```

2.11　移动和复制数据库

小天：有没有什么简单的方法可以直接移动或者复制数据库到其他的服务器上呢？

老田：有的，不过写脚本就比较多了，现在也不太适合你，我们用SQL Server Management Studio来做一次吧。

（1）确保有两个都可以连接的数据库实例，同时服务器上的SQL Server代理服务器必须启动。在SQL Server配置管理器中检查，如果未启动就先启动。比如我现在的计算机上就有两个，一个是安装Microsoft Visual Studio 2008的时候安装的，另外一个就是我们做演示的这个SQL Server 2008，如图2-38所示，当然也可以是远程服务器。

从图2-38中我们看到有两个服务器实例，在THC\SQLEXPRESS这个实例中我建立了一个名为"MoveTest"的数据库用来移动。

（2）在这个数据库上单击鼠标右键，在弹出的快捷菜单中选择"任务"→"复制数据库"命令（因为THC\SQLEXPRESS这个版本并不具备复制数据库的功能，所以这里我只好在上面具备此功能的实例中任意单击一个数据库选择到复制数据库来打开复制的向导），如图2-39所示。

图 2-38 两个数据库实例   图 2-39 选择"复制数据库"命令

（3）打开向导后单击"下一步"按钮进入"选择源数据库"界面，因为我们这里是从THC\SQLEXPRESS 服务器复制，所以这里的源服务器应该选择THC\SQLEXPRESS，如图2-40所示。

（4）选择好源服务器后单击"下一步"按钮，选择目标服务器。目标服务器就是要移动到的这个服务器实例。我们这里就应该选择实例"THC"，或者默认的（loca）。

图 2-40 选择源服务器

（5）再次单击"下一步"按钮进入"选择传输方式"界面，如果要在安全或者联机状态下进行移动或复制，就选择下面的"使用SQL管理对象方法"。然后单击"下一步"按钮。

（6）进入"选择数据库"界面，如图2-41所示。选择好移动或者复制后，单击"下一步"按钮。

（7）后面配置的几步都可以直接单击"下一步"按钮，如果对这里想探索个明白的话，在希望探索的步骤中按F1键，可以在"帮助"中详细查看。

（8）在安排运行包步骤选择运行时间安排，然后单击"下一步"按钮。

（9）在完成向导这一步可以检查下你的所有选择，之后单击"完成"按钮，进入最后执行步骤，如图2-42所示。

（10）当全部项状态都为成功后，关闭向导，检查两个实例中的数据库。

图 2-41 选择要移动或者复制的数据库

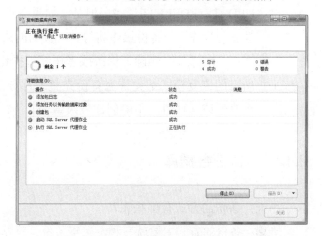

图 2-42 执行复制数据库向导

2.12 备份和还原数据库

小天：这样来说，这也是备份和恢复的一种手段哦。

老田：我说你怎么老想到备份和恢复呢？下面就专门讲备份和恢复，不过先说清楚，关于备份和恢复，我们所讲的仅限于我们自己的日常学习和使用，如果你是一个数据库管理员（DBA）的话，下面的内容可能无法满足你的需求，建议要么去购买专业的书籍或者你擅长看《SQL Server教程》则还是看教程。

小天：说得这么神秘，快讲下什么是备份？为什么要备份？我现在就是要学编程，做一个合格的程序员就行了。

老田：所谓备份，就是把数据库复制到转储设备的过程。其中，转储设备是指用于放置数据库拷贝的磁带或磁盘。通常也将存放于转储设备中的数据库的拷贝称为原数据库的备份或转储。如此一解释，我想为什么要备份就不用说了。

小天：备份有什么限制呢？

老田：从SQL Server 2005开始，可以在数据库联机并且正在使用时进行备份。但是，存在下列限制。

- 隐式或显式引用脱机数据的任何备份操作都会失败，例如你要备份的数据库的一个文件组脱机。

- 数据库仍在使用时，SQL Server可以使用联机备份过程来备份数据库。在备份过程中，可以进行多个操作。例如，在执行备份操作期间允许使用INSERT、UPDATE或DELETE语句。但是，如果在正在创建或删除数据库文件时尝试启动备份操作，则备份操作将等待，直到创建或删除操作完成或者备份超时。例如文件的添加、删除、修改或者压缩等操作。

- 所有的恢复模式都允许您备份完整或部分的SQL Server数据库或数据库的单个文件或文件组。不能创建表级备份。

2.12.1　备份数据库

小天：备份的方式有哪些呢？

老田：备份的方式主要就三种，完整备份、差异备份和事务日志备份。完整备份简单来说就是整个数据库的完整备份。差异备份虽然也是指数据库中所有文件的备份。但是此备份只包含自每个文件的最新数据库备份之后发生了修改的数据区。事务日志备份我们这里不做过多的探讨。

小天：意思就是说，如果我选择差异备份的话，得到的数据就只有和前一次备份中不同的部分，而不是全部了，对吧？

1. 完整备份

老田：我们先来使用SQL Server Management Studio来做一次，也做个比较直观的解释。就拿上面已经使用多次的OneDb_bak数据库来玩，在这个数据库上单击鼠标右键，在弹出的快捷菜单中选择"任务"→"备份"命令，打开"数据库备份"对话框，如图2-43所示。

小天：备份类型这里不用解释了，就说下面目标中的地址，为什么你那个地址好像是自定义的呢？我的就是一长串地址呢？

老田：你把它原来的删除了，自己再添加一个不就结了，不过一定要加文件名，如图2-44所示。

小天：另外我还想如果在我下次再备份时还是用这个地址不改变的话，文件会怎么办？自动覆盖吗？

老田：这个如何处理就要看你备份选项中如何设置了，如图2-45所示。

其实你这个问题没有问我的必要嘛，为什么不自己备份一次，然后找到备份的文件，再换不同的选项多设置几次，看下效果呢。接下来我们看看如何用Transact-SQL完成同样的备份工作，Transact-SQL语句如下：

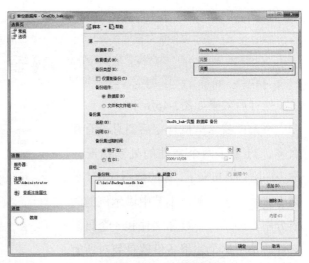

图 2-43 备份数据库

图 2-44 选择备份目标

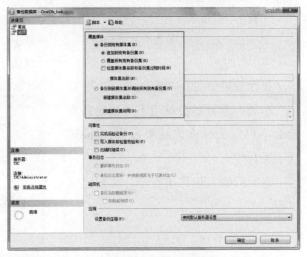

图 2-45 备份选项

```
Use master
go
backup database Stu_db3        --要备份的数据库
```

```
      to disk='D:\Data\Backup\db.bak'--备份文件的存放路径和名字
      with name='逗你玩数据库备份'         --备份集名称
      ,description='数据库完全备份'         --备注
      ,init            --指定重写所有备份集。noinit，不覆盖现有备份
```

执行后效果如图2-46所示。

小天：我这里执行完后消息没有那么多，只说了两个文件的处理情况，你……哦，想起来了，你的数据库在"数据库文件管理"那一小节中讲示例的时候分别多加了一个数据文件和一个日志文件。是否这个完整备份就是要对所有的文件都做一次处理呢？

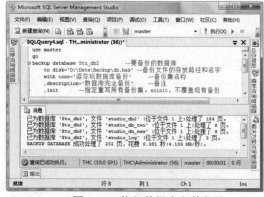

图 2-46　执行数据库完整备份

2. 差异备份

老田：是这个意思，不过差异备份也一样，下面我们来看看。还是同样备份这个数据库，就不用SQL Server Management Studio做了，直接用Transact-SQL语句，如下：

```
use master
go
backup database OneDb_bak
  to disk='D:\Data\Backup\db-cy.bak'
  with differential,              --表明是差异备份
  description='数据库差异备份',     --备注
  init                            --指定不覆盖现有备份
```

执行效果如图2-47所示。

小天：差异备份难道不可以给备份起名字吗？为什么你这里没有Name选项了呢？

老田：嗯，也许不行吧，你自己试试看。

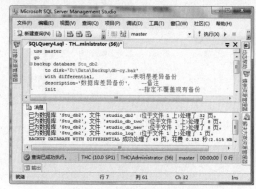

图 2-47　执行数据库差异备份

2.12.2　还原数据库

备份完毕了，接下来我们该讲解如何还原了。虽然谁也不希望自己真正运行着的数据库老想要还原，可遇到数据库出了问题，还原最新的、正确的备份那才是唯一的解决

办法。

上面备份的时候就忘记提醒了，每次备份完了记得校验下正确性。当然，在还原前还是有必要做点准备，比如准备好要还原的文件，准备好就得先校验下文件是否正确，别数据库本来只是小问题，不想太麻烦而选择还原，结果还原到数据库崩溃，哪就要笑疯了。

小天：怎么校验，在备份的时候倒是看到备份选项中有备份完成后校验，但是现在你要如何来校验单独的文件呢？

老田：使用RESTORE 关键字了，下面是一个清单

关键语句	功　能
RESTORE FILELISTONLY	返回由备份集内包含的数据库和日志文件列表组成的结果集
RESTORE HEADERONLY	返回包含特定备份设备上所有备份集的所有备份标头信息的结果集
RESTORE LABELONLY	返回一个结果集，该结果集包含由给定备份设备标识的备份媒体的有关信息
RESTORE REWINDONLY	恢复并关闭指定的磁带设备，该设备在以 NOREWIND 选项执行 BACKUP 或 RESTORE 语句后就保持着打开状态。此命令仅支持磁带设备
RESTORE VERIFYONLY	验证备份但不还原备份，检查备份集是否完整以及整个备份是否可读。但是，RESTORE VERIFYONLY 不尝试验证备份卷中的数据结构

例如我们使用RESTORE FILELISTONLY，执行Transact-SQL语句如下

```
RESTORE FILELISTONLY from DISK='D:\Data\Backup\db.bak' with file=1
```

执行后效果如图2-48所示。

当你的备份文件都准备好了，那么接下来我们执行还原操作。以下实例的还原分为两部分，前面是做的完整还原，而第二部分是差异还原。执行Transact-SQL语句如下：

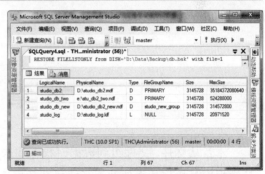

图 2-48　查看备份集中的文件信息

```
USE master
GO
RESTORE DATABASE Stu_db2
    FROM  DISK = 'D:\Data\Backup\db.bak'
    WITH  FILE = 1    --备份设备中的第一个备份集
    , NORECOVERY    --不对数据库执行任何操作
```

```
    , NOUNLOAD        --不对数据库做任何操作，不回滚未提交的事务
    , REPLACE         --覆盖现有数据库
GO    --因为后面还有差异备份，所以必须接着还原，否则数据库将认为没有还原完
RESTORE DATABASE Stu_db2
    FROM  DISK = 'D:\Data\Backup\db-cy.bak'
    WITH  FILE = 1   --备份设备中的第一个备份集
    , NORECOVERY      --不对数据库执行任何操作
    , NOUNLOAD        --不对数据库做任何操作，不回滚未提交的事务
    , REPLACE         --覆盖现有数据库
GO
```

执行后效果如图2-49所示。

老田：注意在代码中那个关于继续差异备份的注释哦，虽然我可以给出图来表示有什么后果，但是我更乐意看到所有学习的朋友都吃一次亏试试。不过我这人最厚道了，给个建议，就是你自己多练习几次，哇哈哈哈哈哈！

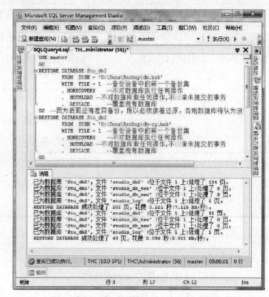

图 2-49　对数据库执行还原操作

本 章 小 结

本章从文件、文件组到数据库状态和选项等全面阐述了数据库的日常维护，以及设计数据库时如何从文件部署开始提高数据库性能。重点讲述数据库的创建、修改、删除、分离和附加等常用操作。

另外本章对于数据库选项、状态和文件状态等方面知识所用篇幅较多，很多东西都是以后的学习和操作中会用到的，希望学员在后面的学习中经常回头来查找答案。

本章最大的特点是尽量多地提出如何利用网络和《SQL Server教程》，希望学员在学习的过程中能够将这种学习习惯也慢慢提升起来。

问　题

1. 数据库至少有几个文件，至多有多少个？

2. 为什么要扩展和收缩数据库？

3. 列举数据库快照的主要作用。

4. 如何部署数据库的文件最好？

5. 文件组的作用是什么？

6. 如何设置数据库自动收缩？

7. 如何设置数据库在最后一个用户退出后完全关闭？

8. 可以将数据库复制到远程服务器上吗？

9. 如果备份的时候选项设置了追加有什么后果？

第二部分　设计、实现和使用数据库

第 3 章　Transact-SQL 语言

学习时间：第三、四天	地点：小天办公室	人物：老田、小天

本章要点

- Transact-Sql 语言概述和执行方式
- 数据库操作语言的特点：数据定义语言、数据操纵语言和数据控制语言
- 语言元素的类型和特点，控制符号，变量，表达式，注释
- 数据类型：数据库中数据的各种类型详解
- 内置函数：SQL Server 数据库中各种内置函数和常用内置存储过程

本章学习线路

前面我们在对数据库的各种操作实例中已经接触了一部分数据库操作语言，但是只是针对特定知识点的讲解，并未对我们使用的Transact-SQL语言做多少介绍，本章我们就从Transact-SQL语言的历史到作用再到执行方式做一个详细的介绍。

接下来分别讲解数据库中几种语言各自的用法，再延伸到Transact-SQL语言的各种元素，之后由一个小实例进入讲解数据类型的章节，最后我们来使用SQL Server的内置函数和常用的内置存储过程。

知识回顾

小天：前两天我们已经学习了如何创建和维护数据库，但是里面一张表都没有，现在该讲怎么创建表了吧？

老田：你老是这么心急，考你几个问题，都回答上了就开始讲新内容，否则你还是乖乖地回去看书吧。

（1）数据库中的数据是放在那里的？

（2）如果数据库在运行一段时间之后，发现目前的容量满足不了大量的数据库存储，怎么办？

（3）如果数据库崩溃了怎么办？

（4）为什么数据库总是处在"正在还原"的状态？怎么办？

（5）在做实例的时候分别都用了些什么语法？

小天：太小儿科了，第一，数据放在数据库的数据文件中；第二，发现容量小了就扩大，大了就收缩；第三，如果有备份文件就还原，没有备份就傻掉；第四，因为被还原的完整备份后面还有差异备份未还原，补上就OK了。第五，这个，那个……

老田：别这个那个的了，不懂就要问，如果你都懂了还用得着学习嘛，别死要面子。

3.1　SQL 与 Transact-SQL 语言概述方式

Transact-SQL语言是SQL Server中对数据库进行控制、查询、定义使用的语言。可以说它是我们和数据库系统对话的主要语言。

小天：什么是SQL？什么又是Transact-SQL呢？

老田：我们先说SQL，SQL全称是"结构化查询语言（Structured Query Language）"。SQL是一种数据库查询和程序设计语言，用于存取数据以及查询、更新和管理关系数据库系统。SQL同时也是数据库脚本文件的扩展名。

SQL是高级的非过程化编程语言，允许用户在高层数据结构上工作。它不要求用户指定对数据的存放方法，也不需要用户了解具体的数据存放方式，所以具有完全不同底层结构的不同数据库系统可以使用相同的SQL语言作为数据输入与管理的接口。它以记录集合作为操作对象，所有SQL语句接受集合作为输入，返回集合作为输出，这种集合特性允许一条SQL语句的输出作为另一条SQL语句的输入，所以SQL语句可以嵌套，这使她具有极大的灵活性和强大的功能，在多数情况下，在其他语言中需要一大段程序实现的功能只需要一个SQL语句就可以达到目的，这也意味着用SQL语言可以写出非常复杂的语句。

结构化查询语言最早是IBM的圣约瑟研究实验室为其关系数据库管理系统SYSTEM R开发的一种查询语言，它的前身是SQUARE语言。SQL语言结构简洁，功能强大，简单易学，所以自从被IBM公司于1981年推出以来，SQL语言得到了广泛的应用。如今无论是像Oracle、Sybase、Informix、SQL Server这些大型的数据库管理系统，还是像Visual FoxPro、PowerBuilder这些PC上常用的数据库开发系统，都支持SQL语言作为查询语言。

美国国家标准局（ANSI）与国际标准化组织（ISO）已经制定了SQL标准。ANSI是一个美国工业和商业集团组织，负责开发美国的商务和通信标准。ANSI同时也是ISO和IEC（International Electrotechnical Commission）的成员之一。ANSI发布与国际标准化组织相应的美国标准。1992年，ISO和IEC发布了SQL国际标准，称为SQL-92。ANSI随之发布的相应标准是ANSI SQL-92。ANSI SQL-92有时被称为ANSI SQL。尽管不同的关系数据库使用的SQL版本有一些差异，但大多数都遵循ANSI SQL标准。SQL Server使用ANSI SQL-92的扩展集，称为T-SQL，其遵循ANSI制定的SQL-92标准。

SQL语言包括三种主要程序设计语言类别的陈述式：数据定义语言（Data Definition Language，DDL），数据操作语言（Data Manipulation Language，DML）及数据控制语言（Data Control Language，DCL）。

- 数据定义语言（DDL）：例如，CREATE、DROP、ALTER等语句。
- 数据操作语言（DML）：例如，SELECT、INSERT、UPDATE、DELETE等语句。
- 数据控制语言（DCL）：例如，GRANT、REVOKE、COMMIT、ROLLBACK等语句。

SQL 的发展历史

1970年：E.J. Codd 发表了关系数据库理论（relational database theory）。

1974—1979年：IBM 以Codd的理论为基础开发了"Sequel"，并重命名为"SQL"。

1979年：Oracle发布了商业版SQL。

1981—1984年：出现了其他商业版本，分别来自IBM（DB2）、Data General（DG/SQL）和Relational Technology（INGRES）。

SQL-86标准：ANSI跟ISO的第一个标准。

SQL-89标准：增加了引用完整性（referential integrity）。

SQL-92（aka SQL2）标准：被数据库管理系统（DBMS）生产商广泛接受。

SQL-1997+：成为动态网站（Dynamic web content）的后台支持。

SQL-99标准：Core level跟其他8种相应的level，包括递归查询，程序跟流程控制，基本的对象（object）支持包括oids。

SQL-2003标准：包含了XML相关内容，自动生成列值（column values）。

2005-09-30："Data is the next generation inside...SQL is the new HTML"！Tim O'eilly提出了Web 2.0理念，称数据将是核心，SQL将成为"新的HTML"。

SQL-2006标准：定义了SQL与XML（包含Xquery）的关联应用。

现在对SQL已经有个大概的理解了，再来说Transact-SQL。上面已经说了，T-SQL是Microsoft公司在关系型数据库管理系统SQL Server中的SQL-3标准的实现，是微软对SQL的扩展，具有SQL的主要特点，同时增加了变量、运算符、函数、流程控制和注释等语言元素，使得其功能更加强大。Transact-SQL对SQL Server十分重要，SQL Server中使用图形界面能够完成的所有功能，都可以利用Transact-SQL来实现。使用Transact-SQL操作时，与SQL Server通信的所有应用程序都通过向服务器发送Transact-SQL语句来进行，而与应用程序的界面无关。

小天：我是不是可以这样理解，Transact-SQL除增加了变量、运算符、函数、流程控制和注释等新东西外，其本质仍然是SQL语言。

老田：是的，所以前面我一直跟你强调，只要学会一种关系型数据库，基本上玩其他关系型的编程设计就都不存在问题了。当然，再次重申，如果你励志要做一个牛B的数据库管理员，而不是牛B的开发人员，本书可能不适合你。

接着上面说，根据Transact-SQL语言所完成的具体功能，可以将之分为五大类：分别为数据定义语句、数据操作语句、数据控制语句、事务管理语言和一些附加的语言元素。下面做一些简要的介绍。

数据操作语句（Data Manipulation Language，DML）

DML语句用于处理数据，包括数据检索、在表中插入行、修改值、删除行等。例如，SELECT、INSERT、DELETE、UPDATE等语句。

数据定义语句（Data Definition Language，DDL）

DDL用于创建、管理数据库中的对象。DLL语句可以创建、修改、删除数据库、表、索引、视图、存储过程和其他对象。例如：

CREATE TABLE、DROP TABLE、ALTER TABLE

CREATE VIEW、DROP VIEW

CREATE INDEX、DROP INDEX

CREATE PROCEDURE、ALTER PROCEDURE、DROP PROCEDURE

CREATE TRIGGER、ALTER TRIGGER、DROP TRIGGER

数据控制语句（Data Control Language，DCL）

DCL语句用于控制用户和数据库对象的安全权限。一些对象有不同的权限集，可以给特定的用户或者用户组授予或者拒绝这些权限。这些用户或者用户组属于一个数据库角色或者Windows用户组，主要有GRANT、DENY、REVOKE等。

附加的语言元素

附加的语言元素主要为了辅助SQL语言。例如SET、DECLARE、OPEN、FETCH、CLOSE、EXECUTE、if、else等。

事务管理语言

针对事务定义的语言元素，例如BEGIN TRANSACTION/COMMIT、ROLLBACK、RANSACTION等。

3.2 Transact-SQL 语言的执行方式与调试

小天：在前面我们已经使用过了Transact-SQL语言，我觉得执行方式在这一章中就没有必要讲了吧。

老田：对于太深层次的执行方式、执行顺序我当然不打算跟你讲，反正讲也白讲，但是对于最基本的执行方式还是要说给你的。

其实对我们编程人员来说，语言的执行无非两种方式，在SQL Server Management Studio的查询分析器中和将来我们写的程序中。

小天：我觉得在SQL Server Management Studio中直接使用哪些工具，好像都可以不使用Transact-SQL。

老田：你又错远了，那些工具的作用其实就是帮你生成相应的Transact-SQL语句，例如我们随便来做一个操作，然后让SQL Server Management Studio生成实际的操作脚本。步骤如下。

（1）在"对象资源管理器"中找到"指定的SQL Server实例"下面的"数据库"节点，在其上单击鼠标右键，新建数据库。

（2）在打开的"新建数据库"对话框中，为数据库输入名字"Test"。

（3）其他你爱做什么操作就做什么操作，比如增加文件、文件组，修改选项等。

（4）单击"脚本"菜单后面的下箭头，选择一种方式保存操作产生的Transact-SQL语句，如图3-1所示。

在图3-1中，注意红色框里面的内容，只要单击这里就可以把我们在对话框中所有的设置加上这个操作所需要的关键字组合成一系列需要的SQL语句。换句话说，这些工具同样是生成SQL语句去让SQL Server系统来执行。比如本例中，我们选中"将操作脚本保存到'新建查询'窗口"命令，之后单击"取消"（不执行上述操作）按钮或者"确定"（执行上述操作）按钮关闭"新建数据库"对话框。会发现在SQL Server Management Studio中已经新建了一个查询窗口，而且还有很多我们认识的和不认识的代码。

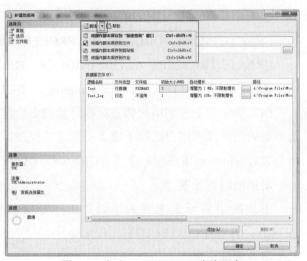

图 3-1　生成 Transact-SQL 查询语句

小提示：这个操作在上一章也有提到，主要是希望大家多使用这种方式来学习。我碰到很多因为英语不好或者记忆力一般的学生，常常都苦恼记不住代码。对此，我给出的办法是：尽量不要将实现一个功能的代码（比如创建数据库、添加文件、设置数据库选项等）用纸抄下来死记硬背。当然，语法（比如CREATE DATABASE、ALTER TABLE）这种可以在无聊的时候背下。最好不要是硬背下来的，而是输入代码练习出来的。

我们使用上例的方法将代码生成出来后不是给你用的，是给你的示例，你如果记不住语法的话，最起码都要抄上两次，直到记住语法（不是代码）为止。最好能够达到举一反三的效果。

3.2.1　调试代码

凡是用过Visual Studio写代码的同学一定不会不知道"断点调试"这个学习、排错的利器。因为有了断点调试，我们很容易找到代码中的错误，跟踪代码的执行，随时监视变量的变化等。

小天：嗯嗯，那个确实很不错，以前学UI的时候，写js最痛苦的就是没法调试。不过数据库中代码都比较少的，大多是一句话，这个也需要调试？

老田：对于特别菜的用法来说肯定是这样的，但是你听过存储过程、事务、触发器吗？往往一个功能十分复杂的代码段常常把程序员搞得死去活来。当然，比如MySQL等数据库都没有断点调试，这个我们是否还必须学呢？事实上不会这个也无所谓，但是，对于初学者来说，没有什么精彩的讲解会比我们自己看到代码的执行过程更清楚。因为这会让你对程序的理解来得更直观和深刻。

接 下 来 我 们 看 看 SQL　Server Management　Studio环境中常用按钮的作用，如图3-2所示，注意图片上的数字。

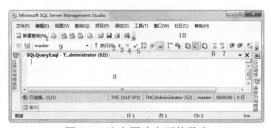

图 3-2　注意图片上面的数字

（1）单击新建一个查询，会新建一个查询分析窗口（图3-2中标注8的位置），更多时候我们将查询分析窗口称为查询分析器。

（2）执行当前查询语句。

（3）调试当前查询语句，单击后可按F11键逐语句调试或者按F10键逐过程调试。

（4）停止调试。

（5）校验当前查询代码是否正确。

（6）注释当前选中的代码。

（7）取消对选中代码的注释。

（8）查询分析窗口，或者叫查询分析器，而本书中所有地方未特殊说明的代码都写在这里面。

（9）当前查询分析器中代码针对的数据库，在代码中可以使用use 数据库名来改变，也可以单击下拉菜单切换。

（10）在这种空白的位置单击鼠标右键，可以自定义显示在工具栏上的各类工具条。

小天：上面1、2、5、6、7、8、9、10就不需要做过多解释了，我已经试过了，就对3、4不明白。

3.2.2 调试 Transact-SQL 代码

老田：我们来做一次，如果在你的服务器资源管理器中没有AdventureWorksDW这个数据库，请先安装光盘：\示例数据库\SQL2008.AdventureWorks_All_Databases.x86。

（1）在查询分析器中写如下代码。

```
use AdventureWorksDW
go
declare @dbv varchar(30), @result varchar(30);
set @dbv='10';

SELECT @result = DBVersion
  FROM AdventureWorksDWBuildVersion
WHERE DBVersion like '%'+@dbv+'%'

select @result;
go
```

（2）将光标移动到第三行，按F9键或者在第一行前面单击鼠标左键，如图3-3所示。

（3）单击 ▶ 按钮开始调试，结果如图3-4所示。

（4）注意图3-4中两个标注的区域。

① 为当前代码运行到的位置。

② 控制调试的功能按钮。

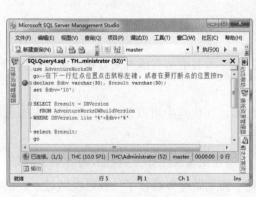

图 3-3 为代码打断点

图 3-4 开始调试

（5）按F10键（逐过程，一个批处理或者过程的调试）、F11键（逐语句，一句句地调试）。在本例中，效果一样，因为本例中没有涉及过程。按一次F11键，代码运行到下一行，在图3-5中的标注位置1可以看到当前执行到的代码行，标注2位置看到变量在当前的值，标注3位置可以看到代码执行到当前行的其他情况。

（6）最后就是一步步地用F11键调试看变量的值吧。直到最后完全执行完成当前的代码。这个过程中要多思考代码的执行顺序。

图 3-5 调试程序

3.3 数据定义语言（DDL）

小天：那你分别跟我说下五大类Transact-SQL语言吧。

老田：好，我们就从最熟悉的数据定义语言开始讲。从前面两章我们知道了一些创建、修改、删除数据库等用于创建新对象的语句，这些都属于数据定义语言。

从上面我们使用SQL Server Management Studio生成Transact-SQL语句的实例中可以看出，几乎所有的数据库维护操作都会首先被编写成脚本，而后才能被执行。这就是SQL Server管理工具中有那么多脚本选项的原因。脚本引擎已经以各种形式存在了很多年。

这是一个相对简单的问题，因为数据库对象只能执行三个操作：创建、修改和删除。相关的DDL语句如下表所示。

语句	描述
CREATE	用来创建新对象，包括数据库、表、视图、过程、触发器和函数等常见数据库对象
ALTER	用来修改已有对象的结构。根据用途的不同，这些对象使用ALTER语句的语法也不同
DROP	用于删除已有的对象。有些对象是无法删除的，因为它们是与模式捆绑的。这就是说，如果表中包含的数据参与了一个关联，或者另一个对象依赖要删除的对象，就不能删除它

我们在AdventureWorksDW2008数据库中创建的一张名为BOOKS表，创建的代码如下：

```
USE AdventureWorksDW
GO
CREATE TABLE BOOKS(
```

```
   ID int primary key,
   B_NAME varchar(100)
)
GO
```

这样我们就在AdventureWorksDW2008数据库中创建了一张名为BOOKS的表，其中有两个字段ID和B_NAME，ID是主键，只能存储int类型的数据，B_NAME为varchar类型，用来存放书的名字。

对于不同的数据库系统，每种语法的属性可能会有不同，这里就不每个都去创建一次了，我们会在相应的章节中一一讲解。

3.4　数据操纵语言（DML）

小天：从你在概述中所讲来看，数据操纵语言应该只有4种吧？

老田：是的，DML对数据只能执行以下四种操作：创建（CREATE）记录、读取（READ）记录、更新（UPDATE）记录和删除（DELETE）记录。这几个词拼写为CRUD——即可对数据执行CRUD操作。在设计SQL时，设计人员选择不同的词汇来描述这四种操作：INSERT（插入）、SELECT（选择）、UPDATE（更新）与DELETE（删除）。但是ISUD不如CRUD容易记忆。如果能正确掌握这四类语句，就能使用SQL对数据执行任何操作了。不过这非但不是最简单的，反而是最复杂的，无论作为一个编程人员还是DBA来说，面临最多的操作都是针对数据。而其他定义语言，控制语言、附加的语言都是为了数据服务的，只有数据库操纵语言才是直接面对数据的。

小天：来点直接的，对查询、增加、修改、删除分别作一个实例吧，上面不是创建了个BOOKS数据表嘛，就用它了。

老田：首先纠正下，这也是我自己常常犯的一个口误，"查询"这个术语有点误导作用。一般常把查询看作一个问题，人们常常把"查询"与Transact-SQL中的SELECT语句联系起来。但无论Transact-SQL包含SELECT、UPDATE、DELETE还是INSERT语句，都是一个查询。查询更像一个句子，而且必须是一个完整的语句，至少要有名词和动词。SQL语义规则定义了一个简单的结构。下面的子句说明要做什么：SELECT、INSERT、UPDATE或者DELETE，这些都是动词。此外，还需要定义要返回的列或值，通常需指定要操作的表或者其他数据库对象，这是宾语或者名词。根据操作的类型，句子中可以有像From和Into这样的连接词。

接着说我们要查询，首先得保证数据库中有东西对不，那么就先从插入数据开始吧。如图3-6所示。

现在BOOKS表中就有一行数据了，我们就得来看下是否真的有，执行SELECT（选择）语句或者叫检索，效果如图3-67所示。

小天：这个SELECT也太简单了嘛，能不能只检索出符合我想要的条件的数据呢？

老田：当然可以了，不过那将会在后面章节再讲解，这里就先不延伸了。接着看如何更新上面这条数据，如图3-8所示。

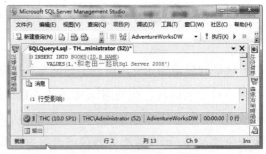

图 3-6　向表中插入新数据

图 3-7　检索 BOOKS 表中所有数据

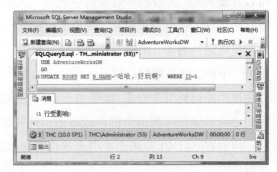

图 3-8　修改数据

小提示：有时候因为SQL Server Management Studio的问题，可能出现图3-6和图3-7的代码错误这样的误报。如图中BOOKS下面出现红色波浪线，这种问题不影响使用。

你可以再次检索看看结果，选中需要执行的那行代码即可单独执行被选中的代码，最后我们觉得都不好玩了，要删除数据库中全部数据行，执行DELETE语句即可，如图3-9所示。

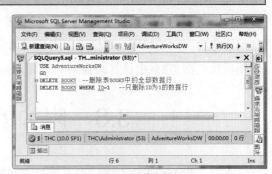

图 3-9　删除数据

3.5 数据库控制语言（DCL）

这是到目前为止SQL语言中最简单的子集。数据控制语言（DCL）用于管理用户对数据库对象的访问。在使用DDL设计了数据库并创建了对象以后，还需要采取一些安全策略，即向用户和应用程序提供适当级别的数据访问权限与数据库功能权限，以保护系统免遭入侵。可设置服务器级或者数据库级的访问权限控制，权限级别组可分配给单个的用户，也可以分配给具有成员角色的一组用户。虽然数据库安全的概念相对简单，但对此却不可掉以轻心。在设计数据库安全策略时，设计一个全面的策略，考虑所有的业务需求与组织的安全标准是很重要的。

SQL Server认可的安全模型有两种，一种是SQL Server安全性：用户与角色完全在数据库服务器内管理；另一种是集成Windows安全性：将权限级别映射到组与用户，并且由基于Windows的网络系统进行管理。

考虑权限最容易的方法就是分层思考。由于用户可以是多个角色的成员，所以他们可以有混合的、因数据库对象的不同而不同的权限集合。就像在门上放置多个锁，只有所有限制性的权限都被消除，并且至少有一个角色成员被授予了访问对象的权限，用户才能访问这些对象。用锁的比喻来说，如果门上有三个锁，但我们有一把钥匙来打开其中的一个锁，就不能把门打开。同样，如果一个用户是具有三种角色的成员，其中两个角色被拒绝访问某个对象，即使另一个角色被显式地授予了权限，他也不能访问该对象。用户必须消除受限制的角色，或者撤销这些权限。

简而言之，DCL是由三个用来管理特定数据库上的用户与角色的安全权限级别的命令组成的：

- GRANT命令用于授予用户或角色权限集合。
- DENY命令用于显式地限制权限集合。
- REVOKE命令用于撤销对象上的权限集合。

权限的撤销会将一个对象上的显式权限（GRANT或DENY）移除，这样，就可以使用不特定级别的权限。在权限应用到对象之前，要先定义用户与角色。关于这些语句的使用我们在第2章中已有很详细的解释，如果有什么不明白的，建议再回头看看。

3.6 附加的语言元素

小天：你上面讲这么多，怎么都没有讲到GO、USE这些前面看到过的呢？

老田：别急，这些属于附加的语言元素，我们这就开始讲。

小天：哎呀，想起来了，开篇在说SQL和Transact-SQL区别的时候谈到，附加的语言元素是微软在SQL-92标准上新附加的，换句话说，其他的数据库中其实是不存在这些语言元素的？

老田：就算其他数据库也有同名的语言元素，那作用可能也是不同的。比如GO，在MySQL中是不存在的。因为在MySQL中不同的代码段之间是不需要用GO关键字来分割的，默认分号结束就可以了。再比如Access这种桌面数据库，他不用这些扩展，要命的是，它干脆根本不支持例如存储过程这类的编程。

小天：那我看还是不要学这节了吧？反正在其他数据库中也没有用。

老田：你小子怎么这么多废话呢？要知道几乎所有商业数据库都有自己的附加语言元素，比如Oracle对SQL扩展后，叫P\SQL。要知道，这些附加的语言元素一方面是满足数据库系统本身，另外一方面也是扩展SQL本身的不足。所以大部分数据库的扩展其实是大同小异的。

学数据库和学编程一样，语言并不重要，真正重要的是思想。对于初学者来说，最重要的是有好的学习方法、解决问题的能力。不要总是局限在语言中，那是愚蠢的。

小天：额……我就是随便说说嘛。继续、继续。

3.6.1　标识符和命名规范

在Transact-SQL语言中，数据库对象的名称就是其标识符。在SQL Server系统中所有对象都可用标识符，例如服务器、数据库、表、视图、约束等，而且对于大多数数据库对象来说，标识符都是必须的。也有部分对象的标识符是可选的，例如在3.3节创建表BOOKS中ID字段的主键约束，我们并未特意为它指定约束名，但系统会自动为它生成一个标识符。

小天：也就是说，这些标识符的命名都是我们自己起的哦？一个程序中需要命名的地方应该很多吧，我看系统数据库中好多表，发现每个表的名字都是几个英文单词组合起来的，万一遇到一个功能特别难以说清楚的表该怎么办？岂不是要一句话来做标识符哦？还有，我可以用中文做标识符吗？我英文一级都没有过……

老田：你问了个很有深度的问题，首先不要用中文做标识符，因为我们接下来要学的所有编程环境都是英文的，冒然用中文一般来说也不会出错，不过一旦遇到不兼容的情况，那么发生了错误你也就很难排除了。

在创建数据库时，对象应按照某种合理的规范来命名。命名规范没有业内通用的标准，人们对于什么是合理的命名规范意见不一。大多数人认为这是简单的常识，于是他们不在此花太多精力。但问题是，没有通用的命名规范，每个人都认为自己的命名规范是合理的。

如果有一个简单的标准，就会十分方便。尽管对象命名并不复杂，但它是有艺术性的，有许多方面需要考虑：比如，最好使用能完整描述每个对象的用途的名字。另外，名字应简短、简洁，这样用户就不必花很多精力打字了。两者有时候是相互矛盾的。

一般规则是，在SQL Server中创建对象时，如果查询编辑器把名字的颜色从黑色变成其他颜色，就应避免使用该名字。还要注意，查询编辑器会改变已配置的所有单词的颜色，以便于识别。这些单词包括SQL保留字、函数和系统对象、ODBC保留字和将来的保留字。因此，并不是所有改变颜色的单词都是保留字。例如，在打开的查询窗口中输入Description时，该单词就会变成蓝色，不经任何特殊处理就可以被使用，但Management Studio会把它识别为一个潜在的保留字。后来SQL Server系统变得聪明了，凡是让SQL Server系统生成的Transact-SQL语句中的标识符都会默认加上方括号"[]"，这是因为总有人会使用到一些系统保留关键字做他们的标识符，而SQL Server系统为了能够区分不得已的做法。

一些旧的数据库产品不支持混合大小写的名字或者包含空格的名字。因此，虽然混合大小写的名字不容易产生视觉疲劳。许多数据库管理员仍旧使用全小写的名字，名字中的词用下划线隔开。

当Windows 95推出时，Microsoft推广使用长文件名，同时开发的Microsoft Access也推广使用长数据库对象名。从某个方面来说，使用友好的、类似于句子的描述性名字是符合情理的。实际上，SQL Server能够处理带空格的名字，但是解决方案中的其他组件可能会有问题。值在应用程序的不同级别上处理过程是：首先从用户界面的控件传递到程序代码的变量中，然后传递到方法的参数或者类的属性中，最终，这些值作为参数传递到存储过程中，作为字段名传送到SQL语句中。其要点是，如果这些项有相同或相似的名字，每个参与者操作起来会更容易一些。

在数据库中使用带空格的字段名，在其他地方则使用不带空格的相似名字不会有什么坏处。但数据库专家普遍认为，对象名中不应该有空格，坦率地说，这更多的是观念问题，而不是技术可行性问题。但编写代码时使用内嵌空格的引用对象，容易引发错误和应用程序异常。如果应用程序开发人员需要创建程序来访问数据库，最好避免使用内嵌空格的对象名。

我做过很多由单人完成的解决方案开发工作，既要创建数据库，又要写软件组件、设计开发用户界面，还要编写所有的程序代码，并把这些组件关联到一起。即使在这些应用程序中，如果相关的对象名不相同，仍旧容易迷失方向，因此这些对象名在整个解决方案中最好是一致的。我也曾经参与了一些大型的复杂项目，在这些项目中，数据库是很久以前由其他人设计的。如果从一开始名字就不清晰、不简练，就会出现两难的局面：是在程序代码中把名字起得容易理解一些（它们与表和字段名不匹配是可以接受的），还是在整个解决方案中使用与数据库相同但容易混淆的名字呢？

数据库设计人员在建模与创建表格时，常常会使用自己的命名习惯为表与字段命名。当这个人去做其他工作后，另一个数据库专家加入进来，添加了一些存储过程。他可能不认可原来的设计人员所用的名字，于是他给存储过程和输入参数命名的规范不同于表中的字段。这时又来了一位顾问开发软件组件，他给对应于字段和参数的相关类属性使用缩写名。再后来，一位初级软件开发人员利用这些数据创建了一个用户应用程序，他参加了一个培训班，或者读了一本关于正确命名对象的书，决定使用自己的命名规范来解决问题，而不管已存在的名字。巧合的是，我今天刚修改了一些报表查询，设计了这些报表所使用的表。在测试时，发现性能不理想，于是决定建立另一个带有预聚合数据的表。另一个数据库设计人员帮忙为一些列命名，但命名方法和我不一样。

这个常见的问题没有简单的解决方法。理想情况是，数据库的设计者应认真考虑名字的影响，并全面地解释它们。这就为后来者设立了标准——所有的名字都应保持一致。另外一个不算解决办法的办法就是完善你的文档，能够多完善就多完善，完善到里面的每一行代码，每一个标识符在任何地方都可以从注释中看出意思来。

小天：说了这么半天，我也迷迷糊糊的，要不你给我个你的标准吧。

老田：这也仅代表我自己的标准，我习惯的命名方法是，表名用最多不超过3个英文单词，通常是一个单词，例如Books（字段名为b_id、b_name、b_price）、Products（字段名为p_id、p_number）、NewsFavorite（字段名为nf_id、nf_url），对于外键约束类的命名则习惯"主表名+从表名+约束"，以上所说是针对小的项目，如果项目涉及到多个模块的话，还会有前缀，比如文章模块A_Class、A_Remark，用户模块则为U_Role、U_Group 这样，加上模块前缀名。但是这样还是常常会发生以上所述的一些情况，所以会严格的要求数据库文档齐全，在文档中详细对每项做解释。

3.6.2　局部变量

在SQL Server中变量分为局部变量和全局变量两种，不过我们常说的变量基本上都是指局部变量，它是用以在编程过程中临时保存单个特定数据类型的值的对象。在SQL Server编程中一般用于存储过程，自定义函数，批处理。例如要做一个循环，则可以用变量来记录循环的次数，或者保存存储过程中最终要返回的值等。

小天：我明白了，前面3.2.2小节教我打断点调试那个实例中前一行就是声明变量对吧？当时我做了好多练习，感觉很有趣，后来慢慢总结出以下几点。

（1）声明变量必须用declare。

（2）为变量指定名称，而且名称前必须有一个@符号。

（3）必须为变量指定数据类型和长度。

（4）默认情况下，变量的值为null。

（5）可以在一个declare语句中声明多个变量，之间用逗号分隔。

（6）变量的赋值有两种方式，一是用set关键字，还有一种是直接用select检索来赋值的。

不过我还有个问题，你既然说有全局变量和局部变量，那么是否意味着变量是存在作用域的，一旦超过什么界限，变量就会不存在了？

老田：很不错，从一个例题中你就领悟出这么多东西来，下面我再给你强化一个例题，然后再说作用域的问题。我们做一个循环，并打印出结果，代码如下：

```
Use master
go
declare @max int;        --声明一个变量@max
set @max=1;              --为变量@max赋值


while @max<10            --如果@max小于就进入循环
begin
    set @max=@max+1;     --每次循环就给@max加
    print @max;          --打印当前@max的值
end
print '终于循环完了'
```

最终执行结果如图3-10所示。

接着我们说作用域，局部变量的作用域一般限制在一个批处理中（也可能是存储过程或者自定义函数等脚本），例如上面例题中的@max变量，它在整个这代码段中都有效。但是换另外一个脚本的时候，它就无效了。

老田：SQL Server中没有常量，不过有全局变量，如果一定要说有常量的话，上例中最后一行代码'终于打印完了'和每次循环都给@max加1，这个1，都是属于常量。

图 3-10　一个 while 循环的实例

3.6.3　全局变量

小天：那什么又是全局变量？为什么会有局部变量和全局变量这个说法呢？

老田：全局变量是SQL Server系统定义并赋值的一系列变量，我们只需要使用，自己却无法定义和赋值，例如我们使用@@SERVERNAME来返回运行SQL Server 2008本地服务器的名称，如图3-11所示。

小天：哦，还不错，还有多少可以使用的全局变量，麻烦列个表给我嘛。

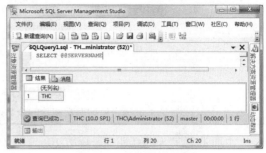

图 3-11　使用全局变量

老田：好吧，我这里给你列出几个常用的，还有更多不常用的就需要你自己去查询SQL Server的帮助文档了。

变 量 名	解 释
@@SERVERNAME	返回运行 SQL Server 本地服务器的名称
@@REMSERVER	返回登录记录中记载的远程 SQL Server 服务器的名称
@@CURSOR_ROWS	返回最后连接上并打开的游标中当前存在的合格行的数量
@@ERROR	返回最后执行的 Transact-SQL 语句的错误代码
@@ROWCOUNT	返回受上一语句影响的行数，任何不返回行的语句将这一变量设置为 0
@@VERSION	返回 SQL Server 当前安装的日期、版本和处理器类型
@@DBTS	返回当前数据库的时间戳值必须保证数据库中时间戳的值是唯一的
@@FETCH_STATUS	返回上一次 FETCH 语句的状态值
@@IDENTITY	返回最后插入行的标识列的列值
@@SERVICENAME	返回 SQL Server 正运行于哪种服务状态之下：如 MS SQL Server、MSDTC、SQLServerAgent
@@TEXTSIZE	返回 SET 语句的 TEXTSIZE 选项值，SET 语句定义了 SELECT 语句中 text 或 image。数据类型的最大长度基本单位为字节

3.6.4　运算符

运算符共有算术运算符、逻辑运算符、位运算符、一元运算符、赋值运算符、比较运算符、字符串串联运算符这么几种。加、减、乘、除这些算术运算符我就不多说了，小学都学过了，我们就主要说下其他几种运算符。

小天：俺家是农村的，小学那会都没有见过计算机，我刚才在键盘上看了半天，也只发现了＋、一这两个运算符，乘和除我找不到，再说，就算找到了加和减我也不知道在SQL Server中如何用啊。

老田：好吧，看咱们都是农民的份上，我就耐心点说下吧，符号和解释如下表：

符 号	解 释
+	加，int 类型的数字相加，也可以将数字以天为单位和日期相加
-	减，同上
*	乘
/	除，如果相除两数均为整数，那么结果中的小数部分将被截断
%	取模，返回两数相除的余数，例如 20%8 = 4

下面来做个实例，如图3-12所示。

接下来再针对日期和数字加减做一个实例，代码如下：

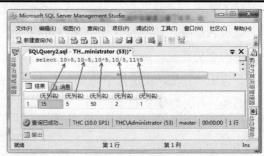

图 3-12 算术运算

```
DECLARE @startdate datetime, @adddays int    --声明两个变量
SET @startdate = '2009-10-1'                  --为@startdate赋值
SET @adddays = 5                              --为@adddays赋值
SELECT @startdate - 1.25 AS 'Start Date',     --1.25为一天外带6小时
   @startdate + @adddays AS 'Add Date'        --两个变量相加
```

执行后效果如图3-13所示。

小天：我觉得日期类型和int类型加减其实也没有多大意思，有什么用啊？

老田：用处大了去了，比如日程安排系统，指定加减多少天提醒，比如统计某种商品在到今天为止的前X天销售情况。

小天：明白了，就按照你说的例题，要测试到今天为止的前5天的商品销售

图 3-13 日期类型和 int 类型加减

情况，我算出来前五天的时间了，可是又怎么和数据库中的销售记录对比呢？

老田：这个就得用到逻辑运算符了。逻辑运算符的目的是对两个结果进行比较，返回一个bool值（是或者否），用TRUE（是）和FALSE（否），在SQL Server 中，可用的逻辑运算符如下表：

运 算 符	含 义
ALL	如果一组的比较都为 TRUE，那么就为 TRUE
AND	如果两个布尔表达式都为 TRUE，那么就为 TRUE
ANY	如果一组的比较中任何一个为 TRUE，那么就为 TRUE
BETWEEN	如果操作数在某个范围之内，那么就为 TRUE
EXISTS	如果子查询包含一些行，那么就为 TRUE
IN	如果操作数等于表达式列表中的一个，那么就为 TRUE
LIKE	如果操作数与一种模式相匹配，那么就为 TRUE
NOT	对任何其他布尔运算符的值取反
OR	如果两个布尔表达式中的一个为 TRUE，那么就为 TRUE
SOME	如果在一组比较中，有些为 TRUE，那么就为 TRUE

　　逻辑运算符的实例我们在比较运算符讲了后一起来做，接下来先看比较运算符，比较运算符测试两个表达式是否相同。除了text、ntext或image数据类型的表达式外，比较运算符可以用于所有的表达式。可用的比较运算符如下表

运 算 符	含 义
=（等于）	等于
>（大于）	大于
<（小于）	小于
>=（大于等于）	大于等于
<=（小于等于）	小于等于
<>（不等于）	不等于
!=（不等于）	不等于（非 ISO 标准）
!<（不小于）	不小于（非 ISO 标准）
!>（不大于）	不大于（非 ISO 标准）

　　下面结合逻辑和比较两种运算符做一个实例，代码如下：

```
declare @a int =10,@b int =20,@c int =30;  --声明3个变量并同时赋值
if(@a<@b and @b>@c)                        --尝试修改比较、逻辑运算符
begin
    print '逻辑合理'
end
else
begin
    print '逻辑错误'
end
```

　　请按照注释中的提示修改代码，当前代码运行结果如图3-14所示。

小天：这个练习确实有趣，另外赋值运算符应该就只有一个"="号吧，这个就不用讲了嘛。

老田：是的，还有一个字符串连接运算符也是一样，只有一个"+"号。默认情况下，对于varchar数据类型的数据，在 INSERT或赋值语句中，空的字符串将被解释为空字符串。在串联varchar、char或text数据类型的数据时，空的字符串被解释为空字符串。例如，

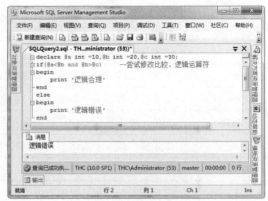

图 3-14　代码运行结果

'abc'+''+'def' 被存储为'abcdef'。但是，如果兼容级别设置为65，则空常量将作为单个空白字符处理，'abc'+''+'def'将被存储为'abc def'。

接着我们看按位运算符，按位运算符在两个表达式之间执行位操作，这两个表达式可以为整数数据类型类别中的任何数据类型。下表为按位运算符的符号和解释：

算　符	解　释
&（位与）	位与（两个操作数）
|（位或）	位或（两个操作数）
^（位异或）	位异或（两个操作数）

按位运算符的操作数可以是整数或二进制字符串数据类型类别中的任何数据类型（image数据类型除外），但两个操作数不能同时是二进制字符串数据类型类别中的某种数据类型。下表显示所支持的操作数数据类型。

左操作数	右操作数
binary	int、smallint 或 tinyint
bit	int、smallint、tinyint 或 bit
int	int、smallint、tinyint、binary 或 varbinary
smallint	int、smallint、tinyint、binary 或 varbinary
tinyint	int、smallint、tinyint、binary 或 varbinary
varbinary	int、smallint 或 tinyint

最后再来看看一元运算符。一元运算符只对一个表达式执行操作，该表达式可以是numeric 数据类型类别中的任何一种数据类型。下表为一元运算符的符号和解释：

符　号	解　释
+（正）	数值为正
−（负）	数值为负
~（位非）	返回数字的非

　　+（正）和-（负）运算符可以用于numeric数据类型类别中任一数据类型的任意表达式。～（位非）运算符只能用于整数数据类型类别中任一数据类型的表达式。

　　小天：你说了这么多，我有个问题，算术运算符是有优先级别的，在这里这么多种类的运算符也都有优先级别吗？

　　老田：当然得有优先级了，多个不同的运算符同时出现在一个表达式中是很正常的。运算符的优先级别如下表中所示。在较低级别的运算符之前先对较高级别的运算符进行求值。

级　别	运　算　符
1	~（位非）
2	*（乘）、/（除）、%（取模）
3	+（正）、-（负）、+（加）、+（连接）、-（减）、&（位与）、^（位异或）、|（位或）
4	=、>、<、>= 、<= 、<>、!=、!>、!<（比较运算符）
5	NOT
6	AND
7	ALL、ANY、BETWEEN、IN、LIKE、OR、SOME
8	=（赋值）

　　当一个表达式中的两个运算符有相同的运算符优先级别时，将按照它们在表达式中的位置对其从左到右进行求值。例如，在下面的SET语句所使用的表达式中，在加运算符之前先对减运算符进行求值。例如：

```
DECLARE @MyNumber int
SET @MyNumber = 4 - 2 + 27
SELECT @MyNumber  --结果为29
```

　　在表达式中使用括号替代所定义的运算符的优先级。首先对括号中的内容进行求值，从而产生一个值，然后括号外的运算符才可以使用这个值。

　　例如，在下面的SET语句所使用的表达式中，乘运算符具有比加运算符更高的优先级别。因此，先对它进行求值。此表达式的结果为13。

```
DECLARE @MyNumber int
SET @MyNumber = 2 * 4 + 5
SELECT @MyNumber    --结果为13
```

　　在下面的SET语句所使用的表达式中，括号使加运算先执行。此表达式的结果为18。

```
DECLARE @MyNumber int
SET @MyNumber = 2 * (4 + 5)
SELECT @MyNumber    --结果为18
```

　　如果表达式有嵌套的括号，那么首先对嵌套最深的表达式求值。以下示例中包含嵌套的括号，其中表达式5-3在嵌套最深的那对括号中。该表达式产生一个值"2"。然后加运算符（＋）将此结果与4相加。这将生成一个值"6"。最后将"6"与"2"相乘，生成表达式的结果为12。

```
DECLARE @MyNumber int
SET @MyNumber = 2 * (4 + (5 - 3) )
SELECT @MyNumber      --结果为12
```

3.6.5 表达式

小天：你上面说了个表达式，是什么？

老田：表达式就是符号和运算符的一种组合，SQL Server数据库引擎将处理该组合以获得单个数据值。简单表达式可以是一个常量、变量、列或标量函数。可以用运算符将两个或更多的简单表达式联接起来组成复杂表达式。

表达式是标识符、值和运算符的组合，SQL Server可以对其求值以获取结果。访问或更改数据时，可在多个不同的位置使用数据。例如，可以将表达式用作要在查询中检索数据的一部分，也可以用作查找满足一组条件的数据时的搜索条件。

表达式可以是下列任何一种：

- 常量
- 函数
- 列名
- 变量
- 子查询
- CASE、NULLIF或COALESCE

还可以用运算符对这些实体进行组合以生成表达式。

在以下SELECT语句中，SQL Server可以将B_NAME解析为一个值。因此，它是一个表达式。

```
SELECT B_NAME FROM BOOKS
```

小天：我明白了，换句话说，上面讲解运算符优先级中的几个示例中那些声明变量赋值都是表达式，对吧？

老田：是的，接下来我们讲解注释。

3.6.6 注释

几年前发生在我身上的一件事，现在还记忆犹新。我去给客户谈一个内部管理系统的事，他给我了一些代码文件，说是以前准备的，我看了半天，很头大地问："谁这么没水平，这代码写得也太乱了"。客户接下来的回答，让我感到严重地纠结，他说："小田，这个代码是你给我们做网站的时候，说以后要是开发内部管理系统的时候可以用到的嘛"。从那以后，我再也不轻易地批评别人的代码了，同时无论什么项目，只要有可能混淆的地方，我一定写注释。因为当时不论逻辑看起来多么合理，对下一个读它的人来说，就不一定那么合理了，尤其是几个月甚至几年之后。汲取这一简单事件的教训，我们就应记住：每个人都会留下一些东西，其他查询设计人员与程序员会记住你留给他们维护的程序。但他们最可能记住的是，你使他们的维护工作变得更困难，或者更容易。

T-SQL 注释有两种形式：块注释和行内注释。块注释常常用于头块，头块是脚本对象（如存储过程或者用户自定义函数）之前的一个正式的文本块。头块应符合标准格式，包含如下信息。

- 脚本对象的名字。
- 设计人员与程序员的名字。
- 创建日期。
- 修改日期与注解。
- 对象的作用和调用方式等信息。
- 验证测试与批准注解。

块注释以斜杠和至少一个星号（/*）开始，并以一个星号和一个斜杠（*/）结束。中间的所有文本都是注释，查询解析器会忽略它们。头块注释不需要太复杂，但应保持一致，例如下面代码是一个创建存储过程的脚本文件的一部分。

```
/*****************************************************************
* 项目：**教务管理系统
* 表名：course
* 时间：2008-02-26 11:17:26
* 创建人：田洪川
* 用途：对表course（课程）的操作
* 测试：田洪川，均已通过
* 变更记录
* 时间 2008-03-5 9:11:20
* 变更人：田洪川
* 变更描述：增加一个或许简单信息的存储过程Stu_Course_GetSmall
*****************************************************************/
----------------------------------
--用途：是否已经存在
--项目名称：学籍管理系统
--说明：根据传入的课程主键@co_id判断数据库中是否存在这条数据
--时间：2008-02-26 11:17:28
```

```
------------------------------------
CREATE  PROCEDURE Stu_course_Exists
@co_id int
AS
    DECLARE @TempID int
    SELECT @TempID = count(1) FROM course WHERE co_id=@co_id
    IF @TempID = 0
        RETURN 0     --如果不存在则返回0
    ELSE
        RETURN 1     --如果存在则返回1
GO
```

　　在这个例子中，程序员用注释告诉阅读者该脚本的作用、创建时间、创建人、变更记录。如果有疑问，就加上一个注释；如果没有疑问，也可以加上一个注释——不要担心注释太多。诚然，有些脚本不加注释也容易理解，但是请不要冒险。不要认为：不用现在就给代码添加注释，可以以后再加。也许你比我更有原则，不过我坚持认为在编码时如果不写注释，工作就不算完成。实际上，许多图书在提到编写优秀的程序代码时，都坚持认为在没有编写任何代码前，就应编写注释，这有时被称为"伪代码"。在编写了几个注释块和行内注释后，才开始填充代码。

　　行内注释的另一个重要作用是，为自己和其他开发人员提供临时的开发注解。在第一次调试脚本时，肯定最关心核心功能能否正常工作。除了基本的逻辑以外，工作区域内的问题、错误处理以及不常见的状态，与代码在理想情况下能正常工作相比，通常是次要的。在考虑所有这些次要的因素时，应会做一些注解，包括要做的项目和备忘录，以便回过头来添加清理代码，精化功能。

　　另外，有时在建立大型脚本时，希望禁止执行某些代码。但一一找出这些错误的代码或者删除这些代码是不必要的，只需要注释掉它们即可。注释掉代码有两种方式：块注释和行内注释。行内注释一般是注释掉一部分代码的首选方式。

　　小天：/*…*/这种注释方式中间的内容长度没有限制吧？"--"这种行内注释一次只对一行有效，郁闷。

　　老田：/*…*/这种注释方式对其间内容长度没有限制的，这个用于大段的注释，而"--"这种本来就适用于短的、临时的注释，一行足够了。

3.7　数据类型

　　在SQL Server中，每个列、局部变量、表达式和参数都具有一个相关的数据类型。数据类型是一种属性，用于指定对象可保存的数据的类型：包括整数数据、字符数据、货币数据、日期和时间数据、二进制字符串等。

　　SQL Server提供系统数据类型集，该类型集定义了可与SQL Server一起使用的所有数据类型。你还可以使用Transact-SQL或Microsoft .NET Framework定义自己的数据类型。用户自定义数据类型（别名数据类型）也是基于系统提供的数据类型。

　　当两个具有不同数据类型、排序规则、精度、小数位数或长度的表达式通过运算符进行组合时，结果的特征由以下规则确定。

- 结果的数据类型是通过将数据类型的优先顺序规则应用到输入表达式的数据类型来确定的。
- 当结果数据类型为char、varchar、text、nchar、nvarchar或ntext时，结果的排序规则由排序规则的优先顺序规则确定。
- 结果的精度、小数位数及长度取决于输入表达式的精度、小数位数及长度。

　　老田：我给做几个实例，你先做一次，在后面学习的过程中来理解：

```
select '3'+'3'       --结果为
select 3+'3'         --结果为
select 3+'aaa'       --结果为错误"在将varchar 值'aaa' 转换成数据类型int
                       时失败。"
select '3'+'aaa'     --结果为aaa
```

　　SQL Server 中的数据类型总共33种，归纳为下列类别：

精确数字	Unicode 字符串
近似数字	二进制字符串
日期和时间	其他数据类型
字符串	

3.7.1　字符数据类型

　　字符数据类型共计6种，又分为字符串和Unicode字符串两类：

- 字符串包含char、varchar、text；
- Unicode字符串包含nchar、nvarchar、ntext。

　　小天：这两种有什么区别，不就是多了个n嘛，另外我看系统自动生成SQL语句，凡是字符串前面都加个N，比如N'E:\data'，这个N是什么意思？还有我看你上面示例中都是varchar（10），这里面的这个数字是什么意思？

　　老田：既然你都这样问了，表示你会用了，下面直接来回答你的问题。

　　第一个问题：N是什么意思？

　　N'string'表示string是个Unicode字符串。Unicode字符串的格式与普通字符串相似，但它前面有一个N标识符（N代表SQL-92标准中的国际语言（National Language））。N前缀必须是大写字母。例如，'Michél'是字符串常量，而N'Michél'则是Unicode常量。Unicode常量被解释为Unicode 数据，并且不使用代码页进行计算。Unicode常量确实有排序规则，主要用于控制比较和区分大小写。为Unicode常量指派当前数据库的默认排序规则，除非使用COLLATE子句为其指定了排序规则。Unicode数据中的每个字符都使用两个字节进行存储，而字符数据中的每个字符则都使用一个字节进行存储。有关更多信息，请参见使用Unicode数据。Unicode字符串常量支持增强的排序规则。

第二个问题：varchar（10）中的10是什么意思？

首先char为定长字符串，varchar为变长字符串，但无论定长还是变长，总得有个容量，而这个10就指使用这个数据类型的变量只能装10个字节长度的字符。

char [(n)]固定长度，非Unicode字符数据，长度为n个字节。n的取值范围为1～8 000，存储大小是n个字节。char的ISO同义词为character。

varchar [（ n|max ）] 可变长度，非Unicode 字符数据。n的取值范围为1～8 000。max指示最大存储大小是$2^{31}-1$个字节。存储大小是输入数据的实际长度加2个字节。所输入数据的长度可以为0个字符。varchar的ISO同义词为char varying或character varying。

另外有几点特别需要注意的。

（1）如果未在数据定义或变量声明语句中指定n，则默认长度为1。如果在使用CAST和CONVERT函数时未指定n，则默认长度为30。

（2）将为使用char或varchar的对象指派数据库的默认排序规则，除非使用COLLATE子句指派了特定的排序规则。该排序规则控制用于存储字符数据的代码页。

（3）如果站点支持多语言，请考虑使用Unicode nchar或nvarchar数据类型，以最大限度地消除字符转换问题。如果使用char或varchar，建议执行以下操作。

① 如果列数据项的大小一致，则使用char。

② 如果列数据项的大小差异相当大，则使用varchar。

③ 如果列数据项大小相差很大，而且大小可能超过8 000字节，请使用varchar（max）。

（4）当执行CREATE TABLE或ALTER TABLE时，如果SET ANSI_PADDING为OFF，则定义为NULL的char列将作为varchar处理。

（5）当排序规则代码页使用双字节字符时，存储大小仍然为n个字节，那么存储的字符就要除以2，例如varchar（10）则只能存放5个字符。

如果存储的是汉字，最好使用Unicode字符串类型。

> **小提示：**
> 1. 如果数据量比较大，不建议使用text或者ntext类型，而使用varchar(max)或者nvarchar（max）。
> 2. 再次提醒，如果列数据项的大小总会有差异，就使用varchar，因为定长的意思就是如果不足规定的位数就用空格填充，这其实是个很讨人嫌的特性。

3.7.2　数字数据类型

数字数据类型共11种，大概可分为整数数据类型、decimal和numeric、货币类型、近似数字、bit类型，下面分别来看。

1．整数数据类型

使用整数数据的精确数字数据类型。

数据类型	范　　围	存　　储
bigint	-2^{63}（–9 223 372 036 854 775 808）～2^{63}–1（9 223 372 036 854 775 807）	8 字节
int	-2^{31}（–2 147 483 648）～2^{31}–1（2 147 483 647）	4 字节
smallint	-2^{15}（–32 768）～2^{15}–1（32 767）	2 字节
tinyint	0～255	1 字节

int数据类型是SQL Server中的主要整数数据类型。bigint数据类型用于整数值可能超过int数据类型支持范围的情况。

在数据类型优先次序表中，bigint介于smallmoney和int之间。

只有当参数表达式为bigint数据类型时，函数才返回bigint。SQL Server不会自动将其他整数数据类型（tinyint、smallint和int）提升为bigint。

老田：问你个问题，创建用户资料表的时候其中一个字段是年龄，你觉得选什么类型？

小天：我肯定选tinyint，因为人的年龄总归在0岁～255岁之间，如果是存储乌龟的资料，我想至少得用int类型，因为smallint只能到32 767，万一遇到个5万年的龟精就不行了。

如果是要存储小数类型则该用什么类型呢？

2．decimal 和 numeric

老田：你想要存储小数，那么这两个类型应该能够满足，decimal和numeric都是带固定精度和小数位数的数值数据类型。其语法为decimal[（p[，s]）] 和 numeric[（p[，s]）]。

固定精度和小数位数。使用最大精度时，有效值从$-10^{38}+1$～$10^{38}-1$。decimal 的ISO同义词为dec和dec（p，s）。numeric在功能上等价于decimal。

p（精度）

最多可以存储的十进制数字的总位数，包括小数点左边和右边的位数。该精度必须是从1～38之间的值。默认精度为18。

　　s（小数位数）

　　小数点右边可以存储的十进制数字的最大位数。小数位数必须是从0～p之间的值。仅在指定精度后才可以指定小数位数。默认的小数位数为0。因此，0≤s≤p。最大存储大小基于精度而变化。

精　　度	存储字节数
1～9	5
10～19	9
20～28	13
29～38	17

　　小天：这两个好像是一回事嘛，难道有什么不同？而且上面的解释模模糊糊的，我还是有点不大明白。

　　老田：在SQL Server中它们的待遇确实基本上相同。对于你说不知道怎么用这个问题我们来看个实例，比如声明一个变量@ probability，精度为10，小数位数为4，然后为它赋值3232.4433，因为它的小数位数只有2 ，所以存入变量的值其实就只有3232.44。

```
declare @probability decimal(10,2)
set @probability = 3232.4433
select @probability  --显示结果为3232.44
```

　　小天：哦，也就是说，要存储价格的话也可以用这个，声明小数位数为2就行了，对吧？

3. 货币类型

　　老田：货币类型有专门的money和smallmoney两种，这两种数据类型精确到它们所代表的货币单位的万分之一。

数据类型	范　　围	存　储
money	–922 337 203 685 477.5808～922 337 203 685 477.5807	8 字节
smallmoney	–214 748.3648～214 748.3647	4 字节

　　小天：我看每种数据类型都有大小限制，如果赋值过大会不会撑坏了？

　　老田：试一下不就知道了嘛，如图3-15所示。

4. 近似数字

　　小天：为什么叫近似数字，这么怪啊？

图 3-15　赋值太大导致的错误

老田：因为float和real这两种数据类型用于表示浮点数值数据的大致数据类型。浮点数据为近似值。因此，并非数据类型范围内的所有值都能精确地表示，所以只好叫近似数字了。

小天：编程都是要求越严谨越好，这两个数据类型还不如直接冷宫吧。

老田：话不能这样说，太极图中那两只阴阳鱼中都还分黑白的嘛，这叫凡事无绝对。如果要进行科学计算，并且希望存储更大的数值，但对数据的精度要求不绝对严格的情况下，这两种类型就可以考虑了。下表显示了它们的取值范围：

数据类型	范　围	存　储
Float	$-1.79E+308$～$-2.23E-308$、0 以及 $2.23E-308$～$1.79E+308$	取决于n 的值,例如float(50)
real	$-3.40E+38$～$-1.18E-38$、0 以及 $1.18E-38$～$3.40E+38$	4 字节

语法为：float[（n）]

其中n为用于存储float数值尾数的位数（以科学记数法表示），因此可以确定精度和存储大小。如果指定了n，则它必须是介于1～53之间的某个值。n的默认值为53。

n 的取值范围	精　度	存储大小
1～24	7 位数	4 字节
25～53	15 位数	8 字节

小天：这里的float和real不会也是无聊的摆设吧？

老田：real的ISO 同义词为float（24）。

5．bit 类型

这个类型有点特殊，严格来说也是属于整数的范围，因为它的取值范围为1、0或NULL的整数数据类型。

SQL Server数据库引擎可优化bit列的存储。如果表中的列为8bit或更少，则这些列作为1个字节存储。如果列为9～16 bit，则这些列作为2个字节存储，以此类推。

字符串值TRUE和FALSE可以转换为以下bit值：TRUE转换为1，FALSE转换为0。

3.7.3　日期和时间数据类型

老田：专门用来存储日期和时间的数据类型，SQL Server 2008之前的版本都只有datatime和smalldatetime两种类型，其余四种是SQL Server 2008开始才加上的，因此以后使用的时候一定要考虑服务器的实际情况。

下表列出了Transact-SQL的日期和时间数据类型。

数据类型	格　式	范　围	精 确 度	存储大小（以字节为单位）
time	hh:mm:ss[.nnnnnnn]	00:00:00.0000000～ 23:59:59.9999999	100 纳秒	3～5
date	YYYY-MM-DD	0001-01-01～ 9999-12-31	1 天	3
smalldatetime	YYYY-MM-DD hh:mm:ss	1900-01-01～ 2079-06-06	1 分钟	4
datetime	YYYY-MM-DD hh:mm:ss[.nnn]	1753-01-01～ 9999-12-31	0.00333 秒	8
datetime2	YYYY-MM-DD hh:mm:ss[.nnnnnnn]	0001-01-01 00:00:00.0000000～ 9999-12-31 23:59:59.9999999	100 纳秒	6～8
datetimeoffset	YYYY-MM-DD hh:mm:ss[.nnnnnnn] [+|-]hh:mm	0001-01-01 00:00:00.0000000～ 9999-12-31 23:59:59.9999999 （以 UTC 时间表示）	100 纳秒	8～10

小天：还是做个实例吧，这个表也能看得懂，但就是感觉太累。

老田：好吧，下面我们将一个字符串分别转换为上述6种类型并显示结果。代码如下：

```
SELECT
    CAST('2009-10-28 12:35:29. 1234567 +12:15' AS time(7)) AS 'time'
    ,CAST('2009-10-28 12:35:29. 1234567 +12:15' AS date) AS 'date'
    ,CAST('2009-10-28 12:35:29.123' AS smalldatetime) AS 'smalldatetime'
    ,CAST('2009-10-28 12:35:29.123' AS datetime) AS 'datetime'
    ,CAST('2009-10-28 12:35:29. 1234567 +12:15' AS datetime2(7)) AS
    'datetime2'
    ,CAST('2009-10-28 12:35:29.1234567 +12:15' AS datetimeoffset(7)) AS
    'datetimeoffset';
```

执行后结果如图3-16所示。

最后还有句话想说，其实我不建议大家使用smalldatetime数据类型，因为我们距离2079年很近了。

小天：既然字符串可以直接插入数据库的日期和时间数据列中，我怎么知道字符串的格式该如何写呢？

图 3-16　将字符串分别转换为不同时间类型

老田：这好解决，我们来做个格式清单，下表中的第一列显示的是时间字符串文字，第二列显示的是日期或时间数据类型，第一列中的时间字符串文字将插入到第二列中与之对应的数据类型的数据库表列中。第三列显示的是将存储在对应数据库表列中的值。

插入的字符串文字	列数据类型	存储在列中的值	说　明
'12:12:12.1234567'	time(7)	12:12:12.1234567	如果秒的小数部分精度超过为列指定的值，则字符串将被截断，且不会出错
'2009-10-28'	date	2009-10-28	任何时间值均将导致 INSERT 语句失败
'12:12:12'	smalldatetime	1900-01-01 12:12:00	任何秒的小数部分精度值都将导致 INSERT 语句失败
'12:12:12.123'	datetime	1900-01-01 12:12:12.123	任何长于三位的秒精度都将导致 INSERT 语句失败
'12:12:12.1234567'	datetime2(7)	1900-01-01 12:12:12.1234567	如果秒的小数部分精度超过为列指定的值，则字符串将被截断，且不会出错
'12:12:12.1234567'	datetimeoffset(7)	1900-01-01 12:12:12.1234567 +00:00	如果秒的小数部分精度超过为列指定的值，则字符串将被截断，且不会出错

小天：看了半天，自己练习了一番，终于明白了，原来如果字符串不加日期，但是列类型包含日期的话，就会自动填充'1900-01-01'进去，对吧？

老田：差不多吧，你自己再多试试看。

3.7.4　二进制数据类型

二进制数据类型提供了将文件存入数据库的可能，在日常编程中，可以将文件转换为二进制再存入数据库，比如一张图片，一个文件等，不过这不是推荐用法。微软推荐使用varbinary（max）来代替image数据类型。

固定长度或可变长度的二进制数据类型：

binary [（n）]

长度为n字节的固定长度二进制数据，其中n是从1~8 000的值。存储大小为n字节。

varbinary [（n | max）]

可变长度二进制数据。n可以是从1~8 000之间的值。max指示最大存储大小为$2^{31}-1$字节。存储大小为：所输入数据的实际长度+2个字节。所输入数据的长度可以是0字节。varbinary的ANSI SQL同义词为binary varying。

如果没有在数据定义或变量声明语句中指定n，则默认长度为1。如果没有使用CAST函数指定n，则默认长度为30。

如果列数据项的大小一致，则使用binary。

如果列数据项的大小差异相当大，则使用varbinary。

当列数据条目超出8 000字节时，请使用varbinary（max）。

3.7.5　其他数据类型

上述常用的数据类型讲解完后，接下来就是一些比较特殊的数据类型，下面我们一项项地来讲解。

cursor：这是变量或存储过程OUTPUT参数的一种数据类型，这些参数包含对游标的引用。使用cursor数据类型创建的变量可以为空。对于CREATE TABLE语句中的列，不能使用cursor数据类型。

timestamp：用于表示SQL Server活动的先后顺序，以二进制格式表示。

timestamp：数据与插入数据或者日期和时间没有关系。

小天：不明白啥意思，到底有啥用啊？

老田：不明白没有关系，看下面的实例，我们创建一个表，其中一个列就是timestamp数据类型，这个类型的列是不需要列名的，其Transact-SQL代码如下

```
USE AdventureWorks
GO  --下一句创建具有timestamp列的表
CREATE TABLE ExampleTable (PriKey int PRIMARY KEY, timestamp);
GO  --下三句向表中插入数据
insert into ExampleTable(PriKey) values(1);
insert into ExampleTable(PriKey) values(2);
insert into ExampleTable(PriKey) values(3);
GO  --下一句查询表中插入的数据
select * from ExampleTable;
```

最终执行效果如图3-17所示。

从上面的实例可以看出，timestamp列创建表的时候无需给出列名，向表中插入数据的时候也不用管。

要说它的作用呢，我们的软件都有版本，而timestamp就是行版本。不过不推荐使用timestamp语法。后续版本的Microsoft SQL Server将会删除该功能。

uniqueidentifier：由16字节的十六进制数字组成，表示全局唯一的。当表的记录行要求唯一时，uniqueidentifier是非

图3-17　创建具有 Timestamp 列的表

常有用的。例如，在客户标识号列使用这种数据类型可以区别不同的客户。很多时候也用此类型来作为数据主键。因为uniqueidentifier基本上不可能重复。

hierarchyid：它作为SQL Server 2008中新增的数据类型，是一种长度可变的系统数据类型。可使用hierarchyid表示层次结构中的位置。类型为hierarchyid的列不会自动表示树。由应用程序来生成和分配hierarchyid值，使行与行之间的所需关系反映在这些值中。

sql_variant：一种数据类型，用于存储SQL Server支持的各种数据类型（不包括text、ntext、image、timestamp和sql_variant）的值。

sql_variant：可以用在列、参数、变量和用户定义函数的返回值中。sql_variant使这些数据库对象能够支持其他数据类型的值。

类型为sql_variant的列可能包含不同数据类型的行。例如，定义为sql_variant的列可以存储int、binary和char 值。下表列出了无法使用sql_variant存储的值的类型：

varchar(max)	varbinary(max)
nvarchar(max)	xml
text	ntext
image	timestamp
sql_variant	用户定义类型
hierarchyid	

小天：我感觉这个数据类型不错，有点像C#中的object类型，假设在声明变量的时候我还不知道具体需要用什么数据类型，我就声明成sql_variant 的。

老田：但也不能滥用，它也是有限制的，例如：

（1）sql_variant的最大长度可以是8016个字节。这包括基类型信息和基类型值。实际基类型值的最大长度是8 000个字节。

（2）对于sql_variant数据类型，必须先将它转换为其基本数据类型值，然后才能参与诸如加、减这类运算。

（3）可以为sql_variant分配默认值。该数据类型还可以将NULL作为其基础值，但是NULL值没有关联的基类型。而且，sql_variant不能以另一个sql_variant作为它的基类型。

（4）唯一键、主键或外键可能包含类型为sql_variant的列，但是，组成指定行的键的数据值的总长度不应大于索引的最大长度。该最大长度是900个字节。

（5）一个表可以包含任意多个sql_variant列。

（6）不能在CONTAINSTABLE和FREETEXTTABLE中使用sql_variant。

（7）ODBC不完全支持sql_variant。因此，使用Microsoft OLE DB Provider for ODBC（MSDASQL）时，sql_variant列的查询将作为二进制数据返回。例如，包含字符串数据 'PS2091'的sql_variant列将作为0x505332303931返回。

xml：存储 XML 数据的数据类型。可以在列中或者xml类型的变量中存储xml实例，就像存储一个INT类型一样轻松。

例如，首先声明一个XML类型的变量，然后从数据库中查询出一个XML架构作为变量的值，代码如下：

```
USE AdventureWorks;
GO
DECLARE @y xml (Sales.IndividualSurveySchemaCollection)
SET @y = (SELECT TOP 1 Demographics FROM Sales.Individual);
SELECT @y;
GO
```

小天：@y xml (Sales.IndividualSurveySchemaCollection)中，后面括号部分是什么意思？

老田：这是下面作为值的这个XML指定的XML架构集合的名称，看看它的语法你就明白了。

```
xml ( [ CONTENT | DOCUMENT ] xml_schema_collection )
```

其中的参数解释如下。

CONTENT：将xml实例限制为格式正确的XML片段。XML数据的顶层可包含多个0或多个元素。还允许在顶层使用文本节点。这是默认行为。

DOCUMENT：将xml实例限制为格式正确的XML文档。XML数据必须且只能有一个根元素。不允许在顶层使用文本节点。

xml_schema_collection：XML架构集合的名称。若要创建类型化的xml列或变量，可以选择指定 XML 架构集合的名称。

table：一种特殊的数据类型，用于存储结果集以进行后续处理。table主要用于临时存储一组作为表值函数的结果集返回的行。可将函数和变量声明为table类型。table变量可用于函数、存储过程和批处理中。

小天：嘿，table这个数据类型感觉好用。

老田：修改table变量的查询不会生成并行查询执行计划。修改特大型table变量或复杂查询中的table变量时，可能会影响性能。在这种情况下，还是考虑改用临时表。

3.7.6 用户自定义数据类型

上面说可以依据Sql Server的数据类型创建自定义的类型。用户自定义数据类型是一个确保数据库中域与数据紧密结合的好办法。数据的类型可能在整个数据库中都是一致的，每个数据的适用范围和它的数据类型是相关联的。

说这些概念不如直接进入主题，做一次，用一下，瞬间就明白了，首先是依据varchar系统数据类型，创建一个自定义类型：

```
CREATE TYPE SSN
FROM varchar(11) NOT NULL ;
```

如何使用呢？

```
CREATE TABLE AAA(
    C1 SSN, --作为表中列的数据类型
    C2 INT
)
```

表创建后，在"对象资源管理器"中找到
"指定的SQL Server实例"下面的"数据库"
目录下面指定数据库下面的"表"目录中找到
这张表，发现它的列如图3-18所示。

```
⊟ ▣ dbo.AAA
  ⊟ ▢ 列
      ▤ C1 (SSN(varchar(11)), not null)
      ▤ C2 (int, null)
```

图 3-18　"列"目录

小天：哦，这样做有什么好处呢？

老田：当然有好处了，假设数据库中有20张表，每张表都有一个类型一样的字段，
而这个字段的要求有点复杂，那么完全可以将条件和类型都设置成一个自定义类型。

小天：明白了，看来这也是个偷懒的好法子，可以创建更为复杂的自定义类型吗？

老田：可以的，下面的示例创建一个具有两列的用户定义表类型。

```
USE AdventureWorks;
GO
CREATE TYPE LocationTableType AS TABLE
    ( LocationName VARCHAR(50)
    , CostRate INT )
GO
```

小天：这个也不错，可是怎么使用啊？难道这个也可以作为创建新表的数据类型？

老田：我晕，这个肯定不是了，这个主要用于存储过程、函数、批处理等地方。例
如下面的示例，在一个存储过程中使用上面创建的自定义类型。

```
USE AdventureWorks;
GO
--创建一个以表变量为参数的存储过程
CREATE PROCEDURE usp_InsertProductionLocation
    @TVP LocationTableType READONLY
    AS
    SET NOCOUNT ON
    INSERT INTO [AdventureWorks].[Production].[Location]
        ([Name]
        ,[CostRate]
        ,[Availability]
        ,[ModifiedDate])
```

```
        SELECT *, 0, GETDATE()
        FROM  @TVP;
        GO
```

---------执行上面代码以创建存储过程，以下为调用已创建的存储过程----------

```
--使用LocationTableType类型声明变量
DECLARE @LocationTVP AS LocationTableType;

--将数据查询出来并复制到变量中
INSERT INTO @LocationTVP (LocationName, CostRate)
    SELECT [Name], 0.00
    FROM
    [AdventureWorks].[Person].[StateProvince];

--select * from @LocationTVP  --可使用这样的查询来查看表变量中的数据

--将表变量作为参数传递给存储过程
EXEC usp_InsertProductionLocation @LocationTVP;
GO
```

小天：这个示例好复杂，我做了半天也不对。

老田：顺序就按照上面我们展示的顺序。

（1）创建自定义类型。

（2）创建存储过程。

（3）使用存储过程的代码。

不过中途可能一直会有"变量或参数@TVP的数据类型无效"和因为这个错误带来的"必须声明表变量@TVP"这类的错误，你当没有看见就行了。

小天：是不是说表类型的变量可以在函数中当成表来用？那如何删除和修改呢？

老田：差不多是这样的。修改不行，因为修改可能会使表或索引中的数据无效。若要修改类型，必须删除并重新创建该类型。例如删除上面创建的SSN类型：

```
DROP TYPE SSN;
```

在删除所有对用户定义类型的引用之前，不能删除该类型。这些引用可能包括：

- 针对该类型定义的列；
- 其表达式引用该类型的计算列和 CHECK 约束；
- 其定义中具有引用该类型的表达式的绑定到架构的视图和函数；
- 函数参数和存储过程参数。

小天：万一引用的地方太多了，我咋能够全都记得啊？

老田：以下示例检索有关针对用户定义类型 ComplexNumber 定义的列的元数据。

```
SELECT * FROM sys.columns
WHERE user_type_id = TYPE_ID('SSN');
```

以下示例为最少特权用户检索有关针对用户定义类型 ComplexNumber 定义的列的有限元数据。

```
SELECT * FROM sys.column_type_usages
WHERE user_type_id = TYPE_ID('SSN');
```

还有查找引用了自定义类型的约束、语句、参数等，可以在以后使用的时候再去找找，现在就不深入了。

3.8 内置函数

SQL Server 提供了许多内置函数，同时也允许创建用户定义函数，用户定义函数在本书的第9章来讲。本章主要针对各种常用的内置函数做详细讲解。

3.8.1 概述

函数的目标是返回一个值。大多数函数都返回一个标量值（scalar value），标量值代表一个数据单元或一个简单值。实际上，函数可以返回任何数据类型，包括表、游标等，可返回完整的多行结果集的类型。

函数已经存在很长时间了，它的历史比SQL还要长。在几乎所有的编程语言中，函数调用的方式都是相同的：

```
Result=Function()
```

在Transact-SQL中，一般用SELECT语句来返回值。如果需要从查询中返回一个值，则可以把SELECT当成输出运算符，而不使用等号：

```
SELECT Function()
```

内置函数大体上分为如下4种，下表列出了这些内置函数的类别。

函 数	说 明
行集函数	返回可在 SQL 语句中像表引用一样使用的对象
聚合函数	对一组值进行运算，但返回一个汇总值
排名函数	对分区中的每一行均返回一个排名值
标量函数	对单一值进行运算，然后返回单一值。只要表达式有效，即可使用标量函数

而标量函数又分为如下10种。

函数类别	说　明
配置函数	返回当前配置信息
游标函数	返回游标信息
日期和时间数据类型及函数	对日期和时间输入值执行运算，然后返回字符串、数字或日期和时间值
数学函数	基于作为函数的参数提供的输入值执行运算，然后返回数字值
元数据函数	返回有关数据库和数据库对象的信息
安全函数	返回有关用户和角色的信息
字符串函数	对字符串（char 或 varchar）输入值执行运算，然后返回一个字符串或数字值
系统函数	执行运算后返回 SQL Server 实例中有关值、对象和设置的信息
系统统计函数	返回系统的统计信息
文本和图像函数	对文本或图像输入值或列执行运算，然后返回有关值的信息

在SQL Server中，根据函数是否返回明确的结果又分为确定性函数和非确定性函数。

如果任何时候用一组特定的输入值调用内置函数，返回的结果总是相同的，则这些内置函数为确定的。如果每次调用内置函数时，即使用的是同一组特定输入值，也总返回不同结果，则这些内置函数为不确定的。

所有聚合和字符串内置函数都是确定性函数，还有部分数学函数也属于确定性函数。

小天：老田，你也这么大人了，我就不好说你了，你给我说这么一大堆概念，还不如给我举两个实例，一下就明白了。

老田：……看下面实例吧，分别是一个确定函数和非确定性函数。

```
select SUBSTRING('aabbccdd',3,5)--确定，从给定字符串的第3位开始截取后面的5个字符
select GETDATE()                --非确定，时间不同，返回结果也不同
```

另外所有配置、游标、元数据、安全和系统统计函数都是非确定性函数。

小天：我怎么看网上很多人说前面讲的全局变量（那些以@@开头的），也算是内置函数呢？

老田：是可以这样理解的，用法上也大同小异，所以倒也不必太在意这个观点。下面我们对常用的函数分类逐一说明吧。

3.8.2　如何查看 SQL Server 帮助中的语法

小天：你上面也说了，只讲部分常用函数，对于不常用的只给个说明，我后面想自己去练习该怎么办呢，有的不知道语法，也看不懂啊？

老田：教你两个办法来获取帮助：

第一个办法，直接查看动态帮助。要查看动态帮助，首先要打开动态帮助，在SQL

Server Management Studio的菜单中找到"帮助"，然后选择"动态帮助"命令。如图3-19所示，将光标移动到需要获取帮助的函数上，动态帮助上面自然就出现了相关的帮助信息。

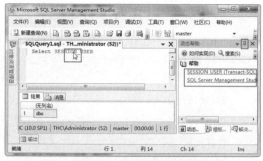

图3-19　获取动态帮助

第二个办法，选择"开始→Microsoft SQL Server 2008→"文档个教程"→"SQL Server 教程"命令，打开后SQL Server教程，如图3-20所示在索引上输入要搜索的内容。

接下来我们介绍如何看帮助中的语法。

对于SQL函数而言，参数表示输入变量或者值的占位符。函数可以有任意个参数，有些参数是必须的，而有些参数是可选的。可选参数通常被置于以逗号隔开的参数表的末尾，以便于在函数调用中去除不需要的参数。

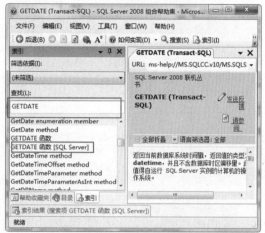

图 3-20　从 SQL Ssever 教程中获取帮助

在SQL Server在线图书或者在线帮助系统中，函数的可选参数用方括号表示。在下列的CONVERT()函数例子中，数据类型的length和style参数是可选的：

```
CONVERT (data-type [(length)], expression[,style])
```

可将它简化为如下形式，因为现在不讨论如何使用数据类型：

```
CONVERT(date_type, expression[,style])
```

根据上面的定义，CONVERT()函数可接受2个或3个参数。因此，下列两个例子都是正确的：

```
SELECT CONVERT(Varchar(20), GETDATE())
SELECT CONVERT(Varchar(20), GETDATE(), 101)
```

这个函数的第一个参数是数据类型Varchar(20)，第2个参数是另一个函数GETDATE()。GETDATE()函数使用datetime数据类型将返回当前的系统日期和时间。

第2条语句中的第3个参数决定了日期的样式。这个例子中的101指，以mm/dd/yyyy格式返回日期。本章后面将详细介绍GETDATE()函数。即使函数不带参数或者不需要参数，调用这个函数时也需要写上一对括号，例如GETDATE()函数。注意使用函数名引用函数时，一定要包含括号，因为这是一种标准形式。

现在无论是《SQL Server教程》还是很多的书籍上描述的SQL Server语法都有个特点，

在语法中常常有{}、[]、n…等，例如一个创建自定义类型的语法，为了方便大家学习语法约定，我对关键字进行了加粗，以后自己看《SQL Server教程》上可是没有粗的哦。

```
CREATE TYPE [ schema_name. ] type_name
{
    FROM base_type
    [ ( precision [ , scale ] ) ]
    [ NULL | NOT NULL ]
  | EXTERNAL NAME assembly_name [ .class_name ]
  | AS TABLE ( { <column_definition> | <computed_column_definition> }
        [ <table_constraint> ] [ ,...n ] )
} [ ; ]


<column_definition> ::=
column_name <data_type>
    [ COLLATE collation_name ]
    [ NULL | NOT NULL ]
    [
        DEFAULT constant_expression ]
      | [ IDENTITY [ ( seed ,increment ) ]
    ]
    [ ROWGUIDCOL ] [ <column_constraint> [ ...n ] ]


<data type> ::=
[ type_schema_name . ] type_name
    [ ( precision [ , scale ] | max |
            [ { CONTENT | DOCUMENT } ] xml_schema_collection ) ]


<column_constraint> ::=
{    { PRIMARY KEY | UNIQUE }
    [ CLUSTERED | NONCLUSTERED ]
    [
        WITH ( <index_option> [ ,...n ] )
    ]
  | CHECK ( logical_expression )
}


<computed_column_definition> ::=
column_name AS computed_column_expression
```

```
[ PERSISTED [ NOT NULL ] ]
[
    { PRIMARY KEY | UNIQUE }
        [ CLUSTERED | NONCLUSTERED ]
        [
            WITH ( <index_option> [ ,...n ] )
        ]
    | CHECK ( logical_expression )
]


<table_constraint> ::=
{
    { PRIMARY KEY | UNIQUE }
        [ CLUSTERED | NONCLUSTERED ]
                            ( column [ ASC | DESC ] [ ,...n ] )
        [
            WITH ( <index_option> [ ,...n ] )
        ]
    | CHECK ( logical_expression )
}


<index_option> ::=
{
    IGNORE_DUP_KEY = { ON | OFF }
}
```

　　下面咱们讲解一下 SQL Server 的语法约定，方便大家以后自己看帮助。下表列出了 Transact-SQL 参考的语法关系图中使用的约定，并进行了说明。

约　定	用　于
大写	Transact-SQL 关键字
斜体	用户提供的 Transact-SQL 语法的参数
粗体	数据库名、表名、列名、索引名、存储过程、实用工具、数据类型名以及必须按所显示的原样键入的文本
下划线	指示当语句中省略了包含带下划线的值的子句时应用的默认值
|（竖线）	分隔括号或大括号中的语法项。只能使用其中一项
[ ]（方括号）	可选语法项。不要键入方括号
{ }（大括号）	必选语法项。不要键入大括号
[,...n]	指示前面的项可以重复 n 次。各项之间以逗号分隔
[...n]	指示前面的项可以重复 n 次。每一项由空格分隔

约 定	用 于
;	Transact-SQL 语句终止符。虽然在此版本的 SQL Server 中大部分语句不需要分号，但将来的版本需要分号
<label> :: =	语法块的名称。此约定用于对可在语句中的多个位置使用的过长语法段或语法单元进行分组和标记。可使用语法块的每个位置由括在尖括号内的标签指示：<标签>。集是表达式的集合，例如 <分组集>；列表是集的集合，例如 <组合元素列表>

除非另外指定，否则所有对数据库对象名的 Transact-SQL 引用将是由四部分组成的名称，格式如下：

```
server_name .[database_name].[schema_name].object_name
```

或者：

```
database_name.[schema_name].object_name
```

或者：

```
schema_name.object_name
```

或者：

```
object_name
```

server_name：指定链接的服务器名称或远程服务器名称。

database_name：如果对象驻留在 SQL Server 的本地实例中，则指定 SQL Server 数据库的名称。如果对象在链接服务器中，则 database_name 将指定 OLE DB 目录。

schema_name：如果对象在 SQL Server 数据库中，则指定包含对象的架构的名称。如果对象在链接服务器中，则 schema_name 将指定 OLE DB 架构名称。有关架构的详细信息，请参阅用户架构分离。

object_name：对象的名称。

引用某个特定对象时，不必总是指定服务器、数据库和架构供 SQL Server 数据库引擎标识该对象。但是，如果找不到对象，就会返回错误消息。

若要省略中间节点，请使用句点来指示这些位置。下表显示了对象名的有效格式。

对象引用格式	说 明
server . database . schema . object	四个部分的名称
server . database .. object	省略架构名称
server .. schema . object	省略数据库名称
server ... object	省略数据库和架构名称
database . schema . object	省略服务器名
database .. object	省略服务器和架构名称
schema . object	省略服务器和数据库名称
object	省略服务器、数据库和架构名称

3.8.3 如何使用函数

函数最常用的是为变量赋值，甚至直接代替变量来使用。同时我们知道部分函数需要参数，我们也可以将变量作为参数交给函数，下面我们分别用实例来说明。

从前面的实例我们知道变量既可用于输入，也可用于输出。在 Transact-SQL 中，用户变量以@符号开头，用于声明为特定的数据类型。可以使用 SET 或者 SELECT 语句为变量赋值。以下的例子用于将一个 int 类型的变量@Number 传递给 SQRT()函数：

```
DECLARE @Number int
SET @Number=10
SELECT SQRT(@Number)
```

结果是 3.16227766016838，即 10 的平方根。如图 3-21 所示。

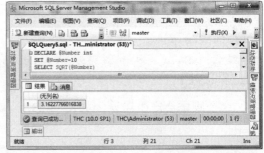

图 3-21 将变量@Number 传递给 SQRT()函数

1. 用SET为变量赋值

以下例子使用另一个 int 型的变量@MyResult，来捕获该函数的返回值。这个技术类似于过程式编程语言中的函数调用样式，即将 SET 语句和一个表达式结合起来，为参数赋值：

```
DECLARE @MyNumber int, @MyResult int
SET @MyNumber = 10
-- 执行函数，并将结果赋值给变量@MyResult
SET @MyResult = SQRT(@MyNumber)
-- 显示出变量@MyResult的值
SELECT @MyResult
```

2. 用 SELECT 为变量赋值

使用 SELECT 的另一种形式也可以获得同样的结果。对变量在赋值前要先声明。使用 SELECT 语句来替代 SET 命令的主要优点是，可以在一个操作内同时为多个变量赋值。执行下面的 SELECT 语句，通过 SELECT 语句赋值的变量就可以用于任何操作了。

```
DECLARE @MyNumber1 int, @MyNumber2 int, @MyResult1 int, @MyResult2 int
SELECT @MyNumber1 = 144, @MyNumber2 = 121
-- 分别将函数的计算结果赋值给变量
SELECT @MyResult1 = SQRT(@MyNumber1), @MyResult2 = SQRT(@MyNumber2)
-- 显示两个变量
SELECT @MyResult1, @MyResult2
```

执行后，效果如图 3-22 所示。

上面的例子首先声明了 4 个变量，然后用两个 SELECT 语句为这些变量赋值，而不是用 4 个 SELECT 语句为变量赋值。虽然这些技术在功能上是相同的，但是在服务器的资源耗费上，用一个 SELECT 语句为多个变量赋值一般比用多个 SET 命令的效率要高。将一个甚至

图 3-22　执行结果

多个值选进参数的限制是，对变量的赋值不能和数据检索操作同时进行。这就是上面的例子使用 SELECT 语句来填充变量，而用另外一个 SELECT 语句来检索变量中数据的原因。例如，下面的脚本就不能工作：

```
DECLARE @RestockName varchar(50)
SELECT ProductId
,@RestockName = Name + ':' + ProductNumber
FROM Production.Product
```

这个脚本会产生错误，如图 3-23 所示。

3．在查询中使用函数

函数还经常和查询表达式结合使用来修改列值，只需将列名作为参数传递给函数即可，随后函数将引用插入到 SELECT 查询的列的列表中，如下所示：

图 3-23　脚本产生错误

```
USE AdventureWorks2008
GO
SELECT JobTitle, NationalIdNumber, YEAR(BirthDate) AS '年'
FROM HumanResources.Employee
```

执行后效果如图 3-24 所示。

在这个例子中，BirthDate 列的值被作为参数传递给 YEAR()函数。函数的结果是别名为"年"的列。

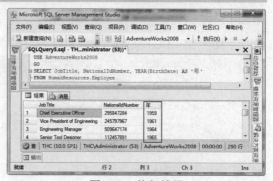

图 3-24　执行结果

4. 嵌套函数

我们需要的功能常常不能仅由一个函数来实现。根据设计，函数应尽量简单，用于提供特定的功能。如果一个函数要执行许多不同的操作，就变得复杂和难以使用。因此，每个函数通常仅执行一个操作，要实现所有的功能，可以将一个函数的返回值传递给另一个函数，这称为嵌套函数调用。

以下是一个简单的例子：GETDATE()函数的作用是返回当前的日期与时间，但不能返回经过格式化的数据，因为这是 CONVERT()函数的功能。要想同时使用这两个函数，可以把 GETDATE()函数的输出作为 CONVERT()函数的输入参数。

```
SELECT CONVERT(Varchar(20), GETDATE(), 101)
```

执行后效果如图 3-25 所示。

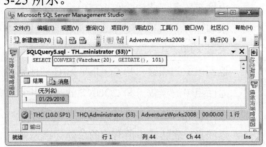

图 3-25　执行结果

3.8.4　函数类型

1. 聚合函数

报表的典型用途是从全部数据中提取出代表一种趋势的值或者汇总值，这就是聚合的意义。聚合函数回答数据使用者的如下问题：

- 系统中共计有多少人注册？
- 每个部门之间员工的平均工资是多少？
- 期末成绩中谁分数最高？
- 上个月销售人员中谁的提成最少？

聚合函数应用特定的聚合操作并返回一个标量值（单一值）。返回的数据类型对应于该列或者传递到函数中的值。聚合经常和分组、累积以及透视等表运算一起使用，生成数据分析结果。

聚合函数对一组值执行计算，并返回单个值。除了 COUNT 以外，聚合函数都会忽略空值。聚合函数经常与 SELECT 语句的 GROUP BY 子句一起使用。

所有聚合函数均为确定性函数。这表示任何时候使用一组特定的输入值调用聚合函数，所返回的值都是相同的。

聚合函数只能在以下位置作为表达式使用：

- SELECT 语句的选择列表（子查询或外部查询）。
- COMPUTE 或 COMPUTE BY 子句。
- HAVING 子句。

Transact-SQL 提供下列聚合函数：

函　数	功　能
AVG	求平均值
MIN	求最小值
CHECKSUM_AGG	返回组中各值的校验和。空值将被忽略
SUM	求和
MAX	求最大值
COUNT	返回组中的项数。和 COUNT_BIG 的区别在于始终返回 int 类型
COUNT_BIG	返回组中的项数。和 COUNT 的区别在于始终返回 bigint 类型
STDEV	返回指定表达式中所有值的标准偏差
STDEVP	返回指定表达式中所有值的总体标准偏差
GROUPING	指示是否聚合 GROUP BY 列表中的指定列表达式。在结果集中，如果 GROUPING 返回 1 则指示聚合；返回 0 则指示不聚合。如果指定了 GROUP BY，则 GROUPING 只能用在 SELECT \<select>列表、HAVING 和 ORDER BY 子句中
VAR	返回指定表达式中所有值的方差
VARP	返回指定表达式中所有值的总体方差

下面我们做一个综合实例，使用 count 函数统计表中所有的行，使用 MAX 函数统计 ReorderPoint 这一列中最大的值，使用 AVG 函数统计 ReorderPoint 这一列中所有值的平均值，执行 Transact-SQL 语句如下：

```
USE AdventureWorks
GO
SELECT COUNT(*) AS '合计'
    , MAX(ReorderPoint) AS '最大值'
    , AVG(ReorderPoint) AS '平均值'
FROM Production.Product
GO
```

执行后效果如图 3-26 所示。

小天：看来这些聚合函数可以作为统计来用了，但是如果要在程序中进行计算有没有好的办法呢？

2．数学函数

老田：SQL Server 提供了一系列专门用于数学计算的函数，下表列出了函数及相应的解释

图 3-26　使用聚合函数

函 数 名	解　释
ABS	返回指定数值表达式的绝对值（正值）的数学函数
ACOS	数学函数，返回其余弦是所指定的 float 表达式的角（弧度）；也称为反余弦
ASIN	返回以弧度表示的角，其正弦为指定 float 表达式。也称为反正弦
ATAN	返回以弧度表示的角，其正切为指定的 float 表达式。它也称为反正切函数
ATN2	返回以弧度表示的角，该角位于正 X 轴和原点至点（y, x）的射线之间，其中 x 和 y 是两个指定的浮点表达式的值
TAN	返回输入表达式的正切值
CEILING	返回大于或等于指定数值表达式的最小整数
COS	一个数学函数，返回指定表达式中以弧度表示的指定角的三角余弦
SIN	以近似数字（float）表达式返回指定角度（以弧度为单位）的三角正弦值
COT	一个数学函数，返回指定的 float 表达式中所指定角度（以弧度为单位）的三角余切值
DEGREES	返回以弧度指定的角的相应角度
EXP	返回指定的 float 表达式的指数值
FLOOR	返回小于或等于指定数值表达式的最大整数
LOG	返回指定的 float 表达式的自然对数
LOG10	返回指定的 float 表达式的常用对数（即：以 10 为底的对数）
PI	返回 PI 的常量值
POWER	返回指定表达式的指定幂的值
RAND	返回从 0 到 1 之间的随机 float 值
ROUND	返回一个数值，舍入到指定的长度或精度
SIGN	返回指定表达式的正号（+1）、零（0）或负号（-1）
SQRT	返回指定浮点值的平方根
SQUARE	返回指定浮点值的平方
RADIANS	对于在数值表达式中输入的度数值返回弧度值

上述除 RAND 以外的所有数学函数都为确定性函数。这意味着在每次使用特定的输入值集调用这些函数时，它们都将返回相同的结果。仅当指定种子参数时，RAND 才是确定性函数。

下面我给你做了一系列的实例，自己一个个地去运行看看效果，Transact-SQL 语句如下：

```
--声明一个变量，也可以是select语句中的指定列，给后面实例用
declare @number int = 50;

--查询变量@number的正弦值
select sin(@number)

--查询变量@number的绝对值
select abs(@number)

--查询变量@number 乘以圆周率
select pi()*@number

--查询变量@number的指数
select exp(@number)

--返回随机生成的数（返回的是0~1之间的随机float值）
declare @i tinyint
set @i=1
while @i<=5
begin
    select rand(@i) as '随机生成的数' , @i as '当前值'
    set @i=@i+1
end

--返回数字表达式并四舍五入为指定的长度或精度- ROUND
select round(345.456,-1) as '参数为-1'
, round(345.456,-2,1) as '参数为-2'
, round(345.456,0) as '参数为0'
, round(345.456,1) as '参数为1'
, round(345.456,2) as '参数为2'
```

注意：算术函数（例如 ABS、CEILING、DEGREES、FLOOR、POWER、RADIANS 和 SIGN）返回与输入值具有相同数据类型的值。三角函数和其他函数（包括 EXP、LOG、LOG10、SQUARE 和 SQRT）将输入值转换为 float 并返回 float 值。

3．字符串函数

小天：处理数字的我大多看明白了，处理字符串的还有哪些呢？比如截断字符串，替换特殊字符什么的。

老田：字符串函数共有 23 个，具体解释如下表。

函 数 名	解　释
ASCII	返回字符表达式中最左侧字符的 ASCII 代码值
CHAR	将 int ASCII 代码转换为字符
CHARINDEX	在 expression2 中搜索 expression1 并返回其起始位置（如果找到）。搜索的起始位置为 start_location。 语法：CHARINDEX (expression1 ,expression2 [, start_location])
DIFFERENCE	返回一个整数值，指示两个字符表达式的 SOUNDEX 值之间的差异
LEFT	返回字符串中从左边开始指定个数的字符
RIGHT	返回字符串中从右边开始指定个数的字符
LEN	返回指定字符串表达式的字符数，其中不包含尾随空格
LOWER	将大写字符数据转换为小写字符数据后返回字符表达式
UPPER	返回小写字符数据转换为大写的字符表达式
LTRIM	返回删除了前导空格之后的字符表达式
NCHAR	根据 Unicode 标准的定义，返回具有指定的整数代码的 Unicode 字符
PATINDEX	返回指定表达式中某模式第一次出现的起始位置；如果在全部有效的文本和字符数据类型中没有找到该模式，则返回零
QUOTENAME	返回带有分隔符的 Unicode 字符串，分隔符的加入可使输入的字符串成为有效的 Microsoft SQL Server 分隔标识符
REPLACE	用另一个字符串值替换出现的所有指定字符串值
REPLICATE	以指定的次数重复字符串值
REVERSE	返回字符表达式的逆向表达式。例如把字符串 ABCD 变成 DCBA
SOUNDEX	返回一个由四个字符组成的代码（SOUNDEX），用于评估两个字符串的相似性
SPACE	返回由重复的空格组成的字符串
STR	返回由数字数据转换来的字符数据
STUFF	STUFF 函数将字符串插入另一字符串。它在第一个字符串中从开始位置删除指定长度的字符；然后将第二个字符串插入第一个字符串的开始位置
SUBSTRING	返回字符表达式、二进制表达式、文本表达式或图像表达式的一部分
UNICODE	按照 Unicode 标准的定义，返回输入表达式的第一个字符的整数值
RTRIM	截断所有尾随空格后返回一个字符串

下面是一些常用的字符串函数实例演示：

```
--声明一个变量，也可以是select语句中的指定列，给后面实例用
declare @txt varchar(20) = 'AaBbCcDdEeFf实训';

--使用SUBSTRING函数截取字符串
select substring(@txt,1,4)

--从字符串的左边开始返回字符
select left(@txt,3)

--同理，返回右边的
select right(@txt,3)

--返回值的字符数
select len(@txt)

--替换
select replace(@txt,'实训','强化')

--大小写转换
select LOWER(@txt),UPPER(@txt)

--逆转字符串字符顺序
select REVERSE(@txt)
```

4. 日期函数

日期和时间函数实在太多了，主要可以分为以下几大类。

- 用来获取系统日期和时间值的函数。
- 用来获取日期和时间部分的函数。
- 用来获取日期和时间差的函数。
- 用来修改日期和时间值的函数。
- 用来设置或获取会话格式的函数。
- 用来验证日期和时间值的函数。

下面我们一项项地来列表和举例。

（1）用来获取系统日期和时间值的函数

所有系统日期和时间值均得自运行 SQL Server 实例的计算机的操作系统。获取系统时间的函数又分为精度较高和精度较低的两种，下表前三行为精度较高的，后三行为精度较低的。

函 数	语 法	返 回 值
SYSDATETIME	SYSDATETIME()	返回包含计算机的日期和时间的 datetime2(7)值，SQL Server 的实例正在该计算机上运行。时区偏移量未包含在内
SYSDATETIMEOFFSET	SYSDATETIMEOFFSET()	返回包含计算机的日期和时间的 datetimeoffset(7) 值，SQL Server 的实例正在该计算机上运行。时区偏移量包含在内
SYSUTCDATETIME	SYSUTCDATETIME()	返回包含计算机的日期和时间的 datetime2(7)值，SQL Server 的实例正在该计算机上运行。日期和时间作为 UTC 时间（通用协调时间）返回
CURRENT_TIMESTAMP	CURRENT_TIMESTAMP()	返回包含计算机的日期和时间的 datetime2(7) 值，SQL Server 的实例正在该计算机上运行。时区偏移量未包含在内
GETDATE	GETDATE()	返回包含计算机的日期和时间的 datetime2(7) 值，SQL Server 的实例正在该计算机上运行。时区偏移量未包含在内
GETUTCDATE	GETUTCDATE()	返回包含计算机的日期和时间的 datetime2(7) 值，SQL Server 的实例正在该计算机上运行。日期和时间作为 UTC 时间（通用协调时间）返回

小天：上表中间这一列是语法，是否是指直接写，例如要使用 SYSDATETIME () 就直接在需要获取函数值的地方写这个函数就 OK 了？

老田：是这个意思，比如：

```
select SYSDATETIME()  --得到值为-10-29 18:12:38.4474488
```

小天：有什么办法可以从上面获得的值中单独抽取出日期的一部分或者单独获取时间呢？

老田：那就得继续看下面的用来获取日期和时间部分的函数。

（2）用来获取日期和时间部分的函数

函　数	语　法	返　回　值	返回数据类型
DATENAME	DATENAME (datepart , date)	返回表示指定日期的指定 datepart 的字符串	nvarchar
DATEPART	DATEPART (datepart , date)	返回表示指定 date 的指定 datepart 的整数	int
DAY	DAY (date)	返回表示指定 date 的"日"部分的整数	int
MONTH	MONTH (date)	返回表示指定 date 的"月"部分的整数	int
YEAR	YEAR (date)	返回表示指定 date 的"年"部分的整数	int

小天：有了这几个函数就好了，就可以很轻松地获取日期和时间部分了。不过上面语法中的 datepart 是什么，怎么写呢？

老田：这个 datepart 在 SQL Server 中基本都一样，详见下表：

datepart	缩写
year　年	yy, yyyy
quarter　季	qq, q
month　　月	mm, m
dayofyear	dy, y
day	dd, d
week	wk, ww
hour	hh
minute	mi, n
second	ss, s
millisecond	ms
microsecond	mcs
nanosecond	ns

例如：

```
select DATENAME(YY,'2009-11-29')
select DATEPART( MM , '2009-11-29' )
```

（3）用来获取日期和时间差的函数

要获取两个时间之间的间隔，用下面这个函数：

函　数	语　法	返　回　值	返回数据类型
DATEDIFF	DATEDIFF (datepart , startdate , enddate)	返回两个指定日期之间所跨的日期或时间 datepart 边界的数目	int

举个例，如图 3-27 所示。

如果前面时间大，后面时间小的话，返回值就为负数，可以自己试试看！

（4）用来修改日期和时间值的函数用来修改日期和时间值的函数如下表：

图 3-27 使用 DATE Diff 函数计算时间间隔

函　数	语　法	返　回　值
DATEADD	DATEADD (datepart , number , date)	通过将一个时间间隔与指定 date 的指定 Datepart 相加，返回一个新的 datetime 值
SWITCHOFFSET	SWITCHOFFSET (DATETIMEOFFSET , time_zone)	SWITCH OFFSET 更改 DATETIMEOFFSET 值的时区偏移量并保留 UTC 值
TODATETIMEOFFSET	TODATETIMEOFFSET (expression , time_zone)	TODATETIMEOFFSET 将 datetime2 值转换为 datetimeoffset 值。datetime2 值被解释为指定 time_zone 的本地时间

例如 DATEADD 函数：

```
SELECT DATEADD(D,5,GETDATE())  --当前时间加 5 天
```

（5）用来设置或获取会话格式的函数

用来设置或获取会话格式的函数如下表：

函　数	语　法	返　回　值
@@DATEFIRST	@@DATEFIRST	返回对会话进行 SET DATEFIRST 操作所得结果的当前值
SET DATEFIRST	SET DATEFIRST { number | @number_var }	将一周的第一天设置为从 1 到 7 的一个数字
SET DATEFORMAT	SET DATEFORMAT { format | @format_var }	设置用于输入 datetime 或 smalldatetime 数据的日期各部分（月/日/年）的顺序
@@LANGUAGE	@@LANGUAGE	返回当前使用的语言的名称。@@LANGUAGE 不是日期或时间函数。但是，语言设置会影响日期函数的输出
SET LANGUAGE	SET LANGUAGE { [N] 'language' | @language_var }	设置会话和系统消息的语言环境。SET LANGUAGE 不是日期或时间函数。但是，语言设置会影响日期函数的输出
sp_helplanguage	sp_helplanguage [[@language =] 'language']	返回有关所有支持语言日期格式的信息。sp_helplanguage 不是日期或时间存储过程。但是，语言设置会影响日期函数的输出

（6）用来验证日期和时间值的函数

函 数 名	语 法	返 回 值
ISDATE	ISDATE (expression)	确定 datetime 或 smalldatetime 输入表达是否为有效的日期或时间值

例如：

```
select ISDATE('2009-1-1')
```

执行后效果如图 3-28 所示。

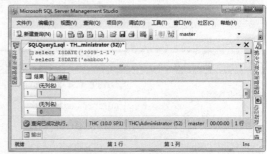

5．系统函数

系统函数作用范围很广，不属于针对某一类型数据的操作，下表列出部分常用的系统函数。

图 3-28　验证日期和时间

函 数 名	解 释
CASE 表达式	计算条件列表并返回多个可能结果表达式之一
CAST 和 CONVERT	将一种数据类型的表达式转换为另一种数据类型的表达式
CURRENT_USER	返回当前用户的名称。此函数等价于 USER_NAME()
@@ERROR	返回发生的错误号
ERROR_LINE	返回发生错误的行号，该错误导致运行 TRY…CATCH 构造的 CATCH 块
ERROR_MESSAGE	返回导致 TRY…CATCH 构造的 CATCH 块运行的错误的消息文本
fn_helpcollations	返回 SQL Server 2008 支持的所有排序规则的列表
fn_servershareddrives	返回群集服务器使用的共享驱动器的名称
fn_virtualfilestats	返回数据库文件（包括日志文件）的 I/O 统计信息
HOST_ID	返回工作站标识号
HOST_NAME	返回工作站名
IDENT_CURRENT	返回为某个会话和作用域中指定的表或视图生成的最新的标识值
IDENT_INCR	返回增量值（返回形式为 numeric (@@MAXPRECISION,0)），该值是在带有标识列的表或视图中创建标识列时指定的
IDENT_SEED	返回原始种子值（返回形式为 numeric(@@MAXPRECISION,0)），该值是在表或视图中创建标识列时指定的
@@IDENTITY	返回最后插入的标识值的系统函数
ISDATE	如果输入 expression 是 datetime 或 smalldatetime 数据类型的有效日期或时间值，则返回 1；否则，返回 0
ISNULL	使用指定的替换值替换 NULL
ISNUMERIC	确定表达式是否为有效的数值类型

函 数 名	解　释
NEWID	创建 uniqueidentifier 类型的唯一值
NULLIF	如果两个指定的表达式相等，则返回空值
PARSENAME	返回对象名称的指定部分。可以检索的对象部分有对象名、所有者名称、数据库名称和服务器名称。语法 PARSENAME ('object_name', object_piece)
ORIGINAL_LOGIN	返回连接到 SQL Server 实例的登录名。您可以在具有众多显式或隐式上下文切换的会话中使用该函数返回原始登录的标识
@@ROWCOUNT	返回受上一语句影响的行数。如果行数大于 20 亿，请使用 ROWCOUNT_BIG
ROWCOUNT_BIG	返回已执行的上一语句影响的行数。该函数的功能与@@ROWCOUNT 类似，区别在于 ROWCOUNT_BIG 的返回类型为 bigint
SCOPE_IDENTITY	返回插入到同一作用域中的标识列内的最后一个标识值。 SCOPE_IDENTITY、IDENT_CURRENT 和 @@IDENTITY 是相似的函数，因为它们都返回插入到标识列中的值。 IDENT_CURRENT 不受作用域和会话的限制，而受限于指定的表。 IDENT_CURRENT 返回为任何会话和作用域中的特定表所生成的值
SERVERPROPERTY	返回有关服务器实例的属性信息 　语法：SERVERPROPERTY (propertyname)
SESSIONPROPERTY	返回会话的 SET 选项设置
SESSION_USER	返回当前数据库中当前上下文的用户名
SYSTEM_USER	当未指定默认值时，允许将系统为当前登录提供的值插入表中
@@TRANCOUNT	返回当前连接的活动事务数
UPDATE()	返回一个布尔值，指示是否对表或视图的指定列进行了 INSERT 或 UPDATE 尝试。可以在 Transact-SQL INSERT 或 UPDATE 触发器主体中的任意位置使用 UPDATE()，以测试触发器是否应执行某些操作
USER_NAME	基于指定的标识号返回数据库用户名
XACT_STATE	用于报告当前正在运行的请求的用户事务状态的标量函数。XACT_STATE 指示请求是否有活动的用户事务，以及是否能够提交该事务

例如：在 SELECT 语句中，简单 CASE 函数仅检查是否相等，而不进行其他比较。以下示例使用 CASE 函数更改产品系列类别的显示，以使这些类别更易理解。执行如下 SQL 语句：，

```
USE AdventureWorks;
GO
SELECT   ProductNumber, Category =
    CASE ProductLine
        WHEN 'R' THEN 'R打头'
        WHEN 'M' THEN 'M打头'
        WHEN 'T' THEN 'T打头'
```

```
        WHEN 'S' THEN '难道是超人'
        ELSE '8知道啦'
     END,
   Name
FROM Production.Product
GO
```

执行后效果如图 3-29 所示。

图 3-29 使用 CASE 语句

例如，使用 NEWID() 对声明为 uniqueidentifier 数据类型的变量赋值。

```
DECLARE @myid uniqueidentifier
SET @myid = NEWID()
PRINT '自动生成的值为：'+ CONVERT(varchar(255), @myid)
```

例如，获取最新的插入行的标识 ID，如下：

```
USE AdventureWorks;
GO
insert into BOOKS(B_NAME,B_DT) values('绝不裸奔',GETDATE())
select @@IDENTITY  --返回最后插入这一条数据的主键ID
GO
```

执行效果如图 3-30 所示。

而针对错误这一块，再单独给出一个实例，如下，我们先做一个零除的错误，然后获取信息：

图 3-30　获取最新的插入行的标识 ID

```
SELECT 5 / 0
SELECT @@ERROR
```

可看出下面一个结果集为 8134（显示 @@ERROR 函数获取到的最近一个错误代码），而上一个零除的结果集则为空。如图 3-31，再切换到消息选项卡，会发现报错。

你可以尝试修改上面的例题，比如 5 / 1，看获取到的错误信息是什么。思考为什么。

图 3-31　零除的错误

6．其他系统函数

另外还有行级函数、排名函数、配置函数、游标函数、元数据函数、安全函数、系统统计函数、文本和图像函数这几种，由于目前所学暂时用不到，但是必须得让你知道，所以下面只是分别列一些出来，就不像上面几种那样详解了。

小天：不讲我怎么知道咋个用呢？

老田：看到图 3-32 中，SQL Server 2008 已经有了智能提示功能了。要好好学会利用。

（1）行级函数

下列行集函数将返回一个可用于代替 Transact-SQL 语句中表引用的对象。

图 3-32　SQL Server Management Studio 智能提示

函 数 名	解　释
CONTAINSTABLE	返回具有零行、一行或多行的表，这些行的列中包含的基于字符类型的数据是单个词语和短语的完全匹配或模糊匹配（不完全相同）项、某个词在一定范围内的近似词或者加权匹配项。CONTAINSTABLE 可以像一个常规的表名称一样，在 SELECT 语句的 FROM 子句中引用

函 数 名	解 释
OPENQUERY	对给定的链接服务器执行指定的传递查询。该服务器是 OLE DB 数据源。OPENQUERY 可以在查询的 FROM 子句中引用，就好像它是一个表名。OPENQUERY 也可以作为 INSERT、UPDATE 或 DELETE 语句的目标表进行引用，但这要取决于 OLE DB 访问接口的功能。尽管查询可能返回多个结果集，但是 OPENQUERY 只返回第一个
FREETEXTTABLE	为符合下述条件的列返回行数为零或包含一行或多行的表：这些列包含基于字符的数据类型，其中的值符合指定的 freetext_string 中文本的含义，但不一定具有完全相同的文本语言。像常规表名称一样，FREETEXTTABLE 也可以在 SELECT 语句的 FROM 子句中进行引用。 使用 FREETEXTTABLE 进行的查询可以指定 freetext 类型的全文查询，这些查询为每行返回一个关联等级值（RANK）和全文键（KEY）
OPENROWSET	包含访问 OLE DB 数据源中的远程数据所需的全部连接信息。可以在查询的 FROM 子句中像引用表名那样引用 OPENROWSET 函数。依据 OLE DB 访问接口的功能，还可以将 OPENROWSET 函数引用为 INSERT、UPDATE 或 DELETE 语句的目标表。尽管查询可能返回多个结果集，但 OPENROWSET 只返回第一个结果集
OPENDATASOURCE	不使用链接服务器的名称，而提供特殊的连接信息，并将其作为四部分对象名的一部分
OPENXML	OPENXML 通过 XML 文档提供行集视图。由于 OPENXML 是行集提供程序，因此可在会出现行集提供程序（如表、视图或 OPENROWSET 函数）的 Transact-SQL 语句中使用 OPENXML

（2）排名函数

排名函数为分区中的每一行返回一个排名值。根据所用函数的不同，某些行可能与其他行接收到相同的值。等学会了后面的查询，记得回来看这里，免得说老田我没有教你"分页函数"。

函 数 名	解 释
RANK	返回结果集的分区内每行的排名。行的排名是相关行之前的排名数加 1
NTILE	将有序分区中的行分发到指定数目的组中。各个组有编号，编号从 1 开始。对于每一个行，NTILE 将返回此行所属的组的编号
DENSE_RANK	返回结果集分区中行的排名，在排名中没有任何间断。行的排名等于所讨论行之前的所有排名数加 1
ROW_NUMBER	返回结果集分区内行的序列号，每个分区的第一行从 1 开始

（3）配置函数

配置函数很多和全局变量差不多，下表是清单。

函 数 名	解 释
@@DATEFIRST	针对会话返回 SET DATEFIRST 的当前值
@@OPTIONS	返回有关当前 SET 选项的信息
@@DBTS	返回当前数据库的当前 timestamp 数据类型的值。这一时间戳值在数据库中必须是唯一的
@@REMSERVER	返回远程 SQL Server 数据库服务器在登录记录中显示的名称（快要被删除的功能，不建议使用）
@@LANGID	返回当前使用的语言的本地语言标识符（ID）
@@SERVERNAME	返回运行 SQL Server 的本地服务器的名称
@@LANGUAGE	返回当前所用语言的名称
@@SERVICENAME	返回 SQL Server 正在其下运行的注册表项的名称。若当前实例为默认实例，则@@SERVICENAME 函数返回 MSSQLSERVER；若当前实例是命名实例，则该函数返回该实例名
@@LOCK_TIMEOUT	返回当前会话的当前锁定超时设置（毫秒）
@@SPID	返回当前用户进程的会话 ID
@@MAX_CONNECTIONS	返回 SQL Server 实例允许同时进行的最大用户连接数。返回的数值不一定是当前配置的数值
@@TEXTSIZE	返回 TEXTSIZE 选项的当前值
@@MAX_PRECISION	按照服务器中的当前设置，返回 decimal 和 numeric 数据类型所用的精度级别
@@VERSION	返回当前的 SQL Server 安装的版本、处理器体系结构、生成日期和操作系统
@@NESTLEVEL	返回对本地服务器上执行的当前存储过程的嵌套级别（初始值为 0）

（4）游标函数

游标函数主要用于返回游标的信息：

函 数 名	解 释
@@CURSOR_ROWS	返回连接上的打开的上一个游标中的当前限定行的数目。为了提高性能，Microsoft SQL Server 可异步填充大型键集和静态游标。可调用@@CURSOR_ROWS 以确定当其被调用时检索了游标符合条件的行数
CURSOR_STATUS	一个标量函数，它允许存储过程的调用方确定该存储过程是否已为给定的参数返回了游标和结果集
@@FETCH_STATUS	返回针对连接当前打开的任何游标发出的上一条游标 FETCH 语句的状态

（5）元数据函数

元数据函数主要用于返回有关数据库和数据库对象的信息：

函 数 名	解 释
@@PROCID	返回 Transact-SQL 当前模块的对象标识符（ID）。Transact-SQL 模块可以是存储过程、用户定义函数或触发器。不能在 CLR 模块或进程内数据访问接口中指定@@PROCID
fn_listextendedproperty	返回数据库对象的扩展属性值
ASSEMBLYPROPERTY	返回有关程序集的属性的信息
FULLTEXTCATALOGPROPERTY	返回有关全文目录属性的信息
FULLTEXTSERVICEPROPERTY	返回与全文引擎属性有关的信息。可以使用 sp_fulltext_service 设置和检索这些属性
COL_LENGTH	返回列的定义长度（以字节为单位）
COL_NAME	根据指定的对应表标识号和列标识号返回列的名称
INDEX_COL	返回索引列名称。对于 XML 索引，返回 NULL
COLUMNPROPERTY	返回有关列或过程参数的信息
INDEXKEY_PROPERTY	返回有关索引键的信息。对于 XML 索引，返回 NULL
DATABASEPROPERTY	返回指定数据库和属性名的命名数据库属性值。下个版本可能删除此功能，不推荐使用
DATABASEPROPERTYEX	返回指定数据库的指定数据库选项或属性的当前设置
INDEXPROPERTY	根据指定的表标识号、索引或统计信息名称以及属性名称，返回已命名的索引或统计信息属性值。对于 XML 索引，返回 NULL
OBJECT_ID	返回架构范围内对象的数据库对象标识号
OBJECT_NAME	返回架构范围内对象的数据库对象名称
DB_ID	返回数据库标识（ID）号
DB_NAME	返回数据库名称
OBJECTPROPERTY	返回当前数据库中架构范围内对象的有关信息。不能将此函数用于不属于架构范围内的对象，如数据定义语言（DDL）触发器和事件通知
OBJECTPROPERTYEX	返回当前数据库中架构范围内的对象的有关信息。OBJECTPROPERTYEX 不能用于非架构范围内的对象，如数据定义语言（DDL）触发器和事件通知
SCHEMA_ID	返回与架构名称关联的架构 ID
SCHEMA_NAME	返回与架构 ID 关联的架构名称
FILE_ID	返回当前数据库中给定逻辑文件名的文件标识（ID）号
FILE_NAME	返回给定文件标识（ID）号的逻辑文件名
FILE_IDEX	返回当前数据库中的数据、日志或全文文件的指定逻辑文件名的文件标识（ID）号
FILEGROUP_ID	返回指定文件组名称的文件组标识（ID）号
FILEGROUP_NAME	返回指定文件组标识（ID）号的文件组名
SQL_VARIANT_PROPERTY	返回有关 sql_variant 值的基本数据类型和其他信息

函 数 名	解 释
FILEGROUPPROPERTY	提供文件组和属性名时，返回指定的文件组属性值
FILEPROPERTY	指定文件名和属性名时，返回指定的文件名属性值
TYPE_ID	返回指定数据类型名称的 ID
TYPE_NAME	返回指定类型 ID 的未限定的类型名称
TYPEPROPERTY	返回有关数据类型的信息

（6）安全函数

安全函数返回对管理安全性有用的信息。

函 数 名	解 释
CURRENT_USER	返回当前用户的名称。此函数等价于 USER_NAME()
SETUSER	允许 sysadmin 固定服务器角色的成员或 db_owner 固定数据库角色的成员模拟另一用户。因为版本兼容的问题，建议改用 EXECUTE AS
SUSER_ID	返回用户的登录标识号
SUSER_SID	返回指定登录名的安全标识号（SID）
SUSER_SNAME	返回与安全标识号（SID）关联的登录名
sys.fn_builtin_permissions	返回对服务器内置权限层次结构的说明
Has_Perms_By_Name	评估当前用户对安全对象的有效权限
IS_MEMBER	指示当前用户是否为指定 Microsoft Windows 组或 Microsoft SQL Server 数据库角色的成员
IS_SRVROLEMEMBER	指示 SQL Server 登录名是否为指定固定服务器角色的成员
SYSTEM_USER	当未指定默认值时，允许将系统为当前登录提供的值插入表中
SUSER_NAME	返回用户的登录标识名
PERMISSIONS	返回一个包含位图的值，该值指示当前用户的语句、对象或列权限。后续版本可能删除，建议不使用
SCHEMA_ID	返回与架构名称关联的架构 ID
SCHEMA_NAME	返回与架构 ID 关联的架构名称
USER_ID	返回数据库用户的标识号
USER_NAME	基于指定的标识号返回数据库用户名
SESSION_USER	SESSION_USER 返回当前数据库中当前上下文的用户名

（7）系统统计函数

系统统计函数返回系统的统计信息。

函 数 名	解 释
@@CONNECTIONS	返回 SQL Server 自上次启动以来尝试的连接数，无论连接是成功还是失败
@@PACK_RECEIVED	返回 SQL Server 自上次启动后从网络读取输入数据的包数

函 数 名	解 释
@@CPU_BUSY	返回 SQL Server 自上次启动后的工作时间。其结果以 CPU 时间增量或"滴答数"表示，此值为所有 CPU 时间的累计，因此，可能会超出实际占用的时间。乘以@@TIMETICKS 即可转换为微秒
@@PACK_SENT	返回 SQL Server 自上次启动后写入网络的输出数据包个数
fn_virtualfilestats	返回数据库文件（包括日志文件）的 I/O 统计信息
@@TIMETICKS	返回每个时钟周期的微秒数
@@IDLE	返回 SQL Server 自上次启动后的空闲时间。结果以 CPU 时间增量或"时钟周期"表示，并且是所有 CPU 的累计，因此该值可能会超过实际经过的时间。乘以@@TIMETICKS 即可转换为微秒
@@IO_BUSY	返回自从 SQL Server 最近一次启动以来，SQL Server 已经用于执行输入和输出操作的时间。其结果是 CPU 时间增量（时钟周期），并且是所有 CPU 的累计值，所以，它可能超过实际消耗的时间。乘以@@TIMETICKS 即可转换为微秒
@@TOTAL_ERRORS	返回自上次启动 SQL Server 之后 SQL Server 所遇到的磁盘写入错误数
@@TOTAL_READ	返回 SQL Server 自上次启动后由 SQL Server 读取（非缓存读取）的磁盘的数目
@@PACKET_ERRORS	返回自上次启动 SQL Server 后，在 SQL Server 连接上发生的网络数据包错误数
@@TOTAL_WRITE	返回自上次启动 SQL Server 以来 SQL Server 所执行的磁盘写入数

（8）文本和图像函数

文本和图像函数对文本或图像输入值或列执行操作，并返回有关该值的信息。

函 数 名	解 释
PATINDEX	返回指定表达式中某模式第一次出现的起始位置；如果在全部有效的文本和字符数据类型中没有找到该模式，则返回 0
TEXTVALID	检查特定文本指针是否有效的 text、ntext 或 image 函数。后续版本可能删除，建议不使用
TEXTPTR	返回对应于 varbinary 格式的 text、ntext 或 image 列的文本指针值。检索到的文本指针值可用于 READTEXT、WRITETEXT 和 UPDATETEXT 语句。后续版本可能删除，建议不使用

7. 类型转换函数

小天：上面的函数分类好像没有这个分类吧？

老田：是的，确实没有，只不过数据类型转换比较有用，所以单独分出来讲一下。所谓数据类型转换就是将一种数据类型的表达式转换为另一种数据类型的表达式。数据类型转换可以通过 CAST()和 CONVERT()函数来实现。大多数情况下，这两个函数是重叠的，它们反映了 SQL 语言的演化历史。这两个函数的功能相似，不过它们的语法不同。虽然并非所有类型的值都能转变为其他数据类型，但总的来说，任何可以转换的值都可以用简单的函数实现转换。多的也不说了，首先来看个实例。

```
SELECT CAST(10.6496 AS int)        --结果为.6496，因为整数类型没有小数位的
SELECT CAST(10.3496847 AS money)   --结果为.3497，因为money类型只有小数位
SELECT CONVERT(varchar(100), GETDATE()) - 结果为10 30 2009 10:27AM
```

相对来说，我个人更喜欢用 CAST，因为用起来更方便，如下例题将本年度截止到现在的全部销售额（SalesYTD）除以佣金百分比（CommissionPCT），从而得出单列计算结果（Computed）。在舍入到最接近的整数后，将此结果转换为 int 数据类型。

```
USE AdventureWorks;
GO
SELECT CAST(ROUND(SalesYTD/CommissionPCT, 0) AS int) AS '计算结果'
FROM Sales.SalesPerson
WHERE CommissionPCT != 0;
GO
```

执行后效果如图 3-33 所示。

小天：有什么区别呢？

老田：接下来我们详细来讲几种类型转换函数。

（1）CAST()函数

CAST()函数的参数是一个表达式，它包括用 AS 关键字分隔的源值和目标数据类型。以下例子用于将文本字符串'123'转换为整型：

图 3-33　执行结果

```
SELECT CAST('123' AS int)
```

返回值是整型值 123。如果试图将一个代表小数的字符串转换为整型值，又会出现什么情况呢？

```
SELECT CAST('123.4' AS int)
```

CAST()函数和 CONVERT()函数都不能执行四舍五入或截断操作。由于 123.4 不能用 int 数据类型来表示，所以对这个函数调用将产生一个错误，如图 3-34 所示。

图 3-34　执行出错

要返回一个合法的数值，就必须使用能处理这个值的数据类型。对于这个例子，存在多个可用的数据类型。如果通过 CAST()函数将这个值转换为 decimal 类型，需要首先定义 decimal 值的精度与小数位数。在本例中，精度与小数位数分别为 9 与 2。精度是总的数字位数，包括小数点左边和右边位数的总和。而小数位数是小数点右边的位数。这表示本例能够支持的最大的整数值是 9999999，而最小的小数是 0.01。

精度和小数位数的默认值分别是 18 与 0。如果在 decimal 类型中不提供这两个值，SQL Server 将截断数字的小数部分，而不会产生错误。

```
SELECT CAST('123.4' AS decimal(9,4))    --结果为.4000
SELECT CAST('123.4' AS decimal(9))      --结果.123
```

（2）CONVERT()函数

对于简单类型转换，CONVERT()函数和 CAST()函数的功能相同，只是语法不同。CAST()函数一般更容易使用，其功能也更简单。CONVERT()函数的优点是可以格式化日期和数值，它需要两个参数：第一个是目标数据类型，第二个是源数据。以下的两个例子和上一节的例子类似：

```
SELECT CONVERT(int, '123')              --结果为123
SELECT CONVERT(decimal(9,4), '123.4')   --结果为123.4000
```

CONVERT()函数还具有一些改进的功能，它可以返回经过格式化的字符串值，且可以把日期值格式化成很多形式。有 28 种预定义的符合各种国际和特殊要求的日期与时间输出格式。下表列出了这些日期格式。

如果 expression 为 date 或 time 数据类型，则 style 可以为下表中显示的值之一。其他值作为 0 来处理。SQL Server 使用科威特算法来支持阿拉伯样式的日期格式。

不带世纪数位（yy）（1）	带世纪数位（yyyy）	标　准	输入/输出（3）
-	0 或 100 (1, 2)	默认	mon dd yyyy hh:miAM（或 PM）
1	101	美国	mm/dd/yyyy
2	102	ANSI	yy.mm.dd
3	103	英国/法国	dd/mm/yyyy
4	104	德国	dd.mm.yy

续 表

不带世纪数位（yy）（1）	带世纪数位（yyyy）	标　准	输入/输出（3）
5	105	意大利	dd-mm-yy
6	106 (1)	-	dd mon yy
7	107 (1)	-	mon dd, yy
8	108	-	hh:mi:ss
-	9 或 109 (1, 2)	默认设置+毫秒	mon dd yyyy hh:mi:ss:mmmAM（或 PM）
10	110	美国	mm-dd-yy
11	111	日本	yy/mm/dd
12	112	ISO	yymmdd yyyymmdd
-	13 或 113 (1, 2)	欧洲默认设置+毫秒	dd mon yyyy hh:mi:ss:mmm(24h)
14	114	-	hh:mi:ss:mmm(24h)
-	20 或 120 (2)	ODBC 规范	yyyy-mm-dd hh:mi:ss(24h)
-	21 或 121 (2)	ODBC 规范（带毫秒）	yyyy-mm-dd hh:mi:ss.mmm(24h)
-	126 (4)	ISO8601	yyyy-mm-ddThh:mi:ss.mmm（无空格）
-	127(6, 7)	带时区 Z 的 ISO 8601	yyyy-mm-ddThh:mi:ss.mmmZ（无空格）
-	130 (1, 2)	回历 (5)	dd mon yyyy hh:mi:ss:mmmAM
-	131 (2)	回历 (5)	dd/mm/yy hh:mi:ss:mmmAM

① 这些样式值将返回不确定的结果。包括所有（yy）（不带世纪数位）样式和一部分（yyyy）（带世纪数位）样式。

② 默认值（style 0 或 100、9 或 109、13 或 113、20 或 120 以及 21 或 121）始终返回世纪数位（yyyy）。

③ 转换为 datetime 时输入；转换为字符数据时输出。

④ 为用于 XML 而设计。对于从 datetime 或 smalldatetime 到字符数据的转换，其输出格式如上一个表所述。

⑤ 回历是有多种变体的日历系统。SQL Server 使用科威特算法。

⑥ 仅支持从字符数据转换为 datetime 或 smalldatetime。仅表示日期或时间成分的字符数据转换为 datetime 或 smalldatetime 数据类型时，未指定的时间成分设置为 00:00:00.000，未指定的日期成分设置为 1900-01-01。

⑦ 使用可选的时间区域指示符（Z）更便于将具有时区信息的 XML datetime 值映射到没有时区的 SQL Server datetime 值。Z 是时区 UTC-0 的指示符。其他时区则以+或一方向的 HH:MM 偏移量来指示。例如：2006-12-12T23:45:12-08:00。

从 smalldatetime 转换为字符数据时，包含秒或毫秒的样式将在这些位置上显示 0。使用相应的 char 或 varchar 数据类型长度从 datetime 或 smalldatetime 值转换时，可截断不需要的日期部分。

从样式包含时间的字符数据转换为 datetimeoffset 时，将在结果末尾追加时区偏移量。

这个函数的第三个参数是可选的，该参数用于接收格式代码整型值。表中的例子用于对 datetime 数据类型进行转换。在转换 smalldatetime 数据类型时，格式不变，但一些元素会显示为 0，因为该数据类型不支持毫秒。以下的脚本例子将输出格式化的日期：

```
Select CONVERT(varchar(100), GETDATE(), 8)-- 10:57:46
Select CONVERT(varchar(100), GETDATE(), 9)-- 05 16 2006 10:57:46:827AM
Select CONVERT(varchar(100), GETDATE(), 10)-- 05-16-06
Select CONVERT(varchar(100), GETDATE(), 11)--06/05/16
```

格式代码 0、1 和 2 也可用于数字类型，它们对小数与千位分隔符格式产生影响。而不同的数据类型所受的影响是不一样的。一般来说，使用格式代码 0（或者不指定这个参数的值），将返回该数据类型最惯用的格式。使用 1 或者 2 通常显示更为详细或者更精确的值。以下例子使用格式代码 0：

```
DECLARE @Num Money
SET @Num = 1234.56
SELECT CONVERT(varchar(50), @Num, 0)    --1234.56
SELECT CONVERT(varchar(50), @Num, 1)    --1, .45
SELECT CONVERT(varchar(50), @Num, 2)    --1234.5600
```

以下例子和上例相同，但是使用 float 类型：

```
DECLARE @Num float
SET @Num = 1234.56
SELECT CONVERT(varchar(50), @Num, 0)    --1234.56
SELECT CONVERT(varchar(50), @Num, 1)    --1.2345600e+003
SELECT CONVERT(varchar(50), @Num, 2)    --1.234560000000000e+003
```

使用值 0 不会改变所提供的格式，但是使用值 1 或 2 将返回以科学计数法表示的数字，后者使用了 15 位小数：

```
1.23456000000000e+003
```

（3）STR()函数

这是一个将数字转换为字符串的快捷函数。这个函数有 3 个参数：数值、总长度和小数位数。如果数字的整数位数和小数位数（要加上小数点占用的一个字符）的总和小于总长度，对结果中左边的字符将用空格填充。在下面第一个例子中，包括小数点在内一共是 5 个字符。结果显示在网格中，显然左边的空格被填充了。这个调用指定，总长度为 8 个字符，小数位为 4 位：

```
SELECT STR(123.4, 8, 4)
```

结果值的右边以 0 填充：123.4000。

下面给函数传递了一个 10 字符的值，并指定结果包含 8 个字符，有 4 个小数位：

```
SELECT STR(123.456789, 8, 4)
```

只有将这个结果截断才能符合要求。STR()函数对最后一位进行四舍五入：23.4568。

现在，如果为函数传递数字 1，并指定结果包含 6 个字符，有 4 个小数位，STR() 函数将用 0 补足右边的空位：

```
SELECT STR(1, 6, 4)
```

结果为 1.0000。

然而，如果指定的总长度大于整数位数、小数点和小数位数之和，结果值的左边将用空格补齐：

```
SELECT STR(1, 12 ,4) --1.0000
SELECT STR(1, 6, 4) --1.0000
```

本 章 小 结

本章内容讨论了 Transact-SQL 语言的作用以及它在 Microsoft SQL Server 中的实现过程。Transact-SQL 是结构化查询语言的一种方言，基于行业范围内的 ANSI SQL 标准。

SQL 中有三种类别的语句，分别用于定义、管理数据库和数据库中的对象，控制数据与数据库功能的访问，管理数据库中的数据。数据定义语言（DDL）包含 CREATE 与 ALTER 语句，它们用于定义数据库对象。数据控制语言（DCL）用于管理数据与数据库对象的访问安全性，并管理用户权限。最后，数据操纵语言（DML）是最常用到的 SQL 子集。DML 包含 SELECT、INSERT、UPDATE 和 DELETE 语句，以及这些语句的很多不同变种，用于在表中填充记录，修改、删除、读取数据值。SELECT 语句有许多修饰符和额外的命令与子句，可用来对数据库中的数据做一些有用的操作，或者让这些数据变得更有条理。

SQL Server 数据库引擎使用智能逻辑来提高查询的处理效率。查询解析器与优化器将 SQL 查询翻译成不同的操作，然后将这些操作编译成低级机器指令。经过编译的执行策略缓存在内存中，并可以在数据库中永久保存，让数据库编程对象运行得更有效率。

我们也学习了编写 SQL 脚本的正确方法、使用注释的方法以及命名标准。为了保护脚本，可将脚本保存为脚本文件。在编写新查询时，可用模板来节省时间与精力。

在数据类型这部分针对 SQL Server 中的数据类型，特别是日期、数字、字符串等几种数据类型做了大量讲解。

最后，本章的重点则放在了内置函数上，因为以后要涉及到 SQL 编程，内置函数的用处很大。但鉴于目前初级程序员所用到的功能有限，我们只是对常用的功能做了大篇幅的讲解，对于前期不常用的则只是罗列出功能。

问　题

1．Transact-SQL 和 SQL 的关系是什么？

2．看懂本章 3.8.2 小节中那个创建类型的语法。

3．创建数据库用的是什么语言？

4．操作数据库中的数据用什么类型的语言？

5．本章 3.6.2 小节中循环的结果为什么是从 2 开始显示的？如何让其从 1 显示？

6．创建表可以使用用户自定义数据类型吗？

7．如何获取"2009-11-03"中的年部分？

8．如何将 int 类型转换为 varchar 类型？

9．在 SQL 脚本头部的注释应该使用哪种方式？

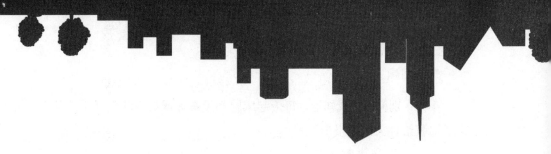

第 4 章　创建与维护表

学习时间：第五、六天	地点：书房	人物：老田、小天

本章要点

- 设计表时应该考虑的因素
- E-R模型：设计数据库表结构
- 使用PowerDesigner设计概念数据模型—物理数据模型—生成建库脚本
- 表的基本特点和类型
- 创建和修改表：普通表、临时表和分区表、列的创建与维护
- 约束：主键、外键、对列的各种约束

本章学习线路

　　本章从设计表时应该考虑的因素开始，讲述如何走好数据库设计的第一步——E-R建模，从概念到关系图再到关系的规范化。接下来就该是创建表，虽然前几章中也有简单的创建表例题，但是并未对表的类型和特点做什么阐述，在这里就针对这两点做深入的探讨。当这些完毕后就是如何把前面画的E-R图变成为我们所用的数据表了，最后针对表中的各种约束进行细致的讲解。

　　当学完本章，读者就应该已具备从需求到做出数据库的能力了。

知识回顾

小天：别问了，我知道，每天起床脸都没洗你就要问昨天又学了什么，你不烦我都烦了，我给你大概汇报一下吧：

- 首先是讲解了Transact-SQL语言和SQL的关系、历史，之后是几种执行Transact-SQL的方式和调试Transact-SQL代码的方法，别说还真好用。
- 又分别讲了数据定义语言、数据操纵语言、数据控制语言、附加的语言元素等。
- 语言元素的类型和特点，控制符号，变量，表达式，注释，我觉得特别受益的还要算是注释那一部分。
- 对于数据库中数据的详解我想今天的建表中肯定好用，所以昨天晚上我狠狠地把那部分熟悉了一下。
- 最后关于SQL Server数据库中各种内置函数，虽然我看了加起来起码50个函数但却不知道怎么用，不过是我做了标记，以后只要有用到的地方，马上返回来看，肯定还是可以掌握的。

老田：你个臭小子，看你说得有模有样的，我也就不为难你了，待会我们创建表的时候关于数据类型我可不会太多地提醒了。

4.1　概　述

前面四章把数据库的基础、概念都讲了一遍，对于编程的人来说，现在算是真正地进入做项目的第一步了，人家总说数据库是一个项目的基础嘛。一个程序的效率在除去硬件的问题后，第一需要注重的就是数据库是否设计得合理。因为是关系型数据库，所以表与表之间总是有着各种各样的关联、约束。往小里说，每个存储数据的列的数据类型也会对整个程序产生至关重要的影响。

小天：到底数据在数据库中是如何存在的？前面讲了创建数据库、数据文件，我一直很好奇，到底数据本身在数据库中是如何排列的？

老田：在一个数据库中至少有一到多个表，每一张表又有一到多个列和行，如下表：

主　键	登 录 名	密　码	会员类型	注册日期
1	Thc	123456	金牌会员	2009-10-21
2	Abc	123456	银牌会员	2009-10-22
3	Cda	123456	普通会员	2009-10-20

4.2　设计表时应该考虑的因素

小天：按照你的说法，我理解为，设计数据库其实就是设计数据库中的表。如果真是这么重要的话，到底要注意些什么才能够设计好一个数据库呢？

老田：一个宗旨"尽量少的表，每个表中尽量少的列，合理的表结构"。

小天：说得好抽象，具体点，比如设计表的时候可以有什么辅助工具？什么时候用什么数据类型？谁跟谁之间有了关系，什么样的关系？还有你可以根据你这么多年的经验给点实际性的建议嘛。

老田：厉害，居然问出有深度的问题了，下面我们就来一点一点地整理一下。

第一，首先要考虑的是咱们这个数据库的主要作用是什么？至少**包含哪些数据**？这些数据又分别属于哪些实体对象？对象之间又存在什么样的关系？比如说新闻文章管理系统的数据库，它要存放的数据至少包括：文章分类、文章标题、发文时间、作者；而既然是管理系统，那么肯定会有人要添加、删除或修改文章，那么就延伸出管理员，有管理员了就存在账号、密码；如果还要有对文章的评论功能，那就还得有评论的标题、评论的内容、评论人姓名、评论时间等。这么多需要存放的数据，如何归类？归类后又如何整理相互之间的关系呢？这就需要用到工具。

第二，**E-R 模型**。建立E-R模型的工具很多，甚至纸、笔也算是一种工具。E-R图的画法很多，它的主要作用是将所有要存入数据库的数据归类、整理成一个个的分类，这个分类被称为实体，而被归如这个分类的数据则被称之为实体的属性。不同的实体之间存在关联，比如文章和管理员之间就存在谁发布了文章、文章和评论之间存在某条评论是属于哪篇文章这样的关系，在E-R模型上就必须把这些关系体现出来。E-R的具体工具和画法稍后有一小节来讲，这里先不赘述。

第三，每一个实体就是一个表，而实体的属性就是这个表的列，那么问题就出来了，到底什么样的**列该用什么样的数据类型**，比如文章的标题该用什么数据类型呢？

小天：NCHAR（50）行不？因为我们这边是采用Unicode字符，而文章标题字符串有50个字符足够了。

老田：至于你说的什么类型咱们姑且不论，打个赌，看以下代码，不去运行，根据上一章学习的内容自己想想，如果错了，到本书后面提供的纠错网站上去报个到，错了的人要给对了的人做一件事或者回答一个类似国王游戏的问题。

```
declare @txta nchar(10)='你猜最终我这一行能够显示多少个字'  --16个字，显示? 个字
declare @txtb char(10)='知道为什么我比他显示得多'           --12个字，显示? 个字
select @txta,@txtb
```

接着来看你的NCHAR（50）有没有问题。首先我们说什么情况下用NCHAR类型呢？一是在Unicode字符的时候用N开头的类型，其次只有在数据长度基本差不多的情况下采用。但是文章的标题每一个都会是固定长度吗？而且char类型最致命的一个缺陷是，只要用它的数据、只要长度不够，就自动填充空格。问题出来了，如果连续10万行数据的这一列都只有40个字符，那么每行都增加10个空格，这样下来10万*10字符的空间实际上就白白地被占用了。虽然有人说现在磁盘成本已经越来越廉价，但是我觉得吧，这不是钱的问题，因为数据库体积越大，处理数据的效率必然受影响。再比如说，用户注册中年龄的问题，肯定首选tinyint，因为目前人类的年龄不可能超过255岁，而这个类型只占1字节的空间，如果习惯性地用int类型，咋一看也没有问题，只是白白浪费了3字节的空间，因为int是4字节的长度。

小天：我明白你的意思了，这第三点总结下就是，要做到哪怕1字节的空间也不能浪费，但是也不能节约得整个数据库都不好用了。

老田：第四，**允许为空和默认值**。这是什么意思呢？首先要明确什么是空值、什么是默认值。这里的空值既不是0也不是空字符，而表示未知，用null表示。这就有问题了，首先，如果处在变长类型列中的null值本身虽然不占空间，但是它所在的列却实实在在地要占用空间的。再则null比较特殊，数据库要对null字段进行额外的操作，所以如果表中有较多的null字段时会影响数据库的性能；还有一点是我们现在想不到但将来一定遇到的，null字段会给编程带来一些不大不小的麻烦，比如制造一些bug。

所以，一句话，尽量少用允许列为空，如果一定要允许也尽量将之靠后。

小天：我要是做个会员管理系统，除了会员账号、密码、电子邮箱之外的资料我觉得都可以为空，但是总不可能数据库就只有这三个字段啊。

老田：当然不可能这么少啦，但是为什么不可以做成两张表呢？一张为基本信息表；一张为详细信息表。将用户一般都不填写的资料单独放在详细资料表，那么，如果用户不填写详细资料，这个表里就少一行数据。

小天：这个主意不错哦，我还有个问题，就是用户注册时间的问题，我肯定希望记录下用户是什么时候注册的，但是这行人家用户不可能愿意写，就算写也可能乱写，咋办？

老田：这个简单，用默认值。比如要解决注册日期的问题就在用户基本信息表中加一列注册日期（不要用中文），给这一列设置默认值"GETDATE()"，然后每次添加信息的时候就不去管这一列了，反正它会在执行插入数据的时候把系统当前最新时间加入当前行。

第五，主键的问题。来看个实际的例子：公安部要通缉孙悟空，这问题就出来了，全国叫孙悟空的人可能不只一猴，所以单纯靠名字是不能通缉的。长相？不行，全国的猴子多了去了，长得像的也挺多。我们这里不是YY小说，不玩灵魂气息。那咋办呢，就是给全国的猴子办身份证，每个身份证上的编号绝对不能相同，于是以后再要通缉孙悟空的话，就好办了。我们的数据表中数据也一样，每一行都需要一个绝不重复的标志作为主键。

小天：你这意思就是每张表都需要一个主键？我的会员管理系统中难道也让人家注册的时候填写身份证号？

老田：让人注册的时候写身份证号一般来说是不现实的，咋办呢？那我们只好额外地加上一行作为主键了，这也是在数据库中常见的作法。为表增加看起来风马牛不相及的一行，其作用只有一个，就是作为标志主键。

第六，约束和规则。用于确保数据的完整有效性，一旦定义了约束和规则，那么只有满足这些条件的数据才可以插入数据库。比如要求注册会员的性别要么是男，要么是女，绝对不允许第三种情况，再比如年龄只能是18～80岁，其他注册不了。

第七，外键关系。比如会员管理系统，如果所有会员都是同样，当然无所谓，但如果分为普通会员、金、银、铜牌会员几种类型，这时就需要好好地思量了：到底是在会员信息表中增加一列来存储会员类型的名称呢，还是单独用另外一张表来存储会员名称，再把两张表关联起来，处理方式如下。

第一种方式：

主　键	登录名	密　码	会员类型	注册日期
1	Thc	123456	金牌会员	2009-10-21
2	Abc	123456	银牌会员	2009-10-22
3	Cda	123456	普通会员	2009-10-20

第二种方式（两张表）：

会员类型分类表	
主键	分类名
1	普通会员
2	银牌会员
3	金牌会员

会员信息表				
主键	登录名	密码	会员类型	注册日期
1	Thc	123456	3	2009-10-21
2	Abc	123456	2	2009-10-22
3	Cda	123456	1	2009-10-20

会员信息表中"会员类型"列中填充的为会员类型分类表中的"主键"

第二种方式中"会员信息表"中的"会员类型"列就是外键。这样做很明显违背了本章最开始说的表要尽量少这个宗旨。可有时候这样做是有必要的。还是以会员中心这个案例来说，我选择用第二种方式。假设会员类型分类可能随着时间的过去、企业的发展，会员会有很多，那么这个"会员类型"列因为只存储一个int类型的字段，所以空间就节约出很多来。

另外一些原因就是考虑到方便编程和程序的扩展，比如增加新的会员类型分类等。

第八，**考虑是否使用索引**。索引也是一种数据库对象，是加快对数据表中数据检索的一种手段、是提高数据库使用效率的一种重要方法。于是在哪些列上使用索引，对哪些列不使用索引；是使用聚簇索引还是使用非聚簇索引；是否使用全文索引，等等，很多问题需要认真地去思考。

4.3　E-R 模型

小天：这个名字好奇怪，这个模型是做什么的？上面你大概说了下，也没有说得多清楚。我只知道是个实体、属性和关系什么的。

老田：实体（Entities）联系（Relationships）模型简称E-R模型，是由P.P.Chen于1976年首先提出的。还有一个关键元素Attributes——属性，它提供不受任何数据库管理系统（DBMS）约束的面向用户的表达方法，在数据库设计中被广泛用作数据建模的工具。E-R数据模型问世后，经历了许多修改和扩充。

近年来各种各样的教程、书籍慢慢地把E-R图也整得让人似是而非了。当然，我也在试图这样做，因为我们后面所讲的E-R图都属于概念数据模型的范畴，而非初期所谓的E-R图了。在我误导你之前，还是先说清楚正确的是什么样，如图4-1所示。

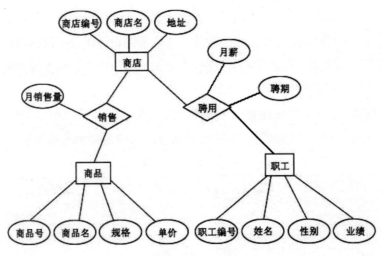

图 4-1 E-R 图

E-R图也即实体—联系图（Entity Relationship Diagram），提供了表示实体、属性和联系的方法，用来描述现实世界的概念模型（不同于概念数据模型）。

构成E-R图的基本要素是实体、属性和联系，其表示方法如下。

实体（Entity）：用矩形表示，矩形框内写明实体名。比如，学生张三丰、李寻欢都是实体。如果是弱实体的话，在矩形外面再套实线矩形。

属性（Attribute）：用椭圆形表示，并用无向边将其与相应的实体连接起来。比如，学生的姓名、学号、性别都是属性。如果是多值属性的话，在椭圆形外面再套实线椭圆。如果是派生属性则用虚线椭圆表示。

联系（Relationship）：用菱形表示，菱形框内写明联系名，并用无向边分别与有关实体连接起来，同时在无向边旁标上联系的类型（1∶1、1∶n或m∶n）。比如老师给学生授课存在授课关系，学生选课存在选课关系。如果是弱实体的联系则在菱形外面再套菱形。

由于上面的画法更接近于手工在纸上画，所以作为和客户之间的初次交流是很不错的选择，当你已经给客户培养了一些基础之后，就可以直接用后面我们讲到的概念数据模型了。

4.3.1 概述

小天：好麻烦，又是概念数据模型，又是E-R图的，干脆你还是把它叫E-R图吧，不过这个是做什么的呢？如果按照你上面所说的，就是明确出实体、属性和相互的关系，我觉得随便找张纸画一下，也没有必要再弄个什么概念数据模型那么正规了。

老田：建立E-R模型是数据库概念设计的重要内容，而概念设计是设计阶段的组成部分。同时建立E-R模型的工作，属于软件生命周期的设计阶段。这样说你可能还是觉得不能说服你，那么用比较通俗的话来说，E-R图就是给客户、给不懂电脑的人看。要相互之间达成一致了，软件才可以开工。

小天：这么说，E-R图应该看起来很容易懂了哦？

老田：光说不算，下面来看一个学生、课程、成绩的概念数据模型（CDM），如图4-2所示。

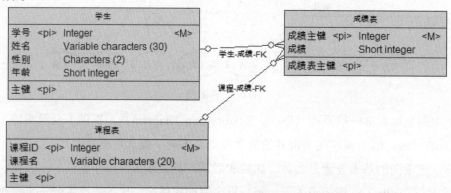

图 4-2 学生、课程、成绩的概念数据模型（CDM）

小天：上面这图都是啥意思啊，我还是没有看明白哦。

老田：图4-2就是一个使用PowerDesigner画的概念数据模型，再强调一次，E-R图是描述概念数据模型最常用的手段之一。很多时候两者很容易混淆，这个我们不去深究，只要明确一点，E-R图并不等于完全的概念数据模型就OK了。

继续来说图4-2，图中描述了学生、课程、成绩三个实体，每个实体方框最上面的名字为实体名，中间部分为实体的属性，最下面一格表示实体的键。

小天：我还是不明白，就拿学生这个实体来说吧，我知道这个图的意思了，但是却无法跟一个具体的实体，比如学生联系起来。

4.3.2 属性和主键

老田：这样来解释吧，实体只是一个数据对象，指可以区别客观存在的事物。既可以是抽象的也可以是实际存在的。比如人、汽车、商品、书等；也可以是订单、一个日程安排、一次请假申请、一个凭空的设想等。

而这些事物都会有相关的属性，比如人有性别、年龄，汽车有颜色、座位、车轮，订单有下单时间、下单人、所订商品等的具体属性。

而上面你所看到图形中的实体，则是指一个模板，一个存放上述所说客观存在事物的存放容器。例如图4-3所示中展示了一个实体与最终数据表信息。

学生	
学号 <ai>	Variable characters (10)
姓名	Variable characters (20)
性别	Characters (2)
年龄	Short integer
专业	Integer
主键 <ai1>	

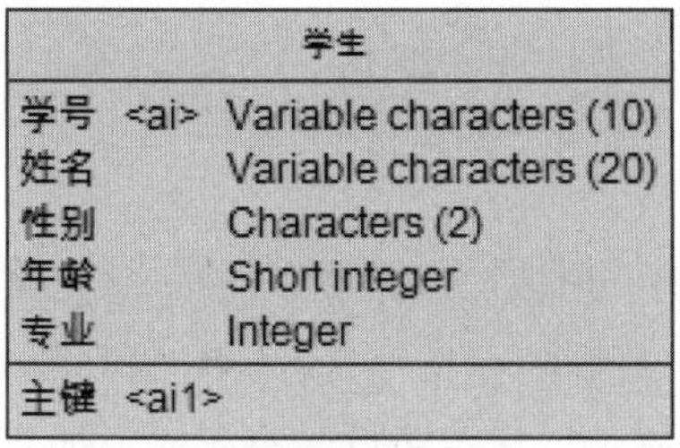

学　号	姓　名	性　别	年　龄	专　业
1	小天	男	25	工程造价
2	老田	男	30	计算机编程
3	兰淇	女	25	工程造价
4	小梅	女	25	测试

图 4-3　实体与最终数据表信息展示

小天：我总结下，你看对不。如图4-3所示，"学生"这个实体最终就是一张数据表，中间的学号、姓名等就是一个学生的属性信息，在这张表中，学号则是区别每一位学生的主键字段。

不过我还有个疑惑，按照你上面的数据展示来看，每个人的属性都固定了就那么几项，如果我还要增加怎么办？

老田：这个就是设计表的重要性，为什么我们要这么费心费力地做出一张E-R图来跟客户沟通呢？目的就在于，需要在这张图上将编程人员的理解与客户达成一致。否则遇到你说的这个问题，大家都只有郁闷的份。对于编程人员来说，表一旦建立好以后，万不得已绝不轻易改变，所以一定要在之前和客户沟通到位。上面我们说的这个表实体相当于是一个模型，如果这个模型都变样了，之前的数据完整性如何保证？我们在程序中编写的那么多代码又如何来保证其数据调用的正确性？如果你想不通的话就假设人民银行的印钞机模具被老鼠咬了个缺，这件事会造成的后果就OK了。

小天：是挺严重的，除了主键我有点不明白外，基本都清楚了。

老田：主键在前面我们举例统计孙悟空的时候都说了嘛，因为数据的属性有可能重复，比如图4-3中，你看看绝对不会造成重复的字段是哪一个？为什么要绝对不重复呢？如果要删除指定的一条数据，要更新指定的一条数据，这时候则一定要能够区分的，比如一个班上有两个叫汪静远的人，如果其中一个汪静远没有完成作业,你就给班主任说，班主任咋处理呢？有两个啊，难不成两个一起处罚？

4.3.3　外键

小天：明白了，那关系呢，就是你说的外键又是咋回事呢？在概述中你画了那种表，我看了下，不过还是有点不明白。

老田：外键（FK）是用于建立和加强两个表数据之间链接的一列或多列。通过将保存表中主键值的一列或多列中的值添加到另一个表中，可创建两个表之间的链接。这个列就称为第二个表的外键。

为什么要使用外键？

为了保证数据的参照完整性。

不用会怎样？

不用也不会怎么样。如果一个健壮的系统，数据库中的数据一定有很好的参照完整性，如果不用外键，在开发程序的时候就要多写代码对数据的完整性进行额外的判断。

外键的作用很重要，最好在数据库中使用。再举一个例，某公司目前只生产一种条状的口香糖。那么其数据库肯定很简单，如下即可：

批　号	品　名	数　量
20091002	黑箭	5000
20091103	蓝箭	3000
20091230	花箭	2000

从上表可以看出，生产量正在递减，这公司一想不行啊，这样下去公司要倒闭，怎么办？当然是增加新产品了，于是又弄了瓶装的，还增加了保健的和可以吹泡泡的。

这样的话，数据库就该改成如下：

批　号	品　名	数　量	分　类
20100101	飞箭	6000	大大
20100102	人箭	6000	木糖醇
20100103	黑箭	3000	清新薄荷

小天你觉得这样有问题没有？

小天：我觉得很好，没有问题。以后如果要再增加新的品种也可以直接添加就是了，很方便。

老田：现在我们假设又再次添加数据，由于录入数据的是个容易打错字的人，将大大录入成了太太，于是后果是，本来同一类的口香糖，可因为错别字的存在，问题就大了，完全无法得出正确的统计结果。

小天：所以就把所有的分类名称单独出一张表来，而在当前的分类这一列中不再插入具体的分类名，而用分类名在新建的分类表中对应的主键，这样就杜绝输入错误了，因为SQL Server系统强制约束外键而不允许错误，于是就成了如下的形式，OK？

主　键	分　类名
1	大大
2	木糖醇
3	清新薄荷

批　号	品　名	数　量	分　类
20100101	飞箭	6000	1
20100102	人箭	6000	2
20100103	黑箭	3000	3

老田：差不多了。那你能够画出它们的E-R模型图吗？

小天：那还不简单啊，如图4-4所示。

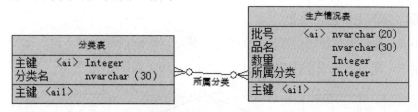

图 4-4　E-R 模型图

小提示： 图4-4有点小错误，请在学完实体关系后再将错误找出来。

老田：图4-4中有两点问题，在概念数据模型中，外键只要有关系体现就行了，不需要在存放外键的实体中标出一个属性（生成情况表中的所属分类这个属性），当然，现在你这样做也可以算是正确，没有大问题，后面我们即将会详细讲解如何制作概念数据模型。所以先给你个正确吧。

4.3.4　联系

老田：图4-4的另外一个问题是关系乱了。图中两个实体之间的连接线用的是多对多的表示法，但是这两个实体之间并非多对多。

小天：怪哉，我就是随便画的线，难道这个也有标准啊？

老田：实体之间的关联关系共分为1：1表示一对一，1：N表示一对多，N：1表示多对一，N：M表示多对多，也有写成N：N的。下面分别讲解。

一对一关联（1：1）表示某种实体实例仅和另一个实体实例关联，如图4-5所示中的个人和身份证两个实体，一个人只能拥有一张有效的身份证，而一张身份证也只对应一个法律意义上的人。于是形成了1：1的关联。

图 4-5　一对一关联

小天：我明白，这就好比中国现在的一夫一妻制。真希望时光回去500年，哎！

老田：我还想呢，可惜这不现实，继续看**一对多关联**。下面实例显示一个班级实体和一个学生实体，在班级实体中可以包含多个学生实体，但是一个学生只能在一个班级中，如图4-6所示。

图 4-6　多对一的关系

要提醒一句，这上面的哪边是多，哪边是1，这个不可以随意换，如果要换实体位置的话，1和N也要随之改变。

小天：我看到有种图是直接写的数字，我这样理解的你看对不对？比如一个班级有30个学生，那么该关系图中的联系就应该是1：30，如图4-7所示。

图4-7　联系中标明数量限制

老田：是的，可以这样理解，不过区别在于，写1：N的地方你标明了数字，那么这个联系就有了限制，比如1：N不限制N的数量，但是1：30就限制了数量。

最后一种是**多对多关联**（N：M）。比如出版社会出版多个类型的图书，而一个类型的图书也可以被多个出版社出版，结果如图4-8所示。

图4-8　多对多关联

小天：我还是有点不明白这个多对多的关系。

老田：那就再举个例，在学生选课系统中，一个学生可以选多门课程，而每门课程又可以被任意多个学生选择学习，如图4-9（该图又展示了一种E-R图的画法）所示。

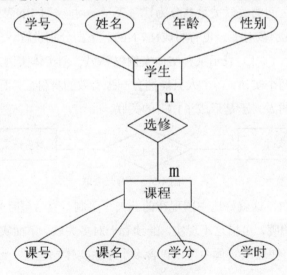

图4-9　N：M关系的联系

在图4-9中，菱形里面描述了两个实体之间的关系，而数量限制则放在了实体旁边。

反复地多读几次这个关系，比如一个学生可以选择多门课程，一门课程可以被多个学生选择；一支球队只能有11个球员，1一个球员只能隶属一支球队；一家出版社可以出版多个分类的书籍，一种书籍可以被多个出版社出版。

一对多关系，一般是一个表的主键对应另一个表的非主键，主键的值是不能重复的，而非主键值是可以重复的，一个主键值对应另一个表的非主键的值，那么就只有一个值对一个值或一个值对多个值两种可能，故称一对多。

而在一对一关系中，一般是主键对应主键，那么显然就只有一个值对一个值的可能，故称一对一。

如果你还是很迷糊的话，这样说，哪边是1，哪边是多，取决于主表（主键所在的表）中的主键在从表（外键所在的表）中出现的次数。如果只出现一次就是一，出现多次就是多，比如在学生表中，一个班级的主键就会出现多次，因为每一个学员都有一个属性是"所在班级"。

这样一解释，多对多关系也就明确了。

4.3.5 关系规范化

小天：既然实体之间还存在这么多联系，那么在制定这些关系的时候有没有什么规范来约束呢？否则都搞乱关系岂不天下大乱了。

老田：因为数据库中实体之间的联系其实说穿了是数据、数值之间的联系，而这个关系如何定义就会严格影响到以后操作数据的效率和准确性。于是有了很多范式，越到后面就越繁琐，所以我们一般只是说前三条，而这三条范式之间的关系是，在满足第三范式前必须满足第二范式，满足第二范式前必须先满足第一范式。

第一范式（First Normal Form，简称1NF）：所有属性是不可分割的原子值，如下表数据就严重对第一范式不尊重。

学 号	姓 名	成 绩	课 程
1011	小天	70、62、85	C++ 程序设计、软件工程、测试
1012	老田	59、98	SQL Server 数据库、专业英语

小天：哦，因为每一行的课程内容都是可以分割的，所以不满足第一范式？

老田：是的，不过还有一些不满足第一范式的原因。因为第一范式的指导原则如下。

（1）每行数据的一个属性就只能包含一个值，而这个值一旦分割的话则不在有他应有的意义，所以说是不可分割的原子值。

（2）多行数据中的同一属性包含的值数量必须一样多。

（3）多个属性的意义不能相同。

对于上例就必须如下修改才正确。

学生表：

学　号	姓　名
1011	小天
1012	老田

课程表：

课程编号	课　程　名
1	C++ 程序设计
2	软件工程
3	测试
4	SQL Server 数据库
5	专业英语

成绩表：

成绩主键	学　号	课　程	成　绩
1	1011	1	70
2	1011	2	62
3	1011	3	85
4	1012	4	59
5	1012	5	98

小天：看不懂，咋一个表就分成三个表了？而且我觉得这样很复杂啊，根本不可能让查询变得更加方便和准确啊？

老田：首先这三个表将上面一张表中的数据都很干净地分离开了，对吧？接着假设在未修正之前那个违背第一范式的表中要查询出学号1011"测试"专业的成绩怎么做呢？无论如何都可能出现数据不准确的情况，对吧？

小天：我承认，但是你修改过后难道就很方便了？

老田：当然，比如我现在要查询出学号1011"测试"专业的成绩，直接写如下Transact-SQL语句即可。

```
SELECT 成绩 FROM 成绩表 WHERE 学号=1011 AND 课程=3
```

提醒：在这里我用的中文做表名和列名，但不准效仿。这在上一章中已经讲过，在数据库中用中文命名很可能出现一些意外得吓死人的情况。

接着看第二范式（2NF），非主属性非部分依赖于主关键字。这句话看起来很绕，直白点说，所有数据必须都要依赖主键，如果有不依赖主键的属性，那就是异类。如下面的学生选课关系表：

学　号	姓　名	系	系负责人	课　号	成　绩
1011	张茗	计算机	刘超	2013	87
1011	张茗	计算机	刘超	2011	90
1012	李丽	电子	王干	2012	80

在这张表中，可以说完全找不到一个适合用来做主键的字段，更谈不上某一个字段来依赖主键了，就算像上例中成绩表那样额外地增加一个字段来做主键也是不行的。因为要满足第二范式必须先满足第一范式。所以必须如下修改。

学生资料表：

学　号	姓　名	所属系
1011	张茗	计算机
1012	李丽	电子

系资料表：

系　主　键	系　名	系　主　任
1	计算机	刘超
2	电子	王干

成绩表：

成绩主键	学　号	课　号	成　绩
1	1011	2013	87
2	1011	2011	90
3	1012	2012	80

接着讲**第三范式（3NF）**，要求一个数据库表中不包含已在其他表中包含的非主关键字信息：

学　号	姓　名	系	系负责人	系　号
1011	张茗	计算机	刘超	2011
1012	李丽	电子	王干	2012
1013	杨刚	计算机	刘超	2011
1014	王强	计算机	刘超	2011

上表中很明显"系"和"系负责人"这两列多余了。如何修正呢？自己做吧。

小天：坦白说，这三个范式确实不错，但是一定要遵守吗？

老田：这个世界没有绝对的正确，所以这三条范式也不是绝对要遵守，因为在现实项目实施中，有些时候可能会出现故意违反的情况，比如在能够满足既能够准确查询出结果同时又不会让表中内容看起来乱七八糟的情况下，是可以违反的，特别是第二和第三范式，有时候不能因为一个字段就去多建一张可能为以后编码造成很大麻烦的表。但是切记可以违反并不代表就要经常违反，否则还是要出大问题的。

4.4 利用 PowerDesigner 设计数据库

老田：我看你上面画那个抽象数据模型图挺好看的，这个是我们自己手工画还是用什么工具？

关于工具需要说明的是，可以用来设计数据库模型的工具很多，而PowerDesigner只是其中一种比较流行的而已。不过不管什么软件，其最基本的规则甚至图标都是大同小异的，所以也不必局限于工具。而PowerDesigner也并不只是用来数据库建模，还包括UML建模等，这里不去探讨。下面我们只是针对如何使用PowerDesigner创建一个概念数据模型（CDM）再到物理数据模型，最后生成建表的Transact-SQL脚本为主线使用一次。

小天：我还没有这个软件哦。

老田：这个软件在网上搜索"PowerDesigner下载"关键字，下载一个就是了，不过如果你要用这个软件的正式版的话就不能用中文的了，因为开发这个软件的公司可能不太喜欢中国，所以该软件的界面文字有全球大部分语言，却没有简体中文。你要用的话，则只能去下载汉化包的D版了（我这不是鼓励用D版，事实上我也挺痛恨盗版的，不过人家既然讨厌咱们中国，那么就让讨厌来得更猛烈些吧）。下载安装好以后，在Windows中"开始"菜单的程序目录中可以看到Sybase目录，打开它就可以看到PowerDesigner程序的快捷方式。

为了同时满足使用英文版和中文版两种界面的朋友，下面例题中凡涉及到PowerDesigner中既定的名称，比如菜单名、目录名、实体名等都同时使用两种语言说明，比如"文件（File）"、"工具（Tools）"这样的形式。

接着就可以开始第一步工作，创建概念数据模型。

4.4.1 PowerDesigner 说明和模型设置

概念数据模型设计阶段是通过需求分析和整理数据，然后确定实体、属性及它们之间的联系。概念数据模型是对实体和实体间关系的定义（即数据库的逻辑模型），是独立于数据库和数据库管理系统的。

使用该软件的第一步是打开软件：选择Windows"开始"菜单中的"程序"→sybase→PowerDesigner命令。

选择"文件（File）"菜单下面的"新建（New）"命令，在弹出的对话框中选择Conceptual Data Model（概念数据模型），然后单击"确定"按钮，进入概念模型设计界面，如图4-10所示。

可以看到PowerDesigner的环境，如图4-11所示。

图 4-10 启动 PowerDesigner

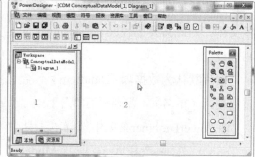

图 4-11 启动后的界面

图4-11中编号1区域为Workspace，资源浏览窗口Browser提供当前的Workspace层次结构，根节点为Workspace，Workspace中可以包含目录（Folder）、模型（Model）、多模型报告（Multi-Model Report），其中模型可以是各种系统支持的模型类型。

编号2 区域就是画图的区域，这里没有什么好解释的。

图中编号3区域为Palette工具面板，下表是关于Palette工具面板中工具的含义。

工 具	对应名称	含 义
	Pointer	选择图形
	Grabber	选定某个范围的图形
	Zoom In	放大
	Zoom Out	缩小
	Properties	显示相应图符的属性
	Delete	删除图符
	Package	插入一个包（package）的图符
	Entity	插入一个实体图符
	Relationship	插入一个关系（Relationship）图符
	Inheritance	插入一个继承（Inheritance）图符
	Association	插入一个关联（Association）图符
	Association Link	插入一个关联连接（Association Link）图符

接下来创建第一个实体，在Palette工具面板上单击▭图标，使鼠标变成一个实体图标形状，然后你就可以像手抽筋了一样在画图区域单击。出来的图标是一个一列三行的表格形状的图标，作用在上面已经说过，双击这个图标出现如图4-12所示的"实体属性"设置对话框。

第一个看到的就是设置实体的名称。这个名称和后面即将看到的属性中的列名称的命名问题要先说下：PowerDesigner默认在抽象数据模型（CDM）中不能存在相同名称的实体属性，这也是考虑到可能产生的一些如主键、外键等名称冲突的问题，但当我们进行实际数据库设计时，可能会多次使用相同的数据项（DataItem），便于理解各实体。为此需要更改PowerDesigner的相关设置。

软件默认为数据项（DataItem）不能重复使用（重名），需要进行以下操作。

在PowerDesigner菜单中选择"工具（Tools）"→"模型选项（Model Options）"命令，打开"模型选项"对话框，如图4-13所示。

在模型设置（Model Setting）选项界面中，将Data Item选项组中的Unique code复选框取消选中即可。系统默认将Unique code和Allow reuse复选框均选中。设置完成后单击"确定"按钮保存设置。

该设置均是面向特定模型的，即针对当前模型有效，若希望在其他模型中也有此命名设置，则需要重新进行设置。不过在检查模型（Check Model）时，如果选择全部检查（Check），则依旧会报DataItem重名的错误信息，这时需要我们在人为检查确认数据项无误时，选择不对Data Item进行检查。方法是选择PowerDesigner菜单上的"工具（Tools）"→"检查模型（Check Model）"命令，打开"检查模型参数"设置对话框，如图4-14所示中我就取消了对实体名称和代码的唯一性（uniqueness）检查。

做完上面两个对模型的设置后就可以继续我们的实体设计了。

图 4-12　"实体属性"设置对话框

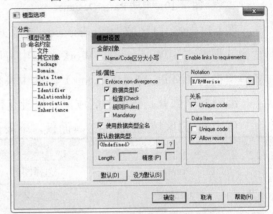

图 4-13　"模型选项"对话框

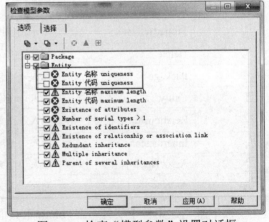

图 4-14　检查"模型参数"设置对话框

4.4.2　创建概念数据模型实体

接下来重新创建一个实体（也可以直接双击上一小节中创建的那个空实体），在 Palette工具面板上单击 🗗 图标，使鼠标变成一个实体图标形状，然后你就可以像手抽筋一样在画图区域单击了，双击这个图标出现"实体属性"设置对话框。

下面开始设置实体。首先为实体起一个名字，这个名字可以是英文的也可以是汉字的。但下面的代码则一定要用英文（拼音也行），因为这个最后体现到数据库中就是表的名字。接着切换到"实体属性"设置对话框中的"属性"选项卡，如图4-15所示。

图 4-15　设置实体属性（Entity Attributes）

有两种添加属性的方法：一种是直接在图4-15中编号1的区域从第一行开始单击鼠标就可以添加了，第二种则是在图4-15中编号2的区域单击图标进行添加。这里我们单击属性工具栏中的 Add a Row工具，即可在属性实体的属性列表中添加一个属性，同时设置该属性的相关信息，如数据类型、是否为主标识符、是否不可为空等。

实体属性中的 Name列是显示在实体图标上的，而Code列则是将来数据库中表的字段名字，后面的Data Type

图 4-16　打开标准数据类型窗口

列则是这个字段的数据类型，如果此时你觉得找不到合适的数据类型（因为SQL Server 2008增加了新类型），那么可以暂时用一个相似的，当最后生成数据库脚本后再手动去修改脚本。设置数据类型的方法不是让你一个个地去写，可以单击类型后面的"…"按钮，如图4-16所示，在弹出的标准类型选择对话框中进行选择。

而后面的Domain（域）列，是可以创建自定义的域，其实相当于数据库中的自定义数据类型，再后面的三个列的作用如下。

- M：表示该属性是否为强制的，即该列是否允许为空值，选中为不允许为空。
- P：表示该属性是否为主标识符。
- D：表示该属性是否在图形窗口中显示。

对于普通的属性，在这里设置就足够了，如果你还不满足，就要选中详细设置的属性行，单击对话框中的属性图标，或者在行前面的按钮上双击均可出现如图4-17所示的实体属性详细设置对话框面板。

接下来切换到实体属性的Identifiers（标识符）选项卡。标识符是能够用于唯一标识实体的每条记录的一个实体属性或实体属性的集合，CDM中的标识符等同于PDM中的主键（Primary Key）或

图 4-17　实体属性的详细设置面板

候选键（Alternate Key）。每个实体至少要有一个标识符，若一个实体中只存在一个标识符，它会自动被默认指派为该实体的主标识符（Primary Identifier）。

一般这一步是不用手动去做的，因为我们可以在设置属性项的时候选中要设置为主键的属性项，然后单击面板上的 图标，则会弹出一个提示你是否现在将刚才操作保存到具体实体对象的询问，直接单击"确定"按钮即可。然后会弹出一个对标识符（Identifiers）进行设置的对话框。

在标识符（Identifiers）选项卡中也可以看到与其关联的实体属性列表。这里给你留下一个悬念，你觉得这个列表中看到的属性列体现到数据库脚本中应该是什么样子呢？

最后我们分别创建好学生、课程、成绩三个对象，如图4-18所示。

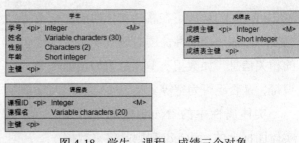

图 4-18　学生、课程、成绩三个对象

小天：我觉得你这个图有问题，成绩表中没有体现出外键。

4.4.3　创建概念数据模型关系

老田：是的，在创建概念数据模型的时候是不需要将外键关系作为属性添加上的，只需要将实体之间的关系连接上就OK了。

现在来做最后一步，就是确定三个对象之间的关系。三角关系一定不能乱搞，所以

得认真考虑。关系（Relationship）表示实体间的连接。如在一个人力资源管理系统的概念数据模型中，员工是团队中的成员，关系"Member"连接了员工（Employee）和团队（Team），这种关系表述了每个雇员在团队中工作且每个团队都由员工组成。

下面建立关系（Relationship）。这里以学生实体（students）和成绩实体（ACHIEVEMENT）为例。

（1）在Palette面板中用鼠标左键单击Relationship工具。

（2）在实体学生上单击鼠标左键，按住不放，拖曳鼠标至实体成绩上后才松开，这样即建立了学生和成绩之间的关系（Relationship）。双击产生的那条连接线，出现关系设置对话框，如图4-19所示。

在该对话框的"常规"选项卡中输入相应的名称和代码。这里的代码仍然是体现到数据库中外键约束关系的名称。然后切换到Cardinalities选项卡，如图4-20所示。

图 4-19　关系设置对话框的"常规"选项卡

图 4-20　Cardinalities 选项卡

这里的一个学生肯定会在成绩表中出现多次，因为学生总会有多门课程，即使全部是0分。所以这里应该是一对多关系。

相应的课程和成绩表也应该是这个关系，你自己设置吧。

到这一步，概念数据模型（CDM）基本上就做完了，可以检查一下，没有问题就可以生成物理数据模型（PDM）。

4.4.4　从概念数据模型到生成物理数据模型

当你从一个概念数据模型（CDM）生成物理数据模型（PDM）时，PowerDesigner将CDM中的对象和数据类型转换为PDM对象和当前DBMS支持的数据类型。PDM转换概念对象到物理对象的对象关系如下表：

CDM 对象	在 PDM 中生成的对象
实体（Entity）	表（Table）
实体属性（Entity Attribute）	列（Column）
主标识符（Primary Identifier）	根据是否为依赖关系确定是主键或外键
标识符（Identifier）	候选键（Alternate key）
关系（Relationship）	引用（Reference）

同一个表中的两列不能有相同的名称，如果因为外键迁移而导致列名冲突，PowerDesigner会自动对迁移列重命名，新列名由原始实体名的前三个字母加属性的代码名组成。主标识符再生成PDM中的主键和外键，非主标识符则对应生成候选键。

在PDM中生成的键类型取决于CDM中用于定义一个Relationship的基数和依赖类型。

（1）非依赖性一对多关系（Independent one-to-many relationships）

在非依赖性关系中，"一"端的实体主标识符将转化为：

① 由关系中"一（one）"端的实体生成的表的主键（Primary key）；

② 由关系中"多（many）"端的实体生成的表的外键（Foreign key）。

（2）依赖性一对多关系（Dependent one-to-many relationships）

在依赖性关系中，被依赖端的主标识符转化为主键，依赖端则产生一个与被依赖端主标识符同名称的字段同时作为依赖端的主键和外键。如果依赖端实体中已经存在主标识符转化为主键，则该键同主键共同组成主键，同时作为外键。

（3）非依赖性多对多关系（Independent many-to-many relationships）

在非依赖性多对多关系中，各实体的主标识符（Primary key）迁移至一个新生成的连接表中都作为外键，同时共同组成这个新连接表的主键，各实体的主标识符也转化为其所生成表的主键（Primary key）。比如每个雇员可以是一个或多个团队的成员，同时每个团队也可能包含一个或多个的雇员。

（4）非依赖性一对一关系（Independent one-to-one relationships）

在非依赖性一对一关系中，如果没有定义支配角色（Dominant role）的方向，则各实体的主标识符均自动迁移转化为另一实体生成的表的外键。

小天：天啊，我都昏了。

老田：不用晕，这个我自己学习那时候资料很少，摸索、尝试了很多次才慢慢有感觉的，你还是自己多练习几次，这样就领悟了，要想只看看就能懂的那种人很少，因为天才本来就很少，更多的是像我们一样的普通人，普通智力水平。

接着讨论如何转换吧，步骤如下。

4.4.5　创建物理数据模型

创建物理数据模型的操作步骤如下。

（1）选择菜单栏中的"工具（Tools）"
→"创建物理数据模型（Generate Physical
Data Model）"命令，弹出PDM Generation
Options对话框，如图4-21所示。

（2）切换到"常规（Midel）"选项
卡，在DBMS下拉列表框中选择相应的
DBMS（没有SQL Server 2008就选择SQL
Server 2005），输入新物理模型的"名称
（Name）"和"代码（Code）"。

图 4-21　创建物理数据模型设置

（3）若单击Configure Model Options（配置模型选项），则打开Model Options对话框，可以在其中设置新物理模型的详细属性。

（4）选择PDM Generation Options对话框中的"详细（Detail）"选项卡，在其中设置目标PDM的属性细节。

（5）切换到"选择（Selection）"选项卡，选择需要进行转化的对象。

（6）确认各项设置正确后，单击"确定"按钮，即生成相应的PDM模型。

最终生成如图4-22所示的物理数据模型。

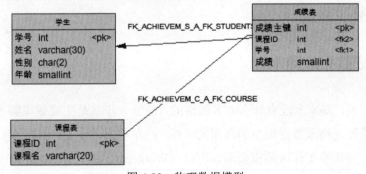

图 4-22　物理数据模型

4.4.6　更新已有的物理数据模型

生成PDM后，我们可能还会对前面的CDM进行更改，若要将所做的更改与所生成的PDM保持一致，这时可以对已有的PDM进行更新。这时操作也很简单，选择菜单栏中的"工具（Tools）"→"创建物理数据模型（Generate Physical Data Model）"命令，

在打开的PDM Generation Options对话框中选中"更新已有的物理数据模型（Update existing Physical Data Model）"单选按钮，并通过"选择模型（Select model）"下拉列表框选择将要更新的PDM，如图4-23所示。

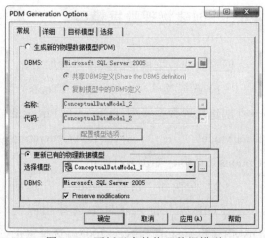

图4-23 更新已有的物理数据模型

小天：我在Workspace中双击刚才创建的概念数据模型，回到CDM下，再次单击创建物理数据模型，但对话框中的"更新已有的物理数据模型"单选按钮和"选择模型"下拉列表框是灰色的，什么都没有。

老田：因为你的方案没有保存，赶紧保存了再重新开就有了。保存的时候要么你对模型保存一次，然后再保存一次Workspace，这种方法比较麻烦，最好是直接单击"全部保存"按钮，如图4-24中红线标注的位置。接下来还有件事，就是生成报表，这项操作在"报表"菜单下面，可以自己去看了。

图4-24 保存模型数据

4.4.7 生成数据库脚本

到了这一步，基本上没有什么太多要讲的。最后一步就是生成建库脚本。注意，只有在当前激活图是物理数据模型的画面的时候，菜单栏上才会有"数据库（Database）"这个菜单项。要切换工作区的模型图，可以在Workspace中单击相应的图就行了，如图4-25所示。

在菜单栏中选择"数据库（Database）"→"生成数据库（Generate Database）"命令，弹出"数据库生成"对话框。确认DBMS，然后选择脚本生成，如果你希望直接到你的数据库中去创建的话，就需要修改数据库设置，以保证数据库连接得上。具体如图4-26所示。

图 4-25 Workspace 节点

图 4-26 创建数据库

图4-25中的每个选项卡就不分别介绍了,唯一需要说明的是"格式"选项卡。这里面的一个设置是要你确定是否将我们在模型图中为实体、属性、键等起的名字作为数据库中的注释,如图4-27所示。

Preview(预览)选项卡可以让你预览生成的数据库脚本。

接下来单击"确定"按钮,生成脚本,弹出结果对话框,如图4-28所示。

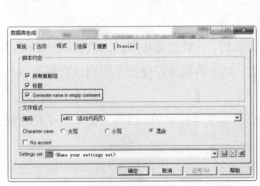

图 4-27 设置将模型中的名字选项作为注释

图 4-28 结果对话框

你可以选择是否编辑这个脚本文件,也可以直接关闭,完成整个过程。

4.5 表的基本特点和类型

小天:实体模型基本上我都会画了,生成的脚本也基本上能够顺利执行,数据库也创建好了,不过我对"表"以及表中的元素等概念还是有点模糊。

老田:我们来看个名词解释,要结合上面讲的看。

- 表(Table):也称实体,是存储同一类数据的集合。
- 列(Field):也称字段、域或者属性,它构成表的架构,具体表示为一条信息中的一个属性。

- 行（Row）：也称元组（Tuple），存储具体的一条数据。
- 码（Key）：也称主键，就像人的身份证号码，是一个独一无二的字符，代表当前这条数据的标识。
- 外键：这就是关系，代表一条信息与其他信息之间的关联。

对于上述名称，除了"行"，基本上都是前面讲过的，这个行是什么呢？你如何理解？

小天：行就是表中的一行数据，代表现实客观存在的单独的个体，和表对应起来理解，表示现实客观存在的个体的集合。比如学生信息表中的一条描述单个学生的信息。

4.5.1　表的特点

老田：正解，再补充说明的是，前面说的表都是实体，但事实上表在数据库中体现出来就是一张由行和列组成的二维表格。行在很多时候也称记录，列则称为字段或者域。

表中的每一个字段都对应一个实体的描述。没有多余的，也不能放多余的字段进去。当然这话也不绝对，有时候考虑到系统的二次开发或者系统需求改变，也可能会特意留下一两个备用字段。

在表中，每一行数据的顺序是可以随意变换的，一般都是按照插入数据的先后顺序排列。也可以按照索引对数据进行排序，总之，这里的数据行排列不影响以后编程过程中的排序。

但是行之间的数据也尽量不要重复，这个是由主键控制的，因为主键规定了在一张表中不允许重复。

如同行的顺序一样，列的顺序也是可以随意排列的，用户最多可以为一张表定义1024个列。在同一张表中，列名必须唯一，多张表之间则不受此限制。每一列必须在定义的时候同时定义数据类型。这些都是由SQL Server系统来控制的。

在同一数据库中，表名不允许重复。这是默认情况，如果你一定要重复也不是没有办法，新建一个架构，然后让两张同名的数据表在不同的架构下面就行了。默认表都在dbo架构下。

4.5.2　表的类型

在SQL Server 2008中，按照表的作用，可以将表分为以下4种类型。

1. 普通表

普通表又称标准表，就是通常用来在数据库中存储数据的表，是最常用的对象，也是最基本、最重要的表。所以我们日常所说的表大多指普通表，而其他表都有自己的特殊用途。

2．分区表

分区表将数据水平划分为多个单元的表，这些单元可以分布到数据库中的多个文件组中，实现对单元中数据的并行访问。若表的数据量非常庞大，并且这些数据经常被以不同的方式访问，则可以考虑建立分区表。简言之，分区表主要用于方便地管理大型表，提高对这些表中数据的使用效率。

3．临时表

临时表顾名思义，临时表就是被临时创建，不能永久保存的表。临时表又分为本地临时表和全局临时表。临时表被创建之后如果不主动删除的话会一直存在到SQL Server实例断开连接为止。另外一个区别在于本地临时表只对创建者可见，而全局临时表则对所有用户和连接都可见。

4．系统表

系统表的作用就显而易见了，主要用于存储有关SQL Server服务器的配置，数据库的设置，用户、架构等信息。一般只能由数据库管理员（DBA）来使用。

4.6　创建和修改表

小天：你啥时候才教我创建表啊，这些概念看得我头都大了。

老田：接下来这一节就是围绕创建和修改表展开讨论的。内容主要包括增加删除列，修改列属性，设置主键，外键，查看表信息，删除表等。

4.6.1　创建普通表

创建表的关键字很通俗，最简单的创建表语法如下：

```
CREATE TABLE 表名
    (    列 数据类型 约束或者默认值
    ,    列 数据类型 约束或者默认值
    ,    …
    )
```

根据这个语法，你结合前面学习的东西自己创建一个学生表吧。

小天：搞定，我还同时创建了数据库，准备接下来几章都用我自己创建的数据库学习，在SQL Server Management Studio的查询分析窗口中输入如下代码，以实现创建一个名为STUDENT_MANAGER的数据库，并在这个数据库中创建一个名为STUDENTS的表，表中有S_ID、S_NAME、S_SEX、S_AGE这4个字段，并且所有字段都不允许为空。

```
CREATE DATABASE STUDENT_MANAGER        --创建数据库STUDENT_MANAGER
GO
USE STUDENT_MANAGER                    --使用STUDENT_MANAGER数据库
GO
create table STUDENTS(                 --创建表STUDENTS
    S_ID int not null,                 --int类型不能为空的列S_ID
    S_NAME nvarchar(30) not null,      --nvarchar(30)类型不能为空的列
    S_SEX bit not null ,               --bit类型不能为空的列S_SEX
    S_AGE tinyint not null             --tinyint类型不能为空的列S_AGE
    )
GO
```

老田：看你上面创建的这个表倒还真是个表，不过你为什么要用这些数据类型呢？

小天：都不允许为空，这是之前说的，尽量不要在数据表中有太多的null值，下面我分别解释下每个列的用意。

> **小提示**：之前已经讨论过这个问题，因为本书面对的是初学者，为了让大家养成良好编程的习惯，这里再次提醒。如果可能的话，应该避免将列设为NULL。系统会为NULL列的每一行分配一个额外的字节，查询时会带来更多的系统开销。另外，将列设为NULL使编码变得复杂，因为每一次访问这些列时都必须先进行检查。

- S_ID：用来做主键，每增加一个学生，这个字段的值就增加1，所以以后这个数字可能很大，因此使用int类型。
- S_NAME：学生姓名，之所以用30个字符的长度是因为我担心我国的教育水平忽然提升，美、英、日、德、法、意等国家的小孩子全都来中国留学、借读，他们完整的姓名都很长，所以这里要准备充分点。
- S_SEX：性别，我们学校只收男生和女生，其他不收。其实这个我还想直接用char(2)或者nchar(1)类型，不过考虑bit类型更节约空间。
- S_AGE：年龄，这个在讲数据类型的时候你多次提到了，所以我不敢乱用啊。

刚才创建表的时候我忽然想到个问题，这里不允许为空我就都写了not null，如果允许为空的话咋写？

老田：允许为空就什么都不写或者单写一个null，因为默认就是允许为空。另外我再给你修改下，代码改成如下：

```
USE  STUDENT_MANAGER                        --使用STUDENT_MANAGER数据库
GO
create table STUDENTS(                       --创建表STUDENTS
    S_ID int not null,                       --int类型不能为空的列S_ID
    S_NAME varchar(30) not null,             --varchar(30)类型不能为空的列
    S_SEX bit not null ,                     --bit类型不能为空的列S_SEX
    S_birthday DATE not null,                --生日
    S_AGE AS DATEDIFF(YEAR,S_birthday,GETDATE())
    )
GO
```

执行以上代码,新建表STUDENTS。然后我们使用一次这张表,会发现一个非常有趣的现象,为表中插入一条数据,插入数据的时候并未对S_AGE字段赋值,接着使用SELECT检索数据,得到的效果如图4-29所示。

仔细看看上面创建表的代码中有什么蹊跷之处。

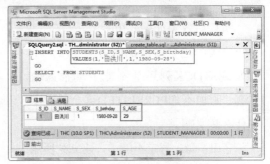

图 4-29　插入数据并进行检索

小天:我看见在你创建的列中,第一步增加了S_birthday这个日期类型的列作为生日,接着又将原有的S_AGE列改为了S_AGE AS DATEDIFF(YEAR,S_birthday, GETDATE())这种形式,意思就是录入数据的时候只需要输入生日的日期,而具体的年龄S_AGE字段其实只是一个虚拟列,其结果是查询的时候自动计算出来的。所以在图4-29中,当你使用INSERT语句插入新数据行到表中的时候就根本没有也不能为S_AGE直接添加值,又因为虚拟列也是列,所以之后查询就可以直接查询了。

既然可以用函数,那是否可以用表达式呢?比如带加、减、乘、除运算的?

老田:当然可以了,并且还能够将上面例题中所提到的虚拟列给固化了,也就是计算出来,并物理化地把计算结果添加到那个列中去。

下面例题描述一个订单表,其中计算字段为商品数量乘以商品单价,其他字段都没有什么特别的了。

```
USE  STUDENT_MANAGER                        --使用STUDENT_MANAGER数据库
GO
CREATE TABLE ORDERS                          --创建订单表
(    ID INT NOT NULL                         --主键ID
,    PRODUCT VARCHAR(50) NOT NULL            --商品名
,    NUMBER INT NOT NULL                     --数量
```

```
,    PRICE MONEY NOT NULL                --价格
,    STOCK AS NUMBER*PRICE PERSISTED--计算出总价格的虚拟列，并固化该列
)
GO
INSERT INTO ORDERS(ID,PRODUCT,NUMBER,PRICE)
            VALUES(2,'巡抚',2,20000000.00)
INSERT INTO ORDERS(ID,PRODUCT,NUMBER,PRICE)
            VALUES(2,'文渊阁大学士',10,80000.00)
GO  --下面查询表中数据，以验证结果
select * from ORDERS
GO
```

执行后效果如图4-30所示。

小天：这个实例我也做了一次，不过发现STOCK列还是不能主动插入数据啊。那加不加PERSISTED这个关键字有什么意义啊。

老田：晕，肯定不能了，建立列所用的关键字都是AS，这已经指明了，是一个计算列。加这个关键字的唯一作用就是将计算结果物理化、持久化，这样就不用每次查询的都去计算了。

小天：我又错了，我想把关键字PERSISTED加到你修改过的第一个例题中计算年龄的列上去，如图4-31所示。

老田：还记得我们曾经说过函数分为两种，一种是确定性函数；另一种是非确定性函数。虽然DATEDIFF函数是可确定性函数，但是GETDATE()函数却是非确定性函数，所以导致使用了它的DATEDIFF函数也无法确定，最后导致这个列无法被物理化。

图 4-30　执行效果

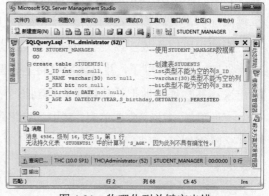

图 4-31　物理化列关键字出错

小天：明白了，也就是说，如果要把计算列物理化，首先一条限制是，不能用非确定性函数。

我有个比较大胆的设想，想从A数据库中的X表中将数据批量插入到B数据库中的Y

表中，有什么办法？

老田：当然有办法，比如直接将示例数据库AdventureWorks2008中的表PurchaseOrderHeader指定字段的结果批量插入到STUDENT_MANAGER数据库中，并且自动新建TestTable表来存放这些数据。执行代码如下：

```
SELECT [PurchaseOrderID]
    ,[EmployeeID]
    ,[OrderDate]
    ,[SubTotal]
    ,[TaxAmt]
  INTO STUDENT_MANAGER.dbo.TestTable  --数据库名.拥有者.表名，这个表不用预先创
                                      --建,该语句会在指定数据库中创建这个名字的表
  FROM [AdventureWorks2008].[Purchasing].[PurchaseOrderHeader]
GO
```

最终执行效果如图4-32所示。

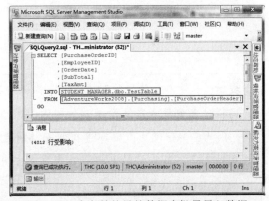

图4-32　建表并从另外数据库批量导入数据

> **小提示：** 上面示例的关键之处在于，执行这个操作的人必须对两个数据库都有权限，在操作的时候一定要写清楚"数据库名字.拥有者名字.表名"，其他和在一个数据库中操作完全一样。

小天：对了，老田，我们这样是创建普通表吧？系统表我知道，是安装SQL Server的时候系统自己建立并安装的，有什么办法创建分区表、临时表呢？

4.6.2　创建临时表

老田：创建临时表非常简单。前面说临时表分为本地临时表和全局临时表，和创建普通表唯一的区别在于多加了"#"号，本地临时表加一个"#"号，如#STUDENT。全局临时表加两个"#"号，如##STUDENT。下面利用创建临时表的这个例题再给大

家演示一种创建表的方法，即利用查询创建表。

例如，我们将上面创建的ORDERS表中的ID、STOCK这两列查询出来，结果放到新建的本地临时表#order中。代码如下：

```
select ID,STOCK into #order FROM ORDERS
go
select * from #order
go
```

执行后效果如图4-33所示。

再次重申，创建普通表和临时表的方法都是通用的，唯一不同的是取名上，全局临时表前面有两个"#"号，本地临时表只有一个"#"，普通表一个都没有。

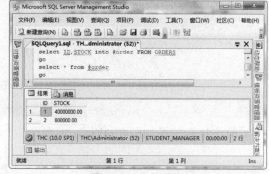

图4-33 执行结果

> **小提示**：尽量不要使用临时表，除非你必须这样做。一般使用子查询可以代替临时表。使用临时表会带来系统开销，如果你是用COM+进行编程，它还会给你带来很大的麻烦，因为COM+使用数据库连接池而临时表却自始至终都存在，前面已经提到过，除非手动删除，否则临时表将一直存在到断开连接。SQL Server提供了一些替代方案，比如Table数据类型。

4.6.3 创建分区表

小天：什么是分区？为什么要使用分区？分区能够带来什么样的帮助和改善？

> **小提示**：只能在SQL Server Enterprise Edition中创建分区函数，也只有SQL Server Enterprise Edition支持分区。

老田：对于第一个问题，可以简单地回答为：为了改善大型表以及具有各种访问模式的表的可伸缩性和可管理性。进一步解释原因，分区表是指按照数据水平方式分区，将数据分布于数据库的多个不同文件组中，在查询或更新的时候则面对一个个的单独的逻辑单元进行操作。

第二个问题，为什么要使用分区？

通常，创建表是为了存储某种实体（例如客户或销售）的信息，并且每个表只具有描述该实体的属性信息。一个表对应一个实体是最容易设计和理解的，因此不需要优化这种表的性能、可伸缩性和可管理性，尤其是在表不是特别大的情况下。那么到底怎样才称为大型表呢？超大型数据库（VLDB）的大小以数百GB计算，甚至以TB计算，但这个术语不一定能够反映数据库中各个表的大小。大型数据库是指无法按照预期方式运行的数据库，或者运行成本或维护成本超出预定维护要求或预算要求的数据库。这些要求也适用于表，如果其他用户的活动或维护操作限制了数据的可用性，则可以认为表非常大。例如，如果性能严重下降，或者每天、每周甚至每个月的维护期间有两个小时无法访问数据，则可以认为表非常大。有些情况下，周期性的停机时间是可以接受的，但是通过更好的设计和分区实现，通常是可以避免或最大限度地减少这种情况的发生的。

除了大小之外，当表中的不同行集拥有不同的使用模式时，具有不同访问模式的表也可能会影响性能和可用性。尽管使用模式并非总是在变化（这也不是进行分区的必要条件），但在使用模式发生变化时，通过分区可以进一步改善管理、性能和可用性。还以销售表为例，当前月份的数据可能是可读写的，但以往月份的数据（通常占表数据的大部分）是只读的。在数据使用发生变化类似的情况下，或在维护成本随着在表中读写数据的次数增加而变得异常庞大的情况下，表响应用户请求的能力可能会受到影响。相应地，这也限制了服务器的可用性和可伸缩性。

此外，如果以不同的方式使用大量数据集，则需要经常对静态数据执行维护操作。这可能会造成代价高昂的结果，例如性能问题、阻塞问题、备份（空间、时间和运营成本），还可能会对服务器的整体可伸缩性产生负面影响。

第三个问题，分区可以带来什么帮助？当表和索引变得非常大时，分区可以将数据分为更小、更容易管理的部分，从而提供一定的帮助。

此外，如果具有多个CPU的系统中存在一个大型表，则对该表进行分区可以通过并行操作获得更好的性能。通过对各个并行子集执行多项操作，可以改善在极大型数据集（例如数百万行）中执行大规模操作的性能。通过分区改善性能的例子可以从以前版本中的聚集看出。例如，除了聚集成一个大型表外，SQL Server还可以分别处理各个分区，然后将各个分区的聚集结果再聚集起来。在SQL Server 2008中，连接大型数据集的查询可以通过分区直接受益；SQL Server 2000支持对子集进行并行连接操作，但需要动态创建子集。在SQL Server 2008中，已分区为相同分区键和相同分区函数的相关表（如Order和OrderDetails表）被称为已对齐。当优化程序检测到两个已分区且已对齐的表连接在一起时，SQL Server 2008可以先将同一分区中的数据连接起来，然后再将结果合并起来。这使得SQL Server 2008可以更有效地使用具有多个CPU的计算机。

小天：头好大，我就看明白了这么两点：第一，使用分区表的主要目的是为了改善大型表以及具有各种访问模式的表的可伸缩性和可管理性。第二，对于具有多个CPU的系统，分区可以对表的操作通过并行的方式进行，这对于提升性能是非常有帮助的。还是快点教我怎么用吧，反正我想这个知识点只有等我正式开始工作了才能够接触到，学习过程中估计很难遇到超大型表。

老田：下面就正式按步骤来操作。

（1）创建一个呆会要用的文件组，分别命名为FQ1、FQ2，如果本来数据库创建有多个文件组就可以免去这一步了。代码如下：

```
USE STUDENT_MANAGER
GO
--创建文件组
ALTER DATABASE STUDENT_MANAGER
    ADD FILEGROUP FQ1
GO
ALTER DATABASE STUDENT_MANAGER
    ADD FILEGROUP FQ2
GO
```

（2）为每个文件组增加一个数据文件，分区文件最好放在不同的磁盘上，以提高磁盘的读写速度：

```
ALTER DATABASE STUDENT_MANAGER
ADD FILE
(    NAME = N'FILE200912'
,    FILENAME = N'D:\FILE200912.ndf'
,    SIZE = 5MB,MAXSIZE = UNLIMITED
,    FILEGROWTH = 5MB
)
TO FILEGROUP [FQ1]  --指定文件放置的文件组
GO
ALTER DATABASE STUDENT_MANAGER
ADD FILE
(    NAME = N'FILE201012',
     FILENAME = N'E:\FILE201012.ndf'
,    SIZE = 5MB
,    MAXSIZE = UNLIMITED
,    FILEGROWTH = 5MB
)
TO FILEGROUP [FQ2]  --指定文件放置的文件组
```

```
GO
```

（3）下面分别做了以日期、数字和字符作为分区条件的三个实例。在后续的实例中，我们只用了第一个日期作为分区条件的分区函数。创建一个分区条件为日期的分区函数，其代码如下：

```
CREATE PARTITION FUNCTION MonthDateRange(DATE)
 AS RANGE LEFT FOR VALUES  --LEFT指定间隔值是左侧的间隔区间，可选LEFT | RIGHT
(    --分为两个区间
'20091231'  --从这个日期分段，20091231以前的一个分区，20091231以后的一个分区，
            --记住这个分区时间，后面还会用到哦
)
GO
```

如果分区的条件是一个INT类型的数字列，分区函数则如下写：

```
CREATE PARTITION FUNCTION IntRange(INT)
 AS RANGE LEFT FOR VALUES    --LEFT指定间隔值是左侧的间隔区间，可选LEFT | RIGHT
(    --分为4个区间
    1000,2000,3000 --分区则为小于1000，大于1000小于2000，大于2000，小于3000
)
GO
```

还可以用字符串作为分区的条件，例如下面按照内容前面的字符分区：

```
CREATE PARTITION FUNCTION myRangePF3 (nchar(20))
AS RANGE RIGHT FOR VALUES
(
'AA', 'HH', 'WW'
);
GO
```

（4）创建分区方案。需要注意，由于创建分区方案时需要根据分区函数的参数定义映射表分区的文件组，因此必须有足够的文件组来容纳分区数。可以指定所有分区映射到单个文件组，也可以是不同的文件组。

一个分区方案只能使用一个分区函数，但是一个分区函数可以被多个分区方案共用。

使用**AS PARTITION**子句指定分区函数名称。

```
CREATE PARTITION SCHEME MonthDateRangeScheme
    AS PARTITION MonthDateRange
    TO (FQ1,FQ2)     --确保组中数据库文件数量与分区函数中数量一致
    --ALL TO (FQ1)  --如果只有一个文件组，则采用这种方式，但要确保组中数据文件数量
                     --与分区函数中数量一致
GO
```

（5）创建分区表，最后使用ON关键字指定分区方案和分区列：

```
CREATE TABLE ORDERLT
(
    ID INT NOT NULL
,   NAME NVARCHAR(30) NOT NULL
,   CDATE DATE DEFAULT(GETDATE())
)   ON MonthDateRangeScheme(CDATE) --指定分区方案名称和分区列
GO
```

在创建表的时候需要注意的是，表中分区列在数据类型、长度、精度方面应该与所使用分区方案中引用的分区函数中使用的数据类型、长度、精度一致。这个在创建分区函数的时候已经提到过。

小天：创建都没有问题了，我已经在对象资源管理器中找到了，如图4-34所示。

但是有以下三个问题。

第一个问题：我怎么知道分区表是否创建成功了呢？

第二个问题：查询指定条件的数据存放在哪个分区？

图 4-34 分区函数和分区方案

第三个问题：使用分区表有没有什么不同呢？比如增、删、查、改等常用操作。

老田：第一个问题，查看分区表信息，使用如下Transact-SQL语句查询系统信息：

```
SELECT * FROM SYS.PARTITIONS WHERE OBJECT_ID = OBJECT_ID('ORDERLT')
```

结果如图4-35所示。

第二个问题，查询指定条件的数据存放在哪个分区？例如下面的实例，我们先向表中插入4行数据，然后检索表中列CDATE大于2008-10-5以后的所有数据，并增加一个显示所在分区的列，该列使用$PARTITION函数获取值，代码如下：

图 4-35 查询分区表信息

```
--插入系列测试数据
INSERT INTO ORDERLT(ID,NAME,CDATE) values(1,'电视','2008-11-3');
INSERT INTO ORDERLT(ID,NAME,CDATE) values(2,'冰箱','2009-12-3');
INSERT INTO ORDERLT(ID,NAME,CDATE) values(3,'洗衣机','2010-11-3');
```

```
INSERT INTO ORDERLT(ID,NAME,CDATE) values(4,'投影仪','2010-1-3');
go
--查询数据,并显示数据所在的分区
select * ,$PARTITION.MonthDateRange(CDATE) as '所在分区号'
from ORDERLT
        where CDATE>='2008-10-05'  --查询2008-10-05以后的所有数据
```

执行代码后效果如图4-36所示。

从上面这句来看语法应该如下:

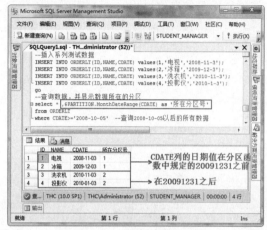

图 4-36　执行代码后结果

```
select * ,$PARTITION.分区函数名(分区列)
        from 分区表名 where 分区列>='查询条件'
```

第三个问题,使用分区表有没有什么不同呢?这个问题其实在我们最初讲数据文件的时候就说了,物理数据文件对数据的增、删、查、改基本没有什么需要明确指出的影响。所以说即使这样做了,你也可以当什么都没有发生。上面我们已经插入和检索了一次数据,下面可以再执行稍微变异的插入数据的代码看看:

```
INSERT INTO ORDERLT(ID,NAME) VALUES(1,'日期设置了默认值,可以不填写')
INSERT INTO ORDERLT(ID,CDATE,NAME) VALUES(1,'2009-11-2','我高兴填写')
SELECT * FROM ORDERLT
```

4.6.4　增加和删除列

小天:表创建好以后,可以随时新增、删除字段吗?

老田:当然可以,虽然这种做法不是经常的操作,但总体来说还是会有的,特别是在数据库设计初期和程序编码的初级阶段,难免会因为这样或那样的小问题导致需要增、删、修改列的情况发生。

小天:如果表中已经有数据了,增加或者删除列有什么影响?

老田：在表中已经有数据的前提下就一定要小心操作了，如果是增加倒不存在大问题。一般考虑的就是新增加的这个列是否可以为空，如果不允许为空的话就最好是增加默认约束，以确保新增列中不存在null值。

如果是删除的话就比较严重，一定要确认被删除的列中的数据都没有了。

接下来分别看两个例题，一个是为上一节中用到的表STUDENTS增加两个新列，然后使用系统存储过程sp_help查看表的信息。

```
USE STUDENT_MANAGER                 --使用STUDENT_MANAGER数据库

GO

ALTER TABLE STUDENTS                --修改表-添加列

    ADD

    S_ADDRESS varchar(80) null,

    S_ZIP varchar(10)


exec sp_help STUDENTS               --查看表信息
```

运行后效果如图4-37所示。

小天：我将这两个列设置为不允许为空，咋出错了，如图4-38所示。

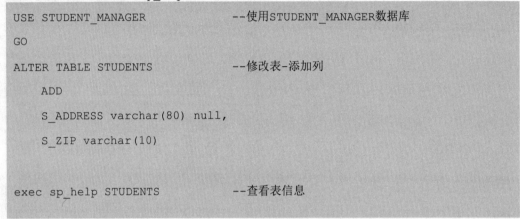
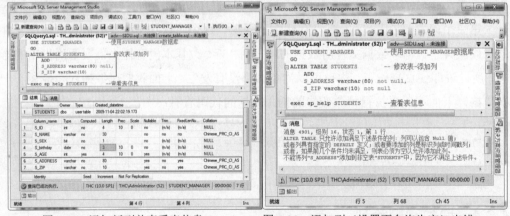

图 4-37　添加新列并查看表信息　　　　　图 4-38　添加列（设置不允许为空）出错

老田：前面我们说过如果不允许为空的话则最好增加默认约束，以确保新增列中不存在null值。你这样做肯定要出错，否则数据表中已有的数据行怎么办？新增的列没有同时对已有的行中新增字段并赋值，当然要出错了，关于设置默认值接下来就会讲到，这里先不讲了。接下来再删除这两个字段，执行代码如下：

```
USE STUDENT_MANAGER                 --使用STUDENT_MANAGER数据库
GO
ALTER TABLE STUDENTS                -- 修改表-删除列
```

```
    drop column
    S_ADDRESS,S_ZIP            --多个列名之间用逗号分隔

exec sp_help STUDENTS          --查看表信息
```

　　执行后效果如图4-39所示。

　　从图4-39中下面的标注位置可以看出，只有5个列。

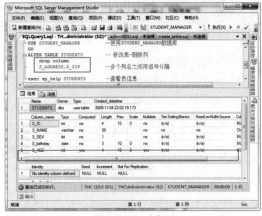

图 4-39　删除列

4.6.5　修改列

　　小天：OK，按照你的实例，我自己又重新创建了一个商品信息表，然后练习了几次，不过练习过程中遇到点小问题，如果我想修改列名该咋办？

　　老田：那简单啊，语法如下：

```
sp_rename '表名.列名','新列名'
```

　　比如将上面创建的STUDENTS表中的第一列S_ID修改为ID，执行效果如图4-40所示。

　　知道图4-40中"注意"是什么意思吗？

　　小天：它不提醒我也知道啊，意思是说如果在数据库中其他地方引用这个列，而现在这里把名字改了，那么所有引用的地方都要受到影响。其实你刚才说太简单的时候，我还找到一种方法，就是在SQL Server Management Studio的对象资源管理器中，直接修改列名，如图4-41所示。

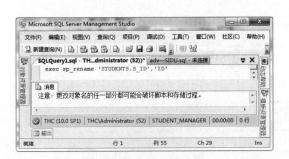

图4-40　修改数据表中的列名

图5-41　在对象资源管理器中修改列名

接下来还有一个问题,那就是如何修改列的数据类型?比如学生表中S_NAME的数据类型是varchar(30),因为不是unicode类型,所以30的长度实际上只能存15个汉字,两字节一个汉字嘛。 我现在想把它修改为varchar(60),或者nvarchar(30)怎么做呢?

老田:我给你讲讲语法,你自己做吧。

```
ALTER TABLE 表名
    ALTER COLUMN 列名 新的数据类型
```

小天:我做出来了,代码如下:

```
ALTER TABLE STUDENTS
    ALTER COLUMN S_NAME NVARCHAR(30)
```

不过这个是没有问题了,但是我又重新将这个列转换为INT却出错了,如图4-42所示。

老田:这个问题很好解决,首先看看数据库中有什么数据?比如我这里,如图4-43所示。

图 4-42　修改列类型出错

图 4-43　查看表中现有数据

按照你的做法,是要将S_NAME转换为INT,但目前表中已有的数据"田洪川"这明显是个字符串,当然无法转换成INT类型了。

所以,以后修改列数据类型的时候,首先要想清楚类型之间的转换是否兼容。

小天:按照你的说法,如果数据库中没有数据的时候,转换就能够成功?我得试下……

果然如此,明白了。

4.6.6　创建和修改列标识符

不过刚才我查看自己数据的时候发现有个问题,如图4-44所示。

你看,我本意是用ID列来做标识符的,但是现在我居然可以把相同的数据都插入进去,它肯定就不能做标识符了。咋办?

图 4-44　查看表中数据

老田：给个提示，有个叫IDENTITY的属性，你自己在《SQL Server教程》上了解下，然后再来对比我下面讲的东西。

让你自己看教程，别先看我整理出来的东西，难道你准备这辈子学啥都买书哇？万一遇到新技术出来，你立马要用，但市面上还没有书你咋办？

标识符列的重要性前面来讲设计表的时候已经再三强调了，每一行数据都必须有一个唯一的可区分的属性作为标识符，在SQL Server中有两种方式可以创建标识符，第一种是IDENTITY，另外一种是讲数据类型的时候讲到过那种传说绝不会重复的Uniqueidentifier来做一个ROWGUIDCOL属性的列。

通过使用IDENTITY属性可以实现标识符列。这使得开发人员可以为表中所插入的第一行指定一个标识号（Identity Seed 属性），并确定要添加到种子上的增量（Identity Increment属性）以确定后面的标识号。将值插入到有标识符列的表中之后，数据库引擎会通过向种子添加增量来自动生成下一个标识值。当您向现有表中添加标识符列时，还会将标识号添加到现有表行中，并按照最初插入这些行的顺序应用种子值和增量值。同时还为所有新添加的行生成标识号。不能修改现有表列来添加IDENTITY属性。

在用IDENTITY属性定义标识符列时，注意下列几点。

- 一个表只能有一个使用IDENTITY属性定义的列，且必须通过使用decimal、int、numeric、smallint、bigint或tinyint数据类型来定义该列。
- 可指定种子和增量。二者的默认值均为 1。
- 标识符列不能允许为Null值，也不能包含DEFAULT定义或对象。
- 在设置IDENTITY属性后，可以使用$IDENTITY关键字在选择列表中引用该列，还可以通过名称引用该列。
- OBJECTPROPERTY 函数可用于确定一个表是否具有 IDENTITY 列，COLUMNPROPERTY函数可用于确定IDENTITY列的名称。
- 通过使值能够显式插入，SET IDENTITY_INSERT可用于禁用列的 IDENTITY属性。

> 小提示：如果在经常进行删除操作的表中存在标识符列，那么标识值之间可能会出现断缺。已删除的标识值不再重新使用。
> 要避免出现这类断缺，请勿使用IDENTITY属性。而是可以在插入行时，以标识符列中现有的值为基础创建一个用于确定新标识符值的触发器。
> 另外还有一种办法是使用SET IDENTITY_INSERT语句将该表的IDENTITY属性定义的列设置为可插入数据，然后手工修改或者插入新的数据。

下面实例创建一个具有IDENTITY属性定义的列，接着插入三行测试数据，最后查看数据行。

```
USE STUDENT_MANAGER
GO
CREATE TABLE identification_test
(    ID INT IDENTITY(1,1)      --从1开始,每次加1,前面的1代表种子,后面的1代表增量
,    NAME VARCHAR(20)
)
GO
INSERT INTO identification_test(NAME) VALUES('张三');
INSERT INTO identification_test(NAME) VALUES('李四');
INSERT INTO identification_test(NAME) VALUES('王五');
GO
SELECT * FROM identification_test
GO
```

执行后效果如图4-45所示。

从上例中可以看到在插入数据的时候,我们并未对ID列插入值,但是它自己添加上了。

而对ID列使用的IDENTITY属性中指定从1开始编号,每次增加1。

小天:我也做出来了,但我跟你做的不一样,我是修改之前的表ORDERS,为它的ID列增加上了IDENTITY属性,代码如下:

图4-45　创建带 IDENTITY 属性的列,并插入测试
数据,检索查看

```
     --删除ID列
ALTER TABLE ORDERS
     DROP COLUMN ID
GO   --添加一个具有IDENTITY属性的列
ALTER TABLE ORDERS
     ADD ID INT IDENTITY(1,1)
GO   --尝试插入新数据
INSERT INTO ORDERS(PRODUCT,NUMBER,PRICE) VALUES('知县',3,500000.0000)
INSERT INTO ORDERS(PRODUCT,NUMBER,PRICE) VALUES('衙内',2000,500.0000)
GO   --检索数据查看结果
select * from orders
```

最终执行结果如图4-46所示，不过有点不理想的是，ID列跑到最后面去了。

我还学会如何在插入数据的同时得到我刚才插入数据的标识符。代码如下：

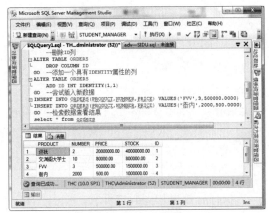

图 4-46　执行结果

```
INSERT INTO ORDERS(PRODUCT,NUMBER,PRICE) VALUES('知州',2000,50000.0000)
select @@IDENTITY
```

不过我遇到个问题，上面说可以使用$IDENTITY关键字引用该列，这是啥意思？

老田：非常好，不但懂得变通，还懂得如何把前面学过的知识融会贯通。至于$IDENTITY关键字，你尝试执行以下Transact-SQL语句：

```
select $identity from orders
```

接下来看应用ROWGUIDCOL属性做标识列是咋回事。尽管IDENTITY属性在一个表内自动进行行编号，但具有各自标识符列的各个表可以生成相同的值。这是因为IDENTITY属性仅在使用它的表中保证是唯一的。如果应用程序生成一个标识符列，并且该列在整个数据库或全球联网的所有计算机上的所有数据库中必须是唯一的，那就还得使用uniqueidentifier数据类型和NEWID或NEWSEQUENTIALID()函数。

此外，还可以应用ROWGUIDCOL属性以指示新列是GUID列。与使用IDENTITY属性定义的列不同，数据库引擎不会为uniqueidentifier类型的列自动生成值。若要插入全局唯一值，请为该列创建DEFAULT定义来使用NEWID或NEWSEQUENTIALID函数生成全局唯一值。

可以使用$ROWGUID关键字在选择列表中引用具有ROWGUICOL属性的列。这与通过使用$IDENTITY关键字可以引用IDENTITY列的方法类似。一个表只能有一个ROWGUIDCOL列，且必须通过使用uniqueidentifier数据类型定义该列。OBJECTPROPERTY(Transact-SQL)函数可用于确定一个表是否具有ROWGUIDCOL列，COLUMNPROPERTY(Transact-SQL)函数可用于确定ROWGUIDCOL列的名称。

以下示例创建uniqueidentifier列作为主键的表。此示例在DEFAULT约束中使用NEWSEQUENTIALID()函数为新行提供值。Transact-SQL语句如下：

```
CREATE TABLE Unique_Data
(  ID uniqueidentifier DEFAULT NEWSEQUENTIALID() ROWGUIDCOL
```

```
,   NAME varchar(30)
)
GO
INSERT INTO Unique_Data(NAME) VALUES('张三');
INSERT INTO Unique_Data(NAME) VALUES('李四');
INSERT INTO Unique_Data(NAME) VALUES('王五');
GO
SELECT * FROM Unique_Data
GO
```

执行后效果如图4-47所示。

图 4-47　建立 ROWGUIDCOL 属性做标识符的表

4.6.7　查看表信息

在前面我们已经使用过内置存储过程SP_HELP，查看到的信息主要包括以下几方面，如图4-48所示。

下面按照图4-48中标识的数字分别解释。

（1）"1"处是表的名字、拥有者、对象类型、创建时间。

（2）"2"处是列名，数据类型，是否是计算列，数据的物理长度，数据的精度（数字的总位数），小数点右边的数字位数，指示是否允许 NULL 值：

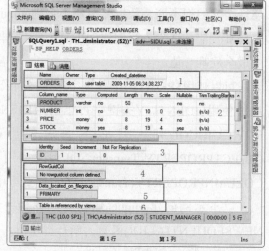

图 4-48　查看表信息

"是"或"否"，剪裁尾随空格。返回Yes或No、仅为保持向后兼容性、列的排序规则。对于非字符数据类性为 NULL。

（3）"3"处为其数据类型被声明为标识的列名、标识列的起始值、用于此列中的值的增量、复制登录名（如sqlrepl）试图在表中插入数据时，不强制使用IDENTITY属性：1 = True、0 = False。

（4）"4"处是标识列属性。

（5）"5"处是数据所在的文件组：主要文件组、次要文件组或事务日志文件组。

（6）"6"处是引用这张表的视图。

上面说的都是使用SP_HELP查看本表的信息，另外还有一个内置存储过程，专业查看指定表的依赖对象，这些对象包括视图、存储过程、触发器等。

4.6.8　删除表

一说到删除表或者删除数据，我就想起以前批改学生试卷的时候看到一句雷得老夫里嫩外焦的Transact-SQL语句，如下：

```
DELETE * FROM 表名
```

那道题的题目是建立一个学生信息表，分别写出增、改、查、删的语句。我看了后本着大无畏的精神，去找那个学生谈了下，结果被告知，他这句的意思就是删除表中的全部数据。

我接着问，那删除表和删除表中全部数据有什么区别吗？（这本是一句差十万八千里的问题）对方振振有词地告诉我，其实删除表更简单，就是"DELETE表名"就OK了。当然后果就是我被从内到外彻底雷熟透了。

小天：快讲咋删除表吧，干嘛给我讲故事啊。

老田：从那次上课后只要讲到删除表和删除表中数据我都先讲这个真实的故事。为什么呢？因为我发现有他那种想法的人其实挺多的，大多分不清楚删除表和删除表中全部数据有什么不同。至于如何删除数据我们后面再讲，这里先讲如何删除一张表对象。语法很简单，如下：

```
DROP TABLE 表名
```

这样删除的是表实体，表中的数据当然也全没有了。而删除全部的数据则只是将表中的数据全部删除了，但是表结构还存在。

小天：这个明确了，不过我有点疑问，在设计表的时候你还提到设置外键，比如学生表和成绩表的关系，如果我把学生表删除了，那成绩表中的数据岂不就成垃圾数据了？

老田：答案是如果有外键约束，这表根本删不掉。如果一定要删除，就必须先删除外键约束。在删除表的同时，绑定到表上的约束和规则也就自动失效了，属于该表的约束、触发器等也被同时删掉了。换句话说，如果不小心删错了，即使马上建立一个名字一样的，相应的约束、触发器什么的还得你自己重新建立。

另外，使用DROP TABLE也可以一次删除多张表，表名之间用逗号分隔。如果遇到你上面说的学生表和成绩表的问题，那就必须把成绩表放前面（外键关系中的子表），学生表放后面（外键关系中的父表）。

4.7 约 束

小天：为什么要用约束？约束能够干什么？

老田：一个个地来回答吧。要回答第一个问题得在实际情况中进行说明。下面来列举一些情况吧。

- Char(2)类型性别列中被插入了一个非男非女的字符；
- 员工的离职时间比入职时间还要早；
- 公司三个叫"小天"的人，其中一个小天向财务预支了10000元，财务记下了，但是后来财务换人了，下一个财务头大了，找谁还钱呢？
- 公司所有人到生日都会收到主管的红包，可是张三从来都没有收到，后来一查才知道，张三的资料在录入数据库的时候没有填写生日那一项。

第二个问题：约束能够干什么？当然是为了解决上述问题了。

小天：如何解决？有没有什么基本原则？

老田：首先需要录入人员的认真和负责，当然这个是绝对靠不住的。那就必须要靠完整的保护机制来完成。但是这个保护机制系统也只是提出共性很强的几点建议，对于主键和外键采取强制执行，而对于其他则只是提供方法，执行权在用户手中，具体的执行中，不同用途的数据库也会有不同的特性，比如普通的会员管理系统中对手机号码就不会有太多严格的审核，但是飞信的用户管理系统中对手机号码就需要近乎变态的严格。再比如，一般的系统对身份证号不会有多大要求，甚至都不会要这个属性，但是银行等系统则会十分严格的要求。所以基本原则是有的，但只是共性的东西。还有很多规则是用户自定义的。

下面首先来说下关系型数据库（这里之所以没有说SQL Server是因为所有关系型数据库都有这样的要求）的三大完整性。

（1）实体完整性：指实体属性中的标识属性不能为空、不能重复，该约束通过指定的主键实现，其约束由系统强制实施。

（2）参照完整性：实体中的外键可以为空，但不能为错，比如学员管理系统中，班级还没有确定，学员就来报到了，那就只好暂时不分班级，却不能随意写一个，更不能写一个不存在的。另外，不能删除有外键约束的属性，比如某人还有贷款信息，这个时候就不能从用户表中删除这个人的信息，因为贷款信息中贷款人这个属性是引用了用户表中这个人的主键。其约束由系统强制实施。

（3）用户定义完整性：这个比较好理解，就是设计数据库的时候用户定义了某一行不能为空，或者性别中只能是男或者女。

该约束通过在指定列添加default、check、unique等方式实施。

接下来就分别讲解如何使用每一种约束。

4.7.1　主键约束

表通常具有包含唯一标识表中每一行的值的一列或一组列。这样的一列或多列称为表的主键（PK），用于强制表的实体完整性。在创建或修改表时，可以通过定义PRIMARY KEY约束来创建主键。

一个表只能有一个PRIMARY KEY约束，并且PRIMARY KEY约束中的列不能接受空值。由于PRIMARY KEY约束可保证数据的唯一性，因此经常对标识列定义这种约束。

如果为表指定了PRIMARY KEY约束，则数据库引擎将通过为主键列创建唯一索引来强制数据的唯一性。当在查询中使用主键时，此索引还可用来对数据进行快速访问。因此，所选的主键必须遵守创建唯一索引的规则。

如果对多列定义了PRIMARY KEY约束，则一列中的值可能会重复，但来自PRIMARY KEY约束定义中所有列的任何值组合必须唯一。

小天：我觉得你上面的话很矛盾，才说了一个表只有一个PRIMARY KEY约束，怎么下面又说"如果对多列定义了PRIMARY KEY约束"？

老田：这个主要是描述上述问题了，一张表中只能有一个PRIMARY KEY约束这是大前提，但是还有种情况，一个字段无法完成，比如公司部门人员表，里面包含部门名，职工姓名等字段，每个部门中的人无重名，部门间可能有重名，如果设部门名为主键，则部门里又不止一个人，部门名有重复，如果设姓名为主键，则部门间人员可能有重名，也不唯一。

将部门名和职工姓名一起设为主键，这两个字段加起来不可能重复，但并非在同一张表中对两个字段都加PRIMARY KEY关键字。不过这种做法基本上不推荐使用。后面我们会对联合主键的做法也做一个实例。

创建PRIMARY KEY约束的方式有两种，一种是直接对字段加PRIMARY KEY关键字；另外一种是通过额外加约束的方式。

在创建之前将几点注意说一下。

- 不能对TEXT、IMAGE类型加PRIMARY KEY属性。事实上包括char(max)、nchar(max)、varchar(max)、nvarchar(max)和其他二进制等对象类型都不适合作主键。
- 和其他对象一样，在整个数据库中，约束的名称不能重复，一般不为约束指定命名的话，系统会自动生成。
- 指定联合主键的列最多16个。
- 单列指定PRIMARY KEY关键字后，该列数据不能为空，不能重复。

小天：快点讲实例吧。

老田：第一个实例，直接对列加载PRIMARY KEY关键字。代码如下：

```
USE STUDENT_MANAGER
GO
CREATE TABLE TEST1
(    ID INT PRIMARY KEY
,    NAME VARCHAR(30) NOT NULL
)
```

上例中对第一个列ID增加了PRIMARY KEY关键字，该约束的名字为系统命名。

第二个实例，设置PRIMARY KEY约束的同时为列增加IDENTITY标识符，代码如下：

```
CREATE TABLE TEST2
(    ID INT PRIMARY KEY IDENTITY(1,1)
,    NAME VARCHAR(30) NOT NULL
)
```

第三个实例，采用额外加约束的方式为列增加命名约束，代码如下：

```
CREATE TABLE TEST2
(    ID INT IDENTITY(1,1)
,    NAME VARCHAR(30) NOT NULL
CONSTRAINT TEST1_KEY PRIMARY KEY(ID)
)
```

上面为表中ID列增加主键约束，名为TEST1_KEY。

第四个实例，通过修改表来实现额外增加主键列，代码如下：

```
ALTER TABLE TEST1
    ADD
    ID INT PRIMARY KEY
```

第五个实例，对已有的列增加约束，代码如下：

```
ALTER TABLE TEST1
    ADD
    CONSTRAINT TEST1_KEY_1 PRIMARY KEY(ID)
```

小天：第四、第五两个实例我做不
出来，你看我做的第四个实例就出错了，
如图4-49所示。

第五个实例我按照你所讲的做，错
误如图4-50所示。

老田：忘记告诉你了，我做第四个
和第五个实例的时候，是把之前创建的
列或者约束先删除了的。不过删除有约

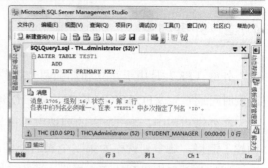

图 4-49　增加主键列出错

束的列之前一定要先删除依赖于这个列的主键。例如，做第四个实例的时候，我要删除
TEST1表中的ID列，就得首先删除这个列的主键，然后才能删除该列。

删除的方法有两种，一种是直接在对象资源管理器中，如图4-51所示。

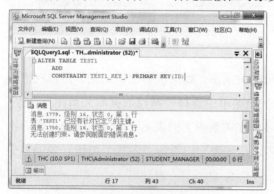

图 4-50　为列增加主键约束出错

图 4-51　查看表中的键

另外一种方式就是用Transact-SQL语句，例如现在要删除TEST1_KEY_1这个约束：

```
ALTER TABLE TEST1
    DROP CONSTRAINT TEST1_KEY_1
```

对于这一类的错误，在练习后面几种约束的时候还会经常遇到，解决方式都差不多，
我就不再重复了。

第六个实例，联合主键的设置，代码如下：

```
CREATE TABLE TEST3
(   ID INT IDENTITY(1,1)
,   NAME VARCHAR(30) NOT NULL
CONSTRAINT TEST1_KEY_2 PRIMARY KEY(ID,NAME)
)
```

执行完成后刷新对象资源管理器，可以看到表TEST3表中两个列都是主键图标。再次重申，非特殊情况，不建议采用这种方式。

4.7.2 外键约束

外键（FK）是用于建立和加强两个表数据之间的链接的一列或多列。当创建或修改表时可通过定义FOREIGN KEY约束来创建外键。

在外键引用中，当一个表的列被引用作为另一个表的主键值的列时，就在两表之间创建了链接。这个列就称为第二个表的外键。

例如前面多次讲到的那个学生、课程、成绩表。下面来查看下它他们的关系图。在"对象资源管理器"中找到"指定的SQL Server实例"→"数据库"→"指定数据库"下面的"数据库关系图"→"＋"号图标，如果第一次打开，系统会给出如图4-52所示的提示。

图 4-52　系统提示

单击"是"按钮，会出现如图4-53所示的关系图。如果没有出现该图，可以在"数据库关系图"上单击鼠标右键，在弹出的快捷菜单中选择"新建数据库关系图"命令，然后在弹出的"添加表"对话框中选择要显示在关系图上的表（可以选一张表单击一次下面的"添加"按钮，也可以按住Ctrl键多选几张表），单击"添加"按钮。表添加完成后关闭"添加表"对话框。

在关系图中，钥匙图标一端为父表端，另外一边为子表端。

从图4-53中我们看到，表ACHIEVEMENT表引用了COURSE和STUDENTS两张表的主键，按照主从关系，必须先有主表（外键关系中的父表），再有从表（外键关系中的子表）。例如下面创建表的脚本中，先是分别创建了学生表和课程表，最后才创建这个成绩表。

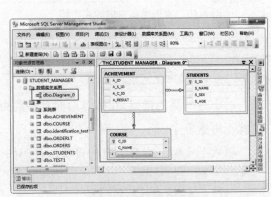

图 4-53　数据库关系图

```
USE STUDENT_MANAGER
GO
--学生信息表，主键为S_ID，自增
```

```
CREATE TABLE STUDENTS
(   S_ID INT PRIMARY KEY IDENTITY(1,1)
,   S_NAME NVARCHAR(20)
,   S_SEX NCHAR(1)
,   S_AGE TINYINT
)
GO
--课程信息表
CREATE TABLE COURSE
(   C_ID INT PRIMARY KEY IDENTITY(1,1)
,   C_NAME NVARCHAR(20)
)
GO
--成绩信息表
CREATE TABLE ACHIEVEMENT
(   A_ID INT PRIMARY KEY IDENTITY(1,1)
,   A_S_ID INT REFERENCES STUDENTS(S_ID)      --指定外键关联
,   A_C_ID  INT
,   A_RESULT TINYINT
--下面这行代码采用CONSTRAINT关键字增加外键约束
CONSTRAINT A_C_FK FOREIGN KEY (A_C_ID) REFERENCES COURSE(C_ID)
)
GO
```

在上面创建外键的过程中，使用了两种方式。现在可以尝试使用成绩表，执行一条插入语句，外键都用1，当然这个时候学生表和课程表中压根没有数据，结果就如图4-54所示。

之前说引用完整性是可以为空但不能为错，上面这个实例是因为插入错误的数据所以出错了，下面再尝试插入空数据看看，结果如图4-55所示。

图 4-54　对从表插入主表中不存在的数据

图 4-55　对外键列插入空值成功

小天：有没有办法实现级联删除、修改？比如我删除宿舍表中的一行数据，那么学生表中凡是引用了被删除这条数据的主键的这条数据也相应地被删除掉。或者我修改了这一行数据的主键，而引用表中的对应主键也获得级联更新呢？

老田：有，那就是在设置外键关联的时候，添加级联选项，语法如下：

```
--级联删除定义
[ ON DELETE { NO ACTION | CASCADE | SET NULL | SET DEFAULT } ]
--级联更新定义
[ ON UPDATE { NO ACTION | CASCADE | SET NULL | SET DEFAULT } ]
```

参数解释如下：

如果没有指定ON DELETE或ON UPDATE，则默认为NO ACTION。

ON DELETE ACTION

指定如果试图删除某一行，而该行的键被其他表的现有行中的外键所引用，则产生错误并回滚DELETE语句。

ON UPDATE ACTION

指定如果试图更新某一行中的键值，而该行的键被其他表的现有行中的外键所引用，则产生错误并回滚UPDATE语句。

CASCADE、SET NULL和SET DEFAULT允许通过删除或更新键值来影响指定具有外键关系的表，这些外键关系可追溯到在其中进行修改的表。如果为目标表也定义了级联引用操作，那么指定的级联操作也将应用于删除或更新的那些行。不能为具有timestamp列的外键或主键指定CASCADE。

ON DELETE CASCADE

指定如果试图删除某一行，而该行的键被其他表的现有行中的外键所引用，则也将删除所有包含那些外键的行。

ON UPDATE CASCADE

指定如果试图更新某一行中的键值，而该行的键值被其他表的现有行中的外键所引用，则组成外键的所有值也将更新到为该键指定的新值。

> **小提示**：如果timestamp列是外键或被引用键的一部分，则不能指定CASCADE。

ON DELETE SET NULL

指定如果试图删除某一行，而该行的键被其他表的现有行中的外键所引用，则组成被引用行中的外键的所有值将被设置为NULL。为了执行此约束，目标表的所有外键列必须为空值。

ON UPDATE SET NULL

指定如果试图更新某一行，而该行的键被其他表的现有行中的外键所引用，则组成被引用行中的外键的所有值将被设置为NULL。为了执行此约束，目标表的所有外键列必须为空值。

ON DELETE SET DEFAULT

指定如果试图删除某一行，而该行的键被其他表的现有行中的外键所引用，则组成被引用行中的外键的所有值将被设置为它们的默认值。为了执行此约束，目标表的所有外键列必须具有默认定义。如果某个列可为空值，并且未设置显式的默认值，则将使用NULL作为该列的隐式默认值。因ON DELETE SET DEFAULT而设置的任何非空值在主表中必须有对应的值，才能维护外键约束的有效性。

ON UPDATE SET DEFAULT

指定如果试图更新某一行，而该行的键被其他表的现有行中的外键所引用，则组成被引用行中的外键的所有值将被设置为它们的默认值。为了执行此约束，目标表的所有外键列必须具有默认定义。如果某个列可为空值，并且未设置显式的默认值，则将使用NULL作为该列的隐式默认值。因ON UPDATE SET DEFAULT而设置的任何非空值在主表中必须有对应的值，才能维护外键约束的有效性。

小天：如果有多张表，比如学生表中引用了宿舍的主键作为外键，而成绩表又引用了学生表的主键作为外键，会不会触发一系列的删除动作？

老田：这是必然，就你举这个例子，如果关系之间都制定了级联删除，那么当删除宿舍表中一行数据的时候，学生表中引用了这条被删除数据的所有学生信息都将被删除，而成绩表中凡是引用了学生表中这些被删除的数据行的成绩信息也都将被删除。但是，如果学生表和成绩表之间并未设置级联删除，那么很遗憾，你要删除宿舍表中的这条信息也无法删除。

小天：哇，太恐怖了，看来这东西还是不能轻易去使用啊。或许多点垃圾数据都比这种一不小心删除一大片来得实在点吧。

老田：是这个理，所以现在市面上很多书籍，根本就不会提到这个知识点。但是垃圾数据多了也不好，比如你老对外键引用插入空值，结果后面全部忘记去修改了，那就都成垃圾数据了。

4.7.3 NOT NULL 约束

所以要尽量避免这种情况发生，但是也不建议在建表的时候全部不允许为空，这个问题在以后学习编程的时候会体现出来，比如我们对一个有100个字段的表进行操作，那么在添加测试数据的时候就必须全部都给值，一个都不能少。当然这个本来就是陋习，我们就不去发扬也不作为借口了。另外一个问题是，之前多次假设的，如果主表中当前暂时没有对应的值，但是从表中这行数据必须马上添加，如果全部做了NOT NULL约束的话，这里就没有办法了。

小天：反正我觉得还是尽量不要允许空值的出现，你之前不是分析了，就算NULL值本身不占用空间，但是它所在的列总是要占用的。再加上NULL值本身代表的是不确定，以后编程中难免还是会出现问题啊。

老田：这个问题心里有数就行了，更多的经验以后你自己慢慢去摸索吧，我这里仅提供我个人的经验，就是表中肯定了绝对不允许为空的字段就设置NOT NULL，如果在设计表的时候还不能确定的话就先让其允许为空。

4.7.4　DEFAULT 约束

DEFAULT即默认值，这个我觉得将它叫约束有点难为了，因为它本身并不具备约束的权利，大不了就是个补充。为什么这样说呢？我们来看一个使用它的实例吧，针对用户注册来做一个表，其中一个字段是用户注册时间，这个属性就是用户录入了就按照录入的，如果用户没有录入数据，则使用GETDATE()函数将SQL Server系统时间查询出来添加到字段中。代码如下：

```
USE STUDENT_MANAGER
GO
CREATE TABLE USERS
(    U_ID INT PRIMARY KEY IDENTITY(1,1)
,    U_NAME  VARCHAR(50) NOT NULL
,    U_PWD   VARCHAR(30) DEFAULT('123456')    --设置默认值为123456
,    U_REGDATE DATETIME DEFAULT(GETDATE())    --设置默认值为当前系统时间
)
```

接下来使用这个表，执行如下代码：

```
--插入数据，U_ID是自增，U_PWD和U_REGDATE都有默认值
INSERT INTO USERS(U_NAME) VALUES('laotian');
INSERT INTO USERS(U_NAME) VALUES('xiaotian');
--执行检索，查看刚才插入的数据
SELECT * FROM USERS
```

执行后效果如图4-56所示。

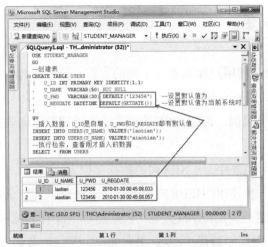

图 4-56 执行结果

小天：我觉得这个还很不错，但是遇到个问题，我想给之前建立的表中添加这个属性该怎么做？

老田：还是和加其他约束差不多，同样使用关键字CONSTRAINT。不过CONSTRAINT加约束名其实也是可以不要的，至于其他的约束我就不知道了，你自己试试。接下来看如何为已有的表增加DEFAULT约束，代码如下：

```
ALTER TABLE USERS
    ADD CONSTRAINT default_name DEFAULT '天轰穿' FOR U_NAME
```

别模仿我上面的实例，否则你连测试都不行了，因为四个字段都有默认值了，就没有意思了。

如果列不允许空值且没有DEFAULT定义，就必须为该列显式指定值，否则数据库引擎会返回错误，指出该列不允许空值。

插入到结合了DEFAULT定义和列的非空性所定义的列中的值可归纳如下表所示。

列 定 义	无输入，无 DEFAULT 定义	无输入，DEFAULT 定义	输入空值
允许空值	NULL	默认值	NULL
不允许空值	错误	默认值	错误

当使用DEFAULT约束时，需要注意下列因素。

- 定义的常量必须与该列的数据类型、精度等匹配。
- 每个列只能定义一个DEFAULT约束。
- DEFAULT约束只能应用于INSERT语句。
- DEFAULT约束不能与IDENTITY属性列重复定义在一个列上。
- DEFAULT 约束允许的系统函数包括 SYSTEM_USER、GETDATE 和 CURRENT_USER。

4.7.5 CHECK 约束

CHECK约束用来限制用户输入某一个列的数据，即在该列中只能输入指定范围的数据。感觉上和外键约束有点相近，都是约束列的取值范围。不同的是外键约束是通过其他表来限制列的取值范围，而CHECK约束是通过指定的逻辑表达式来限制列的取值范围。

例如上面创建的学生表中，S_SEX列的数据类型为nchar（1），就是只接受一个汉字，那么我们可以进一步使用CHECK约束来定义只接受"男"或者"女"这两个字。

再比如年龄，虽然是使用tinyint类型，但是基本上没有人能够活到250岁，所以我们使用CHECK约束来限制年龄最小6岁，最大60岁，其他的数据都不接受。

这次我们先说它的语法形式，然后你自己先做一次，完了再来验证看我们的做法是否一致。语法形式如下，和其他约束一样，两种方式。

第一种形式：

```
CONSTRAINT 约束名 CHECK(logical_expression)
```

第二种形式：

```
CHECK(logical_expression)
```

我们来做一次，重新创建一个USERS表（将前面建立的那个USERS表删除），中间使用CHECK约束，代码如下：

```
USE STUDENT_MANAGER
GO
CREATE TABLE USERS
(    U_ID INT PRIMARY KEY IDENTITY(1,1)
,    U_NAME   VARCHAR(50) NOT NULL
,    U_PWD    VARCHAR(30)
,    U_SEX    NCHAR(1) CHECK(U_SEX='男' or U_SEX='女')  --值只接受男或女
,    U_AGE    TINYINT CHECK(U_AGE>8 AND U_AGE<80)       --值必须大于8同时小于80
,    U_REGDATE DATETIME DEFAULT(GETDATE())
)
GO
```

表建立好以后，来使用一下，结果如图4-57所示。

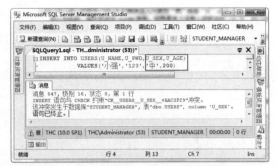

图 4-57　故意违背 CHECK 约束的后果

上例中，性别只接受"男"或者"女"，但是我们填写的是"中"，年龄必须大于8且小于80，但我们填写的是200，所以下面的错误提示中就分别提示了。

下面再做一个实例，对已经存在的表添加CHECK约束，对上面USERS表中的U_PWD字段做个约束，要求密码长度必须是6位。

```
ALTER TABLE USERS
    ADD CHECK(LEN(U_PWD)>=6)  --未显示对约束命名
```

当使用CHECK约束的时候需要考虑以下因素。

- 一个列上可以定义多个CHECK约束。
- CHECK在执行INSERT和UPDATE语句中被执行。
- CHECK可以同时参考本表中的其他列，并不局限于只对某一个列。
- CHECK不能同IDENTITY属性列同时在一个列上使用。
- CHECK不能包含子查询语句。

4.7.6　UNIQUE 约束

UNIQUE约束指定表中某一列或多个列不能有相同的两行或者两行以上的数据存在。它通过实现唯一性索引来强制实体完整性。之前讲解PRIMARY KEY约束的时候说到，一个表只能有一个PRIMARY KEY约束，但万一表中还有其他的字段也需要有值不能重复的需求就只有选择使用UNIQUE约束。

可以对一个表定义多个UNIQUE约束，但只能定义一个PRIMARY KEY约束。而且，UNIQUE约束允许NULL值，这一点与PRIMARY KEY约束不同。不过，当与参与UNIQUE约束的任何值一起使用时，每列只允许一个空值。

FOREIGN KEY约束可以引用UNIQUE约束。

UNIQUE约束有以下四种语法形式：

```
UNIQUE
UNIQUE(列,列...)
```

```
CONSTRAINT 约束名 UNIQUE
CONSTRAINT 约束名 UNIQUE(列,列...)
```

下面还是做一个实例，其中用了两种语法形式。

```
USE STUDENT_MANAGER
GO
CREATE TABLE USERS
(   U_ID INT PRIMARY KEY IDENTITY(1,1)
,   U_NAME  VARCHAR(50) UNIQUE  --第一种语法形式
,   U_PWD   VARCHAR(30)
,   U_SEX   NCHAR(1) CHECK(U_SEX='男' or U_SEX='女')
,   U_AGE   TINYINT CHECK(U_AGE>8 AND U_AGE<80)
,   U_REGDATE DATETIME DEFAULT(GETDATE())
CONSTRAINT weiyiyueshu UNIQUE(U_SEX,U_AGE) --第四种语法形式
)
GO
```

4.7.7　禁止与删除约束

小天：快看，我这里用修改表以添加约束的方式出错了，如图4-58所示。我做了个例题，首先删除跟你一起做的那个USERS表，新建了一个只有主键约束的USERS表，然后添加了两行数据，再重新来以修改表定义的方式添加三个约束，结果就错了。代码如下：

图4-58　表中有数据后，添加约束出错

```
USE STUDENT_MANAGER
GO
DROP TABLE USERS    --删除以前创建的USERS表
GO
```

```
--重新创建表USERS，U_SEX和U_AGE列没有约束
CREATE TABLE USERS
(   U_ID INT PRIMARY KEY IDENTITY(1,1)
,   U_NAME  VARCHAR(50)
,   U_PWD   VARCHAR(30)
,   U_SEX   NCHAR(1)
,   U_AGE   TINYINT
,   U_REGDATE DATETIME DEFAULT(GETDATE())
)
GO
--向表中添加两行数据
INSERT INTO USERS(U_NAME,U_PWD,U_SEX,U_AGE) VALUES('天轰穿','123456',
'男',100)
INSERT INTO USERS(U_NAME,U_PWD,U_SEX,U_AGE) VALUES('倒霉熊','123456',
'中',3)
GO
--修改USERS表，为表的U_SEX和U_AGE列增加约束
ALTER TABLE USERS
ADD
    CONSTRAINT CHK_SEX  CHECK(U_SEX='男' or U_SEX='女')
    ,CONSTRAINT CHK_AGE CHECK(U_AGE>8 AND U_AGE<80)
GO
```

执行后效果如图4-58所示。

老田：我们来分析下为什么出错，首先要看下你表中现有的数据，再来分析这些数据和你的约束之间有哪些冲突。

小天：我检索表中的数据如图4-59所示。

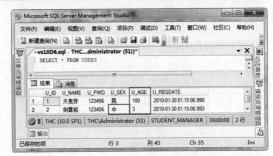

图 4-59　出错表中的数据

我明白了，添加约束的时候如果表中有数据的话，它会先检测这些已经存在的数据是否满足约束条件，如果不满足的话就不能添加约束。但是这样总觉得不太好，有没有什么办法呢？

老田：有办法的，可以禁止对已有的数据进行检测，但也不全都可以，先看以下几个问题。

- 只能禁止CHECK约束和外键约束应用到表上，其他如唯一性和主键等则不行。
- 已经存在的数据如果以后都不会再改变，这里禁用是可以的，但是以后这些数

据如果要使用UPDATE修改的话还是必须满足约束。

● 一般情况不建议这样做，如果非要这样做，一定要先检查下这些数据，如果能够修改还是尽量修改数据。

如果要禁止检测已有的数据，在添加约束之前先使用 WITH NOCHECK，如图4-60所示。

图 4-60　添加约束，并禁止检测已有的数据

小天：救命啊，我这里把约束加载上了，但是修改数据的时候还是出错了，如图4-61所示。

老田：所以说你看书不认真。上面说了，只是添加约束的时候可以禁止检测已有的数据，但是以后更新这些已经存在的数据的时候还是要检测的。

小天：不是我不认真啊，而是这个人是我们老板的儿子，他年龄就是3岁，我不能乱改啊。你看有什么办法让我成功更新没有啊？

老田：可以的，就是临时禁止表上的约束生效，不过切记禁止完了马上还得开启约束哦。禁止开启的语法如下：

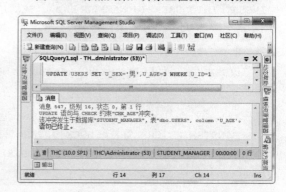

图 4-61　修改数据的时候检测不通过

```
--关闭约束检测
NOCHECK CONSTRAINT 约束名
NOCHECK CONSTRAINT ALL
--开启约束检测
CHECK CONSTRAINT 约束名
CHECK CONSTRAINT ALL
```

比如你上面要执行的这个，可以先禁止，更新完了立刻开启，代码如下：

```
ALTER TABLE USERS
    NOCHECK CONSTRAINT ALL  --禁止
GO
UPDATE USERS SET U_SEX='男',U_AGE=3 WHERE U_ID=1   --更新
GO
```

```
ALTER TABLE USERS

    CHECK CONSTRAINT ALL      --开启
```

小天：我如果要删除已经加上的约束该怎么做？

老田：添加约束的方法很多，但还记得有一种是以修改表的形式吧？那么我们要删除，是否也必须以修改表的形式呢？而删除数据库中的对象一般都用DROP+类型+对象名，比如DROP DATABASE****，DROP TABLE****。所以删除约束也会用到DROP CONSTRAINT***，例如下面的例题，删除上面为USER表增加的CHK_SEX和CHK_AGE这两个约束，代码如下：

```
--以修改表的形式删除约束
ALTER TABLE USERS
DROP

    CONSTRAINT CHK_SEX,CHK_AGE    --删除约束
GO
```

本 章 小 结

本章从需求分析中找出表一直到整个数据库设计完成都做了详细阐述，首先是画出E-R图；然后是在设计表间关系的时候要注意的问题，以及如何提高表的质量；其次对表的基本特点和类型分别进行了介绍。

第二部分创建表的时候分别讲解了创建普通表、临时表、分区表，并尽量讲解了每种表的用途。接着对表的维护和删除进行讲解。

第三部分则重点针对表中的约束，数据完整性方面做了深入讲解，主键、外键、各种约束、使用约束的情况和技巧。

问 题

1．在4.3.4小节中讲解第二范式时，还缺少了一张什么表吗？

2．为4.3.4小节中讲的第三范式画出正确的表结构。

3．如何删除多张相互之间有关系的表？

4．为什么在CDM中我们不将外键画出来？

5．为什么要使用CHECK约束？

6．E-R图的作用是什么？

7．为什么有必要禁用约束？

8．如何删除系统帮忙定义的约束名？如何删除？在书中我只讲了两种删除约束的方法，其余几种约束应如何删除？

9．如何对现有的表增加约束？

第 5 章 操作表中的数据

| 学习时间：第七、八天 | 地点：小天办公室 | 人物：老田、小天 |

本章要点

- 插入语句：插入数据及过程中遇到的各种问题详述、批量插入数据
- 数据检索：选择数据列、使用文字串、改变列标题
- WHERE 子句：WHERE 语句详解、各种条件搭配等技巧、排序和 UNION 运算符
- 选择数据行：进一步筛选数据的技巧
- 修改语句：修改语法详解及注意和技巧
- 删除语句：删除语法详解及注意和技巧

本章学习线路

本章由解决如何插入数据带来一个简单的实例，并针对这个实例提出各种问题和解答，进一步查询数据，在查询数据的时候引入选择列和改变列标题等技巧和注意事项，接下来使用WHERE子句有选择地进行检索数据。最后进入修改、删除语句的实践操作。全过程都以先做实例、提出问题，解决问题为主线详细讲解整个ISUD（增、查、改、删）过程。

知识回顾

小天：都学了8天了，对我的业务好像还是没有什么帮助啊？操作数据就没讲多少。

老田：废话，你说下昨天学习了什么内容啊。

小天：昨天我们主要学习E-R模型、创建和修改表、创建字段的时候要使用的约束，别考我啦，我可是把每一天学习的章节后面的习题都举一反三地做过了，快点教我怎么向数据库添加数据吧。

老田：第3章我们学习了Transact-SQL语言，知道它分为数据定义语言、数据操纵语言、数据控制语言、事务管理语言和附加语言元素几个大类，那么你猜一下我们即将学习的插入语句是属于其中的哪种语言啊？

小天：插入数据应该也算是对表中的数据进行操纵吧，我觉得应该算是数据操纵语言。

老田：很好，那么我们下面就开始今天的学习吧，首先从数据插入语句（INSERT）开始。

5.1 准 备 工 作

第一件事，打开SQL Server Management Studio，将昨天练习用的那些数据库都删除了（安装的AdventureWorks***系列示例数据库不用删除，如果删除了就得重新安装了），清洁溜溜的，看着心情舒畅。

第二件事，因为本章内容都基于对数据的操作，所以我们就做一个最简单的商品管理系统的数据库，包含两张表，分别如下。

（1）产品分类表包含主键（ID）、分类名（c_name）。

（2）产品表包含主键（ID），为自增长，商品名（p_name），价格（p_price），库存（p_storage），生产日期（p_date），外键所属分类（p_class），代码如下（这里之所以将全部代码贴出来，并非希望你直接照抄，建议先看一次这个代码，然后自己写一次）：

```
/**********************************
*第六章学习、练习用数据库
**********************************/
CREATE DATABASE PRODUCTMANAGER      --创建本章学习用数据库，思考为什么没有用分区表
                                    --的形式。绝不是因为懒，哈哈。
ON PRIMARY
(    NAME=PRODUCTDB
,    FILENAME=N'D:\DATA\PRODUCTDB.MDF'
,    SIZE=5MB
,    MAXSIZE=UNLIMITED
,    FILEGROWTH =10%
)
LOG ON
(    NAME=PRODUCTLOG
,    FILENAME=N'D:\DATA\PRODUCTLOG.LDF'
,    SIZE=5MB
,    MAXSIZE=UNLIMITED
,    FILEGROWTH =10%
)
GO
USE PRODUCTMANAGER
GO
--商品分类表，必须先建立这个分类表，因为产品表引用本表的主键作为外键
CREATE TABLE CLASS
```

```
(    ID INT PRIMARY KEY IDENTITY(1,1)              --主键
,    C_NAME  VARCHAR(30) NOT NULL
)
GO
--创建商品表
CREATE TABLE PRODUCTS
(    ID INT PRIMARY KEY IDENTITY(1,1)              --主键
,    P_NAME VARCHAR(50) NOT NULL                   --商品名
,    P_PRICE MONEY DEFAULT(0.0000)                 --商品价格，默认值0.0000
,    P_STORAGE INT DEFAULT(0)                      --商品库存，默认值0
,    P_DATE DATETIME DEFAULT(GETDATE())            --生产日期，默认值为系统当前时间
,    P_CLASS INT REFERENCES CLASS(ID)              --所属分类为分类表外键
)
GO
--创建商品备份表，该表和PRODUCTS结构完全一样，用在5.2.2小节中批量插入数据的时候用
CREATE TABLE PRODUCTS_bak
(    ID INT PRIMARY KEY IDENTITY(1,1)              --主键
,    P_NAME VARCHAR(50) NOT NULL                   --商品名
,    P_PRICE MONEY DEFAULT(0.0000)                 --商品价格，默认值为0.0000
,    P_STORAGE INT DEFAULT(0)                      --商品库存，默认值为0
,    P_DATE DATETIME DEFAULT(GETDATE())            --生产日期，默认值为系统当前时间
,    P_CLASS INT REFERENCES CLASS(ID)              --所属分类为分类表外键
)
GO
```

5.2 插 入 语 句

在查询分析器中写好上面的语句后单击“执行”以运行这段SQL语句创建表，完成后两张空表就建立好了，首先我们要做的就是插入数据了。

小天：老田，先直接告诉我怎么插入数据吧，理论等一会再讲行不？

5.2.1 简单的插入语句

老田：好吧，那么我们先执行下面的SQL语句，记住顺序哦，先插入商品分类的数据行，然后再插入商品。该例需要注意的是分析INSERT语句的语法和使用外键。

```
INSERT INTO class(c_name) VALUES('家用电器')   --向商品分类表插入第一条数据
select * from CLASS                          --检索以校验插入后的行数据
```

　　注意下面我对商品表中的商品外键（p_class）列直接插入的值是1，为什么呢，因为之前class还是一张空表，而我只是在上面插入了一条数据，class表的ID列是从1开始自增，那么在插入了第一条数据的时候，主键ID的值肯定为1。所以下面插入商品的时候对商品外键（p_class）列的值直接用了1也不会出错。

```
INSERT INTO products(p_name,p_price,p_storage,p_date,p_class)
    VALUES('海尔洗衣机',3599.99,20,'2009-8-20',1)   --向商品表插入数据
select * from products                            --检索以校验插入后的行数据
```

　　最终效果如图5-1所示。

　　注意上面的两句，我们可以看出INSERT语句的语法如下：

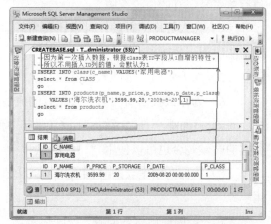

图 5-1　最终效果

```
INSERT INTO 表名(列名1,列名2,列名3,…) VALUES(列1的值,列2的值,列3的值,…)
```

　　后面的值也可能是表达式，比如：

```
INSERT INTO products(p_name,p_price,p_storage,p_date,p_class)
    VALUES('长虹电视机',3599.99,20*5,'2009-8-20',1)
```

　　注意到本例值列表中的粗体字20*5，在这里既可以用数学计算，也可以用部分系统内置函数。

　　当上面两个例题执行完成后，我们使用如下SQL语句来查看数据，得到如图5-2所示的结果。

　　小天：我这里只看见这样的结果，并没有你下面那种网格显示的结果，如图5-3所示。

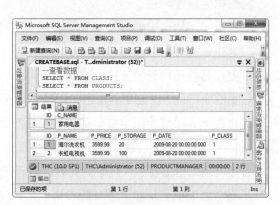

图 5-2　查看数据（1）

　　老田：呵呵，你把鼠标移到"结果"选项卡上面，看到鼠标变形了就按住鼠标左键，向上拖动就可以了。

小天：嘿，真的可以了，老田，看了上面的插入语句和查询结果，但是我还有以下几个问题。

（1）为什么一定要先插入分类表的数据然后再插入商品表数据呢？

（2）为什么给分类表和商品表插入数据时都没有给ID赋值呢？

图5-3　查看数据（2）

（3）为什么在插入语句中，有的值有单引号，有的值没有呢？

（4）插入数据的时候，可以让表名后面括号里面的列名和VALUES后面括号里面的值顺序不一致吗？

（5）如果要插入空值怎么做呢？

（6）为什么我在别的书上看见有的值前面加了一个 N 符号呢？

（7）后面那个查询用的SELECT语句中使用 * 号代替全部列名，那么我们在插入数据的时候是否也可以使用 * 号代替啊？

（8）我们在创建表的时候使用了默认值，为什么这里没有用呢？如果用，该怎么用啊？

老田：能够问出这些问题，说明你是认真的去学了之后又举一反三地在思考，学习就应该是这样的。那么下面我们就来逐一回答你的问题。

第一个问题，因为我们的商品所属分类是外键，这个外键是分类表的主键，而一个商品肯定会属于一个分类，简单的来说，必须有了可以引用的数据，才可以在商品表中引用。至于会报什么样的错，希望你现在马上试一下，然后告诉我这触发了前面说的哪一种数据完整性约束。

小天：我知道错啦，是触发了参照完整性，在上一章关系规范化时才讲过的。

老田：很好，我们继续看第二个问，在概述里面我们曾讲过，这两张表中的ID都是主键，是自动增长的，这个也是上一章创建列的时候讲过的，这里不再赘述。

第三个问题，在使用SQL语句向数据库插入数据的时候，数字型数据都不用加单引号，直接插入即可，而字符型数据和日期型数据则必须加单引号才能够正确插入。

第四、五、七个问题：这几个问题关联性太强，我们一起回答，首先在INSERT语句中必须明确地指出要插入数据的列名，只有在SELECT语句中可以用 * 号代替所有列。

列名之间用半角的逗号分隔开来，而在VALUES后面括号里的值也就默认对应前面表名后括号里的列名，不能错位，也不能少写。

小提示：输入法有半角和全角的区别，在编程中，无论现在我们学习的SQL还是以后学习的其他语言，系统只认识半角的符号，比如 ''、""、:、;、[]、.等。

那万一有一个字段里面却没有值去填写该怎么办呢？

这个问题问得很好，如果遇到这种情况，首先要看这个字段（表中的一个列）是否接受空值，如果允许空值的话，那么可以将那里空着，但是逗号一定要，例如下面这条SQL语句，它的价格、库存、日期这三项允许为空，日期这一列我们就空着，而数字数据类型直接空着会出问题，所以只能填0或者null。

```
INSERT INTO products(p_name,p_price,p_storage,p_date,p_class)
    VALUES('电冰箱',null,0,'',1)
```

执行后效果如图5-4所示。

小天：老田你看，这个价格和日期都不对哦，价格和日期我们明明都有默认值的啊，怎么会这样呢？

老田：别急，马上你就会看到解释了。接着说第六个问题，要插入Unicode数据，都应该在数据前面加上一个N（当然，大部分时间不加也没有问题，这个在数据类型的时候已经讲到），例如：

图 5-4　执行结果

```
INSERT INTO products(p_name,p_class)
    VALUES(N'电冰箱',1)
```

小提示：Unicode（统一码、万国码、单一码）是一种在计算机上使用的字符编码，它为每种语言中的每个字符设定了统一并且唯一的二进制编码，以满足跨语言、跨平台进行文本转换、处理的要求。

第八个问题，这就是我要说的默认值来了，我们再继续看下一条SQL语句，这条我们只插入商品名称和所属分类，其他的列名和值都不写：

```
INSERT INTO products(p_name,p_class)
    VALUES('电冰箱',1)
```

执行后得出结果，如图5-5所示。

现在问题明白了吧，如果我们没有明确地插入值的情况下，系统会按照建表时候的默认值为列赋值，如果我们明确地给出了值，那么系统肯定只能填写我们给出的值，而日期系统总是自动给出一个1900-01-01。

图 5-5　执行结果

5.2.2　批量插入语句

小天：老田，上面的我都会了，可我还有一个问题，总这么一条条地插入数据好慢，能不能批量把 A表的数据直接插入到B表啊？这个问题在创建表的时候你教过，但那是直接临时创建然后再批量插入数据，我想把数据直接插入已经存在的表可以吗？

老田：当然可以批量插入，下面我们还是直接看一个实例吧，不过在这之前还得再建立一张与商品表一模一样的商品备份表，用来实现数据的批量插入。

商品备份表（products_bak）：主键（ID），为自增长，商品名（p_name），价格（p_price），库存（p_storage_bak），生产日期（p_date_bak），外键所属分类（p_class）。

表建立好以后，这张表中还没有任何数据，我们执行图中的SQL语句将products表中的数据插入到products_bak中来，执行结果如图5-6所示。

图5-6　批量将数据插入到另外一张表

小天：咦~！这难道是两句SQL语句？可是为什么第一句INSERT语句后面没有VALUES关键字和值列表呢？第二句SELECT语句倒还比较像，这是为什么？老田快说说。

老田：不错，眼睛挺好用的，我们先来看INSERT…SELECT…语句批量插入数据的语法吧。

```
INSERT INTO 要插入数据的目标表或者视图名 select 检索语句
```

小天：我明白了，这句的意思就是把后面查询出来的结果全部插入到前面的表中，不过我还有几个问题。

（1）要插入数据的表一定要写列名吗？这个语法中就没有提到列名啊。

（2）列列表和后面查询结果的顺序可以不一致吗？

（3）如果查询结果中某列的值是字符串，而目标表中该列是数字类型可以吗？

（4）两张表一定要在同一个数据库中吗？这样好像没有什么意义啊。

老田：哈哈，你能够问出这么多问题，这就充分证明你前面的内容学得很扎实了。下面我分别为你解答。

第一、二、三个问题，不写列名也可以，但是目标表的架构一定要和结果集兼容，所谓兼容就是指结果集中某列的值一定要和其对应目标表中那列的数据类型兼容，例如下面的SQL语句，我们将products表中的数据查询出来放到与该表结构完全一致的products_bak表中。

```
INSERT INTO products_bak
       SELECT p_name,p_price,p_storage,p_date,p_class FROM products
```

小天：哦？目标表没有列名，下面查询有列名，那如何保证列列表和后面结果集中的列顺序一致呢？如果顺序都无法保证，又如何保证它们相兼容呢？

老田：这个问题其实很好解答，你注意看下后面查询语句中的列列表，他是否和目标表products_bak的列顺序一致呢？当然针对这个问题，我还是建议你尝试修改一下查询语句中的列顺序，看下是否报错，错误信息是什么。

第四个问题，当然，上面演示这个例题确实实用性不大，我们来看下面这个例题，将数据库PRODUCTMANAGER中的分类表class中的数据批量导入到另外一个数据库p_bak中的class表中去。步骤如下。

（1）新建数据库p_bak并创建商品分类表class，该表的结构应该与PRODUCTMANAGER库中分类表class的结构兼容（最好是相同）。

（2）在查询分析器中编写下面的语句，将PRODUCTMANAGER库中分类表class的数据全部导入到p_bak的分类表class中：

```
--将PRODUCTMANAGER库中分类表class的数据全部导入到p_bak的分类表中
INSERT INTO p_bak.dbo.class
       SELECT c_name FROM PRODUCTMANAGER.dbo.class
```

注意到上面每个表的完整写法都是"数据库名.表的拥有者.表名"这样的格式。

执行后，效果如图5-7所示。

另外还有一种方法则是通过SELECT检索来实现批量将检索到的数据插入到另外一张新表中，下面的例题是将PRODUCTMANAGER库中分类表class的数据全部导入到p_bak的分类表class111中（注意在插入之前class111表

图5-7　将数据批量导入已经存在的另外一个数据库中的表

并不存在，是插入的时候自动新建的，后面的SELECT检索中会更详细地阐述这个问题），代码如下：

```
--将PRODUCTMANAGER库中分类表class的数据全部导入到p_bak库中，
--并在p_bak库中新建一张表class111来存放这些数据
SELECT c_name into p_bak.dbo.class111 FROM PRODUCTMANAGER.dbo.class
```

执行后，效果如图5-8所示。

小天：哦，我知道啦，这句话不要你给我解释语法了，老田，你看语法是不是这样的：

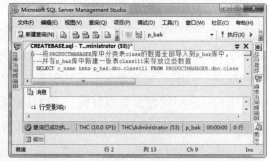

图 5-8　执行结果

```
SELECT 列列表 INTO 新表名 FROM 数据来源表
```

老田：小天你确实很聪明，一看就明白了。不过最后我要告诉你的一点是："请尽量不要这样导入数据，除非那是必须的。最好使用UTS或者BCP，这样你可以一举而兼得灵活性和速度。这种方式在存储过程、事务、触发器等中使用临时表的时候最常见，将数据插入临时表。比如下例我们将PRODUCTS表中的数据插入临时表#TAB中，并查询出来，代码如下：

```
USE PRODUCTMANAGER
GO
SELECT * INTO #TAB FROM PRODUCTS  --将PRODUCTS表中数据插入临时表#TAB中，并查询
                                  --出来
GO
SELECT * FROM #TAB     --检索临时表中的数据
```

执行后效果如图5-9所示。

小天：INSERT语句我觉得差不多了，但是检索都用了这么多次了，我还是有点迷糊，讲讲吧。

图 5-9　执行结果

5.3　检 索 数 据

小天：比如查询数据的时候我们总是一次把一张表中的全部数据行查询出来，这个有什么办法解决不？万一我只想插入一部分到指定的表中该怎么办？

老田：这个问题也是我接下来为你准备的一个重要知识点，根据WhERE条件检索数据。在讲WhERE子句之前先把检索数据的SELECT语句讲了，否则WHERE子句也不好讲。

5.3.1　选择数据列

要讲SELECT语句，肯定得从选择数据列开始。

小天：什么叫选择列啊？

老田：我们已经用过很多次了，但凡用SELECT语句的地方基本上都会用到，为什么这样说呢？你想，我们一般的检索语句是否总是在SELECT后面跟上一个"*"号或者一些列名，直接写上列名就叫选择列。不过使用选择列有几点需要注意的。

（1）列名应该与表中定义的列名一致。

（2）列名之间的顺序和表中定义的顺序可相同也可以不相同。

（3）无论怎么选择，SELECT语句都只会对检索结果有影响而不会对存储在表中的数据有任何影响。

（4）放弃使用"*"号，这点不太容易做到，我太了解了，因为我自己就经常这样干。但是，如果在SELECT中指定你所需要的列，那将会带来以下好处。

① 减少内存耗费和网络的带宽。

② 你可以得到更安全的设计。

③ 给查询优化器会从索引读取所有需要的列。

因为这个之前都用过很多次了，为了不浪费纸张，就不做实例了，如果还有不明白的就看下上一小节中批量插入数据的实例。

5.3.2　使用文字串

咱们直接看一个实例，SQL语句如下：

```
SELECT '当前产品名称是:',P_NAME ,'价格为:',P_PRICE FROM PRODUCTS
```

最终执行效果如图5-10所示。

小天：这个我看明白了，因为单独的数据看起来很不方便，于是在检索语句中使用了辅助说明的字符串，使最终结果看起来更友好。而字符串和列名一样直接写在SELECT后面，只是用单引号引起来了，不过我想到个问题，如果字符串中也要有单引号怎么办？我刚才试了下，多一个单引号会出错啊。

图 5-10　使用文字串

老田：多一个单引号不行就挨着单引号再打一个单引号，还是不行就再来一个。比如下面这句：

```
--字符串中包含单引号
SELECT '当前产品名称是:',P_NAME ,'''价格为:''',P_PRICE FROM PRODUCTS
--字符串中包含双引号
SELECT '当前产品名称是:',P_NAME ,'"价格为:"',P_PRICE FROM PRODUCTS
```

5.3.3　改变列标题

小天：我觉得使用字符串的目的就是为了让用户看起来更友好，有没有什么办法再进一步友好点？比如把结果集上的标题给修改一下？

老田：不就是改变列标题嘛，还绕什么弯子。不但有办法而且有几种方式。下面我们在一个实例中都展示出来。代码如下：

```
SELECT p_name   as '产品名'   --使用AS
   ,  '价格' = p_price      --使用=
   ,   p_storage '库存'      --使用空格
FROM products
```

执行效果如图5-11所示。

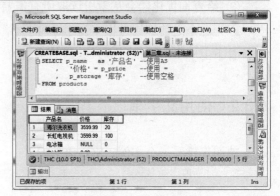

图 5-11　改变列标题

5.3.4　数据运算

小天：如图5-11所示实例这样，如果能够在最后再加一个列，计算并显示出成本就好了。

老田：这也是可以实现的，在SELECT关键字后面可以对列使用大部分的数学函数、字符串函数、日期和时间函数、系统函数和算术运算符。

算术运算符可直接作用与列，前提是这些列的数据类型是可以进行算术运算的。下面这个实例就满足你说的在后面增加一个计算单价*库存的总价列，执行以下Transact-SQL语句：

```
SELECT p_name   as '产品名'
    , '价格' = p_price
    , p_storage '库存'
    , p_price * p_storage AS '总售价'  --新增一个使用算术运算符的列
FROM products
```

执行后效果如图5-12所示。

图 5-12　使用算术运算符在结果集中增加一个虚拟列

接着再看一个在SELECT语句中使用函数的实例，这里我们使用日期函数DATADIFF计算产品被生产出来的天数。

```
SELECT p_name   as '产品名'
    , '价格' = p_price
    , p_storage '库存'
    , CAST(p_date AS date)
    , DATEDIFF(day,p_date,getdate()) AS '已经出生天数'
FROM products
```

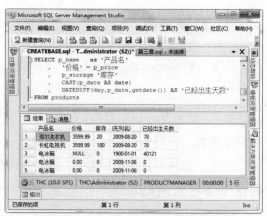

执行后效果如图5-13所示。

小天：咦？第三行咋是40121天？

图 5-13　在 SELECT 中使用函数

老田：这个有什么奇怪的，你将p_date查询出来看一下不就知道了。另外你可以尝试使用其他函数试试。比如最常用的聚合函数，这个在后一章会详细讲解，下面我仅仅列出几种常见的函数。

```
--统计一共有多少行数据
select count(*) from products


--计算全部库存的合计数量
select sum(p_storage)*50 from products


--查询最便宜的商品
select min(p_price) from products


--查询最贵的商品
select max(p_price) from products


--查询所有商品的平均价格
select avg(p_price) from products


--对函数使用计算表达式，计算每种商品价格乘以库存量的平均值
select avg(p_price*p_storage) from products
```

5.3.5　使用 ALL 与 DISTINCT 关键字

小天：确实很不错，不过有重复的项，你看第4和第5两行数据是重复的。有什么办

法可以去除重复吗？

　　老田：可以使用ALL和DISTINCT
关键字，它们的作用是指示是否剔除行
集或者值列表中的重复值。ALL的意思
当然就是全部显示了，而在SELECT语
句中默认就是ALL，所以如果没有指
定，就会显示全部。而如果使用了
DISTINCT关键字，则会将重复的行只
显示一次。

　　首先看看表中的全部数据，如图
5-14所示。

　　接下来使用DISTINCT关键字，如
图5-15所示。

图 5-14　使用 ALL 关键字

图 5-15　使用 DISTINCT 去除重复行

　　小天：我这里多显示一行ID，就还
是重复了，你看图5-16所示。

　　老田：剔除重复的行，明白这个意
思吧，你的显示了ID这列，这列里面的
值是主键约束了的，一个4、一个5。注
意看图中红色框中的值。

　　小天：明白了，使用DISTINCT关
键字只是针对结果集中所有列都重复
的行，对吧？

图 5-16　使用了 DISTINCT 还是重复了

5.3.6　使用 TOP 关键字

小天：我想到了另外一个问题，我们这次练习用的数据库只有十几行数据，每次都全部查询出来，也没有关系，但是将来正式项目中的表肯定不只这么点数据，万一是数十万条数据，也要一次查询出来吗？

老田：可以使用TOP关键字来解决问题，比如只取前面的10条数据就写TOP（10），事实上，TOP后面的数字也可以不用括号，加个括号完全是为了增加代码的可读性。例如，只要5条就写TOP 5。顺便要说的是，如果这句有DISTINCT关键字，TOP（n）的顺序应该在DISTINCT之后，否则语法错误。光说不练没用，看下面的实例，如图5-17所示。

图 5-17　使用 TOP 关键字

小天：这个不错，用处肯定很多，也是最主流的用法，但还不是我想要的效果，我想要按照表中总行数的百分比显示。

老田：这个需求果然很古怪，要不是以前做报表的时候遇到过，我还真回答不了。其实很简单，只要加上关键字PERCENT，例如 TOP（5）PERCENT，还是看个图，如图5-18所示。

图 5-18　使用 TOP（n）PERCENT

图5-18中显示了8条数据，是因为表中总共15条数据，15的50%本来应该是7.5，约合起来就是8条了，因为总不至于显示7条数据，外带半条吧，呵呵！

小天：我不明白，为什么我按照你上面一样的写法没有问题，只加了一个DISTINCT关键字，却显示6条数据，按理说应该显示7条才对，因为所有数据中重复的只有名字叫"电冰箱"的那两行，如图5-19所示。

老田：这个问题其实很好解释，先看看全部的数据你就明白了，如图5-20所示。

图 5-19　使用 DISTINCT 关键字

图 5-20　重复的行

在15条数据中，有三对重复的，15－3=12条不重复的数据了，12的50%，当然就是6了。

小天：我的天啊，这个也太考眼力了。如果有什么办法可以把重复的行都排序到一起就好了，这样一眼就可以看出哪些重复了。

5.3.7　排序

老田：不就是排序嘛，简单得很，执行如下SQL语句：

```
SELECT  top(100)PERCENT ID, P_NAME as '产品名'
   ,   '价格' = p_price
FROM products order by P_NAME
```

执行后效果如图5-21所示。

上例中，我们对查询结果按照P_NAME列进行排序，结果相同的列自然就全部都挨在一起了。在SQL语句中可以看到，在检索语句的最后加上一个ORDER BY +排序列名即可 。而排序的规则也可以看出来，是按照26个拼音字母的A～Z顺序进行排序的。

小天：排序只能按照这样的方式吗？可以反过来吗，由Z～A行吗？

老田：当然可以，排序有两种方式，即升序（用ASC表示）和降序（用DESC表示），默认是升序。就上面的实例，如果希望是降序的话，将SQL语句改为如下：

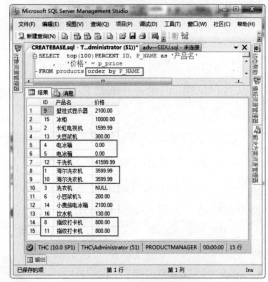

图 5-21　按 P_NAME 列排序

```
SELECT  top(100)PERCENT ID, P_NAME as '产品名'
   , '价格' = p_price
FROM products order by P_NAME DESC
```

小天：我尝试练习了下，不错，不过还是觉得这个ORDER BY 不够强。我理想的是：

（1）可以对任意数据类型排序。

（2）排序是否可以用没有在结果集中显示的列？

（3）可以多条件排序，比如上例中有重复的行，这个时候我就要求先按照商品名字排序，接着按照价格再排序。

（4）如果是遇到TOP关键字了，这个时候这个排序到底是针对表中的数据进行排序呢，还是针对查询出来的结果集进行排序？

老田：第一个问题，可用的排序类型。

事实上我们常需要排序的列的数据类型大多是数字、字符、日期这三种，对于这三种数据类型来说，仅字符是根据字母排序，这个在上例中已经演示了，汉字是用第一个字拼音的第一个字母作为排序条件，而日期和数字就不用解释了。至于其他类型，大多是可以的，只不过倒没有去总结过。

第二个问题，是否可以包含未检索的字段？

ORDER BY 子句可包含未显示在选择列表中的项。但是，如果已指定了 SELECT DISTINCT 或该语句包含 GROUP BY 子句，或者 SELECT 语句包含 UNION 运算符，则排序列必须显示在选择列表中。如图5-22所示，使用DISTINCT关键字，而且只查询了商品名和价格，但是排序的时候使用的是库存列。

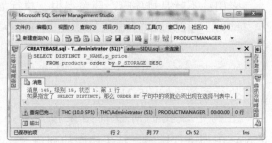

图 5-22　使用 DISTINCT 关键字，排序表达式用了未检索的列的错误

第三个问题，是否可以多字段为排序条件？

可以的，而且还可以第一个排序条件为降序，第二个排序条件为升序，例如我们检索商品表，而排序采用的第一条件对商品名降序，第二条件是对价格升序，还有第三条件是跟价格一样升序。具体SQL语句如下：

```
select ID,P_NAME,P_PRICE,P_STORAGE
from products
ORDER BY P_NAME DESC,P_PRICE,P_STORAGE ASC
```

上面SQL语句中需要提醒注意的是，比如第二个排序条件"P_PRICE,P_STORAGE ASC"，这里两个列的顺序就注定了它们排序的优先顺序。

第四个问题，和TOP关键字并用的问题。

首先看个实例，除排序规则外完全相同的两句SQL语句，语句如下：

```
select top(5) ID,P_NAME,P_PRICE,P_STORAGE
from products
ORDER BY ID DESC
--上面是降序，下面是升序，注意看结果集效果
select top(5) ID,P_NAME,P_PRICE,P_STORAGE
from products
ORDER BY ID ASC
```

执行后效果如图5-23所示。

事实上，在只用了TOP关键字的SELECT语句中，系统只是随机地返回指定的n条数据出来。而如果同时指定了ORDER BY子句，则可规定到底是从记录的最开始向后n条数据还是从最末尾向前n条数据。

基本上常用的都讲了，最后应该补充点注意事项。

图 5-23　排序规则不同的两种结果

- 空值被视为最低的可能值。
- 对 ORDER BY子句中的项目数没有限制。但是，排序操作所需的中间工作表的行大小限制为 8 060 个字节。这限制了在ORDER BY子句中指定的列的总大小。
- 在与 SELECT…INTO语句一起使用以从另一来源插入行时，ORDER BY子句不能保证按指定的顺序插入这些行。
- ntext、text、image或xml列不能用于ORDER BY子句。
- 当 SELECT语句包含UNION运算符时，列名或列的别名必须是在第一选择列表内指定的列名或列的别名。
- 除非同时指定了TOP，否则ORDER BY子句在视图、内联函数、派生表和子查询中无效。在视图、内联函数、派生表或子查询的定义中使用ORDER BY时，子句只用于确定TOP子句返回的行。ORDER BY不保证在查询这些构造时得到有序结果，除非在查询本身中也指定了ORDER BY。

这些注意事项因为目前还有很多知识没有学习，无法给予演示，希望在后面的学习中遇到问题随时回来查阅。

5.4 WHERE 子句

上面我们做的实例中数据都是一次性无条件地全部检索出来，最多就是TOP下。但这有个问题，如果表中的数据是百万、千万条该怎么办？很明显不可能全部检索出来，那么就需要有一个搜索条件，只检索满足条件的数据行。这就要用到WHERE子句，它的作用是指定搜索条件。而条件分为简单条件、模糊搜索条件和复合条件三种。

5.4.1 简单条件查询

小天：简单条件是指使用简单的比较运算符吗？

老田：不只这些，还包括范围、列表、字符串匹配、合并以及取反等运算方式形成的搜索条件。当然比较运算符是WHERE子句中最常用的。关于全部的运算符在本书第3章讲解，运算符小节中已经详细讲解了，这里就不再赘述。直接来看个实例，如下，搜索所有库存数量大于20的电器，如图5-24所示。

图 5-24 检索所有库存数量大于 20 的商品

小天：看明白了，就是在单纯的SELECT语句后面加上WHERE关键字，再在WHERE后面写上比较表达式，只要满足这个比较表达式中的条件就是符合的数据，便可以显示出来，对吧？

老田：前面说了，不只是比较，还包括范围、列表、字符串匹配、合并以及取反等运算方式形成的搜索条件。只要是满足这些搜索条件的都可以显示出来。

5.4.2 模糊查询

小天：你看百度和谷歌的搜索，很多时候我们写出的搜索条件字符串都不是准确的，但是还是能够搜索出东西。这个我们可以实现吗？

老田：既然你都问出来了，肯定能够实现，可以在WHERE子句中使用LIKE关键字，它主要用于检索与特定字符串匹配的数据。例如下面SQL语句：

```
SELECT * FROM PRODUCTS WHERE P_NAME LIKE '%电%'
SELECT * FROM PRODUCTS WHERE P_NAME LIKE '电%'
SELECT * FROM PRODUCTS WHERE P_NAME NOT LIKE '_电'
```

　　小天：LIKE关键字后面的那些符号是干什么的？单引号我知道是把值引起来，但是百分号和下划线是干什么的呢？

　　老田：这些符号叫通配符，所有的通配符和要搜索的值一样，都必须被单引号引起来。下表中描述了全部的通配符。

通 配 符	说 明	示 例
%	包含零个或多个字符的任意字符串	WHERE title LIKE '%computer%'：查找在书名中任意位置包含单词 "computer" 的所有书名
_（下划线）	任何单个字符	WHERE au_fname LIKE '_ean'：查找以 ean 结尾的所有 4 个字母的名字（Dean、Sean 等）
[ ]	指定范围 ([a-f]) 或集合 ([abcdef]) 中的任何单个字符	WHERE au_lname LIKE '[C-P]arsen'：查找以 arsen 结尾并且以介于 C 与 P 之间的任何单个字符开始的作者姓氏，例如 Carsen、Larsen、Karsen 等。在范围搜索中，范围包含的字符可能因排序规则而异
[^]	不属于指定范围 ([^a-f]) 或集合 ([^abcdef]) 的任何单个字符	WHERE au_lname LIKE 'de[^l]%'：查找以 de 开始并且其后的字母不为 l 的所有作者的姓氏

　　小天：哎呀，我这里表中数据不多，用你的表做个实例看下嘛。

　　老田：没有那么多数据你自己用INSERT语句添加嘛，我的表里面现在有20多行数据还不是自己添加的啊。如下搜索商品名字中任意位置包含"机"的数据行，结果如图5-25所示。

　　小天：我忽然想到个问题，如果我们搜索的字符串中就有%或者你上面表中指定的任意一种通配符这样的字符呢？

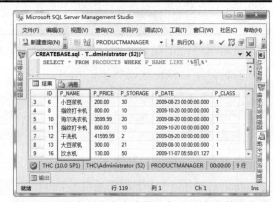

图 5-25　搜索所有名字中带"机"这个字符的产品

比如图5-25中要搜索的关键字为"%机"或者"_机"。

　　老田：这就需要使用转义符了，但转义符需要ESCAPE子句来指定，具体如下例，假设搜索的关键字为"机%"，我们使用ESCAPE子句声明一个转义符"@"，这样系统在解释这句话的时候，会把后面的条件解释为P_NAME中任意位置包含"机%"，换句话说，系统认为紧跟着转义符的那一个符号不再是通配符。

```
SELECT * FROM PRODUCTS WHERE P_NAME LIKE '%机@%%' ESCAPE'@'
```

5.4.3 复合条件查询

上面这些我都练习了，也基本上都懂了，不过我觉得这个功能不强，因为一次就只能一个条件，都不能搞点什么"和"、"或"这样的条件。

老田：谁说不行了，看下面的示例：

```
SELECT BName FROM Book WHERE BGroup=1 AND PDiscount<9
SELECT BName FROM Book WHERE BGroup=1 OR BGroup=2
```

在查询条件中多个条件之间可以使用以下逻辑运算符连接。AND和OR我就不做实例了，自己练习吧。

下表三个运算符的优先级为从上至下。

运 算 符	含 义
NOT（非）	如果原来条件返回 TRUE，在其之前使用 NOT 之后则返回 FALSE。如果原来条件返回 FALSE，在其之前使用 NOT 之后则返回 TRUE
AND（与）	AND 运算符可以连接两个或两个以上的条件，只有当 AND 连接的条件都为 TRUE（真）时，AND 返回的结果才是 TRUE。如果其中有一个条件为 FALSE，AND 返回的值就是 FALSE
OR（或）	OR 运算符连接的条件中只要有一个条件为 TRUE 时，OR 返回的结果就是 TRUE。当然两个条件均为 TRUE 时，OR 返回的结果当然是 TRUE

最后再做一个综合实例，条件有点绕，认真读一下，其中也加入了括号，建议你自己跟着练习下，SQL代码如下：

```
SELECT * FROM PRODUCTS
    WHERE (P_PRICE>200 OR P_STORAGE<10)
    AND (P_NAME NOT LIKE '%电%' OR P_DATE>'2009-09-20')
```

执行后效果如图5-26所示。

小天：对了，把WHERE条件和前面学的函数结合起来好用不？比如我要获取库存大于50的商品共有多少种，咋办？

老田：这个还不简单，执行以下Transact-SQL语句：

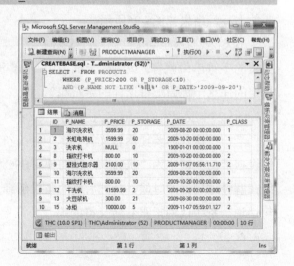

图 5-26 使用复合条件查询

```
select count(*) from products where P_STORAGE>50
```

记住哦，我们前面所学的东西都是可以整合起来的。要自己多去尝试，别老是想想就算了，学习的时候就是看谁勤快，谁爱动脑然后赶紧动手，否则你学的速度就会比别人慢。如果你很懒，只喜欢按照我讲的例子去照抄一次，甚至只是看懂就觉得行了。作为过来人，我就劝你一句话："赶紧别学了，因为你肯定学不出来的，赶紧别浪费时间了，去做点你更喜欢的事情吧。"

5.4.4　使用 IN 子句

小天：说真的，我觉得这些东西太简单了，不过WHERE子句也真强大，只靠多增加几个逻辑判断，然后用AND、OR这些多组合下就可以了。

老田：真的很强？我现在跟你说个事情，你就很难办到，我要求在1万条数据中，断断续续地选择一些数据出来。为了降低难度，条件就是这些数据的主键ID都是自增的数字，比如（1，2，4，6，8，200，500，800，3000，5000），请问你要怎么写呢？好好思考下。我建议你按照自己的理解做一次，比如我们实例中的表里面有条数据，现在我假设只抽取1，2，4，5，7，9，12这几条数据。接下来按照已学的先来做一些假设。

用OR来组合，SQL语句如下：

```
SELECT * FROM PRODUCTS
    WHERE ID=1 OR ID=2 OR ID=4 ......
```

测试一下，还真行，不知道还有没用其他更好的办法呢？因为这样做，要抽取的数据少倒还无所谓，要是多了咋办？何况OR 作为逻辑判断，也很耗费系统资源啊。

于是我们想到一个本来打算在高级查询中才讲的知识，IN和NOT IN，用到确定指定的值是否与子查询或列表中的值相匹配。返回值为布尔类型。语法如下（这次弄个正规的语法解释）：

```
test_expression [ NOT ] IN
    ( subquery | expression [ ,...n ]
    )
```

参数解释如下。

test_expression：任何有效的表达式。

Subquery：包含某列结果集的子查询。该列必须与test_expression具有相同的数据类型。

expression[,... n]：一个表达式列表，用来测试是否匹配。所有的表达式必须与test_expression 具有相同的类型。

结果值：如果test_expression的值与subquery所返回的任何值相等，或与逗号分隔的列表中的任何expression 相等，则结果值为TRUE；否则，结果值为FALSE。

使用NOT IN对subquery值或expression求反。

从上面的语法解释来看，IN关键字是可以包含一个子查询的，子查询后面会详细讲解，这里简单提一下，子查询就是在一个查询语句中包含另外一个查询语句，这个被包含的SQL查询语句就叫子查询。

小天：test_expression这个解释也太NB了吧，什么叫任何有效的表达式啊，我看不懂，你还是来个痛快的吧。

老田：不就是要个实例嘛，说得跟什么似的，我们还是来解决上面说到的那个问题。看以下SQL语句和上面使用OR的结果有什么不同。

```
SELECT * FROM PRODUCTS
    WHERE ID in(1,2,4,6,8,9,10)
```

这里用子查询是什么意思呢？虽然以后会详细讲，但这里还是给个提示，这里用子查询其实就是查询出上面in后面括号里面的值列表。例如在上面的SQL语句中的in(1,2,4,6,8,9,10)，里面数字列表可以通过另外一个SELECT语句查询出来。

当然ONT IN 就和IN完全相反了，比如下面的SQL语句，只是将上面这条SQL语句中的IN改成了NOT IN，但是结果集的数据就完全相反了。

```
SELECT * FROM PRODUCTS
    WHERE ID not in(1,2,4,6,8,9,10)
```

图5-27中是上面两句SQL语句分别查询的结果集。

	ID	P_NAME	P_PRICE	P_STORAGE	P_DATE	P_CLASS
1	1	海尔洗衣机	3599.99	20	2009-08-20 00:00:00.000	1
2	2	长虹电视机	1599.99	60	2009-10-20 00:00:00.000	1
3	4	电冰箱	0.00	20	2009-11-06 18:01:27.350	1
4	6	小豆浆机%	200.00	30	2009-08-23 00:00:00.000	1
5	8	指纹打卡机	800.00	10	2009-10-20 00:00:00.000	2
6	9	壁挂式显示器	2100.00	10	2009-11-07 05:56:11.710	2
7	10	海尔洗衣机	3599.99	20	2009-08-20 00:00:00.000	1

	ID	P_NAME	P_PRICE	P_STORAGE	P_DATE	P_CLASS
1	3	洗衣机	NULL	0	1900-01-01 00:00:00.000	1
2	5	电冰箱	0.00	20	2009-11-06 18:01:27.350	1
3	11	指纹打卡机	800.00	10	2009-10-20 00:00:00.000	2
4	12	干洗机	41599.99	2	2009-08-30 00:00:00.000	1
5	13	大豆浆机	300.00	21	2009-08-30 00:00:00.000	1
6	14	小贵族电冰箱	2100.00	80	1900-01-01 00:00:00.000	1
7	15	冰柜	10000.00	5	2009-11-07 05:59:01.127	1
8	16	饮水机	130.00	50	2009-11-07 05:59:01.127	1

图 5-27　使用 IN 和 NOT IN 的结果集

5.4.5　使用 BETWEEN 子句

下面再讲一个用来指定测试范围的子句：BETWEEN和NOT BETWEEN ，例如指定查询ID为5～10的数据行，或者指定ID不在5～10范围的。

废话不说，来看效果，执行以下SQL语句：

```
SELECT * FROM PRODUCTS
    WHERE ID BETWEEN 5 AND 10
```

执行后效果如图5-28所示。

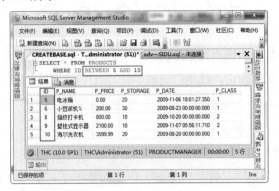

图 5-28　使用 BETWEEN 子句指定范围

想想若实现这个效果还有什么办法？是不是执行以下SQL语句也可以完成呢？

```
SELECT * FROM PRODUCTS
    WHERE ID>=5 and ID<=10
```

下面再看一个NOT BETWEEN的用法，SQL语句如下：

```
SELECT * FROM PRODUCTS
    WHERE ID NOT BETWEEN 5 AND 10
```

需要注意的是，从上面替代方案中可以看出，使用BETWEEN相当于使用大于等于和小于等于，所以是包含了AND关键字两边的字符范围的。另外，如果任何BETWEEN或NOT BETWEEN谓词的输入为NULL，则结果为UNKNOWN。

5.4.6　空值与非空值

老田：在WHERE子句的最后一节，我们来看下如何处理空值的问题。空值是什么？

小天：不就是NULL值呗。对哦，有什么办法可以查询表中某一个列中全部是NULL值的行？

老田：使用"列名IS NULL"可以得到指定列中值为NULL的全部数据行，而对应地使用"列名IS NOT NULL"则可以得到该列中数据不为NULL的全部数据行。

还是分别写出一句实例，如下：

```
SELECT * FROM PRODUCTS
    WHERE P_PRICE IS NULL
--使用NOT NULL
SELECT * FROM PRODUCTS
    WHERE P_PRICE IS NOT NULL
```

5.5 修改语句

老田：现在添加数据和修改数据都已经讲了，数据库也有可以使用的数据了，现在就开始使用UPDATE语句修改它，等我们玩腻了就可以使用DELETE语句删除这些数据了。

使用UPDATE语句可以更新一行数据，也可以更新多行，甚至是更新整张表中所有数据。

小天，你在干吗？

小天：我在更新数据啊，有什么不对，你上面才说了，学习是自己的事情，要多动脑子多动手嘛。

老田：不是我不准你乱动，你看你写成这样就要执行了，我能让你把它执行了吗，你这样执行后面就不好玩了，你看你咋写的啊：

```
UPDATE PRODUCTS SET P_NAME='小天才学习机'
```

你这样执行的后果知道是什么吗？其实也没有什么（我用备份的那个表来演示下），来看下，如图5-29所示。

执行完后再查询下来看结果，如图5-30所示。

小天：哦耶，真恐怖。原来如果没有任何条件地直接更新就是更新整个表啊。

老田：是的，所以一般更新和删除的时候我们都针对一条具体的数据或者其中的几行，基本上不会出现这种一次更改全表记录的情况，但是这点SQL Server确实没有做好，让很多初学者和粗心的程序员吃尽了苦头。

还记得我们之前一直强调主键的作用吗？主键的最大用处就在于检索、修

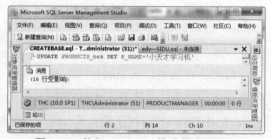

图 5-29　执行 UPDATE 修改整表的数据

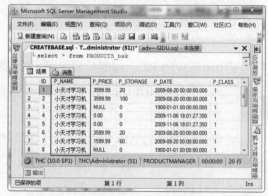

图 5-30　执行结果

改和删除的时候能够准确地针对某一条数据，而不会造成大面积杀伤的事。例如修改ID为5的数据行的**P_NAME**属性为山寨电冰箱，SQL语句如下：

```
UPDATE PRODUCTS SET P_NAME='山寨电冰箱'
    WHERE ID=5
```

小天：在更新语句中可以像检索的时候一样使用运算符和函数吗？

老田：可以的，比如我们对商品表中所有的产品都降价20%，SQL语句如下：

```
UPDATE PRODUCTS SET P_PRICE=P_PRICE*0.8
```

图5-31中，我们在更改前、后分别查看数据。

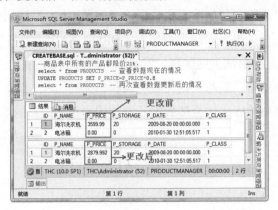

图 5-31　更改前、后查看数据

再或者修改商品表中所有P_CLASS值为1 的数据行，SQL语句如下：

```
UPDATE PRODUCTS SET P_CLASS=2
    WHERE P_CLASS=1
```

5.6　删　除　语　句

小天：好了，现在这些数据都玩得差不多了，可以随意删除了。删除用什么呢？

老田：在删除之前我们需要明白的是，删除的语法和UPDATE不同，但是，范围杀伤力可是不相上下，甚至更强。

删除和更新一样，如果不指定WHERE条件则删除表中所有的数据，如果指定了WHERE条件，那么删除的就只是符合条件的数据行，无论有多少行数据，只要符合条件，一律删除。所以在删除的时候一定要好好检查你设置的WHERE条件，否则会死得很惨。

删除的语法如下：

```
DELETE FROM 表名 WHERE 条件
```

例如，要删除ID为2的数据行，执行如下SQL语句：

```
DELETE FROM PRODUCTS WHERE ID=2
```

删除表中全部数据还有另外一种方法，即使用TRUNCATE TABLE，删除表中的所有行，而不记录单个行的删除操作。TRUNCATE TABLE 与没有 WHERE 子句的DELETE 语句类似；但是，TRUNCATE TABLE 速度更快，使用的系统资源和事务日志资源更少。

例如，要删除PRODUCTS表中的全部数据，以下两句都可以实现：

```
TRUNCATE TABLE PRODUCTS --不记录，无法恢复，但是因为不记录，所以速度很快
DELETE FROM PRODUCTS    --将被删除的数据记录到日志中，还可以恢复
```

最后我们来探讨删除表和删除表中数据这个问题。上一章讲到的那个故事，你应该还有印象。记住一点，如果是删除表则使用"DROP TABLE表名"，如果删除数据则是"DELETE表"，这是语法上的区别。但实际上的区别是，首先会将这个表中的数据全部删除掉，但不同的是，删除表则连表结构和相关的约束、键、触发器等都删除了，但是删除数据就只是删除表中的全部数据，表结构和相关的那些东西都还在。

本 章 小 结

本章详细讲解了对表中数据的查、增、删、改操作，在插入语句中讲解了单行插入和几种批量插入的方式，同时在插入语句的实例中引入最简单的查询语句。

第二部分查询语句中，我们对于使用文字串和几种修改列标题的方法等做了进一步的讲解。

第三部分，针对WHERE子句的各种筛选条件配合，各种比较运算符的使用等做了详细介绍。

第四和第五部分则主要针对数据的修改和删除中的陷阱做了详细解释。

问 题

1. 可以在SELECT语句中创建表吗？

2. 批量插入数据有哪些必须注意的点？

3. 在SELECT中使用函数将查询出的日期显示为2009-11-6这种样式。

4. 如何做模糊查询？

5. 对数字数据类型和日期数据类型如何做模糊查询？

6. 第4题的问法是否有问题，是什么问题？

7. 删除表和清空表的SQL语句分别如何写？

8. 怎么写一条SQL语句的WHERE部分才可以更新整张表的某一个字段值？

9. 第7题的问法是否存在问题？如果有，是什么问题？

第 6 章　高级检索技术

学习时间：第九、十、十一天	地点：小天办公室	人物：老田、小天

本章要点

- 聚合技术：检索子句中的聚合，COMPUTE 子句

- 分组数据：普通分组，HAVING 子句

- ROLLUP、CUBE 的用法

- UNION 运算符：整合多个结果集

- 连接技术：内连接、外连接、交叉连接

- 子查询技术

本章学习线路

由于第5章讲述的WHERE查询语句不能满足某些特殊的要求，所以本章以此为基点引入了聚合函数和分组技术。然后为了满足在一个结果集中显示多张表的数据，从而引入连接查询和子查询等知识。最后从一个安全的问题去讲解如何加密表中的数据。

知识回顾

老田：小天，昨天学习使用Transact-SQL语句对表中的数据进行SIDU（SELECT、INSERT、DELETE、UPDATE）操作，你还记得多少啊？

小天：老田，对于Transact-SQL语句，我昨天可是练习很久了，特别是对WHERE子句的条件组合，排序等都做了重点的练习，毕竟Transact-SQL语句可是查询、修改、删除数据都要使用的，所以你可考不倒我的。

老田：不过，那你对昨天的学习有什么感受啊？

小田：嗯，让我想想。虽然昨天重点学习对表中数据的操作，但是还复习了数据库和表的建立，更重要的是对表间关系和SQL数据类型的理解进一步加深了。对了，还有数据的批量插入，我想这个功能在以后对于数据备份，程序性能等方面都会有很好的帮助，到时候一定可以做得比你还好，嘿嘿。

准备工作

本章我们不再沿用前三章建立的数据库，而是另外建立一个由众多表所组成的数据库，作为本书后面十多章的练习用数据库。具体看下面使用PowerDesigner 12绘制的物理数据模型图，如图6-1所示。

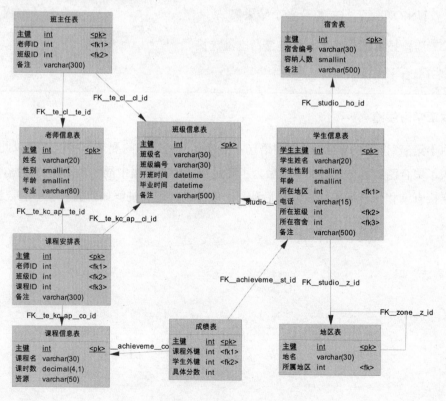

图 6-1　本章练习用数据库物理数据模型图

小天：老田，这里有好多的表啊！我都快晕了，这个表怎么看？还有建立表该如何入手啊？

老田：小天，学习是要有耐心的，还记得本书第二阶段第一章中我们是如何分析需求，找出对象，建立E-R图，最后绘制出概念数据模型，并由概念数据模型而生成上面看得见的物理数据模型的嘛！

给点提示，对图6-1中的数据类型做个解释：smallint = tinyint，至于图中的varchar类型，你看着办是否要改成nvarchar类型，我不做建议。而主外键关系就要你自己好好甄别下了，其实我更希望是你自己看上面的图，然后根据这个图按E-R模型自己画，然后去网上下载一个PowerDesigner 12安装好来画概念数据模型。算了，如果你实在愿意冒着被我BS的风险也要偷懒，可以参考本书下载文件包；甚至你可以去直接附加我给的数据库，不过做人不能这么过份。

小天：好啦，我自己把数据库建立好了，测试数据也插进去了，接下来怎么做？

老田：不是使用SQL Server Management Studio的视图状态建立的吧？现在还属于打基础的时候，一定要多写代码，否则越学到后面会因为基础功不扎实而增加难度的哦。对于上面的这个物理数据模型我还是再大概地说一下该如何去看，如何自己画出来。

从图6-1中看得出来，这是一个学生信息管理系统，且不说图中有哪些实体，就我们自己来分析也至少包含一些。

- 首先肯定有学生实体（表）；
- 有学生是否就应该有课程信息呢？既然是学生就得有课上，对吧？
- 既然有学生，有课程，那么成绩是否也应该有呢？
- 既然有学生，那么是否应该也有班级呢？
- 既然有班级，是否还应该有班主任呢？
- 既然有课程，有班级，那么是否应该有对应的老师专门负责指定的课程呢？
- 既然班主任是老师，上课的也是老师，那么老师这张表是否可以独立成个教师实体（表）呢？
- 有学生，是否学生还要住宿舍呢？
- 有学生，有老师，是否还应该有地区表呢？

我就简单分析这么多，其实一个完善的学生管理系统至少应该包含数十张表，这里我们只是简单地分析下。至于你还要完善哪些，表之间的关系又该如何，这就要考验你的学习能力了。这是每一个想要独立做项目的程序员都必须面临的问题，所以请认真对待。

小天：知道啦，我全是手写的SQL脚本，快点进入主题吧，聚合函数是什么？聚合又是什么？

6.1 聚 合 技 术

聚合技术，顾名思义就是对一组数据进行聚合运算而得到聚合值的一种技术，最主要的方法则是采用聚合函数。一般主要在三个子句中使用聚合函数，这三个子句是SELECT子句、COMPUTE子句和HAVING子句。

小天："少理论，快实例"，这样我可以好好思考一下，然后提出问题你再回答我。

6.1.1 SELECT 子句中的聚合

老田：好吧，来看一个在SELECT子句中使用聚合的实例。首先在SQL Server Management Studio中新建查询，然后选中刚才建立的Stu_test数据库，运行带有聚合函数的SQL语句，请参考图6-2。

小天：效果不错哦，而且这些函数好像在第2章提到过，不过只有这么多函数吗？

图 6-2 使用聚合函数

老田：当然不是了，其他的用法都差不多，你可以在SQL Server2008附带的《SQL Server联机丛书》的"MDX函数参考"一章中找到全部的函数说明和示例，这里就不再赘述了。

小提示：打开"SQL Server联机丛书"的常用方法有两种。

（1）选择"开始"→"程序"→Microsoft SQL Server 2008→"文档和教程"→"SQL Server联机丛书"命令。

（2）进入SQL Server Management Studio环境，直接按F1键。

小天：老田，在图6-2这个例题里面，第一行代码使用的COUNTT(*)，这个"*"代表什么意思啊？

老田：COUNT函数是统计指定集合中对象的数量，干脆我们看一个专门展示COUNT函数的例题吧，如图6-3所示。

小天：哦，我看出来了，因为最后一行数据的cl_id是NULL，所以统计会认为它没有。同样的道理，如果是统计COUNT(ho_id)也应该是9，如果COUNT(st_id)，结果就应该是10，明白了。那么如果是SUM和AVG是不是也可以使用"*"啊？还有，如果它们所统计的列也有一个NULL值该怎么处理啊？

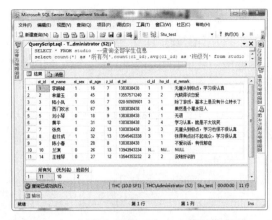

图 6-3　对聚合函数 COUNT()使用指定列

老田：既然都提出问题了，那么为什么不尝试一下呢？学习可是一个思考+尝试+举一反三的过程哦！

6.1.2　COMPUTE 子句中的聚合

小天：搞定。不过，老田，我觉得这个虽然好，但还是有点不满意，现在要么只能看到详细列表，要么只能看见统计，我尝试了输入下面的代码：

```
select st_name,AVG(st_age) from studio where cl_id=3
```

但是程序报出错误了，有什么办法只执行一条SQL语句就得到这两种查询结果呢？

老田：哦，你是希望将原始的详细列表和统计一起显示出来，对吧？我们一起来将你上面的SQL语句作如下修改：

```
select st_name,st_age from studio
where cl_id=3
compute avg(st_age)
```

执行后效果如图6-4所示。

不过在使用COMPUTE子句的时候需要注意以下两点。

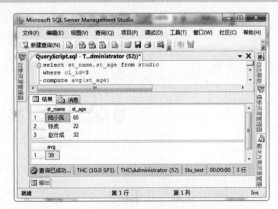

- 当包含COMPUTE的语句在生成表时，这些表的汇总结果不存储在数据库中，所以在SELEC TINTO语句中不能使用COMPUTE子句。因而，任何由COMPUTE生成的计算结果都不会出现在使用SELECT INTO语句创建的新表内。

图 6-4　在 COMPUTE 子句中使用 WHERE 条件子句

- 当SELECT语句是DECLARE CURSOR（定义游标）语句的一部分时，不能使用COMPUTE子句。

小天：我明白了，看起来这个COMPUTE子语句是将生成的合计作为附加的汇总列在结果集的最后面。

老田：是的，下面再看一个带BY的COMPUTE子句的实例。下面实例以班级为分组条件来统计每个班级中学员的平均年龄。而结果集的显示顺序按照班级编号从小到大排列。SQL语句如下：

```
/*第四个例题*/
select st_name,st_age,cl_id from studio
 order by cl_id
compute avg(st_age) by cl_id
```

最终效果如图6-5所示。

小天：我看出来了，这个例题在COMPUTE后面加了一个BY，它就按照这个BY来进行分组显示和计算了，对吧？可是为什么在SELECT后面又多了一个ORDER BY 呢？

老田：挺细心的嘛，这个正是我要告诉你的。当与BY一起使用时，COMPUTE子句在结果集内生成控制中断（组）和小计，如图6-5中看到的，我们根据cl_id进行ORDER BY，那么它就按照 cl_id 的值进行分组汇总了。

图6-5 COMPUTE BY 子句实例

小天：好啦，不过我觉得还是不好，这种方式统计出来的值都是在另外一个结果集中，看起来不舒服，要是能够分组并统计，而统计的值也在同一个结果集中，那就完美了。

6.2 分 组 数 据

我们下面要用到的GROUP BY子句做的分组数据或许能够满足你，GROUP BY的主要作用就是将查询结果按指定的某一列或者几列进行分类统计，将不同的列值放到不同的组中。

6.2.1　普通分组

老田：好，那么我们来看一个例题，看是否是你想要的效果。我们按照班级为条件统计每个班级中的人数总数，如图6-6所示。

小天：咦，这个图中的结果是显示每一个班级的人数统计，对吧？这个太简单，我懂了。看我刚才做的这个统计每个宿舍里面所有人平均年龄的实例，同时我还把排序也加进去了哦，具体代码和结果如图6-7所示。

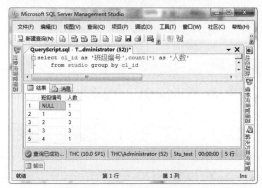
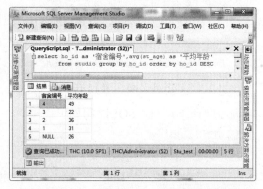

图6-6　按班级统计人数　　　　　　　　　图6-7　按宿舍统计平均年龄并排序

老田：不错，小天，你知道为什么我俩做的这两个例题都有一行的值是NULL吗？

小天：哎呀，因为在 studio 表中有一行学生名字叫"兰淇"的学员，她的班级外键和宿舍外键都是NULL值嘛。还有哦，我把GROUP BY子句的语法总结了出来，老田你看下，是不是这样的：

```
SELECT 作为分组条件的列名，统计函数 (被统计列) FROM 表 GROUP BY 分组的列名
```

老田：虽然你这个语法不太完整，不过大概雏形已有了，我想提醒你注意的是：

在SELECT中作为分组条件的列名一定要是在后面GROUP BY中使用的分组列名。除此之外还可以是SUM()、AVG()、MAX、MIN、COUNT()等的聚合函数（详见本章6.1.1小节）。

在SELECT中的列一定要是可计算的，比如TEXT、NTEXT、IMAGE等类型列不能用于GROUP BY子句。

小天：我先练习下……哎呀，老田，出错啦！SQL语句和错误提示如图6-8所示。

老田：你就是学习不认真，我才说了作为分组条件的列名一定要是包含

图 6-8　使用 GROUP BY 语句产生错误

在后面GROUP BY中使用的分组列名，你看下你这里，在SELECT语句中查询了列cl_id、ho_id，而你在GROUP BY里面是不是只有一个ho_id？而cl_id就没有作为分组列嘛，不出错才怪呢。还有啊，我也奇怪，你这句SQL语句的目的是什么？

小天：我错了嘛，我这条SQL（见图6-8）的目的就是要按照在每个宿舍中不同班级的人数和分别的平均年龄查询出来，就这么简单啦。按照你说的，我改成如下这样就对了。

```
select cl_id as '班级编号',
       ho_id as '宿舍编号',
       avg(st_age) as '平均年龄',
       count(*) as '人数'
  from studio group by cl_id,ho_id
```

老田：这就对了嘛，不过我再给你出一道思考题，我将GROUP BY里面两个分组列的顺序做一下调整，SQL语句如下：

```
--之前的SQL语句
select  cl_id as '班级编号', ho_id as '宿舍编号',
        avg(st_age) as '平均年龄',count(*) as '人数'
from studio GROUP BY cl_id,ho_id
--调整了GROUP BY之后的SQL语句
select  cl_id as '班级编号', ho_id as '宿舍编号',
        avg(st_age) as '平均年龄',count(*) as '人数'
from studio group by ho_id,cl_id    --把班级id和宿舍id的顺序调整了一下
```

执行后的结果集如图6-9所示，注意观察"班级编号"列和"宿舍编号"列的排列顺序，你多尝试两个，思考下为什么：

接下来一个问题，我想只查询编号为1和4这两个宿舍里面的学生情况，该如何做呢？

小天：我觉得应该使用WHERE子句吧，我试下……哦耶，做出来了，执行以下SQL语句：

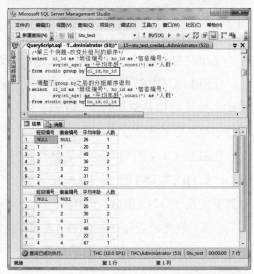

图6-9 改变GROUP BY子句中分组列的顺序

```
select  cl_id as '班级编号',
        ho_id as '宿舍编号',
        count(*) as '人数'
from studio where ho_id=1 or ho_id=4
group by cl_id,ho_id
```

最终效果如图6-10所示。

怎么样，老田，我厉害吧。

老田：厉害，你太厉害了，来看下我下面这个例题，说出原因吧，执行如下SQL语句：

图 6-10　对分组查询使用 WHERE 子句,只查询 1 和 4
号宿舍的学生情况

```
/*第五个例题- 有WHERE子句同时使用ALL关键字*/
select cl_id as '班级编号', ho_id as '宿舍编号',count(*) as '人数'
from studio  where ho_id=1 or ho_id=4
group by all cl_id,ho_id
/*第五个例题- 无WHERE子句时使用ALL关键字*/
select cl_id as '班级编号', ho_id as '宿舍编号',count(*) as '人数'
from studio
group by all cl_id,ho_id
```

执行结果如图6-11所示。

小天：一眼就看出来了嘛，很明显它是查询出了全部的班级和宿舍，但只要不符合WHERE条件的都没有给出聚合值，而是用0填充的。换句话说，ALL关键字就是要将GROUP子句的所有组都查询出来，如果不幸遇到WHERE子句的话，不符合条件的都不参与统计。

	班级编号	宿舍编号	人数
1	NULL	NULL	0
2	1	1	3
3	3	1	2
4	2	2	0
5	3	3	0
6	2	4	1
7	4	4	1

	班级编号	宿舍编号	人数
1	NULL	NULL	1
2	1	1	3
3	3	1	2
4	2	2	1
5	3	3	1
6	2	4	1
7	4	4	1

图 6-11　使用 ALL 关键字的结果

6.2.2 使用 HAVING 子句

老田，你不说WHERE子句筛选我还没有想起，我如果要对GROUP BY子句的查询结果进行进一步地筛选该咋办？

老田：恩，问得好，我们假设现在有这样一个需求，我只要宿舍中学员平均年龄超过35岁的结果集，执行如下SQL语句：

```
select ho_id as '宿舍编号',avg(st_age) as '平均年龄'
from studio group by ho_id  having avg(st_age)>35
```

具体效果如图6-12所示。

小田：哦，原来是利用HAVING子句对分组结果做进一步的筛选，看来HAVING子句和WHERE子句的效果差不多，区别在于HAVING子句是和GROUP BY子句搭配使用，在执行顺序上是在分组结果出来以后再做进一步的筛选。就是不知道HAVING子句的筛选条件是否可以像WHERE子句一样多个条件配合使用呢？

老田：你这小子，自己试下不就知道了。给你个问题好了，在图6-12例题的基础上增加一个条件，只要宿舍编号大于1以上的，还有，要把按"宿舍编号"排序加上哦。

小天：嘿嘿，我做出来了，效果如图6-13所示。

图 6-12 使用 HAVING 子句对分组结果筛选

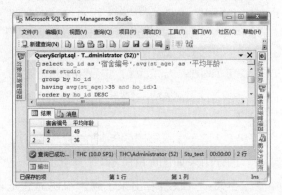

图 6-13 HAVING 多条件排序

6.2.3 使用 ROLLUP 和 CUBE

老田，我觉得这个分组还不错，但是还是达不到我想要的效果，比如说吧，我想在分别统计到每个宿舍中学生总数的同时再统计出所有宿舍中学员的总和该怎么做呢？

老田：这个想法很合理，我们来看一个例题，分别统计每个宿舍中每个班级的人数总和，再通过ROLLUP分别统计每个宿舍和所有宿舍的人数总和，具体SQL语句如下：

```
select  ho_id as '宿舍编号',cl_id as '班级ID',count(st_age) as '人数'
from studio
```

```
group by ho_id,cl_id, ho_id with rollup
```

执行结果如图6-14所示。

注意到图6-14中用线框起来的行,它就是我们用ROLLUP得到的人数汇总。

小天,小天?!你发什么呆?

小天:我是看不懂这个图嘛,怎么那么多NULL,又这么多行数据呢?

老田:你数一下,我用红线框起来的行有多少?是不是6行?其中宿舍是不是4间?那么4间宿舍分别的人数汇总+一行所有宿舍的人数汇总 再加一个没有占宿舍的是不是应该6行数据呢?比如宿舍编号1的宿舍中分别住了3个一班的同学和两个三班的同学,加起来的结果不就是1号宿舍中共计5个人嘛。

图 6-14　使用 ROLLOUP 关键字

小天:哦,我明白了,再比如宿舍编号为4的这间住了一个2班的同学和一个4班的同学,加起来就是两人,所以在图6-14的结果集中,第12行就显示人数为2。哎呀,其实这么简单,主要是里面NULL填充得太多了,你看第一行数据,这个我知道是因为学生表中"兰淇"的班级和宿舍都是NULL,所以这里显示NULL,可是ROLLUP统计的值都是NULL,这就让人受不了啦,搞得我这么聪明的人一下都傻冒了。

老田:恩,这个你也不用抱怨,微软也知道这样做不好,所以出了个补救措施,就是用GROUPING函数的值来区分某一行中的值到底是由ROLLUP还是CUBE再或者是数据行中的空值产生的,不过这个涉及SQL编程,你如果有兴趣的话,关注本书第二部分第3章"函数"。好啦,下面我们继续看看用CUBE的例题吧。

> **小提示:** GROUPING是一个聚合函数,它产生一个附加的列,当用CUBE或ROLLUP运算符添加行时,附加的列输出值为1,当所添加的行不是由CUBE或ROLLUP产生时,附加列值为0。函数使用方法"GROUPING(分组列名)"。

而CUBE就细分得更好了,还是上面我们用的这个例题,只是把关键字由ROLLUP改为CUBE。代码如下:

```
/*使用CUBE 关键字,汇总更详细,比ROLLUP增加了对班级人数的汇总*/
select ho_id as '宿舍编号',cl_id as '班级ID',count(st_age) as '人数'
from studio
group by ho_id,cl_id, ho_id with cube
```

执行后效果如图6-15所示。

小天：哈哈，这个我懂了，你用红线框起来的部分以上完全和图6-14的效果一样，不过下面新增了对每个班级再进行了一次汇总。好了，老田，还是给我说下这两个关键字的书面解释吧，意思我虽然懂了，但是不知道怎么描述好。

老田：CUBE运算符生成的结果集是多维数据集。多维数据集是事实数据的扩展，事实数据即记录个别事件的数据。扩展建立在用户打算分析的列上。这些列被称为维。多维数据集是一个结果集，其中包含了各维度的所有可能组合的交叉表格。

图 6-15 使用 CUBE 关键字

CUBE 运算符在 SELECT 语句的 GROUP BY子句中指定。该语句的选择列表应包含维度列和聚合函数表达式。GROUP BY应指定维度列和关键字WITH CUBE。结果集将包含维度列中各值的所有可能组合，以及与这些维度值组合相匹配的基础行中的聚合值。

CUBE和ROLLUP的区别如下。

CUBE生成的结果集显示了所选列中值的所有组合的聚合。

ROLLUP生成的结果集显示了所选列中值的某一层次结构的聚合。

小天：好的，明白了，咱们继续吧。

我觉得CUBE和ROLLUP好倒是真好，可惜不完美啊，它汇总的数据前面的列都是用NULL代替，这个很不好分辨。我哪里知道是数据自己的NULL，还是它汇总的行产生的NULL呢？

老田：这个也不是没有办法啊，可以使用GROUPING函数获取当前的NULL值是不是聚合函数产生的，在结果集中，如果GROUPING返回1，则指示聚合；返回0，则指示不聚合。如果指定了GROUP BY，则GROUPING只能用在SELECT<select>列表、HAVING 和ORDER BY子句中。下面再做一个实例，将凡是聚合函数产生的NULL值替换为11111，在例题中使用到了CASE WHEN判断，SQL代码如下：

```
SELECT CASE WHEN (GROUPING(ho_id) = 1) THEN 1111
        ELSE ISNULL(ho_id, null)--如果GROUPING(ho_id)=1,显示,否则显示null
    END AS ho_id,
    CASE WHEN (GROUPING(cl_id) = 1) THEN 11111
        ELSE ISNULL(cl_id,null)--同上
```

```
    END AS cl_id,
    count(st_age) as '人数'
FROM studio
GROUP BY ho_id,cl_id, ho_id  WITH CUBE
```

执行后结果如图6-16所示。

图 6-16　使用 GROUPING 函数判断

6.3　联　合　查　询

下面我告诉你一个能够将多个查询结果放置到一个结果集中的方法。

小天：咦？还可以把多个查询结果放在一起啊？这么说不是可以把前面学的 COMPUTE子句里面的两个结果集组合了？？

老田：那个我倒没有试过，你可以自己尝试下，因为COMPUTE子句是一条查询产生多个结果集，而这里要说的是将多条SQL语句产生的多个结果集整合在一起。

事实上，UNION并不算是子句，它只是一个运算符而已，而它的作用就是扫描多个输出结果集，根据条件判断是否要清理重复的行，然后将之全部整合到一起。废话不说，我们来执行如下SQL语句：

```
select * from studio where cl_id=1
    union all
select * from studio where ho_id=1
    union all
select * from studio where st_age>=30
```

得到的结果如图6-17所示。

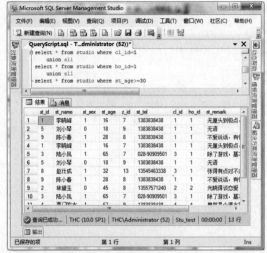

图 6-17　使用 UNION 运算符联合三个查询结果

小天：看起来确实很不错了，但是里面有重复行啊。你刚才不是说可以根据条件清理重复行的嘛，怎么做？

老田：其实很简单，只要你懒点，把UNION后面的ALL关键字去掉即可，如下：

```
select * from studio where cl_id=1
    union
select * from studio where ho_id=1
    union
    select * from studio where st_age>=30
```

结果嘛就是没有重复行而已，就不另给图了。不过我们还可以对整合过后的结果集进行排序，你想下，这个语句该如何写呢？

小天：哎呀，老田，这个在本章6.3.8小节学过的呀，无论什么时候，ORDER BY子句都应该在最后，所以我的代码如下：

```
select * from studio where cl_id=1
    union
select * from studio where ho_id=1
    union
select * from studio where st_age>=30
    order by st_id desc
```

我也试过了，正确的，如图6-18所示。

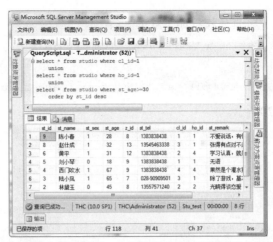

图 6-18　对联合查询排序，此图结果集需拖拉滚动条才能够看完

　　不过我觉得这个东西一点用都没有，其实我们上面这三个例题都一样，我只要一句
SQL语句就可以完成了，何必多余地写三条啊？

　　老田：什么叫多余啊，这是你自己思想面太窄，都说了是整合两个以上的结果集
的啊，我们这个例题确实只查询了一张表，但是不代表你不可以查询其他的表获得结
果集啊。

　　小天：忽悠，接着忽悠，我刚才已经试过了，我写了如下的SQL语句：

```
select * from studio where cl_id=1
    union
select * from class
```

　　得到的结果如图6-19所示。

　　老田：哈哈，明白了，原来是我没
有说清楚，我继续把它的注意事项和作
用讲给你吧。

　　使用UUION关键字首先需要注意
一点，如图6-19中错误提示所示，多个
结果集的列数量一定要是相同的。其次
一点，多个结果集中对应的列的数据类

图 6-19　如果两个结果集的列不同，会产生错误

型必须是可以自动转换（或者理解为兼容也行）的。比如tinyint类型可以隐式转换为int
类型，这在本书第3章中讲得很清楚了。如果是列数相同了，但是其中一列硬是要把
varchar类型转换为int 类型，那肯定也会出错。

　　关于它的作用呢，小天，你不妨将思维打开，比如我们的系统有一个正在使用的，
有一个备份的，现在我们要对比一下使用中的数据库中某一个表的数据与备份数据库中
对应的表中的数据又添加了什么新数据可以吧？再比如，我们在一个结果集中显示出全
部的老师和学生都拥有的字段可以吧。比如老师和学生都有姓名、性别，另外为他们自

己的角色增加一个列），具体执行如下SQL语句：

```
select st_name,st_sex,'学生' as '角色' from studio
union
select te_name , te_sex,'教师' as '角色' from teacher  order by '角色'
```

最终效果如图6-20所示。

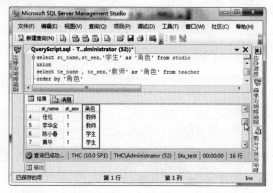

图 6-20　查询老师和学生表在同一个结果集中显示

6.4　连 接 查 询

小天：明白了，这些简单的SQL操作我都会了，没有什么复杂的嘛。不过我有一点不爽，我们学习半天了，全部都是对单个表进行操作，好不容易看见一个可以操作多个表的UNION，结果又有两个限制，到底有没有什么比较好的同时能操作两张表的方法啊？

老田：为何有此一问？

小天：你想啊，我们上面查询的"班级编号"和"宿舍编号"都是数字，谁看得懂啊，如果班级和宿舍都能够显示成本来的名字，这样不是一目了然了，多好啊。

老田：好吧，我们接下来学习的连接查询一定可以解决你的问题。

首先看一个连接查询的实例：该实例用studio和class两张表相连接，查询出class表中的cl_class列的值和每个班级的学生总数，SQL语句如下：

```
select class.cl_class as '班级名称',count(*) as '学生总数'
--下面这句，以前（左）studio为主表连接后（右）class表，条件是studio.cl_id 与对应
--class.cl_id的值相等
from studio inner join class on studio.cl_id = class.cl_id
group by class.cl_class
```

具体效果如图6-21所示。

小天：老田，我太崇拜你了，我想这个效果想好久了。对了，这个结果好像少了一行啊，学生表中最后那行没有班级也没有宿舍（学生名字叫"兰淇"的那行）的数据为什么没有显示出来呢？我用GROUP BY子句，最起码也给我显示一个NULL啊。还有，如何验证这个统计的数字是正确的呢？

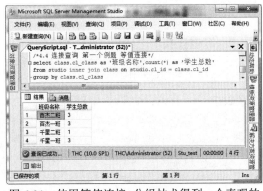

图 6-21　使用等值连接+分组技术得到一个直观的查询结果

老田：这个问题就得从我们上面例题所使用的技术来说起了，图6-21中我们使用的是连接查询中内连接下面的等值连接。

小天：好复杂，老田，你干脆从连接查询开始讲吧，分得太详细了。

老田：这样说吧，它是通过连接运算符来实现多个表查询。通过前面的学习，我们知道连接是关系数据库模型的主要特点，也是它区别于其他类型数据库管理系统的一个标识。

在关系数据库管理系统中，表建立时各数据之间的关系不必确定，常把一个实体的所有信息存放在一个表中。当检索数据时，通过连接操作查询出存放在多个表中的不同实体的信息。连接操作给用户带来很大的灵活性，可以在任何时候增加新的数据类型。为不同实体创建新的表，然后通过连接进行查询。

其语法如下：

```
SELECT  表名.列名[list]
FROM  join_table join_type join_table [ON（匹配条件）]
```

其中join_table指出参与连接操作的表名，连接可以对同一个表操作，也可以对多表操作，对同一个表操作的连接又称做自连接，稍后讲到。

join_type指出连接类型，可分为三种：内连接、外连接和交叉连接。

连接操作中的ON（匹配条件）子句指出连接条件，它由被连接表中的列和比较运算符、逻辑运算符等构成。

无论哪种连接都不能对text、ntext和image数据类型列进行直接连接。

6.4.1　内连接

内连接（INNER JOIN）使用比较运算符进行表间某（些)列数据的比较操作，并列出这些表中与连接条件相匹配的数据行。根据所使用的比较方式不同，内连接又分为等值连接、自然连接和不等连接三种。

上面我们图6-20所做的例题就是等值连接，那么等值连接到底是什么意思呢？

1. 等值连接

在连接条件中使用等于号（=）运算符比较被连接列的列值，其查询结果中列出被连接表中的所有列，包括其中的重复列。我们再看一个例题，SQL语句如下：

```
select * from studio inner join class
    on studio.cl_id = class.cl_id
```

最终效果如图6-22所示。

2. 自然连接

自然连接和等值连接唯一不同的是，它有选择地显示列，看下面的例题。

执行如下SQL语句：

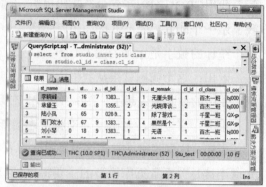

图6-22 等值连接（本图结果中需要拉动滚动条查看全部结果）

```
select st_id as '编号',st_name as '学生姓名',cl_class as '班级名称'
from studio inner join class
    on studio.cl_id = class.cl_id
order by st_id
```

最终效果如图6-23所示。

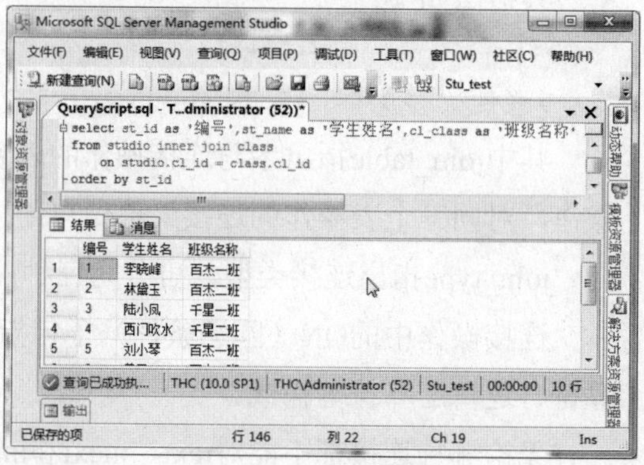

3. 不等连接

在连接条件使用除等于运算符以外的其他比较运算符比较被连接的列的列值。这些运算符包括>、>=、<=、<、!>、!<和<>。这个呢我就不做演示了，自己理解并练习下就OK了。

小天：等等，老田，我刚才又发现一个新的用法哦，我尝试连接学生、班级和宿舍三张表，效果很不错，你一定要看下哦。

图6-23 自然连接

SQL语句如下：

```
select  st_id as '编号',st_name as '学生姓名',
        cl_class as '班级名称',ho_coding as '宿舍编号'
from studio inner join class
```

```
on studio.cl_id = class.cl_id inner join hostel
on studio.ho_id = hostel.ho_id
```

最终效果如图6-24所示。

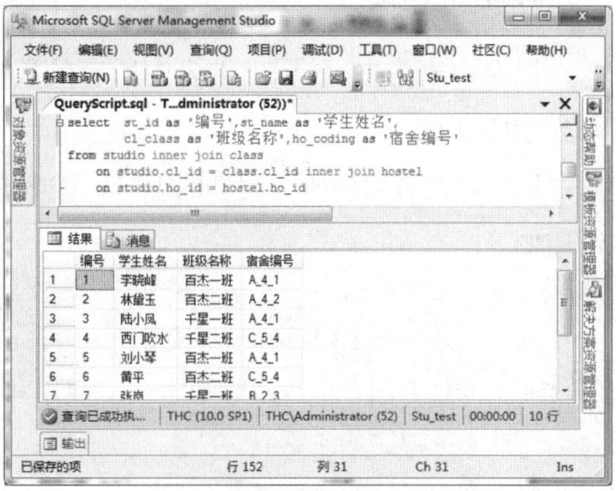

我看你的演示的时候就在想，如果还要继续增加表该怎么做？最后发现要再增加一张表，只要在后面添加INNER JOIN表名ON（匹配条件）这样就可以了。不过我刚才多写了几个字段，发现一点不爽，就是表名太长了，而每写一个字段都要写一次表名，有没有什么办法可以解决啊？

图 6-24　连接多张表

老田：你自己摸索出了连接更多表的方法，那就奖励你，告诉你如何在连接查询中使用别名吧。认真看我下面的SQL语句和图6-24中的SQL语句有什么不同。

```
select   s.st_id as '编号',s.st_name as '学生姓名',
       c.cl_class as '班级名称',h.ho_coding as '宿舍编号'
from studio s inner join class c
   on s.cl_id = c.cl_id inner join hostel as h
   on s.ho_id = h.ho_id
```

在我们上面演示的所有例题中，SELECT后面的列列表都没有指明某个列具体是哪张表，为什么也可以呢？主要是因为这些列的名字都没有重复，一旦多张表中的字段可能出现重复的话，最保险的做法就是写完整的"表名.列名"。

另外，在上面的例题中，我为表添加别名的方式用了两种，你自己看哦，我就不说出来了。

6.4.2　外连接

采用内连接时，返回查询结果集合中的仅是符合查询条件（WHERE搜索条件或HAVING 条件）和连接条件的行。而采用外连接时，它返回到查询结果集合中的不仅包含符合连接条件的行，而且还包括左表（左外连接时）、右表（右外连接时）或两个连接表（完全连接）中的所有数据行。

外连接分为左外连接（LEFT OUTER JOIN或LEFT JOIN）、右外连接（RIGHT OUTER JOIN或RIGHT JOIN）和完全连接（FULL OUTER JOIN或FULL JOIN）三种。与内连接不同的是，外连接不只列出与连接条件相匹配的行，而且列出左表（左外连接

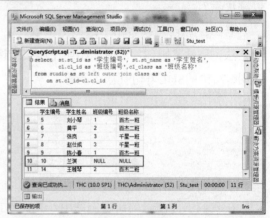

时）、右表（右外连接时）或两个表（完全连接）中所有符合搜索条件的数据行。

1. 左外连接

以左边表为主，显示出主表中所有的数据行，如果右边从表中没有与之匹配的数据，则显示NULL。

例如我们查询出所有同学的编号、姓名和所在的"班级编号"与"班级名称"，SQL语句如下：

```
select  st.st_id as '学生编号', st.st_name as '学生姓名',
        cl.cl_id as '班级编号',cl_class as '班级名称'
from studio as st left outer join class as cl
    on st.cl_id=cl.cl_id
```

最终效果如图6-25所示。

看出什么问题了，小天？

小天：哎呀，不就是倒数第二行数据的班级编号和名称值为NULL嘛，我知道为什么这样，你在开始都说了，左外连接是以左边表为主表，不管从表有没有与之匹配的数据，左边都要显示的，而右边没有匹配的数据就只好用NULL填充了。另外我还做了一个多表联合的，看来我做上瘾了，SQL语句如下：

图 6-25　查询出所有同学的编号、姓名、所在的班级编号和班级名称

```
select  tka.te_co_id as '课程安排编号',cl.cl_id as '班级编号',
        cl.cl_class as '班级名称',co.co_id as '课程ID',
        co.co_name as '课程名称',co.co_num as '课时数',
        te.te_name as '老师姓名'
from te_kc_ap as tka left outer join
     class as cl
   on tka.cl_id=cl.cl_id  left outer join
      course as co
   on tka.co_id=co.co_id  left outer join
      teacher as te
   on tka.te_id=te.te_id
```

具体效果如图6-26所示。

老田：你也知道做上瘾了，知道了就自己练习，别在这里打扰我，下面我们继续。

2．右外连接

右外连接和左外连接对应，以右边为主表，左边为从表，其他一样。直接看一个以右边班级表为主表的例题，SQL语句如下：

图 6-26　多表左外连接

```
select  st.st_id as '学生编号', st.st_name as '学生姓名',
        cl.cl_id as '班级编号',cl_class as '班级名称'
from studio as st right outer join class as cl
    on st.cl_id=cl.cl_id
```

执行后效果如图6-27所示。

小天：看出来了，因为后面的几个班级都没有学生，所以左边学生编号和学生姓名全部是NULL。老田，来看下我做的右外连接的多表。

老田：我对你相当的无语，真上瘾了自己一个人旁边捣鼓去。我们继续看完全连接。

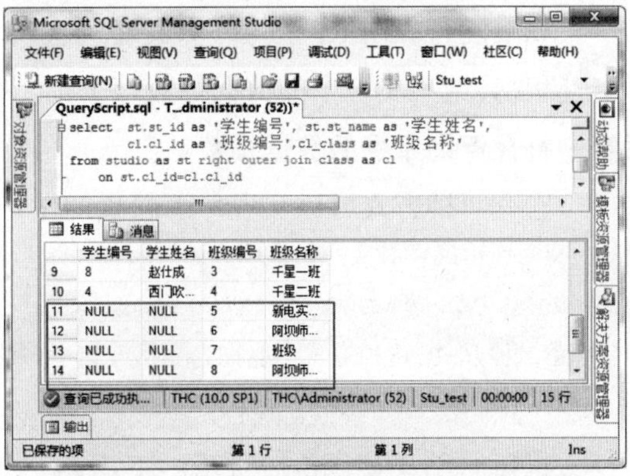

图 6-27　以右边班级表为主表的右外连接

3．完全连接

从名字我们也看得出来，左外连接是左边全部显示，右外连接是右边全部显示，完全连接当然就是不分主从表，两边都完全显示出来，换句话说，两边都可能有NULL值，我们直接看例题，执行如下SQL语句。

```
select  st.st_id as '学生编号', st.st_name as '学生姓名',
        cl.cl_id as '班级编号',cl_class as '班级名称'
from studio as st full outer join class as cl
    on st.cl_id=cl.cl_id
order by st.st_id
```

执行后效果如图6-28所示。

好了，外连接就讲完了，你分别说说左外连接、右外连接和完全连接三种外连接的关键字是什么呢？

小天：太简单了，左外连接（LEFT OUTER JOIN或LEFT JOIN）、右外连接（RIGHT OUTER JOIN或RIGHT JOIN）和完全连接（FULL OUTER JOIN或FULL JOIN）。答完收工，继续教我交叉连接吧。

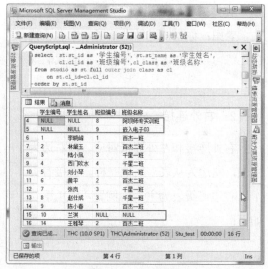

图 6-28　完全连接

6.4.3　交叉连接

如果没有WHERE子句，交叉连接（CROSS JOIN）返回连接表中所有数据行的笛卡儿积，其结果集合中的数据行数等于第一个表中符合查询条件的数据行数乘以第二个表中符合查询条件的数据行数。

它有两种方式可以实现，下面我们做一次实例完成吧，执行SQL语句如下：

```
/*交叉连接的两种实现方式*/
select st_name,cl_class from studio cross join class where st_id>3
--第二种方式(这种方式不能称为交叉连接哦)
select st_name,cl_class from studio,class
```

执行后结果如图6-29所示，下面两个结果集都需要拖动滚动条才可看得到全部数据行。

这个多的话不说了，自己看看图6-28中红色框住的滚动条即可。

图 6-29　两种实现交叉连接的方式

6.4.4 自连接

小天:嗯,明白了。我听人家说做地区表的时候用的是自连接,这个是什么意思呢?

老田:除了做地区,如果你要做一个无级分类的话,用自连接也是最佳选择哦。其自连接简单地来理解就是:连接关键字的两边都是同一个表。我们回顾一下地区表的架构,如图6-30所示,地区表中数据如图6-31所示。

	id	z_zone	z_id
1	4	北京	NULL
2	6	四川	NULL
3	7	成都	6
4	8	绵阳	6
5	9	北京	4
6	10	江苏	NULL
7	11	南京	10
8	12	苏州	10
9	13	无锡	10
10	14	常州	10

图 6-30 地区表   图 6-31 地区表中的数据

该表中,所属地区外键其实也是它自己表中另外一行数据的主键。我们来做一个将小地区的上级地名匹配显示的例题,SQL语句如下:

```sql
select a.z_zone,b.z_zone
from zone as a inner join zone as b
    on a.z_id=b.id
```

执行效果如图6-32所示。

小天:老田,看了你这个例题我有个想法,怎么做可以统计出每个大的地区下面有多少个小的地区呢?

老田:简单,我们结合上面的GROUP BY子句,很轻松就可以完成了,执行如下SQL语句:

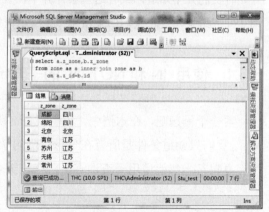

图 6-32 获取每个地名的上级地名

```sql
select b.z_zone as '地名',count(a.z_id) as '辖区数'
from zone as a inner join zone as b
    on a.z_id=b.id
group by b.z_zone
```

执行后效果如图6-33所示。

图 6-33　统计每个地区下面的小地区数量

6.5　子查询技术

小天：子查询是什么意思？是不是指在SQL语句中再嵌套另外一条SQL语句，而被嵌入的这句就称为子查询，对不对啊？但这样做的目的何在呢？

老田：你的理解非常正确，子查询也称内部查询，而包含子查询的SELECT语句被称为外部查询，子查询自身可以包括一个或者多个子查询，也可以嵌套任意数量的子查询。至于用处呢，这样说吧，比如我们要获取指定表中满足某些条件的数据行，而这些条件在开始时我们并不知道，或者这些条件并不在要查询的表中，那么我们只有通过一个SQL查询才知道结果，这时候，如果希望一条SQL语句就解决问题的话就只能选择子查询了。

6.5.1　使用 IN 和 NOT IN 的子查询

看一个例题吧，在本例中，我们要查询所有在"百杰"班中的学生，这样问题就出来了，我们只知道条件是所有在"百杰"班的学生，但在学生表中只有班级的外键（cl_id），怎么办呢？当然就是用子查询查出所有班级名字叫"百杰"的班级ID了。SQL语句如下：

```
select * from studio
 where cl_id in
   (select cl_id from class where cl_class like '%百杰%')
```

查询的最终结果如图6-34所示。

小天：我明白了，IN关键字的意思就是判断WHERE条件后面列的值是否存在子查询得到的结果中，对吧？

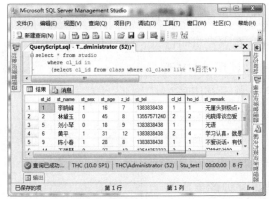

图 6-34　查询出所有属于"百杰"班的学生信息

老田：在上一章讲IN和 NOT IN的时候已经讲过语法了，所以NOT IN的用法你自己练习吧，我就不做实例演示了。

6.5.2　ANY、ALL 等比较运算符的使用

上面说IN和NOT IN是用于判断指定列的值是否存在子查询产生的结果集中，接下来我们要做的就是比较运算，可用的运算符包括（=、>、<、<>、!>、!<、>=、<=）等。

小天：如果是这样的话，那岂不是需要子查询返回一个单独的可比较的值和外部查询中WHERE子句来比较哦，而且和IN关键字一样，这个值的数据类型必须和外部查询中WHERE子句指定列的数据类型兼容，对吧？

老田：是的，接下来我们分别解释ANY和ALL的意思。

ANY：指匹配子查询得到的结果集中的任意一条数据。

ALL：匹配子查询得到的结果集中全部的数据。

嗯，为了你能够更直观地看出它们两个的差异，我们做一个例题，两条SQL语句除了外部查询的WHERE子句后面的关键字不一样外，其余全部相同。外部查询的主要目的是查询出所有班上的学生年龄大于60岁的班级有哪些。我们分析下，这就需要首先用子查询找出班上年龄大于60岁的学生的班级ID（cl_id），然后再用外部查询的班级ID（cl_id）来逐一对比。SQL语句如下：

```
--ANY表示子查询中任意的值
select * from class
    where cl_id=any(select cl_id from studio where st_age>60)
--ALL表示子查询中的每个值
select * from class
    where cl_id=all(select cl_id from studio where st_age>60)
```

执行SQL语句得到的效果如图6-35所示。

小天：老田，我还是有点没有明白到底是什么意思？为什么使用 ANY就有两行数据，而使用ALL就没有值呢？

老田：你这样直接看结果当然看不出来，我建议你换一种方式来理解，首先呢你执行子查询，看看结果是什么，然后再结合上面的结果来理解就容易多了。

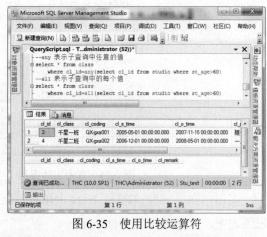

图 6-35 使用比较运算符

小天：执行图6-35中的子查询：

```
select cl_id from studio where st_age>60
```

得到的结果是只有cl_id 一个列，只3、4两个值。哦，我明白了，使用ANY是只要匹配任意一个值就显示出来,而第一个结果集中,有两行数据,是因为这两行数据的cl_id也是3、4，那么这两个值只要等于子查询中得到的两个值中任意一个，就可以显示。 但是使用ALL的时候，因为外部查询得到的3、4两个值不可能既等于子查询中的3，又等于子查询中的4，所以就一个都不显示。

6.5.3 使用 EXISTS 关键字

老田：理解得很正确，我们继续看最后一个关键字——EXISTS，这个关键字是判断子查询中返回的行是否存在，而这个子查询实际上并不返回任何数据，只是返回一个BOOL值，存在返回TRUE，不存在则返回FALSE。

来看一个例题，查询所有班级编号大于2的学生信息，同时将NOT EXISTS的语句一起执行，方便大家对比结果，执行如下SQ L语句：

```
--使用exists
select * from studio
    where exists(select cl_id from class where studio.cl_id=class.cl_id and
class.cl_id>2)
--使用not exists
select * from studio
    where not exists(select * from class where studio.cl_id=class.cl_id and
class.cl_id>2)
```

最终结果如图6-36所示。

小天：老田，这两句我看了半天，觉得它的意思和IN 关键字差不多嘛，干嘛多此一举啊，IN关键字看起来还简单易懂些。

老田：我们来做个分析，EXISTS关键字返回的只是一个BOOL值，而IN关键字返回的是一个结果集，仅此一点，你觉得如果在处理大量数据的时候，谁更快呢？

另外在数据库中，EXISTS关键字可不仅仅是在这里有用，还记得在本书前面也多次学到用它判断表、用户等数据库对象是否存在。

图 6-36　EXISTS 和 NOT EXISTS 语句的使用

6.5.4　子查询的规则

通过上面的学习，我们可以为子查询总结出以下几点规则。

- 通过比较运算符引入的子查询选择列表只能包括一个表达式或列名称（对SELECT * 执行的EXISTS或对列表执行的IN子查询除外）。
- 如果外部查询的WHERE子句包括列名称，它必须与子查询选择列表中的列是联接兼容的。
- ntext、text 和 image 数据类型不能用在子查询的选择列表中。
- 由于必须返回单个值，所以由未修改的比较运算符（即后面未跟关键字ANY或ALL的运算符）引入的子查询不能包含GROUP BY和HAVING子句。
- 包含GROUP BY的子查询不能使用DISTINCT关键字。
- 不能指定COMPUTE和INTO子句。
- 只有指定了TOP时才能指定ORDER BY。
- 不能更新使用子查询创建的视图。
- 按照惯例，由EXISTS引入的子查询的选择列表有一个星号（*），而不是单个列名。因为由EXISTS引入的子查询创建了存在测试并返回TRUE或FALSE而非数据，所以其规则与标准选择列表的规则相同。

好啦，本章的学习到此就告一段落了，感觉如何啊，小天同学？

本 章 小 结

小天：我总结一下吧，你看对不对。

第一部分：详细讲解SELECT、COMPUTE、COMPUTE BY，开始过渡到分组统计。

第二部分：连接查询技术，重点讲解了外连接，针对连接查询中如何使用条件等一些技巧做了更多讨论。

第三部分：这里则主要针对利用子查询来完成多种任务的讲解开始，紧接着是使用EXISTS、ANY、ALL和UNION运算符。

问 题

1. 为什么要分组？
2. 如何分组，需要注意什么？
3. 总结出GROUP BY子句的完整语法。
4. COMPUTE和COMPUTE BY有何区别？
5. 连接查询有哪三种方式？
6. 做一个为连接查询增加WHERE条件和排序的实例。
7. 描述左外连接和右外连接；
8. 如何生成两张表的笛卡儿积？
9. 总结连接查询的完整语法。
10. 使用NOT IN 关键字做一个子查询实例。

阶 段 作 业

自己创建一个3～5张表的数据库，然后分别添加测试数据，对前面学习的每个知识点做1～2个练习题，并为每个练习添加详细注释。如果做完并且愿意共享出来让大家点评，请将设计思路和E-R图、抽象数据模型、概念数据模型、练习的全部SQL脚本打包，传到本书后面提供的纠错网站上去。你收获到的将是来自我和其他人的评价，当然你也可以去评价别人的作品。

第 7 章 索 引

本章要点

- 索引的概念
- 索引的优缺点
- 索引的特点和使用规则
- 索引的分类
- 创建、分析、修改、删除索引

本章学习线路

由一个检索数据的效率问题引申出索引，继而对这个索引的概念、表组织、堆、B树分别进行解释，然后对索引的优缺点进行讲解。接下来对索引的分类和特点做相应的解释。最后针对如何创建、分析和维护索引进行探讨。本章的学习比较抽象，不像前面章节那样马上就可以看见效果，所以在学习的过程中一定勤练习、多思考，多结合前面的概念反复理解。

知识回顾

老田：数据库学到现在，可以说基本上告一个段落了，在前面几章，分别讲解了如下知识点。

对数据库的基础概念、数据库管理系统的环境以及相应的操作都熟悉了。

对数据库管理系统中的安全对象、权限操作作了大篇幅的介绍和学习。

对创建数据库和创建、维护、移动等操作过程中的一些技巧和需要注意的地方也都进行了很多的练习。

对于设计和创建表的规范、关系，以及数据类型、约束进行了很多的学习和讨论。

在操作数据方面先从简单的增、查、改、删、WHERE条件，以及配合函数等进行了深入地学习，接着又对聚合、分组、联合、连接、子查询等分别进行了学习和讨论。

所以如果您已经具备了一些编程语言基础，比如Java、C#、ASP、PHP等，那么我建议你现在可以尝试做做留言本、文章管理、日记本等微型项目，以达到巩固前面知识的目的。

当然这个时候如果你对其他数据库系统也有兴趣的话，建议可以结合起来学习一下。之所以有此一说，是因为目前市面上的关系型数据库管理系统的基础部分，特别是针对表、操作表中的数据等都是大同小异的。当然，权限方面可能会有较大差异。但是我仍然建议您在对比中进行学习和固化。

上述两点建议知识针对学习时间比较充裕的朋友，否则的话还是跟我们一起学习到本书的第二阶段结束，也就是本书的第13章结束。因为按照本系列书籍的安排，在本书的第13章结束后，我们的学习也应该转向编程语言了，直到大家都能够做一些小、中型的项目后再继续回过头来学习本书的高级知识部分。

小天：我没有什么语言基础，所以没法做项目；我以后打算三年之内都学习微软方面的东西，所以也不打算去学习其他的数据库了，反正你话都说到这一步了，我想以后操作熟练了，举一反三地学习其他的数据库应该也很容易。所以还是快点继续吧。

7.1 概　述

小田：前几天的内容我感觉都掌握得差不多了，第6章的作业我已经做完并且传到你指定的网站上去了，暂时没有收到批评。不错吧，不过在做的过程中我有个想法。你说我们练习的时候都是顶多上百行数据，这对效率基本上没有太多的要求，可如果以后遇到百万、千万、亿级的海量数据，可能还需要在效率上再有点进步吧。想想要从10亿条数据中查询出符合条件的一行数据，头就大了。

老田：那你想到什么最直接的办法没有？

小天：我想了很久也没想到。不过昨天晚上无聊，去查字典的时候倒是想到一点，你说要是咱们数据库也像字典一样搞个索引也许对这个情况会有帮助。每次查询数据的时候就像查字典，先在索引中找到，然后再直接翻到相应的页去，不过后来我又否决了，数据好像是分文件，没有分页吧。所以我还是不知道能不能解决。

老田：呀，太聪明了，我们今天要讲的索引就是你说的这个样，与字典的索引一样，数据库中的索引使你可以快速找到表或索引视图中的特定信息。索引包含从表或视图中一个或多个列生成的键，以及映射到指定数据的存储位置的指针。通过创建设计良好的索引以支持查询，可以显著提高数据库查询和应用程序的性能。索引可以减少为返回查询结果集而必须读取的数据量。索引还可以强制表中的行具有唯一性，从而确保表数据的完整性。

数据库也是有页这个说法的。在SQL Server系统中，可管理的最小空间单元就是页，一个页是8KB字节的物理空间，而数据文件中则全部分隔成这样的页。在插入数据的时候，数据按照时间顺序放置在数据页上。一般来说，放置数据的顺序和数据本身的逻辑关系之间是没有任何联系的。另外，因为数据是连续存放的，所以还会存在一页上写不下了，再写到二页的情况，这就叫页分解。

从上面的解释，我们可以做如下概括：索引是与表或视图关联的磁盘上的结构，可以加快从表或视图中检索行的速度。索引包含由表或视图中的一列或多列生成的键。这些键存储在一个结构（B树）中，使SQL Server可以快速有效地查找与键值关联的行。表或视图可以包含以下类型的索引。

1. 聚集

● 聚集索引根据数据行的键值在表或视图中排序和存储这些数据行。索引定义中包含聚集索引列。每个表只能有一个聚集索引，因为数据行本身只能按一个顺序排序。

● 只有当表包含聚集索引时，表中的数据行才按排序顺序存储。如果表具有聚集索引，则该表称为聚集表。如果表没有聚集索引，则其数据行存储在一个称为堆的无序结构中。

2. 非聚集

- 非聚集索引具有独立于数据行的结构。非聚集索引包含非聚集索引键值，并且每个键值项都有指向包含该键值的数据行的指针。
- 从非聚集索引中的索引行指向数据行的指针称为行定位器。行定位器的结构取决于数据页是存储在堆中还是聚集表中。对于堆，行定位器是指向行的指针。对于聚集表，行定位器是聚集索引键。
- 可以向非聚集索引的叶级添加非键列以跳过现有的索引键限制（900字节和16键列），并执行完整范围内的索引查询。

小天：这个话说起来容易理解，但是总是找不到感觉，晕晕的。到底这个索引、堆、B树、数据、数据页之间是个什么关系啊？这个懂了以后才能进一步懂啊。

老田：下面咱们就把表组织、堆、B树都讲一下。认真看完，这几个之间的关系也就明白了。

7.1.1 表组织

表和索引作为8 KB页的集合存储。图7-1显示了表的组织。表包含在一个或多个分区中，每个分区在一个堆或一个聚集索引结构中包含数据行。堆页或聚集索引页在一个或多个分配单元中进行管理，具体分配单元数取决于数据行中的列类型（参考后面的堆）。

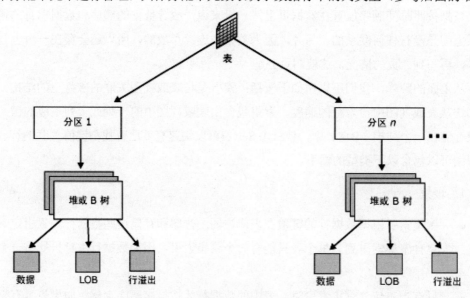

图 7-1　表组织

表页和索引页包含在一个或多个分区中。分区是用户定义的数据组织单元。默认情况下，表或索引只有一个分区，其中包含所有的表页或索引页，该分区驻留在单个文件组中。具有单个分区的表或索引相当于SQL Server早期版本中的表和索引的组织结构。

当表或索引使用多个分区时，数据将被水平分区，以便根据指定的列将行组映射到各个分区。分区可以放在数据库中的一个或多个文件组中。对数据进行查询或更新时，表或索引将被视为单个逻辑实体。

7.1.2 堆

堆是不含聚集索引的表，表中的数据没有任何顺序。堆的信息在sys.partitions目录视图中具有一行，对于堆使用的每个分区，都有index_id = 0。默认情况下，一个堆有一个分区。当堆有多个分区时，每个分区有一个堆结构，其中包含该特定分区的数据。例如，如果一个堆有四个分区，则有四个堆结构；每个分区有一个堆结构。

根据堆中的数据类型，每个堆结构将有一个或多个分配单元来存储和管理特定分区的数据。每个堆中的每个分区至少有一个IN_ROW_DATA分配单元。如果堆包含大型对象（LOB）列，则该堆的每个分区还将有一个LOB_DATA分配单元。如果堆包含超过8 060字节行大小限制的可变长度列，则该堆的每个分区还将有一个ROW_OVERFLOW_DATA分配单元。

sys.system_internals_allocation_units系统视图中的列first_iam_page指向管理特定分区中堆的分配空间的一系列IAM页的第一页。SQL Server使用IAM页在堆中移动。堆内的数据页和行没有任何特定的顺序，也不链接在一起。数据页之间唯一的逻辑连接是记录在IAM 页内的信息。

可以通过扫描IAM页对堆进行表扫描或串行读操作来找到容纳该堆页的扩展盘区。因为IAM按扩展盘区在数据文件内存在的顺序表示它们，所以这意味着串行堆扫描连续沿每个文件进行。使用IAM页设置扫描顺序还意味着堆中的行一般不按照插入的顺序返回。

图7-2说明SQL Server数据库引擎如何使用IAM页检索具有单个分区堆中的数据行。

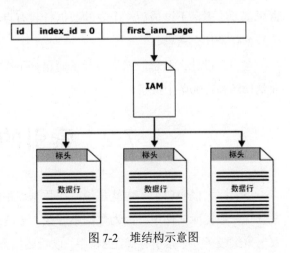

图7-2 堆结构示意图

7.1.3 B 树

接着说另外一个概念B树，由于B树的结构非常适合于检索数据，因此在SQL Server中采用该结构建立索引页和数据页。

在SQL Server中，索引是按B树结构进行组织的。索引B树中的每一页称为一个索引节点。B树的顶端节点称为根节点。索引中的底层节点称为叶节点。根节点与叶节点之间的任何索引级别统称为中间级。在聚集索引中，叶节点包含基础表的数据页。根节点和中间级节点包含存有索引行的索引页。每个索引行包含一个键值和一个指针，该指针指向B树上的某一中间级页或叶级索引中的某个数据行。每级索引中的页均被链接在双向链接列表中。图7-3展示了一个B树。

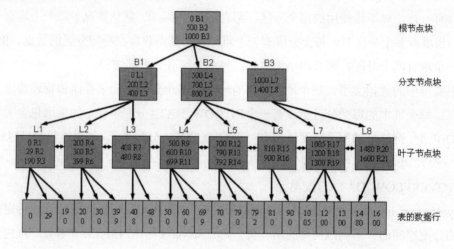

图 7-3　B 树索引结构

小天：图7-3还是比较明白的，根节点中分别连接B1、B2、B3三个分支节点，而三个分支节点中的数据分别是0～499、500～999和1000以上，下面分支节点和叶子节点的意思都差不多，不过最后一个表的数据行我有点不理解，比如图中叶子节点L8下面的两个数据行是什么意思？

老田：没什么意思，就是换行了而已。下面的数据并非14、80和16、00四个数字，而是1480和1600两个数字。

7.2　索引的优缺点

小天：大概明白了，也就是说，在数据库中的数据就是乱七八糟地堆在页上，而页又分别在数据库文件中。因为数据不好找，于是就把每行数据的主键或者其他特定行抽取出来组成了一个索引存储在B树中。以后要找数据的话先找索引，然后根据索引去找到数据。

老田：索引的优点不只这一个，下面我给你列举出：

（1）创建系统唯一性索引，可以保证每一行数据的唯一性；

（2）大大提高数据检索的速度；

（3）加快表与表之间的连接，特别是具有主、外键关系的表之间；

（4）在针对使用ORDER BY和GROUP BY子句进行数据检索时，可以显著减少分组和排序的时间；

（5）通过使用索引，可以在查询的过程中，使用优化隐藏器提高系统的性能。

小天：哇，所以也太好了嘛，惹火了干脆我给每张表的每个列都创建一个索引，这样效率肯定倍高。

老田：这就是你走极端了，没有一种东西是只有好处没有坏处的。更何况，你要给每个列都加索引，那好事都变成坏事了。下面给你列举出索引的缺点。

（1）创建索引和维护索引要耗费时间，这种时间随着数据量的增加而增加。

（2）索引需要占用物理空间，除了数据表占用数据空间之外，每一个索引还要占用一定的物理空间，如果要建立聚集索引，那么需要的空间就会更大。

（3）当对表中的数据进行增加、删除和修改的时候，索引也要动态地维护，这样就降低了数据的维护速度。

没必要尝试每个列都去创建索引，只是在数据库表中的某些列上面建立。因此，在创建索引的时候，应该仔细考虑在哪些列上可以创建索引，在哪些列上不能创建索引。一般来说，应该在这些列上创建索引，例如：

（1）在经常需要搜索的列上，可以加快搜索的速度；

（2）在作为主键的列上，强制该列的唯一性和组织表中数据的排列结构；

（3）在经常用在连接的列上，这些列主要是一些外键，可以加快连接的速度；

（4）在经常需要根据范围进行搜索的列上创建索引，因为索引已经排序，其指定的范围是连续的；

（5）在经常需要排序的列上创建索引，因为索引已经排序，这样查询可以利用索引的排序，加快排序查询时间；

（6）在经常使用WHERE子句中的列上面创建索引，加快条件的判断速度。

同样，对于有些列不应该创建索引。一般来说，不应该创建索引的这些列具有下列特点。

（1）对于那些在查询中很少使用或者参考的列不应该创建索引。这是因为，既然这些列很少使用到，因此有索引或者无索引，并不能提高查询速度。相反，由于增加了索引，反而降低了系统的维护速度和增大了空间需求。

（2）对于那些只有很少数据值的列也不应该增加索引。这是因为，由于这些列的取值很少，例如人事表的性别列，在查询的结果中，结果集的数据行占了表中数据行的很大比例，即需要在表中搜索的数据行的比例很大。增加索引，并不能明显加快检索速度。

（3）对于那些定义为text、image和bit数据类型的列不应该增加索引。这是因为，这些列的数据量要么相当大，要么取值很少。

（4）当修改性能远远大于检索性能时，不应该创建索引。这是因为，修改性能和检索性能是互相矛盾的。当增加索引时，会提高检索性能，但是会降低修改性能。当减少索引时，会提高修改性能，降低检索性能。因此，当修改性能远远大于检索性能时，不应该创建索引。

小天：一句话总结了，索引对检索数据的效率很有帮助，但是对于维护数据的效率则很有拖累。

7.3 索引的类型

根据索引的顺序与数据表的物理顺序是否相同，可以把索引分成两种类型：一种是数据表的物理顺序与索引顺序相同的聚集索引，另一种是数据表的物理顺序与索引顺序不相同的非聚集索引。聚集索引和非聚集索引都使用B树来创建，其中包括索引页和数据页，索引页存放索引和指向下一层的指针，数据页用于存放数据。

7.3.1 聚集索引

索引的结构类似于树状结构，树的顶部称为叶级，树的其他部分称为非叶级，树的根部在非叶级中。同样，在聚集索引中，聚集索引的叶级和非叶级构成了一个树状结构，索引的最低级是叶级。在聚集索引中，表中的数据所在的数据页是叶级，在叶级之上的索引页是非叶级，索引数据所在的索引页是非叶级。

在聚集索引中，数据值的顺序总是按照升序排列。

应该在表中经常搜索的列或者按照顺序访问的列上创建聚集索引。当创建聚集索引时，应该考虑以下因素。

- 每一个表只能有一个聚集索引，因为表中数据的物理顺序只能有一个。
- 表中行的物理顺序和索引中行的物理顺序是相同的，在创建任何非聚集索引之前先创建聚集索引，这是因为聚集索引改变了表中行的物理顺序，数据行按照一定的顺序排列，并且自动维护这个顺序。
- 关键值的唯一性要么使用UNIQUE关键字明确维护，要么由一个内部的唯一标识符明确维护，这些唯一性标识符是系统自己使用的，用户不能访问。

- 聚集索引的平均大小大约是数据表的5%，但是，实际的聚集索引的大小常常根据索引列的大小变化而变化；在索引的创建过程中，SQL Server临时使用当前数据库的磁盘空间，当创建聚集索引时，需要1.2倍表空间的大小，因此，一定要保证有足够的空间来创建聚集索引。

当系统访问表中的数据时，首先确定在相应的列上是否存在有索引和该索引是否对要检索的数据有意义。如果索引存在并且该索引非常有意义，那么系统使用该索引访问表中的记录。系统从索引开始浏览数据，索引浏览则从树状索引的根部开始。从根部开始，搜索值与每一个关键值相比较，确定搜索值是否大于或者等于关键值。这一步重复进行，直到碰上一个比搜索值大的关键值，或者该搜索值大于或者等于索引页上所有的关键值为止。图7-4显式了聚集索引单个分区中的结构。

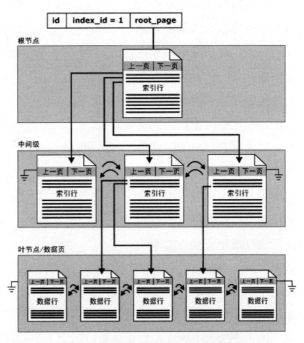

图 7-4   聚集索引单个分区中的结构

7.3.2   非聚集索引

非聚集索引的结构也是树状结构，与聚集索引的结构非常类似，但是也有明显的不同。

它们之间的显著差别在于以下两点。

- 基础表的数据行不按非聚集键的顺序排序和存储。
- 非聚集索引的叶层是由索引页而不是数据页组成。

非聚集索引有两种体系结构：一种体系结构是在没有聚集索引的表上创建非聚集索引，另一种体系结构是在有聚集索引的表上创建非聚集索引。图7-5说明了单个分区中的非聚集索引结构。

如果一个数据表中没有聚集索引，那么这个数据表也称为数据堆。当非聚集索引在数据堆的顶部创建时，系统使用索引页中的行标识符指向数据页中的记录。行标识符存储了数据所在位置的信息。数据堆是通过使用索引分配图（IAM）页来维护的。IAM页包含了数据堆所在簇的存储信息。在系统表sysindexes中，有一个指针指向与数据堆相关的第一个IAM页。系统使用IAM页在数据堆中浏览和寻找可以插入新的记录行的空间。这些数据页和在这些数据页中的记录没有任何的顺序并且也没有连接在一起。在这些数据页之间的唯一的连接是IAM中记录的顺序。当在数据堆上创建了非聚集索引时，叶级中包含了指向数据页的行标识符。行标识符指定记录行的逻辑

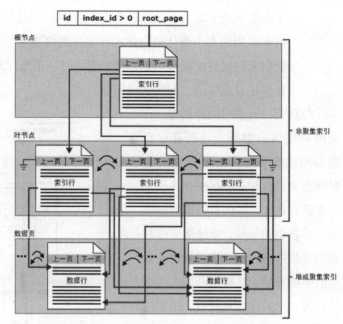

图7-5　单个分区中的非聚集索引结构

顺序，由文件ID、页号和行ID组成。这些行的标识符维持唯一性。非聚集索引的叶级页的顺序不同于表中数据的物理顺序。这些关键值在叶级中以升序维持（可参考前面介绍堆的小节）。

当非聚集索引创建在有聚集索引的表上的时候，系统使用索引页中的指向聚集索引的聚集键。聚集键存储了数据的位置信息。如果某一个表有聚集索引，那么非聚集索引的叶级包含了映射到聚集键的聚集键值，而不是映射到物理的行标识符。当系统访问有非聚集索引的表中数据时，并且这种非聚集索引创建在聚集索引上，那么它首先从非聚集索引来找到指向聚集索引的指针，然后通过使用聚集索引来查找数据。

当需要以多种方式检索数据时，非聚集索引是非常有用的。当创建非聚集索引时，要考虑这些情况：在默认情况下，所创建的索引是非聚集索引；在每一个表上面，可以创建不多于249个非聚集索引，而聚集索引最多只能有一个。

小提示：一般情况下，先创建聚集索引，后创建非聚集索引，因为创建聚集索引会改变表中的行的顺序，从而会影响到非聚集索引。

创建多少个非聚集索引，取决于用户执行的查询要求。

一般地，系统访问数据库中的数据，可以使用两种方法：表扫描和索引查找。

第一种方法是表扫描，就是指系统将指针放置在该表的表头数据所在的数据页上，然后按照数据页的排列顺序，一页一页地从前向后扫描该表数据所占有的全部数据页，直至扫描完表中的全部记录。在扫描时，如果找到符合查询条件的记录，那么就将这条

记录挑选出来。最后，将挑选出来符合查询语句条件的全部记录显示出来。

第二种方法是使用索引查找。索引是一种树状结构，其中存储了关键字和指向包含关键字所在记录的数据页的指针。当使用索引查找时，系统沿着索引的树状结构，根据索引中关键字和指针，找到符合查询条件的记录。最后，将全部查找到的符合查询语句条件的记录显示出来。

在SQL Server中，当访问数据库中的数据时，由SQL Server确定该表中是否有索引存在。如果没有索引，那么SQL Server使用表扫描的方法访问数据库中的数据。查询处理器根据分布的统计信息生成该查询语句的优化执行规划，以提高访问数据的效率为目标，确定是使用表扫描还是索引。

7.4　索引的属性

索引有两个特征，即唯一性索引和复合索引。

7.4.1　唯一性索引

唯一性索引保证在索引列中的全部数据是唯一的，不会包含重复数据。如果表中已经有一个主键约束或者唯一性键约束，那么当创建表或者修改表时，SQL Server自动创建一个唯一性索引。不过千万不要将创建一个唯一性索引当成保证数据唯一性的方法，而应该创建主键约束或者唯一性键约束。当创建唯一性索引时，应认真考虑以下规则。

（1）当在表中创建主键约束或者唯一性键约束时，SQL Server自动创建一个唯一性索引。

（2）如果表中已经包含有数据，那么当创建索引时，SQL Server检查表中已有数据的冗余性。

（3）每当使用插入语句插入数据或者使用修改语句修改数据时，SQL Server检查数据的冗余性。如果有冗余值，那么SQL Server取消该语句的执行，并且返回一个错误消息。

（4）确保表中的每一行数据都有一个唯一值，这样可以确保每一个实体都可以唯一确认。

（5）只能在可以保证实体完整性的列上创建唯一性索引，例如，不能在人事表中的姓名列上创建唯一性索引，因为人可以有相同的姓名。

7.4.2　复合索引

复合索引就是一个索引创建在两个列或者多个列上。在搜索时，当两个或者多个列作为一个关键值时，最好在这些列上创建复合索引。

小天：哟，这个和前面讲主键的时候讲到的联合主键有异曲同工之处啊。创建这个有些什么规则呢？

当创建复合索引时，应该考虑以下规则。

（1）最多可以把16个列合并成一个单独的复合索引，构成复合索引的列的总长度不能超过900字节，也就是说复合列的长度不能太长。

（2）所有的列必须来自同一个表中，不能跨表建立复合列。

（3）列的排列顺序是非常重要的，因此要认真排列列的顺序。原则上，应该首先定义最唯一的列。例如，在（列1，列2）上的索引与在（列2，列1）上的索引是不相同的，因为两个索引列的顺序不同。

（4）为了使查询优化器使用复合索引，查询语句中的WHERE子句必须参考复合索引中的第一个列。

（5）当表中有多个关键列时，复合索引是非常有用的。

（6）使用复合索引可以提高查询性能，减少在一个表中所创建的索引数量。

以前还看到有面试题说，索引根据索引键的组成可以分为三种，前面讲过的唯一和组合两种之外还有一种叫覆盖索引，这种就是说索引中已经包含了查询需要的全部信息。就像你去查字典找一个字，结果在索引中你就看到全部信息了。另外在SQL Server中，还提供了索引视图、全文索引和XML索引等表现形式。

7.5　创　建　索　引

创建索引有多种方法，这些方法包括直接创建索引的方法和间接创建索引的方法。

- 直接创建索引，例如使用CREATE INDEX语句或者使用创建索引向导。
- 间接创建索引，例如在表中定义主键约束或者唯一性键约束时，同时也创建了索引。

虽然这两种方法都可以创建索引，但是它们创建索引的具体内容是有区别的。使用CREATE INDEX语句或者使用创建索引向导来创建索引，这是最基本的索引创建方式，并且这种方法最具有扩展性，可以定制创建出符合自己需要的索引。在使用这种方式创建索引时，可以使用许多选项，例如指定数据页的填充因子、进行排序、整理统计信息等，这样可以优化索引。使用这种方法，可以指定索引的类型、唯一性和复合性。也就是说，既可以创建聚集索引，也可以创建非聚集索引；既可以在一个列上创建索引，也可以在多个列上创建索引。

通过定义主键约束或者唯一性键约束，也可以间接创建索引。主键约束是一种保持数据完整性的逻辑，它限制表中的记录有相同的主键记录。在创建主键约束时，系统自动创建一个唯一性的聚集索引。虽然在逻辑上，主键约束是一种重要的结构，但是在物理结构上，与主键约束相对应的结构是唯一性的聚集索引。换句话说，在物理实现上，不存在主键约束，而只存在唯一性的聚集索引。同样，在创建唯一性键约束时，也同时创建了索引，这种索引则是唯一性的非聚集索引。因此，当使用约束创建索引时，索引的类型和特征基本上都已经确定了，由用户定制的余地比较小。

当在表上定义主键或者唯一性键约束时，如果表中已经有使用CREATE INDEX语句创建的标准索引时，那么主键约束或者唯一性键约束创建的索引覆盖以前创建的标准索引。也就是说，主键约束或者唯一性键约束创建的索引的优先级高于使用CREATE INDEX语句创建的索引。

小天：我明白你的意思了，就是说，如果我们对索引没有什么要求的话，按照以前你教的创建表的方式直接创建就OK了，索引页都有了。如果还有更高要求的话，咱们就得自己使用Transact-SQL语句或者向导创建了，对吧？

7.5.1　使用向导创建索引

老田：可以这样理解，我们先说说如何用向导创建吧。打开"对象资源管理器"，找到"指定的SQL Server实例"，打开"数据库"目录下面指定的数据库，打开"表"，再打开"要创建索引的表"，在"索引"目录上单击鼠标右键，选择"新建索引"命令，如图7-6所示。

小天：咦，我看到一个标志为聚集索引的，这个应该就是对这个表创建主键的时候间接创建的那个吧。

老田：不错，选择"新建索引"命令后打开向导，如图7-7所示。

图 7-6　使用向导创建索引

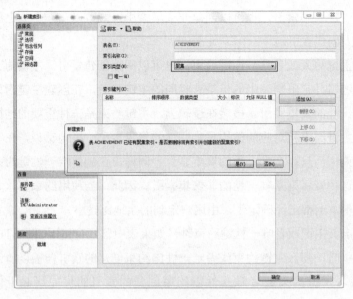

图7-7　新建索引向导

在图7-7中，之所以弹出提示框，是因为我故意在"索引类型"下拉列表框中选择了"聚集"选项。这个自己看提示就明白。接下来分别解释其中的选项都分别是什么意思。

表名：显示创建索引的表或视图的名称。此字段是只读的。若要选择不同的表，请关闭"索引属性"页，选择适当的表，然后再次打开"索引属性"页。不能对索引视图指定空间索引，仅可为具有主键的表定义空间索引。表中最大主键列数为15。复合主键列的每行大小限制最多895个字节。

索引名称：显示索引的名称。对于现有索引，此字段是只读的。在创建新的索引时，需键入索引的名称。

索引类型：从该下拉列表框中选择索引类型，有"聚集"、"非聚集"、"主XML"或"空间"四种选项。因为每个表只允许创建一个聚集索引。所以如果聚集索引已经存在，则会显示一条提示消息，询问您是否删除现有的聚集索引并创建新的聚集索引。

索引类型之间是可以转换的，如下。

- 聚集到聚集。
- 非聚集到非聚集。
- 非聚集到聚集。

不允许以下转换。

- 聚集到非聚集。
- 非 XML索引到XML索引，反之亦然。
- 非空间索引到空间索引，反之亦然。

唯一：选中此复选框可使该索引成为唯一索引。不允许两行具有相同的索引值。默认情况下，此复选框处于未选中状态。如果两行具有相同的值，在修改现有索引时，索引创建将会失败。对于允许NULL的列，唯一索引允许为NULL值。如果在"索引类型"下拉列表框中选择"空间"选项，则"唯一"复选框呈灰色。

索引键列：向"索引键列"列表中添加所需的列。如果添加多列，则必须以所需的顺序列出这些列。索引中的列顺序对索引的性能具有很大影响。单个组合索引不能超过16列。只能对包含空间数据类型（空间列）的单个列定义空间索引。

- 名称：显示组成索引键的列的名称。
- 排列顺序：指定所选索引列的排序方向，"升序"或"降序"。 如果"索引类型"下拉列表框中选择"主 XML"或"空间"，则表中将不显示此列。
- 数据类型：显示数据类型信息。如果表列为计算列，则"数据类型"显示"计算列"。
- 大小：显示存储列数据类型所需的最大字节数。对于空间列或XML列，显示零(0)。
- 标识：显示组成索引键的列是否为标识列。
- 允许NULL：显示组成索引键的列是否允许在表或视图列中存储NULL值。
- 添加：向索引键添加列。从单击"添加"按钮时出现的"从<表名>中选择列"对话框中选择表列。对于空间索引，在选择一列后，该按钮将呈灰色。
- 删除：从组成索引键的列中删除所选列。
- 上移：在索引键列表中向上移动所选列。有关索引中列顺序的详细信息，请参阅常规索引设计指南。
- 下移：在索引键列表中向下移动所选列。

小天：我针对前一章学习用的那个学生管理系统中的学生成绩表创建了两个索引，先创建一个聚集索引，接着又创建了一个不唯一、非聚集的索引，感觉挺好玩的。而且我还利用向导生成了相应的SQL语句，不过我不明白意思，还是你继续讲吧。

7.5.2 使用 CREATE INDEX 语句创建索引

其实也没有什么，我们先看下语法，如下：

```
CREATE [UNIQUE] [CLUSTERED |    NONCLUSTERED]
    INDEX 索引名
    ON {表 | 视图 } （列 [ ASC | DESC ] [,...n]）
```

咱们将上面语法中的关键字分别作个解释。

UNIQUE：为表或视图创建唯一索引。唯一索引不允许两行具有相同的索引键值。视图的聚集索引必须唯一。无论IGNORE_DUP_KEY是否设置为ON，数据库引擎都不允许为已包含重复值的列创建唯一索引。否则，数据库引擎会显示错误消息。必须先删除重复值，然后才能为一列或多列创建唯一索引。唯一索引中使用的列应设置为NOT

NULL，因为在创建唯一索引时，会将多个NULL值视为重复值。

CLUSTERED：创建索引时，键值的逻辑顺序决定表中对应行的物理顺序。聚集索引的底层（或称叶级别）包含该表的实际数据行。一个表或视图只允许同时拥有一个聚集索引。在创建任何非聚集索引之前创建聚集索引，创建聚集索引时会重新生成表中现有的非聚集索引。如果没有指定CLUSTERED，则创建非聚集索引。

NONCLUSTERED：创建一个指定表的逻辑排序的索引。对于非聚集索引，数据行的物理排序独立于索引排序。无论是使用PRIMARY KEY和UNIQUE约束隐式创建索引，还是使用CREATE INDEX显式创建索引。每个表都最多可包含999个非聚集索引。对于索引视图，只能为已定义唯一聚集索引的视图创建非聚集索引，默认值为NONCLUSTERED。

索引名：索引的名称。索引的名称在表或视图中必须唯一，但在数据库中不必唯一。

列：索引所基于的一列或多列。指定两个或多个列名，可为指定列的组合值创建组合索引。在table_or_view_name后的括号中，按排序优先级列出组合索引中所包括的列。一个组合索引键中最多可组合16列。组合索引键中的所有列必须在同一个表或视图中。组合索引值允许最大为900字节。不能将大型对象（LOB）数据类型ntext、text、varchar(max)、nvarchar(max)、varbinary(max)、xml或image的列指定为索引的键列。另外，即使CREATE INDEX语句中并未引用ntext、text 或image列，视图定义中也不能包含这些列。

[ASC | DESC]：确定特定索引列的升序或降序排序方向，默认值为ASC。

说一百不如做一次，下例对前一章（高级检索）使用过的Stu_test 数据库中的Zone表创建一个索引，SQL代码如下：

```
USE  Stu_test
GO
CREATE UNIQUE INDEX USER_ID_INDEX    --创建一个名为USER_ID_INDEX的唯一索引
 ON ZONE(ID)                          --对 ZONE 表创建，基于 ID 列
```

可 以 使 用 CREATE TABLE 或 ALTER TABLE创建或修改表时创建索引。另外创建索引的时候记得去参考下前面章节中的注意事项。

小天：我按照你的做法一模一样地写，执行就出错了，如图7-8所示。你是不是知道本来要出错，所以你都没有执行，就忽悠我哦。

图 7-8　创建索引出错

老田：不想说你了，注意看你的代码真的和我写的一模一样？我们上面过说，默认

是创建非聚集索引，但是你增加了关键字CLUSTERED，这就指明是创建聚集索引了。
创建聚集索引也没有关系，但是你不应该在ZONE的ID列上创建，因为这个列本来是主
键，所以上面本来就有一个聚集索引。何况一张表只能创建一个聚集索引呢？看书不认
真，前面这些注意事项都说过的。

7.5.3　索引的选项

在创建索引时，可以指定一些选项，通过使用这些选项，可以优化索引的性能。这
些选项包括FILLFACTOR选项、PAD_INDEX选项和SORTED_DATA_REORG选项。

> **小提示：** 这些选项我只是解释下，具体如何写建议你使用向导创建的同时参考下面的
> 解释，接着自动生成相应的SQL语句，最后对所生成的SQL语句进行注释，这是学习
> MSSQL最快捷的一条路，我以前可是屡试不爽。大家都是自学，我相信你一样能够
> 做得更好。

使用FILLFACTOR选项可以优化插入语句和修改语句的性能。当某个索引页变满
时，SQL Server必须花费时间分解该页，以便为新的记录行腾出空间。使用FILLFACTOR
选项，就是在叶级索引页上分配一定百分比的自由空间，以便减少页的分解时间。当在
有数据的表中创建索引时，可以使用FILLFACTOR选项指定每一个叶级索引节点填充的
百分比。默认值是0，该数值等价于100。在创建索引的时候，内部索引节点总是留有一
定的空间，这个空间足够容纳一个或者两个表中的记录。在没有数据的表中，当创建索
引的时候，不要使用该选项，因为这时该选项是没有实际意义的。另外，该选项的数值
在创建时指定以后，不能动态地得到维护，因此，只在有数据的表中创建索引时才使用。

PAD_INDEX选项将FILLFACTOR选项的数值同样用于内部的索引节点，使内部的
索引节点的填充度与叶级索引节点中的填充度相同。如果没有指定FILLFACTOR选项，
那么单独指定PAD_INDEX选项是没有实际意义的，这是因为PAD_INDEX选项的取值
是由FILLFACTOR选项的取值确定的。

当创建聚集索引时，SORTED_DATA_REORG选项清除排序，因此可以减少建立聚
集索引所需要的时间。当在一个已经变成碎块的表上创建或者重建聚集索引时，使用
SORTED_DATA_REORG选项可以压缩数据页。当重新需要在索引上应用填充度时，也
可以使用该选项。当使用SORTED_DATA_REORG选项时，应该考虑以下一些因素。

- SQL Server确认每一个关键值是否比前一个关键值高，如果都不高，那么不能
  创建索引。
- SQL Server要求1.2倍的表空间来物理地重新组织数据。
- 使用SORTED_DATA_REORG选项，通过清除排序进程而加快索引创建进程。

- 从表中物理地拷贝数据，当某一个行被删除时，其所占的空间可以重新利用。
- 创建全部非聚集索引。
- 如果希望把叶级页填充到一定的百分比，可以同时使用FILLFACTOR选项和 SORTED_DATA_REORG选项。

7.6 维护索引

小天：在创建索引之后，由于频繁地对数据进行增加、删除、修改等操作使得索引页发生碎块，因此，必须对索引进行维护。我想这个应该不会是简单的删除和属性修改哦，最起码得有些可以对已有索引优化的工具吧？

老田：说的好，我们来看看针对维护索引的一些办法。这里说维护不是指单纯地修改、删除哦。

7.6.1 查看索引碎片

使用DBCC SHOWCONTIG语句可以显示表的数据和索引的碎块信息。当执行DBCC SHOWCONTIG语句时，SQL Server浏览叶级上的整个索引页，来确定表或者指定的索引是否严重碎块。DBCC SHOWCONTIG语句还能确定数据页和索引页是否已经满了。当对表进行大量的修改或者增加大量的数据之后，或者表的查询非常慢时，应该在这些表上执行DBCC SHOWCONTIG语句。当执行DBCC SHOWCONTIG语句时，应该考虑这些因素：当执行DBCC SHOWCONTIG语句时，SQL Server要求指定表的ID号或者索引的ID号，表的ID号或者索引的ID号可以从系统表sysindexes中得到；应该确定多长时间使用一次DBCC SHOWCONTIG语句，这个时间长度要根据表的活动情况来确定，每天、每周或者每月都可以。 执行后效果如图7-9所示。

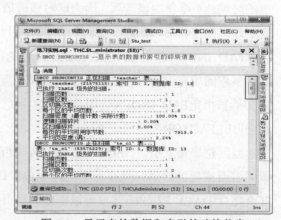

图 7-9 显示表的数据和索引的碎块信息

另外还有一种办法就是，直接在SQL Server Management Studio的"对象资源管理器"下面的"指定实例"展开"指定数据库"，再展开"表"目录，展开"指定的表"下面的"索引"目录，在要查看的索引上双击或者单击鼠标右键，在弹出的快捷菜单中选择

"属性"命令，然后切换到碎片
选项界面，如图7-10所示。

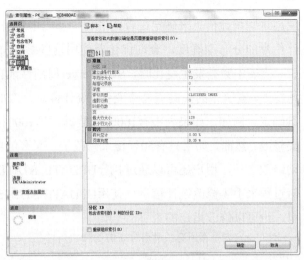

图 7-10　查看索引碎片

7.6.2　重建索引

使用DBCC DBREINDEX语句重建表的一个或者多个索引。当希望重建索引和当表
上有主键约束或者唯一性键约束时，执行DBCC DBREINDEX语句。除此之外，执行
DBCC DBREINDEX语句还可以重新组织叶级索引页的存储空间、删除碎块和重新计算
索引统计。当使用DBCC DBREINDEX语句时，应该考虑以下因素。

- 根据指定的填充度，系统重新填充每一个叶级页。
- 使用DBCC DBREINDEX语句重建主键约束或者唯一性键约束的索引。
- 使用SORTED_DATA_REORG选项可以更快地创建聚集索引，如果没有排列关
  键值，那么不能使用DBCC DBREINDEX语句。
- DBCC DBREINDEX语句不支持系统表。

另外，还可以使用数据库维护规划向导自动地进行重建索引的进程。

下面是一个使用 DBCC
DBREINDEX重建ZONE表中索引的
语句，执行效果如图7-11所示。

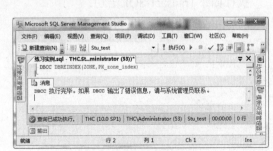

图 7-11　执行重建索引命令

7.6.3　统计信息

统计信息是存储在SQL Server中列数据的样本。这些数据一般被用于索引列，并且
还可以为非索引列创建统计。SQL Server维护某一个索引关键值的分布统计信息，并且

使用这些统计信息来确定在查询进程中哪一个索引是有用的。查询的优化依赖于这些统计信息的分布准确度。查询优化器使用这些数据样本来决定是使用表扫描还是使用索引。当表中数据发生变化时，SQL Server周期性地自动修改统计信息。索引统计被自动地修改，索引中的关键值显著变化。统计信息修改的频率由索引中的数据量和数据改变量确定。例如，如果表中有10000行数据，当1000行数据修改了，那么统计信息可能需要修改。然而，如果只有50行记录修改了，那么仍然保持当前的统计信息。除了系统自动修改之外，用户还可以通过执行UPDATE STATISTICS语句或者sp_updatestats系统存储过程来手工修改统计信息。使用UPDATE STATISTICS语句既可以修改表中的全部索引，也可以修改指定的索引。

```
--针对指定表更新所有关键值分布的信息
UPDATE STATISTICS ZONE
--针对指定表中的一个索引更新关键值分布的信息
UPDATE STATISTICS ZONE USER_ID_INDEX
```

使用SHOWPLAN_ALL和STATISTICS IO语句可以分析索引和查询性能。使用这些语句可以更好地调整查询和索引。SHOWPLAN_ALL语句显示在连接表中使用的查询优化器的每一步以及标明使用哪一个索引访问数据。使用SHOWPLAN_ALL语句可以查看指定查询的查询规划。当使用SHOWPLAN语句时，应该考虑这些因素。SET SHOWPLAN_ALL语句返回的输出结果比SET SHOWPLAN_TEXT语句返回的输出结果详细。然而，应用程序必须能够处理SET SHOWPLAN_ALL语句返回的输出结果。SHOWPLAN语句生成的信息只能针对一个会话。如果重新连接SQL Server，那么必须重新执行SHOWPLAN_ALL语句。

以下两个语句使用了SET SHOWPLAN_ALL设置，用于显示SQL Server在查询中分析和优化索引的方式。

执行如下Transact-SQL语句：

```
USE AdventureWorks;
GO
SET SHOWPLAN_ALL ON; --启用SHOWPLAN_ALL
GO
-- 第一个查询
SELECT EmployeeID
FROM HumanResources.Employee
WHERE NationalIDNumber = '509647174';
GO
-- 第二个查询
SELECT EmployeeID
FROM HumanResources.Employee
```

```
WHERE EmployeeID LIKE '1%';
GO
SET SHOWPLAN_ALL OFF; --关闭SHOWPLAN_ALL
GO
```

执行效果如图7-12所示。

第一个查询在WHERE子句中使用针对索引列的等于比较运算符（=）。从而在LogicalOp列内得到Clustered Index Seek值，在Argument列内产生索引名。

第二个查询在WHERE子句中使用LIKE运算符。这将强制SQL Server使用聚集索引扫描并查找满足WHERE子句条件的数据。从而在LogicalOp列内得到Clustered Index Scan值，在Argument列内生成索引名；在LogicalOp列内产生Filter值，在Argument 列内出现WHERE子句条件。

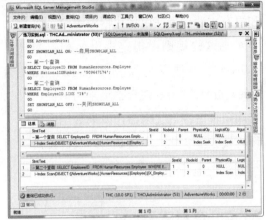

图 7-12　显示 SQL Server 在查询中分析和优化索引的方式

第一个索引查询的EstimateRows和TotalSubtreeCost属性中的值较小，这表示与非索引查询相比，该查询的处理速度快得多且使用的资源更少。

STATISTICS IO语句表明输入/输出的数量，这些输入/输出用来返回结果集和显示指定查询的逻辑的和物理的I/O信息。可以使用这些信息来确定是否重写查询语句或者重新设计索引。使用STATISTICS IO语句可以查看用来处理指定查询的I/O信息。

以下示例显示SQL Server处理语句时，进行了多少次逻辑读和物理读操作。

执行如下Transact-SQL代码：

```
USE AdventureWorks;
GO
SET STATISTICS IO ON;
GO
SELECT *
FROM Production.ProductCostHistory
WHERE StandardCost < 500.00;
GO
SET STATISTICS IO OFF;
GO
```

执行后切换到“消息”选项卡，看到效果如图7-13所示。

就像SHOWPLAN语句一样，优化器隐藏也用来调整查询性能。优化器隐藏可以对查询性能提供较小的改进，并且如果索引策略发生了改变，那么这种优化器隐藏就毫无用处了。因此，限制使用优化器隐藏，这是因为优化器隐藏更有效率和更有柔性。当使用优化器隐藏时，需要考虑这些规则：指定索引名称、当index_id为0时表示使用表扫描；当index_id为1时表示使用聚集索引。优化器隐藏覆盖查询优化器，如果数据或者环境发生了变化，那么必须修改优化器隐藏。

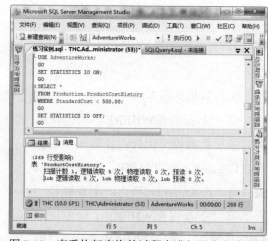

图 7-13　查看执行查询的过程中进行了多少次逻辑读和物理读操作

7.6.4　查看索引

在SQL Server Management Studio中直接查看的方法我就不说了，直接看下如何使用系统内置存储过程查看吧。比如我们查看stu_test数据库中的ZONE表下面的索引，如图7-14所示。

从图7-14中可以看出什么？三列分别是：索引名字、索引描述和索引基于的列。

还有种看得更加详细的办法，那就是使用SELECT从系统信息中查询，如图7-15所示。

图 7-14　查看表中的索引信息

图 7-15　使用 SELECT 查看索引信息

7.6.5　修改索引

接着说修改。其实可修改的并不多，通过禁用、重新生成或重新组织索引，或通过设置索引的相关选项修改现有的表索引或视图索引。

重新生成索引：重新生成索引将会删除并重新创建索引。这将根据指定的或现有的填充因子设置压缩页来删除碎片、回收磁盘空间，然后对连续页中的索引行重新排序。

如果指定ALL，将删除表中的所有索引，然后在单个事务中重新生成。FOREIGN KEY
约束不必预先删除。重新生成具有128个区或更多区的索引时，数据库引擎延迟实际的
页释放与其关联的锁，直到事务提交。

例如重新生成前面创建索引章节的实例在Stu_test数据库中的Zone表创建的那个索
引USER_ID_INDEX，代码如下：

```
ALTER INDEX USER_ID_INDEX ON ZONE
REBUILD;
```

再展示一个带选项的，代码如下：

```
ALTER INDEX ALL ON ZONE                 --重新生成ZONE表中的全部索引
REBUILD WITH (FILLFACTOR = 80           --指定填充因子，注意这里是使用百分比，这里是%
          , SORT_IN_TEMPDB = ON  --指定是否在tempdb 中存储排序结果，默认为OFF
          , STATISTICS_NORECOMPUTE = ON
                              --指定是否重新计算分发统计信息。默认值为OFF
          );
```

小天：我要重新设置索引的选项，也都要重新生成吗？我刚才把REBUILD删除，
想直接设置选项都不行。

老田：不用，看下面这个实例为索引USER_ID_INDEX设置了几个选项：

```
ALTER INDEX USER_ID_INDEX ON  ZONE
SET (
   STATISTICS_NORECOMPUTE = ON,   --指定是否重新计算分发统计信息
   IGNORE_DUP_KEY = ON,                --指定当对多行插入事务中出现重复键值时的错误响
                                       --应。默认值为OFF
   ALLOW_PAGE_LOCKS = ON               --指定是否允许页锁。默认值为ON
   ) ;
```

下面的示例禁用了对ZONE表的非聚集索引。

```
ALTER INDEX USER_ID_INDEX ON ZONE
DISABLE ;
```

相 应 的 启 用 使 用 ALTER INDEX REBUILD 或 CREATE INDEX WITH
DROP_EXISTING，例如：

```
ALTER INDEX USER_ID_INDEX ON ZONE
REBUILD ;
```

小天：快看我这里，如图7-16所示。

老田：这是因为禁用了基于主键创建的索引，所以它会同时禁用索引和上面的所有
约束。详细解释请继续看下面的"删除索引"小节。

最后还有一个修改索引名字，代码如下：

```
SP_RENAME 'ZONE.USER_ID_INDEX','USER_ID_INDEX_NEW'
```

执行后会出现警告，如图7-17所示。

想想为什么会出现这个提示？

图 7-16　禁用了基于主键的索引

图 7-17　修改索引名字

7.6.6　删除索引

删除索引直接使用DROP INDEX即可。

小天：我有个问题，从前就想问，我们总删除东西，但是却从来没有考虑过万一要删除的对象不存在咋办？

老田：还从前，晕倒。这个问题确实很严重，其实很简单，就是一个EXISTS关键字就可以判断了。例如要删除前面章节中创建的USER_ID_INDEX这个索引，代码如下。

```
--判断对象是否存在
IF EXISTS(SELECT NAME FROM SYSINDEXES WHERE NAME='USER_ID_INDEX')
--存在则执行下面的语句删除
    DROP INDEX USER_ID_INDEX ON ZONE WITH ( ONLINE = OFF )
ELSE                                --否则
    PRINT 'USER_ID_INDEX1不存在' --打印提示信息
GO
```

使用的时候可以带的选项包括MAXDOP、ONLINE和MOVE TO三个，下面分别进行解释。

MAXDOP = max_degree_of_parallelism：在索引操作期间覆盖"最大并行度"配置选项。空间索引或XML索引不允许使用MAXDOP。max_degree_of_parallelism可以是：

- 1：取消生成并行计划。
- >1：将并行索引操作中使用的最大处理器数量限制为指定数量。
- 0（默认值）：根据当前系统工作负荷使用实际的处理器数量或更少数量的处理器。

ONLINE = ON | OFF：指定在索引操作期间基础表和关联的索引是否可用于查询和数据修改操作。默认值为OFF。只能在删除聚集索引时指定ONLINE选项。

- ON：不保留长期表锁。这样便允许继续对基础表进行查询或更新。

- OFF：应用表锁，该表在索引操作期间不可用。

MOVE TO { partition_scheme_name (column_name) | filegroup_name | "default" }：指定一个位置，以移动当前处于聚集索引叶级别的数据行。数据将以堆的形式移动到这一新位置。可以将分区方案或文件组指定为新位置，但该分区方案或文件组必须已存在。MOVE TO对索引视图或非聚集索引无效。如果未指定分区方案或文件组，则生成的表将位于为聚集索引定义的同一分区方案或文件组中。如果使用MOVE TO删除了聚集索引，则将重新生成所有对基表的非聚集索引，但这些索引会保留在其原始文件组或分区方案中。如果基表移动到其他文件组或分区方案中，这些非聚集索引不会通过移动来与基表（堆）的新位置一致。因此，即使非聚集索引以前与聚集索引对齐，它们也可能不再与堆对齐。

删除索引需要注意以下事项。

- 删除非聚集索引时，将从元数据中删除索引定义，并从数据库文件中删除索引数据页（B树）。删除聚集索引时，将从元数据中删除索引定义，并且存储于聚集索引叶级别的数据行将存储到生成的未排序表（堆）中。将重新获得以前由索引占有的所有空间。此后可将该空间用于任何数据库对象。
- 如果索引所在的文件组脱机或设置为只读，则不能删除该索引。
- 删除索引视图的聚集索引时，将自动删除同一视图的所有非聚集索引和自动创建的统计信息。手动创建的统计信息不会被删除。
- 保留了语法table_or_view_name.index_name，以便向后兼容。XML索引或空间索引无法使用向后兼容的语法删除。
- 删除带有128个或更多区数的索引时，数据库引擎将延迟实际页释放及其关联的锁，直到提交事务为止。
- 有时，删除并重新创建索引以重新组织或重新生成索引，例如在大容量加载之后应用新的填充因子值或重新组织数据。若要执行该操作，使用ALTER INDEX更为有效，尤其是对于聚集索引而言。ALTER INDEX REBUILD具有优化功能，可避免重新生成非聚集索引所造成的开销。

小天：我这里错了，删除不了，效果如图7-18所示。

老田：下面不是都说清楚了嘛，因为此索引正用于PRIMARY KEY强制执行。如果你一定要删除，就得先删除主键约束。不过删除主键约束的时候可能又会遇到另外一个问题，就是这个主键还有外键约束，那么就得先删除外键约

图 7-18 删除主键间接生成的索引

束，例如看到如下错误提示。关于删除约束请参考本书第5章"约束"部分。

消息3725，级别16，状态0，第5 行

约束'PK__zone__1920BF5C' 正由表'zone' 的外键约束'FK__zone__z_id__1A14E395' 引用。

消息3727，级别16，状态0，第5 行

未能删除约束。请参阅前面的错误信息。

小天：明白了，我刚才删除主键的时候就遇到了。另外还有一个问题，如果一个数据库中有很多索引，事实上这也确实可能，有办法批量删除吗？

老田：很简单，语法如下：

```
DROP INDEX
    索引 ON 该索引所在表,    --注意这里是用逗号分隔的
    索引 ON 该索引所在表;
GO
```

小天：哎，这个删除索引页太不好了，如果我要删除索引就得删除约束，假设某表的主键一共有100个外键约束，我就得删除100次，删除还好说，问题是删除完了还得重新建，这太麻烦了。

老田：其实也不用都删除啊，可以禁用。如下示例通过禁用PRIMARY KEY索引来禁用PRIMARY KEY约束。对基础表的FOREIGN KEY约束自动被禁用，并显示警告消息，如图7-19所示。

小天：不错，不错，禁用一个则相关的都一起禁用了。但是，如何启用呢？

老田：下面的例子就是，如图7-20所示。

图7-19　禁用约束

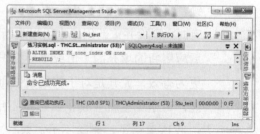

图7-20　启用约束

本 章 小 结

本章对数据的存储结构，索引的结果做了比较深入的解释。但因为本章内容太过抽象，所以可能会让初学者感觉很头疼、很晕。事实上大可不必如此，如果本章你实在无法一下都理解了，那么请尽量熟悉我们提到的那些优缺点和注意事项，然后熟悉创建、

维护等的语法，在以后的每次建表练习中都尽量将此知识点加入进去，多练习，很多知识点自然就清晰明白了。下面对本章的内容再做一次提炼。

数据库中的索引与书籍中的索引类似。在一本书中，利用索引可以快速查找所需信息，无须阅读整本书。在数据库中，索引使数据库程序无须对整个表进行扫描，就可以在其中找到所需数据。书中的索引是一个词语列表，其中注明了包含各个词的页码。而数据库中的索引是一个表中所包含的值的列表，其中注明了表中包含各个值的行所在的存储位置。可以为表中的单个列建立索引，也可以为一组列建立索引；索引采用B树结构。索引包含一个条目，该条目有来自表中每一行的一个或多个列（搜索关键字）。B 树按搜索关键字排序，可以在搜索关键字的任何子词条集合上进行高效搜索。例如，对于一个A、B、C列上的索引，可以在A以及A、B和A、B、C上对其进行高效搜索。

SQL Server中管理的最小单位是页，占用8KB的空间。数据的存放是没有逻辑顺序的，所以，当数据堆满一些，数据库就将其存放到另外一页。

索引可以提高系统的性能它有以下优点。

（1）唯一索引可以保证行的唯一。

（2）加快检索速度。

（3）加速表之间的连接，实现数据的参照完整性。

（4）使用ORDER BY/GROUP BY可以加快分组和排序的速度。

（5）使用索引进行查询的过程中可以使用优化隐藏器以提高系统性能。

但是索引的创建和维护耗费时间；索引需要占用物理空间；当表进行INSERT、UPDATE、DELETE操作时；需要对INDEX进行维护，降低了数据库的维护速度。

创建索引的原则如下。

（1）在经常进行搜索的列上创建索引。

（2）在作为主键的列上创建索引。

（3）在一些外键上创建索引。

（4）在经常需要排序的列上创建索引。

（5）在需要根据范围进行搜索的列上创建索引。

（6）在用于WHERE子句的列上创建索引。

不需要创建索引的情况如下。

（1）在查询中很少用到或参考的列。

（2）值很少的列。

（3）定义为text、image、bit的列。

（4）需要UPDATE的性能要求大于对SELECT的性能要求。

索引类型如下。

（1）聚集索引：数据库表的物理顺序和索引的顺序相同。

① 树状结构，叶子节点为数据页。

② 每个表只有一个。

③ 表的物理顺序和索引行的物理顺序相同。

④ 使用UNIQUE。

⑤ 平均大小为表的5%。

⑥ 创建索引时临时使用当前数据库的磁盘空间，聚簇所需的临时空间是表的1.2倍。

（2）非聚集索引：与聚集索引的结构类似，但也有不同。

① 默认情况下为非聚集索引。

② 一个表最多为249个非聚集索引。

③ 索引页只包含索引的关键字，不包含实际数据。

问　题

1．用一句话概括索引的优缺点。

2．使用索引的目的是什么？

3．当删除索引时，所在表中对应的数据也会被删除吗？

4．使用Transact-SQL新建数据库、表，并基于表完成索引的创建、修改、维护（不同于修改）和删除。

5．如何启用被禁用的约束？

6．索引的碎片是怎么产生的？如何查看？如何处理？

7．堆结构的特点是什么？

8．简述聚集索引、非聚集索引以及它们之间的优缺点。

第8章 视 图

| 学习时间：第十三天 | 地点：小天办公室 | 人物：老田、小天 |

本章要点

- 为什么要用视图

- 视图的概念

- 视图的特点和类型

- 使用 Transact-SQL 创建、查看、使用、修改和删除视图

- 使用 SQL Server Management Studio 创建、查看、修改和删除视图

- 视图加密

- 通过视图对数据进行增、删、改

本章学习线路

本章从多表连接查询带来的效率问题引入一个需要使用视图的情况，接着解释什么是视图，视图有什么样的特点以及分类。然后就是使用Transact-SQL和SQL Server Management Studio创建、查看、使用、修改和删除视图，紧接着是对视图加密，最后是创建索引视图。

知识回顾

小天：哎呀，昨天那个索引真是学得人头疼啊。不过我按照你给的描述、图和第7章最后的简要总结结合自己在纸上画的草图来理解。

索引分为聚集索引、非聚集索引两种。聚集索引一张表只允许有一条，通常在创建主键的时候系统会同时创建；一般我们用CREATE INDEX创建，默认都是创建非聚集索引。

最后我得出以下几条结论。

- 索引对检索数据的性能有很大提升。
- 索引对维护数据，比如INSERT、UPDATE、DELETE等操作的性能会有拖累。
- 基于以上两条的原因，创建索引最好是在主键、外键和能够被用到WHERE条件的列和要分组、排序的列上。
- 对于值太多（varchar(max)，image，TEXT，NVARCHAR（MAX）这些类型）、太少（bit类型）、常常有null值这样的列最好不要创建索引。
- 不要对维护还比查询多的列创建索引。

老田：既然你都自己画上草图了，那就用形象点的比喻来说说。

小天：数据库中的索引与书籍中的索引类似。在一本书中，利用索引可以快速查找所需信息，无须阅读整本书。在数据库中，索引使数据库程序无须对整个表进行扫描，就可以在其中找到所需数据。书中的索引是一个词语列表，其中注明了包含各个词的页码；而数据库中的索引是一个表中所包含的值的列表，其中注明了表中包含各个值的行所在的存储位置。

8.1　概　述

描述几个需要更好实现来改变的现状，这也侧面说明了为什么需要使用视图。

8.1.1　为什么需要视图

小天：你不是一直强调，学习新知识的时候一定要尽量将以前学过的旧的知识融合起来，这样才不会学了新的忘了旧的。我昨天练习连接查询的时候想到一个问题：在连接查询的时候条件不再是单一的某列等于某值，而是常常需要A表的某列等于B表的某列，这样做的时候，索引还有用吗？当然这个是小问题，反正都是查询。倒是另外还有以下几个比较严重的问题。

第一个问题，你看我们创建表的时候，为了业务逻辑清晰，通常都是一个对象抽象成一张表，而对象之间的关系则体现为表之间的主外键关联。可是这些对象的信息往往需要同时显示，于是又学习了连接查询、联合查询、子查询等技术来解决这个问题。问题确实得到圆满解决，不过查询数据的人却惨了，每次都要写那么复杂的SQL语句，太累了。有没有什么办法可以将一些常常要用的对象组合起来？其实我还想过另外一种解决办法，就是定时地将需要同时显示在一个结果集的数据查询出来，然后同时创建一张表批量插入数据。但是在学习这个方法的时候你却说过尽量不要这样做，而且这样做最大的问题是，数据无法随时保证同步。

第二个问题，现在的程序越做越大了，我希望在一个系统中，不同的数据库对象分配给不同的管理员来管理，可是有时候需要查看，也仅需要查看其他管理员管理的数据，这个时候就为难了，设置权限的时候哪能想得这么周全啊。

第三个问题，每次都去联合几张表的数据，仅仅是这条SQL语句就很长，更不用说每次查询都需要系统去重新编译一次，如果是一个大型系统，随时都要查询数据，那效率岂不低级了，咋整？

8.1.2　什么是视图

老田：你上面的问题我总结下，如果有一样东西具备存储你那些复杂的SQL语句功能，最好每次调用的时候都可以根据数据库中的表来获取最新的结果集，再将这个结果集像真正的数据表一样地展示，最好是能够看见数据但又只能修改属于自己的那部分内容。

小天：对，还有，它不但要像表一样地展示，还应该可以像查询表一样来检索这个虚拟表的数据，那就完美了，因为我想连接多张表，都显示全部的字段，以后查询的时候直接在这个已经连接好的结果集中再次用Transact-SQL语句筛选即可。

老田：在很久很久以前，SQL Server的一项最新研发成果横空出世，IT江湖中人称之为"视图"，可以解决这些问题，下面做个大概的解释。

视图是一个虚拟表，其内容由查询定义。同真实的表一样，视图包含一系列带有名称的列和行数据。视图在数据库中并不是以数值存储集形式存在，除非是索引视图。行和列数据来自由定义视图的查询所引用的表，并且在引用视图时动态生成。

对其中所引用的基础表来说，视图的作用类似于筛选。定义视图的筛选可以来自当前或其他数据库的一个或多个表，或者其他视图。分布式查询也可用于定义使用多个异类源数据的视图。例如，如果有多台不同的服务器分别存储您的单位在不同地区的数据，而您需要将这些服务器上结构相似的数据组合起来，这种方式就很有用。

通过视图进行查询没有任何限制，通过它们进行数据修改时的限制也很少。

> 小提示：在上一章的练习中，可能将在第6章准备工作中创建的那个STU_TEST数据库关系和索引弄乱了，建议先恢复这个数据库到第6章的状态。恢复的方式有两种：第一种是删除这个数据库，然后再重新创建，并插入基本的测试数据。第二种是在SQL Server Management Studio→对象资源管理器→展开STU_TEST数据库→数据库关系图→新建数据库关系→图将全部的表添加进去→检查并修复表之间的关系。自己试试，如果不会就参考本书4.7.2小节。

接下来使用第6章准备工作中创建的那个STU_TEST数据库来做一个实例，创建一个显示学生姓名和所在班级名称的视图。如果你不确定是否用连接查询还写得出这个效果的话，建议马上试一下（要抓住一切机会复习前面学习的东西）。最终效果如图8-1所示。

小天：恩，跟我自己做的连接查询效果差不多。按照你上面所述，我这样理解：

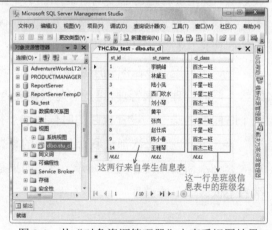

图8-1 从"对象资源管理器"中查看视图结果

（1）视图只是存储在系统数据库中的一条查询语句，而检索出来的结果集显示成一张虚拟表。换句话说，这些数据行并未保存。

（2）随时去查询这张虚拟表都应该是几张表中的最新记录，而不会出现滞后。

（3）既然是虚拟表，则在SQL Server系统中存储的就只有检索出这个视图的那条Transact-SQL语句了，而不会保存数据。简言之，视图是不会占用数据空间的。

（4）你上面还说可以对视图直接进行查询，也就是说，这张虚拟表其实还是可以当实际存在的表来使用的。

你看我总结得正确吗？

老田：70%正确了，还有30%咱们来解释。

首先，视图是查看数据库表中数据的一种方式。视图提供了存储预定义的查询语句作为数据库中的对象备后用。视图是一种逻辑对象，是虚拟表，除非索引视图，否则视图不占物理存储空间。在视图中被查询的表称之为基表，大多数的SQL语句都可被用于视图。

通常的，视图中的内容如下。

- 基表中的列，因为视图本身就是连接查询产生的结果集。
- 多表联合查询使用的SELECT语句，当然，也可以是单表查询的语句，前提是你真得很无聊。
- 基表的汇总数据，这个是说，查询使用的SELECT语句并不仅仅用来查询数据，还可以进行更加复杂的运算。
- 可以是基表和视图的混合查询语句。也就是说，一个视图可能已经是多张基表的联合查询，但是仍然可以把视图当成一张真正的表一样和其他基表再次联合查询。
- 和上一条一样，视图可以是嵌套查询，也就是说，可以在多张视图的基础上再次做新的视图。

一个视图中可以包含1024个列，当然这些列可以是一张基表的列，也可以是多张基表的列。对于数据行的数量则没有限制。

视图可以分为三种，即标准视图、索引视图和分区视图。一般情况下，我们说的视图都是指标准视图，它是一个虚拟表，不占物理存储空间。如果要提高对视图进行查询的效率，可以使用索引视图。索引视图是被物理化的视图，它包含经过计算的物理数据。通过使用分区视图，可以连接一台或者多台服务器中的表对象中的数据，使这些数据看起来像来自一张表。

8.2　视图的优缺点

通过上面的介绍，我想你基本上已经清楚了视图到底是什么以及有什么用处。接下来看看视图的优缺点，先说优点吧。

- 数据保密：通过对不同的用户设置不同的视图，使数据的安全得到保证。
- 数据简化操作：如果让你一次去连接10张表，这已经和痛苦没有多大关系了，更多的是如何保证逻辑正确，但是通过视图则可以尽量简化逻辑。
- 保证数据的逻辑独立性：因为我们的操作都仅仅是调整视图使用的SELECT语

句，对于基表的结构，则一般不会去碰。

- 由于可以将视图当成一张表来使用，所以针对视图再进行查询就简单多了。

小天：我觉得你上面说的这些优点，其实都是针对查询来的，我想和索引一样，视图的缺点也来自于对数据的增、删、改吧？

老田：是的，所以说这些缺点其实也不算是缺点，充其量算是提醒或者注意。为什么这样说呢？因为我们对视图不仅仅是可以把它当成表对象一样执行SELECT检索，同样也可以进行增、删、改。而我们对视图发出的增、删、改其实最终都是对基表的操作。因为视图本身只是将创建视图的SELECT语句的结果集模拟成一张表而已。

不过有些视图是根本不允许增、删、改的。

小天：为什么不允许更新数据？不允许更新的视图都有些什么特征？

老田：因为无从更新。下面来看具备如下特点的视图：

- 有UNION等集合操作符；
- 有GROUP BY子句的；
- 有聚合函数，比如MAX、AVG、SUM等；
- 有DISTINCT关键字；
- 连接表的视图（这个也有例外，后面详细讲解）。

小天：其实我觉得直接说不能对视图进行更新还好点，最起码不让人去瞎折腾，你看，上面这几条，有GROUP BY子句和聚合函数的视图这两个我都能够理解，毕竟数据已经经过处理了，而并非原来的那些列，所以不准更新。而UNION等集合操作符的和连接表的视图，这两个我也可以理解，毕竟面对多表，这确实让人头疼，因为一次去更新多表的话，稍不注意就可能将几张基表中的书籍搞得乱七八糟。可为什么DISTINCT关键字的视图也不能更新呢？

老田：其实有DISTINCT关键字的更麻烦，因为SQL Server在处理查询语句的时候，当遇到DISTINCT关键字时，即建立一个中间表。然后以SELECT子句中的所有字段建立一个唯一索引，接着将索引用于中间表，并把索引中的记录放入查询结果中。这样就消去了重复记录，但是当SELECT子句中的字段很多时，这一过程会很慢。

小天：哎，一句话归总，用视图你就最好只想着如何对检索数据有利，而别老想着利用视图是更新数据，如果一定要，那就是你的不对了。

8.3 创 建 视 图

老田：也不是你说的这样，等我们创建完视图就会演示如何使用视图了。下面首先要看的是创建视图的N项基本原则。

8.3.1　创建视图的基本原则

- 只能在当前数据库中创建视图。但是，如果使用分布式查询定义视图，则新视图所引用的表和视图可以存在于其他数据库甚至其他服务器中。

- 视图名称必须遵循标识符的规则，且对每个架构都必须唯一。此外，该名称不得与该架构包含的任何表的名称相同。

- 可以对其他视图创建视图。Microsoft SQL Server允许嵌套视图，但嵌套不得超过32层。根据视图的复杂性及可用内存，视图嵌套的实际限制可能低于该值。

- 不能将规则或DEFAULT定义与视图相关联，因为不管怎样视图仍然不是表。

- 不能将AFTER触发器与视图相关联，只有INSTEAD OF触发器可以与之相关联。

- 定义视图的查询不能包含COMPUTE子句、COMPUTE BY子句或INTO关键字。

- 定义视图的查询不能包含ORDER BY子句，除非在SELECT语句的选择列表中还有一个TOP子句，因为视图的使用方法就是假装它是表，所以还是利用SELECT语句来查询使用视图。

- 定义视图的查询不能包含指定查询提示的OPTION子句。

- 定义视图的查询不能包含TABLESAMPLE子句。

- 不能为视图定义全文索引。

- 不能创建临时视图，也不能对临时表创建视图。

- 不能删除参与到使用SCHEMABINDING子句创建的视图中的视图、表或函数，除非该视图已被删除或更改而不再具有架构绑定。另外，如果对参与具有架构绑定的视图的表执行ALTER TABLE语句，而这些语句又会影响该视图的定义，则这些语句将会失败。

- 如果未使用SCHEMABINDING子句创建视图，则对视图下影响视图定义的对象进行更改时，应运行sp_refreshview，否则，当查询视图时，可能会生成意外结果。

- 尽管查询引用一个已配置全文索引的表时，视图定义可以包含全文查询，但仍然不能对视图执行全文查询。

- 下列情况必须指定视图中每列的名称。

  - 视图中的任何列都是从算术表达式、内置函数或常量派生而来，为什么这里必须制定列名呢？因为我们在使用视图的时候要查询这个列，所以它必须有个名字。

  - 视图中有两列或多列源列具有相同名称（通常由于视图定义包含联接，因此来自两个或多个不同表的列具有相同的名称）。

> ➢ 希望为视图中的列指定一个与其源列不同的名称（也可以在视图中重命名列）。无论重命名与否，视图列都会继承其源列的数据类型。其他情况下，无须在创建视图时指定列名。SQL Server会为视图中的列指定与定义视图的查询所引用的列相同的名称和数据类型。选择列表可以是基表中列名的完整列表，也可以是其部分列表。

若要创建视图，您必须获取由数据库所有者授予的此操作执行权限，如果使用SCHEMABINDING子句创建视图，则必须对视图定义中引用的任何表或视图具有相应的权限。

默认情况下，由于某一行数据通过视图进行添加或更新，当这一行数据不再符合定义视图的查询的条件时，它们即从视图范围中消失。例如，创建一个定义视图的查询，该视图从表中检索员工的薪水低于8000的所有行。如果员工的薪水涨到10000，因其薪水不符合视图所设条件，查询时视图不再显示该特定员工。但是，WITH CHECK OPTION子句强制所有数据修改语句均根据视图执行，以符合定义视图的SELECT语句中所设条件。如果使用该子句，则对行的修改不能导致行从视图中消失。任何可能导致行消失的修改都会被取消，并显示错误。

8.3.2 使用 SQL Server Management Studio 创建视图

小天：老田，我记得你曾说过后面都不再讲怎么用SQL Server Management Studio 创建了，对吧？不过我刚才试了半天，没有搞出来啊，这个，是不是还得再讲下啊？

老田：好吧。打开"对象资源管理器"，找到"指定的SQL Server实例"，展开"数据库"节点下面指定的数据库，在"视图"节点上单击鼠标右键，在弹出的快捷菜单中选择"新建视图"命令，如图8-2所示。

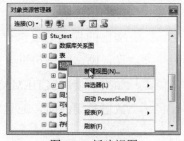

图 8-2　新建视图

打开如图8-3所示的界面，一共有4个窗格和一个弹出对话框，分别是"关系图"窗格、"条件"窗格、"脚本"窗格和"结果"窗格。事实上在设计查询、内嵌函数或单语句存储过程时都会使用到这个窗口。

小天：你还是给我讲讲这几个窗格和对话框的意思，就是这里我挺迷糊的。

老田：好吧，下面我们分别解释下，反正对基础解释的越详细，以后学深入的知识就更容易了。

"添加表"对话框：使用此对话框可以向查询或视图中添加表、视图、用户定义函数或同义词。

- "表"选项卡：列出可以向"关系图"窗格中添加的表。
- "视图"选项卡：列出可以向"关系图"窗格中添加的视图。如果已经定义有视图，在这里可以看得见，这样就是做嵌套视图了。
- "函数"选项卡：列出可以向"关系图"窗格中添加的用户定义函数。
- "同义词"选项卡：列出可以向"关系图"窗格中添加的同

图 8-3　创建视图窗口

义词（仅适用于SQL Server 2005及以上版本，SQL Server 2000没有这一项）。

- "刷新"按钮：更新该列表以包含自上次检索该列表以来对数据库做出的所有更改。
- "添加"按钮：可以通过双击要添加的对象，也可以选中一个或者多个对象，之后单击"添加"按钮。

"关系图"窗格：显示正在查询的表和其他表值对象。每个矩形代表一个表或表值对象，并显示可用的数据列。联接是用矩形之间的连线来表示。

"条件窗格：包含一个类似于电子表格的网格，在该网格中可以指定相应的选项，例如要显示的数据列、要选择的行、行的分组方式等。

"脚本"窗格：显示查询或视图的SQL语句。您可以对由设计器创建的SQL语句进行编辑，也可以输入自己的SQL语句。对于输入不能用"关系图"窗格和"条件"窗格创建的SQL语句（例如联合查询），此窗格尤其有用。

"结果"窗格：显示一个网格，用来包含查询或视图检索到的数据。在查询和视图设计器中，该窗格显示最近执行的SELECT查询的结果。可以通过编辑网格单元格中的值来修改数据库，并可以添加或删除行。

可以通过在任意一个窗格中进行操作来创建查询或视图：通过以下方法可以指定要显示的列，在"关系图"窗格中选择该列，在"条件"窗格中输入该列，或者在SQL窗格中使其成为SQL语句的一部分。

小天：原来如此，这么多窗格，我想隐藏一两个该怎么做？

老田：若要隐藏窗格或显示不可见的窗格，鼠标右键单击设计图面，指向"窗格"，再单击窗格的名称。如果在查询设计器模式下打开了查询和视图设计器，则不会显示"结果"窗格。

接下来要做的是添加表。添加表可是有学问的哦，来添加一个学生信息表和一个地区表，注意顺序，添加完成后看下面自动生成SQL语句。还没有列，上面说了，添加列的方式可以是直接在"关系图"窗格中的对象中选中列前面的复选框。还有个办法就是自己在"条件"窗格中直接添加列。接下来要考虑的就是需要这个视图中显示哪些信息，我这里就显示学生的学号、姓名、所在班级、所在地区和地区的ID，注意顺序，如图8-4所示。

图 8-4　创建视图

中间还要做什么就是你自己的事了，比如如何增加WHERE条件、如何添加排序规则、如何做分组等，都可以在这里生成。最后一步就是单击图8-4中工具栏上看到的那个"保存"按钮（红线框了的那个），或者在SQL Server Management Studio的"文件"菜单下面有个"保存"命令。接着在弹出的对话框中输入视图名称，然后保存。这样一个视图就创建好了。

小天：再创建一个视图和表混合的吧。基于表创建视图我基本上明白了，现在对基于视图创建还有点迷糊。

老田：好吧，上面这个视图保存为STU_ZONE吧。下面再创建一个视图，基于前面这个视图和数据库中的班级表（CLASS）来创建一个表和视图混合的视图，名字为"STU_CL"，在添加的时候首先需要在添加表对话框中找到CLASS表添加上去，然后再切换到"视图"选项卡，如果看不到"STU_ZONE"这个视图，就刷新一下（如果刷新也没有，就说明你上面这个例题并没有做成功），然后添加到"关系图"窗格中，如图8-5所示。

注意图8-5中我用红线标注的地方，在"关系图"窗格中的两个标注是希望你注意，这里一个是表，另外一个是视图。下面"结果"窗格中是希望你注意列的顺序。顺便要提示的是，这个视图中，我没有改动过SQL脚本和列的顺序，就是在上面的表中按照顺序勾选的。另外一点要说的就是，你可能发现了，用视图创建视图（把已经创建好的视图作

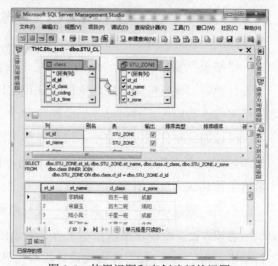

图 8-5　使用视图和表创建新的视图

为一个基本对象与其他视图或者表一起来创建新的视图）和用表创建视图基本上没有什么区别。不过也许有些不同，你自己练习总结下。

8.3.3　使用 Transact-SQL 命令创建视图

小天：我分别用一个表、两个表、三个表、表和视图混合、单纯两个视图等条件创建了一共10个视图，把聚合函数、分组、排序、WHERE条件都用上了。感觉上差不多了，而且发现一个可以偷懒的方法：以后我要是写比较复杂的SQL语句时就到这里来，呵呵。但是有个问题，这个不像以前那些向导可以生成对应的创建用的SQL语句。

老田：确实，我就经常这样搞，而且同样的方法在Microsoft Visual Studio 2005和2008里面都可以用。对于生成对应的创建视图的SQL语句其实很简单，不用它帮忙生成也行，看下面这个例题，和8.3.2小节中使用SQL Server Management Studio创建的那个视图完全一样的SQL语句生成一个名为STU_ZONE的视图，Transact-SQL代码如下：

```
USE Stu_test
GO
CREATE VIEW STU_ZONE
AS
SELECT studio.st_id, studio.st_name, studio.cl_id, zone.z_zone, zone.id
FROM   studio INNER JOIN zone
ON     studio.z_id = zone.id
```

上面的创建语法很简单吧，总结如下：

```
CREATE VIEW 视图名
AS
查询语句
```

小天：哇，这个太简单了，看我的……哦，错了，如图8-6所示。

老田：首先看你的SQL语句，检索的列名用的是"*"号，也就是说，所有参与查询的表中的列名字都沿用基表中的名字。再想想你所用到的这两张表中，是不是都有一个字段叫"cl_id"？还有另外一个问题，视图以后将被当成表来使用，那么就得像表的样子，最起码你应该知道，一个表中的列是不允许重名的。

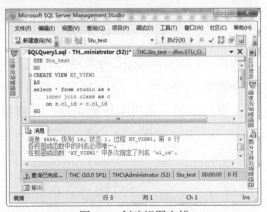

图 8-6　创建视图出错

小天：我明白了，如果两张表中有同名的字段，那么创建字段的时候就必须显式地为两个字段重新起个名字。

老田：是的，另外我不建议使用"*"号创建视图，因为有个比较严重的问题：如果使用"*"号创建的视图基表结构改变了，那么被改变的列是不会自动出现在视图中的，比如在基表中增加一个列或者修改了某个列的名字。所以如果你用"*"号的目的是为了偷这个懒的话，劝你还是省省心。

小天：我用"*"号的目的还真是这个，哈哈。不过你这样一说，我觉得这懒我是偷不上了，但是有个问题啊，如果以后这样创建了视图，然后又修改了基表，但是最后却忘记修改视图了。按照你所说，这肯定会出问题，咋办？

老田：其实有办法。可以在定义视图的时候使用WITH SCHEMABINDING关键字将视图定义为索引视图。这样做的后果就是不能修改基表，如果一定要修改的话，就得先删除视图。这种情况适合于视图和基表必须紧密结合的情况。定义的语法如下：

```
CREATE VIEW 视图名
WITH SCHEMABINDING
AS
查询语句
```

我觉得吧，估计增、删、查、改这几种查询语句都可以创建视图，不知道行不行，要不你现在马上试试？

8.4　使用视图

小天：试试这个没有问题，回头我就试，不过现在我迫切想知道如何使用视图？上面我已经尝试了在视图的基础上再创建嵌套视图，所以也算是使用了一次了。总之，对于创建视图，我肯定是入门了，但是现在不是迫切深入的时候，应该是教我怎样使用视图，否则我完全找不到成就感，那学习起来还有什么意思啊，学习就是要收获并快乐着嘛！

老田：对，这其实也是学习的最高境界，这个世界上单靠毅力坚持自学并出大成绩的人很少。如果你现在已经学得比较痛苦了，那么赶紧停下来，靠着前面已经学到的东西开始学习C#编程了，因为短期内做出些作品那才会让你很容易找到自信。

回到正题，相对于检索来说，你将视图当作表就OK了。比如就从上面创建的STU_CL视图（见图8-5）中查询班级编号为"3"的班，Transact-SQL语句如下：

```
USE Stu_test
GO
SELECT * FROM STU_CL WHERE CL_ID=3
```

小天：老田，好歹你也为人师表，还写书，为什么一定要忽悠我呢？按你的写怎么却错了，如图8-7所示。

老田：嘿嘿，不好意思，我记错了，本来这样写确实没有问题，但是我忘记了，在STU_CL这个视图中没有CL_ID这个列。看来创建这个视图的时候还是考虑不周啊。咋整啊，看来只有修改视图了。

小天：接着忽悠，反正我觉得视图肯定不是这样使用的，要是你觉得一定可以，那我们视图中不是有班级名（cl_class）这个列嘛，你用这个试试，哼哼~！

老田：不带你这样不信任人的，就依你，如图8-8所示。

小天：还真的可以啊。不过这个视图确实有问题，需要修改。但是修改的话总得有办法查看现在有哪些列啊？上面这个例题是因为使用的是视图才创建的，我根据你前面讲的还可以知道具体

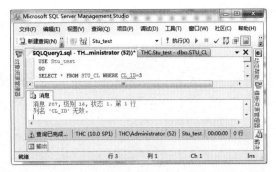

图 8-7　列名不对，发生错误

图 8-8　检索视图

有哪些列，但如果数据库是其他人做的，我现在又想查看视图的信息，该怎么办？

8.5　查看视图

老田：要查看视图可以使用系统内置存储过程SP_HELPTEXT或者查看sys.sql_modules目录视图的definition列，因为视图的SELECT语句是存储在这个列中的。下面我们分别展示这两种查看方式，图8-9是使用SP_HELPTEXT查看图8-5使用的视图STU_CL。

下面使用SELECT检索sys.sql_modules目录视图的definition列，如图8-10所示。

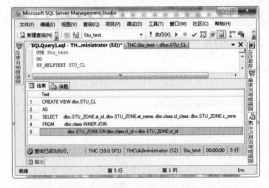

图 8-9　使用 SP_HELPTEXT 查看视图的创建信息

图 8-10　使用 SELECT 检索 sys.sql_modules 目录
视图的 definition 列

8.6　加　密　视　图

小天：这个查看很强大也很暴力。居然查看全部创建的SQL语句，也忒没安全感了嘛。

老田：这个没有关系，我们可以使用WITH ENCRYPTION子句对它进行加密。代码如下：

```
USE Stu_test
GO
CREATE VIEW Test      --创建名为Test的视图
WITH ENCRYPTION       --指定加密
AS
SELECT st_name,cl_class from studio,class   --视图的检索语句
GO
--上面创建好了，接着查看这个视图
SP_HELPTEXT Test
GO
```

执行上面的代码得到如图8-11所示的效果。

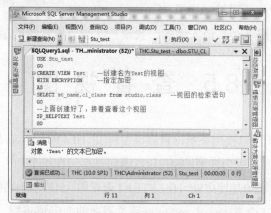

图 8-11　创建一个加密的视图，尝试查看

8.7　修　改　视　图

小天：这个不错，不过我想如果加密了，还能够再修改吗？

老田：当然可以修改，多的也不说了，直接看实例吧。我们先创建一个名为XT_VIEW1的视图，然后修改这个视图使用的SELECT语句，为SELECT语句添加一个WHERE条件。全部代码如下：

```
USE Stu_test
GO
```

```
--创建视图
CREATE VIEW XT_VIEW1
WITH ENCRYPTION
AS
select s.st_name,c.cl_class from studio as s
    inner join class as c
    on s.cl_id = c.cl_id
GO
--修改视图
ALTER VIEW XT_VIEW1
AS
select s.st_name,c.cl_class from studio as s
    inner join class as c
    on s.cl_id = c.cl_id
where s.st_age<50
GO
```

8.8　删除视图

删除视图最为简单，使用DROP VIEW语句即可，唯一需要提示的是，也可以一次删除多张视图，只需要在多张视图之间用逗号分隔即可。如下例，删除上面创建的XT_VIEW1视图。

```
drop view XT_VIEW1
```

如果要删除多个视图，则Transact-SQL代码如下：

```
drop view VIEW1,VIEW2,VIEW3
```

还有一种方式则是直接在SQL Server Management Studio →连接上服务器→对象资源管理器→数据库→指定的数据库→视图→单击鼠标右键,在弹出的快捷菜单中选择"删除"命令，但这个最没有技术含量。

8.9　重命名视图

小天：我知道，在SQL Server Management Studio中重命名视图和删除视图的步骤差不多，直接讲讲如何使用Transact-SQL重命名视图吧。

老田：使用Transact-SQL重命名的方式和数据库中大多数对象的重命名一样，使用SP_RENAME存储过程即可，不过修改后会得到一个提示，如图8-12所示。

对于这个提示，不要看一眼就不去思考了，从这个提示我们应该可以联想得更远，是否是指视图一样可以被用于其他数据库脚本和存储过程呢？

图 8-12　重命名视图

8.10　通过视图更新数据

在本章最开始我们提到过通过视图更新数据，无论什么时候对视图的数据执行更新命令，其实被修改的最终都是基表中的数据。但是前面我们也说了那么多不允许更新数据的条件，不过当时都是指出的视图的缺点，下面我们再详细作解释。

- 不能同时影响两个或者两个以上的基表。可以修改两个或多个基表组成的视图，但是一次修改的数据只允许影响其中的一个基表。
- 凡是经过计算得到的列，如由内置函数或聚合函数运算过的列。
- 影响到表中不允许为空又没有默认值的列，例如基表中某一列不允许为空，也没有默认值，但是却没有出现在视图中，这个时候对视图进行INSERT操作，肯定引起错误。
- 如果视图在创建的时候指定了WITH CHECK OPTION选项，那么数据必须先经过系统的验证。WITH CHECK OPTION选项强制对视图的所有修改语句必须满足定义视图使用的SELECT语句的标准。如果修改超出了视图定义的范围，那么系统将拒绝这种修改。

只有在创建视图时，满足了上面几点，才可以对视图进行更新，即对创建视图的基本表进行更新操作。

小天：也不用多说，你就将INSERT、UPDATE、DELETE分别演示一个例题吧。虽然在本章开始你讲了视图的缺点后我就觉得，在编程中，通过对视图的更新并非是很常用的方法，但也不排除有需要使用的时候。

8.10.1　通过视图插入数据

老田：好吧，视图我就不重新创建了，就用最开始那个例题中创建的STU_ZONE

吧（8.3.3小节中创建的第一个视图）。

第一个例题：使用INSERT语句在学生表中插入一条数据，然后查看结果，如图8-13所示。

注意下，在图8-13中，我们最后对视图的查询很明显没有上面添加的那条数据，从"结果"选项卡切换到"消息"选项卡，可见数据是插入成功了的，那么这就有问题了，怎么办？只有查询学生表（studio）中的最新数据了，如图8-14所示。

从图8-14中看我标注的那一行数据和单独标注的那一个值，再查看下这个视图，我想你可以想得清楚为什么的哦。

小天：不就是因为上面插入值的时候这列没有插入值，所以这里的值为NULL，于是这行数据不再满足视图使用的SELECT语句中两个表连接的条件了。所以不会在视图中显示。

老田：给你个作业吧，将添加的语句适当修改一下，让新添加的数据行可以在视图中显示出来。

图 8-13　通过视图插入数据

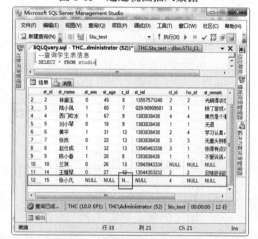

图 8-14　学生表中的全部数据

8.10.2　使用 UPDATE 修改数据

继续看一个使用UPDATE修改数据的实例。修改学号为"6"的学生名字为"黄不平"，执行如下SQL语句；

```
UPDATE STU_ZONE SET st_name='黄不平' WHERE st_id=6
```

也给你留下一个作业，修改地区编号为"12"的所有学生的名字为"黑名单"；这一个做完，请根据原理，再举一反三地做一次，比如再次新建基于学生信息和班级信息的两个表的视图，并执行修改。

最后，使用DELETE语句删除数据的操作我就不做演示了，只要上面插入和更新的这两个实例你真的举一反三地练习懂了的话，这个删除也没有必要再多讲什么了。

本 章 小 结

视图定义：视图是由基本表导出的虚表，基本数据存放在基本表中。用途如下。

（1）简化用户对数据库的操作。

（2）多视角地看待同样的数据。

（3）提供一定程度上的逻辑独立性，基本表的修改不影响数据库应用程序。

（4）提供了一定的保密机制，只为特定用户展显视图中的数据。

视图分为普通视图、索引视图和分区视图三种。

创建视图的语法为"create view viewnam（列名）as查询语句"。

修改基本表后，最好马上删去相关视图（DROP）重新再创建，否则可能会出现视图失效的情况。

检索视图：所使用的语法和表的查询用法一致，最终都要再转换为对基本表的查询语句，可能会出现无法转换的情况，转换后的SQL表达式不合法。

问 题

1．为什么要使用视图？

2．视图的优缺点有哪些？

3．如何创建索引视图？

4．8.7.1小节最后提出的那个问题，尝试做出来，如果做不出来是为什么？

5．完成8.7.2小节最后提出的那个问题。

6．对嵌套视图进行更新，查看最终数据的改变情况。

第 9 章　SQL 编程及高级应用

学习时间：第十四、五天	地点：小天办公室	人物：老田、小天

本章要点

- 各种流程控制语句的语法和使用实例
- 游标的概念
- 游标的类型和对比
- 游标的创建、使用和删除
- 创建用户自定义函数的思考
- 用户自定义函数的特点
- 创建、使用和维护自定义函数

本章学习线路

本章从使用简单的流程控制语句入手，对 SQL 编程中几种流程控制语句做全面的讲解。接着讲解游标的概念、声明、使用，之后是用户定义函数的概、特点和类型，接下来就是针对用户定义函数的创建、修改和删除等日常维护。最后是一个包含本章全部知识点的综合实例。

知识回顾

老田：这里我们也就不用去回顾视图和索引的内容了，要好好回顾下本书第3章中的语言元素部分，比如变量、常量、运算符、表达式等。

小天：变量是SQL Server用来在其语句之间传递数据的方式之一，由系统或用户自定义并赋值，分为局部变量和系统变量两种。

- 全局变量：由系统定义和维护，名称以两个@字符开始；全局变量记录SQL Server服务器的活动状态，系统事先定义，对用户而言是只读的。Transact-SQL全局变量为函数形式，现在作为函数引用。

- 局部变量：名称以一个@字符开始，由用户自己定义和赋值；是在使用Transact-SQL批处理和脚本中用来保存数值的对象。其用途一般有以下三种。

  - ➢ 作为计数器，如循环次数的控制。
  - ➢ 保存数值以供控制语句测试时使用。
  - ➢ 保存由存储过程代码返回的数值。

- 声明语法为："DECLARE 变量名称 数据类型"。

- 赋值语法为："SET 变量名称 = 变量值"，还可以用SELECT语句对变量进行赋值。

系统函数则使用户在不直接访问系统表的情况下，获取SQL Server系统表中的信息。系统函数可以在选择列表、WHERE子句和任何允许使用表达式的地方使用。

系统内置数据类型可以分为数据类型概述、字符数据类型、数字数据类型、时间数据类型、二进制数据类型、其他数据类型、自定义数据类型等几个类型。前面的那些使用了大概有一半了，有些我确实不知道在什么地方用，所以只是知道怎么用了。唯独自定义函数，我不会，很有兴趣。今天讲下这个吧？

老田：不错，能够总结到这个程度。如果你还有什么不清楚的，建议还是好好去再看本书的第3章。因为接下来我并不打算再为变量、运算符、系统内置函数等浪费时间了，但是这些的确都很重要，而我们今天要学的知识中还必须要用到。

9.1　概　述

小天：明白了，也就是说我们今天要学的流程控制语句和后面的自定义函数这两大块内容都会经常用到变量和表达式？

老田：是的，现在很多数据库的书都不专门讲SQL编程了，而是简单地将这部分内容揉合到触发器和存储过程中。但我个人觉得，对于学编程的人来说，这部分内容还是很重要的。

第一，如同视图一样，为了使每次对数据库的操作更为简便，比如每次都要写一大段代码，那么我们可以将其封装为一个函数或者存储过程，这样以后再使用就方便很多。前面我们也使用了那么多函数和内置存储过程，应该已经很有感觉了。

第二，下一步我们就会学习编程语言，无论学习哪种语言，有点基础总比没有基础快很多，而SQL的编程语言相对来说更为浅显易懂，将它作为编程入门确实是一个很不错的选择。

小天：按你的说法，就是说用户自定义函数就是我们自己也可以编写，然后存储在数据库管理系统中，以后随时都可以像以前使用系统函数一样来使用这些自定义函数？但是我看第3章中还有IF…ELSE和循环的嘛。那几个我倒是看得有点明白了，可是我觉得那远远不够哦。

老田：是的，今天的课程就是针对常用的其他语句进行讲解。

9.2　流程控制语句

要说编程语言，流程控制语言绝对是最容易懂的，为什么呢？因为和现实中的事情一样，总是会遇到很多判断，如果怎么样，那么就怎么办，否则又怎么办；另外一种情况是可能发生的情况有N种，那么对应每一种都需要有相应的处理办法。还有种情况不是判断，而是要求重复，陈安之的一句话说得好，成功等于正确的事情重复地做。我们这里所指的重复则是指要你将一个操作重复地执行N次，或者还有种情况，比如你赚钱，每次赚100元，而你的目标是1亿元，那么你就得循环100万次。遇到这样的情况，你会觉得很累，当然，如果你写个程序需要循环100万次，其实系统也会很累的，这就是为什么有的人写的程序性能高，有的人写的程序则几乎是拼了命地拖性能的后腿。

9.2.1 IF…ELSE…语句

IF是什么意思？翻译成中文就是，如果、假如的意思，而ELSE的意思则为，其他、另外。这样一翻译就明白了，这个语句其实就是个判断控制，如下例：

中文实例	对应程序
如果（你认为自己很帅） 　　你是臭美	IF(你=帅) 　　Print '你是臭美'
另外　如果（你认为自己不帅） 　　你很有自知之明	ELSE IF(你!=帅) 　　Print '你很有自知之明'
其他答案 　　自己去照下镜子	ELSE 　　Print '自己去照下镜子'

小天：你举这个例子实在太……不过我倒是明白了大概的语法，IF后面的括号里面是一个会返回布尔值的表达式吧？那么是否可以不使用表达式，而使用如EXISTS这类以返回布尔值的函数呢

老田：是的，IF后面的括号里面是一个会返回布尔值的表达式，而这个表达式如果你不知道怎么写，请参考本书第3章的3.6.4和3.6.5小节，里面有逻辑判断的运算符和一些简单的逻辑判断表达式。下面一个实例则是使用EXISTS关键字判断指定的对象是否存在，如果存在则显示对象信息，如果不存在则打印一句话。执行如下代码：

```
declare @cl_name varchar(30)                            --声明一个变量
if exists (select * from class where cl_id=3)          --判断这条数据是否存在
    select @cl_name=cl_class from class where cl_id=3--对变量赋值
else
    print '编号为3的班级不存在'                          --打印提示信息
print @cl_name                                          --显示变量的值
```

执行效果如图9-1所示。

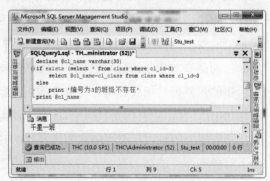

图9-1　使用EXISTS关键字判断指定的对象是否存在

302

9.2.2　BEGIN…END 语句

小天：我觉得你这个不好，应该把最后一行，即"显示变量"的值这条语句放在赋值语句下面。

老田：这样会出错的，如图9-2所示。

小天：为什么啊，如果一个IF分支下面只能放一行代码的话，也太差劲了吧。

老田：有一个办法可以解决，那就是使用BEGIN…END，它的作用是包括一系列的Transact-SQL语句，从而可以执行一组Transact-SQL语句。BEGIN和END是控制流语言的关键字。使用该关键字后，上面的代码执行就没问题了，如下：

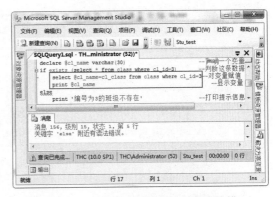

图 9-2　IF 分支下面增加一行代码出错

```
declare @cl_name varchar(30);
if exists (select * from class where cl_id=3)
BEGIN
    select @cl_name=cl_class from class where cl_id=3;
    print @cl_name;
END
else
    print '编号为3的班级不存在';
```

BEGIN…END语句块允许嵌套。虽然所有的Transact-SQL语句在BEGIN…END块内都有效，但有些Transact-SQL语句不应分组在同一批处理或语句块中。

小天：知道了，也就是说，如果希望把多条SQL语句分组，就使用BEGIN开始，在最后写上END表示结束。可是你上面的实例中我发现一个小问题，就是在有的行后面你增加了分号。

老田：其实以前的那么多实例中，每一句结束都应该使用分号，这是SQL语言中规定不严格导致的坏习惯。将来在学习编程语言的时候就知道受害多深了。每一句话完成了是应该写分号表示结束的。但是上面的IF和ELSE后面为什么没有呢？这是因为作为流程控制语句，它们并不代表一行或者一个批处理结束。另外IF…ELSE中是可以嵌套的，理论上最深嵌套等级是32级，不过，我想当你嵌套10级的时候，脑子就已经成一团浆糊了，更别说整个程序，也成一团乱麻了。如下例，首先判断一个指定编号的地区是否存在，如果存在，则继续判断该地区有多少名学生，如果学生大于等于2，则将地名查询出来，再打印一句话。代码如下：

```
declare @z_id int , @count int , @zone varchar(10);
```

```
set @z_id=9; --建议先检索下学生信息表中的数据，查看学生表中的z_id列的数据
if exists(select * from zone where id=@z_id) --判断有没有ID为@z_id的地名
begin
    --下面这句：统计地区ID为三的学生数量并赋值给变量@count
    select @count = COUNT(*) from studio where z_id=@z_id;
    if(@count>=2)
    begin
        --下面这句：获得编号为@z_id的地名并赋值给变量@zone
        select @zone=z_zone from zone where id=@z_id;
        --下面这句：组合一句话并打印出来
        print '一共有' +CONVERT(varchar(1),@count) +'名学生的籍贯是' + @zone;
    end
    else
    begin
        print '学员数量少于2，不处理了';
    end
end
else
begin
    print '编号为'+CONVERT(varchar(1),@z_id)+'的地区不存在';
end
```

执行后效果如图9-3所示。

注意图9-3中的几处标注，在左上角代码前面加的那个点，希望大家还记得，在第3章中的3.2小节中的代码调试，因为嵌套往往会有很多代码，而SQL脚本因为没有强制代码样式，所以很多人常常把代码写得一团糟，这样的情况下，如果不使用调试，很难从代码中找到错误的位置。其余两处标注是使用CONVERT函数将INT类型的变量转换为VARCHAR类型，以使其和前后单引号中的字符串组合成一句话。

图9-3 流控制语句嵌套

小天：上面的代码真是太多、太变态了。我自己写这个代码因为格式没有你那么工整，结果抄你的代码我错了N次。检查的时候眼睛都花了。

对了，有没有什么办法可以像调用函数一样，比如在某个判断中代码实在太多，那

么就把这个代码写到一边去，后面要用的时候直接来调用这段代码就可以了？

9.2.3　GOTO 语句

老田：这个想法很好，恰恰SQL中还有这个关键字，就是无条件跳转语句（GOTO）。它将执行流更改到标签处。跳过GOTO后面的Transact-SQL语句，并从标签位置继续处理。GOTO语句和标签可在过程、批处理或语句块中的任何位置使用。GOTO语句可嵌套使用。

要使用它必须先声明一个标签，这样在代码中，只要执行到GOTO这一行，则立即无条件跳转到指定的标签处。下面的实例，使用IF…ELSE来判断，但是不立即处理，而是让代码跳转到指定的标签处去执行，代码如下。

```
declare @var int=1 ;
if(@var=1)
begin
    goto label1;
    print '打印着玩';
end
else if(@var=2)
begin
    goto label2;
    print '打印着玩';
end
else
begin
    goto label3;
    print '打印着玩';
end

--声明三个标签
label1:
    print '变量的值为1';
label2:
    print '变量的值为2';
label3:
    print '变量的值太奇怪，不认识';
```

上面的实例中，我们对变量@var分别赋值为1、2、3，则可以发现，每一个goto ***语句下面的那一句都没有得到执行。

小天：每一个“打印着玩”这一句确实没有得到执行，但是我觉得有个问题，就是标签似乎不会阻止它后面的代码，我加GO关键字，那么当前标签后面的标签就无效了，代码如下：

```
label1:
    print '变量的值为';
GO
label2:
    print '变量的值为';
GO
label3:
    print '变量的值太奇怪，不认识';
GO
```

这样做，后面的label2和label3就无效了。于是我又尝试在每个标签下面加BEGIN…END，这个倒没有出错，但是很遗憾，还是没有阻止继续运行跳转到的标签后面的代码。

老田：很正常，这个本来是用在需要返回值的自定义函数或者存储过程中才能够有效地体现它地价值，在这里，只是让你理解它的无条件跳转。而在需要返回值的时候，只要遇到RETURN等流控制的关键字是可以直接停止的。

小天：我觉得这个没有什么意思。

老田：上面都说了，只有在需要返回值的自定义函数或者存储过程中才能够有效地体现它的价值。为什么这样说呢？其实你可以将GOTO语句假设成调用函数。就在9.2.1小节中，在一个IF…ELSE中，每一个判断条件下面都有非常多的代码，而这个时候选择将其中具备独立功能的代码分离出来作为标签，每一个标签执行完毕直接使用RETURN出结果。这样的话在IF…ELSE中就只是简单的一个GOTO***来代替一大段代码，那么流程看起来就会很清晰，而不会因为代码太多而搞得人晕头转向。

小天：明白了，继续讲那个循环吧。

9.2.4　WHILE BREAK 和 CONTINUE 语句

WHILE在第3章中曾做过一个演示。它的作用就是设置重复执行SQL语句或语句块的条件。只要指定的条件为真，就重复执行语句。可以使用BREAK和CONTINUE关键字在循环内部控制WHILE循环中语句的执行。

如下例，循环并判断检索存在的学生信息，代码如下：

```
declare @i int,@max int;
set @i=0;
select @max=max(st_id) from studio; --将学生表中的最大ID赋值给变量@max
while(@i<=@max)                      --如果变量@i小于等于@max
```

```
begin
    set @i=@i+1;                              --让@i每次都加1
    if exists(select * from studio where st_id=@i) --判断
        select * from studio where st_id=@i;
    else
        select 'ID为'+CONVERT(varchar(2),@i)+'的学生信息不存在';
        --print 'ID为'+CONVERT(varchar(2),@i)+'的学生信息不存在'; --两种都尝
                                                        -- 试使用
end
```

执行后效果如图9-4所示。

小天：这个实例的意思我明白了，感觉还是很强大。但是我希望它能够完成以下两个功能。

- 遇到不存在的ID就跳过，但是后面继续；不要显示出来，否则挺难看的。
- 遇到不存在的ID就直接跳出循环，并给以提示。

老田：你说的第一个问题其实很简单，只需要将嵌套在WHILE循环中的IF语句的ELSE部分删除即可。代码如下

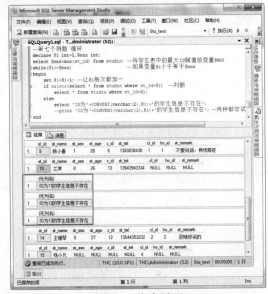

图 9-4　嵌套循环

```
declare @i int=1,@max int;
select @max=max(st_id) from studio;      --将学生表中的最大ID赋值给变量@max
while(@i<=@max)                          --如果变量@i小于等于@max
begin
    set @i=@i+1;                         --让@i每次都加1
    if exists(select * from studio where st_id=@i) --判断
        select * from studio where st_id=@i;
end
```

如果你并不满足这种情况，或者你一定要将ELSE部分保留的话，可以使用CONTINUE语句。下面的实例使用CONTINUE，为了测试是否真地跳出去了，在此关键字后面还紧跟了一行打印的语句，用于测试是否真地跳出去了。代码如下：

```
declare @i int=1,@max int;
select @max=max(st_id) from studio;      --将学生表中的最大ID赋值给变量@max
while(@i<=@max)                          --如果变量@i小于等于@max
```

```
begin
    set @i=@i+1;                              --让@i每次都加1
    if exists(select * from studio where st_id=@i) --判断
        select * from studio where st_id=@i;
    else
    begin    --尝试不加begin…end关键字看下效果
        continue;
        select '测试看这行代码能否被执行'
    end
end
```

小天：真的会忽略掉后面这一行测试用的语句哦。不过，按照你注释中说的不加BEGIN…END，那就出问题了，你看图9-5所示。

小天：我明白了，如果在IF下面不使用BEGIN…END关键字的话，那么系统就只认为IF下面第一行是它的语句，而其他的则认为不是这个块里面的，对吧？

老田：是这个意思，做了这么多实例才理解到，看来你的练习还远远不够啊。接着说上面这个CONTINUE关键字，这个关键字的意思很简单，就是跳出本次循环，比如在循环中一共有10行代码，而CONTINUE关键字在第5行，那么它后面

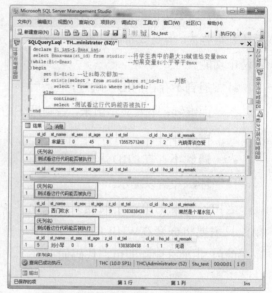

图 9-5　不使用 BEGIN…END 关键字

的5行代码就得不到执行。但是只要循环的条件还未满足，那么还会继续循环。

而你上面的第二个问题就需要使用BRANK关键字了，因为BRANK关键字则是跳出整个循环，管你是否满足了条件，反正它就是要撤退。下面的代码完成了你的第二个问题，如下：

```
declare @i int=1,@max int;
select @max=max(st_id) from studio;        --将学生表中的最大ID赋值给变量@max
while(@i<=@max)                            --如果变量@i小于等于@max
begin
    set @i=@i+1;                           --让@i每次都加1
    if exists(select * from studio where st_id=@i) --判断
        select * from studio where st_id=@i;
    else
```

```
begin   --尝试不加begin…end关键字看看效果
    break;
    select '测试看这行代码能否被执行'
end
end
```

这样的话，当循环遇到不存在的学员信息的时候就会中断整个循环。执行效果就不用展示了，自己尝试下吧。

9.2.5 CASE 语句

计算条件列表并返回多个可能结果表达式之一。CASE具有以下两种格式。

- 简单CASE函数将某个表达式与一组简单表达式进行比较以确定结果。
- CASE 搜索函数计算一组布尔表达式以确定结果。

两种格式都支持可选的ELSE参数。

下面先来看一个简单的CASE语句实例，对查询学生表得到的结果集中的班级列的值做一个修改，代码如下：

```
SELECT st_name,班级=
    case cl_id
    when 1 then '一班'
    when 2 then '二班'
    when 3 then '三班'
    else '还未分班'
    end
FROM studio
```

执行后效果如图9-6所示。

从上面的实例，可以总结出如下语法：

图 9-6 执行 CASE 语句

```
CASE input_expression
    WHEN when_expression THEN result_expression
    [ ...n ]
    [
    ELSE else_result_expression
    ]
END
```

- 计算 input_expression，然后按指定顺序对每个 WHEN子句的input_expression = when_expression进行计算。

- 返回 input_expression = when_expression 的第一个计算结果为TRUE的 result_expression。

- 如果 input_expression = when_expression的计算结果均不为TRUE，则在指定了 ELSE 子句的情况下，SQL Server数据库引擎将返回else_result_expression；若没 有指定ELSE子句，则返回NULL值。

接下来看一下CASE 搜索函数，还是先看个实例：

```
SELECT st_name,班级=
    case
    when cl_id = 1 then '一班'
    when cl_id = 2 then '二班'
    when cl_id = 3 then '三班'
    else '还未分班'
    end
 FROM studio
```

小天：发现了，这个在CASE关键字后面并未给出条件表达式，而是将计算放在了 WHEN关键字后面。

老田：是的，这个语法形式如下：

```
CASE
    WHEN Boolean_expression THEN result_expression
    [ ...n ]
    [ ELSE else_result_expression ]
END
```

- 按指定顺序对每个WHEN子句的Boolean_expression进行计算。

- 返回Boolean_expression的第一个计算结果为TRUE的result_expression。

- 如果Boolean_expression计算结果不为TRUE，则在指定ELSE子句的情况下，数 据库引擎将返回else_result_expression；若没有指定ELSE子句，则返回NULL值。

小天：我按照你的改变了下，你看如何？我执行过了，正确的，代码如下：

```
SELECT st_name,年龄=
    case
    when st_age<20 then '90后'
    when st_age >20 and st_age<30 then '80后'
    when st_age >40 then '大集体熬过来的'
    end
 FROM studio
```

9.2.6　WAITFOR 语句

老田：不错，就这样举一反三地练习即可。下面再给你讲一个很强的功能，在达到指定时间或时间间隔之前，或者指定语句至少修改或返回一行之前，阻止执行批处理、存储过程或事务。

小天：这个不错，如果我希望每天晚上的12点让系统执行一个指定的存储过程，该如何写？

老田：例如下例，让系统每天晚上零点执行存储过程sp_abc：

```
BEGIN
    WAITFOR TIME '00:00'; --time关键字指定类型，是时间，零点执行下面的操作
    EXECUTE sp_abc;
END;
GO
```

另外一个实例，则是指前一个操作完毕后，延时10秒执行：

```
BEGIN
  WAITFOR DELAY '00:00.10';--DELAY关键字指定类型为延迟，延时10秒执行下面的操作
  delete from studio where st_id=1
END;
GO
```

在使用WAITFOR的时候需要注意以下几点。

- 执行 WAITFOR 语句时，事务正在运行，并且其他请求不能在同一事务下运行。
- 实际的时间延迟可能与指定的时间不同，它依赖于服务器的活动级别。时间计数器在计划完与 WAITFOR 语句关联的线程后启动。如果服务器忙碌，则可能不会立即计划线程；因此，时间延迟可能比指定的时间要长。
- 不能对 WAITFOR 语句打开游标。
- 不能对 WAITFOR 语句定义视图。

小天：我发现一个问题哦，老田，你上面讲的这两个例题我在什么地方可以用呢？完全没办法将其存储在数据库系统里面，这样才可能执行嘛。

老田：别急，相对于Transact-SQL编程，我们前面学的Transact-SQL语言相当于是砖头、钢筋，而上面学的这些流程控制语言、GO等则相当于混凝土。但是单纯的砖头、钢筋和混凝土还是修不起高楼大厦的，还需要一些预置构件和辅助设备。比如塑钢门窗、塔吊等。那么接下来我们要学习的游标、用户自定义函数、触发器、存储过程、事务、锁、报表服务、集成服务等则相当于这些预制构件和辅助设备。

小天：啊？还要学这么多才能够学习编程呀？那不得学到我眼睛花、胡子白！何况这还只是数据库一门，要是其他的那些编程语言、页面设计等都学了，还不搞的我儿孙满堂了也写不出个留言本来。

老田：谁说的，其实当第9章学完，数据库就算基本入门了。但是这只能算是对初级程序员的数据库方面的要求。要想写好程序，高效率的程序还是不行的，所以如果你不想那么差劲的话，继续学吧。

9.3 游 标

小天：什么是游标呢？为什么要用？

老田：这两个问题很关键，先说第一个问题，什么是游标？

游标是对一组数据进行操作，但每一次只与一个单独的记录进行交互的方法。我们前面的关系数据库中的所有操作会对整个行集起作用。由 SELECT 语句返回的行集包括满足该语句的 WHERE 子句中条件的所有行。这种由语句返回的完整行集称为结果集。应用程序，特别是交互式联机应用程序，并不总是需要将整个结果集作为一个单元来处理。有时候这些应用程序需要一种机制以便每次处理一行或一部分行。游标就是提供这种机制的对结果集的一种扩展。

放入游标中的结果集有几个显著的特征，这使得它们有别于标准的SELECT语句。

- 声明游标与实际执行游标是分开进行的。
- 在声明中命名游标，因而也命名了游标的结果集，然后通过名字来引用它。
- 游标中的结果集一旦打开，就会一直保持打开，除非你关闭了它。
- 游标有一组专门的命令用来导航记录集。

就引用游标来说，虽然SQL Server有其自身的引擎处理游标，但实际上一些不同的对象库也能在SQL Server中创建游标。

- SQL Native Client（由ADO.NET使用）。
- OLE DB（由ADO使用）。
- ODBC（由RDO、DAO使用一些情况下由OLE DB/ADO使用）。
- DB-Lib（由VB-SQL使用）。

游标通过以下方式来扩展结果处理。

- 允许定位在结果集的特定行。
- 从结果集的当前位置检索一行或一部分行。
- 支持对结果集中当前位置的行进行数据修改。
- 为由其他用户对显示在结果集中的数据库数据所做的更改提供不同级别的可见性支持。
- 提供脚本、存储过程和触发器中用于访问结果集中的数据的Transact-SQL语句。

简而言之，我们从数据库中取出来的都是一个结果集，除非使用WHERE子句来限制只有一条记录被选中，对于多个数据行，如果我们要单独对结果集中的每一行进行特定的处理，那么就用游标。

由此可见,游标允许应用程序对查询语句SELECT返回的行结果集中每一行进行相同或不同的操作，而不是一次对整个结果集进行同一种操作；它还提供对基于游标位置而对表中数据进行删除或更新的能力；而且，正是游标把作为面向集合的数据库管理系统和面向行的程序设计两者联系起来，使两个数据处理方式能够进行沟通。

默认情况下，将DECLARE CURSOR权限（声明游标）授予对游标中所使用的视图、表和列具有 SELECT 权限的任何用户。

9.3.1　游标的类型

相对于实现方式来说，SQL Server支持三种类型的游标：Transact_SQL游标、API服务器游标和客户游标。

Transact_SQL游标由DECLARE CURSOR语法定义，主要用在Transact_SQL脚本、存储过程和触发器中。Transact_SQL游标主要用在服务器上，由从客户端发送给服务器的Transact_SQL 语句或是批处理、存储过程、触发器中的 Transact_SQL 进行管理。Transact_SQL游标不支持提取数据块或多行数据。

API游标支持在OLE DB、ODBC以及DB_library中使用游标函数,主要用在服务器上。每一次客户端应用程序调用API 游标函数，MS SQL Server的OLE DB提供者、ODBC驱动器或DB_library的动态链接库（DLL）都会将这些客户请求传送给服务器以对API游标进行处理。

客户游标主要是在客户机上缓存结果集时才使用。在客户游标中，有一个默认的结果集被用来在客户机上缓存整个结果集。客户游标仅支持静态游标而非动态游标。由于服务器游标并不支持所有的Transact-SQL语句或批处理,所以客户游标常常仅被用作服务器游标的辅助。因为在一般情况下，服务器游标能支持绝大多数的游标操作。

由于Transact-SQL游标和API游标使用在服务器端，所以被称为服务器游标，也被称为后台游标，而客户端游标被称为前台游标。在本小节中，我们主要讲述服务器（后台）游标。SQL Server 支持的四种服务器游标类型如下。

- 静态游标：以游标打开时刻的当时状态显示结果集的游标。静态游标在游标打开时不反映对基础数据进行的更新、删除或插入。有时称它们为快照游标。

- 动态游标：可以在游标打开时反映对基础数据进行的修改的游标。用户所做的更新、删除和插入在动态游标中加以反映。

- 只进游标：只进游标不支持滚动，它只支持游标从头到尾顺序提取。行只能在从数据库中提取出来后才能检索。对所有由当前用户发出或由其他用户提交，并影响结果集中的行的 INSERT、UPDATE 和 DELETE 语句，其效果在这些行从游标中提取时是可见的。

- 由键集驱动的游标：打开由键集驱动的游标时，该游标中各行的成员身份和顺序是固定的。由键集驱动的游标由一组唯一标识符（键）控制，这组键称为键集。键是根据以唯一方式标识结果集中各行的一组列生成的。键集是打开游标时来自符合SELECT语句要求的所有行中的一组键值。由键集驱动的游标对应的键集是打开该游标时在tempdb中生成的。

静态游标在滚动期间很少或根本检测不到变化，但消耗的资源相对很少。动态游标在滚动期间能检测到所有变化，但消耗的资源却较多。由键集驱动的游标介于二者之间，能检测到大部分变化，但比动态游标消耗更少的资源。

尽管数据库 API 游标模式将只进游标看成一种独立的游标类型，但SQL Server却不这样。SQL Server将只进和滚动都作为能应用到静态游标、由键集驱动的游标和动态游标的选项。

比较一下，服务器游标相对于客户端游标有以下几个优点。

- 性能：在访问游标中的部分数据时（这在许多浏览应用程序中很常见），使用服务器游标能够提供最佳的性能，因为只通过网络发送提取的数据。客户端游标则将整个结果集高速缓存在客户端。

- 其他游标类型：如果SQL Server Native Client ODBC驱动程序只使用客户端游标，它可能只支持只进游标和静态游标。通过使用API服务器游标，该驱动程序也可以支持由键集驱动的游标和动态游标。SQL Server还支持只有通过服务器游标才能获得的所有游标并发属性。客户端游标仅限于它们所支持的功能。

- 更精确的定位更新：服务器游标直接支持定位操作，例如ODBC的SQLSetPos函数，或带有WHERE CURRENT OF子句的UPDATE和DELETE语句。另一方面，通过生成Transact-SQL搜索的UPDATE语句，客户端游标可以模拟定位游标更新，如果有多个行满足UPDATE语句的WHERE子句的条件，这将导致意外更新。

- 内存使用：在使用服务器游标时，客户端无须高速缓存大量数据或维护游标位置的信息，因为这些工作由服务器完成。
- 多个活动语句：使用服务器游标时，结果不会存留在游标操作之间的连接上，这就允许同时拥有多个基于游标的活动语句。

除了静态游标或不敏感游标外，所有服务器游标的操作都取决于基础表的架构。声明游标后对这些表的架构进行任何更改都将导致该游标的后续操作发生错误。

9.3.2 选择游标类型的原则

小天：我觉得就目前来说，你跟我说它们谁有什么优点等于零，反正我也不懂，还不如你直接告诉我，你选择使用游标类型的原则。

老田：选择游标类型时遵循的一些简单规则如下。

- 尽可能使用默认结果集。如果需要滚动操作，将小结果集缓存在客户端，并在缓存中滚动而不是要求服务器实现游标，其效率可能更高。
- 将整个结果集提取到客户端（如产生报表）时，使用默认设置。默认结果集是将数据传送到客户端的最快方式。
- 如果应用程序正在使用定位更新，则不能使用默认结果集。
- 默认结果集必须用于将生成多个结果集的Transact-SQL语句或Transact-SQL语句。
- 动态游标的打开速度比静态游标或由键集驱动的游标的打开速度快。当打开静态游标和由键集驱动的游标时，必须生成内部临时工作表，而动态游标则不需要。
- 在连接中，由键集驱动的游标和静态游标的速度可能比动态游标的速度快。
- 如果要进行绝对提取，必须使用由键集驱动的游标或静态游标。
- 静态游标和由键集驱动的游标增加了tempdb的使用率。静态服务器游标在tempdb中创建整个游标，由键集驱动的游标则在tempdb中创建键集。
- 如果游标在整个回滚操作期间必须保持打开状态，请使用同步静态游标，并将CURSOR_CLOSE_ON_COMMIT 设为 OFF。

使用服务器游标时，对API提取函数或方法的每次调用都会产生一个到服务器的往返过程。应用程序应使用块状游标尽量减少这些往返过程，同时每次提取时返回适当数目的行。

9.3.3 游标的生命周期

Transact-SQL游标主要用于存储过程、触发器和Transact-SQL脚本中，它们使结果集的内容可用于其他Transact-SQL语句。

在存储过程或触发器中使用Transact-SQL游标的典型过程为：声明游标、打开游标、提取数据和关闭游标。

（1）声明Transact-SQL变量包含游标返回的数据。为每个结果集列声明一个变量。声明足够大的变量来保存列返回的值，并声明变量的类型为可从列数据类型隐式转换得到的数据类型。

（2）使用DECLARE CURSOR语句将Transact-SQL游标与SELECT语句相关联。另外，DECLARE CURSOR语句还定义游标的特性，例如游标名称以及游标是只读还是只进。

（3）使用OPEN语句执行SELECT语句并填充游标。

（4）使用FETCH INTO语句提取单个行，并将每列中的数据移至指定的变量中。然后，其他Transact-SQL语句可以引用那些变量来访问提取的数值。Transact-SQL游标不支持提取行块。

（5）使用CLOSE语句结束游标的使用。关闭游标可以释放某些资源，例如游标结果集及其对当前行的锁定，但如果重新发出一个OPEN语句，则该游标结构仍可用于处理。由于游标仍然存在，此时还不能重新使用该游标的名称。DEALLOCATE语句则完全释放分配给游标的资源，包括游标名称。释放游标后，必须使用DECLARE语句来重新生成游标。

9.3.4 实现 Transact-SQL 游标

上面我们讲了游标的使用有四个步骤：声明游标、打开游标、提取数据和关闭游标，那么接下来我们就按照声明游标、使用游标和删除游标这三步来讲。

1. 声明游标

像使用其他类型的变量一样，使用一个游标之前，首先应当声明它。游标的声明包括两个部分：DECLARE游标的名称 + 这个游标所用到的SQL语句。若要声明一个叫作OneCursor的游标用于查询班级编号为2的学生的姓名、年龄及其简介，可以编写如下代码：

```
DECLARE OneCursor CURSOR FOR
    SELECT st_name,st_age,st_remark from studio
    where cl_id=2
```

在游标的声明中有值得注意的一点是，如同其他变量的声明一样，声明游标的这一段代码行是不执行的，你不能将Debug时的断点设在这一代码行上，也不能用IF…END语句来声明多个同名的游标。

使用DECLARE CURSOR可以定义Transact-SQL服务器游标的属性，例如游标的滚动行为和用于生成游标所操作的结果集的查询。DECLARE CURSOR既接受基于ISO标准的语法，也接受使用一组Transact-SQL扩展的语法。下面是两种语法的写法。

ISO标准语法：

```
DECLARE 游标名称 [ INSENSITIVE ] [ SCROLL ] CURSOR
    FOR SQL检索语句
    [ FOR { READ ONLY | UPDATE [ OF 列名 [ ,...n ] ] } ]
[;]
```

Transact-SQL扩展语法：

```
DECLARE 游标名称 CURSOR [ LOCAL | GLOBAL ]
    [ FORWARD_ONLY | SCROLL ]
    [ STATIC | KEYSET | DYNAMIC | FAST_FORWARD ]
    [ READ_ONLY | SCROLL_LOCKS | OPTIMISTIC ]
    [ TYPE_WARNING ]
    FOR SQL 检索语句
    [ FOR UPDATE [ OF 列名 [ ,...n ] ] ]
[;]
```

下例是Transact-SQL扩展语法的演示，内容和上面的例题一样，只是增加了一个 READ_ONLY选项，如下：

```
DECLARE OneCursor CURSOR
READ_ONLY FAST_FORWARD --增加选项只读、只进
FOR
    SELECT st_name,st_age,st_remark from studio
    where cl_id=2
```

再声明一个Transact-SQL扩展语法格式的静态游标。还是上例的变种，代码如下：

```
DECLARE OneCursor1 CURSOR
STATIC --增加选项静态
FOR
    SELECT st_name,st_age,st_remark from studio
    where cl_id=2
```

具体语法看上面，如果看不懂语法的话去看本书第3章中关于如何查看《SQL Server 教程》的部分，主要参数说明如下。

（1）ISO语法规则的参数解释如下。

- INSENSITIVE：定义一个游标，以创建将由该游标使用的数据的临时复本。对游标的所有请求都从tempdb中的这一临时表中得到应答；因此，在对该游标进行提取操作时返回的数据中不反映对基表所做的修改，并且该游标不允许修改。使用ISO语法时，如果省略INSENSITIVE，则已提交的（任何用户）对基础表的删除和更新则会反映在后面的提取操作中。

- SCROLL：指定所有的提取选项（FIRST、LAST、PRIOR、NEXT、RELATIVE、

ABSOLUTE）均可用。如果未在ISO DECLARE CURSOR中指定SCROLL，则NEXT是唯一支持的提取选项。如果也指定了FAST_FORWARD，则不能指定SCROLL。

- READ ONLY：禁止通过该游标进行更新。在UPDATE或DELETE语句的WHERE CURRENT OF子句中不能引用该游标。该选项优于要更新的游标的默认功能。

（2）Transact-SQL扩展语法的参数解释如下。

- LOCAL：指定对于在其中创建的批处理、存储过程或触发器来说，该游标的作用域是局部的。

- GLOBAL：指定该游标的作用域对连接来说是全局的。在由连接执行的任何存储过程或批处理中，都可以引用该游标名称。该游标仅在断开连接时隐式释放。

- FORWARD_ONLY：指定游标只能从第一行滚动到最后一行。FETCH NEXT是唯一支持的提取选项。如果在指定FORWARD_ONLY时不指定STATIC、KEYSET或DYNAMIC关键字，则游标作为DYNAMIC游标进行操作。如果FORWARD_ONLY和SCROLL均未指定，则除非指定STATIC、KEYSET或DYNAMIC关键字，否则默认为FORWARD_ONLY。STATIC、KEYSET和DYNAMIC游标默认为SCROLL。与ODBC和ADO这类数据库API不同，STATI、KEYSET和DYNAMICTransact-SQL游标支持FORWARD_ONLY。

- [STATIC | KEYSET | DYNAMIC | FAST_FORWARD]：四种游标类型，静态、键集驱动、动态和只进，解释如下。

  - STATIC：静态游标。定义一个游标，以创建将由该游标使用的数据的临时复本。对游标的所有请求都从tempdb中的这一临时表中得到应答；因此，在对该游标进行提取操作时返回的数据中不反映对基表所做的修改，并且该游标不允许修改。

  - KEYSET：键集驱动游标。指定当游标打开时，游标中行的成员身份和顺序已经固定。对行进行唯一标识的键集内置在tempdb内一个称为keyset的表中。

  - DYNAMIC：动态游标。定义一个游标，以反映在滚动游标时对结果集内的各行所做的所有数据更改。行的数值、顺序和成员身份在每次提取时都会更改。动态游标不支持ABSOLUTE提取选项。

  - FAST_FORWARD：只进游标。指定启用了性能优化的FORWARD_ONLY、READ_ONLY游标。如果指定了SCROLL或FOR_UPDATE，则不能指定FAST_FORWARD选项。

- [READ_ONLY | SCROLL_LOCKS | OPTIMISTIC]解释如下。

  - READ_ONLY：禁止通过该游标进行更新。在UPDATE或DELETE语句的WHERE CURRENT OF子句中不能引用该游标。该选项优于要更新游标的默认功能。

> CROLL_LOCK：指定通过游标进行的定位更新或删除一定会成功。将行读入游标时，SQL Server将锁定这些行，以确保随后可对它们进行修改。如果还指定了 FAST_FORWARD 或 STATIC，则不能指定 SCROLL_LOCKS。

> OPTIMISTIC：与CROLL_LOCKS不同，这个更新会因并发操作导致操作不成功。因为该选项指定，如果行自读入游标以来已得到更新，则通过游标进行的定位更新或定位删除不成功。当将行读入游标时，SQL Server不锁定行。它改用timestamp列值的比较结果来确定行读入游标后是否发生了修改，如果表不含timestamp列，它改用校验和值进行确定。如果已修改该行，则尝试进行的定位更新或删除将失败。如果还指定了FAST_FORWARD，则不能指定OPTIMISTIC。

> FOR UPDATE [OF column_name [,...n]]：定义游标中可更新的列。如果提供了OF column_name[,…n]，则只允许修改所列出的列。如果指定了UPDATE，但未指定列的列表，则除非指定了READ_ONLY并发选项，否则可以更新所有的列。

上面的参数，我不去全部演示，但是希望你在学习了使用游标之后，自己都尝试使用一下。

2．打开游标

游标存在于整个连接中。前面所声明的游标在整个连接存在期间都是可用的，直到连接被关闭或者游标被破坏。要破坏游标很简单，关闭游标或删除游标都可以。

第一点要说的则是打开游标，上面已经声明了，现在首先得打开。语法如下：

```
OPEN [GLOBAL] 游标名 | 游标变量
```

小天：看不懂了。语法我知道，就是被打开的可以是局部游标、全局游标，也可以是游标变量。但不明白的是那个可选的GLOBAL和"游标变量"，这两个是什么意思？

老田：GLOBAL为什么是可选的？因为默认打开的是局部游标，如果希望打开全局游标，则需要加上GLOBAL关键字，不加的话则打开的是局部游标，如果局部中没有这个游标，则可能出错。

"游标变量"是什么意思呢，这个其实就是指引用了游标的一个变量。

另外，如果打开的是静态游标（使用了INSENSITIVE或者STATIC关键字声明的游标），那么将在打开的同时创建一个临时表以保存结果集。如果打开的是键集驱动的游标（使用KEYSET关键字声明的游标），也将同时创建一个临时表保存键集。临时表都保存在系统数据库tempdb中。

打开游标后，可以使用全局变量@@CURSOR_ROWS查看游标中数据行的数目。全局变量@@CURSOR_ROWS中保存的是最后打开的游标中的数据行。如果其值为0，则表示没有打开游标，如果其值为-1，则表示打开的游标为动态游标；当其值为-m时，表示游标采用异步方式填充，m为当前键集中已填充的行数；当其值为m时，表示游标已被完全填充，m表示游标中的数据行数。

例如，声明一个静态游标，打开后查看游标中的数据行的数目，如图9-7所示。

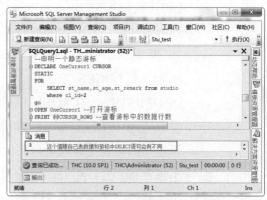

图9-7　声明，打开并查看游标中的数据行数

小天：现在游标声明、打开这两步都已经会了，接下来要如何使用呢？

3．读取游标

老田：接下来先看一个实例。咱来个完整的声明、打开、读取、关闭、删除的过程。执行如下代码：

```
DECLARE OneCursor1 CURSOR  --创建游标
STATIC
FOR
    SELECT st_name,st_age,st_remark from studio
    where cl_id=2
go
OPEN OneCursor1              --打开游标
FETCH NEXT FROM OneCursor1  --读取游标
CLOSE OneCursor1            --关闭游标
DEALLOCATE OneCursor1      --删除游标
```

执行后效果如图9-8所示。

小天：太简单了，读取的关键字就是FETCH NEXT嘛。不过奇怪了，这个读取难道只能NEXT，就不能跳到结果集的第一行、最后一行或者指定的行？

老田：如果只能NEXT，那干嘛还分类啊？不都叫只进游标好了。读取的关键字就是FETCH,而NEXT只是其中的一种方式，还有其他几种，看下语法吧。

图9-8　一个完整的声明、打开、读取、关闭、删除的过程

```
FETCH
    [ [ NEXT | PRIOR | FIRST | LAST
                | ABSOLUTE { n | @nvar }
                | RELATIVE { n | @nvar }
        ]
        FROM
    ]
{ { [ GLOBAL ] 游标名 } | 游标变量名 }
[ INTO 变量[ ,...n ] ]
```

上面语法中的参数可以看到导航方式共有以下六种。

- NEXT：紧跟当前行返回结果行，并且当前行递增为返回行。如果 FETCH NEXT 为对游标的第一次提取操作，则返回结果集中的第一行。NEXT为默认的游标提取选项。

- PRIOR：返回紧邻当前行前面的结果行，并且当前行递减为返回行。如果FETCH PRIOR为对游标的第一次提取操作，则没有行返回，并且游标置于第一行之前。

- FIRST：返回游标中的第一行并将其作为当前行。

- LAST：返回游标中的最后一行并将其作为当前行。

- ABSOLUTE { n | @nvar }：如果n或@nvar为正，则返回从游标头开始向后的第n行，并将返回行变成新的当前行；如果n或@nvar为负，则返回从游标末尾开始向前的第n行，并将返回行变成新的当前；如果n或@nvar为0，则不返回行。n必须是整数常量，并且@nvar的数据类型必须为smallint、tinyint或int。

- RELATIVE { n | @nvar }：如果n或@nvar为正，则返回从当前行开始向后的第n行，并将返回行变成新的当前行；如果n或@nvar为负，则返回从当前行开始向前的第n行，并将返回行变成新的当前行；如果n或@nvar为0，则返回当前行。在对游标进行第一次提取时，如果在将n或@nvar设置为负数或0的情况下指定FETCH RELATIVE，则不返回行。n必须是整数常量，@nvar的数据类型必须为smallint、tinyint或int。

小天：咦？！上面的@nvar是什么意思？还有语法中有个 "INTO变量[,...n]" 是什么意思？

老田：代表N的变量。要知道，在编程过程中，我们那里会随时都给确定的N值啊，当然是将值给变量嘛。这个{ n | @nvar }则代表既可直接给数值，也可以给变量。

INTO变量[,...n]：允许将提取操作的列数据放到局部变量中。列表中的各个变量从左到右与游标结果集中的相应列相关联。各变量的数据类型必须与相应的结果集列的数据类型匹配，或是结果集列数据类型所支持的隐式转换。变量的数目必须与游标选择列表中的列数一致。

下面给你做一系列的演示吧。

首先来做的是让游标在结果集中导航。第一步，先看下结果集，这样也才知道导航是否有效。结果集如图9-9所示。

要创建的游标代码如下，注意在创建之后立刻打开了这个游标，方便下面的演示。

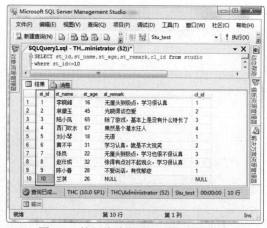

图9-9　接下来实例中要导航的结果集

```
DECLARE OneCursor1 CURSOR
FOR
    SELECT st_id,st_name,st_age,st_remark,cl_id from studio
    where st_id<=10
go
OPEN OneCursor1                    --打开游标
```

第一个实例，使用NEXT关键字，如图9-10所示。

小天：晕，我多点了一次执行，却跑到第二行去了，除了将游标重启（关闭再打开），之外应该可以用FIRST关键字吧？可为什么我这里出错了呢？如图9-11所示。

老田：这个……嗯……，其实没有什么，就是我粗心了，创建游标的时候，如果不给选项，默认就是创建只进游标。因为只进游标是最节省资源的，所以是默认，而只进的意思也很明确，就是只能定向地向记录末尾移动，不能乱跑。于是乎，这个游标看来只能删除，然后重新创建了。改成动态的吧，创建代码如下：

图9-10　使用 NEXT 关键字

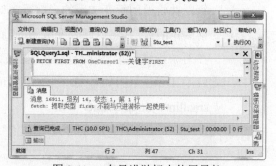

图9-11　在只进游标中使用导航

```
DECLARE OneCursor1 CURSOR --创建游标
DYNAMIC                    --改成动态的
FOR
    SELECT st_id,st_name,st_age,st_remark,cl_id from studio
```

```
    where st_id<=10
go
OPEN OneCursor1                --还是顺便打开游标
```

接下来再使用FIRST关键字就没有问题了。下面分别是FIRST和LAST两个实例的代码：

```
FETCH FIRST FROM OneCursor1    --关键字FIRST
FETCH LAST FROM OneCursor1     --关键字LAST
```

小天：我又遇到问题了，按照上面的语法使用RELATIVE 5获取当前行后面的第五行，这个倒没有错，如图9-12所示。

但是我使用ABSOLUTE关键字又出错了。我在实例中声明了一个变量@I，用来给ABSOLUTE关键字指示要调到的行，如图9-13所示。

图 9-12　使用 RELATIVE 关键字

图 9-13　使用 ABSOLUTE 关键字

上面你说可以对这两个关键字使用变量，这话是不是你忽悠我的？这个关键字应该不可以使用变量吧。

老田：我人品没有这么差吧？你遇到点小问题就怀疑我，你看错误提示说的什么嘛。在第一个例题的时候，我声明的是一个只进游标。但因为只进游标不能使用FIRST关键字，所以我将游标改为动态游标了。这里的错误提示就是说ABSOLUTE关键字不能与动态游标一起使用，你不会自己换换游标的类型啊，这也要我提示。

小天：如果是在程序中，我想来点判断，比如FETCH找到数据了、没有找到甚至是执行错误了，有办法没有？

老田：有。因为我们要对游标中的数据进行修改，那么肯定需要这样一个状态提示的东西。其实出错并不重要，重要的是如果找不到数据，比如FETCH出来的0行数据，那要修改的话肯定出错，所以SQL Server提供了一个状态的函数@@fetch_status，这个函数返回三个值。解释如下。

- 0：FETCH 语句成功。
- -1：FETCH 语句失败或行不在结果集中。
- -2：提取的行不存在。

例如，随意执行一条FETCH语句，只要成功，就应该返回0，如图9-14所示。

大话 数据库

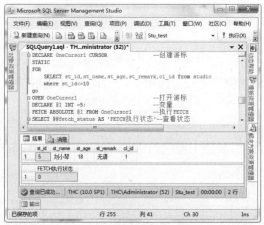

图 9-14 查看 FETCH 状态

小天：不错！不过还有一点，你说INTO语句可以将游标中列的数据填充给变量，这个怎么做？来个实例吧。

老田：太简单了，如下。我们循环结果集中的每一行，每次都是将第一列、第二列中的值分别交给两个变量，并打印这两个变量。代码如下：

```
DECLARE INTO_TEST CURSOR                  --创建游标
FOR
    SELECT st_id,st_name from studio      --从表中选择两列
go
OPEN INTO_TEST                            --打开游标

DECLARE @ID INT , @NAME VARCHAR(10);      --声明两个变量用来填充
FETCH NEXT FROM INTO_TEST INTO @ID,@NAME   --移到游标第一行并将列顺序填充到
                                          --变量中
WHILE @@fetch_status=0            --如果FETCH状态为0，表示成功执行，那就进入循环
BEGIN
    PRINT CONVERT(CHAR(2),@ID) + ' --- ' + @NAME; --打印变量
    FETCH NEXT FROM INTO_TEST INTO @ID,@NAME --移到游标到下一行并将列顺序填充
                                          --到变量中
END
CLOSE INTO_TEST;                          --关闭游标
DEALLOCATE INTO_TEST;                     --删除游标
```

执行后结果如图9-15所示。

小天：上面实例中为什么要写两次FETCH NEXT FROM INTO_TEST INTO @ID,@NAME 这一句呢？

老田：这个问题还得从@@fetch_status说起。上面我说了，这个函数是显示最近一句FETCH语句的执行状态，只有它的值为0才表示执行成功，而我们的WHILE循环的条件

又是@@fetch_status的值为0才会继续循环，那这个0从哪里来呢？当然是需要FETCH先执行一次了。否则的话，@@fetch_status的根本就不存在，那么就无法进入循环了。你可能会想，那就执行一次FETCH好了，为什么在外面也要使用INTO对变量赋值呢？那是因为除非在外面执行FETCH FIRST，否则的话都不合适，因为如果使用NEXT的话，进入循环的时候就会把结果集中的第一行跳过。但如果使用FIRST的话，咱们这个只进游标又不能使用了。

图 9-15　让游标循环结果集并使用 INTO 语句

4．定位修改和删除数据

小天：你说这个游标还可以修改数据？可以执行UPDATE和DELETE？

老田：通常情况下我们用游标来从基础表中检索数据，以实现对数据的行处理。但在某些情况下，我们也常要修改游标中的数据，即进行定位更新或删除游标所包含的数据。所以必须执行另外的更新或删除命令，并在WHERE子句中重新给定条件才能修改该行数据。但是如果在声明游标时使用了FOR UPDATE语句，那么就可以在UPDATE或DELETE命令中以WHERE CURRENT OF关键字直接修改或删除当前游标中所存储的数据，而不必使用WHERE 子句重新给出指定条件。当改变游标中数据时，这种变化会自动地影响到游标的基础表。如果在声明游标时选择了INSENSITIVE选项，那么该游标中的数据不能被修改，具体含义请参看声明游标小节中对INSENSITIVE选项的详细解释。

进行定位修改和删除游标中数据的语法规则如下。

```
--更新当前游标的语法
UPDATE 表名 SET 列=值 [,n...]
WHERE CURRENT OF 游标名
--删除当前游标的语法
DELETE FROM 表
WHERE CURRENT OF 游标名
```

下面我们做一个例题，修改学生信息表（studio表）中的最后一行数据，先修改，然后再删除。代码如下：

```
DECLARE MODIFY_TEST CURSOR
DYNAMIC                              --定义游标为动态
FOR
```

```
    SELECT st_id,st_name from studio        --注意这句后面没有分号
FOR
    UPDATE OF st_id,st_name;                --指定可编辑的列
GO
OPEN MODIFY_TEST;                           --打开游标
FETCH LAST FROM MODIFY_TEST;                --移到最后一条记录
UPDATE studio SET st_name='巴马奥'
    WHERE CURRENT OF MODIFY_TEST;           --更新当前行
CLOSE MODIFY_TEST;                          --关闭游标
DEALLOCATE MODIFY_TEST;                     --删除游标
```

执行后的效果就没必要看了，结果集预览中显示被修改这行数据，而消息中则是两行"（1行受影响）"。

接下来讲删除。由于删除的语句太简单，我们修改下，结合上一节读取游标数据中的最后一个例题，让游标循环整个结果集的做法，找到合适的就下手。代码如下：

```
DECLARE DELETE_TEST CURSOR
FOR
    SELECT st_id from studio
FOR
    UPDATE OF st_id;                        --指定可编辑的列
GO
OPEN DELETE_TEST;                           --打开游标

DECLARE @ID INT;
FETCH NEXT FROM DELETE_TEST INTO @ID;
WHILE @@fetch_status=0
BEGIN
    IF(@ID=15)                             --筛选条件
        DELETE FROM studio WHERE CURRENT OF DELETE_TEST;
    FETCH NEXT FROM DELETE_TEST INTO @ID;
END
CLOSE DELETE_TEST;                          --关闭游标
DEALLOCATE DELETE_TEST;                     --删除游标
```

小天：老田，咱们关系应该不错吧？为什么你老喜欢忽悠我呢？我就奇怪了，你为什么只给我代码，不给我执行后的截图？搞了半天你给的这个代码有错，你看，我按照你的一字不差地抄下来，就差注释没有写了，但是还是错了，如图9-16所示。

图 9-16　声明的变量数量和所选列的数目不一致时出错

老田：所有粗心的人都是这样，自己明明写错了的代码却说是和别人的绝对一模一样。看下图9-16中我标注出来的地方，再看下错误提示。

小天：额……不说这个问题了，继续学习新的知识吧。不是说还要学习函数嘛，继续讲函数嘛。

9.4　用户自定义函数

老田：真想甩个中指给你！算了，继续学习今天要讲的另外一个知识点——用户自定义函数。在第3章我们学习了几乎90%的系统内置函数，前面也用了一大部分，下面就来讲用户定义函数。

前面的学习、练习中也使用了那么多的函数，我们总结出一点，函数就是接受参数、执行操作并且将运算结果以值的形式返回。当然这个值既可以是单个的标量值，也可以是一个结果集。

编写函数的语言从Microsoft SQL Server 2005之后就发展为既可使用Transact-SQL语言编写，也可以使用.NET的语言编写。

在SQL Server中使用用户自定义函数有以下优点。

- 允许模块化程序设计。只需创建一次函数并将其存储在数据库中，以后便可以在程序中调用任意次。用户自定义函数可以独立于程序源代码进行修改。

- 执行速度更快。与存储过程相似，Transact-SQL用户自定义函数通过缓存计划并在重复执行时重用它来降低Transact-SQL代码的编译开销。这意味着每次使用用户自定义函数时均无须重新解析和优化，从而缩短了执行时间。和用于计算任务、字符串操作和业务逻辑的Transact-SQL函数相比，CLR函数具有显著的性能优势。Transact-SQL函数更适用于数据访问密集型逻辑。

- 减少网络流量。基于某种无法用单一标量的表达式表示的复杂约束来过滤数据的操作，可以表示为函数。然后此函数便可以在WHERE子句中调用，以减少发送至客户端的数字或行数。

所有用户自定义函数都具有相同两部分组成结构：标题和正文。函数可接受零个或多个输入参数，返回标量值或表。

标题定义如下。

- 具有可选架构或所有者名称的函数名称。
- 输入参数名称和数据类型。
- 可以用于输入参数的选项。
- 返回参数数据类型和可选名称。
- 可以用于返回参数的选项。

正文定义了函数将要执行的操作或逻辑。它包括以下两者之一。

- 执行函数逻辑的一个或多个Transact-SQL语句。
- .NET程序集的引用。

小天：来做一个实例看看吧。

老田：看下面的实例，注意看注释哦！

```sql
IF OBJECT_ID(N'dbo.GetWeekDay', N'FN') IS NOT NULL  -- 判断函数是否存在
    DROP FUNCTION dbo.GetWeekDay;                    -- 存在则删除
GO
CREATE FUNCTION GetWeekDay        -- 创建一个名为GetWeekDay的函数
(@Date datetime)                  -- 定义一个类型为datetime的输入参数
RETURNS int                       -- 返回参数的类型
AS
                                  -- 函数主体部分开始
RETURN DATEPART (weekday, @Date)-- 执行动作
END;                              -- 主体部分结束
GO
```

和内置函数一样，可以分别使用PRINT和SELECT两种方式来调用函数，代码如下：

```sql
--第一种方式，注意使用了两次CONVERT函数
print '今天是星期' +
CONVERT(varchar(1),dbo.GetWeekDay(CONVERT(DATETIME,'20091116',101)))
GO
--第二种方式
SELECT dbo.GetWeekDay(CONVERT(DATETIME,'20091116',101)) AS '星期';
```

```
GO
```

执行上面的第一种调用方式，效果如图9-17所示。

小天：看来创建和使用都还是比较简单，我总结了个语法，你看对不？

图 9-17　使用 print 方式调用

```
create function xxxx(@参数名 参数数据类型, N…)
Returns 返回值的数据类型（内联表值函数返回值为table类型）
As
Begin
Sql语句
Return 返回的对象
End
Go
```

调用的语法：

调用自定义函数：print 数据库名.dbo.函数名（传入参数）

调用自定义函数：select 数据库名.dbo.函数名（传入参数）

至于你用了两个CONVERT函数，第一个是将整个用户自定义函数得到的值转换为VARCHAR类型，而第二个CONVERT函数则是将你给定的那个日期字符串转换为标准的日期类型。怎么样？你就一个例题，我现在已经能够自己总结出来，我牛吧？

不过有几个问题，

（1）为什么你创建函数上面有个判断函数对象是否存在，然后删除的语句呢？

（2）按照你上面所说的概念来说，还可以返回表值，这个表怎么返回？

（3）有些函数是什么都不返回的，只需要执行一个操作即可，怎么做？

（4）还有个最大的问题，我完全不知道函数有什么用啊？我老听人家说存储过程，但是也没有听多少人说函数啊？

老田：真牛就没这么多问题了，第一个问题其实并不是创建用户自定义函数需要的，而是作为一种习惯，在创建任何对象之前都应该执行一下，这样可以保证创建的脚本可以顺利进行，这样的做法有好处，也有坏处，还要看自己的习惯和对已有数据库系统的了解。后面几个问题就先从创建自定义函数之前要考虑的一些问题说起吧。

9.4.1　创建用户自定义函数的思考

在Microsoft　SQL　Server2008中，和大多数数据库对象一样，可以使用CREATE FUNCTION、ALTER FUNCTION和DROP FUNCTION这三个语句来创建、修改和删除用户自定义函数。每个完全限定用户自定义函数名（database_name.owner_name.function_name）必须唯一。

函数的BEGIN…END块中的语句不能有任何副作用。所谓副作用是指，对函数作用域以外的资源状态做出更改动作，比如修改数据库的表。唯一能够改动的只有函数作用域内的局部对象，比如在函数内部声明的游标和局部变量。不能在函数中执行的操作包括：修改数据库中的表；不在函数以外的游标进行操作；发送电子邮件；尝试修改目录；生成返回至用户的结果集。

小天：这也不行，那也不行，这个函数到底能做什么呀？

老田：看，看，急了不是？要真没用干嘛学呢？函数中可以包括的语句类型如下。

- 定义局部变量和局部游标的DECLARE语句。
- 为函数局部对象赋值，例如SET语句。
- 声明、打开、关闭和释放局部游标的操作；但是不允许使用FETCH语句将数据返回给客户端，只可使用FETCH语句通过INTO子句为局部变量赋值。
- 除TRY…CATCH语句之外的控制流语句。
- SELECT语句，用于对变量赋值。
- INSERT、UPDATE和DELETE语句，用于修改函数的局部变量。
- EXECUTE，用于调用扩展存储过程。

确定性内置函数，当然大多数不确定的内置函数也可以在用户自定义函数中使用，比如GETDAT、CURRENT_TIMESTAM、@@MAX_CONNECTION、@@PACK_RECEIVED等，但像NEWID、RAND、NEWSEQUENTIALID、TEXTPTR这样的不确定函数则不能在用户自定义函数中使用。

CREATE　FUNCTION支持SCHEMABINDING 子句，后者可将函数绑定到它引用的任何对象（如表、视图和其他用户自定义函数）的架构。但必须满足以下条件才能在CREATE FUNCTION中指定SCHEMABINDING。

- 该函数引用的所有视图和用户自定义函数必须是绑定到架构的视图和函数。
- 该函数引用的所有对象必须与该函数位于同一数据库中。必须使用由一部分或两部分构成的名称来引用对象。
- 必须具有该函数中引用的所有对象（表、视图和用户自定义函数）的REFERENCES权限。

可使用 ALTER FUNCTION删除架构绑定。ALTER FUNCTION语句会在不指定WITH SCHEMABINDING的情况下重新定义函数。

小天：什么地方可以使用用户自定义函数呢？还有，我看函数有输入参数，那这个输入参数有没有什么特别的限制呢？

老田：用户自定义函数作为数据库对象存储，可以按下列方式使用。

- 在Transact-SQL语句（如SELECT）中。
- 在调用该函数的应用程序中。
- 在另一个用户自定义函数的定义中。
- 用于参数化视图或改进索引视图的功能。
- 用于在表中定义列。
- 用于为列定义CHECK 约束。
- 用于替换存储过程。

关于输入参数的问题是这样的。用户自定义函数采用零个或多个输入参数并返回标量值或表。一个函数最多可以有1024个输入参数。如果函数的参数有默认值，则调用该函数时必须指定DEFAULT关键字，才能获取默认值。

9.4.2　用户自定义函数的分类

接下来回答你说的返回值的问题。用户自定义函数（User Defined Functions）是SQL Server的数据库对象，它不能用于执行一系列改变数据库状态的操作，但它可以像系统函数一样在查询或存储过程等程序段中使用，也可以像存储过程一样通过EXECUTE命令来执行。用户定义函数中存储了一个Transact-SQL例程，可以返回一定的值。

在SQL Server中，根据函数返回值形式的不同，将用户自定义函数分为以下三种类型。

1．创建及使用标量型函数

标量型函数（Scalar functions）返回一个确定类型的标量值，其返回值类型为除TEXT、NTEXT、IMAGE、CURSOR、TIMESTAMP和TABLE类型外的其他数据类型。函数体语句定义在BEGIN…END语句内，其中包含了可以返回值的Transact-SQL命令。

2．内联表值型函数

内联表值型函数（Inline table-valued functions）以表的形式返回一个返回值。即它返回的是一个TABLE类型的值，内联表值型函数没有由BEGIN…END语句括起来的函数体。其返回的表由一个位于RETURN子句中的SELECT命令段从数据库中筛选出来。内联表值型函数功能相当于一个参数化的视图。

3．多声明表值型函数

多声明表值型函数（Multi-statement table-valued functions）可以看做标量型和内联表值型函数的结合体，它的返回值是一个表，但它和标量函数一样有一个用BEGIN…END语句括起来的函数体，返回值的表中的数据是由函数体中的语句插入的。由此可见，它可以进行多次查询，对数据进行多次筛选与合并，弥补了内联表值型函数的不足。

简而言之，对上述三种用户自定义函数类型来个总结：内联表值型函数和标量函数唯一不同的是，内联表值型函数只能返回TABLE类型，而标量函数只能返回标量值。多声明表值型函数是前面两种函数的结合体，由于需要显式定义表的结构，所以他的使用会比内联表值型函数复杂，但他能容纳更多的语句、游标，等等。

9.4.3 创建及使用用户自定义函数

小天：基本上明白了，接下来分别教我怎么创建和使用这三种类型的用户自定义函数吧。

老田：下面咱们就针对三种类型的用户自定义函数的创建和使用方式分别进行讲解。

1．创建及使用标量型函数

创建标量型用户自定义函数（Scalar functions）的语法如下：

```
CREATE FUNCTION 所有者.函数名
(参数 数据类型[,参数n...])
RETURNS 返回值的数据类型
[WITH <函数选项[,n...>]]
AS
BEGIN
函数要执行的SQL语句
Return 返回的对象
END
```

根据上面的语法，我们做一个根据班级学生数量计算每个班应该收集多少班费的实例。SQL代码如下：

```
USE Stu_test
GO
CREATE FUNCTION dbo.GetOutlay
(@cl_id int,@price money)    --两个参数
RETURNS money               --返回类型为money
AS
BEGIN
```

```
    DECLARE @COUNT INT,@MONEY money;      --声明两个变量
    SELECT @COUNT=COUNT(ST_ID) FROM STUDIO WHERE cl_id=@cl_id;--为@count赋值
    SET @MONEY=@COUNT * @price;--用人数乘以每个人应交的费用，结果赋值给@MONEY
    RETURN @MONEY;                --返回结果
END
GO
--调用上面创建的dbo.GetOutlay函数，假设3班每人交纳32.5元的班费
select dbo.GetOutlay(3,32.5)
```

　　执行后结果如图9-18所示。

　　小天：我这里也做了一个实例，不过出错了。你看下是为什么呢？代码如下：

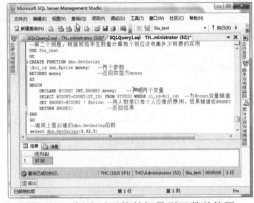

图 9-18　创建返回值的标量型函数并使用

```
USE Stu_test
GO
CREATE FUNCTION odb.my_function()
RETURNS varchar(20)
AS
BEGIN
    UPDATE studio SET st_name='小天' WHERE st_id=15;
    RETURN '修改成功'
END
GO
```

　　执行后得到的错误提示如图9-19所示。

　　老田：前面章节中曾提到函数中不能包括修改数据库中的表的语句。你这个UPDATE难道还不是正大光明地去修改人家表中的数据啊？感情那句话让你体会到的是不能修改表定义啊。不过还是有一点值得表扬的，你知道如果函数就算不带输入参数还是需要一个括号的。将你的代码

图 9-19　创建函数因有 UPDATE 而错误

修改如下：

```
USE Stu_test
GO
CREATE FUNCTION dbo.my_function()
RETURNS varchar(20)
AS
BEGIN
    --UPDATE studio SET st_name='小天' WHERE st_id=15;
    return '修改成功';
END
GO
--使用函数如下
select dbo.my_function()
```

小天：看来会创建了还得再回头去看前面你写的那些啊。前面东西太多，我一看就想睡觉，所以就想做练习。

2. 创建及使用内联表值型函数

老田：这也怪不得你，我看纯概念也会睡觉的。想改变，只有一个办法，就是疯狂地练习，摸到窍门了再继续回头去看。

下面继续讲创建及使用内联表值型函数。如下例，使函数返回一个学生信息表，表中包含学生信息、所在班级。代码如下：

```
USE Stu_test;
GO
IF OBJECT_ID('dbo.fun_st_cl_z', 'IF') IS NOT NULL--判断函数是否存在，注意类
                                                --型的变化
    DROP FUNCTION fun_st_cl_z;                   --存在则删除
GO
CREATE FUNCTION dbo.fun_st_cl_z()
RETURNS TABLE
AS
RETURN
(
    SELECT TOP 20 studio.st_id, studio.st_name, zone.z_zone, class.cl_class
     FROM   studio INNER JOIN
          zone ON studio.z_id = zone.id INNER JOIN
          class ON studio.cl_id = class.cl_id
    ORDER BY studio.st_id
);
```

```
GO
--使用函数
SELECT * FROM dbo.fun_st_cl_z() WHERE cl_class LIKE '%班%';
```

执行后效果如图9-20所示。

小天：这个不错！看你在使用的时候完全是将函数当成表或者视图来使用了。语法我也看出来了，和标量型函数的区别只有两处，第一点是返回类型确定了是TABLE类型，第二点是函数体不存在了，取而代之的是一个RETURN（检索数据的SQL语句），很小菜的啦，语法如下：

图 9-20　创建及使用内联表值型函数

```
CREATE FUNCTION 所有者.函数名
(参数 数据类型[,参数n...])
RETURNS table
[WITH <函数选项[,n...>]]
AS
RETURN  (确定返回的表数据的 SQL 语句)
```

使用的时候直接将函数当成表来使用就行了。不同于表的地方是需要加参数列表，如果没有参数还需要加括号。

噢……我自己做了为什么就错了呢？如图9-21所示。

老田：自己不会看错误信息啊？学到现在，如果前面的都学得扎实的话，你已经算是入门了。前面章节都教过怎么辨别错误信息的啊。对比下我前面的示例吧。

图 9-21　未指定 TOP 关键字的情况下使用 ORDER BY

3. 创建及使用多声明表值型函数

前面小节说到,多声明表值型函数其实就是标量型函数和内联表值型函数的结合体,它的返回值是一个表,但它和标量型函数一样有一个用BEGIN…END语句括起来的函数体,返回值的表中的数据是由函数体中的语句插入的。其语法如下:

```
CREATE FUNCTION 所有者.函数名
(参数 数据类型[,参数n...])
RETURNS TABLE类型变量名 TABLE <表定义>
[WITH <函数选项[,n...>]]
AS
BEGIN
函数要执行的SQL语句
Return
END
```

咱们来看个实例。前面两个实例都太简单,这次将游标也融合进来做这个例题。作为本章一个融合全部知识点的例题,返回课程名为"SQL Server基础"的成绩在60分以上的学生信息(如果STU_TEST数据库信息不全,请参考第6章准备工作部分的数据库关系图)。代码如下:

```
IF OBJECT_ID('dbo.eligibility', 'TF') IS NOT NULL--判断函数是否存在,注意类
                                                --型的变化
    DROP FUNCTION dbo.eligibility;              --存在则删除
GO
CREATE FUNCTION dbo.eligibility
(@co_id int)                          --课程ID为参数
RETURNS @STUDENTS TABLE(               --返回表变量名@STUDENTS
        ID INT PRIMARY KEY,            --表主键ID
        ST_NAME VARCHAR(30),           --学生名
        CO_NAME VARCHAR(50),           --课程名
        RESULT TINYINT )               --成绩
AS
BEGIN
    --声明变量
    DECLARE @ID INT,@ST_NAME VARCHAR(30),@CO_NAME VARCHAR(50),@RESULT
      TINYINT;
    --获得课程名称
    SELECT @CO_NAME=CO_NAME FROM course WHERE CO_ID=@co_id;
    --声明游标
    DECLARE STU CURSOR
```

```
FOR SELECT ST_ID,ST_NAME FROM STUDIO;
OPEN STU                            --打开游标
FETCH NEXT FROM STU INTO @ID ,@ST_NAME; --读取游标并赋值给变量
WHILE @@fetch_status=0              --循环开始
BEGIN
    IF(@ID>0)--如果学生编号ID大于0，将成绩查询出来赋值给变量
    BEGIN
        SELECT @RESULT = A_NUMBER FROM achievement
        WHERE CO_ID=@co_id  AND ST_ID=@ID
        IF(@RESULT>=60)  --判断只有成绩大于等于60的才加入表变量@STUDENTS
        BEGIN
            INSERT INTO @STUDENTS(ID,ST_NAME,CO_NAME,RESULT)
                    VALUES(@ID,@ST_NAME,@CO_NAME,@RESULT);
        END
    END
    FETCH NEXT FROM STU INTO @ID ,@ST_NAME;
END
RETURN
END
GO
--使用下面语句进行查询，以测试函数
SELECT * FROM dbo.eligibility(2)
```

执行后结果如图9-22所示。

小天：我抄得好辛苦啊，这个代码实在太多了。

老田：我看你的代码看得更加辛苦，你自己看你写的这是啥玩意？一点层次感都没有，要是出点小错误，你找到胡子白、牙齿缺都找不出来。别看老田我写的代码长了点，但是最起码代码层次感很强，一段一段的，很容易看懂。

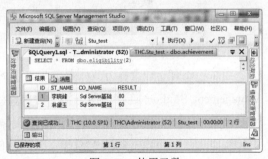

图 9-22　使用函数

以后的代码会越来越多，我不要求你写的代码属于祸水级别的美，但是我想条理、层次必须要清晰这个基本条件必须满足，否则你学得再好，一到笔试就挂了。

9.4.4 维护用户自定义函数

小天：看到最后一个例题，我终于觉得函数其实也还是有点强大，但是如何查看、修改和删除呢？

1. 查看用户自定义函数

在SQL Server 2008中，系统提供了几个可以查看用户自定义函数信息的系统存储过程和目录视图。使用这些工具，可以查看用户自定义函数的定义、获取函数的架构和创建时间、列出指定函数所使用的对象等信息。

可以使用sys.sql_modules、OBJECT_DEFINITION、sp_helptext等工具查看用户自定义函数的定义；使用sys.objects、sys.parameters、sp_help等工具查看有关用户自定义函数的信息；使用sys.sql_dependencies、sp_depends等工具查看用户自定义函数的依赖关系。

> **小提示**：如果不希望别人看见用户自定义函数的定义，可以在创建的时候使用WITH ENCRYPTION选项。

例如，下面分别使用sys.sql_modules、OBJECT_DEFINITION、sp_helptext等三种方式查看上面创建的dbo.eligibility用户自定义函数的定义文本，代码如下：

```
--第一种方式
select definition from sys.sql_modules where
object_id=object_id('dbo.eligibility');
--第二种方式
select OBJECT_DEFINITION(object_id('dbo.eligibility'));
--第三种方式
exec sp_helptext eligibility;
```

当然，还有一种查看方式则是通过SQL Server Management Studio，打开SQL Server Management Studio→连接上服务器→对象资源管理器→数据库→指定的数据库→可编程性→函数→依据要查看的函数的类型选择标量函数或者表值函数→单击鼠标右键，在弹出的快捷菜单中选择"XXX"命令（具体选择哪一项，这就得你自己去看了），当然删除和修改也可以使用类似的方式。

2. 修改和删除用户自定义函数

修改和删除用户自定义函数可以用ALTER和DROP这两个关键字。例如修改和删除改上面创建的dbo.eligibility函数，代码如下：

```
ALTER FUNCTION dbo.eligibility
下面代码和创建的一样，这里省略
```

删除则相对简单，直接使用"DROP 函数名"。例如：

```
DROP FUNCTION dbo.eligibility
```

本 章 小 结

本章对Transact-SQL编程中的元素进一步进行了完善。首先从流程控制语句开始，主要讲解IF…ELSE…语句、BEGIN…END语句、GOTO语句、WHILE BREAK和CONTINUE语句、CASE语句、WAITFOR语句这几个流程控制语句，它们的主要作用是分支、循环和跳转等。

在游标中，我们主要学习了游标，它的主要作用是对数据进行一次一条数据的处理，弥补了以前只能对行集进行处理的缺陷。游标分为Transact_SQL游标（服务器游标）、API游标和客户端游标。我们主要讲解了Transact_SQL游标，它分为静态游标、动态游标、只进游标、键集驱动的游标。游标的生命周期分为声明的游标、打开游标、提取数据、关闭游标四个阶段。

最后一个部分是用户自定义函数，我们知道了用户自定义函数分为三种类型：标量型函数、内联表值型函数和多声明表值型函数。在使用表值型函数的时候，我们甚至可以将函数当成表对象来使用。

问 题

1. 什么是流程控制语句？为什么叫流程控制语句？
2. 如何让一段代码定时执行？
3. 9.2.5小节最后一个例题中有点小问题，请找出来，并说明为什么。
4. 总结静态、动态、只进、键集驱动四种游标的特点。
5. 上述四种游标，哪些可以使用FIRST、LAST关键词？
6. 上述四种游标，哪些可以使用UPDATE关键词？
7. 描述游标的优缺点。
8. 描述用户自定义函数的优缺点。

第 10 章 存 储 过 程

学习时间：第十六、十七天　　　地点：小天办公室　　　人物：老田、小天

本章要点

- 存储过程的概念
- 存储过程的优缺点
- 创建、执行、修改和删除存储过程
- 向存储过程传递参数
- 从存储过程返回多个值
- 存储过程的执行过程、命名方式

本章学习线路

本章由用户自定义函数的限制问题引入使用存储过程，接着讨论存储过程的优缺点，然后是存储过程的执行方式。接着针对存储过程的创建、带参数的存储过程等多种使用方式的创建、使用以及存储过程之间的调用等方法、技巧做深入阐述和大量的练习。接下来是存储过程的维护，包括修改、删除、重命名、自动编译等操作。最后针对存储过程的命名、执行过程的原理做了讲解。

知识回顾

老田：总结下上一章学习的知识点吧，看你记住了多少。

小天：上一章总共学习了三个部分，分别是流程控制语句、游标和用户自定义函数。

流程控制语句主要包括IF…ELSE语句、CASE语句两个分支语句、WHILE循环语句、GOTO语句、BREAK和CONTINUE语句这样的跳转语句。还有两个分别是WAITFOR和BEGIN…ENG，BEGIN…END的作用是将一系列的Transact-SQL语句作为一组Transact-SQL语句一次执行，WAITFOR则是定时执行。

游标只细讲了Transact-SQL游标中的静态、动态、只进、键集驱动这几种。还知道了静态和键集驱动这两个游标在执行打开（OPEN）命令的同时会在tempdb中创建临时表。只进游标则是像数据流一样，只能向结果集的末尾，不能前进。

用户自定义函数主要针对标量型函数、内联表值型函数、多声明表值型函数的创建、查看、修改和维护做了比较多的讲解。最为不爽的是，用户自定义函数中的限制实在太多，这也不能用，那也不能干。

老田：不要抱怨了。今天我们开始讲存储过程。如果你能够把存储过程学好了，可也是很牛的哦。

10.1　概　述

小天：存储过程是什么东西？有什么用？为什么要用？好用吗？

老田：存储过程不是东西，是数据库中的一个功能，是存储在数据库中的一段可复用的代码块。它和用户自定义函数一样，编写简单、使用方便、效率高、节约网络流量，是改善安全机制的好东西（才说了不是东西）。

存储过程可以使得对数据库的管理，以及显示关于数据库和用户信息的工作变得容易很多。存储过程是SQL语句和可选控制流语句的预编译集合，以一个名称存储并作为一个单元处理。存储过程存储在数据库内，可由应用程序通过一个调用执行，而且允许用户声明变量、由条件执行以及其他强大的编程功能。

存储过程可包含程序流、逻辑以及对数据库的查询。它们可以接受参数、输出参数、返回单个或多个结果集以及返回值。下面来看个实例：

```
--创建存储过程
create proc OneProc
    @id int
AS
    select * from studio where st_id=@id
--调用存储过程
exec OneProc 1
```

执行后结果如图10-1所示。

小天：我觉得存储过程和用户自定义函数差不多，都是将能够完成一个功能的代码封装成一个函数存储在数据库中，就是限制多了点。总体来说，除了定义的语法方面不同外，用户自定义函数还是跟你说的这个存储过程差不多吧？

图 10-1　创建及使用存储过程

老田：什么创建语法不同那些废话咱不说，列举如下。从调用来说，存储过程需要使用EXECUTE单独执行，函数可以随处调用，比如可以从SELECT检索中调用，也可以像存储过程一样，通过 EXECUTE 语句执行。再说修改，用户自定义函数不能修改表中的数据，但是存储过程可以。最后说定义，在用户自定义函数中有诸多限制，但是存储过程中基本上没有这些限制。

好了，不争论了，我们今天既然是学习存储过程，那么首先让你明白了存储过程的概念、优缺点、分类、创建、使用等方法后，再两者对比着练习，比我给你总结的这个更完善，记忆得更深刻。

下面咱们首先讲存储过程的优点。

10.2 存储过程的优点

当利用Microsoft SQL Server创建一个应用程序时，Transact-SQL是一种主要的编程语言。若运用Transact-SQL来进行编程，有两种方法。第一种方法是，在本地存储Transact-SQL程序，并创建应用程序向SQL Server发送命令来对结果进行处理。第二种方法是，可以把部分用Transact-SQL编写的程序作为存储过程存储在SQL Server中，并创建应用程序来调用存储过程，对数据结果进行处理。存储过程能够通过接收参数向调用者返回结果集，结果集的格式由调用者确定；返回状态值给调用者，指明调用是成功的还是失败的；包括针对数据库的操作语句，并且可以在一个存储过程中调用另一个存储过程。

通常我们更偏向于使用第二种方法，即在SQL Server中使用存储过程而不是在客户计算机上调用Transact-SQL编写的一段程序，原因在于存储过程具有以下优点。

1．存储过程允许标准组件式编程

存储过程在被创建以后可以在程序中被多次调用，而不必重新编写该存储过程的SQL语句。而且数据库专业人员可随时对存储过程进行修改，却对应用程序源代码毫无影响（因为应用程序源代码只包含存储过程的调用语句），从而极大地提高了程序的可移植性。

2．存储过程能够实现较快的执行速度

如果某一操作包含大量的Transact-SQL代码或分别被多次执行，那么存储过程要比批处理的执行速度快很多。因为存储过程是预编译的，在首次运行一个存储过程时，查询优化器对其进行分析、优化，并给出最终被存放在系统表中的执行计划；而批处理的Transact-SQL语句在每次运行时都要进行编译和优化，因此速度相对要慢一些。

3．存储过程能够减少网络流量

对于同一个针对数据库对象的操作（如查询、修改），如果这一操作所涉及的Transact-SQL语句被组织成一个存储过程，那么当在客户机上调用该存储过程时，网络中传送的只是该调用语句，否则将是多条SQL语句，从而大大增加了网络流量，降低网络负载。

4．存储过程可被作为一种安全机制来充分利用

系统管理员通过对执行某一存储过程的权限进行限制，从而能够实现对相应数据访问权限的限制，避免非授权用户对数据的访问，保证数据的安全。

> **小提示**：存储过程虽然既有参数又有返回值，但是它与函数不同。存储过程的返回值只是指明执行是否成功，并且它不能像函数那样被直接调用，也就是在调用存储过程时，在存储过程名字前一定要有EXEC保留字。

10.3　存储过程的分类

在SQL Server的系列版本中，存储过程分为三类：系统提供的存储过程、扩展存储过程和用户自定义存储过程。不过遗憾的是，扩展存储过程在后续版本的SQL Server中已经慢慢放弃了，所以就不再讲了。

系统过程主要存储在master 数据库中，并以"sp_"为前缀。系统存储过程主要从系统表中获取信息，从而为系统管理员管理SQL Server提供支持。通过系统存储过程，MS SQL Server中的许多管理性或信息性的活动（如了解数据库对象、数据库信息）都可以被顺利有效地完成。尽管系统存储过程被放在master数据库中，但是仍可以在其他数据库中对其进行调用，在调用时不必在存储过程名前加上数据库名，而且当创建一个新数据库时，一些系统存储过程会在新数据库中被自动创建。

在系统存储过程中还有一种叫API的存储过程，它针对ADO、OLE DB以及ODBC应用程序。运行SQL Server Profiler的用户可能会注意到这些使用Transact-SQL引用未涵盖的系统存储过程的应用程序。这些存储过程由Microsoft SQL Server Native Client OLE DB 访问接口和SQL Server Native Client ODBC驱动程序用于实现数据库API的功能。这些存储过程只不过是访问接口或驱动程序所使用的机制，用来传达用户对SQL Server实例的请求。它们只供提供程序或驱动程序内部使用，不支持从基于SQL Server的应用程序显式地调用它们。

用户自定义存储过程是由用户创建并能完成某一特定功能（如查询用户所需数据信息）的存储过程。在本章中所涉及的存储过程主要是指用户自定义存储过程。

10.3.1　系统存储过程

在SQL Server中，许多管理活动和信息活动都可以使用系统存储过程来执行。系统存储过程可分为下表所示的几类。

分 类 名	解 释
Active Directory（活动目录）存储过程	用于在 Microsoft Windows Active Directory 中注册 SQL Server 实例和 SQL Server 数据库
目录存储过程	用于实现 ODBC 数据字典功能，并隔离 ODBC 应用程序，使之不受基础系统表更改的影响
变更数据捕获存储过程	用于启用、禁用或报告变更数据捕获对象
游标存储过程	用于实现游标变量功能
数据库引擎存储过程	用于 SQL Server 数据库引擎的常规维护
数据库邮件和 SQL Mail 存储过程	用于从 SQL Server 实例内执行电子邮件操作
数据库维护计划存储过程	用于设置管理数据库性能所需的核心维护任务
分布式查询存储过程	用于实现和管理分布式查询
全文搜索存储过程	用于实现和查询全文索引
日志传送存储过程	用于配置、修改和监视日志传送配置
自动化存储过程	用于使标准自动化对象能够在标准 Transact-SQL 批次中使用
复制存储过程	用于管理复制
安全性存储过程	用于管理安全性
SQL Server Profiler 存储过程	由 SQL Server Profiler 用于监视性能和活动
SQL Server 代理存储过程	由 SQL Server 代理用于管理计划的活动和事件驱动的活动
XML 存储过程	用于 XML 文本管理
常规扩展存储过程	用于提供从 SQL Server 实例到外部程序的接口，以便进行各种维护活动

除非另外特别说明，例如，sp_helptext则返回对象定义，否则所有的系统存储过程将返回一个0值，该值表示成功。若要表示失败，则返回一个非0数值。

由于系统存储过程比较多，为了不占篇幅，如有需要，可以直接按照上面的分类名字到《SQL Server教程》中查找，查找方法参考本书第3章中3.8.2小节中讲述初学者如何灵活利用《SQL Server教程》的内容，这里就不再赘述。

10.3.2　API 存储过程

API存储过程通过所支持的API函数，使得它们的全部功能均可由基于SQL Server的应用程序使用。例如，sp_cursor系统存储过程的游标功能通过OLE DB API游标属性和方法可由OLE DB应用程序使用，通过ODBC游标属性和函数可由ODBC应用程序使用。

下列系统存储过程支持ADO、OLE DB和ODBC的游标功能：

sp_cursor	sp_cursorclose	sp_cursorexecute
sp_cursorfetch	sp_cursoropen	sp_cursoroption
sp_cursorprepare	sp_cursorunprepare	

下列系统存储过程支持 ADO、OLE DB 和 ODBC 中用于执行 Transact-SQL 语句的准备/执行模型：

sp_execute	sp_prepare	sp_unprepare

sp_createorphan和sp_droporphans存储过程用于ODBC ntext、text以及image的处理。

sp_reset_connection存储过程由SQL Server用来支持事务中的远程存储过程调用。从连接池中重用连接时，该存储过程还将导致激发Audit Login和Audit Logout事件。

这个类型的存储过程将在本系列书的C#编程部分涉及，这里简单介绍下，但不做深入探讨。

10.3.3 用户自定义存储过程

存储过程是指封装了可重用代码的模块或例程。存储过程可以接受输入参数、向客户端返回表格或标量结果和消息、调用数据定义语言（DDL）和数据操作语言（DML）语句，然后返回输出参数。在SQL Server 2008中，存储过程有两种类型：Transact-SQL和CLR。

Transact-SQL存储过程是指保存的Transact-SQL语句集合，可以接受和返回用户提供的参数。例如，存储过程中可能包含根据客户端应用程序提供的信息在一个或多个表中插入新行所需的语句。存储过程也可能从数据库向客户端应用程序返回数据。例如，电子商务Web应用程序可能使用存储过程根据联机用户指定的搜索条件返回有关特定产品的信息。

CLR存储过程是指对Microsoft .NET Framework公共语言运行时（CLR）方法的引用，可以接受和返回用户提供的参数。它们在.NET Framework程序集中是作为类的公共静态方法实现的。

还有种叫**临时存储过程**，SQL Server支持两种临时过程：局部临时过程和全局临时过程，其实它跟临时表差不多。局部临时过程只能由创建该过程的连接使用。全局临时过程则可由所有连接使用。局部临时过程在当前会话结束时自动除去，全局临时过程在使用该过程的最后一个会话结束时除去，通常是在创建该过程的会话结束时。

临时过程用"#"和"##"命名，可以由任何用户创建。创建过程后，局部过程的所有者是唯一可以使用该过程的用户。执行局部临时过程的权限不能授予其他用户。如果创建了全局临时过程，则所有用户均可以访问该过程，权限不能显式地废除。只有在

tempdb数据库中具有显式CREATE PROCEDURE权限的用户才可以在该数据库中显式地创建临时过程（不使用编号符命名），可以授予或废除这些过程中的权限。

> **小提示:** 频繁使用临时存储过程会在tempdb的系统表上产生争用，从而对性能产生负面影响。建议使用sp_executesql代替。sp_executesql 不在系统表中存储数据，因此可以避免这一问题。另外就是不能将CLR存储过程创建为临时存储过程。

我们今天要讲的主要是用户自定义存储过程。下面我们就创建存储过程的规则做一些说明。

10.4 创建存储过程

创建存储过程的方法在本章开篇的概述中已经看到了，直接使用CREATE PROCEDURE语句即可，相对来说还是很简单的，但是作为数据库中的几个重点的，存储过程的创建还是需要规则的。

存储过程分为带参数和不带参数，参数可以设置默认值，返回值又分为利用RETURN关键字返回一个值的和利用OUTPUT关键字定义返回参数来返回多个值的两种，所以一定要重点掌握。至于上面的概念，我建议你能看懂更好，看不懂就一知半解也行（但一定要先看），赶紧开始跟我们一起练习。当你会使用了，再去看概念，自然容易懂了。

10.4.1 创建存储过程应考虑的因素

本章开篇说过，存储过程中对要写什么语句基本上没有限制，事实上确实如此，几乎所有可以写成批处理的Transact-SQL代码都可以用来创建存储过程。

- 但是总有一些是另类，如下SQL语句就不能在存储过程的任何位置使用这些语句。
  - ➢ CREATE AGGREGATE
  - ➢ CREATE DEFAULT
  - ➢ CREATE或ALTER FUNCTION
  - ➢ CREATE或ALTER PROCEDURE
  - ➢ SET PARSEONLY
  - ➢ SET SHOWPLAN_TEXT
  - ➢ USE database_name
  - ➢ CREATE RULE
  - ➢ CREATE SCHEMA

> ➢ CREATE或ALTER TRIGGER

> ➢ CREATE或ALTER VIEW

> ➢ SET SHOWPLAN_ALL

> ➢ SET SHOWPLAN_XML

- 除上述语句外，其他数据库对象均可在存储过程中创建。可以引用在同一存储过程 中创建的对象，只要引用时已经创建了该对象即可。
- 可以在存储过程内引用临时表。
- 如果在存储过程内创建本地临时表，则临时表仅为该存储过程而存在；退出该存储过程后，临时表将消失。
- 如果执行的存储过程将调用另一个存储过程，则被调用的存储过程可以访问由第一个存储过程创建的所有对象，包括临时表在内。
- 如果执行对远程Microsoft SQL Server实例进行更改的远程存储过程，则不能回滚这些更改。远程存储过程不参与事务处理。
- 存储过程中参数的最大数目为2100。
- 存储过程中的局部变量的最大数目仅受可用内存的限制。
- 根据可用内存的不同，存储过程最大可达128 MB。

安全方面，在存储过程内，如果用于语句（例如SELECT或INSERT）的对象名没有限定架构，则架构将默认为该存储过程的架构。在存储过程内，如果创建该存储过程的用户没有限定SELECT、INSERT、UPDATE或DELETE语句中引用的表名或视图名，则默认情况下，通过该存储过程对这些表进行的访问将受到该过程创建者的权限限制。

如果有其他用户要使用存储过程，则用于所有数据定义语言（DDL）语句（例如CREATE、ALTER或DROP语句，DBCC语句，EXECUTE和动态SQL语句）的对象名应该用该对象架构的名称来限定。为这些对象指定架构名称可确保名称解析为同一对象，而不管存储过程的调用方是谁。如果没有指定架构名称，SQL Server将首先尝试使用调用方的默认架构或用户在EXECUTE AS子句中指定的架构来解析对象名称，然后尝试使用dbo架构。

可以使用Transact-SQL语句CREATE PROCEDURE来创建存储过程。但在创建存储过程前，还需要考虑下列事项。

- CREATE PROCEDURE语句不能与其他SQL语句在单个批处理中组合使用。
- 要创建过程，必须具有数据库的CREATE PROCEDURE权限，还必须具有对架构（在其下创建过程）的ALTER权限。对于CLR存储过程，必须拥有在<method_specifier>中引用程序集或拥有对该程序集的REFERENCES权限。
- 存储过程是架构作用域内的对象，它们的名称必须遵守标识符规则。这个规则可以参考本书第3章的3.6.1小节。

- 只能在当前数据库中创建存储过程。

- 可以在存储过程中指定除了SET SHOWPLAN_TEXT和SET SHOWPLAN_ALL以外的任何SET语句。这些语句在批处理中必须唯一。选择的SET选项在存储过程的执行中有效，之后恢复为原来的设置。

- 如果用户不是存储过程所有者，则在使用存储过程时，必须使用对象架构名称对存储过程内所有数据定义语言（DDL）语句（例如CREATE、ALTER或DROP语句，DBCC语句，EXECUTE和动态SQL语句）中使用的对象名进行限定。

创建存储过程时，需要指定以下内容。

- 所有输入参数和向调用过程或批处理返回的输出参数。

- 执行数据库操作（包括调用其他过程）的编程语句。

- 返回至调用过程或批处理以表明成功或失败（以及失败原因）的状态值。

- 捕获和处理潜在错误所需的任何错误处理语句。可以在存储过程中指定错误处理函数，如ERROR_LINE和ERROR_PROCEDURE。

最后一点要指出的是，千万不要创建任何使用"sp_"作为前缀的存储过程。SQL Server使用"sp_"前缀指定系统存储过程。而你选择的名称可能会与以后的某些系统过程发生冲突。如果应用程序引用了不符合架构的名称，而自己的过程名称与系统过程名称相冲突，则该名称将绑定到系统过程而非自己的过程，这将导致应用程序中断。

如果用户自定义存储过程与系统存储过程名称相同，而且不合法或者符合dbo架构，则该存储过程将永不执行，取而代之的是始终执行系统存储过程。

10.4.2　创建存储过程的语法

老田：咱们先来看看创建存储过程的语法吧，如下：

```
CREATE { PROC | PROCEDURE } [架构名.] 存储过程名
    [ { @parameter [ type_schema_name. ] 参数数据类型 }
        [ VARYING ] [ = default ] [ OUT | OUTPUT ] [READONLY]
    ] [ ,...n ]
[ WITH <procedure_option> [ ,...n ] ]
[ FOR REPLICATION ]
AS { <要包含的SQL语句或代码块> [;][ ...n ] }
[;]
<procedure_option> ::=
    [ ENCRYPTION ]
    [ RECOMPILE ]
    [ EXECUTE AS Clause ]
```

小天：为什么CREATE后面是 { PROC | PROCEDURE } 呢？

老田：这是微软充分地为懒人和勤快人做了打算。创建存储过程的时候，直接使用CREATE PROCEDURE 可以，使用CREATE PROC 也可以。其他的参数解释如下。

@ parameter：过程中的参数。在CREATE PROCEDURE语句中可以声明一个或多个参数。除非定义了参数的默认值或者将参数设置为等于另一个参数，否则用户必须在调用过程时为每个声明的参数提供值。存储过程最多可以有2 100个参数。如果过程包含表值参数，并且该参数在调用中缺失，则传入空表默认值。通过将at符号"@"用作第一个字符来指定参数名称。参数名称必须符合有关标识符的规则。每个过程的参数仅用于该过程本身；其他过程中可以使用相同的参数名称。默认情况下，参数只能代替常量表达式，而不能用于代替表名、列名或其他数据库对象的名称。如果指定了FOR REPLICATION，则无法声明参数。

[type_schema_name.] 参数数据类型：参数以及所属架构的数据类型。所有数据类型都可以用作Transact-SQL存储过程的参数。可以使用用户自定义表类型来声明表值参数作为Transact-SQL存储过程的参数。只能将表值参数指定为输入参数，这些参数必须带有READONLY关键字。cursor数据类型只能用于OUTPUT参数。如果指定了cursor数据类型，则还必须指定VARYING和OUTPUT关键字。可以为cursor数据类型指定多个输出参数。对于CLR存储过程，不能指定char、varchar、text、ntext、image、cursor、用户自定义表类型和table作为参数。如果未指定type_schema_name，则SQL Server数据库引擎将按以下顺序引用type_name。

① SQL Server系统数据类型。

② 当前数据库中当前用户的默认架构。

③ 当前数据库中的dbo架构。

VARYING：指定作为输出参数支持的结果集。该参数由存储过程动态构造，其内容可能发生改变。仅适用于cursor参数。

default：参数的默认值。如果定义了default值，则无须指定此参数的值即可执行过程。默认值必须是常量或NULL。如果过程使用带LIKE关键字的参数，则可包含下列通配符：%、_、[] 和 [^]。

OUTPUT：指示参数是输出参数。此选项的值可以返回给调用EXECUTE的语句。使用OUTPUT参数将值返回给过程的调用方。除非是CLR过程，否则text、ntext和image参数不能用作OUTPUT参数。使用OUTPUT关键字的输出参数可以为游标占位符，CLR过程除外。不能将用户自定义表类型指定为存储过程的OUTPUT参数。

READONLY：指示不能在过程的主体中更新或修改参数。如果参数类型为用户自定义的表类型，则必须指定READONLY。

ENCRYPTION：指示SQL Server将CREATE PROCEDURE语句的原始文本转换为

模糊格式。模糊代码的输出在SQL Server的任何目录视图中都不能直接显示。对系统表或数据库文件没有访问权限的用户不能检索模糊文本。但是可以通过DAC端口访问系统表的特权用户或直接访问数据文件的特权用户可以使用此文本。此外，能够向服务器进程附加调试器的用户可在运行时从内存中检索已解密的过程。该选项对于CLR存储过程无效，同时使用此选项创建的过程不能在SQL Server复制过程中发布。

FOR REPLICATION：指定不能在订阅服务器上执行为复制创建的存储过程。使用FOR REPLICATION选项创建的存储过程可用作存储过程筛选器，且只能在复制过程中执行。如果指定了FOR REPLICATION，则无法声明参数。对于CLR存储过程，不能指定FOR REPLICATION。对于使用FOR REPLICATION创建的过程，忽略RECOMPILE选项。

FOR REPLICATION过程将在sys.objects和sys.procedures中包含RF对象类型。

RECOMPILE：指示数据库引擎不缓存该过程的计划，该过程在运行时编译。如果指定了FOR REPLICATION，则不能使用此选项。对于CLR存储过程，不能指定RECOMPILE。若要指示数据库引擎放弃存储过程内单个查询的计划，请使用RECOMPILE查询提示。如果非典型值或临时值仅用于属于存储过程的查询子集，则使用RECOMPILE查询提示。

EXECUTE AS：指定在其中执行存储过程的安全上下文。

10.4.3 创建不带参数的存储过程

首先创建一个不带参数的简单得不得了的存储过程，在存储过程中只有一句SELECT语句，如图10-2所示。

老田：以后编程的时候要调用存储过程，直接对相应的命令赋存储过程的名字即可，非常的简单哦。之所以说节约网络流量就在这里了。从客户端调用数据库中的数据就需要传递相应的SQL语句或者存储过程的名字（有参数的话

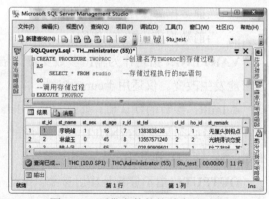

图 10-2　不带参数的简单存储过程

就加参数）。如果你要传送一条SQL语句的话，怎么也比这个存储过程的名字长。

10.4.4　创建带参数的存储过程

小天：如果存储过程要带参数的话，存储过程该怎么写？执行的时候又怎么写呢？

老田：从语法中我们看到，直接在CREATE PROC语句下面附加参数，不过不像函数，这个参数不需要用括号括起。下面实例中SELECT语句的WHERE条件的参考值为存储过程的参数@ID，而这个@ID是int类型的，还同时给了默认值为1，代码如下：

```
CREATE PROC THC_PROC
          @ID int = 1      --带一个int类型，默认值为1的参数
AS
    --下面SELECT语句中使用上面的参数作为WHERE语句的条件
    SELECT * FROM studio where st_id=@ID
GO
--调用存储过程
EXECUTE THC_PROC 2
GO
```

执行后效果如图10-3所示。

小天：参数是通过执行存储过程的时候赋给的？那么默认值是什么意思？怎么用默认值呢？

老田：注意图10-3中我标识出来的两处。执行新创建存储过程并赋值为"2"，这个"2"就通过存储过程中的@ID最终交给了存储过程中的SELECT语句中的WHERE条件。

那个默认值的意思就是，如果执行这个存储过程，但是不给存储过程参数赋值的话，存储过程就会使用参数附带的默认值，如图10-4所示。

小天：既然都是返回表，常听人说分页，要不你教我一个分页的存储过程吧。

老田：好吧，不过在讲分页的存储过程之前，先看一个简单的分页查询语句，这个查询语句有个特点就是，必须有一个数值类型的ID，且是自增并连续的，如下：

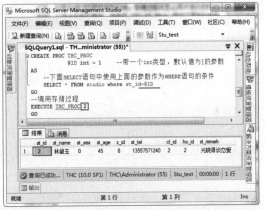

图 10-3　创建并执行带参数的存储过程

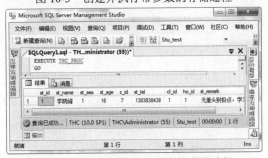

图 10-4　调用参数带默认值的存储过程

```
--显示第一页，注意子查询中那个TOP后面的数字
SELECT TOP 3 * FROM  STUDIO
    WHERE ST_ID<ALL(SELECT TOP 0 ST_ID FROM STUDIO ORDER BY ST_ID DESC)
    ORDER BY ST_ID DESC
--显示第二页，注意子查询中那个TOP后面的数字
SELECT TOP 3 * FROM  STUDIO
    WHERE ST_ID<ALL(SELECT TOP 3 ST_ID FROM STUDIO ORDER BY ST_ID DESC)
    ORDER BY ST_ID DESC
```

执行后效果如图10-5所示。

注意看到图10-5中红线标注的位置，对应看结果集中数据行的区别。一定要把上面的SQL语句看明白了再继续看下面这个相对简单的分页存储过程。这个存储过程需要三个参数：页尺寸、当前页码、WHERE条件，最终返回符合条件的结果集。创建和执行代码如下：

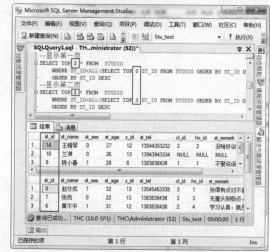

图 10-5　执行分页 SQL 语句

```
CREATE PROC THC_GETPAGE_SIMPLE
(@PAGESIZE int = 20,          --页尺寸，默认条
@PAGEINDEX int = 1 ,          --当前页数，默认第页(注意下面代码中的处理)
@WHERE varchar(1000) = ''    --WHERE语句
)
AS
BEGIN
    declare @DATAFIRST int,@DATALAST int,@SQL varchar(4000);
    IF(@WHERE='') --如果@WHERE为空
    BEGIN
    SET @SQL='SELECT TOP '+ CAST(@PAGESIZE*(@PAGEINDEX-1) AS VARCHAR)
       +' ST_ID FROM STUDIO ORDER BY ST_ID DESC';
       SET @SQL='SELECT TOP ' + CAST(@PAGESIZE AS VARCHAR) +
       ' * FROM  STUDIO WHERE ST_ID<ALL('+ @SQL +') ORDER BY ST_ID DESC';
    END
    ELSE
    BEGIN
```

```
            SET @SQL='SELECT TOP '+ CAST(@PAGESIZE*(@PAGEINDEX-1) AS VARCHAR)
              +' ST_ID FROM STUDIO WHERE ' +@WHERE +' ORDER BY ST_ID DESC';
            SET @SQL='SELECT TOP ' + CAST(@PAGESIZE AS VARCHAR) +
               ' * FROM  STUDIO WHERE ST_ID<ALL('+ @SQL +') AND ('+ @WHERE +')

               ORDER BY ST_ID DESC';
       END
       PRINT @SQL  --执行存储过程后切换到"消息"选项卡查看相应的SQL语句，以助于理解
       EXEC(@SQL)  --注意使用EXEC执行SQL语句必须加括号
END
go
--执行存储过程，执行完后看到结果集，要看具体生成的SQL语句请切换到"消息"选项卡
EXEC THC_GETPAGE_SIMPLE 3,2,'CL_ID>1 or ho_id>1' --方式一
EXEC THC_GETPAGE_SIMPLE 3,2,'CL_ID>1'               --方式二
EXEC THC_GETPAGE_SIMPLE 3,2,''                      --方式三
```

　　上面的存储过程我就不执行了。另外，如果正常使用这个存储过程的话，则最好删除PRINT @SQL这条语句，因为这条语句只是我留给你学会怎么去看在存储过程中生成SQL语句的。上面存储过程产生的SQL语句和前一个例题中我展示的那两句实例一样，可以自行对比下哦。

　　小天：我看你上面这个存储过程还是不够灵活，比如表是固定了的，而且还必须有个自增的INT类型的ID，排序也固定了只能是降序，我觉得能不能改变下？

　　老田：好吧，其实做分页的存储过程方法挺多的，考虑到前面我们对临时表的使用并未做多少演示，这里就结合前面所学，来做一个分页的存储过程。代码如下：

```
CREATE  PROCEDURE THC_GETPAGE
(@PAGESIZE int = 20,               --页尺寸，默认20条
@PAGEINDEX int = 1 ,               --当前页数，默认第1页(注意下面代码中的处理)
@ORDERFIELD varchar(100),          --排序字段
@ORDERDIRECT varchar(5) = 'DESC',  --排序方向，默认降序
@TABLENAME varchar(100),           --表名
@WHERE varchar(1000)=' 1=1 ',      --WHERE语句
@IDFIELD varchar(100)              --ID字段
)
AS
BEGIN
 declare @DATAFIRST int,@DATALAST int,@Sql varchar(4000)
    SET @DATAFIRST=(@PAGEINDEX-1)*@PAGESIZE
    SET @DATALAST=@DATAFIRST+@PAGESIZE
    SET @Sql='create table #pageindex(id int identity(1,1) not null,oldid
```

```
                int)'
    --建立临时表
      SET @Sql=@Sql+'insert into #pageindex(oldid)'
      SET @Sql=@Sql+' select '+@IDFIELD+' from '+@TABLENAME+
                   ' where '+@WHERE+' order by '+@ORDERFIELD+' '+@ORDERDIRECT
    --查询
      SET @Sql=@Sql+' select * '
      SET @Sql=@Sql+' from '+@TABLENAME+' O,#pageindex p'
      SET @Sql=@Sql+' where O.'+@IDFIELD+'=p.oldid and
p.id>'+Cast(@DATAFIRST as nvarchar)+'
                        and p.id<='+Cast(@DATALAST as nvarchar)+
                        'order by '+@ORDERFIELD+' '+@ORDERDIRECT
      Execute(@Sql)


END
GO
```

小天：看了半天也没看明白，你这个临时表是干吗用的？

老田：真看不明白？我们改变下上面的存储过程，让它在执行SQL语句之前也打印出具体的SQL语句（别告诉我你不知道怎么做，不知道就看第一个分页存储过程的实例），然后来分析下。打印出的SQL语句如下，注意，我是将生成的一长句SQL语句分成几句来看。

```
--调用上面存储过程的语句和输入的参数如下
exec THC_GETPAGE 5,3,'st_id','desc','studio','1=1','st_id'
GO
--执行存储过程中生成的 SQL 语句如下
--创建临时表
create table #pageindex(id int identity(1,1) not null,oldid int)
--将studio表中的ST_ID列的值批量插入临时表#pageindex中
insert into #pageindex(oldid) select st_id from studio where 1=1 order by
st_id desc
--上面两句都是辅助作用，最后这句才是用来实现存储过程返回值的
--下面这句其实是交叉连接，注意条件和条件中的两个数字
select *  from studio O,#pageindex p
where O.st_id=p.oldid and p.id>10 and p.id<=15
order by st_id desc
```

小天：看来存储过程真很强，如果不这样拆开来看还真是不懂。而且这个存储过程也很强，无论哪张表都可以用，所有的条件都是灵活的，再也不局限于需要一个主键自增的主键列了，因为它内部用了个临时表来完成这件事了。

不过我觉得还是不够，你在执行存储过程时，都是直接使用值，能不能给变量呢？还有，既然都给了存储过程参数默认值的，那就应该可以对这些参数不赋值，可是我尝试了，只有一个参数的话可以不给值，但是多个参数就不行了。

老田：在回答你问题之前我们先看下几个执行存储过程的实例：

```
--值的顺序必须按照参数的顺序
EXEC 存储过程名  值[,值n...]
--值的顺序可以和参数顺序不同
EXEC 存储过程名  参数名 = 值[,参数名n = 值n...]
--使用已声明并赋值的变量作为值
EXEC 存储过程名  参数名 = 变量[,参数名n = 变量n...]
--调用具有OUTPUT参数的存储过程
EXEC 存储过程名  参数名  OUTPUT[,参数名n = 值n...]
SELECT  参数名                --显示 OUTPUT 类型参数的值
```

上面是几种执行存储过程的方式，如果在执行存储过程时，执行语句是批处理中的第一个语句，则不一定要指定EXECUTE或者EXEC关键字。

还有一点，调用方式不可以一会用"参数=值"的方式，一会又直接给值这样混合。

例如，使用第二种方式调用上面使用临时表的那个分页存储过程，如图10-6所示。

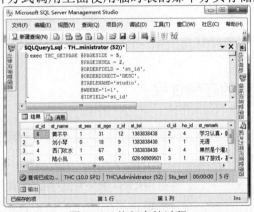

图 10-6 执行存储过程

小天：接下来看一看使用默认值的存储过程参数，代码如下：

```
exec THC_GETPAGE @PAGESIZE = 5,
          -- @PAGEINDEX = 2, 不给值
          @ORDERFIELD = 'st_id',
          -- @ORDERDIRECT='DESC', 就是不给值
          @TABLENAME='studio',
          -- @WHERE='1=1',     弄死都不给值
          @IDFIELD='st_id'
```

晕死，按照你的写可以，但是我稍微改动了下就不行了，你看错误如图10-7所示。

老田：注意检查下图10-7中红线标注的那一个参数在存储过程中有默认值吗？

小天：唉……今天天气真好，继续给我说下怎么用变量吧。

老田：用变量非常简单。还是上面这个调用，不过将其中WHERE参数改为变量赋值，实例代码如下：

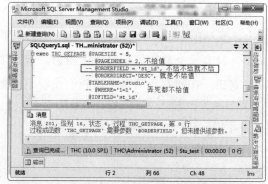

图10-7 对没有默认值的参数也不赋值而出错

```
DECLARE @where varchar(100)        --声明变量
SET @where = 'cl_id>1 and ho_id>1'; --为变量赋值
exec THC_GETPAGE @PAGESIZE = 5,
                @PAGEINDEX = 1,
                @ORDERFIELD = 'st_id',
                @ORDERDIRECT='DESC',
                @TABLENAME='studio',
                @WHERE=@where,      --用变量作为值
                @IDFIELD='st_id'
```

小天：我看你上面几种执行方式中，最后一种用OUTPUT，那个是什么意思？

10.4.5 创建返回值的存储过程

用OUTPUT修饰过的参数称之为返回参数，就是存储过程用来向调用方返回值的。不过说到返回值，我们先看只能返回一个值的实例。在前面提示过，存储过程也可以像函数一样使用RETURN关键字的，但是用RETURN关键字的话就只能返回一个值。如下例，检索学生表（STUDIO表）中一个指定的ID的学员是否存在，存在返回"1"，否则返回"0"，代码如下：

```
CREATE PROC GET_EXISTS
@ID INT
AS
    DECLARE @RESULT INT;
    IF(@ID>0)
        SELECT @RESULT = COUNT(1) FROM STUDIO WHERE st_id=@ID;
    ELSE
        SELECT @RESULT = COUNT(1) FROM STUDIO WHERE st_id=@ID;
```

```
    IF(@RESULT>=1)
        RETURN 1;    --大于1表示数据存在，返回
    ELSE
        RETURN 0;    --否则返回0，表示不存在
GO


--执行上面的存储过程
DECLARE @RETURN_VALUE INT;              --声明变量接受值
EXEC @RETURN_VALUE = GET_EXISTS 3  --调用存储过程并将RETURN值赋值给变量
SELECT @RETURN_VALUE                    --显示变量
```

小天：我一直想将GOTO关键字用上，可惜做了好几次都失败了，要不你再给我个演示吧？

老田：好吧，下面我们做一个向班级表（class表）插入和更新数据的存储过程，最后用GOTO来返回相应的数字表示，代码如下：

```
CREATE PROC UPDATE_OR_INSERT_CLASS
        ( @CL_ID INT
        , @CL_CLASS VARCHAR(30)
        , @CL_CODING VARCHAR(30)
        , @CL_S_TIME Date
        , @CL_O_TIME DATE
        , @CL_REMARK VARCHAR(MAX)
        , @TYPE TINYINT          --0=更新，1=插入
        )
AS
BEGIN
    IF(@TYPE = 0)
        BEGIN   --如果类型参数值为0，那么开始更新
            IF EXISTS(SELECT * FROM class WHERE cl_id=@CL_ID)
                BEGIN  --如果指定的ID存在，则执行下面的语句进行更新
                    UPDATE CLASS SET
                        CL_CLASS = @CL_CLASS
                        ,CL_CODING = @CL_CODING
                        ,CL_S_TIME = @CL_S_TIME
                        ,CL_O_TIME = @CL_O_TIME
                        ,CL_REMARK = @CL_REMARK
                    WHERE CL_ID = @CL_ID;
                IF(@@ROWCOUNT=1) --如果上一句SQL语句影响的行等于1，表示成功
                    GOTO succee_update; --更新成功则跳到标签succee_update
```

```
                    END
                ELSE  --否则（指定的ID不存在）跳到标签error_id
                    GOTO error_id;
            END
    ELSE IF(@TYPE = 1)
        BEGIN   --如果类型参数值为1，则表示为插入新数据
            INSERT INTO
CLASS(CL_CLASS,CL_CODING,CL_S_TIME,CL_O_TIME,CL_REMARK)

    VALUES(@CL_CLASS,@CL_CODING,@CL_S_TIME,@CL_O_TIME,@CL_REMARK);
                IF(@@ROWCOUNT=1)            --受影响的行数值为1表示插入成功
                    GOTO succee_insert; --则调用succee_insert标签
        END
    ELSE
        BEGIN
        GOTO error_type;   --如果类型参数既不为0，也不为1，则调用error_type标签
        END
--下面是反映出本次查询是成功还是失败的标签
    succee_update:
        return 100       --更新成功
    succee_insert:
        return 110       --添加成功
    error_type:
        return 999       --指定操作类型错误
    error_id:
        return 101       --指定ID的班级不存在
END
GO
--执行上面的存储过程
DECLARE @RETURN_VALUE INT;
exec @RETURN_VALUE = UPDATE_OR_INSERT_CLASS
        @CL_ID = 5,
        @CL_CLASS = '千星二班',
        @CL_CODING = 'QX09-1102',
        @CL_S_TIME = '2009-09-12',
        @CL_O_TIME = '2012-09-11',
        @CL_REMARK = '下面的操作类型，我们乱写一个看效果',
        @TYPE = 1;
SELECT @RETURN_VALUE AS '执行结果'
```

老田：上面的例题，包括分页的例题，我希望你可以拿这个去练习，理解存储过程的做法。但是，除非必要，千万不要尝试将这样的做法用到实际项目中。因为在实际项目中各种逻辑，方法，类，视图，表等一大堆乱七八糟的东西已经够乱的了，如果一个存储过程都还有这么多门门道道，那必然对程序的后续维护和二次开发造成极大的困扰。

10.4.6　创建带有 OUTPUT 参数的存储过程

小天：这个RETURN只能返回数值类型的值吗？上面不是还说了个OUTPUT类型的返回参数，这个是不是可以返回其他类型的值？

老田：是的，但如果要使用OUTPUT标识的返回参数，可一定得声明一个和存储过程中标识了OUTPUT关键字的对应参数类型一致的变量，然后将这个变量作为值传递给存储过程中对应的返回参数才可以。先看下SQL Server对OUTPUT关键字的解释：在创建存储过程的语法中，我们解释了它的作用是标识参数是输出参数。此选项的值可以返回给调用EXECUTE的语句。使用OUTPUT参数将值返回给过程的调用方。除非是CLR过程，否则text、ntext和image参数不能用作OUTPUT参数。使用OUTPUT关键字的输出参数可以为游标占位符，CLR过程除外。不能将用户自定义表类型指定为存储过程的OUTPUT参数。

为了实用，下面我们写一个相对正式的存储过程脚本，之所以说正式，是因为包括注释什么的都齐全。这个示例是向课程表（COURSE表）添加一条信息，使用全局变量@@IDENTITY 返回新添加信息的主键ID，代码如下：

```
--------------------------------------
--用途：增加一条课程记录
--项目名称：XXX学生信息管理系统
--说明：向课程表增加一条记录，OUTPUT课程主键编号
--创建人：老田
--时间：-12-26 11:17:26
--------------------------------------
CREATE PROCEDURE Stu_course_ADD
@co_id int output,
@co_name varchar(30),
@co_num decimal(4,1),
@co_resource varchar(50)
 AS
    INSERT INTO course(co_name,co_num,co_resource)
            VALUES(@co_name,@co_num,@co_resource)
    SET @co_id = @@IDENTITY
```

```
GO
--执行
DECLARE @ID INT;
EXEC Stu_course_ADD @CO_ID = @ID OUTPUT
                , @co_name = '关系数据库基础'
                , @co_num = 80
                , @co_resource = 'sqlserver008.rar';
SELECT @ID;
```

执行后效果如图10-8所示。

从上面的示例可以看出，在创建的
过程中，对需要返回值的参数使用了
OUTPUT关键字，而在调用的时候，并
没对这个返回参数赋值，而是将一个声
明的变量交给它去，同时在调用这里也
声明了OUTPUT关键字。调用这里有点
像是结婚一样，大清早新郎去老丈人家
接新娘，在老丈人家已经表示了，这个

图 10-8　使用带 OUTPUT 参数的存储过程

女娃娃要嫁出去，所以也准备好了。而接亲的时候，新郎也说明了，我就是去带媳妇的，
于是新郎带着一大队人就去接媳妇了（咋越说越像抢亲）。

小天：这个OUTPUT没有个数限制吧？

老田：这个不像RETURN关键字，一个存储过程只有一个，反正你丈人家有多少女
儿待嫁（存储过程限制了参数的最大数目为 2100），只要是准备好了的，你可以带一
队新郎去。

10.4.7　使用 SQL Server Management Studio 创建存储过程

本小节只有一个问题：你学了多久了？

小天：那么凶干吗？我又没有说要你教我用SQL Server Management Studio创建嘛，
不过维护存储过程你还没有说呢。

10.5　维护存储过程

还是同以往一样，创建和使用都学会了就应该是维护了。维护主要分为查看、修改
和删除几个部分，对，还有加密存储过程。

10.5.1　查看存储过程信息

在SQL Server 2008系统中，和其他大部分对象一样，都可以使用系统存储过程和目录视图查看有关存储过程的信息。

比如希望查看存储过程的定义，可以使用sys.sql_modules目录视图、OBJECT_DEFINITION元数据函数、sp_helptext系统存储过程等，如图10-9所示。

图 10-9　查看存储过程

10.5.2　加密存储过程

小天：查看果然十分简单，如果我不希望自己写的存储过程被人查看该怎么做？

老田：使用ENCRYPTION关键字，将CREATE PROCEDURE语句的原始文本转换为模糊格式。模糊代码的输出在SQL Server的任何目录视图中都不能直接显示。对系统表或数据库文件没有访问权限的用户则不能检索模糊文本。但是，可以通过DAC 端口访问系统表的特权用户或直接访问数据文件的特权用户可以使用此文本。此外，能够向服务器进程附加调试器的用户可在运行时从内存中检索已解密的过程。该选项对于CLR存储过程无效，同时使用此选项创建的过程不能在SQL Server复制过程中发布。

如下实例，随意创建一个被加密的存储过程，然后查看定义，代码如下：

```
CREATE PROC ENCRYPTION_TEST
    @ID INT
WITH ENCRYPTION  --加密选项
AS
    SELECT * FROM studio WHERE st_id=@ID;
GO
--查看
SP_HELPTEXT ENCRYPTION_TEST
```

加密后查看的效果如图10-10所示。

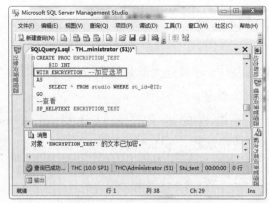

图 10-10　加密后查看的效果

10.5.3　修改、删除存储过程

在SQL Server 2008系统中，可以使用ALTER PROCEDURE语句修改已经存在的存储过程，而使用方法也非常简单，直接将创建中的CREATE关键字替换为ALTER即可。需要提醒的是，修改存储过程并不等于删除重建。因为系统中与之相关的权限、依赖等原因，所以除非必要，还是不要删除重建。

既然说到这里了，删除也得说下了，直接使用关键字DROP PROCEDURE即可删除指定的存储过程，语法如下：

```
DROP PROCEDURE 存储过程名
```

10.6　存储过程进阶知识

存储过程作为数据库中一个非常重要却又颇具争议的功能，我想有必要多做一些进阶的讲解。一直以来，网络上有很多的争议围绕在，项目中到底是使用存储过程好还是Transact-SQL语句好这个看起来很有意义，但实际上又毫无意义的问题上。既然都这样争论了，也从侧面说明了存储过程在很多人心目中的地位。所以要不要学好这个知识点，就看自己了。

小天：既然争论，那你也不要给我灌输你的观点，给我讲下存储过程的执行过程即可。然后我结合自己的理解来做个选择吧。

老田：哎，其实何必选择呢？我都说了，这个问题的争论其实是毫无意义的，不是我信奉中庸思想，凡事走极端都不好。再好的功能放在不合适的地方都是愚蠢的，所以没有必要选择，只有你理解得够透彻了，再结合项目中当时的情况，用合适的方法才是正道。

10.6.1　存储过程的执行过程

老田：不过既然你希望了解更多，那我就先从存储过程的执行过程说起吧。存储过程创建之后，在第一次执行的时候需要经过语法分析、解析、编译和执行四个阶段。

语法分析阶段：顾名思义，语法分析阶段是系统在存储过程创建时检查其定义语句的语法正确性的过程。如果检查到错误，创建就失败。当然，系统只能保证语法正确，至于逻辑对不对它可不管的。当通过之后，系统将把该存储过程的名称和定义存储在当前数据库的sys.sql_modules目录视图中。

解析阶段：存储过程首次被执行时，查询处理器从sys.sql_modules目录视图中读取该存储过程的文本以及检查该存储过程引用的对象名称是否存在。这个过程被称之为解析阶段，也可以叫延迟名称解析阶段。

小天：你的意思是，在创建存储过程的时候，它要引用的对象可能不存在？比如是检索某个表，而这个表当时完全可能是不存在的？

老田：是的。但是当执行存储过程的时候，表对象如果还是不存在，那肯定就要出错了。还有一点要提醒的是，只有表对象可以例外，其他的对象就不行了。

编译阶段：是分析存储过程和生成存储过程执行计划的过程。执行计划是描述存储过程执行最快的方法，其生成过程取决于表中的数据量、表的索引特征、WHERE子句使用的条件，以及是否使用了UNION、GROUP BY、ORDER BY子句等因素。查询优化器在分析完存储过程的这些因素后，将生成的执行计划放置于过程高速缓冲存储区。这个过程高速缓冲存储区是一块在内存中专门存储已经编译的查询规划的缓冲区。也正因为这个原因，很多人认为存储过程的效率会高出Transact-SQL很多，因为它一次编译，重复使用；而Transact-SQL语句则每次都要去经过系统分析编译。

执行阶段：这个阶段就是指执行驻留在过程高速缓冲存储区中的过程执行计划。这句有点绕，不过你少读几次，读多了就更绕了。

在以后的每一次执行过程中，如果现有的过程执行计划依然驻留在过程高速缓冲存储区中，那么SQL Server将直接执行这个计划。如果不存在了，则重新创建过程执行计划（重新回到编译阶段）。

当存储过程引用的基础表发生结构变化时，该存储过程的执行计划将会自动优化。但是如果在表中添加了索引或者更改了索引列中的数据之后，该执行计划是不会自动优化的，这时就应当重新编译存储过程，以便更新原有的执行计划。

小天：重新编译？不会是要清空过程高速缓冲存储区吧？有其他办法吗？

老田：不用担心，在SQL Server中，提供了三种方式用于重新编译存储过程。

- 使用sp_recompile系统存储过程。

- 在CREATE PROCEDURE语句中使用WITH RECOMPILE选项。
- 在EXECUTE语句中使用WITH RECOMPILE子句。

10.6.2 存储过程命名

前面提醒过，千万不要使用"sp_"作为你要创建的存储过程前缀，如果存储过程以"sp_"为前缀开始命名，那么会运行得稍微缓慢，这是因为SQL Server将首先查找系统存储过程，所以我们绝不推荐使用"sp_"作为前缀。

命名一定要做到见词知意，如何做到呢？可以按照以下我的常规习惯来做。当然，这也是很多人的做法。

项目公共前缀 ＋ 模块前缀 ＋ 表前缀 ＋ 功能描述性单词

当然这些块之间是否要使用下划线，就随便你了，但是命名中千万不要有空格。例如，SM_ST_STUDIO_INSERT或者SMSTSTUDIOINSERT。

小天：如果我的系统很小，就只有一个模块呢？

老田：实在太小的话，则更简单，就表前缀+功能描述性单词，比如 ST_UPDATE或者STUPDATE。别小瞧了命名，你命名好，以后做项目会少被人骂的哦。想象一下，你做了一个项目，200张表、800个存储过程，命名乱七八糟，不要说别人骂你，就是你自己一年后再看到这些命名都会气得暴跳如雷。

本 章 小 结

简而言之，存储过程就是将常用的或很复杂的工作预先用SQL语句写好，并用一个指定的名称存储起来，那么以后要让数据库提供与已定义好的存储过程的功能相同的服务时，只需调用EXECUTE，即可自动完成命令。

存储过程分类中，我们常接触到的有系统存储过程和用户自定义存储过程。其他的以后学到再说。另外存储过程的优点如下。

（1）存储过程只在创建时进行编译，以后每次执行存储过程都不需再重新编译，而一般SQL语句每执行一次就编译一次，所以使用存储过程可提高数据库的执行速度。

（2）当对数据库进行复杂操作时（如对多个表进行UPDATE、INSERT、QUERY、DELETE时），可将此复杂操作用存储过程封装起来，与数据库提供的事务处理结合起来一起使用。

（3）存储过程可以重复使用，可减少数据库开发人员的工作量。

（4）安全性高，可设定只有某些用户才具有对指定存储过程的使用权。

问　题

1. 将第9章最后那个综合性的示例改为存储过程。

2. 将10.4.4小节中，第二个分页存储过程中的临时表改为使用TABLE类型的变量。

3. 描述存储过程的执行过程。

4. 什么是系统存储过程？有什么用？

5. 去网上找两三种分页的存储过程写法，并对比优劣。

6. 你觉得存储过程好还是Transact-SQL好？

7. 创建存储过程中，READONLY起什么作用？

8. 加密后的存储过程是否还能够被修改？

第11章 触发器

学习时间：第十八天	地点：小天办公室	人物：老田、小天

本章要点

- 触发器的概念
- 触发器的作用
- 触发器和约束的比较
- 触发器的优缺点
- 触发器的分类
- 创建触发器的规则和需要考虑的因素
- 创建、维护触发器

本章学习线路

本章由存储过程不能解决自动触发相关操作引入触发器的概念，接下来由触发器用途讲解约束，然后对约束和触发器之间做对比。接着讲解触发器的分类和优缺点，以及使用前必须考虑的因素。之后进入创建触发器的环节，首先讲解创建触发器之前必须考虑的问题，接下来就是创建触发器、修改和删除触发器，最后是对触发器之间的关联做相应讲解。

知识回顾

老田：用了两天的时间学习存储过程，有何感想？

小天：一个字——强。上一章讲到两种存储过程：系统存储过程和用户自定义存储过程。对于系统存储过程，因为用得比较多了，我没有专门去做多少练习，不过利用你讲过的查看存储过程的方法我去看了很多系统中的存储过程，然后又看了AdventureWorks 2008示例数据库（本书第1章中讲了如何安装的）中的一些存储过程，并学习了几种，感觉确实很强。

用户自定义存储过程方面的练习我主要是去网上搜索一些存储过程的例子，按照你教的方式，不断地打印出SQL语句来分析，然后一句句地对人家的存储过程做注释，学到了很多东西，特别是分页存储过程。我发现你教的那两种太简单了，哈哈。不过我练习的时候想到一个问题，比如我们之前一直用的学生管理的数据库（Stu_test），假设我直接删除一个已经有学生的班级，可不可以不用写代码就自动从学生表中删除属于这个班级的学生，然后再继续从成绩表中删除这些学生的成绩呢？

再比如我有个商品管理系统，如果某种商品的库存量低于指定的数字，就发出警告，并且使后续减少商品数量的操作无效呢，当然最好是提出返回信息？

老田：你说的这些存储过程都可以解决的。在存储过程中先判断下不就可以了嘛。

11.1　概　述

小天：但是我希望是一劳永逸嘛，你说的用存储过程也确实可以，但是我每一个地方凡是设计到对相关数据处理的都要依次做一次，难道没有什么办法可以一次将这种操作序列定义到需要联动操作的地方，以后只管用，多好啊。

老田：SQL Server中提供了这个功能的，甚至比你想要的还全面。当然，几乎所有流行的关系型数据库都提供了这个功能，它就是触发器。下面我们就先来了解下什么是触发器。

触发器是个特殊的存储过程，它的执行不是由程序调用，也不是手工启动，而是由事件来触发，比如当对一个表进行操作（INSERT、DELETE、UPDATE）时就会激活它执行。另外一个和存储过程不同之处在于它们的用处，存储过程更多是为了返回数据，而触发器更多的作用是维护数据完整性。所以触发器经常用于加强数据的完整性约束和业务规则等。触发器可以从DBA_TRIGGERS、USER_TRIGGERS数据字典中查到。SQL Server包括三种常规类型的触发器：DML触发器、DDL触发器和登录触发器。

当服务器或数据库中发生数据定义语言（DDL）事件时将调用DDL触发器。登录触发器将为响应LOGON事件而激发存储过程。与SQL Server实例建立用户会话时将引发此事件。

当数据库中发生数据操作语言（DML）事件时将调用DML触发器。DML事件包括在指定表或视图中修改数据的INSERT语句、UPDATE语句或DELETE语句。DML触发器可以查询其他表，还可以包含复杂的Transact-SQL语句。将触发器和触发它的语句作为可在触发器内回滚的单个事务对待。如果检测到错误（例如，磁盘空间不足），则整个事务即自动回滚。

在触发器的应用中，我们通常会用到两个特殊的表：inserted表和deleted表。它们都是针对当前触发器的局部表。这两个表与触发器所在表的结构完全相同，而且总是存储在高速缓存中。当触发DELETE触发器后，从受影响的表中删除的数据行的副本将被放置到deleted表中。同理，当触发INSERT触发器后，inserted表中保存的是刚被插入的数据行的一个副本。

触发器可以嵌套执行。当一个触发器执行激发另一个触发器的操作，而另一个触发器又激发第三个触发器，如此等等，这时就发生了触发器的嵌套。DML 触发器和 DDL 触发器最多可以嵌套32层。

小天：我是否可以这样理解：当我们对某个对象设置了触发器，那么一旦在操作中对这个对象进行了操作，则触发器就会随之执行相应的代码来处理？就比如在设置了

Deleted触发器的表上删除一行数据的时候，系统就会将被删除的这行数据放到deleted临时表，如果触发器中的规则认为可以删除，那么这行数据就彻底删除，否则的话，触发器返回错误提示，同时将刚才删除的数据从deleted临时表再还回去。同时向设置了INSERT触发器的表中插入数据也一样，对吧？

老田：大概意思差不多，但理解还不够。比如我们举个现实的例子，如果你的数据库中存储的是违法的数据，你希望当执行某个特殊操作的时候，这些数据就自行清空。但是，就那个比如就不合适，那应该是约束来做的事。下面我们来看下触发器和约束之间的一个对比。

11.1.1 触发器与约束规则

约束和DML触发器在特殊情况下各有优点。DML触发器的主要优点在于，它们可以包含使用Transact-SQL代码的复杂处理逻辑。因此，DML触发器可以支持约束的所有功能；但DML触发器对于给定的功能并非总是最好的方法。

实体完整性总应在最低级别上通过索引进行强制，这些索引应是PRIMARY KEY和UNIQUE约束的一部分，或者是独立于约束而创建的。域完整性应通过CHECK约束进行强制，你举的那个性别问题的例题就应该使用CHECK来完成最为合适，而引用完整性（RI）则应通过FOREIGN KEY约束进行强制，假设这些约束的功能满足应用程序的功能需求。

当约束支持的功能无法满足应用程序的功能要求时，DML触发器非常有用。例如：

- 除非REFERENCES子句定义了级联引用操作，否则FOREIGN KEY约束只能用与另一列中的值完全匹配的值来验证列值。如果要级联操作，则可以考虑触发器。
- 约束只能通过标准化的系统错误消息来传递错误消息。如果应用程序需要使用自定义消息和较为复杂的错误处理，则必须使用触发器。
- DML 触发器可以将更改通过级联方式传播给数据库中的相关表；不过，通过级联引用完整性约束可以更有效地执行这些更改。本书第4章中"外键约束"已经讲过，这里不再赘述。
- DML 触发器可以禁止或回滚违反引用完整性的更改，从而取消所尝试的数据修改。当更改外键且新值与其主键不匹配时，这样的触发器将生效。但是，FOREIGN KEY约束通常用于此目的。
- 如果触发器表上存在约束，则在INSTEAD OF触发器执行后但在AFTER触发器执行前检查这些约束。如果违反了约束，则回滚INSTEAD OF触发器操作并且不执行AFTER触发器。

小天：你上面多次说到一个"回滚"，是什么意思？还有，如果在表中的某一个列上定义了约束，同时我再给表定义触发器，执行的顺序是怎么样的呢？

老田：这是SQL Server事件的一个特点，后面章节中会讲到，这里提示下，回滚就是指将数据库状态恢复到操作之前的样子，比如依次删除了10条数据，但是当删除第11条的时候遇到错误，而在代码中指示如果这个删除操作遇到错误则返回起点，那么这删除的10条数据将再次填充回它原来的地方。这就是事物中的回滚，有点像下棋中的反悔。

关于你的第二个问题，就更简单了，约束优先于触发器。比如你用约束定义了一个级联操作，又用触发器去定义，那么先执行约束定义的，后执行触发器。至于有什么后果，虽然这种情况比较无聊，但还是建议你在学会了创建触发器后尝试一下。

11.1.2　触发器的优缺点

触发器的大概意思和用途就是上面描述的那样。接下来我们对触发器的优缺点做一个比较。当然，触发器作为一种特殊的存储过程，所以这些优缺点部分也很适合存储过程。

触发器的缺点如下。

（1）可移植性是存储过程和触发器最大的缺点，因为它们部署在服务器上，而且和操作权限有着千丝万缕的关系。

（2）占用服务器端太多的资源，对服务器造成很大的压力。

（3）存储过程中不能有大部分DDL的语法，但是触发器中解决了这个问题。

（4）触发器排错困难，而且数据容易造成不一致，后期维护不方便。虽然总说触发器和约束一样，是为了保证数据完整性的，可由于我们编写时候的一些小错误，可能出现漏洞，使原本完整的数据反倒很不完整了，所以编写触发器时一定要小心，还有注释一定要清晰、准确。

（5）相对于触发器来说还有个比较大的缺点是，触发器是后置触发，也就是说，总是事情发生了才执行补救措施。存储过程中如果逻辑构造合理则可以避免这个问题。

触发器的优点如下。

（1）预编译、已优化、效率较高。避免了SQL语句在网络传输然后再解释的低效率。这个在上一章存储过程的"执行过程"中已经讲述。

（2）可以重复使用，减少开发人员的工作量。如果是SQL语句的话，使用一次就得编写一次。

（3）业务逻辑封装性好，数据库中很多问题都是可以在程序代码中去实现的，但是将之分离出来在数据库中处理，这样逻辑上更加清晰，对于后期维护和二次开发的作用是显而易见的。

（4）安全。不会有SQL语句注入问题存在，当然这个其实是相对的，存储过程一样存在SQL注入的问题，只不过较之Transact-SQL语句要降低了很多。

11.2　触发器的分类

前面说到SQL Server 包括三种常规类型的触发器：DDL触发器、DML触发器和登录触发器。

下面我们分别来看这三种触发器。

上面出现了DDL、DML等很扎眼睛的字母，如果你回忆不起来，就去看下本书第3章Transact-SQL语句分类。

11.2.1　DDL 触发器

DDL触发器是一种特殊的触发器，它在响应数据定义语言（DDL）语句时触发。它可以用于在数据库中执行管理任务。例如，审核以及规范数据库操作。

像常规触发器一样，DDL触发器将激发存储过程以响应事件。但与DML触发器不同的是，它不会为响应针对表或视图的UPDATE、INSERT或DELETE语句而激发。相反，它将为了响应各种数据定义语言（DDL）事件而激发。这些事件主要与以关键字CREATE、ALTER和DROP开头的Transact-SQL语句对应。执行DDL式操作的系统存储过程也可以激发DDL触发器。DDL触发器可用于管理任务，例如审核和控制数据库操作。DDL触发器最适合执行以下操作。

- 要防止对数据库架构进行某些更改。
- 希望数据库中发生某种情况以响应数据库架构中的更改。
- 要记录数据库架构中的更改或事件。

小天：意思是仅在运行触发DDL触发器的DDL语句后，DDL触发器才会激发。DDL触发器无法作为INSTEAD OF触发器使用。

老田：是的，下面我们看一个如何使用DDL触发器阻止修改或删除数据库中的任何表的实例。

```
USE Stu_test
GO
CREATE TRIGGER OFF_DROPANDALTER
ON DATABASE
FOR CREATE_TABLE,DROP_TABLE, ALTER_TABLE
```

```
AS
    PRINT '创建表? 不行。删除表? 也不行。修改表嘛，还是不行'
    ROLLBACK ;

--触发创建完毕，接下来就是来试试创建一张表
CREATE TABLE CREATETEST(
    ID int,
    NAME VARCHAR(20))
GO
```

执行后，效果如图11-1所示。

小天：我这里尝试删除，虽然也删除不了，但是错误提示却和你的不一样，如图11-2所示。

老田：当然不一样，触发器也有个先来后到嘛，人家系统中早定义了，这个有外键约束，所以不准删除，所以第一个系统定义的触发器就没有通过，这个错误就驳回了，还等不到咱们刚才定义的这个来处理。

小天：这个定义应该是只管当前数据库吧？

老田：肯定是。

图 11-1　无法创建表

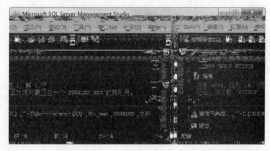

图 11-2　删除表

11.2.2　登录触发器

登录触发器将为响应LOGON事件而激发存储过程。与SQL Server实例建立用户会话时将引发此事件。登录触发器将在登录的身份验证阶段完成之后且用户会话实际建立之前激发。因此，来自触发器内部且通常将到达用户的所有消息（例如错误消息和来自PRINT语句的消息）会传送到SQL Server错误日志。如果身份验证失败，将不激发登录触发器。

可以使用登录触发器来审核和控制服务器会话，例如通过跟踪登录活动、限制SQL

Server的登录名或限制特定登录名的会话数。在以下代码中，如果登录名login_test已经创建了一个用户会话，登录触发器将拒绝由该登录名启动的SQL Server登录尝试。

```sql
USE master                          --只有在master数据库才可以对登录名赋权
GO
CREATE LOGIN login_test WITH PASSWORD = '123456' ; --创建一个用户
GO
GRANT VIEW SERVER STATE TO login_test;              --赋权
GO
ALTER TRIGGER connection_limit_trigger              --创建触发器
ON ALL SERVER WITH EXECUTE AS 'login_test'
FOR LOGON                                           --限制登录
AS
BEGIN
--如果当前登录名等于login_test 同时连接数超过
IF ORIGINAL_LOGIN()= 'login_test' AND
    (SELECT COUNT(*) FROM sys.dm_exec_sessions
        WHERE is_user_process = 1 AND
            original_login_name = 'login_test') >3
    ROLLBACK;                                       --回滚到起点
END;
```

尝试创建多个连接就会出现如图11-3所示的错误提示。

小天：如何来检测这个限制是有效的呢？

老田：在对象资源管理器中多次连接你创建触发器的这个数据库服务器就行了。或者在SQL Server Management Studio中多创建一个查询分析窗口，每一个查询分析窗口打开后都单击图11-4中标注"2"位置处实现增加一个登录的效果。

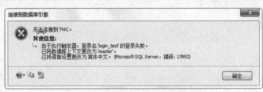

图 11-3　登录触发器实例

图 11-4　查询分析窗口

另外，登录触发器可从任何数据库创建，但在服务器级注册，并驻留在 master 数据库中。

小天：这个限制有什么作用呢？

老田：比如在某项目中，我们只允许一个人同时对数据库进行操作管理，但是这个人恰恰被人盗用了账号密码，那么这个限制的优点自然就体现出来了。

11.2.3　DML 触发器

Microsoft SQL Server提供两种主要机制来强制使用业务规则和数据完整性：约束和触发器。触发器为特殊类型的存储过程，可在执行语言事件时自动生效。

DML触发器在以下方面非常有用。

- DML触发器可通过数据库中的相关表实现级联更改。不过，通过级联引用完整性约束可以更有效地进行这些更改。

- DML触发器可以防止恶意或错误的INSERT、UPDATE以及DELETE操作，并强制执行比CHECK约束定义的限制更为复杂的其他限制。与CHECK约束不同，DML触发器可以引用其他表中的列。例如，触发器可以使用另一个表中的SELECT比较插入或更新的数据，以及执行其他操作，如修改数据或显示用户定义错误信息。

- DML触发器可以评估数据修改前后表的状态，并根据该差异采取措施。

- 一个表中的多个同类DML触发器（INSERT、UPDATE或DELETE）允许采取多个不同的操作来响应同一个修改语句。

我们可以设计以下类型的DML触发器。

（1）AFTER触发器

在执行了INSERT、UPDATE或DELETE语句操作之后执行AFTER触发器。指定AFTER与指定FOR相同。AFTER触发器只能在表上指定。

（2）INSTEAD OF触发器

执行INSTEAD OF触发器代替通常的触发动作。还可为带有一个或多个基表的视图定义INSTEAD OF触发器，而这些触发器能够扩展视图可支持的更新类型。

（3）CLR触发器

CLR触发器可以是AFTER触发器或INSTEAD OF触发器。CLR触发器还可以是DDL触发器。CLR触发器将执行在托管代码（在.NET Framework中创建并在SQL Server中上载的程序集的成员）中编写的方法，而不用执行Transact-SQL存储过程。

AFTER触发器和INSTEAD OF触发器之间有以下区别。

- 执行INSTEAD OF触发器代替通常的触发操作，这是什么意思呢？就是说可以使用INSTEAD OF触发器来替代INSERT、UPDATE或DELETE触发事件的操作。还可以对带有一个或多个基表的视图定义INSTEAD OF触发器，这些触发器可以扩展视图可支持的更新类型。

- 在执行INSERT、UPDATE或DELETE语句操作之后执行AFTER触发器。指定AFTER与指定FOR相同。AFTER触发器只能在表上指定。一般对于表中数据的操作，我们多采用AFTER触发器。

下表对AFTER触发器和INSTEAD OF触发器的功能进行了比较。

函 数	AFTER 触发器	INSTEAD OF 触发器
适用范围	表	表和视图
每个表或视图包含触发器的数量	每个触发操作（UPDATE、DELETE 和 INSERT）包含多个触发器	每个触发操作（UPDATE、DELETE 和 INSERT）包含一个触发器
级联引用	无任何限制条件	不允许在作为级联引用完整性约束目标的表上使用 INSTEAD OF、UPDATE 和 DELETE 触发器
执行	晚于： ● 约束处理 ● 声明性引用操作 ● 创建插入的和删除的表 ● 触发操作	早于：约束处理 替代：触发操作 晚于：创建插入的和删除的表
执行顺序	可指定第一个和最后一个执行	不适用
插入的和删除的表中的 varchar(max)、nvarchar(max) 和 varbinary(max) 列引用	允许	允许
插入的和删除的表中的 text、ntext 和 image 列引用	不允许	允许

对于DML触发器，还可以按照事件类型的不同来分类，即INSERT类型、UPDATE类型和DELETE类型，这也是DML触发器的基本类型。

当向表中插入数据时，如果该表设置了INSERT类型的触发器，那么该INSERT类型的触发器就会触发并执行。同样的道理，如果是该表设置了UPDATE和DELETE类型的触发器，只要对表中数据执行UPDATE和DELETE类型的操作，也会触发相应类型的DML触发器的执行。

小天：一个表最多可以设置多少个触发器呢？

老田：对于一张表来说，INSTEAD OF触发器的每个触发操作（UPDATE、DELETE、INSERT）只能包含一个，但是AFTER触发器则可以包含多个。比如，可以有5个INSERT类型的、10个UPDATE类型的、30个DELETE类型的。不过你真的要这样做的话，首先得考虑下这个系统是不是专门为了练习触发器而生。因为触发器是在你执行完本来的操作后，它再执行一个额外的操作，操作的过程中发现你开始的行为是违法的，于是又要推翻你开始的操作，这个过程是要花费时间的。

最后总结一下，三种触发器的作用，DDL触发器主要用于在数据库中创建对象的语言所产生的事件，比如创建表；登录触发器则针对用户登录触发的事件。而DML触发器是我们用得最多的一种，主要用于对表中数据执行INSERT、UPDATE、DELETE等操作的时候触发。

11.3 创建触发器

前文提到，触发器是一种特殊类型的存储过程，所以触发器的创建和存储过程的创建方式很相似。使用CREATE TRIGGER语句创建触发器。在CREATE TRIGGER语句中，指定定义触发器的基表或者视图、触发事件的类型和触发的时间，当然还有就是触发器的主体语句。

下面我们分别来讲解创建DDL触发器和DML触发器，在讲DML触发器之后会针对DML触发器的执行原理做一个讲解。DLL（登录）触发器的原理可以参考上面分类介绍中的示例，后面不再做详细讲解了。

11.3.1 创建 DDL 触发器

在响应当前数据库或服务器上处理的Transact-SQL事件时，可以触发DDL触发器。触发器的作用域取决于事件。例如，每当数据库中或服务器实例上发生CREATE_TABLE事件时，都会激发为响应CREATE_TABLE事件创建的DDL触发器。仅当服务器上发生CREATE_LOGIN事件时，才能激发为响应CREATE_LOGIN事件创建的DDL触发器。例如下面的实例，只要我们执行了CREATE_TABLE事件，那么就一定会触发tablemonitor触发器，代码如下：

```
USE Stu_test
GO
CREATE TRIGGER tablemonitor
ON DATABASE         --指定作用域为数据库
FOR CREATE_TABLE    --触发动作为CREATE_TABLE（创建表）
AS
BEGIN
    PRINT ORIGINAL_LOGIN() + '创建了一个表';
    --ROLLBACK;    --如果这行不注释，那么就创建不了表
END
```

```
GO
--尝试创建表来看看这个触发器是否有效
CREATE TABLE CREATETEST(
    ID int,
    NAME VARCHAR(20))
GO
```

执行后效果如图11-5所示。

对于上面的示例，可以看出，是执行成功了。不信的话可以在SQL Server Management Studio的对象资源管理器→指定数据库→表中刷新看一下。

小天：如果我将你注释掉的那个ROLLBACK的注释去掉，还能够执行成功吗？另外给这个实例提点意见，你把创建表的用户都给找出来了，为什么不把创建表的定义也显示出来呢？

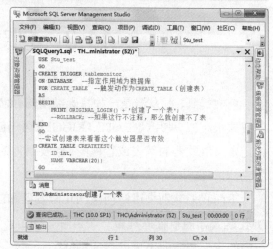

图11-5　创建表的提示

老田：我们来尝试下，修改上面的触发器，将ROLLBACK的注释去掉，然后使用EVENTDATA函数将事件源的定义也显示出来。其实修改也非常简单，所以就不打算单独用一章来讲，就是将创建的那个CREATE关键字替换为ALTER关键字即可，代码如下：

```
ALTER TRIGGER tablemonitor  --注意前面的关键字修改了
ON DATABASE
FOR CREATE_TABLE
AS
BEGIN
    DECLARE @TSQLCommand nvarchar(max);
    --下一句使用EVENTDATA函数获取事件源的定义语言并赋值给变量
    SELECT
@TSQLCommand=EVENTDATA().value('(/EVENT_INSTANCE/TSQLCommand)[1]',
'nvarchar(max)')
    PRINT ORIGINAL_LOGIN() + '使用'+ @TSQLCommand +'语句创建表';
    ROLLBACK;    --注意这里取消了注释
END
GO
--尝试创建表来看看这个触发器是否有效
```

```
CREATE TABLE CREATETEST1(
    ID int,
    NAME VARCHAR(20))
GO
```

再执行，得到的就是一个错误信息了，如图11-6所示。

小天：这个EVENTDATA函数的调用好奇怪。另外就是使用了ROLLBACK关键字，表就无法创建成功了。不过触发器的作用域该不会就限制在DATABASE（数据库）了吧，能不能定义服务器级的触发器呢？

老田：也没有啥奇怪的，因为EVENTDATA函数得到的是一个XML格式的文本，要得到里面的内容当然就得使用XQUERY来从XML文本中提取出我们想要的信息。

图 11-6　因为触发器中有了 ROLLBACK 关键字

至于你说的服务器级的触发器，其实很简单，将定义触发器语句中的ON关键字后面使用SERVER即可。例如，我们针对创建数据库定义一个作用于整个数据库服务器实例的触发器，只要想在这个数据库服务器实例上创建数据库，那就得触发这个事件，代码如下：

```
IF EXISTS (SELECT * FROM sys.server_triggers
    WHERE name = 'ddl_trig_database')    --指定触发器存储
DROP TRIGGER ddl_trig_database            --删除指定触发器
ON ALL SERVER;                            --指定服务器的作用域
GO
CREATE TRIGGER ddl_trig_database          --创建触发器
ON ALL SERVER                            --指定服务器的作用域
FOR CREATE_DATABASE                      --触发事件的源
AS
    PRINT '创建数据库，其定义语言为'
    SELECT
EVENTDATA().value('(/EVENT_INSTANCE/TSQLCommand/CommandText)[1]','nvarc
har(max)')
GO
```

看出来了吧，希望DDL触发器的作用域是全局的话，使用关键字ALL SERVER即可。

小天：哪些事件可以写到定义触发器语句的FOR关键字后面呢？不会就这么几个创建、修改、删除表，以及创建、修改、删除数据库的吧。

11.3.2 可触发 DDL 触发器的事件

老田：可触发DDL触发器的事件很多的，下表列出了可用于激发DDL触发器或事件通知的DDL事件。注意，每个事件都对应于一个Transact-SQL语句或存储过程，并且语句语法修改为在关键字之间加入了一个下划线字符"_"。

具有服务器或数据库作用域的DDL语句：

CREATE_APPLICATION_ROLE（适用于 CREATE APPLICATION ROLE 语句和 sp_addapprole。如果创建新架构，则此事件还会触发 CREATE_SCHEMA 事件）	ALTER_APPLICATION_ROLE（适用于 ALTER APPLICATION ROLE 语句和 sp_approlepassword）	DROP_APPLICAT ION _ROLE（适用于 DROP APPLICATION ROLE 语句和 sp_dropapprole）
CREATE_ASSEMBLY	ALTER_ASSEMBLY	DROP_ASSEMBLY
CREATE_ASYMMETRIC_KEY	ALTER_ASYMMETRIC_KEY	DROP_ASYMMETRIC _KEY
ALTER_AUTHORIZATION	ALTER_AUTHORIZATION_DAT ABASE（适用于 sp_changedbowner；当指定 ON DATABASE 时，还适用于 ALTER AUTHORIZATION 语句）	
CREATE_CERTIFICATE	ALTER_CERTIFICATE	DROP_CERTIFICATE
CREATE_CONTRACT	DROP_CONTRACT	
ADD_COUNTER_SIGNATURE	DROP_COUNTER_SIGNATURE	
CREATE_CREDENTIAL	ALTER_CREDENTIAL	DROP_CREDENTIAL
GRANT_DATABASE	DENY_DATABASE	REVOKE_DATABAE
CREATE_DEFAULT	DROP_DEFAULT	
BIND_DEFAULT（适用于 sp_bindefault）	UNBIND_DEFAULT（适用于 sp_unbindefault）	
CREATE_EVENT_NOTIFICATION	DROP_EVENT_NOTIFICATION	
CREATE_EXTENDED _PROPERTY（适用于 sp_addextendedproperty）	ALTER_EXTENDED_PROPERTY（适用于 sp_updateextendedproperty）	DROP_EXTENDED _PROPERTY（适用于 sp _dropextendedproperty）

CREATE_FULLTEXT_CATALOG（适用于 CREATE FULLTEXT CATALOG 语句；当指定 create 时，还适用于 sp_fulltextcatalog）	ALTER_FULLTEXT_CATALOG（适用于 ALTER FULLTEXT CATALOG 语句；当指定 start_incremental、start_full、Stop 或 Rebuild 时，适用于 sp_fulltextcatalog；当指定 enable 时，适用于 sp_fulltext_database）	DROP_FULLTEXT_CATALOG（适用于 DROP FULLTEXT CATALOG 语句；当指定 drop 时，还适用于 sp_fulltextcatalog）
CREATE_FULLTEXT_INDEX（适用于 CREATE FULLTEXT INDEX 语句；当指定 create 时，还适用于 sp_fulltexttable）	ALTER_FULLTEXT_INDEX（适用于 ALTER FULLTEXT INDEX 语句；当指定 start_full、start_incremental 或 stop 时，适用于 sp_fulltextcatalog；当指定 create 或 drop 以外的任何其他操作时，适用于 sp_fulltext_table；此外还适用于 sp_fulltext_column）	DROP_FULLTEXT_INDEX（适用于 DROP FULLTEXT INDEX 语句；当指定 drop 时，还适用于 sp_fulltexttable）
CREATE_FUNCTION	ALTER_FUNCTION	DROP_FUNCTION
CREATE_INDEX	ALTER_INDEX（适用于 ALTER INDEX 语句和 sp_indexoption）	DROP_INDEX
CREATE_MASTER_KEY	ALTER_MASTER_KEY	DROP_MASTER_KY
CREATE_MESSAGE_TYPE	ALTER_MESSAGE_TYPE	DROP_MESSAGE_TYPE
CREATE_PARTITION_FUNCTION	ALTER_PARTITION_FUNCTION	DROP_PARTITION_FUNCTION
CREATE_PARTITION_SCHEME	ALTER_PARTITION_SCHEME	DROP_PARTITION_SCHEME
CREATE_PLAN_GUIDE（适用于 sp_create_plan_guide）	ALTER_PLAN_GUIDE（当指定 ENABLE、ENABLE ALL、DISABLE 或 DISABLE ALL 时适用于 sp_control_plan_guide）	DROP_PLAN_GUIDE（当指定 DROP 或 DROP ALL 时适用于 sp_control_plan_guide）
CREATE_PROCEDURE	ALTER_PROCEDURE（适用于 ALTER PROCEDURE 语句和 sp_procoption）	DROP_PROCEDURE
CREATE_QUEUE	ALTER_QUEUE	DROP_QUEUE
CREATE_REMOTE_SERVICE_BINDING	ALTER_REMOTE_SERVICE_BINDING	DROP_REMOTE_SERVICE_BINDING
CREATE_SPATIAL_INDEX		
RENAME（适用于 sp_rename）		

续 表

CREATE_ROLE（适用于 CREATE ROLE 语句、sp_addrole 和 sp_addgroup）	ALTER_ROLE	DROP_ROLE（适用于 DROP ROLE 语句、sp_droprole 和 sp_dropgroup）
ADD_ROLE_MEMBER	DROP_ROLE_MEMBER	
CREATE_ROUTE	ALTER_ROUTE	DROP_ROUTE
CREATE_RULE	DROP_RULE	
BIND_RULE（适用于 sp_bindrule）	UNBIND_RULE（适用于 sp_unbindrule）	
CREATE_SCHEMA（适用于 CREATE SCHEMA 语句、sp_addrole、sp_adduser、sp_addgroup 和 sp_grantdbaccess）	ALTER_SCHEMA（适用于 ALTER SCHEMA 语句 和 sp_changeobjectowner）	DROP_SCHEMA
CREATE_SERVICE	ALTER_SERVICE	DROP_SERVICE
ALTER_SERVICE_MASTER_KEY	BACKUP_SERVICE_MASTER_KEY	RESTORE_SERVICE_MASTER_KEY
ADD_SIGNATURE	DROP_SIGNATURE	
CREATE_SPATIAL_INDEX	ALTER_INDEX 可用于空间索引	DROP_INDEX 可用于空间索引
CREATE_STATISTICS	DROP_STATISTICS	UPDATE_STATISTICS
CREATE_SYMMETRIC_KEY	ALTER_SYMMETRIC_KEY	DROP_SYMMETRIC_KEY
CREATE_SYNONYM	DROP_SYNONYM	
CREATE_TABLE	ALTER_TABLE（适用于 ALTER TABLE 语句和 sp_tableoption）	DROP_TABLE
CREATE_TRIGGER	ALTER_TRIGGER（适用于 ALTER TRIGGER 语句和 sp_settriggerorder）	DROP_TRIGGER
CREATE_TYPE（适用于 CREATE TYPE 语句和 sp_addtype）	DROP_TYPE（适用于 DROP TYPE 语句和 sp_droptype）	
CREATE_USER（适用于 CREATE USER 语句、sp_adduser 和 sp_grantdbaccess）	ALTER_USER（应用于 ALTER USER 语句和 sp_change_users_login）	DROP_USER（适用于 DROP USER 语句、sp_dropuser 和 sp_revokedbaccess）
CREATE_VIEW	ALTER_VIEW	DROP_VIEW
CREATE_XML_INDEX	ALTER_INDEX 可用于 XML 索引	DROP_INDEX 可用于 XML 索引
CREATE_XML_SCHEMA_COLLECTION	ALTER_XML_SCHEMA_COLLECTION	DROP_XML_SCHEMA_COLLECTION

具有服务器作用域的 DDL 语句：

ALTER_AUTHORIZATION_SERVER		
CREATE_DATABASE	ALTER_DATABASE（适用于 ALTER DATABASE 语句 和 sp_fulltext_database）	DROP_DATABASE
CREATE_ENDPOINT	ALTER_ENDPOINT	DROP_ENDPOINT
CREATE_EXTENDED_PROCEDURE （适用于 sp_addextendedproc）	DROP_EXTENDED_PROCEDURE （适用于 sp_dropextendedproc）	
ALTER_INSTANCE（当指定了本地 服务器实例时适用于 sp_configure 和 sp_addserver）		
CREATE_LINKED_SERVER（适用于 sp_addlinkedserver）	ALTER_LINKED_SERVER（适用 于 sp_serveroption）	DROP_LINKED_SERVER （当指定了链接服务器时 适用于 sp_dropserver）
CREATE_LINKED_SERVER_LOGIN （适用于 sp_addlinkedsrvlogin）	DROP_LINKED_SERVER_LOGIN （适用于 sp_droplinkedsrvlogin）	
CREATE_LOGIN（如果用于必须隐式 创建的不存在的登录名，适用于 CREATE LOGIN 语句、sp_addlogin、 sp_grantlogin、xp_grantlogin 和 sp_denylogin）	ALTER_LOGIN（当指定 Auto_Fix 时，还适用于 ALTER LOGIN 语 句、sp_defaultdb、 sp_defaultlanguage、sp_password 和 sp_change_users_login）	DROP_LOGIN（适用于 DROP LOGIN 语句、 sp_droplogin、 sp_revokelogin 和 xp_revokelogin）
CREATE_MESSAGE（适用于 sp_addmessage）	ALTER_MESSAGE（适用于 sp_altermessage）	DROP_MESSAGE（适用于 sp_dropmessage）
CREATE_REMOTE_SERVER（适用 于 sp_addserver）	ALTER_REMOTE_SERVER（适用 于 sp_setnetname）	DROP_REMOTE_SERVER （当指定了远程服务器时 适用于 sp_dropserver）
GRANT_SERVER	DENY_SERVER	REVOKE_SERVER
ADD_SERVER_ROLE_MEMBER	DROP_SERVER_ROLE_MEMBER	

　　执行类似DDL操作的系统存储过程也可以激发DDL触发器和事件通知。请测试你的DDL触发器和事件通知以确定它们是否响应运行的系统存储过程。例如，CREATE TYPE语句和sp_addtype存储过程都将激发针对CREATE_TYPE事件创建的DDL触发器或事件通知。

11.3.3 维护触发器

小天：老田，在对象资源管理器中怎么没有找到我刚才创建的两个DDL触发器呢？

老田：服务器作用域的DDL触发器显示在 SQL Server Management Studio对象资源管理器中的"触发器"文件夹中。此文件夹位于"服务器对象"文件夹下。数据库范围的DDL触发器显示在"数据库触发器"文件夹中，此文件夹位于相应数据库的"可编程性"文件夹下，如图11-7中标注的位置。

上面几个实例中，修改和删除都已经演示了，这里不再多讲了。只将删除和修改触发器的一些详细规则和语法做简要说明。

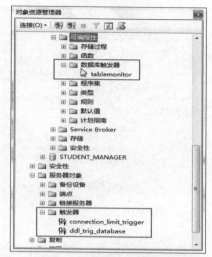

图 11-7 对象资源管理器

删除一个或者多个触发器的语法如下：

```
INSERT, UPDATE, or DELETE statement to a table or view 等的DML触发器
DROP TRIGGER [schema_name.] 触发器名[ ,...n ] [ ; ]


（CREATE, ALTER, DROP, GRANT, DENY, REVOKE 或 UPDATE statement 等的DDL触发器）
DROP TRIGGER触发器名[ ,...n ]
ON { DATABASE | ALL SERVER }
[ ; ]


LOGON event （登录触发器）
DROP TRIGGER 触发器名 [ ,...n ]
ON ALL SERVER
```

删除触发器需要注意以下几点。

- 可以通过删除DML触发器或删除承载触发器的表来删除DML触发器。删除表时，将同时删除与表关联的所有触发器。

- 删除触发器时，将从sys.objects、sys.triggers和sys.sql_modules目录视图中删除有关该触发器的信息。

- 仅当所有触发器均使用相同的ON子句创建时，才能使用一个DROP TRIGGER语句删除多个DDL触发器。

- 若要重命名触发器，可使用DROP TRIGGER和CREATE TRIGGER。若要更改触发器的定义，可使用ALTER TRIGGER。

- 若要删除DML触发器，要求对定义触发器的表或视图具有ALTER权限。
- 若要删除定义了服务器范围（ON ALL SERVER）的DDL触发器或登录触发器，需要对服务器拥有CONTROL SERVER权限。若要删除定义了数据库范围（ON DATABASE）的DDL触发器，要求在当前数据库中具有ALTER ANY DATABASE DDL TRIGGER权限。

小天：修改我知道，就是将创建的那个CREATE关键字替换为ALTER即可，你就直接跟我说下需要注意的地方吧。

老田：好吧，虽然语法并不只是这点差异，不过也确实不大。下面咱们就来看下修改DML触发器需要注意的几点：

- 通过表和视图上的INSTEAD OF触发器，ALTER TRIGGER支持可手动更新的视图。SQL Server以相同的方式对所有类型的触发器（AFTER、INSTEAD-OF）应用ALTER TRIGGER。
- 可以使用sp_settriggerorder来指定要对表执行的第一个和最后一个AFTER触发器。对一个表只能指定第一个和最后一个 AFTER 触发器。如果在同一个表上还有其他AFTER触发器，这些触发器将随机执行。
- 如果ALTER TRIGGER语句更改了第一个或最后一个触发器，将删除所修改触发器上设置的第一个或最后一个属性，并且必须使用sp_settriggerorder重置顺序值。
- 只有在成功执行触发SQL语句之后，才会执行 AFTER 触发器。判断执行成功的标准是：执行了所有与已更新对象或已删除对象相关联的引用级联操作和约束检查。AFTER触发器操作要检查触发语句的效果，也包括所有由触发语句引起的UPDATE和DELETE引用级联操作。
- 如果一个子表或引用表上的DELETE操作是由于父表的CASCADE DELETE操作所引起的，并且子表上定义了DELETE的INSTEAD OF触发器，那么将忽略该触发器并执行DELETE操作。

与DML触发器不同，DDL触发器的作用域不是架构。因此，在查询有关DDL触发器的元数据时，不能使用OBJECT_ID、OBJECT_NAME、OBJECTPROPERTY和OBJECTPROPERTY（EX），需要改用目录视图。

11.4　创建 DML 触发器

在创建DML触发器之前，我们先看下创建DML触发器的语法和需要考虑的一些因素。

11.4.1　创建 DML 触发器的语法

上面看了几个DDL触发器的实例，结合之前的DML概念等知识，很容易猜出DML触发器的创建语法了。其语法如下：

```
CREATE TRIGGER 触发器名
ON 表名 或 视图名
WITH ENCRYPTION --加密的选项
（FOR | AFTER | INSTEAD OF ）{[DELETE] [,] [INSERT] [,] [UPDATE]}
AS SQL 处理语言
```

下面对语法中的主要参数进行解释。

（1）AFTER

AFTER触发器将在处理触发操作（INSERT、UPDATE或DELETE）、INSTEAD OF触发器和约束之后激发。可通过指定AFTER或FOR关键字来请求AFTER触发器。因为FOR关键字与AFTER效果相同，所以带有FOR关键字的DML触发器也归类为AFTER触发器。

简言之，AFTER关键字指定只有在触发SQL语句成功执行后，才会激发触发器。所有的引用级联操作和约束检查都成功完成后，才能激发此触发器。

如果仅指定了FOR关键字，那么AFTER是默认设置。只能对表定义DML AFTER触发器。

（2）INSTEAD OF

该选项指定执行 DML 触发器而不是触发SQL语句，因此，其优先级高于触发语句的操作。不能为DDL或登录触发器指定INSTEAD OF。

INSTEAD OF将在处理约束前激发，以替代触发操作。如果表有AFTER触发器，它们将在处理约束之后激发。如果违反了约束，将回滚INSTEAD OF触发器操作并且不执行AFTER触发器。

对于表或视图，每个INSERT、UPDATE或DELETE语句最多可定义一个INSTEAD OF触发器。但是，可以为具有自己的INSTEAD OF触发器的多个视图定义视图。

不允许在使用WITH CHECK OPTION创建的视图上定义INSTEAD OF触发器。将INSTEAD OF触发器添加到指定了WITH CHECK OPTION的视图时，SQL Server将引发错误。用户必须使用ALTER VIEW删除该选项后才能定义INSTEAD OF触发器。

（3）{ [DELETE] [,] [INSERT] [,] [UPDATE] } | { [INSERT] [,] [UPDATE]}

指定数据修改语句在试图修改表或视图时，激活DML触发器。必须至少指定一个选项。在触发器定义中允许使用以任意顺序组合的这些选项。如果指定的选项多于一个，需用逗号分隔这些选项。

对于INSTEAD OF触发器，不允许对具有指定级联操作ON DELETE的引用关系的表使用DELETE选项。同样，也不允许对具有指定级联操作ON UPDATE的引用关系的表使用UPDATE选项。

再次提醒：每个表或视图针对每个触发操作（UPDATE、DELETE和INSERT）可有一个相应的INSTEAD OF触发器。而一个表针对每个触发操作可有多个相应的AFTER触发器。

11.4.2 创建 DML 触发器需要考虑的因素

由于AFTER的执行晚于约束处理，所以如果违反了约束，则永远不会执行AFTER触发器；因此，这些触发器不能用于任何可能防止违反约束的处理。不过不用担心，还有一个INSTEAD OF触发器。INSTEAD OF触发器在执行任何约束前执行，因此可执行预处理来补充约束操作。

为表定义的INSTEAD OF触发器对此表执行一条通常会再次激发该触发器的语句时，不会递归调用该触发器，而是如同表中没有INSTEAD OF触发器那样处理该语句，该语句将启动一系列约束操作和 AFTER 触发器执行。例如，如果DML触发器定义为表的INSTEAD OF INSERT触发器且该触发器对同一个表执行INSERT语句，则INSTEAD OF触发器执行的INSERT语句不会再次调用该触发器。该触发器执行的INSERT 将启动用于执行约束操作的进程和触发为该表定义的所有AFTER INSERT触发器的进程。这一段看起来有点绕，简单来说，因为INSTEAD OF触发器是早于约束检查和替代触发操作，所以如果要对表定义INSTEAD OF触发器，首先应该想到它的执行时间和会替代触发这两个特点。

为视图定义的INSTEAD OF触发器对该视图执行一条通常会再次激发INSTEAD OF触发器的语句时，不会递归调用该触发器，而是将语句解析为对该视图所依存的基表进行修改。在这种情况下，视图定义必须满足可更新视图的所有约束。有关可更新视图的定义，请参阅通过视图修改数据。例如，如果DML触发器定义为视图的INSTEAD OF UPDATE触发器且该触发器执行引用同一视图的UPDATE语句，则INSTEAD OF触发器执行的UPDATE语句不会再次调用该触发器，而是如同该视图没有INSTEAD OF触发器那样在视图中处理该触发器执行的UPDATE语句。必须将UPDATE更改的列解析为一个基表。对基表的每次修改都将应用约束并触发为该表定义的AFTER触发器。

DML触发器的性能开销通常很低。运行DML触发器所花的时间大部分都用于引用其他表，这些表可能位于内存中，也可能位于数据库设备上。删除（deleted临时表）的和插入（inserted临时表）的表始终位于内存中，也被称之为幻表。触发器所引用的其他表的位置将确定操作所需的时间。

建议不要在DML触发器中使用游标，因为这样可能对性能产生负面影响。使用基于行集的逻辑（而非游标）可以设计影响多行的DML触发器。

CREATE TRIGGER必须是批处理中的第一条语句，并且只能应用于一个表。

触发器只能在当前的数据库中创建，但是可以引用当前数据库的外部对象。

如果指定了触发器架构名称来限定触发器，则会以相同的方式限定表名称。

在同一条CREATE TRIGGER语句中，可以为多种用户操作（如INSERT和UPDATE）定义相同的触发器操作。

如果一个表的外键包含对定义的DELETE/UPDATE操作的级联，则不能定义INSTEAD OF DELETE/UPDATE触发器。

在触发器内可以指定任意的SET语句。选择的SET选项在触发器执行期间保持有效，然后恢复为原来的设置。

如果触发了一个触发器，结果将返回给执行调用的应用程序，就像使用存储过程一样。若要避免由于触发器触发而向应用程序返回结果，请不要包含返回结果的SELECT语句，也不要包含在触发器中执行变量赋值的语句。包含向用户返回结果的 SELECT语句或进行变量赋值的语句的触发器需要特殊处理；这些返回的结果必须写入允许修改触发器表的每个应用程序中。如果必须在触发器中进行变量赋值，则应该在触发器的开头使用SET NOCOUNT语句以避免返回任何结果集。

虽然TRUNCATE TABLE语句实际上就是DELETE语句，但是它不会激活触发器，因为该操作不记录各个行删除。然而，仅那些具有执行TRUNCATE TABLE语句权限的用户才需要考虑是否无意中因为此方式而导致没有使用DELETE触发器。无论有日志记录还是无日志记录，WRITETEXT语句都不触发触发器。

在DML触发器中不允许使用下列Transact-SQL语句。

ALTER DATABASE	CREATE DATABASE	DROP DATABASE
LOAD DATABASE	LOAD LOG	RECONFIGURE
RESTORE DATABASE	RESTORE LOG	

另外，如果对作为触发操作目标的表或视图使用DML触发器，则不允许在该触发器的主体中使用下列Transact-SQL语句。

CREATE INDEX（包括 CREATE SPATIAL INDEX 和 CREATE XML INDEX）	ALTER INDEX	DROP INDEX
DBCC DBREINDEX	ALTER PARTITION FUNCTION	DROP TABLE
用于执行以下操作的 ALTER TABLE： • 添加、修改或删除列。 • 切换分区。 • 添加或删除 PRIMARY KEY 或 UNIQUE 约束		

小天：上面的话太绕了，看起来有点困难。

老田：没关系，实在看得太困难的话，就先大致看一次，然后下面跟着我做练习吧，一边练习，一边回顾，你会发现，这些话其实也蛮容易懂的。

11.4.3　创建 DML 触发器

首先来创建一个INSERT触发器，这个触发器的触发条件就是当你向表中插入新数据的时候就激发，第一个例题就简单的提示一句话。代码如下：

```
USE Stu_test
GO --因为前面还有代码，为保证CREATE TRIGGER是批处理的第一句，所以加一个GO
CREATE TRIGGER TRI_ZONE_INSERT
ON  ZONE      --基于表ZONE
FOR INSERT  --指定AFTER 与指定FOR 相同
AS
    PRINT '插入了一行新数据'
GO
--执行插入语句
INSERT zone(z_zone,z_id) VALUES('重庆',0)
```

执行后效果如图11-8所示。

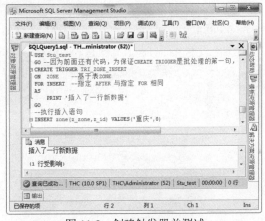

图 11-8　创建触发器并测试

> **小提示：** 做触发器练习的时候，最好每次都保证只有一个有效，要实现的方式就是将已经练习并掌握的触发器先删除或者禁用。可以打开SQL Server Management Studio → 连接上服务器→对象资源管理器→数据库→指定的数据库→表→触发器→指定触发器上单击鼠标右键→禁用，使用Transact-SQL语法为：
> ```
> alter table 触发器所在的基表名
> disable trigger 要禁用的触发器名
> alter table触发器所在的基表名
> ```

enable trigger要启用的触发器名
启用触发器还有个办法，就是使用ALTER关键字修改指定的被禁用的触发器，也可以实现。

小天：可以搞个这样的功能吗？比如我有一张表的数据特别的重要，我就想，只要有人对这张表的数据执行INSERT、UPDATE、DELETE操作，系统就给我发一封邮件。

老田：这个点子很不错，实现起来也不是特别麻烦，只是需要你好好配置Exchage Server、Outlook等。这些知识可以在网络上搜索"SQL Server发邮件"，或者可以在《SQL Server教程》中查找"数据库邮件"。这里我们只是做一个利用msdb.dbo.sp_send_dbmail存储过程发送邮件的实例，配置就不讲了。下面实例实现的功能是，当表中数据被删除，就发送一封邮件，说明被删除数据的ID是多少。代码如下：

```
IF OBJECT_ID ('TRI_ZONE_MAIL','TR') IS NOT NULL
    DROP TRIGGER TRI_ZONE_MAIL;        --判断如果存在则删除
GO
CREATE TRIGGER TRI_ZONE_MAIL
ON ZONE
AFTER DELETE                          --指定触发条件
AS
BEGIN
    DECLARE @ID INT,@BODY varchar(50);
    SELECT @ID=ID from deleted; --获得被删除这条数据的值，思考如何完善
    SET @BODY='被删除数据ID为' + CONVERT(varchar(10),@ID); --邮件正文
    --PRINT @BODY                     --创建的时候可以打印来看，相当于调试
    EXEC msdb.dbo.sp_send_dbmail     --执行系统存储过程
        @profile_name = '发送邮件的配置文件的名称',
        @recipients = 'thcd@qq.com', --收件人地址
        @body = @BODY ,           --邮件正文
        @subject = '有人捣乱'; --电子邮件的主题。默认为"SQL Server 消息"。
END
GO
--执行删除，以触发TRI_ZONE_MAIL触发器
DELETE FROM zone WHERE id=19
```

小天：明白了，那INSTEAD OF触发器的实例呢，也做一个吧？

老田：好，我们来做个游戏，我来做个刻意违反主键唯一约束的实例，你猜下结果，数据是否会插入到数据库中？还是用ZONE表来做。首先看下这个表中的数据，如图11-9所示。

然后为这张表增加一个INSTEAD OF触发器，代码如下：

	id	z_zone	z_id
1	4	北京	NULL
2	6	四川	NULL
3	7	成都	6
4	8	绵阳	6
5	9	北京	4
6	10	江苏	NULL
7	11	南京	10
8	12	苏州	10
9	13	无锡	10
10	14	常州	10
11	15	重庆	0
12	16	陕西	0
13	17	山东	0
14	18	山西	0

图 11-9　ZONE 表

```
USE Stu_test
GO
ALTER TRIGGER TRI_ZONE_INSERT_INSTEAD
ON  ZONE     --基于表ZONE
INSTEAD OF INSERT
AS
BEGIN
    DECLARE @id int;
    set @id=@@identity;
    PRINT '插入了一行新数据,ID为'+str(@id);
END
GO
--执行插入语句
SET IDENTITY_INSERT ZONE ON; -- 该句是设置允许向标识列插入显式值
INSERT zone(id,z_zone,z_id) VALUES(10,'重庆',0)
SET IDENTITY_INSERT ZONE OFF;
```

执行后效果如图11-10所示。

猜猜数据是否插入了数据库中？记住哦，不要急于去看结果，好好想清楚了再去看结果，然后说出为什么。

小天：果然是在约束之前执行并且替代了触发动作，真是晕死了。不过我看来看去还是觉得这个触发器没有太大的实用价值。

图 11-10　违反约束地插入数据

老田：我来描述这样一个场景，你想下。假设数据库中有3张表，商家、商品、订单，现在有一个规则，如果某商家需要订一批某种商品，我们首先需要检测该商家的信誉是否达标，然后检测所订商品是否够量，怎么做？

再比如，某公司的薪水是由员工的职位决定的，那么我们是否可以对员工职位表做一个触发器呢？只要员工的职位变了，其薪水自然也变了，不需要人为地操作。

小天：明白了，这就需要向订单表的INSERT操作增加一个触发器，只要是向表中插入数据，我们就检测商家的信誉值和商品的库存量。而后一个实例则对员工职位表做一个触发器，只要员工的职位发生变动，那么薪水表中的值也相应地改动。

老田：本章不打算再就查看、修改、删除、启用、禁用等维护操作单独地讲解了。前面的实例中都曾提到过，现在我希望你根据我们上面的实例自己去举一反三地练习，同时根据自己的总结和理解对照着看前面的那些概念。

11.5 DML 触发器嵌套

小天：这就完了啊？DML触发器嵌套你还没有讲啊。

老田：对，我们先来看下嵌套的一些简单概念。当触发器执行启动其他触发器的操作时，DML和DDL触发器都是嵌套触发器。DML触发器和DDL触发器最多可以嵌套 32 层。如果允许使用嵌套触发器，且链中的一个触发器启动了一个无限循环，则将超出嵌套层限制，而触发器就会终止。由于触发器在事务中执行，如果在一组嵌套触发器的任意层中发生错误，则整个事务都将被取消，且所有的数据修改都将回滚。因为触发器中不好调试，所以还是老办法，在触发器中包含PRINT语句用于确定错误的发生位置。

可以通过nested triggers服务器配置选项来控制是否可以嵌套AFTER触发器。但不管此设置为何，都可以嵌套INSTEAD OF触发器。

小天：如何设置nested triggers选项呢？我都不知道在哪里设置。

老田：使用sp_configure这个系统内置存储过程，代码如下：

```
sp_configure 'nested triggers',1
```

如果nested triggers设置为 0，AFTER触发器不能级联。如果nested triggers设置为1（默认值），该设置将立即生效，无须重新启动服务器。

另外一个比较重要的触发器嵌套概念是递归触发。所谓递归触发就是指触发器自己调用自己。AFTER触发器不会以递归方式自行调用，除非设置了RECURSIVE_TRIGGERS 数据库选项。当 RECURSIVE_TRIGGERS数据库选项设置为OFF时，仅阻止AFTER触发器的直接递归。若要禁用AFTER触发器的间接递归，还必须将nested triggers服务器选项设置为 0。

有以下两种不同的递归方式。

（1）直接递归

在触发器触发并执行一个导致同一个触发器再次触发的操作时，将发生直接递归。

例如，应用程序更新了表T3，从而触发了触发器Trig3。Trig3再次更新表T3，从而再次触发了触发器Trig3。

在SQL Server 2008中，调用其他类型的触发器（AFTER或INSTEAD OF）之后再次调用同一个触发器时，也会发生直接递归。换言之，当同一个INSTEAD OF触发器被第二次调用时，即使在这两次调用之间调用了一个或多个AFTER触发器，也会发生INSTEAD OF触发器的直接递归。同样，当同一个AFTER触发器被第二次调用时，即使在这两次调用之间调用了一个或多个INSTEAD OF触发器，也会发生AFTER触发器的直接递归。例如，一个应用程序对表T4进行更新，此更新将导致触发INSTEAD OF触发器Trig4。Trig4对表T5进行更新，此更新将导致触发AFTER触发器Trig5。Trig5更新表T4，此更新将导致再次触发INSTEAD OF触发器Trig4。此事件链即被认为是Trig4的直接递归。

（2）间接递归

当触发器触发并执行导致触发相同类型的其他触发器（AFTER或INSTEAD OF）的操作时，会发生间接递归。第二个触发器执行一个再次触发第一个触发器的操作。换言之，当在这两次调用之间调用其他INSTEAD OF触发器之前第二次调用INSTEAD OF触发器，便会发生间接递归。同样，当在这两次调用之间调用其他AFTER触发器之前第二次调用AFTER触发器，也会发生间接递归。例如，一个应用程序对表T1进行更新，此更新将导致触发AFTER触发器Trig1。Trig1更新表T2，此更新将导致触发AFTER触发器Trig2。Trig2反过来更新表T1，从而导致再次触发AFTER触发器Trig1。

老田：说再多不如来耍一盘。下面的实例我分别创建了一个商品表和一个订单表，只要是向订单表中增加一条数据，就从商品表中对指定的商品减少数量。于是对订单表和商品表都分别创建了一个触发器，最后我们向订单表中INSERT一条数据，看下是否会触发商品表的UPDATE触发器。代码如下：

```
--创建两张表，记得以前创建的DDL触发器哦，否则创建中出了问题我不负责哈
CREATE TABLE PRODUCTS(        --商品表
    P_ID INT PRIMARY KEY IDENTITY(1,1)
    ,P_NAME NVARCHAR(50)     --商品名
    ,P_COUNT INT             --商品数量
    )
GO
CREATE TABLE ORDERS(          -- 订单表
    O_ID INT PRIMARY KEY IDENTITY(1,1)
    ,O_PID INT REFERENCES PRODUCTS(P_ID)    --商品外键
    ,O_NUMBER  INT DEFAULT(0)              --商品数量
    ,O_DATETIME DATETIME DEFAULT(getdate())--下单时间
    )
GO
```

```
--向PRODUCTS插入几条测试数据
INSERT INTO PRODUCTS(P_NAME,P_COUNT) VALUES('老田的书',100);
INSERT INTO PRODUCTS(P_NAME,P_COUNT) VALUES('天轰穿调侃系列',100);
GO
--为PRODUCTS创建一个INSERT触发器，提示数量被更改
CREATE TRIGGER P_MODIFY
ON PRODUCTS
FOR UPDATE
AS
    PRINT '一个不小心，我的数据又被修改了。'
GO
--为ORDERS创建一个INSERT触发器
CREATE TRIGGER O_INSERT
ON ORDERS
FOR INSERT
AS
    DECLARE @PID INT,@NUMBER INT;
    --下一行从INSERTED临时表中获得插入订单表中的数据
    SELECT @PID=O_PID,@NUMBER=O_NUMBER FROM INSERTED;
    --下一行修改商品表中指定商品的数量
    UPDATE PRODUCTS SET P_COUNT=P_COUNT-@NUMBER WHERE P_ID=@PID;
GO
--向订单表中插入一条数据，看效果
INSERT INTO ORDERS(O_PID,O_NUMBER) VALUES(1,20);
```

向订单表中插入一条数据，效果如图11-11所示，注意看下面的消息哦。

最后提一句我个人意见，触发器在实际项目中能少用则少用，特别是INSTEAD OF触发器。虽然说触发器所消耗的系统资源并不很多，但是，因为它是后置触发，也就是说，总是要事情发生了才去补救，这严重违反了防火胜于救火的道理。我这样说并非是希望你

图11-11 触发器嵌套

以后就不用触发器，如果真这样的话，消防队都没有必要存在了。再加上在维护数据完整这方面，触发器因为是自动触发，所以也确实有着先天的优势。所以要如何用好它，还得看你对它的理解有多深。

本 章 小 结

　　本章主要讲解触发器的概念、优缺点、分类，以及DDL、DML触发器的创建、维护。学习本章后，我们总结这么几句话，以助于你的知识掌握。

　　一个触发器是由Transact-SQL语句集组成的代码块，在响应某些动作时激活该语句集。一个触发器也可被解释为特定的存储过程。每当定义或者数据被创建、维护的时候，如果有触发响应的触发器，那么就会执行该存储过程。比如对服务器实例上某一项操作定义了DLL触发器，那么只要在这个服务器实例中执行到这个操作，那么就会执行一次特定的触发器中的代码集。同理，只要对某一张表定义了DML触发器，只要对这张表的数据进行操作，也一定会执行这个DML触发器中的代码。

　　触发器有以下特征。

- 当任何数据修改语句或者数据定义语句被发出时，它就被SQL Server自动激发。
- 触发器不可被显式地调用或执行。
- 它防止了对数据不正确、未授权和不一致的改变。
- 它不能返回数据给用户（就算行也不要这样做）
- 触发器可以嵌套执行，但是最多32层。

问　题

1．触发器有哪几种分类型？

2．简述INSTEAD OF触发器和AFTER触发器的区别。

3．DDL触发器有什么作用？

4．举例说明触发器的直接递归调用。

5．对一张设置了AFTER触发器的表来说，约束检测如果发现错误，AFTER触发器还会执行吗？

6．简述触发器和约束的区别。

7．对表定义了INSERT类型的触发器，有什么作用？

第 12 章　事务和锁

学习时间：第十九、二十天	地点：老田办公室	人物：老田、小天

本章要点

- 事务的概念、属性
- 创建事务前需要考虑的因素
- 声明事务、提交和回滚
- 事务的查看
- 事务的嵌套
- 事务的工作原理
- 锁定的概念和锁定的分类
- 锁定的升级
- 死锁的概念、发生死锁的条件和环境
- 死锁的检测、处理

本章学习线路

本章由触发器中的ROLLBACK引入事务的概念，然后对事务的概念、属性以及创建前需要考虑的因素做了详细讲解。接下来由实例入手分别对事务的声明、提交做了讲解。接着因为无法反悔一些操作的情况下引入事务的回滚。之后借查看事务的讲述对事务的嵌套和工作原理做讲解。

本章的第二大概念，则是由事务并发可能引起冲突的问题引入讲解锁定。在锁定中分别讲述了锁定的概念和分类，锁的自动优化和对死锁的检测以及处理。在讲检测的时候从SQL Server系统的自动处理讲到如何手动查看处理进程。最后因为SQL Server系统的自动处理机制总会有牺牲品的问题讲到如何为事务设置优先级来认为干预SQL Server系统的处理。

知识回顾

老田：上一章主要讲解触发器的概念、优缺点、分类，以及DDL、DML触发器的创建、维护。在通过上一章的学习后，你做个大概的总结看看。

小天：一个触发器是由Transact-SQL语句集组成的代码块，在响应某些动作时激活该语句集，一个触发器也可被解释为特定的存储过程。每当定义或者数据被创建、维护的时候，如果有触发响应的触发器，那么就会执行该存储过程。比如对服务器实例上某一项操作定义了DLL触发器，那么只要在这个服务器实例中执行到该操作，那么就会执行一次特定的触发器中的代码集。同理，只要对某一张表定义了DML触发器，只要对这张表的数据进行操作，也一定会执行这个DML触发器中的代码。

触发器有以下的特征。

- 当任何数据修改语句或者数据定义语句被发出时，它就被SQL Server自动激发。
- 触发器不可被显式地调用或执行。
- 它防止了对数据不正确、未授权和不一致的改变。
- 它不能返回数据给用户（就算行也不要这样做）。
- 触发器可以嵌套执行，但是最多32层。

不过我一直没有搞懂那个ROLLBACK的意思。

老田：好吧，今天我们就接着来讲ROLLBACK，哦，不，是事务。因为ROLLBACK只是事务中的一个知识点而已。

12.1　事　务　概　述

事实上我们前面说到的触发器，它就是一个典型的事务。SQL程序员要负责启动和结束事务，同时强制保持数据的逻辑一致性。程序员必须定义数据修改的顺序，使数据相对于其组织的业务规则保持一致。程序员将这些修改语句包括到一个事务中，使SQL Server数据库引擎能够强制该事务的物理完整性。

用句通俗的话说："一荣俱荣，一损俱损"这句话很能体现事务的思想。这种思想反映到数据库上，就是多个SQL语句，要么所有执行成功，要么所有执行失败。

12.1.1　概念

事务是单个的工作单元。如果某一事务成功，则在该事务中进行的所有数据修改均会提交，成为数据库中的永久组成部分。如果事务遇到错误且必须取消或回滚，则所有数据修改均被清除。在SQL Server中有以下四种事务模型：

1．自动提交事务

每条单独的语句都是一个事务。

2．显式事务

每个事务均以BEGIN TRANSACTION语句显式开始，以COMMIT或ROLLBACK语句显式结束。

3．隐式事务

在前一个事务完成时新事务隐式启动，但每个事务仍以COMMIT或ROLLBACK语句显式完成。

4．批处理级事务

只能应用于多个活动结果集（MARS），在MARS会话中启动的Transact-SQL显式或隐式事务变为批处理级事务。当批处理完成时没有提交或回滚的批处理级事务自动由SQL Server进行回滚。

12.1.2　属性

事务是作为单个逻辑工作单元执行的一系列操作。一个逻辑工作单元必须有四个属性，称为原子性、一致性、隔离性和持久性（ACID）属性，只有这样才能成为一个事务。

1．原子性

事务必须是原子工作单元。对于其数据修改，要么全都执行，要么全都不执行。

2．一致性

事务在完成时，必须使所有的数据都保持一致状态。在相关数据库中，所有规则都必须应用于事务的修改，以保持所有数据的完整性。事务结束时，所有的内部数据结构（如B树索引或双向链表）都必须是正确的。

3．隔离性

由并发事务所做的修改必须与任何其他并发事务所做的修改隔离。事务识别数据时数据所处的状态，要么是另一并发事务修改它之前的状态，要么是第二个事务修改它之后的状态，事务不会识别中间状态的数据。这称为可串行性，因为它能够重新装载起始数据，并且重播一系列事务，以使数据结束时的状态与原始事务执行的状态相同。

4．持久性

事务完成之后，它对于系统的影响是永久性的。该修改即使出现系统故障也将一直保持。

小天：我想到个问题，比如有几个登录用户同时启动一个事务，会出现什么结果？还有，比如我们数据库系统所在的服务器崩溃了，咋办？

老田：对你的问题，SQL Server数据库引擎提供了以下几种机制来解决。

- 锁定设备，使事务保持隔离。
- 记录设备，保证事务的持久性。即使服务器硬件、操作系统或数据库引擎实例自身出现故障，该实例也可以在重新启动时使用事务日志，将所有未完成的事务自动地回滚到系统出现故障的点。
- 事务管理特性，强制保持事务的原子性和一致性。事务启动之后，就必须成功完成，否则数据库引擎实例将撤销该事务启动之后对数据做的所有修改。

小天：锁定设备是什么意思？

老田：这个问题我们在后面将专门来讲，现在先通过创建几个实例来认识下事务，然后对事务的分类，工作原理、特点和类型做一些解释吧。

12.2 创 建 事 务

在创建事务之前先来看看需要考虑的一些因素。

12.2.1　使用事务考虑的因素

使用事务的第一原则是，事务应尽可能地短，并且避免使用嵌套。如果事务太长，因为其原子性导致了事务中好多好多的操作要么都执行，那么应为一点点瑕疵可能都无法执行。再因为事务的隔离性（为处理并发而对所访问资源进行锁定以达到独占访问），如果它太长太多，那么它也将占用太多的数据库资源，而其他需要访问这些资源的访问就只有列队等待。

基于上述原则，首先要列入超级危险名单的就是WHILE循环，如果一定要使用，则应该评估循环所花费的时间。

另外一个很危险的操作是，事务执行过程中需要用户交互操作。比如在事务的执行过程中，某个地方需要根据用户及时地输入来判断下一步的做法，这种操作最好是不要有，万一当时操作的那个用户的计算机硬盘忽然坏了，或者意外了（我太坏了）。那么服务器就很长时间无法得到用户的交互，事务也就只好等待了。

因为事务的持久性这个属性，导致我们最好不要在事务中执行数据定义语言，因为持久性的属性说了，就算是错了，它也会将之永久保存。

总结一下，使用事务时应该考虑以下因素：

- 不要在事务处理期间要求用户输入。在事务启动之前，获得所有需要的用户输入。如果在事务处理期间还需要其他用户输入，则回滚当前事务，并在提供了用户输入之后重新启动该事务。即使用户立即响应，作为人，其反应时间也要比计算机慢得多。事务占用的所有资源都要保留相当长的时间，这有可能会造成阻塞问题。如果用户没有响应，事务仍然会保持活动状态，从而锁定关键资源直到用户响应为止，但是用户可能会几分钟甚至几个小时都不响应。

- 在浏览数据时，尽量不要打开事务。在所有预备的数据分析完成之前，不应启动事务。

- 尽可能使事务保持简短。在直到要进行的修改之后，启动事务，执行修改语句，然后立即提交或回滚。只有在需要时才打开事务。

- 若要减少阻塞，请考虑针对只读查询使用基于行版本控制的隔离级别。

- 灵活地使用更低的事务隔离级别。可以很容易地编写出许多使用只读事务隔离级别的应用程序。并不是所有事务都要求可序列化的事务隔离级别。

- 灵活地使用更低的游标并发选项，例如开放式并发选项。在并发更新的可能性很小的系统中，处理"别人在您读取数据后更改了数据"的偶然错误的开销要比在读取数据时始终锁定行的开销小得多。

- 在事务中尽量使访问的数据量最小。这样可以减少锁定的行数，从而减少事务之间的争夺。

12.2.2 事务的声明和提交

BEGIN TRANSACTION标记一个显示本地事务的起始点。BEGIN TRANSACTION使@@TRANCOUNT按1递增。其语法如下：

```
BEGIN { TRAN | TRANSACTION }
    [ { 事务名| @tran_name_variable }
      [ WITH MARK [ 'description' ] ]
    ]
[ ; ]
```

小天：第一句我清楚了，使用BEGIN TRAN或者BEGIN TRANSACTION定义一个事务开始，可是@tran_name_variable和WITH MARK ['description']是什么意思呢？

老田：解释如下。

（1）@tran_name_variable

用户定义的、含有有效事务名称的变量的名称。必须用char、varchar、nchar或nvarchar数据类型声明变量。如果传递给该变量的字符多于32个，则仅使用前面的32个字符，其余的字符将被截断。

（2）WITH MARK ['description']

指定在日志中标记事务。description是描述该标记的字符串。如果description是Unicode字符串，那么在将长于255个字符的值存储到msdb.dbo.logmarkhistory表之前，先将其截断为255个字符。如果description为非Unicode字符串，则长于510个字符的值将被截断为510个字符。

如果使用了WITH MARK，则必须指定事务名。WITH MARK允许将事务日志还原到命名标记。

看下面的实例，声明开始一个没有名字的事务，然后在事务中包含一个删除一行数据的语句。整个实例分为五步。这个练习可以让你初步了解事务。

```
--第一步
USE Stu_test
GO
SELECT * FROM zone              --先看下数据，效果如图12-1所示
--第二步
BEGIN TRAN                      --开始一个没有名字的事务
DELETE FROM zone WHERE id=17    --执行删除，执行后效果如图12-2所示
GO
--第三步，执行查询，看删除掉没有
SELECT * FROM zone  --哦耶，删除掉了
```

```
--第四步，……重新连接（断开再连接）SQL Server服务器实例
USE Stu_test
GO
--第五步，再次查询，看数据是否真被删除掉了
SELECT * FROM zone  --囧，那行数据又回来了，效果和图12-1一样了
```

	id	z_zone	z_id
1	4	北京	NULL
2	6	四川	NULL
3	7	成都	6
4	8	绵阳	6
5	9	北京	4
6	10	江苏	NULL
7	11	南京	10
8	12	苏州	10
9	13	无锡	10
10	14	常州	10
11	15	重庆	0
12	16	陕西	0
13	17	山东	0
14	18	山西	0

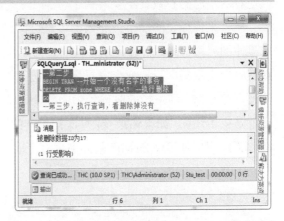

图 12-1　数据表　　　　　　　　　　　图 12-2　执行删除后的效果

小天：为什么会这样？

老田：我们来看个地球人都知道的笑话。一个有结巴的人在饮料店的柜台前转悠，老板很热情地抓了瓶饮料迎上来问到："喝一瓶？"，结巴连忙说："我……喝……喝……"，老板麻利地打开易拉罐递给结巴，结巴终于憋出了他的那句话："我……喝……喝……喝不起啊！"。在这个笑话中，饮料店老板在还未得到明确的答案之前做了确定，所以这瓶饮料只有他自己喝了。而这种情况在数据中有个很出名的术语，叫"脏读"。

上面的例题就如同这个结巴一样，老在说："我喝……喝"，就是没有憋出后面的结果，而我们上面的例题也是只声明事务开始的语句，所以这当然不够了，还需要提交事务，表示事务执行完毕的语句。你一直不说你完了，那么系统就一直都认为你还在继续一个事件，一直到遇到COMMIT TRANSACTION，系统才认为一个事务完毕了。换句话说，你可以尝试在某天早上起床就对服务器去执行一句"BEGIN TRAN"，然后啥也不要管了，下楼去买油条吃。

小天：按照上面那个实例的意思，如果咱们的服务器三年都不出一点问题，最后一天重启一下的话。这三年的数据不会都丢失了吧？

老田：没有你说的那么严重了，我们先来看下COMMIT TRANSACTION的解释。它标识一个成功的隐性事务或显式事务的结束。如果@@TRANCOUNT为1，COMMIT TRANSACTION使得自从事务开始以来所执行的所有数据修改成为数据库的永久部分，释放事务所占用的资源，并将@@TRANCOUNT减少到0。如果@@TRANCOUNT

大于1，则COMMIT TRANSACTION使@@TRANCOUNT按1递减，并且事务将保持活动状态。它的语法如下：

```
COMMIT { TRAN | TRANSACTION } [ transaction_name | @tran_name_variable ] ]
[ ; ]
```

对这里面的参数就不多解释了。

接着来说你说的那个很吓人的事。大部分流行数据库管理系统都提供了解决这种乌龙事件的方案。比如日志记录，系统会将你的所有操作都记录到日志中，因为事务中可能随时会出现局部反悔或全盘反悔的情况，所以，系统会将所有的操作所涉及的数据资源都保存起来。和下棋的时候反悔一样，可以反悔一步，也可能反悔多步。要反悔的前提就是棋子还在，如果你狠点，每次把对方的子吃掉后就将棋子扔掉，我看对方咋反悔。

下面我们使用COMMIT关键字来对上面的实例做一次修改，在删除以后马上使用COMMIT提交事务。

```
--第一步
SELECT * FROM zone  --先看下数据
--第二步
BEGIN TRAN            --开始一个没有名字的事务
DELETE FROM zone WHERE id=17  --执行删除
COMMIT TRAN            --提交事务（相对于上个实例新增加的代码）
GO
--第三步，执行查询，看删除掉没有
SELECT * FROM zone   --哦耶，删除掉了
--第四步……重新连接（断开再连接）SQL Server服务器实例
USE Stu_test
GO
SELECT * FROM zone   --再次查询，真的删掉了哦
```

最后发现，只要是提交了，事务中对数据的操作就被彻底改变了。

小天：上面的语法中还用了命名的事务和有变量的事务，命名的那个简单，我试了下，没有问题，但是用变量那个是啥意思啊？我搞了半天，也没整明白。

老田：上面说了用户定义的、含有有效事务名称的变量的名称。必须用char、varchar、nchar或nvarchar数据类型声明变量。如果传递给该变量的字符多于32个，则仅使用前面的32个字符，其余的字符将被截断。

下面，咱们做一个实例看看。

```
--声明一个变量
DECLARE @TRAN_NAME VARCHAR(10);
SET @TRAN_NAME = 'THC_TRAN';
--声明开始事务
```

```
BEGIN TRANSACTION @TRAN_NAME
GO
DELETE FROM zone WHERE id=17  --执行删除
GO
COMMIT TRANSACTION THC_TRAN  --这里不能用上面的变量了，为什么？
```

对这个例题，我要提出几个问题，你在后面的时候边练习边尝试。

（1）是否命名的事务在提交的时候一定要给名字？

（2）实例中为什么最后提交的时候不能用变量名，而用变量值？

（3）声明的时候使用TRANSACTION，COMMIT的时候是否也一定要使用TRANSACTION？

12.2.3　事务的回滚

事务中开始、提交都说了，那么什么是回滚呢？回滚就是指将显式事务或隐式事务回滚到事务的起点或事务内的某个保存点。这里又牵出一个概念—保存点。下面分别来看下。

SAVE TRANSACTION：在事务内设置保存点。语法如下：

```
SAVE { TRAN | TRANSACTION } { 保存点名字 | @savepoint_variable } [ ; ]
```

和声明事务开始一样，@ savepoint_variable这个参数的意思是包含有效保存点名称的用户定义变量的名称。必须用char、varchar、nchar或nvarchar数据类型声明变量。如果长度超过32个字符，也可以传递到变量，但只使用前32个字符。

用户可以在事务内设置保存点或标记。保存点提供了一种机制，用于回滚部分事务。可以使用SAVE TRANSACTION savepoint_name语句创建保存点，然后执行ROLLBACK TRANSACTION savepoint_name语句以回滚到保存点，而不是回滚到事务的起点。

在不可能发生错误的情况下，保存点很有用。在很少出现错误的情况下，使用保存点回滚部分事务，比让每个事务在更新之前测试更新的有效性更为有效。更新和回滚操作代价很大，因此只有在遇到错误的可能性很小，而且预先检查更新的有效性的代价相对很高的情况下，使用保存点才会非常有效。

保存点可以定义在按条件取消某个事务的一部分后，该事务可以返回的一个位置。如果将事务回滚到保存点，则根据需要必须完成其他剩余的Transact-SQL语句和COMMIT TRANSACTION语句，或者必须通过将事务回滚到起始点完全取消事务。若要取消整个事务，请使用ROLLBACK TRANSACTION transaction_name语句。这将撤销事务的所有语句和过程。

在事务中允许有重复的保存点名称，但指定保存点名称的ROLLBACK TRANSACTION语句只将事务回滚到使用该名称的最近的SAVE TRANSACTION。

在使用BEGIN DISTRIBUTED TRANSACTION显式启动或从本地事务升级的分布式事务中，不支持SAVE TRANSACTION。

接着把回滚ROLLBACK TRANSACTION的语法看了再做实例吧。概念上面已经说了，就是将显式事务或隐式事务回滚到事务的起点或事务内的某个保存点。语法也很简单，如下：

```
ROLLBACK { TRAN | TRANSACTION }
    [ 事务名 | @tran_name_variable
    | 保存点名 | @savepoint_variable ]
[ ; ]
```

下面先看个比较简单的实例。在一个事务中有一个保存点，其中根据一个变量来做回滚，如果变量的值为0，则回滚到事务开始，如果变量的值为1，则回滚到保存点。代码如下：

```
BEGIN TRAN SAVE_TEST                --事务开始
    DELETE FROM zone WHERE id=18    --删除一条数据
SAVE TRAN One;                      --设置一个保存点
    DELETE FROM zone WHERE id=16    --再删除一条数据
DECLARE @state int;                 --声明一个变量
SET @state = 0;                     --为变量赋值，这里换几个值试试
IF(@state=0)
    ROLLBACK TRAN;                  --回滚到事务起点
ELSE IF(@state=1)
    ROLLBACK TRAN One;              --回滚到保存点One，其他的提交
ELSE
COMMIT TRAN SAVE_TEST;              -- 提交事务
--事务完成了，来检索数据看下效果
SELECT * FROM zone
```

上面实例中，变量@state的值分别修改为0、1、2，执行后的效果如图12-3～图12-5所示。

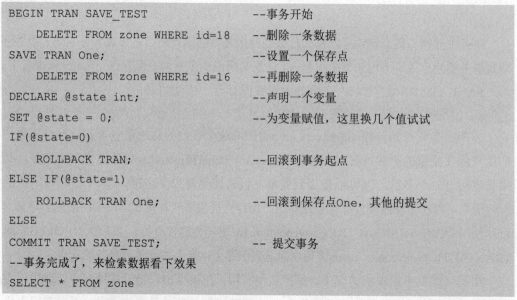

图 12-3　@state = 0　　　　图 12-4　@state = 1　　　　图 12-5　@state = 2

图12-3～图12-5分别表示当@state的值为0的时候，回滚到事务的最开始，换句话说，事务中所有执行的操作最后都恢复了；而当@state的值为1的时候，回滚到保存点"One"，这个时候，第一条删除语句是执行并COMMIT了的；当@state的值为2的时候，没有执行回滚，也就是所有的操作都完整地执行了。

12.2.4　查看当前执行中的事务

使用@@TRANCOUNT可查看当前活动的事务数量，BEGIN TRANSACTION语句将@@TRANCOUNT增加1。ROLLBACK TRANSACTION将@@TRANCOUNT递减到0，但ROLLBACK TRANSACTION savepoint_name除外，它不影响@@TRANCOUNT。COMMIT TRANSACTION或COMMIT WORK将@@TRANCOUNT递减1。

下面看一个事务嵌套中不断打印@@TRANCOUNT值的实例。代码如下：

```
PRINT @@TRANCOUNT              --目前没有事务，值为0
BEGIN TRAN                     --开始一个事务
    PRINT @@TRANCOUNT          --值为1
    BEGIN TRAN                 --再开始一个事务
        PRINT @@TRANCOUNT      --值为2
    COMMIT                     --提交一个事务
    PRINT @@TRANCOUNT          --值为1
COMMIT                         --再提交一个事务
PRINT @@TRANCOUNT              --值又为0
```

执行后效果如图12-6所示。

下面再用一个实例演示嵌套的BEGIN TRAN和ROLLBACK语句对@@TRANCOUNT变量产生的效果。代码如下：

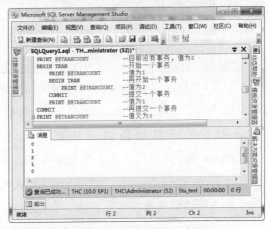

图 12-6　嵌套中不断打印@@TRANCOUNT 值

```
PRINT @@TRANCOUNT              --值为0
BEGIN TRAN
    PRINT @@TRANCOUNT          --值为1
```

```
    BEGIN TRAN
        PRINT @@TRANCOUNT      --值为2
    ROLLBACK                    --事务回滚到起点
    PRINT @@TRANCOUNT          --值又为0
```

12.2.5 事务的嵌套

小天：事务嵌套？上面这个实例就是事务嵌套啊，很简单嘛，就是一个事务中包含另外一个事务吧。

老田：并非所有类型的事务都可以嵌套，只有显式事务可以嵌套。这主要是为了支持存储过程中的一些事务，这些事务可以从已在事务中的进程调用，也可以从没有活动事务的进程中调用。

SQL Server数据库引擎将忽略内部事务的提交。根据最外部事务结束时采取的操作，将提交或者回滚内部事务。如果提交外部事务，也将提交内部嵌套事务。如果回滚外部事务，也将回滚所有内部事务，无论是否单独提交过内部事务。

对COMMIT TRANSACTION或COMMIT WORK的每个调用都应用于最后执行的BEGIN TRANSACTION。如果嵌套BEGIN TRANSACTION语句，那么COMMIT语句只应用于最后一个嵌套的事务，也就是在最内部的事务。即使嵌套事务内部的COMMIT TRANSACTION transaction_name语句引用外部事务的事务名称，该提交也只应用于最内部的事务。

> 小提示：此语句的功能与COMMIT TRANSACTION相同，但COMMIT TRANSACTION接受用户定义的事务名称。这个指定或没有指定可选关键字WORK的COMMIT语法与SQL-92兼容。

ROLLBACK TRANSACTION语句的transaction_name参数引用一组命名嵌套事务的内部事务是非法的，transaction_name只能引用最外部事务的事务名称。如果在一组嵌套事务的任意级别执行使用外部事务名称的ROLLBACK TRANSACTION transaction_name 语句，那么所有嵌套事务都将回滚。如果在一组嵌套事务的任意级别执行没有transaction_name参数的ROLLBACK WORK或ROLLBACK TRANSACTION语句，那么所有嵌套事务都将回滚，包括最外部事务。

@@TRANCOUNT函数记录当前事务的嵌套级别。每个BEGIN TRANSACTION语句使@@TRANCOUNT增加1。每个COMMIT TRANSACTION或COMMIT WORK语句使@@TRANCOUNT减去1。没有事务名称的ROLLBACK WORK或ROLLBACK TRANSACTION语句将回滚所有嵌套事务，并使@@TRANCOUNT减小到0。使用一组嵌套事务中最外部事务的事务名称的ROLLBACK TRANSACTION将回滚所有嵌套事务，并使@@TRANCOUNT减小到0。在无法确定是否已经在事务中时，可以用SELECT @@TRANCOUNT确定@@TRANCOUNT是等于1还是大于1。如果@@TRANCOUNT等于0，则表明不在事务中。

下面我们看一个完整的在存储过程中定义的，下面的实例会让你一时短路，想不通这个实例跟事务有什么关系。不过不要紧，你自己先理解下，实在无法理解再继续往后看。

```
--创建用来玩的一张表
CREATE TABLE TestTrans(Cola INT PRIMARY KEY,
             Colb CHAR(3) NOT NULL);
GO
--创建存储过程
CREATE PROCEDURE TransProc @PriKey INT, @CharCol CHAR(3) AS
BEGIN TRANSACTION InProc     --开始事务，下面两句是插入数据
INSERT INTO TestTrans VALUES (@PriKey, @CharCol)
INSERT INTO TestTrans VALUES (@PriKey + 1, @CharCol)
COMMIT TRANSACTION InProc; --提交InProc这个事务
GO
--开始一个事务，接着执行上面的存储过程
BEGIN TRANSACTION OutOfProc;
GO
--下面这个调用应该向表中插入@PriKey分别为1和2的两行数据
EXEC TransProc 1, 'aaa';
GO
--回滚，上面向表中插入@PriKey分别为1和2的两行数据的操作也失效了
ROLLBACK TRANSACTION OutOfProc;
GO
--再次插入@PriKey分别为3和4的两行数据
EXECUTE TransProc 3,'bbb';
GO
--未回滚操作，下面查询表中的数据
SELECT * FROM TestTrans;
GO
```

执行上面的操作后，效果如图12-7所示。

小天：经过N多毫秒的对这个实例进行万千次的在脑子里模拟调试过程后。我发现了为什么这个例题是嵌套了。原因很简单，看起来这个实例中确实没有嵌套，存储过程中是一个标准的事务，开始到执行，而调用中又是一个单独的事务。可是很容易忽略一点的是，在调用存储过程的时候，其实已经导致调用的事务和存储过程内部的事务之间产生了嵌套。

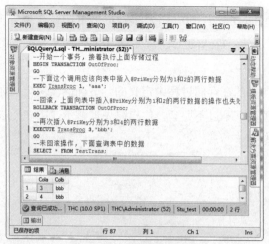

图 12-7　执行实例的效果

而另外一点，调用存储过程这里的事务虽然最终没有COMMIT，可是这不妨碍存储过程内部已经COMMIT了。而你上面说过，如果嵌套 BEGIN TRANSACTION 语句，那么 COMMIT 语句只应用于最后一个嵌套的事务，也就是在最内部的事务。所以这个例题我也算是彻底懂啦。

12.3　事务的工作原理

老田：连续做了几个实例，你心里多少也应该有点感触了，接下来我再稍微总结下。首先用一张图来表示，如图12-8所示。

事务确保数据的一致性和可恢复性。事务开始之后，事务所有的操作都陆续写到事务日志中。写到日志中的操作一般有两种：一种是针对数据的操作，另一种是针对任务的操作。针对数据的操作如插入、删除和修改，这是典型的事务操作，这些操作的对象是大量的数据。有些操作是针对任务的，例如创建索引，这些任务操作在事务日志中记录一个标识，用于表示执行了这种操作。当取消这种事务时，系统自动执行这种操作的反操作，保证系统的一致性。

系统自动生成一个检查点机制，这个检查点周期地发生。检查点的周期是系统根据用户定义的时间间隔和系统活动的频度由系统自动计算出来。检查点周期地检查事务日志，如果在事务日志中，事务全部完成，那么检查点将事务日志中的事务提交到数据库，并且在事务日志中做一个检查点提交标记。如果在事务日志，事务没有完成，那么检查点将事务日志中的事务不提交到数据库，并且在事务日志中做一个检查点未提交标记。

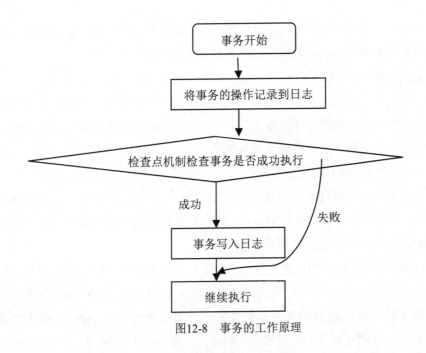

图12-8　事务的工作原理

12.4　锁定和行版本控制

小天：这个事务我倒是多少明白了。不过我想到一个问题，比如有两个人同时访问一条数据，而用户A发出的命令是修改这条数据，而用户B发出的命令是删除这条数据，这个时候该咋办？

老田：这种情况在数据库和编程领域有个名字，叫"并发"。要解决也很简单，两个字——"锁定"，锁定什么呢？当然是锁定出现争夺的数据对象了。比如用户A要修改的数据主键ID是2，而同时用户B要删除这条数据，那就只有谁先提出对这条数据操作的命令，谁就锁定此行数据，于是就实现了独占。如果没有锁定且多个用户同时访问一个数据库，则当他们的事务同时使用相同的数据时可能会发生问题。这些问题包括：丢失更新、脏读、不可重复读和幻觉读。

小天：我觉得这个不好，万一我的某个操作要一次锁定一张表，而我的一个操作就需要一天的时间，岂不是其他人都无法再动这张表了？

第二个问题，你最后说的什么脏读、幻觉读是什么意思？都是啥效果啊？

第三个问题，按照你上面所说，SQL Server中会自动管理锁，也就是说，有的时候它会自动启动锁，有什么办法可以在某些操作的时候禁止使用锁呢？

老田：所以SQL Server更强调由系统来管理锁。当用户有SQL请求时，系统分析请求，自动在满足锁定条件和系统性能之间为数据库加上适当的锁，同时系统在运行期间常常自动进行优化处理，实行动态加锁。对于一般的用户而言，通过系统的自动锁定管理机制基本可以满足使用要求，但如果对数据安全、数据库完整性和一致性有特殊要求的用户，就需要了解SQL Server的锁机制，掌握数据库锁定方法。

另外，从SQL Server 2005开始，又出现一种新的解决方式，叫行版本控制（这里不是指行版本控制能够代替锁的作用，而是完善）。当启用了基于行版本控制的隔离级别时，数据库引擎将维护修改每一行的版本。应用程序可以指定事务使用行版本查看事务或查询开始时存在的数据，而不是使用锁保护所有读取。通过使用行版本控制，读取操作阻止其他事务的可能性将大大降低。

锁定和行版本控制可以防止用户读取未提交的数据，还可以防止多个用户尝试同时更改同一数据。如果不进行锁定或行版本控制，对数据执行的查询可能会返回数据库中尚未提交的数据，从而产生意外结果。

SQL Server的行版本控制的原理也很简单：就是在库表中每一行的记录上都悄悄地加了一个类时间戳列（行版本列）。当使用行版本控制的隔离时，SQL Server数据库引擎向使用行版本控制操作数据的每个事务分配一个事务序列号（XSN）。事务在执行BEGIN TRANSACTION语句时启动。但是，事务序列号是在执行BEGIN TRANSACTION语句后的第一次读/写操作开始增加。事务序列号在每次分配时增加1。

当事务执行时，SQL Server根据行版本列，来提供行的相应版本。而SQLServer将维护所有在数据库中执行的数据修改的逻辑副本（版本）。特定的事务每次修改行时，数据库引擎实例都存储以前提交的tempdb中行的图像版本。每个版本都标记有进行此更改的事务的事务序列号。已修改行的版本使用链接列表链接在一起。最新的行值始终存储在当前数据库中并链接至版本存储区tempdb中存储的版本。（修改大型对象（LOB）时，只有已更改的片段才会复制到tempdb中的版本存储区，对于短期运行的事务，已修改行的版本将可能保存在缓冲池中，而不会写入tempdb数据库的磁盘文件中。如果只是临时需要副本行，它将只是简单地从缓冲池中删除而不会引发I/O开销。）

第二个问题，丢失更新、脏读、不可重复和幻觉读解释如下。

丢失更新是指，当两个或多个事务选择同一行，然后基于最初选定的值更新该行时，会发生丢失更新问题。每个事务都不知道其他事务的存在。最后的更新将重写由其他事务所做的更新，这将导致数据丢失。例如，BOSS安排两个作者——A和B同时写一个商业计划，写好后保存到服务器上，是文件名字都一样的两个Word文档，保存位置也一样。作者A写完了发到服务器上保存为"XXX企划案"，然后通知BOSS，刚保存，作者B也写好发过来了，恰恰保存的时候服务器系统却忘记提示这两个文件名字一样了，于是BOSS最终只能看到作者B写的那一份，作者A写的则被覆盖了。

脏读就是指当一个事务正在访问数据，并且对数据进行了修改，而这种修改还没有提交到数据库中，这时，另外一个事务也刚好访问这个数据，然后使用了这个数据。因为这个数据是还没有提交的数据，那么另外一个事务读到的这个数据是脏数据，依据脏数据所做的操作可能是不正确的。例如，接上个例子，BOSS看了觉得还行，也没有管这个文档是否还在修改、完善，就分发给公司几个董事去看了（事实上写企划案的那个作者B发现这个文档有一个很大的漏洞，正在完善），这个时候，我们可以理解BOSS分发出去的数据为脏读。

不可重复读是指在一个事务内，多次读同一数据。在这个事务还没有结束时，另外一个事务也访问该同一数据。那么，在第一个事务中的两次读数据之间，由于第二个事务的修改，那么第一个事务两次读到的数据可能是不一样的。这样就发生了在一个事务内两次读到的数据是不一样的，因此称为是不可重复读。例如，还接上个实例，公司其中一个董事打电话来告诉BOSS，说他收到的文档打不开，可能是发送过程中出错了，于是BOSS又重新在服务器上调出来发给这个董事。凑巧的是，他这次发送的前一秒，作者B将文档完善了，并保存了。于是这个董事看到的文档就和其他人看到的不一样了，这就是不可重复读。如果只有在作者全部完成编写，BOSS才可以读取文档，则可以避免该问题。

幻觉读是指当事务不是独立执行时发生的一种现象，例如第一个事务对一个表中的数据进行了修改，这种修改涉及表中的全部数据行。同时，第二个事务也修改这个表中的数据，这种修改是向表中插入一行新数据。那么，以后就会发生操作第一个事务的用户发现表中还有没有修改的数据行，就好像发生了幻觉一样。简单来说，就是指用户读取一批记录的情况，用户两次查询同一条件的一批记录，第一次查询后，有其他用户对这批数据做了修改，方法可能是修改、删除、新增，第二次查询时，会发现第一次查询的记录条目有的不在第二次查询结果中，或者是第二次查询的条目不在第一次查询的内容中。

对于你说的第三个问题，如何禁止锁，可以使用NOLOCK，比如下面的Transact-SQL语句：

```
select * from zone with(nolock)
```

这样做肯定会提高程序的性能，毕竟少了一件事。不过不推荐在UPDATE和DELETE中使用哦，依赖这两个操作太危险；二来这个让你在SQL Server 2008以后的版本中可能会删除掉。再加上NOLOCK确实在查询时能提高速度，但它并非没有缺点，起码它会引起脏读。

12.5 锁定的分类

严格来说，锁并没有什么分类，我们下面就从锁定对象，锁定模式，程序员角度等来分别讲下吧。

（1）从锁定对象来分，有8种，如下表

资　　源	说　　明
RID	用于锁定堆中的单个行的行标识符
KEY	索引中用于保护可序列化事务中的键范围的行锁
PAGE	数据库中的 8 KB 页，例如数据页或索引页
EXTENT	一组连续的八页，例如数据页或索引页
HoBT	堆或 B 树。用于保护没有聚集索引的表中的 B 树（索引）或堆数据页的锁
TABLE	包括所有数据和索引的整个表
FILE	数据库文件
APPLICATION	应用程序专用的资源
METADATA	元数据锁
ALLOCATION_UNIT	分配单元

（2）从锁的模式来看，分为独占锁（即排他锁）、共享锁和更新锁等，如下表；

锁　模　式	说　　明
共享（S）	用于不可更改或不可更新数据的读取操作，如 SELECT 语句
更新（U）	用于可更新的资源中。防止当多个会话在读取、锁定以及随后可能进行的资源更新时发生常见形式的死锁
排他（X）	用于数据修改操作，例如 INSERT、UPDATE 或 DELETE。确保不会同时对同一资源进行多重更新
意向	用于建立锁的层次结构。意向锁包含三种类型：意向共享（IS）、意向排他（IX）和意向排他共享（SIX）
架构	在执行依赖于表架构的操作时使用。架构锁包含两种类型：架构修改（Sch-M）和架构稳定性（Sch-S）
大容量更新（BU）	在向表进行大容量数据复制且指定了 TABLOCK 提示时使用
键范围	当使用可序列化事务隔离级别时保护查询读取的行的范围。确保再次运行查询时其他事务无法插入符合可序列化事务的查询的行

① 共享锁

共享锁（S锁）允许并发事务在封闭式并发控制下读取（SELECT）资源。资源上存在共享锁时，任何其他事务都不能修改数据。读取操作一完成，就立即释放资源上的共享锁，除非将事务隔离级别设置为可重复读或更高级别，或者在事务持续时间内用锁定提示保留共享锁。

② 更新锁

更新锁（U锁）可以防止常见的死锁。在可重复读或可序列化事务中，此事务读取数据（获取资源（页或行）的共享锁），然后修改数据（此操作要求锁转换为排他锁）。如果两个事务获得了资源上的共享模式锁，然后试图同时更新数据，则一个事务尝试将锁转换为排他锁。共享模式到排他锁的转换必须等待一段时间，因为一个事务的排他锁与其他事务的共享模式锁不兼容，发生锁等待。第二个事务试图获取排他锁以进行更新。由于两个事务都要转换为排他锁，并且每个事务都等待另一个事务释放共享模式锁，因此发生死锁。

若要避免这种潜在的死锁问题，请使用更新锁。一次只有一个事务可以获得资源的更新锁。如果事务修改资源，则更新锁转换为排他锁。

③　排他锁

排他锁（X锁）可以防止并发事务对资源进行访问。使用排他锁时，任何其他事务都无法修改数据；仅在使用NOLOCK提示或未提交读隔离级别时才会进行读取操作。

数据修改语句（如INSERT、UPDATE和DELETE）合并了修改和读取操作。语句在执行所需的修改操作之前首先执行读取操作以获取数据。因此，数据修改语句通常请求共享锁和排他锁。例如，UPDATE语句可能根据与一个表的链接修改另一个表中的行。在此情况下，除了请求更新行上的排他锁之外，UPDATE语句还将请求在接表中读取的行上的共享锁。

④　意向锁

数据库引擎使用意向锁来保护共享锁或排他锁放置在锁层次结构的底层资源上。意向锁之所以命名为意向锁，是因为在较低级别锁前可获取它们，因此会通知意向将锁放置在较低级别上。

意向锁有以下两种用途。

- 防止其他事务会使较低级别的锁以无效的方式修改较高级别的资源。
- 提高数据库引擎在较高的粒度级别检测锁冲突的效率。

例如，在该表的页或行上请求共享锁之前，在表级请求共享意向锁。在表级设置意向锁可防止另一个事务随后在包含那一页的表上获取排他锁。意向锁可以提高性能，因为数据库引擎仅在表级检查意向锁来确定事务是否可以安全地获取该表上的锁，而不需要检查表中的每行或每页上的锁以确定事务是否可以锁定整个表。

意向锁包括意向共享（IS）、意向排他（IX）以及意向排他共享（SIX）。

锁 模 式	说　明
意向共享（IS）	保护针对层次结构中某些（而并非所有）底层资源请求或获取的共享锁
意向排他（IX）	保护针对层次结构中某些（而并非所有）底层资源请求或获取的排他锁。IX 是 IS 的超集，它也保护针对底层级别资源请求的共享锁
意向排他共享（SIX）	保护针对层次结构中某些（而并非所有）底层资源请求或获取的共享锁以及针对某些（而并非所有）底层资源请求或获取的意向排他锁。顶级资源允许使用并发 IS 锁。例如，获取表上的 SIX 锁也将获取正在修改的页上的意向排他锁以及修改的行上的排他锁。虽然每个资源在一段时间内只能有一个 SIX 锁，以防止其他事务对资源进行更新，但是其他事务可以通过获取表级的 IS 锁来读取层次结构中的底层资源
意向更新（IU）	保护针对层次结构中所有底层资源请求或获取的更新锁。仅在页资源上使用 IU 锁。如果进行了更新操作，IU 锁将转换为 IX 锁
共享意向更新（SIU）	S 锁和 IU 锁的组合，作为分别获取这些锁并且同时持有两种锁的结果。例如，事务执行带有 PAGLOCK 提示的查询，然后执行更新操作。带有 PAGLOCK 提示的查询将获取 S 锁，更新操作将获取 IU 锁
更新意向排他（UIX0	U 锁和 IX 锁的组合，作为分别获取这些锁并且同时持有两种锁的结果

⑤ 架构锁

数据库引擎在表数据定义语言（DDL）操作（例如添加列或删除表）的过程中使用架构修改（Sch-M）锁。保持该锁期间，Sch-M锁将阻止对表进行并发访问。这意味着Sch-M锁在释放前将阻止所有外围操作。某些数据操作语言（DML）操作（例如表截断）使用Sch-M锁阻止并发操作访问受影响的表。

数据库引擎在编译和执行查询时使用架构稳定性（Sch-S）锁。Sch-S锁不会阻止某些事务锁，其中包括排他锁。因此，在编译查询的过程中，其他事务（包括那些针对表使用排他锁的事务）将继续运行。但是，无法针对表执行获取Sch-M锁的并发DDL操作和DML操作。

⑥ 大容量更新锁

数据库引擎在将数据大容量复制到表中时使用大容量更新锁（BU锁），并指定了TABLOCK提示或使用sp_tableoption设置了table lock on bulk load表选项。大容量更新锁允许多个线程将数据并发地大容量加载到同一表，同时防止其他不进行大容量加载数据的进程访问该表。

⑦ 键范围锁

在使用可序列化事务隔离级别时，对于Transact-SQL语句读取的记录集，键范围锁可以隐式保护该记录集中包含的行范围。键范围锁可防止幻读。通过保护行之间键的范围，它还防止对事务访问的记录集进行幻像插入或删除。

小天：上面看到锁的这么多种模式，而且也看到锁之间其实是有配合的，它们之间一定也存在兼容性问题吧？

老田：锁由数据库引擎的一个部件（称为"锁管理器"）在内部管理。当数据库引擎实例处理Transact-SQL语句时，数据库引擎查询处理器会决定将要访问哪些资源。查询处理器根据访问类型和事务隔离级别设置来确定保护每一资源所需锁的类型，当然查询处理器将向锁管理器请求适当的锁。如果与其他事务所持有的锁不会发生冲突，锁管理器将授予该锁。锁兼容性控制多个事务能否同时获取同一资源上的锁。如果资源已被另一事务锁定，则仅当请求锁的模式与现有锁的模式相兼容时，才会授予新的锁请求。如果请求锁的模式与现有锁的模式不兼容，则请求新锁的事务将等待释放现有锁或等待锁超时间隔过期。例如，没有与排他锁兼容的锁模式。如果具有排他锁，则在释放排他锁之前，其他事务均无法获取该资源的任何类型（共享、更新或排他）的锁。另一种情况是，如果共享锁已应用到资源，则即使第一个事务尚未完成，其他事务也可以获取该项的共享锁或更新锁。但是，在释放共享锁之前，其他事务无法获取排他锁。

下表显示了最常见锁模式的兼容性。

请求模式	现有授予模式					
	IS	S	U	IX	SIX	X
意向共享（IS）	是	是	是	是	是	否
共享（S）	是	是	是	否	否	否
更新（U）	是	是	否	否	否	否
意向排他（IX）	是	否	否	是	否	否
意向排他共享（SIX）	是	否	否	否	否	否
排他(X)	否	否	否	否	否	否

意向排他锁（IX锁）与IX锁模式兼容，因为IX表示打算只更新部分行而不是所有行。还允许其他事务尝试读取或更新部分行，只要这些行不是其他事务当前更新的行即可。

（3）从程序员的角度看，分为乐观锁和悲观锁。

① 乐观锁：完全依靠数据库来管理锁的工作。

② 悲观锁：程序员自己管理数据或对象上的锁处理。

12.6 锁的自动优化

小天：如果我们在操作中对一个表同时获取了大量的行锁（RID锁）和页锁（PAGE锁）等等细粒度的锁，岂不是很浪费资源？

老田：SQL Server锁管理器会处理这个问题的。它会将许多较细粒度的锁转换成数量更少的较粗粒度的锁，这样可以减少系统开销，但却增加了并发争用的可能性。比如你所说的对一张表有了大量的行锁和页锁等，锁理器会干脆地给你一个表锁，然后释放其他的行锁和页锁。这个过程在常用术语中被称为"升级锁"。

当SQL Server数据库引擎获取低级别的锁时，它还将在包含更低级别对象的对象上放置意向锁。

当锁定行或索引键范围时，数据库引擎将在包含这些行或键的页上放置意向锁。

当锁定页时，数据库引擎将在包含这些页的更高级别的对象上放置意向锁。除了对象上的意向锁以外，以下对象上还需要意向页锁。

● 非聚集索引的叶级页。

● 聚集索引的数据页。

● 堆数据页。

数据库引擎可以为同一语句执行行锁定和页锁定，以最大限度地减少锁的数量，并降低需要进行锁升级的可能性。例如，数据库引擎可以在非聚集索引上放置页锁，而在数据上放置行锁。

升级锁时，数据库引擎尝试将表上的意向锁改为对应的全锁。例如，将意向排他锁改为排他锁，或将意向共享锁改为共享锁。如果锁升级尝试成功并获取全锁，将释放事务在堆或索引上所持有的所有堆或B树锁、页锁（PAGE锁）或行锁（RID锁）。如果无法获取全锁，当时不会发生锁升级，而数据库引擎将继续获取行、键或页锁。

数据库引擎不会将行锁或键范围锁升级到页锁，而是将它们直接升级到表锁。同样，页锁始终升级到表锁。在SQL Server 2008中，对于关联的分区，已分区表的锁定可以升级到HoBT级别，而不是表锁。HoBT级锁不一定会锁定该分区的对齐HoBT。

如果由于并发事务所持有的锁冲突而导致锁升级尝试失败，则数据库引擎将对事务获取的其他1250个锁重试锁升级。

每个升级事件主要在单个Transact-SQL语句级别上操作。当事件启动时，只要活动语句满足升级阈值的要求，数据库引擎就会尝试升级当前事务在活动语句所引用的任何表中持有的所有锁。如果升级事件在语句访问表之前启动，则不会尝试升级该表上的锁。如果锁升级成功，只要表被当前语句引用并且包括在升级事件中，上一个语句中事务获取的、在事件启动时仍被持有的锁都将被升级。

例如，假定某个会话执行下列操作。

- 开始一个事务。
- 更新TableA。这将在TableA中生成排他行锁，直到事务完成后才释放该锁。
- 更新TableB。这将在TableB中生成排他行锁，直到事务完成后才释放该锁。
- 执行联接TableA和TableC的SELECT语句。查询执行计划要求先从TableA中检索行，然后才从TableC中检索的行。
- SELECT语句在从TableA中检索行时（此时还没有访问TableC）触发锁升级。

如果锁升级成功，只有会话在TableA中持有的锁才会升级。这包括来自SELECT语句的共享锁和来自上一个UPDATE语句的排他锁。由于决定是否应进行锁升级时只考虑会话在TableA上为SELECT语句获取的锁，所以一旦升级成功，会话在TableA上持有的所有锁都将被升级到该表上的排他锁，而TableA上的所有其他较低粒度的锁（包括意向锁）都将被释放。

不会尝试升级TableB上的锁，因为SELECT语句中没有TableB的活动引用。同样，也不会尝试升级TableC上尚未升级的锁，因为发生升级时尚未访问过该表。

12.6.1　升级阈值

小天：这个机制确实不错，但是到底要多少个细粒度的锁才会升级呢？

老田：如果没有使用ALTER TABLE SET LOCK_ESCALATION选项来禁用表的锁

升级并且满足以下任意条件时，则将触发锁升级。

单个Transact-SQL语句在单个无分区表或索引上获得至少5000个锁。

单个Transact-SQL语句在已分区表的单个分区上获得至少5000个锁，并且ALTER TABLE SET LOCK_ESCALATION选项设为AUTO。

数据库引擎实例中锁的数量超出了内存或配置阈值。

如果由于锁冲突导致无法升级锁，则数据库引擎每当获取1250个新锁时便会触发锁升级。

（1）Transact-SQL 语句的升级阈值

当Transact-SQL语句在单个表或索引的引用上获取至少5000个锁时，或在表已分区的情况下，在单个表分区或索引分区的引用上获取至少5000个锁时，会触发锁升级。例如，如果该语句在一个索引上获取3000个锁，在同一表中的另一个索引上获取3000个锁，这种情况下不会触发锁升级。同样，如果语句中含有表的自链接，并且表的每一个引用仅在表中获取3000个锁，则不会触发锁升级。

只有触发升级时已经访问的表才会发生锁升级。假定某个SELECT语句是一个按TableA、TableB和TableC的顺序访问的三个表练链接。该语句在TableA的聚集索引中获取3000个行锁，在TableB的聚集索引中获取至少5000个行锁，但是仍无法访问 TableC。当数据库引擎检测到该语句在TableB中获取至少5000个行锁时，会尝试升级当前事务在TableB中持有的所有锁。它还会尝试升级当前事务在TableA中持有的所有锁，但是由于TableA中锁的数量小于5000，因此，升级无法成功。但它不会尝试在TableC中进行锁升级，因为发生升级时尚未访问该表。

（2）数据库引擎实例的升级阈值

每当锁的数量大于锁升级的内存阈值时，数据库引擎都会触发锁升级。内存阈值取决于locks配置选项的设置。

- 如果locks选项设置为默认值0，当锁对象使用的内存是数据库引擎使用的内存的40%（不包括AWE内存）时，将达到锁升级阈值。用于表示锁的数据结构大约有100个字节。该阈值是动态的，因为数据库引擎动态地获得和释放内存来针对变化的工作负荷进行调整。
- 如果locks选项设置为非0值，则锁升级阈值是locks选项的值的40%（或者更低，如果存在内存不足的压力）。

数据库引擎可以为升级选择任何会话中的活动语句，而且，只要实例中使用的锁内存保持在阈值之上，每获取1250个新锁，它就会为升级选择语句。

小天：升级锁的坏处还是蛮大的，幸好阈值比较高。但是我觉得这样会不会增加并发时相互争夺资源的情况呢？

12.7 死 锁

老田：会，一般是列队等待。但是有种情况却是列队也无法解决的，那就是死锁。打个比方，甲、乙两个人一起修车，忽然甲需要乙手中的扳手，而乙需要甲正在用的锤子，恰恰两个人都在关键时候，无法将自己手中的工具给对方用，于是两个人就耗上了。

12.7.1 死锁的概念

而这种情况在数据库中体现的效果为，在两个或多个任务中，如果每个任务锁定了其他任务试图锁定的资源，此时会造成这些任务永久阻塞，从而出现死锁。例如：

事务A获取了行1的共享锁。

事务B获取了行2的共享锁。

现在，事务A请求行2的排他锁，但在事务B完成并释放其对行2持有的共享锁之前被阻塞。

现在，事务B请求行1的排他锁，但在事务A完成并释放其对行1持有的共享锁之前被阻塞。

事务B完成之后事务A才能完成，但是事务B由事务A阻塞。该条件也称为循环依赖关系：事务A依赖于事务B，事务B通过对事务A的依赖关系关闭循环。

小天：遇到这种情况怎么办？

老田：没办法，除非某个外部进程断开死锁，否则死锁中的两个事务都将无限期等待下去。Microsoft SQL Server数据库引擎死锁监视器定期检查陷入死锁的任务。如果监视器检测到循环依赖关系，将选择其中一个任务作为牺牲品，然后终止其事务并提示错误。这样，其他任务就可以完成其事务。对于事务以错误终止的应用程序，它还可以重试该事务，但通常要等到与它一起陷入死锁的其他事务完成后才执行。

在应用程序中使用特定编码约定可以减少应用程序导致死锁的机会。

死锁经常与正常阻塞混淆。事务请求被其他事务锁定的资源的锁时，发出请求的事务一直等到该锁被释放。默认情况下，除非设置了LOCK_TIMEOUT，否则SQL Server事务不会超时。因为发出请求的事务未执行任何操作来阻塞拥有锁的事务，所以该事务是被阻塞，而不是陷入了死锁。最后，拥有锁的事务将完成并释放锁，然后发出请求的事务将获取锁并继续执行。

死锁有时也称为"抱死"。

不只是关系数据库管理系统，任何多线程系统都会发生死锁，并且对于数据库对象的锁之外的资源也会发生死锁。例如，多线程操作系统中的一个线程要获取一个或多个资源（例如，内存块），如果要获取的资源当前为另一线程所拥有，则第一个线程可能必须等待拥有线程释放目标资源。这就是说，对于该特定资源，等待线程依赖于拥有线程。在数据库引擎实例中，当获取非数据库资源（例如，内存或线程）时，会话会死锁。

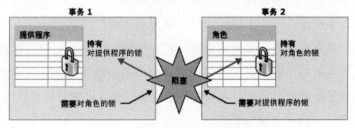

图 12-9　死锁示例

在图12-9所示的示例中，对于Part表锁资源，事务1依赖于事务2。同样，对于Supplier表锁资源，事务2依赖于事务1。因为这些依赖关系形成了一个循环，所以在事务1和事务2之间存在死锁。

当表进行了分区并且ALTER TABLE的LOCK_ESCALATION设置为AUTO时也会发生死锁。当LOCK_ESCALATION设为AUTO时，通过允许数据库引擎在HoBT级别而不是TABLE级别锁定表分区会增加并发情况。 但是，当单独的事务在某个表中持有分区锁并希望在其他事务分区上的某处持有锁时，会导致发生死锁。通过将LOCK_ESCALATION设为TABLE可以避免这种类型的死锁，但此设置会因强制某个分区的大量更新以等待某个表锁而减少并发情况。

12.7.2　产生死锁的主要原因和必要条件

也不用太过担心死锁会影响你的正常操作，我们来看下产生死锁的主要原因和必要条件。

1．产生死锁的原因

产生死锁的主要原因如下。

● 系统资源不足。

● 进程运行推进的顺序不合适。

● 资源分配不当等。

如果系统资源充足，进程的资源请求都能够得到满足，死锁出现的可能性就很低，否则就会因争夺有限的资源而陷入死锁。其次，进程运行推进顺序与速度不同，也可能产生死锁。

2. 产生死锁的必要条件

产生死锁有以下四个必要条件。

- 互斥条件：一个资源每次只能被一个进程使用。
- 请求与保持条件：一个进程因请求资源而阻塞时，对已获得的资源保持不放。
- 不剥夺条件：进程已获得的资源，在未使用完之前，不能强行剥夺。
- 循环等待条件：若干进程之间形成一种头尾相接的循环等待资源关系。

这四个条件是死锁的必要条件，只要系统发生死锁，这些条件必然成立，而只要上述条件之一不满足，就不会发生死锁。

小天：这是形成原因嘛，但是有什么办法可以尽量减少死锁的发生呢？

12.7.3　减少和预防死锁

尽管死锁不能完全避免，但遵守特定的编码惯例可以将发生死锁的机会降至最低。将死锁减至最少可以增加事务的吞吐量并减少系统开销，因为只有很少的事务：

- 回滚，撤销事务执行的所有工作；
- 由于死锁时回滚而由应用程序重新提交。

下列方法有助于将死锁减至最少。

1. 按同一顺序访问对象

如果所有并发事务按同一顺序访问对象，则发生死锁的可能性会降低。如图12-10所示，如果两个并发事务先获取Supplier表上的锁，然后获取 Part 表上的锁，则在其中一个事务完成之前，另一个事务将在Supplier表上被阻塞。当第一个事务提交或回滚之后，第二个事务将继续执行，这样就不会发生死锁。将存储过程用于所有数据修改可以使对象的访问顺序标准化。

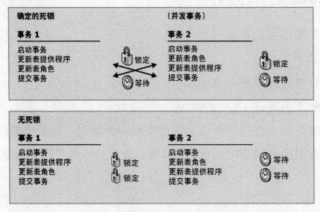

图 12-10　按同一顺序访问对象防止死锁

2．避免事务中的用户交互

避免编写包含用户交互的事务。因为没有用户干预的批处理的运行速度远快于用户必须手动响应查询时的速度（例如回复输入应用程序请求的参数的提示）。例如，如果事务正在等待用户输入，而用户去吃午餐或甚至回家过周末了，则用户就耽误了事务的完成。这将降低系统的吞吐量，因为事务持有的任何锁只有在事务提交或回滚后才会释放。即使不出现死锁的情况，在占用资源的事务完成之前，访问同一资源的其他事务也会被阻塞。

3．保持事务简短并处于一个批处理中

在同一数据库中并发执行多个需要长时间运行的事务时通常会发生死锁。事务的运行时间越长，它持有排他锁或更新锁的时间也就越长，从而会阻塞其他活动并可能导致死锁。

保持事务处于一个批处理中可以最小化事务中的网络通信往返量，减少完成事务和释放锁可能遭遇的延迟。

4．使用较低的隔离级别

确定事务是否能在较低的隔离级别上运行。实现已提交读允许事务读取另一个事务已读取（未修改）的数据，而不必等待第一个事务完成。使用较低的隔离级别（例如已提交读）比使用较高的隔离级别（例如可序列化）持有共享锁的时间更短。这样就减少了锁争用。

5．使用基于行版本控制的隔离级别

如果将READ_COMMITTED_SNAPSHOT数据库选项设置为ON，则在已提交读隔离级别下运行的事务在读操作期间将使用行版本控制而不是共享锁。确定事务是否能在更低的隔离级别上运行。执行提交读允许事务读取另一个事务已读取（未修改）的数据，而不必等待第一个事务完成。使用较低的隔离级别（例如提交读）而不使用较高的隔离级别（例如可串行读）可以缩短持有共享锁的时间，从而降低了锁定争夺。

6．使用快照隔离

快照前面讲过，这里不再赘述。

7．使用绑定连接

使用绑定连接使同一应用程序所打开的两个或多个连接可以相互合作。次级连接所获得的任何锁可以像由主连接获得的锁那样持有，反之亦然，因此不会相互阻塞。

12.7.4 检测死锁

小天：你说死锁是由系统主动检测处理的对吧？数据库又是怎么去检测的呢？

老田：死锁检测是由锁监视器线程执行的，该线程定期搜索数据库引擎实例的所有任务。以下几点说明了搜索进程。

- 默认时间间隔为5秒。

- 如果锁监视器线程查找死锁，根据死锁的频率，死锁检测时间间隔将从5秒开始减小，最小为100毫秒。

- 如果锁监视器线程停止查找死锁，数据库引擎将两个搜索间的时间间隔增加到5秒。

- 如果刚刚检测到死锁，则假定必须等待锁的下一个线程正进入死锁循环。检测到死锁后，第一对锁将等待立即触发死锁搜索，而不是等待下一个死锁检测时间间隔。例如，如果当前时间间隔为5秒且刚刚检测到死锁，则下一个锁将等待立即触发死锁检测器。如果锁等待是死锁的一部分，则会立即检测它，而不是在下一个搜索期间才检测。

通常，数据库引擎仅定期执行死锁检测。因为系统中遇到的死锁数通常很少，定期死锁检测有助于减少系统中死锁检测的开销。

锁监视器对特定线程启动死锁搜索时，会标识线程正在等待的资源。然后锁监视器查找特定资源的所有者，并递归地继续执行对那些线程的死锁搜索，直到找到一个循环。用这种方式标识的循环形成一个死锁。

检测到死锁后，数据库引擎通过选择其中一个线程作为死锁牺牲品来结束死锁。数据库引擎终止正为线程执行的当前批处理，回滚死锁牺牲品的事务并将1205错误返回到应用程序。回滚死锁牺牲品的事务会释放事务持有的所有锁，这将使其他线程的事务解锁，并继续运行。1205死锁牺牲品错误将有关死锁涉及的线程和资源信息记录在错误日志中。

默认情况下，数据库引擎选择运行回滚开销最小的事务的会话作为死锁牺牲品。此外，用户还可以使用SET DEADLOCK_PRIORITY语句指定死锁情况下会话的优先级。可以将DEADLOCK_PRIORITY设置为LOW、NORMAL或HIGH，也可以将其设置为范围（−10～10）间的任意整数值。死锁优先级的默认设置为NORMAL。如果两个会话的死锁优先级不同，则会选择优先级较低的会话作为死锁牺牲品；如果两个会话的死锁优先级相同，则会选择回滚开销最低的事务的会话作为死锁牺牲品；如果死锁循环中会话的死锁优先级和开销都相同，则会随机选择死锁牺牲品。

使用CLR时，死锁监视器将自动检测托管过程中访问的同步资源（监视器、读取器/编写器锁和线程联接）的死锁。但是，死锁是通过在已选为死锁牺牲品的过程中引发异常来解决的。因此，请务必理解异常不会自动释放牺牲品当前拥有的资源；必须显式释放资源。用于标识死锁牺牲品的异常与异常行为一样，也会被捕获和解除。

小天：我们自己用SQL语句或者存储过程可以检查得到具体是哪个进程和哪条SQL语句引起的死锁吗？

老田：可以的。下面做一个综合的实例，将如何查询出进程信息和如何处理进程都放在一个存储过程中。代码不多，慢慢看，慢慢理解。提示下，无论你是否看懂了，都一定要亲自做一次，然后在理解的基础上，尝试改变这种方式，实现同样的效果。代码如下：

```
USE master  --该存储过程必须在master数据库中创建
GO
--检查是否存在该存储过程，存在则删除
IF EXISTS(SELECT * FROM DBO.SYSOBJECTS WHERE ID=OBJECT_ID('DBO.LOCKINFO')
AND OBJECTPROPERTY(ID, N'IsProcedure')=1)
    DROP PROC DBO.LOCKINFO
GO
CREATE PROC LOCKINFO
    @KILL_LOCK_ID TINYINT=1,     --是否杀掉死锁的进程，1：杀掉；0：仅显示
    @SHOW_LOCK  TINYINT=1        --如果没有死锁的进程，是否显示正常进程信息，
                                 --1：显示；0：不显示
AS
    DECLARE @COUNT INT,@SQL VARCHAR(500),@I INT
    --查询出的所有进程并放到临时表#TABLE中
    SELECT ID=IDENTITY(INT,1,1) , 是否死锁,
           进程ID=spid,          线程ID=kpid,
           块进程ID=blocked,     数据库ID=dbid,
           数据库名=db_name(dbid),
           用户ID=uid,           用户名=loginame,
           累计CPU运行时间=cpu, 登录时间=login_time,
           打开事务数=open_tran,   进程状态=status,
           应用程序名=program_name,工作站进程ID=hostprocess,
           域名=nt_domain,网卡地址=net_address
    INTO #TABLE FROM(   --这里又进入一个子查询
        SELECT 是否死锁='死锁',spid,kpid,SP.blocked,dbid,uid,
            loginame,cpu,login_time,open_tran,status,program_name,
            hostprocess,nt_domain,net_address, s1=SP.spid,s2=0
        FROM  master..sysprocesses SP join (    --将这一个子查询产生的结果集
                                                --命名为SP

        --再次进入一个子查询
```

```
              SELECT blocked FROM master..sysprocesses group by blocked
              ) SP1 ON  SP.spid=SP1.blocked        --将这一个子查询产生的结果集命
                                                   --名为SP1
              WHERE  SP.blocked=0
   UNION ALL
   SELECT   '牺牲品',spid,kpid,blocked,dbid,uid,
            loginame,cpu,login_time,open_tran,status,program_name,
            hostprocess,nt_domain,net_address, S1=blocked,S2=1
   FROM  master..sysprocesses    a    where   blocked<>0 )SP   ORDER BY S1,S2
   --上面将死锁了和成为牺牲品的进程数据组合起来插入临时表的工作终于完成
   --接下来就是将正常运行的进程数据也组合起来放入临时表中
   SELECT @COUNT=@@ROWCOUNT,@I=1;
   --做一个判断，如果没有死锁的和被杀死的进程，是否显示正常的进程
   IF @COUNT=0 AND @SHOW_LOCK=1
   BEGIN
       INSERT #TABLE
       SELECT 是否死锁='正常', spid,kpid,blocked,dbid,db_name(dbid),uid,
            loginame,cpu,login_time,open_tran,status,program_name,
            hostprocess,nt_domain,net_address
       FROM master..sysprocesses
       SET @COUNT=@@ROWCOUNT;
   END
   --如果插入临时表#TABLE中的数据行数大于
   IF @COUNT>0
   BEGIN
       CREATE TABLE #TABLE1(
               ID INT IDENTITY(1,1)
               ,A VARCHAR(50)
               ,B INT
               ,EVENTINFO VARCHAR(300)
               )
       IF @KILL_LOCK_ID=1  --如果要杀掉死锁的进程
       BEGIN
           DECLARE @SPID VARCHAR(10), @STATUS VARCHAR(10);
           WHILE  @I<=@COUNT
           BEGIN
               --从#TABLE表中逐行查询出每条进程，赋值给变量
               SELECT @SPID=进程ID,@STATUS=是否死锁
               FROM #TABLE WHERE ID=@I
```

```
/*执行DBCC INPUTBUFFER（进程ID）这个函数，
并将这个进程的情况放入#TABLE1
DBCC INPUTBUFFER的意思是：显示从客户端发送到
SQL Server 实例的最后一个语句。*/
INSERT #TABLE1 EXEC('DBCC INPUTBUFFER('+@SPID+')')
IF @STATUS='死锁'    --如果进程是死锁
BEGIN
    --执行KILL 进程ID，杀死进程
    EXEC ('KILL '+@SPID)
END
SET @I=@I+1;    --为循环计数器增加1
        END
    END
ELSE  --如果仅显示死锁的进程
BEGIN
    WHILE @I<=@COUNT
    BEGIN
        --下一句获取指定进程的SQL语句
        SELECT @SQL='DBCC INPUTBUFFER('+STR(进程ID)+')'
        FROM #TABLE WHERE ID=@I;
        --执行上面获取的SQL语句，并将结果插入#TABLE1
        INSERT #TABLE1 EXEC(@SQL)
        --计数器加1
        SET @I=@I+1;
    END
END
SELECT T1.* ,进程的SQL语句=T2.EVENTINFO
FROM #TABLE T1 JOIN #TABLE1 T2
ON T1.ID=T2.ID
    END
GO--存储过程创建完毕


--执行上面的存储过程
EXEC LOCKINFO
--分别改变存储过程的两个值试试
EXEC LOCKINFO 0,1
EXEC LOCKINFO 1,0
```

最后按照第一种方式执行后，结果如图12-11所示。

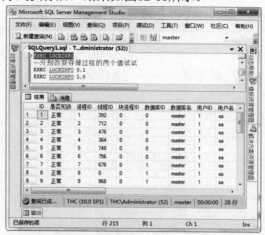

图12-11 执行存储过程的效果

12.7.5 设置锁的优先级

小天：系统这样处理也不是不好，但是不同的事务在不同的时候总会有个优先级吧，比较重要的我就不希望成为系统处理的牺牲品。

老田：我们可以使用SET DEADLOCK_PRIORITY指定当前会话与其他会话发生死锁时继续处理的相对重要性。语法如下：

```
SET DEADLOCK_PRIORITY { LOW | NORMAL | HIGH | <numeric-priority> |
@deadlock_var | @deadlock_intvar }

<numeric-priority> ::= { -10 | -9 | -8 | …| 0 | …| 8 | 9 | 10 }
```

参数解释如下。

（1）LOW

指定如果当前会话发生死锁，并且死锁链中涉及的其他会话的死锁优先级设置为NORMAL或HIGH或大于-5的整数值，则当前会话将成为死锁牺牲品。如果其他会话的死锁优先级设置为小于-5的整数值，则当前会话将不会成为死锁牺牲品。此参数还指定如果其他会话的死锁优先级设置为LOW或-5，则当前会话将可能成为死锁牺牲品。

（2）NORMAL

指定如果死锁链中涉及的其他会话的死锁优先级设置为HIGH或大于0的整数值，则当前会话将成为死锁牺牲品，但如果其他会话的死锁优先级设置为LOW或小于0的整数值，则当前会话将不会成为死锁牺牲品。它还指定如果其他会话的死锁优先级设置为NORMAL或0，则当前会话将可能成为死锁牺牲品。NORMAL为默认优先级。

（3）HIGH

指定如果死锁链中涉及的其他会话的死锁优先级设置为大于5的整数值，则当前会话将成为死锁牺牲品，或者如果其他会话的死锁优先级设置为HIGH或5，则当前会话可能成为死锁牺牲品。

（4）<数值优先级>

用以提供21个死锁优先级别的整数值范围（-10～10）。它指定如果死锁链中涉及的其他会话以更高的死锁优先级值运行，则当前会话将成为死锁牺牲品，但如果其他会话以低于当前会话的死锁优先级值运行，则当前会话不会成为死锁牺牲品。它还指定如果其他会话以相同于当前会话的死锁优先级值运行，则当前会话可能成为死锁牺牲品。LOW对应于-5、NORMAL对应于0、HIGH对应于5。

（5）@ deadlock_var

指定死锁优先级的字符变量。此变量必须设置为LOW、NORMAL或HIGH中的一个值。而且必须足够大以保存整个字符串。

（6）@ deadlock_intvar

指定死锁优先级的整数变量。此变量必须设置为-10～10范围中的一个整数值。

小天：这个语法没头没脑的，怎么用啊？写在哪里？

老田：不急，来个实例看下就明白了。下面我们设置这个：

```
CREATE PROC LOCK_TEST
    @Z_ZONE VARCHAR(50),
    @Z_ID   INT
AS
    SET   DEADLOCK_PRIORITY   LOW; --设置优先级
    SET   LOCK_TIMEOUT   2000;        --指定语句等待锁释放的毫秒数
    BEGIN TRAN                         --开始一个事务，不一定非要用，自己多尝试，
                                       --多玩玩
        INSERT INTO ZONE(Z_ZONE,Z_ID)
                VALUES(@Z_ZONE,@Z_ID)
    COMMIT TRAN
GO
--执行存储过程
EXEC LOCK_TEST 贵州,0
```

在设置的时候也可以用变量，代码如下：

```
DECLARE @deadlock_var NCHAR(3);
SET @deadlock_var = N'LOW';
```

```
SET DEADLOCK_PRIORITY @deadlock_var;
GO
```

本 章 小 结

本章主要讲解了两大知识点——事务和锁。

事务作为一个重要的数据库技术的基本概念，在保护数据库的可恢复性和多用户、多事务方面具有基础性的作用。一个事务就是一个单元的工作，该事务可能包括一条语句，也可能包括一百条语句，而这些语句的所有操作，要么都完成，要么都取消。在数据库备份和恢复过程中，事务也具有重要作用，可以利用日志进行事务日志备份、增量备份，而不必每一次都执行耗费时间、精力和备份介质的完全备份。锁是实现多用户、多事务等并发处理方式的手段。锁的类型和资源有多种。锁是由系统自动提供的，用户也可以进行一些定制。

问 题

1. 事务有几种模式？
2. 描述事务的属性。
3. 什么是并发？
4. 锁机制为什么能够解决数据库中的并发性问题？
5. 事务的作用是什么？
6. 锁有哪些类型？
7. 讲述死锁的原理。如何处理死锁？
8. 如何强行结束一个进程？
9. 锁是由用户定义的吗？如何自定义一个锁？

第 13 章 全 文 索 引

学习时间：第二十一天　　　　　地点：小天办公室　　　　人物：老田、小天

本章要点

- 全文索引的概念

- 全文目录的概念、创建、管理

- 全文索引的创建、查看、管理

- CONTAINS和FREETEXT谓词的使用

- CONTAINSTABLE函数和FREETEXTTABLE函数的使用

- 二进制文件的检索

本章学习线路

　　本章从全文索引的概念和机制入手，讲到全文目录页的创建、查看和管理。在创建好全文目录后可以创建全文索引了，这里就针对全文索引的创建、管理、查看等做详细讲解。最后一部分是本章的重点，详细讲解了如何使用CONTAINS和FREETEXT关键字以及CONTAINSTABLE和FREETEXTTABLE两个函数对全文索引进行检索。

知识回顾

老田：考你几个问题，第一，事务有几种模式？第二，事务有什么特点？第三，什么情况叫并发？第四，锁为什么可以解决并发？

小天：今天新鲜，一来就问这么多问题，我一个个地回答吧。

（1）事务有四种模式：显式事务、隐式事务、自动提交事务和批处理级事务。

（2）事务的特点或者说属性也是四个：原子性、一致性、隔离性和持久性。

（3）当两个不同的进程同时访问一个数据库资源对象的情况就叫并发。

（4）因为遇到并发的时候，其中一个进程就会将被访问的资源锁定，然后独占访问，而另外一个进程就只好等待，等待的情况也叫阻塞。

老田：很好，今天我们要学习的是全文索引，你还记得索引吧？

小天：当然记得，数据库中的索引与书籍中的索引类似。在一本书中，利用索引可以快速查找所需信息，无须阅读整本书。在数据库中，索引使数据库程序无须对整个表进行扫描，就可以在其中找到所需数据。书中的索引是一个词语列表，其中注明了包含各个词的页码。而数据库中的索引是一个表中所包含的值的列表，其中注明了表中包含各个值的行所在的存储位置。可以为表中的单个列建立索引，也可以为一组列建立索引；索引采用B树结构。索引包含一个条目，该条目有来自表中每一行的一个或多个列（搜索关键字）。B树按搜索关键字排序，可以在搜索关键字的任何子词条集合上进行高效搜索。例如，对于一个A、B、C列上的索引，可以在A以及A、B和A、B、C上对其进行高效搜索。

我还清楚地记得索引提高系统的性能主要体现在以下几个方面：加快检索速度、加速表之间的连接，实现数据的参照完整性、ORDER BY/GROUP BY加快分组和排序的速度、使用索引进行查询的过程使用优化隐藏器、提供系统性能。

不过，你说今天要讲的是全文索引，这个全文索引和索引有什么不同？总不会区别就是多了全文两个字吧？

13.1 概　述

老田：在数据库中快速搜索数据，使用索引可以提高搜索速度。然而索引一般是建立在数字型或长度比较短的文本型字段上的，比如说编号、姓名等字段，如果建立在长度比较长的文本型字段上，更新索引将会花销很多的时间。如果在文章内容字段里用like语句搜索一个关键字，当数据表里的内容很多时，这个时间可能会让人难以忍受。在SQL Server中提供了一种名为全文索引的技术，可以大大提高从长字符串里搜索数据的速度。在本章里，将会对全文索引进行详细的介绍。

全文索引与普通的索引不同。普通的索引是以B-tree结构来维护的，而全文索引是一种特殊类型的基于标记的功能性索引，是由Microsoft SQL Server全文引擎服务创建和维护的。

使用全文索引可以快速、灵活地为存储在SQL Server数据库中的文本数据创建基于关键字查询的索引，与like语句不同。like语句的搜索是适用于字符模式的查询，而全文索引是根据特定语言的规则对词和短语的搜索，是针对语言的搜索。

在对大量的文本数据进行查询时，全文索引可以大大地提高查询的性能，如对于几百万条记录的文本数据进行like 查询可能要花几分钟才能返回结果，而使用全文索引则只要几秒钟甚至更少的时间就可以返回结果了。

全文引擎使用全文索引中的信息来编译，可快速搜索表中的特定词或词组的全文查询。全文索引将有关重要的词及其位置的信息存储在数据库表的一列或多列中。生成全文索引的过程不同于生成其他类型的索引。全文引擎并非基于特定行中存储的值来构造B 树结构，而是基于要编制索引的文本中的各个标记来生成倒排、堆积且压缩的索引结构。在SQL Server 2008中，全文索引大小仅受运行SQL Server实例的计算机的可用内存资源限制。

13.2　全文索引概念

从SQL Server 2008开始，全文索引与数据库引擎集成在一起，而不是像SQL Server早期版本那样位于文件系统中。对于新数据库，全文目录现在为不属于任何文件组的虚拟对象；它仅是一个表示一组全文索引的逻辑概念。然而，请注意，在升级SQL Server 2000或SQL Server 2005数据库（即包含数据文件的任意全文目录）的过程中，将创建一个新文件组。另外，在SQL Server 2008中，全文引擎位于SQL Server进程中，而不是位于单独的服务中。通过将全文引擎集成到数据库引擎中，可提高全文可管理性和总体性能，并进一步优化了混合查询。

每个表只允许有一个全文索引。若要对某个表创建全文索引，该表必须具有一个唯一且非NULL的列。你可以对以下类型的列创建全文索引：char、varchar、varchar（MAX）、nchar、nvarchar、nvarchar（MAX）、text、ntext、image、xml、varbinary和varbinary（max），从而可对这些列进行全文搜索。对image、varbinary或varbinary（MAX）创建全文索引需要指定类型列。类型列是用来存储每行中文档的文件扩展名（.doc、.pdf、xls等）的表列。

创建和维护全文索引的过程称为"填充"（也称为爬网）。有三种类型的全文索引填充：完全填充、基于更改跟踪的填充和基于时间戳的增量式填充。

13.2.1　全文索引与查询

全文填充（也称为爬网）开始后，全文引擎会将大批数据存入内存并通知筛选器后台程序宿主。宿主对数据进行筛选和断字，并将转换的数据转换为倒排词列表。然后全文搜索从词列表中提取转换的数据，对其进行处理以删除非索引字，接着将某一批次的词列表永久保存到一个或多个倒排索引中。

对存储在varbinary（MAX）或image列中的数据编制索引时，筛选器（实现IFilter接口）将基于为该数据指定的文件格式（例如，Microsoft Word）来提取文本。在某些情况下，筛选器组件要求将varbinary（MAX）或image数据写入filterdata文件夹中，而不是将其存入内存。

在处理过程中，通过断字符将收集到的文本数据分隔成各个单独的标记或关键字。用于词汇切分的语言将在列级指定，或者也可以通过筛选器组件在varbinary（MAX）、image或xml数据内标识。

还可能会进行其他处理以删除非索引字，并在将标记存储到全文索引或索引片段之前对其进行规范化。

填充完成后，将触发最终的合并过程，以便将索引片段合并为一个主全文索引。由于只需要查询主索引而不需要查询大量索引片段，因此会提高查询性能，并且可以使用更好的计分统计信息来得出相关性排名。

查询处理器将查询的全文部分传递到全文引擎以进行处理。全文引擎执行断字，此外，它还可以执行同义词库扩展、词干分析以及非索引字（干扰词）处理。然后，查询的全文部分以SQL运算符的形式表示，主要作为流式表值函数（STVF）。在查询执行过程中，这些STVF访问倒排索引以检索正确结果。此时会将结果返回给客户端，或者先将它们进一步处理，再将它们返回给客户端。

小天：一句话总结吧，索引的作用都一样，就是提高检索的速度，对吧？全文索引相对索引来说，最大的区别在于，全文索引主要针对索引惹不起的数据类型的字段，比如char、varchar、varchar（MAX）、nchar、nvarchar、nvarchar（MAX）、text、ntext、image、xml、varbinary和varbinary（MAX）等类型的字段。而索引则只能用于比较短的字段上。

还有我看人家那些书上和网上教程都说需要启用个什么FULL-TEXT进程，那是怎么回事呢？

13.2.2　全文索引引擎

老田：总结得很好，至于你说的SQL Server FullText Search，那是SQL Server 2008以前的SQL Server版本的机制，以前版本中SQL Server FullText Search服务由两个部分组件支持：一个是Microsoft Full-Text Engine for SQL Server（MSFTESQL），也就是SQL Server 全文搜索引擎；另一个是Microsoft Full-Text Engine Filter Deamon（MSFTEFD），也就是全文搜索引擎过滤器。

Microsoft Full-Text Engine for SQL Server的作用是填充全文索引、管理全文索引和全文目录、帮助对SQL Server 数据库中的数据表进行全文搜索。

Microsoft Full-Text Engine Filter Deamon包含筛选器、协议处理程序和断字符三个组件，其作用是负责从数据表中访问和筛选数据以及进行断字和词干分析。其中，筛选器的作用是从文档中提取文本信息，并将非文本信息和格式化信息（如换行符、字体大小等信息）删除，然后生成文本字符串和属性的对应，并将它们传递给索引引擎；协议处理程序用于从指定数据库中的表内访问数据；断字符用于在查询或抓取的文档中确定字符边界位置。

上面已经说到，在SQL Server 2008中，全文引擎位于SQL Server进程中，而不是位于单独的服务中。这也直接导致了一个后果，就是在SQL Server 2008中，所有用户创建的数据库始终启用全文索引，并且无法将其禁用。

通过将全文引擎集成到数据库引擎中，可提高全文可管理性和总体性能，并进一步优化混合查询。不过全文搜索过滤器这个服务进程还是存在的，在本书中所用版本的SQL Server 中，这个进程的全名是SQL Full-text Filter Daemon Launcher（MSSQLSERVER）。

如果你现在学习的是低于SQL Server 2008的版本，如果无法创建索引，请在Windows服务中找到并启动这两个进程。如果你和我使用的是同一个版本的话，那么没有问题了，现在就可以开始创建了。如果你愿意，也可以检查下你的SQL Full-text Filter

Daemon Launcher（MSSQLSERVER）这个进程是否开启（因为即使不开启，也可以创建）。打开方式：Windows开始菜单→程序→Microsoft SQL Server 2008→配置工具→SQL Server配置管理器。打开后如图13-1所示。

图13-1　SQL Server 配置管理器

13.3　全文目录

小天：这个如何创建全文索引呢？我刚才在表上试了下，完全没搞懂。特别是看到个要创建什么全文目录，这个是啥意思？

老田：在前面章节里提到，全文目录的作用是存储全文索引，所以要创建全文索引必须先创建全文目录。

13.3.1　创建全文目录

首先启动SQL Server Management Studio，连接到本地默认实例，在对象资源管理器中，选择本地数据库实例→数据库→要添加全文目录的数据库→存储→全文目录，单击鼠标右键，在弹出的快捷菜单中选择"新建全文目录"命令，弹出如图13-2所示的"新建全文目录"对话框。

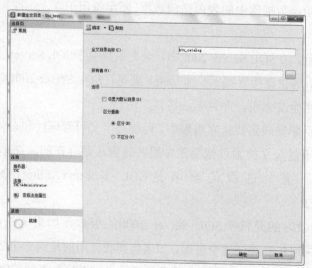

图13-2　"新建全文目录"对话框

- 在该对话框的"全文目录名称"文本框中可以输入全文目录的名称。
- 选中"设置为默认目录"复选框可以将此目录设置为全文目录的默认目录。
- "区分重音"选项组用于指明目录是否区分标注字符。

完成后直接单击"确定"按钮，便可以在对象资源管理器中看到新添加的全文目录了。

小提示：从SQL Server 2008开始，全文目录为虚拟对象且不再属于任何文件组。全文目录是表示一组全文索引的逻辑概念。

另外一种方式，就是SQL语句。这个也很简单，先看下语法，如下：

```
CREATE FULLTEXT CATALOG 全文目录名
    [ON FILEGROUP filegroup ]        --08以前版本可用
    [IN PATH 'rootpath']             --08以前版本可用
    [WITH <catalog_option>]
    [AS DEFAULT]
    [AUTHORIZATION 所有者 ]


<catalog_option>::=
    ACCENT_SENSITIVITY = {ON|OFF}
```

参数说明如下。

代码中提示了只有08以前的版本可用，这就是说08中没用了。呵呵，不过在SQL Server 2000和SQL Server 2005中还是可以用的。一个是全文目录所属的文件组，另外一个是所在的物理路径。

（1）ACCENT_SENSITIVITY = {ON|OFF}

该参数指定该目录的全文索引是否区分重音。在更改此属性后，必须重新生成索引。默认情况下，将使用数据库排序规则中所指定的区分重音设置。若要显示数据库排序规则，最好使用sys.databases目录视图。

若要确定全文目录当前的区分重音属性的设置，则必须对catalog_name使用具有accentsensitivity属性值的FULLTEXTCATALOGPROPERTY函数。如果返回值为"1"，则全文目录区分重音；如果该值为"0"，则该目录不区分重音。

（2）AS DEFAULT

该参数指定该目录为默认目录。如果在未显式指定全文目录的情况下创建全文索引，则将使用默认目录。如果现有全文目录已标记为AS DEFAULT，则将新目录设置为 AS DEFAULT，将使该目录成为默认全文目录。

（3）AUTHORIZATION所有者

将全文目录的所有者设置为数据库用户名或角色的名称。如果owner_name是角色，则该角色必须是当前用户所属角色的名称，或者运行语句的用户必须是数据库所有者或系统管理员。如果owner_name 是用户名，则该用户名必须是下列名称之一。

- 运行语句的用户的名称。
- 执行命令的用户拥有其模拟权限的用户的名称。
- 执行命令的用户必须是数据库所有者或系统管理员。
- owner_name还必须拥有对指定全文目录的TAKE OWNERSHIP权限。

小提示：全文目录ID从00005开始，每创建一个新目录，其ID值就会递增1。

下面的示例就是先删除上面创建的这个stu_catalog，然后再创建同名的一个全文目录，代码如下：

```
USE [Stu_test]
GO
DROP FULLTEXT CATALOG stu_catalog;        --先删除
GO
CREATE FULLTEXT CATALOG stu_catalog       --再创建
    WITH ACCENT_SENSITIVITY = ON          --区分重音
    AS DEFAULT                            --设为默认
GO
```

执行完成后，因为删除，会给出一个警告；因为被删除的全文目录是默认目录，所以有一个提示，如图13-3所示。

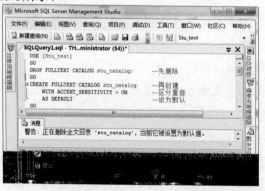

图 13-3　删除和创建全文目录

13.3.2　修改全文目录

双击该全文目录，或右击该全文目录，在弹出的快捷菜单中选择"属性"命令，将会弹出如图13-4所示的"全文目录属性"对话框。在该对话框中可以查看全文目录的属性内容。 可以看到全文目录所属的文件组、名称、上次填充的时间、项计数、填充状态、目录大小、唯一键计数的内容，这些内容是不能修改的。可以修改项为：默认目录、所有者和区分重音三个选项内容。

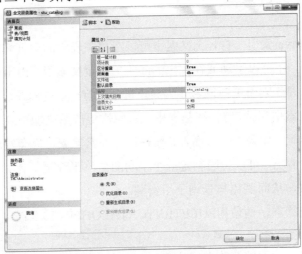

图 13-4　全文目录属性对话框

同样，也可以使用Transact-SQL语句修改，如下：

```
USE [Stu_test]
GO
ALTER FULLTEXT CATALOG [stu_catalog] REBUILD       --重新生成目录
GO
ALTER FULLTEXT CATALOG [stu_catalog] REORGANIZE    --优化目录
GO
```

小天：从上面的代码中可以看到，重新生成目录和优化目录所使用的关键字分别是REBUILD和REORGANIZE。这两个操作分别是什么意思呢？

老田：重新生成目录时，将从文件系统中删除现有目录，并在其原位置创建新目录。重新生成过程不会更改数据库系统表中的全文元数据。

为了使REBUILD成功执行，驻留目录的FILEGROUP必须联机，或者是可读写的。重新生成后，将重新填充全文索引。

而优化目录的意思则是告知SQL Server执行主合并，以将在索引进程中创建的各个较小的索引合并成一个大型索引。合并索引可以提高性能，并释放磁盘和内存资源。如果全文目录频繁地发生更改，则请定期使用该命令重新组织全文目录。

REORGANIZE还可以优化内部索引和目录结构。为了成功执行该命令，驻留全文目录的FILEGROUP以及驻留各个全文索引表的各个FILEGROUP一定不能为OFFLINE或READONLY。

小提示：根据索引数据的数量，完成主合并操作可能要花费一些时间。

13.3.3 查看全文目录

与普通SQL Server索引一样，全文索引可以在相关表中的数据修改时自动更新，这是默认行为。另外，还可以手动或在预定的间隔更新全文索引。由于填充全文索引极为耗费时间和资源，因此索引更新通常作为异步进程执行，该进程在后台运行，在基表中进行修改后使全文索引保持最新。在基表中进行每次更改后立即更新全文索引可能会占用大量的资源。因此，如果更新、插入、删除操作非常频繁，你会发现查询性能有所降低。如果出现这种情况，可以考虑制定一个手动的更改跟踪更新计划，以便按一定的间隔更新大量的更改，从而避免与查询争用资源。

若要监视填充状态，请使用**FULLTEXTCATALOGPROPERTY**，语法如下：

```
FULLTEXTCATALOGPROPERTY ('全文目录' ,'全文目录属性名称')
```

小天：全文目录的属性名称有哪些呢？

老田：全文目录有以下一些属性，如下表。

属　性	说　明
AccentSensitivity	区分重音设置： 0：不区分重音； 1：区分重音
IndexSize	全文目录的逻辑大小（MB）
ItemCount	全文目录中当前全文索引项的数目
LogSize	仅为保持向后兼容性。总是返回 0。 与 Microsoft Search 服务全文目录关联的错误日志组合集的大小，以字节为单位
MergeStatus	是否正在进行主合并： 0：未进行主合并 1：正在进行主合并
PopulateCompletionAge	上一次全文索引填充的完成时间与 01/01/1990 00:00:00 之间的时间差（秒）。仅针对完全和增量爬网填充进行了更新。如果未发生填充，则返回 0
PopulateStatus	0：空闲 1：正在进行完全填充 2：已暂停 3：已中止 4：正在恢复 5：关闭 6：正在进行增量填充 7：正在生成索引 8：磁盘已满，已暂停 9：更改跟踪
UniqueKeyCount	全文目录中的唯一键数
ImportStatus	是否导入全文目录。 0：不将导入全文目录； 1：将导入全文目录

例如，我们查看AdventureWorks数据库中的全文目录Cat_Desc的ItemCount属性，代码如下：

```
USE AdventureWorks;
GO
SELECT fulltextcatalogproperty('Cat_Desc', 'ItemCount');
GO
```

13.4　管理全文索引

在创建完全文目录之后，可以动手创建全文索引了，下面将介绍如何创建、编辑和删除全文索引。

13.4.1　创建全文索引需要考虑的因素

在创建全文索引之前，先介绍创建全文索引要注意的事项。

（1）全文索引是针对数据表的，只能对数据表创建全文索引，不能对数据库创建全文索引。

（2）在一个数据库中可以创建多个全文目录，每个全文目录都可以存储一个或多个全文索引，但是每一个数据表只能够创建一个全文索引，一个全文索引中可以包含多个字段。全文索引可以包含最多1024列。

（3）要创建全文索引的数据表必须拥有一个唯一的针对单列的非空索引，也就是说，必须要有主键，或者是具备唯一性的非空索引，并且这个主键或具有唯一性的非空索引只能是一个字段，不能是多字段的组合。

（4）包含在全文索引里的字段只能是字符型的或image型的字段。

（5）生成全文索引是需要大量占用I/O的一个过程（它需要频繁地从SQL Server读取数据，然后将筛选后的数据传播到全文索引）。最佳做法是将全文索引置于最适于最大限度地提高I/O性能的数据库文件组中，或者将全文索引置于另一个卷的其他文件组中。

（6）如果你非常注重管理的方便性，建议你将表数据和所有关联的全文目录存储在同一文件组中。出于性能的考虑，有时你可能需要将表数据和全文索引置于存储在不同卷上的不同文件组中，以便最大化I/O并行度。

（7）建议将具有相同更新特征的表（如更改次数少的与更改次数多的，或者在一天中某个特定时段内频繁更改的表）关联在一起，并置于同一全文目录下。通过设置全文目录填充计划，会使全文索引与表保持同步，且在数据库活动较多时不会对数据库服务器的资源使用产生负面影响。

（8）将表分配到全文目录时，应考虑下列准则。

- 始终选择可用于全文唯一键的最小唯一索引（最好是4个字节、基于整数的索引）。这将显著减少文件系统中 Microsoft Search服务所需要的资源。如果主键较大（超过100个字节），可以考虑选择表中的另一个唯一索引（或创建另一个唯一索引）来作为全文唯一键。否则，如果全文唯一键的大小超过所允许的最大值（900个字节），全文填充将无法继续进行。

- 如果创建索引的表有数百万行，请将该表分配到其自身的全文目录。

- 考虑要进行全文索引的表中发生的更改量以及总行数。如果要更改的总行数与上次全文填充期间表中出现的行数合起来达到了数百万行，请将该表分配到其自身的全文目录中。

（9）SQL Server 2008引入了非索引字表。"非索引字表"是非索引字（也称为"干扰词"）的列表。

- 为了精简全文索引，SQL Server提供了一种机制，用于去掉那些经常出现但对搜索无益的字符串。这些去掉的字符串称为"非索引字"。在索引创建期间，全文引擎将忽略全文索引中的非索引字。也就是说，全文查询将不搜索非索引字。

- 非索引字表与每个全文索引相关联，因而该非索引字表中的词会应用于对该索引的全文查询。

- 默认情况下，系统非索引字表与新的全文索引相关联。不过，也可以创建和使用自己的非索引字表。

- 例如下面创建一个名为myStoplist的非索引字表：

```
CREATE FULLTEXT STOPLIST myStoplist;
```

小天：你这句创建后提示什么啊？为什么我这里一模一样的写法，却错误呢，如图13-5所示。

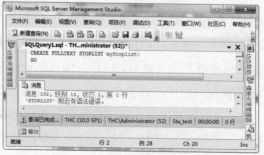

图13-5　创建非索引字表出错

老田：这个问题其实我也郁闷了很一阵子，后来在《SQL Server教程》中看到一个提示，仅在兼容级别为100时才支持CREATE FULLTEXT STOPLIST。对于兼容级别80和90，将始终向数据库分配系统非索引字表。我才知道是数据库兼容版本的问题，于是将数据库的兼容版本调整到10.0就可以了，如图13-6所示。

（10）在xml列上，可以创建为XML元素的内容建立索引的全文索引，但忽略XML标记。不为数值的属性值都会进行全文索引。元素标记用作标记边界。支持包含多种语言的格式正确的XML或HTML文档和碎片。有关详细信息，请参阅XML列的全文索引。

（11）建议索引键列为整数数据类型。这样可在执行查询时提供优化。

图13-6　修改数据库兼容级别，改为最后一项

13.4.2　创建全文索引

小天：你还是教我用SQL Server Management Studio创建一次全文索引吧。

老田：好吧，咱们在对象资源管理器中，选择本地数据库实例→数据库→要添加全文目录的数据库→表→要创建索引的表上单击鼠标右键→全文索引→定义全文索引，然后打开向导的欢迎页面。单击"下一步"按钮，进入选择表中唯一索引的步骤，如图13-7所示。

选择（其实通常一张表都只有一个唯一索引）好唯一索引以后，继续单击"下一步"按钮，进入选择表列的步骤，如图13-8所示。

图13-8中参数的说明如下

（1）可用列

若要在索引中包括某列，请选中该列名旁边的复选框。不能够进行全文索引的列显示为灰色，并禁用其复选框。

（2）断字符语言

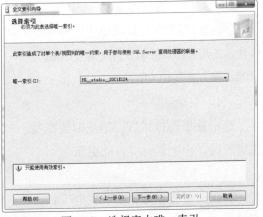

图 13-7　选择表中唯一索引

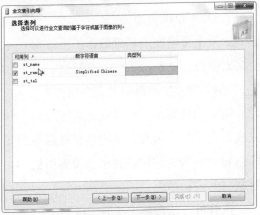

图 13-8　选择表列

从下拉列表中选择语言。SQL Server 将使用此选项为索引标识正确的断字符。SQL

Server 使用断字符在全文索引的数据中标识词的边界。

可使用断字符基于词的边界对要创建索引的文本进行词语切分,词的边界则取决于特定语言。因此,断字行为因语言而异。如果使用一种语言 x 对许多语言{x, y and z}创建索引,则某些行为可能会导致意外结果。例如,破折号(——)或逗号(,)可能是在一种语言中被丢弃而在另一种语言中却不会被丢弃的断字元素。在极少数情况下,也可能会出现意外的词干分析行为,原因是给定字词的词干分析可能因语言而异。例如,在英语中,词的边界通常是空格或某些标点符号;在其他语言(例如德语)中,字词或字符有可能组合在一起。因此,选择的列级语言应当为要存储在相应列的各行中的语言。

(3)数据类型列

选择存储作为全文索引列的文档类型的列名称。只有当"可用列"栏中命名的列为 varbinary(max)或image类型时,才会启用"数据类型列"。

上面选择好以后,继续单击"下一步"按钮,进入选择表或者视图更新的跟踪方式的步骤,如图13-9所示。

(1)自动

选中此单选按钮后,当基础数据发生更改时,全文索引将自动更新。

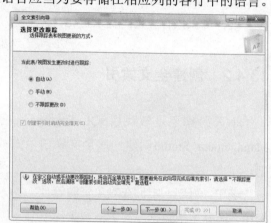

图 13-9　选择表或者视图更新的跟踪方式

(2)手动

如果不希望基础数据发生更改时自动更新全文索引,请选中此单选按钮。对基础数据的更改将保留下来。不过,若要将更改应用到全文索引,必须手动启动或安排此进程。

(3)不跟踪更改

如果不希望使用基础数据的更改对全文索引进行更新,请选中此单选按钮。

(4)创建索引时启动完全填充

选中此复选框,可以在此向导成功完成后启动完全填充。这将包括在目录中创建全文索引结构,并用全文索引的数据对其进行填充。

选择好方式后单击"下一步"按钮,进入"选择目录、索引文件组和非索引字表"的步骤,如图13-10所示。

图13-10中各参数的说明如下。

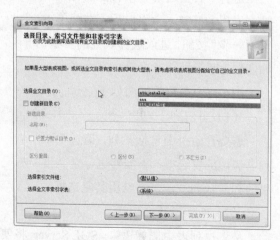

图 13-10　选择目录、索引文件组和非索引字表

（1）选择全文目录

从下拉列表中选择全文目录。默认情况下，数据库的默认目录为该下拉列表中选定的项。如果没有可用的目录，则该列表将处于禁用状态，并且"创建新目录"复选框将处于选中状态并被禁用。换句话说，只要选中"创建新目录"复选框，也可以在这里新建一个全文目录。

（2）选择索引文件组

指定对其创建全文索引的文件组。

（3）选择全文非索引字表

指定要用于全文索引的非索引字表，或者禁用非索引字表。

在SQL Server 2008及更高版本中，使用称为"非索引字表"的对象在数据库中管理非索引字。"非索引字表"是一个由非索引字组成的列表，这些非索引字在与全文索引关联时会应用于该索引的全文查询。

都选择好以后，单击"下一步"按钮，进入"定义填充计划"的步骤，如图13-11所示。

单击"新建表计划"按钮，单击"新建目录计划"按钮的操作的也差不多，这里只演示一个，如图13-12所示。

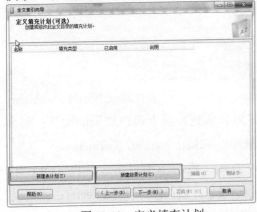

图 13-11　定义填充计划

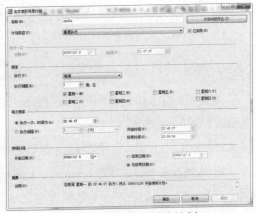

图 13-12　添加新的填充计划

设置好以后，在填充计划中就会看到新添加的计划，然后单击"下一步"按钮，进入向导的完成摘要界面，如图13-13所示。

最后直接单击"完成"按钮，进入最后创建的阶段，如图13-14所示。

小天：原来前面那么多设置其实都没有写入到数据库中，只有执行了最后这一步，才确确实实地将索引计划写到数据库中。我基本上看明了，我先自己做两个玩玩。你帮我把用Transact-SQL创建的语法整理出来吧，我一会就来学。

图 13-13　索引摘要

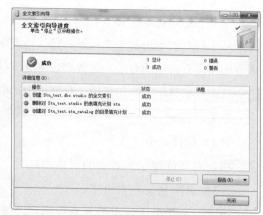

图 13-14　执行创建索引的最后一步

老田：练习吧，我这里将Transact-SQL创建的语法给你整理好。使用Transact-SQL语句创建的语法如下：

```
CREATE FULLTEXT INDEX ON 基于的表名
    [ ( { 索引包含的列名
            [ TYPE COLUMN 类型列 ]
            [ LANGUAGE 列中数据的语言 ]
    } [ ,...n] ) ]
    KEY INDEX 唯一键索引的名称
    [ ON <全文目录和文件组设置> ]
    [ WITH [ ( ] <with_设置> [ ,...n] [ ) ] ]
[;]
```

类型列：用于指定表列的名称（type_column_name），用来存储varbinary、varbinary（max）或image文档的文档类型。此列（称为类型列）包含用户提供的文件扩展名（.doc、.pdf、.xls等）。类型列的类型必须是char、nchar、varchar或nvarchar。

仅当column_name指定varbinary、varbinary（max）或image列时指定TYPE COLUMN type_column_name，在其中，数据作为二进制数据进行存储；否则，SQL Server返回错误。

LANGUAGE language_term：表示列中数据的语言，为可选参数，可以将其指定为与语言区域设置标识符（LCID）对应的字符串、整数或十六进制值。如果未指定任何值，则使用SQL Server实例的默认语言。

如果指定了language_term，则它表示的语言将用于对存储在char、nchar、varchar、nvarchar、text和ntext列中的数据进行索引。如果未针对列将language_term指定为全文谓词的一部分，则该语言就是查询时所使用的默认语言。

小天：感觉看不懂，你还是给我个实例吧。

老田：好吧，下面我们新创建一张表，然后对这张表创建全文索引。Transact-SQL代码如下：

```
USE Stu_test
GO
CREATE TABLE NEWS(
    ID INT
    ,TITLE NVARCHAR(50)
    ,CONTENT NVARCHAR(MAX)
    ,EXFILE IMAGE          --将图片存为二进制格式
    ,TC NVARCHAR(5)          --用于存储上一个二进制文件列的类型，比如.doc、.pdf、.xls
CONSTRAINT NEWS_KEY PRIMARY KEY(ID)
)
GO
--因为上面创建表中定义了一个主键，系统也默认为表定义一个同名的唯一索引
--下一行创建一个名为MYCATALOG的默认全文目录
CREATE FULLTEXT CATALOG MYCATALOG AS DEFAULT;
--下一行对NEWS表创建全文索引，包含TITLE、CONTENT和EXFILE等三个列
--EXFILE列是二进制类型，所以还同时指定了列类型
CREATE FULLTEXT INDEX ON NEWS(TITLE,CONTENT,EXFILE TYPE COLUMN TC)
    KEY INDEX NEWS_KEY          --指定唯一索引
    WITH STOPLIST = SYSTEM;--指定应对此全文索引使用默认的全文系统 STOPLIST
```

执行后会得到一个警告，如图13-15所示。

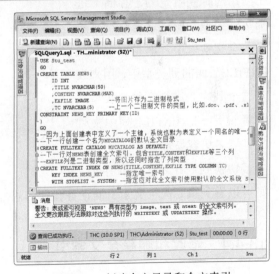

图 13-15   创建全文目录和全文索引

13.4.3   查看全文索引

小天：我就纳闷了，我按照你的创建了，也提示命令完成了，可是为什么就是找不到这个全文索引在哪里呢？

老田：在创建完全文索引之后，在创建全文索引的数据表上单击鼠标右键（比如要

查看图13-15中创建的全文索引，则在表NEWS上单击鼠标右键，如果看不见表，则在数据库Stu_test下面的"表"菜单上单击鼠标右键刷新），在弹出的快捷菜单中选择"全文索引"→"属性"命令，可以在打开的对话框中查看全文索引的设置，如图13-16所示。

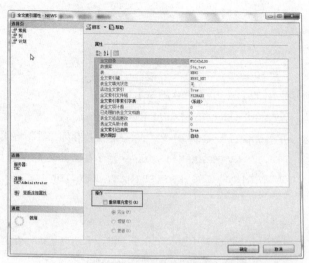

图 13-16　查看全文索引

在图13-16中，在左侧的列表框的选项中进行切换可以看到其他页的信息，在红色框标注这里可以对该全文索引进行填充。

切换到"列"选项页面，可以看到如图13-17所示的列信息。注意图中红色线标注的TC列，它在创建的时候就是为了存储二进制文件类型，所以这里它没有被选入全文索引中，而是出现在列EXFILE后面的列类型中，用来表示这个列中二进制文件的类型，或者说是表示EXFILE列中文件的扩展名更容易理解。

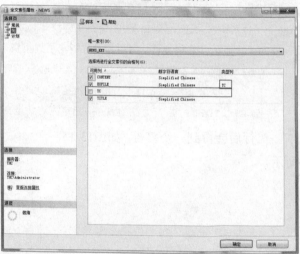

图 13-17　全文索引的列信息

切换到"计划"选项界面，则可以看到填充此全文索引的任务计划信息。

13.4.4　修改和删除全文索引

接下来讲修改和删除全文目录。

小天：不用说啦，修改、删除、启用、禁用我都知道了，呵呵，我刚才已经试过了。比如删除，就在要删除全文索引的数据表上击鼠标右键（和查看的位置一样），在弹出的快捷菜单中选择"全文索引"→"删除"命令。

其他几个操作都差不多。

13.4.5　填充全文索引

删除和修改全文索引的时候在右键菜单中有"启动完全填充"、"启动增量填充"和"停止填充"三个命令，它们是什么意思？如图13-18所示。

"停止填充"命令不用解释，哈哈，我猜应该是假设填充的时间很长，那么可以中途停止的意思吧。

老田：创建和维护全文索引涉及使用称为"填充"（也称为"爬网"）的进程填充索引。SQL Server支持以下类型的填充：完全填充、基于更改跟踪的自动或手动填充，以及基于时间戳的增量式填充。下面分别进行解释。

图 13-18　填充菜单

（1）完全填充

完全填充方式通常发生在首次填充全文目录或全文索引时，在前一节中说到"启用全文索引"时，就已经对全文索引进行了一次完全填充，以后就可以使用基于更改跟踪的填充和基于增量时间戳的填充来维护全文索引。

（2）基于更改跟踪方式的填充

SQL Server会记录设置了全文索引的数据表中修改的行，这些记录存储在日志中，在某个适当时机将这些更改填入到全文索引中。

（3）基于增量时间戳方式的填充

也就是增量填充，在全文索引中更新上次填充之后更新的行。增量填充要求索引表中必须有timestamp数据类型的字段，如果没有该类型的字段，则无法执行增量填充，系统将会以完全填充的方式来取代增量填充方式进行填充。

完全填充会占用相当多的资源。因此，当在高峰期创建全文索引时，最佳做法通常是将完全填充延迟到非高峰时段，尤其当全文索引的基表非常大时。

小天：你说了三种，为什么菜单中只有两种啊？

老田：这三种方式在"全文索引属性"对话框的"计划"选项界面中，如图13-19所示。可以选择全文索引填充计划所要执行的填充方式，设置完毕后单击"确定"按钮完成操作。

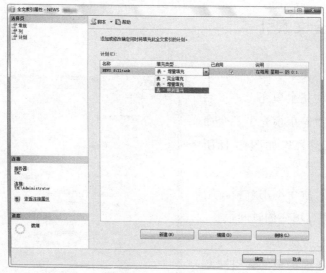

图 13-19　三种填充方式

13.5　使用全文索引

小天：对于全文索引的创建和维护我基本上都弄明白了，现在的问题是，这个全文索引是怎么使用的呢？不会跟索引一样，只需要创建了，系统就自动帮我们使用？

老田：使用全文索引需要另外一项技术，名叫"全文搜索"。全文查询根据特定语言（例如，英语或简体中文）的规则对词和短语进行操作，从而对全文索引中的文本数据执行语言搜索。全文查询可以包括简单的词和短语，或者词或短语的多种形式。

全文搜索适用于多种商业应用场景，例如电子商务（在网站上搜索项目）、律师事务所（在法律数据库中搜索案例记录）或人力资源部门（从所存储的个人简历中找到符合职位描述的简历）。不管是什么样的商业应用场景，全文搜索的基本管理任务和开发任务是相同的。然而，在给定的商业应用场景中，可以对全文索引和查询进行优化以使其满足业务目标。例如，对于电子商务来说，最大限度地提高性能可能比对结果进行排序、检索的准确性（实际上有多少个现有匹配项是由全文查询返回的）或支持多种语言更重要。对于律师事务所来说，首先需要考虑的可能是返回所有可能存在的匹配项（"返回全部"信息）。

小天：我是这样理解的，你看对不？"前面我们学习的创建和管理全文索引的过程其实就是利用系统的全文索引引擎对加入到全文索引的列中的内容进行按字或者按词建立索引条目，表示出某某关键字或者词出现的次数和位置，而下面即将学习的就是后面使用的部分，是如何对这么多索引条目进行查询"。如同字典一样，建立全文索引的过程相当于撰写字典，而使用全文搜索则相当于查询字典。

如果这样理解的话，我认为百度、Google等搜索引擎就是一个标准的全文检索这种模式的应用。它们全互联网去爬网（它们将整个互联网当成了它们的内容列），然后按照字词划分再填充到数据库中去，我们搜索的时候其实是对它们的索引条目数据库进行查询。

老田：理解得基本不错，接下来就要做点准备工作了，以上面对表NEWS创建的全文索引为例。

（1）对该表插入数据，如图13-20所示。

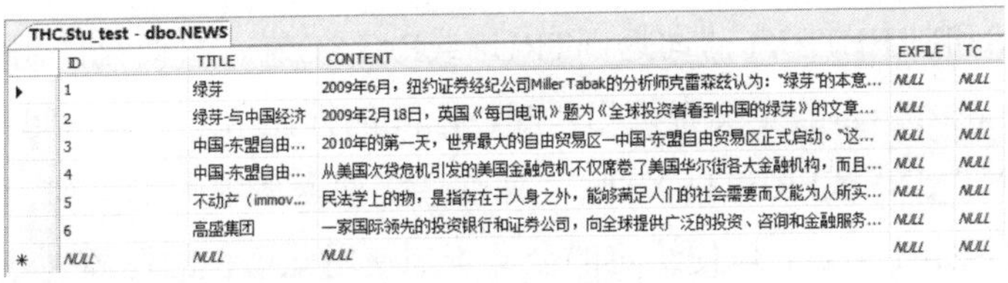

图 13-20　填充几条测试数据

（2）在表NEWS上单击鼠标右键，在弹出的快捷菜单中选择"全文索引"→"启动完全填充"命令。

（3）输入下面的代码，测试下能否使用。

```
SELECT content,title FROM NEWS WHERE CONTAINS(TITLE,'中国')
                               AND CONTENT like '%经济%'
```

执行后效果如图13-21所示。

小天：哈哈，老田，你忽悠我的吧，我按照你的做了，是没有问题的，可是我将全文索引禁用了，再使用上面语句查询仍然是正确的。

老田：你删除该表上的全文索引试试。

小天：哦耶，错了，提示如图13-22所示的信息，什么意思？

老田：如果NEWS表上的全文索引被你删除了的话，就重新建立并填充上。下面我们针对全文搜索来讲解，首先是全文谓词CONTAINS和FREETEXT两个。

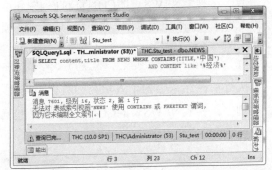

图 13-21　执行全文搜索

图 13-22　在没有全文索引的表上使用 CONTAINS 谓词

13.5.1 使用全文谓词 CONTAINS 和 FREETEXT 查询概述

小天：刚才看那句SQL语句我就觉得奇怪，WHERE里面什么时候有CONTAINS这个关键字了，原来是全文搜索中专有的哦。上面使用那句SQL语句到底是什么意思啊？

老田：CONTAINS是全文谓词，还有另外一个全文谓词FREETEXT。CONTAINS和FREETEXT在SELECT语句的WHERE或HAVING子句中指定。它们可以与任何其他Transact-SQL谓词（例如LIKE和BETWEEN）结合使用。

CONTAINS和FREETEXT谓词返回TRUE或FALSE值。它们只能用于指定选择条件，以确定给定的行是否与全文查询相匹配，匹配的行在结果集中返回。

当使用CONTAINS或FREETEXT时，可以指定搜索表中的单个列、一组列或所有列。此外，还可以指定语言，以便给定的全文查询使用此语言的资源进行断字和词干分析、同义词库查找以及干扰词删除。

CONTAINS和FREETEXT可用于搜索不同种类的匹配项，如下：

- 使用CONTAINS（或CONTAINSTABLE）可搜索单个词和短语的精确或模糊（不太精确的）匹配项、几个词之间距离一定的近似匹配项或者加权匹配项。当使用CONTAINS时，必须指定至少一个搜索条件，该搜索条件须指定要搜索的文本以及确定匹配项的条件。可以在搜索条件之间使用逻辑运算。

- 使用FREETEXT（或FREETEXTTABLE）可搜索与指定词、短语或句子的含义相符但措辞不完全相同的匹配项（"Freetext字符串"）。只要在指定列的全文索引中找到任何搜索词或任何搜索词的任何形式，就会生成匹配项。

13.5.2 使用 CONTAINS 谓词的简单搜索

下面使用CONTAINS谓词做一系列示例。

例一： 搜索NEWS表的CONTENT列中包含"经济"两个字的数据项。代码如下：

```
SELECT content,title              --要查询的列
FROM NEWS                         --目标表
WHERE CONTAINS(CONTENT,'经济')     --条件，CONTENT 列中包含经济这个关键词
```

执行后的结果因为个人填充的数据不同而不同，这里就不截图了。

例二： 搜索NEWS表的CONTENT列中包含"国际"或"经济"两个词的数据项。代码如下：

```
SELECT content,title              --要查询的列
FROM NEWS                         --目标表
WHERE CONTAINS(CONTENT,'"国际" or "经济"')
                                  -- CONTENT 列包含国际或经济的关键词
```

小天：奇怪了，为什么第一个例题中的"经济"两个字就不用在单引号中再套一个双引号呢？

老田：因为它只有一个单词，而第二个示例中，"国际"和"经济"是两个单词，而整个"国际"or"经济"这一句对于CONTAINS谓词来说只是一个完整的参数，所以外面还要用单引号给包起来。

例三：搜索NEWS表中CONTENT列中包含"经济"，TITLE列中包含"中国"的数据项。代码如下：

```
SELECT content,title              --要查询的列
FROM NEWS                         --目标表
WHERE CONTAINS(CONTENT,'经济')    --条件一，CONTENT列中包含"经济"的关键词
    AND CONTAINS(TITLE,'中国')    --条件二，TITLE列中包含"中国"的关键词
```

例四：则是如本章13.5.1小节前面的实例那样，配合一般WHERE中的其他语法使用，如LIKE子句和比较运算符。

13.5.3 使用 CONTAINS 谓词的派生词搜索

小天：我觉得这个还不好，比如英语中，常常有词语的派生，比如将来时、过去时、正在进行时和复数等。

老田：是可以实现的，比如搜索go，将going也搜索出来，在做之前，我们对NEWS表再增加几条类似的英文信息。增加信息后数据表如图13-23所示。

小天：这就可以了？

老田：不可以，现在有个很大的问题，我们必须将被索引列的断字符语言修改为对应的语言。比如这张表中，我们就必须由现在的"simplified chinese"修改为"English"，如图13-24所示，我们这里暂时只将TITLE列修改了即可。

图 13-23　新增加数据后的表数据

图 13-24　修改索引列的断字符语言

修改完成后单击"确定"按钮，最好再重新填充下全文索引，然后就可以执行查询了。

图 13-25　执行查询

小天：老田，你不忽悠我行吗？我执行了查询，可是结果并不是我想要的，如图13-25所示，并没有将title列中值为going的数据行查询出来啊。

老田：那是因为你少使用了个FORMSOF子句。代码如下：

```
SELECT content,title              --要查询的列
FROM NEWS                         --目标表
WHERE CONTAINS(TITLE,'FORMSOF(INFLECTIONAL,go)')
```

执行后结果如图13-26所示

小天：上面 FORMSOF 和 INFLECTIONAL这两个关键字是哪里来的呢？

老田：FORMSOF关键字用于指定关键字是否匹配派生词或者同义词，而INFLECTIONAL关键字则表示要对指定的简单字词使用与语言相关的词干分析器。词干分析器的行为是根据每种

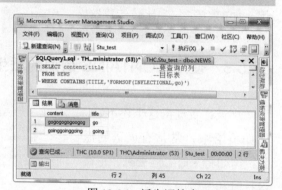

图 13-26　派生词搜索

具体语言的词干确定规则定义的。非特定语言没有关联的词干分析器。使用被查询的列的列语言来引用所需的词干分析器。

与INFLECTIONAL关键字相同语法的还有一个叫同义词的关键字THESAURUS，它用于指定使用对应于列全文语言或指定的查询语言的同义词库。

13.5.4　使用 CONTAINS 谓词的前缀词搜索

小天：上面这个都是英语中已经规定的后缀，也就是说在INFLECTIONAL词干分析中是已经确定了的，如果不确定呢？比如说，我要找所有包含以关键字"do"开始的单词的内容，如何做？

老田：看下面的实例，如图13-27所示。

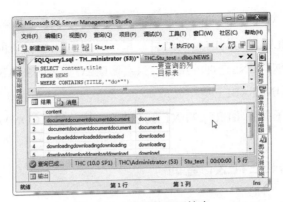

图 13-27　使用前缀词搜索

小天：我发现这个和LIKE子句中的百分号很像哦。不过刚才差点又错了，SQL脚本中的全角和半角符号真是让人郁闷，一不小心就打错了，还很不容易发现。

13.5.5　使用 CONTAINS 谓词的邻近词搜索

小天：我在百度搜索的时候，由于记不住标题，常常会在多个关键字之间用空格，比如我要搜索的完整内容是"SQL全文索引临近词搜索"，但是我记不完了，于是用关键字是"SQL全文搜索 邻近"。一般也很容易就搜索出来了。

老田：这个简单，下面我们做一个实例，搜索"中国"和"东盟"。代码如下：

```
SELECT ID, content,title
FROM NEWS
WHERE CONTAINS(CONTENT,'"中国" NEAR "东盟"')
```

这里我们使用了一个NEAR关键字，与NEAR关键字差不多意思的还有"~"符号，这两个符号指示NEAR或"~"运算符左边的词或短语应该与NEAR或"~"运算符右边的词或短语几乎接近。可以将多个邻近字词链接起来。

13.5.6　使用 CONTAINS 谓词的加权词搜索

小天：如果我同时搜索多个单词，但是我希望这些单词的结果之间有个权重，比如同时搜索"中国"和"国际"，我希望"中国"排在前面，"国际"排在后面，如何做？

老田：当以多个字符串作为搜索条件搜索记录时，可以为不同的字符串加上一个加权值。这个加权值是介于0和1之间的数值，加权值越高的记录排在越前面。就你所说的这个案例，代码如下：

```
SELECT ID, content,title
FROM NEWS
```

```
WHERE CONTAINS(CONTENT,'ISABOUT("国际" weight(0.3),"中国" weight(0.9))')
```

事实上在该SELECT语句的返回结果集里，并没有按加权值的大小来排序，因为WEIGHT不影响CONTAINS查询的结果，只会影响CONTAINSTABLE查询中的排序。

小天：CONTAINSTABLE是什么？

老田：不急，下面先将FREETEXT查询讲了，接着就讲CONTAINSTABLE了。

13.5.7 使用 FREETEXT 查询

FREETEXT用于搜索含有基于字符的数据类型的列以查找含义与搜索条件中指定的文本相符但不精确匹配的值。如果使用FREETEXT，则全文查询引擎将在内部对freetext_string执行以下操作，并为每个字词分配权重，再查找匹配项。

- 基于单词边界（单词界限）将字符串分隔成单独的单词。
- 生成单词的词形变化形式（词干处理）。
- 基于同义词库中的匹配项标识字词的扩展或替换的列表。

FREETEXT搜索方式与CONTAINS搜索方式相比，其搜索结果会多出很多，因为FREETEXT的搜索方式是将一个句子中的每个单字拆分开进行搜索的。例如：如果使用CONTAINS搜索方式搜索条件为"天轰穿"的记录，那么搜索出来的将是记录里包含"天轰穿"这个词语的记录。如果使用FREETEXT搜索方式搜索条件为"天轰穿"的记录，那么搜索出来的将是记录里包含"天"或"轰"或"川"的记录。如果搜索的是英文字符串"SQL Server 2008"，则拆分为"SQL"、"Server"和"2805"来进行搜索，只要满足其中一个条件都算搜索成功。

FREETEXT的语法代码为如下：

```
FREETEXT ( { 字段名 | (字段列表) | * }
       , '搜索的字符串' [ , LANGUAGE language_term ] )
```

其中：LANGUAGE language_term用于单词断字、词干分析、同义词库查询以及干扰词删除的特定的语言。

小天：这个也太简单了。看我的，如图13-28所示

老田：正解，很明显上面的这么多数据行中，能够完整包含关键字"全世界的基金经理"的数据行只有一条，但是它却搜索出了这么多。

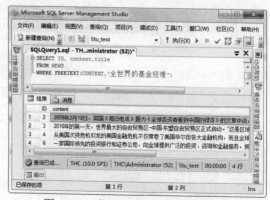

图 13-28　使用 FREETEXT 谓词查询

13.5.8 使用 CONTAINSTABLE 函数搜索

CONTAINSTABLE函数返回具有零行、一行或多行的表，这些行的列中包含的基于字符类型的数据是单个词语和短语的完全匹配或模糊匹配（不完全相同）项、某个词在一定范围内的近似词或者加权匹配项。CONTAINSTABLE可以像一个常规的表名称一样，在 SELECT 语句的 FROM 子句中引用。

使用CONTAINSTABLE的查询将指定对每一行返回一个适当排名值（RANK）和全文键（KEY）的包含类型的全文查询。CONTAINSTABLE函数使用与CONTAINS谓词相同的搜索条件。

CONTAINSTABLE简要的语法形式如下：

```
CONTAINSTABLE ( 表名 , { 列名 | (列列表) | * } , '搜索方式'
    [ , LANGUAGE 断字符语言]
    [ , top_n_by_rank ] )
```

对于上面语法中需要解释的有以下几点。

（1）要搜索的驻留在table中的列名称。对于全文搜索而言，char、varchar、nchar、nvarchar、text、ntext、image、xml、binary和varbinary类型的列是有效列。

（2）*：指定应在已登记要进行全文搜索的表的所有列中搜索给定的包含搜索条件。如果FROM子句中有多个表，那么"*"必须由表名限定。

（3）top_n_by_rank：指定只返回以降序排列的前n个排名最高的匹配项。仅当指定了整数值n时适用。如果top_n_by_rank与其他参数组合使用，则查询返回的行数可能会少于与所有谓词实际匹配的行数。使用top_n_by_rank，你可以通过仅调取最密切相关的命中项来提高查询性能。

（4）搜索方式：和CONTAINS的那几种方式一样。

返回的表中有一列名为KEY，其中包含全文键值。每个全文索引表都有这样一列，它的值保证是唯一的，而且KEY列中的返回值都是与包含搜索条件中指定的选择标准相匹配的行的全文键值。从OBJECTPROPERTYEX函数获得的TableFulltextKeyColumn属性为这个唯一的键列提供标识。

CONTAINSTABLE生成的表包含一个名称为RANK的列。RANK列是一个数值（介于0～1000之间），它为每一行指明行匹配选择条件的状况。在SELECT语句中，此排名值通常按照下列方法之一进行使用。

- 在ORDER BY子句中返回排名最高的行作为表中的第一行。
- 在选择列表中查看分配给每一行的排名值。
- 值越大表示越接近关键字意思。

如果兼容级别小于70，则不会将CONTAINSTABLE看做是关键字。

下面来看个由CONTAINSTABLE函数生成的表，实例中查询的仍然是NEWS表，而搜索条件是该表中CONTENT列的内容包含关键字"中国"，实例执行后效果如图13-29所示。

图13-29　显示CONTAINSTABLE函数生成的表

小天：这个有什么办法把内容显示出来吗？

老田：简单啊！上面实例中就是将CONTAINSTABLE函数当成表来使用的啊，所以要查询出结果还是可以将它当成表来联合，代码如下：

```
SELECT N_TBL.TITLE, N_TBL.CONTENT, KEY_TBL.RANK
    FROM NEWS AS N_TBL
        INNER JOIN CONTAINSTABLE(NEWS, CONTENT,
        'ISABOUT ("中国" weight (0.8),
        "经济" weight (0.4), "证券" weight (0.2) )' ) AS KEY_TBL
            ON N_TBL.ID = KEY_TBL.[KEY]
ORDER BY KEY_TBL.RANK DESC;
```

执行后效果如图13-30所示。

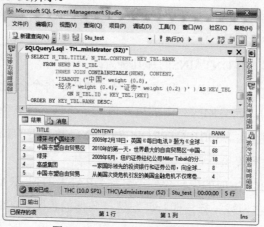

图13-30　显示查询结果的排名

再来一个实例，用来显示指定的条数。和上面实例完全一样，只是增加一个条件"只显示3条结果"，代码如下：

```
SELECT N_TBL.TITLE, N_TBL.CONTENT, KEY_TBL.RANK
    FROM NEWS AS N_TBL
```

```
    INNER JOIN CONTAINSTABLE(NEWS, CONTENT,
    'ISABOUT ("中国" weight (0.8),
    "经济" weight (0.4), "证券" weight (0.2) )'
    ,3        --指定显示条数
    ) AS KEY_TBL
        ON N_TBL.ID = KEY_TBL.[KEY]
ORDER BY KEY_TBL.RANK DESC;
```

13.5.9　使用 FREETEXTTABLE 函数搜索

小天：看起来很简单。FREETEXTTABLE函数难道也很简单哦？和FREETEXT谓词比起来应该也只是多生成了个表吧？

老田：是的，FREETEXTTABLE函数为符合下述条件的列返回行数为零或包含一行或多行的表，这些列包含基于字符的数据类型，其中的值符合指定的freetext_string中文本的含义，但不一定具有完全相同的文本语言。像常规表名称一样，FREETEXTTABLE也可以在SELECT语句的FROM子句中进行引用。

使用FREETEXTTABLE进行的查询可以指定freetext类型的全文查询，这些查询为每行返回一个关联等级值（RANK）和全文键（KEY）。

```
--使用FREETEXTTABLE函数，和上例相比，除函数名外完全相同
SELECT N_TBL.TITLE, N_TBL.CONTENT, KEY_TBL.RANK
    FROM NEWS AS N_TBL
        INNER JOIN FREETEXTTABLE(NEWS, CONTENT,
        'ISABOUT ("中国" weight (0.8),
        "经济" weight (0.4), "证券" weight (0.2) )'
        ,3        --指定显示条数
        ) AS KEY_TBL
            ON N_TBL.ID = KEY_TBL.[KEY]
ORDER BY KEY_TBL.RANK DESC;
```

13.6　检索二进制列

小天：我就没有想明白，这些文字内容的都好检索，可是二进制的文件怎么检索呢？

老田：注意我们上面一直使用的这张NEWS表中有个EXFILE列，是IMAGE类型的，这并非说这列就只能存储图形文件了，它也可以存储其他二进制类型，比如对纯文本文件、网页文件、Word文件、Excel文件和PowerPoint文件的内容进行查询，其扩展名字

段必须分别为txt、htm、doc、xls和ppt。全文索引创建完毕后，对IMAGE字段里的文件内容进行查询的方法与其他字段的查询方法是一样的。

例如下面实例，假设在EXFILE列中存储了一个文本文件，该文件中有"数据库"三个字，那么代码写法如下：

```
SELECT ID, content,title,EXFILE
FROM NEWS
WHERE CONTAINS(EXFILE,'数据库')
```

本 章 小 结

要创建全文索引必须先创建全文目录。

全文填充（也称为爬网）开始后，全文引擎会将大批数据存入内存并通知筛选器后台程序宿主。宿主对数据进行筛选和断字，并将转换的数据转换为倒排词列表。然后全文搜索从词列表中提取转换的数据，对其进行处理以删除非索引字，然后将某一批次的词列表永久保存到一个或多个倒排索引中。

使用全文搜索可以快速、灵活地为存储在数据库中的文本数据的基于关键字的查询创建索引。与仅适用于字符模式的LIKE谓词不同，全文查询将根据特定语言的规则对词和短语进行操作，从而针对此数据执行语言搜索。

全文索引是由SQL Server FullText Search服务来维护的，必须先启动该服务才能使用全文索引。填充全文索引有三种方式：完全填充、增量填充和更改跟踪。

在全文索引中概念与术语比较多，如全文索引、全文目录、断字符、词干分析器、标记、筛选器、填充、干扰词等。了解怎么创建全文目录、怎么创建全文索引、怎么进行全文索引的填充、怎么使用调度让全文索引自动填充。

使用CONTAINS、FREETEXT两个谓词和CONTAINSTABLE、FREETEXTTABLE两个行集值函数可以用来进行全文搜索，其中CONTAINS和FREETEXT用在WHERE子句中，CONTAINSTABLE和FREETEXTTABLE用在FROM子句中。CONTAINS搜索有简单词、派生词、前缀词、加权词和邻近词五种搜索方式。FREETEXT只有一种搜索方式，但是其将一个句子中的每个单字拆分开来进行搜索。

SQL Server可以对存储在image类型字段里的文件进行全文搜索。其搜索的前提是必须要有一个字段指明image类型字段里存储的文件是什么类型。当为image类型字段设置好全文索引后，可以像其他字段一样来进行全文搜索。

问　题

1. 什么地方使用全文索引？有什么好处？

2. 全文索引是针对表对象创建还是列对象创建？

3. 简述全文索引与索引的区别。

4. 为什么要先创建全文目录？

5. 检索增量填充。

6. FREETEXT有几种搜索方式？

7. CONTAINSTABLE函数和CONTAINS谓词之间的区别。

8. CONTAINSTABLE函数自动生成哪几个列？简述其作用。

9. 本章13.5.3中，对同一个字段使用不同的断字符语言后，同样的查询结果是否相同，为什么？

结 束 语

老田：如果你确保前面的知识都学得比较扎实了，现在有两条路可以选择，一是继续学习数据库的高级部分，比如BI；另外一条路则是立即合上本书，学习编程语言。

小天：为什么不让我现在学习其他数据库或者数据库优化的高级知识呢？为什么你建议我学BI或者学编程语言呢？

老田：很简单，我一个个来回答。

（1）其他数据库没有必要再单独学，只要你确保本书都学好了，在使用其他数据库的时候，你会发现没有什么差异，给你30分钟就学会了。

（2）为什么是推荐学BI呢？因为BI学好了，只靠数据库就可以找到工作，而且是高薪的工作。

（3）为什么学编程语言？这是因为现在你已经初步具备了编程开发的思维，而且能够设计数据库了，现在最需要的是自己做出程序，不断积累经验。等至少独立设计开发10个30张以上数据表的程序后再进一步去学习数据库优化，你会发现，学起来非常快，而且是非常顺其自然的。

小天：前面我有的学得比较扎实了，有的还是很一般，但是我确实没有耐心继续反复地去学习了，怎么办？

老田：如果是这样的话，我建议你好好体会下，以下几个知识点你是否完全掌握了。

（1）数据库的设计：使用PowerDesigner创建E-R模型，到完整的将一个约10张表的系统数据库能够顺利创建。换句话说，你能否根据一个需求文档，比如一个新闻文章管理系统、一个电子商城、一个学生管理系统等创建出所需的数据库。

（2）对数据库的SELECT、INSERT、UPDATE、DELETE这几个操作是否熟练，记住，对于这个知识点的要求是熟练，熟练得令人发指的那种。

（3）高级查询，比如分组、联合、连接查询等是否熟练。

（4）存储过程是否掌握，至少是初级的应用是否没有问题了。

（5）视图、索引和全文索引等不用完全熟练，但是至少应该会用。

（6）其他的比如事务、锁、触发器、安全等虽然不需要你熟练得一塌糊涂，但最起码应该知道什么时候该用什么，而真要用的时候可以第一时间去找到位置。

如果上述几点你的回答都是肯定的，那么好吧，我建议你开始学习C#了，我也不想你继续被学数据库，结果半年时间了还一无所成。

本书其他作者名单

（以贡献程度排序）

杨振杰	徐 明	余能彬	赵爱平
孙 洪	袁江文	陈德茂	朱 军
连江波	杨昌应	付君宜	余永康
李振庆	刘 慧	尹林莉	彭又贤
孙秀东	刘 欢	李 磊	雷 鑫
罗会军	张 庆	吴 斌	王 鸿

序

我国是一个幅员辽阔、地形地貌及地质条件极为复杂的国家，随着各类建设规模的扩大，可以直接用于建设的土地越来越少，尤其对于喀斯特山区这一问题更为突出。喀斯特山区大型工程建设的场地整平，移山填壑已经成为主要手段。而移山填壑形成的爆破碎石填料颗粒形状不规则，大部分粒径较大、级配较差。针对该种喀斯特碳酸盐岩大块石回填而成的地基，在填筑过程中及填筑后需进行地基处理，以确保填方地基安全稳定，使其具有足够的承载力，并防止其在使用过程中产生不均匀沉降，进而造成上部建、构筑物的变形、开裂，严重影响建、构筑物的结构安全与正常使用。因此，如何采用有效的方法对高填方地基进行处理是一个很值得研究的课题。

碳酸盐岩高填方地基处理适合采用哪种地基处理技术？此种地基变形机理是怎么样的？如何有效提高地基强度？又该如何控制地基变形？带着这些疑问，由贵州正业工程技术投资有限公司和清华大学土木水利学院组成的科研团队，在沈志平研究员和宋二祥教授的带领下，依托"盘县煤（焦、化）-钢-电工业基地一期一步 200 万吨/年焦化场平及地基处理 EPC 总承包项目"展开碳酸盐岩大块石高填方地基加固关键技术研究，并将研究成果整理汇总撰写了此专著。书中首先通过对典型试验区进行强夯及碾压试验，得出针对不同地基的加固技术及检测标准；其次通过室内流变试验及现场蠕变试验得出了地基蠕变规律，采用多学科交叉分析，提出地基蠕变变形控制技术；形成整套碳酸盐岩大块石地基处理的关键技术。同时，将此关键技术因地制宜、有的放矢地推广应用于多个喀斯特地区填方地基加固工程中，均取得了很好的工程效果，对喀斯特地基加固工程具有重要参考价值。

解决岩土工程的复杂性问题，与工程实践和理论功底密不可分，从书中可看出沈志平研究员和宋二祥教授及带领的团队具有丰富的工程实际经验和深厚的理论基础，同时也有清晰且创新的研究思维，并在此基础上做了大量研究工作。书中阐述的碳酸盐岩高填方大块石地基处理关键技术为喀斯特地区高填方大块石地基处理奠定了很好的基础。所以我很愿意为此书作序，同时，也希望广大工程研究及应用人员能够有机会阅读此书，从中得到启发和帮助。

龚晓南

中国工程院院士，浙江大学建筑工程学院教授
浙江大学滨海和城市岩土工程研究中心主任
2021 年 3 月 25 日

前　言

随着国民经济的发展，喀斯特地貌分布区的大型工业与民用建设项目越来越多、规模越来越大，喀斯特地区以碳酸盐岩大块石作为主要填料的高填方工程不断增加，该类工程具有填方高度高、填方量大、填料成分复杂、均匀性差、地基加固难度大、相关检测标准不完善等特点，碳酸盐岩大块石高填方地基加固技术已经成为关键的共性技术难题。且碳酸盐岩大块石填料地基最大粒径多超过现有规范的规定，针对该类高填方地基，亟需对振动碾压技术、冲击碾压技术、强夯技术等地基加固技术的适用条件、施工工艺、相关参数及检测手段、填方地基蠕变变形规律等课题进行系统深入研究。针对以上工程难题，2011年7月，贵州正业工程技术投资有限公司依托"盘县煤（焦、化）-钢-电工业基地一期一步200万吨/年焦化场平及地基处理EPC总承包项目"，进行了碳酸盐岩大块石高填方地基加固技术及相关设计参数、施工工艺以及检测标准的研究，并联合清华大学共同承担了贵州省科技计划项目——"盘县煤-钢-电工业基地大块石高填方地基蠕变控制研究与示范"，取得了一批原创性研究成果。本书就是在此研究成果的基础上凝练而成的。

本书共分3篇8章，其中，第一篇共两章，对碳酸盐岩大块石高填方地基适用的加固技术及相关设计参数、施工工艺以及检测标准进行了研究；第二篇共两章，对室内和原位试验条件下碳酸盐岩大块石高填方地基蠕变规律进行了研究；第三篇共4章，对第一篇中试验得到的地基加固技术进行了推广应用研究，结果表明强夯加固后的碳酸盐岩大块石高填方地基满足各类建构筑物的沉降变形和稳定性要求。各章节及主要研究人员如下：

绪论——由沈志平主笔，宋二祥、杨振杰、徐明等参与编写。介绍了碳酸盐岩大块石高填方地基加固技术及沉降变形的研究背景、研究现状，以及本书的研究思路和内容。

第1章研究区域环境地质条件——由余能彬主笔，袁江文、陈德茂、杨昌应等参与编写。介绍了研究区工程概况、水文气象条件及场地地质条件。

第2章碳酸盐岩大块石高填方地基加固关键技术试验研究——由杨振杰主笔，朱军、连江波、刘慧等参与编写。通过振动碾压试验、冲击碾压试验、强夯试验等一系列现场试验研究，提出了适用于碳酸盐岩大块石高填方地基的地基加固技术及相关设计参数、施工工艺以及检测标准。

第3章碳酸盐岩粗粒料在不同干湿条件下流变特性大型侧限试验研究——由宋二祥主笔，徐明、付君宜等参与编写。研究了全干燥、全饱和及干湿循环条件下碳酸盐岩粗粒料的流变特性。

第4章碳酸盐岩大块石高填方地基蠕变原位试验研究——由沈志平主笔，宋二祥、徐明、吴斌、王鸿、付君宜等参与编写。通过现场原位蠕变试验，分析了强夯加固后碳酸盐岩大块石高填方地基在大面积高附加荷载长期作用下的蠕变规律，得出了此类地基的蠕变影响因素及控制措施。

第5章贵安新区高端装备制造产业园南部片区标准厂房工程——由袁江文主笔，连江波、余永康、尹林莉等参与编写。介绍了碳酸盐岩大块石高填方地基加固关键技术在该项目中的应用，并对处理后的地基进行载荷试验检测和沉降观测，结果发现处理后地基承载力及各类建筑变形沉降均能满足设计要求。

第6章贵州省织金丰伟·龙湾国际项目——由孙洪主笔，罗会军、李振庆、刘欢等参与编写。依托贵州省织金丰伟·龙湾国际项目对冲洪积软弱地基采用强夯置换联合满夯工艺加固技术进行了研究，提出了相关施工处理参数，为类似工程提供了参考依据。

第7章遵义市新蒲新区新城虾子镇辣椒城综合物流园交易中心建设项目——由赵爱平主笔，张庆、彭又贤、雷鑫等参与编写。介绍了本书试验得到的处理技术、施工工艺在遵义市新蒲新区新城虾子镇辣椒城综合物流园交易中心建设项目中的应用效果。

第8章贵州双龙航空港经济区双龙北线宝能汽车城部分填方边坡地基加固项目——由陈德茂主笔，付君宜、孙秀东、李磊等参与编写。针对项目场区内软弱地基上的高填方边坡稳定性问题，采用孔内深层强夯法对地基进行加固，提出了填方边坡稳定性评价方法，为类似工程提供了参考依据。

全书由沈志平统稿，前言由沈志平执笔完成。

本书凝聚了全体执笔作者和参研人员的智慧，以期推动地基加固技术的发展，并对我国如火如荼的城市化建设有所裨益。书中难免存在疏漏之处，恳请广大读者批评指正。

目　　录

第一篇　地基加固关键技术研究

第二篇　蠕变控制技术研究

第三篇　地基加固技术推广应用

绪　　论

0.1　碳酸盐岩块石地基加固的工程意义

中国几乎各省份都有不同面积的碳酸盐岩分布，出露地表的总面积约 130 万 km²，约占全国总面积的 13.5%，被埋藏于地下的则更为广泛，有的地区累计厚度可达几千米，甚至上万米。我国南方喀斯特地貌分布区是全球连片分布面积最大的区域，并且以贵州、云南和广西最为集中。喀斯特地区，山地面积大，交通不便，路程远，基础设施相对落后，这些成为制约喀斯特地区城市现代化及工业发展的重要因素，在这样的地形地貌特点下实施工业战略，节约土地资源必然成为重要的基本原则。喀斯特地区山多地少，导致发展工业化和城镇化必将"向山要地"，其方法便是"开山造地"。"开山造地"的科学难题之一是填方地基的处理问题。解决好"开山造地"中填方地基的处理问题，将大大提高喀斯特地区的工业化和城镇化进程。

随着国民经济的发展，喀斯特地貌分布区的大型工业与民用建设项目越来越多，规模越来越大，目前喀斯特地区以碳酸盐岩为主要填料的高填方工程越来越多，喀斯特场地碳酸盐岩大块石高填方地基加固工程问题已经成为关键的共性技术问题。碳酸盐岩大块石高填方地基加固工程关键技术主要有：高填方堆积体的填筑加固处理技术、高填方堆积体压（夯）实地基强度控制技术、高填方堆积体压（夯）实地基瞬时变形控制技术、高填方堆积体压（夯）实加固地基蠕变控制技术四大技术问题。贵州正业工程技术投资有限公司依托"盘县煤（焦、化）-钢-电工业基地一期一步 200 万吨/年焦化场平及地基处理 EPC 总承包项目"工程对前三个问题进行了深入研究，其结果经贵州省科学技术厅组织的国内专家论证，被认为达到国内领先水平。高填方堆积体压（夯）实地基蠕变控制是系统解决碳酸盐岩无黏性高填方地基加固工程关键技术的主要科学难题，具有更大的难度和复杂性，为此贵州正业工程技术投资有限公司联合清华大学土木水利学院对该问题进行了深入系统的研究，取得了较多有价值的研究结果。在此基础上，针对喀斯特山区复杂的地形地貌、多变的地质条件，针对大块石高填方地基的压（夯）实技术和施工实践还不够成熟的现状，贵州正业工程技术投资有限公司选取具有代表性的 4 个碳酸盐岩大块石高填方地基加固工程进行了推广应用，取得了较好的推广应用效果。

0.2　国内外研究进展

山区场地由于高程差异较大，为合理高效利用土地，通常需要对场地进行回填平整。由于高填方地基结构松散，物理力学性能差，若不经过处理就作为持力层，极易出现过大的沉降或者不均匀沉降，对建筑结构安全产生显著的影响。随着高填方地基日益增多，高填方项目面临的问题也越来越突出。近年来针对高填方地基加固及地基沉降变形的研究已取得了一定的结果，但是针对碳酸盐岩大块石高填方地基的加固技术及蠕变变形缺乏系统的研究。

0.2.1 高填方地基加固方法

目前针对高填方地基的处理方法主要有强夯法、碾压法等，此外挤密砂桩法及水泥粉煤灰碎石桩（cement flyash gravel pile，CFG 桩）法在某些高填方工程中也有应用[2]。高填方地基可分为两个部分，即上部填筑体和原软土地基[3]。上部填筑体施工中使用的分层密实方法主要为强夯法和碾压法；而挤密砂桩法及 CFG 桩法主要运用于原地基加固。

1. 强夯法

20 世纪 60 年代后期法国的梅纳技术公司首先使用了强夯法处理地基。如图 0.1 所示，此方法是将很重的夯锤（通常 8~40t）从高处自由下落（落距通常为 8~30m）给地基土体以强大的冲击力及振动，从而达到提高地基土体的强度并降低其压缩性的目的。强夯法首次运用于工程中的是处理滨海填土地基，该场地表层为新近填筑的约 9m 厚的碎石填土，其下是 12m 厚的疏松砂质粉土。场地要求建造 20 栋 8 层居住建筑。碎石填土是新近填筑的，如采用桩基础，负摩擦力将占单桩承载力的 60%~70%，十分不经济。经研究采用堆载预压法处理地基，堆土高度 5m，历时 3 个月，只沉降 200mm。最后改用强夯法处理，当单位夯击能为 1200kN·m/m² 时，只夯击一遍，整个场地平均夯沉量达 500mm。建造的 8 层居住建筑竣工后，其平均沉降仅为 13mm。强夯法具有加固效果显著、适用土类广、设备简单、施工方便、节省劳动力、施工期短、节约材料、施工文明和施工费用低等优点，在世界各地广泛应用[4]。

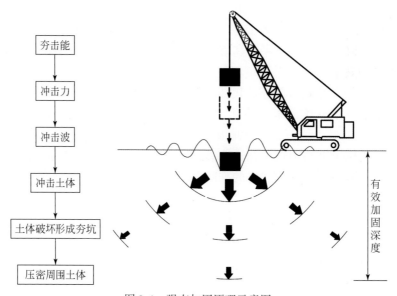

图 0.1 强夯加固原理示意图

我国于 1978 年开始先后在天津新港、河北廊坊、山西白羊墅、河北秦皇岛等地进行强夯法的试验研究和工程实践，取得了较好的加固效果，接着强夯法迅速在全国各地推广应用。20 世纪 90 年代初期，该项技术在贵阳龙洞堡机场工程的地基加固中得到应用，并对强夯法处理块石填筑地基的施工方法及参数做了研究。根据统计资料，迄今为止我国引入强夯法 40 多年来已进行了上万项工程的强夯施工，工程数量之多，居世界第一。实践证明，绝大多数工程采用强夯法处理地基均获得了成功，不仅地基处理效果明显，而且取得了显著的经济效益及社会效益。总之，强夯法在某种程度上比其他处理方法应用更为广泛，更为有效，更为经济，已成为我国最常用的地基处理方法之一。

通过大量研究普遍认为强夯分为四个阶段[5]。

（1）夯击能量转化阶段。夯锤的重力势能转化为土体的内能，此时土体内气体排出，土体体积减小，土颗粒间孔隙水压力上升。

（2）土体液化或土体结构破坏阶段。夯击次数增加，土颗粒间孔隙水压力上升，土体抗剪强度降低。

（3）排水固结压密阶段。在外力作用下，土体自身的抗剪强度不足以抵抗外部剪应力从而产生裂隙，土颗粒产生二次排列，使得自身抗剪强度提高，土体强度提高。

（4）触变恢复-固结压密阶段。此时土中自由水大多数被挤出，剩余少数转换为薄膜水，土的强度提高。

总体上，强夯法有动力密实、动力固结、动力置换，分别针对粗粒土、饱和土、复合地基等工况。

强夯法在高填方地基加固工程中应用广泛，具有经济、快捷等优点，对于目前高填方工程填筑体主要由块、碎石混合物构成的现状，强夯法具有很强的适用性；对于处理面积大但地基承载力要求不高的高填方机场工程而言，强夯法也是首选的地基加固手段[6-9]，但强夯施工过程中会对周边的环境产生振动和噪声影响。国内学者针对强夯法在碎石土地基中的应用情况展开了如下研究。

王峰[10]对强夯法在碎石土地基加固中的应用研究表明，强夯法对于提高碎石土地基的强度和均匀性，降低土体压缩性，消除不均匀沉降，改善碎石土的物理力学性质和工程特性均具有明显的效果。

黄达、金华辉等[11-13]研究了在不同土石比条件下，碎石土的压实特性及对瑞利波的影响，得出土石比对强夯加固区的厚度影响较大，大块石对周边土体存在较强的扰动作用。

霍新雯[14]对山区碎石土地基强夯加固工程开展了大量的试验研究，建立了不同强夯能级下，碎石类强夯地基承载力和变形模量与超重型动力触探击数、瑞利波波速的相关关系。

安春秀等[15]通过开展强夯处理碎石回填土地基相关性试验，建立了剪切波速和地基承载力特征值、变形模量及超重型动力触探击数之间的相关关系。

王祎望等[16]提出了用动力触探与动刚度测试相结合的方式来评价碎石土强夯地基加固效果。

罗恒等[17]对红砂岩碎石土高填方路基强夯加固时的动应力扩散及土体变形试验研究

表明，强夯对红砂岩填土路基的加固效果明显，动应力在水平方向上的有效加固宽度从 2.0～3.0m 变化至 3.0～4.0m，在竖直方向上的有效加固深度从 3.5～4.0m 变化至 5.0～6.0m；随着夯击次数的增加，动应力在有效加固范围内的增加也更加明显，但在 3～5 击后基本稳定；4 种夯击能量（840kN·m、960kN·m、1080kN·m、1200kN·m）在土体中产生的变形为 4.0～6.0m，变化比较显著，但当深度超过 6.0m 后，产生的沉降量就几乎相等。

2. 碾压法

振动碾压是一项较为成熟的压实技术，已被广泛应用到需压实的各个领域。其主要适用于路基工程中碎石土、砂土、粉土、低饱和度黏土、杂填土等。振动碾压是采用高频振动快速、连续地反复冲击土的方式工作。压力波从土表面向深处传播，振动可以减弱土颗粒间的摩擦力和内聚力，使土颗粒重新排列，小的土颗粒填充到大的颗粒孔隙中，从而土体被压实。在振动碾压过程中，土体受到振动轮的剪应力作用，振幅越大承受应力也越大。

冲击碾压技术源于南非，经过几十年的发展，冲击碾压技术已在公路、港口及机场等工程的地基加固中广泛应用[18-21]。冲击碾压技术是一种通过冲击压路机完成压实的新型地基加固技术，其基本工作原理是利用非圆形冲击轮的快速滚动，对土体或其他压实对象施加冲击、揉搓及静压等作用，使土体中的孔隙体积减小。冲击碾压是冲击和滚动重压复合行为，整个压实过程是一个复杂的周期加随机过程。在冲击碾压过程中，压实轮滚动升至最高位置点时，在越过此点后重心相对于接触点产生使压实轮坠落的冲击力矩，在该力矩的作用下压实轮冲击地面。随后压实轮的冲击面向前方搓挤地基土，产生强力的搓揉作用。通过压实轮的滚动作用地基土体得到加固密实（图 0.2）。

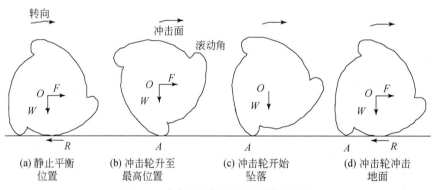

图 0.2　冲击碾压加固地基工作原理图
F. 牵引力；R. 地面反作用力；W. 冲击轮自重

冲击碾压技术具有如下一些主要特点：①在填料压实方面，冲击碾压技术的压实层厚可达 0.6～1.5m，是传统压路机所能实现的压实厚度的 2～3 倍，同时压实效率可达到传统压路机的 3 倍以上[22,23]；②在原位地基压实方面，冲击碾压技术的有效加固深度可达 2m，影响深度可达 4～5m，远远超过传统压路机的压实深度[24-27]；③与强夯法相比，冲击碾压技术的加固深度较小，但在大面积浅层地基加固方面更为节省施工成本和缩短工期[21,27]。

对于高填方工程而言，碾压法可单独使用，也可以配合强夯法使用；单独使用时，碾压法的效率低于强夯法，但碾压法对周边环境的影响较小；碾压法与强夯法配合使用时，碾压法通常用在强夯施工完成后的表层碾压，或对一些强夯施工难以到达的区域进行碾压[28]。

3. 挤密砂桩法

挤密砂桩法是指先采用一定的方式在需加固的地基中成孔，再将桩体材料填入并挤压密实，从而成桩。挤密砂桩法具有挤密和置换等加固机理，适用于处理地下水位以上的多种土类，某些情况下在高填方地基加固中也有应用。

对于高填方地基而言，采用挤密砂桩法进行地基加固具有一定的局限性。首先，高填方填筑体材料一般由散体材料组成，其中不乏有粒径较大的飘石、块石，在此类地基中进行施工时，挤密砂桩将面临成桩困难的风险，可能由于大粒径障碍物的存在，成桩深度达不到要求，从而影响处理效果。其次，挤密砂桩加固地基时布桩较密，施工效率较低，对于大面积地基加固的情况，挤密砂桩的工期较长、造价较高，同等条件下，相对于强夯法具有一定的劣势。最后，挤密砂桩的施工工艺决定其不能用于水下作业，对于地下水位较高的工程，挤密砂桩法并不适用。

挤密砂桩法与碾压法相比，具有加固深度深的优点；与强夯法相比，具有加固可达到的承载力较高的优点，在某些不具备强夯施工条件的地段，也可考虑采用挤密砂桩法[29,30]。章亮[31]利用挤密砂桩法处理高填方浅层非自重湿陷性黄土段路基，在填土完成后约20天路基沉降即可稳定，地基水平位移较小，没有侧移失稳现象，加载完毕后孔隙水压力消散较快。

4. CFG 桩法

CFG 桩是由水泥、粉煤灰、碎石等材料复合而成的半刚性桩。CFG 桩适用于处理填土、黏性土、粉土、砂土等各种土类。CFG 桩法优于强夯法及碾压法之处在于具有更深的处理深度，处理后能达到更高的地基承载力及沉降变形，其施工效率高于挤密砂桩法[32-34]，但造价高于其他三种方法。对于高填方地基而言，CFG 桩法及挤密砂桩法的共同缺点是当遇到障碍物时沉桩困难等[4]。

对于高填方地基而言，CFG 桩法同样面临遇到障碍物时成桩困难的风险；对于面积大而承载力要求不是很高的工程项目，CFG 桩法同样不具备较好的经济性，施工时间也较长。在具备条件时，CFG 桩法常用于建筑物下地基的处理，并且 CFG 桩法可进行水下施工。在地下水位较高的工程中，CFG 桩法是可以考虑采用的地基加固手段之一。

0.2.2　高填方地基沉降变形研究

高填方工程的填方高度高、填方量大，易产生不均匀沉降，对工程的安全性和稳定性产生不利的影响，因此对高填方地基的工后沉降的研究具有重要意义。高填方地基施工后的沉降变形主要包括原地面地基的固结变形、填筑体的蠕变变形、湿化变形等。目前针对原地面地基的固结变形理论研究已经较为深入，而对于填筑体的蠕变变形、湿化变形的研究仍在探索阶段。

1. 填筑体蠕变变形的研究现状

沈珠江和左元明[35]早在 1988 年就针对堆石坝变形问题开展了块碎石（堆石料）蠕变试验，并建议采用双曲线来近似刻画蠕变应变随时间发展的规律。随后梁军等[36]、程展林和丁红顺[37]也对碎石蠕变进行了大量研究，但目前广泛应用的仍是沈珠江建议的双曲线模型。但是通过沈珠江的研究数据分析得出，蠕变完成时间较短，与现场高填方地基蠕变发展时间较长的实际不符，如西北口堆石料面板坝，观测沉降最大的点在施工完成时的沉降为 36cm，8 年后发展到 66cm[38]。殷宗泽[39]的研究也表明，在室内试验条件下蠕变完成的时间较现场要短。

宋二祥和曹光栩[40]初步分析了室内试验蠕变变形比现场完成较快的原因，进而在原有模型的基础上针对大面积填方问题提出了一个考虑蠕变过程中荷载变化的计算方法，并通过计算对比展示了其合理可行性。曹光栩等[41]通过对室内试验数据进行分析，发现双曲线模型也能较好地预测粗粒料的蠕变变形，进而在此基础上提出了计算粗粒料填方体长期蠕变变形的简化算法。

近年来，随着科技的发展，为了能直观地研究填方料的长期蠕变机理，引入了显微技术和电子扫描技术等新的研究手段。例如，Cheng 等[42]通过数码摄影头实时地观察高压下碎石颗粒裂缝发展及破碎情况；Goodwin 等[43]用 CT 扫描技术对加载中的试件进行断面扫描。如何结合试验、微观成像技术和数值模拟来进行定量的分析，是今后土力学研究领域的一个重要发展方向[44]。

2. 填筑体湿化变形的研究现状

填筑材料浸水后产生的附加沉陷一般称为湿陷，而在复杂的边界条件下，填筑材料还会产生侧向的变形，统称为湿化变形[45]。对于以碎石粗粒土作为主要填筑材料的大型填筑工程，如堆石坝等，在建设的初期，普遍认为碎石粗粒土并不会产生大量的湿化变形。然而，事实并非如此。例如，1964 年北京密云水库的堆石坝由于在洪汛期水位快速上升，导致坝面出现下沉及坝顶心墙出现纵向的裂缝[46]；1993 年青海省的沟后水库由于防浪墙底止水带发生破坏，造成粗粒填料湿陷，从而坝体面板破坏，最终酿成溃坝[47]；国外的埃尔伊西罗坝（委内瑞拉）在初次蓄水后下游坝坡出现纵向的裂缝[48]；英菲尔尼罗坝（墨西哥）在蓄水后坝顶快速地下沉[49]；美国坝高 100m 的 Salt Spring 坝在蓄水后面板也出现了严重开裂并大量漏水等[50]。从以上事件可以得出，当填筑高度较高时，碎石等粗粒土产生的湿化变形是不可忽略的。湿化变形的不断累积会对填筑体的变形、稳定极为不利，直接影响到填筑体施工完成后的运营安全，因此必须引起足够重视。

国内外已有不少学者开展了针对碎石料的湿化变形研究。Brandon 和 Duncan 对经过系统压实的 30m 高的砂质黏土填方地基做沉降监测，发现由于地面灌溉用水的浇注，较深填方的地面出现明显的沉降[51]。Soriano 和 Sanchez 的研究也发现，由片岩填筑而成的 40m 高的路堤在强降雨时沉降变形明显增大[52]。李广信[53]对堆石料进行了湿化试验研究，得出湿化变形与其所含的矿物成分有关,堆石料压实后湿化变形显著减小,轴向变形减少明显,并提出了湿化割线模型。王海俊和殷宗泽[54]用大型三轴仪进行了干湿循环作用下堆石料蠕变变形的研究,得出干湿循环变形占堆石料后期变形的主要部分。宋二祥和曹光栩[40]通过研究分析认为,现场条件下碎石料的干湿循环变形与地下水或雨水的浸润程度有密切关系,实际观测资料多是综合了各种变形因素在内的变形,无法准确判定干湿循环变形的大小,因此,对于碎石等粗粒料干湿循环变形的研究还应以可控条件下的室内试验为主要手段,依据试验曲线建立合适的模型来刻画干湿循环变形,同时与现场实际浸润发展规律相对比,最后将此变形作为附加蠕变变形进行计算。

目前,对于碳酸盐岩粗粒料填料的长期变形特性的研究,主要包括对干燥、饱和及干湿循环条件下粗粒料的长期流变规律、湿陷变形两个方面[40,41,55-59]。但是对于在干湿循环与一直饱和条件下粗粒料流变特性的对比研究尚无公开报道,对于粗粒料在哪种条件下流变变形发展更快也不清楚。

0.3　研　究　内　容

本书充分利用"盘县煤(焦、化)-钢-电工业基地一期一步 200 万吨/年焦化场平及地基处理 EPC 总承包项目"提供的地基加固环境,在系统研究场地喀斯特环境条件下的不同碳酸盐岩的岩石组成、物理力学性能、风化条件、风化状态等基础上,应用室内、现场多种试验方法、检测方法,对碳酸盐岩大块石高填方地基的填筑加固处理技术、碳酸盐岩大块石高填方地基压(夯)实地基强度控制技术、碳酸盐岩大块石高填方地基的压(夯)实地基瞬时变形控制技术及蠕变变形控制技术展开深入研究,并将研究成果在类似工程中进行推广应用,形成示范工程。

本书主要研究内容如下。

(1)针对碳酸盐岩大块石高填方地基的特点,选择代表性和典型性的试验区进行强夯、碾压等手段的地基加固技术试验研究。

(2)应用室内、现场试验,对碳酸盐岩大块石高填方地基蠕变变形控制技术进行系统研究。具体研究内容如下:①压(夯)实后的碳酸盐岩大块石高填方地基在自重及模拟荷载长期作用下的蠕变特征及其变化规律。通过对场地岩石的理化性能、力学性能、级配组成、室内流变试验、原位蠕变试验研究,综合描述碳酸盐岩大块石高填方地基的蠕变特征,并总结其蠕变变化规律。②影响碳酸盐岩大块石高填方地基蠕变的因素及其控制措施。根据碳酸盐岩大块石高填方地基的蠕变特征及其变化规律,采用多学科交叉分析,系统研究地基蠕变的发生机制、影响因素及其控制措施。

(3)选取喀斯特地区具有代表性的 4 个碳酸盐岩大块石高填方地基加固工程进行推广应用研究。

0.4　技　术　路　线

本书的总体技术路线如图 0.3 所示。

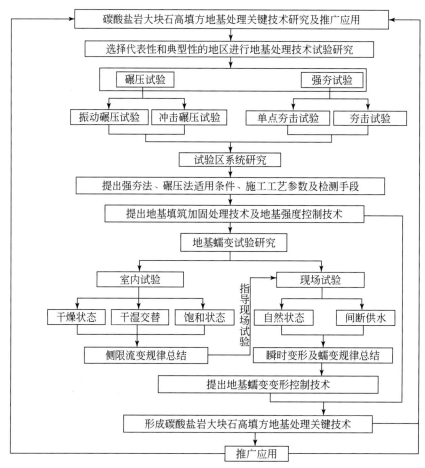

图0.3 总体技术路线框图

0.5 主 要 成 果

（1）针对碳酸盐岩大块石高填方地基的特点，提出了不同地基加固方法的适用条件、施工工艺、相关参数及检测手段，在此基础上提出了适用于碳酸盐岩大块石高填方地基的填筑加固处理技术及检测标准。

（2）通过室内流变试验得出侧限流变规律如下：对比粗粒料在全干燥、全饱和及干湿循环条件下的流变特性，发现粗粒料在全干燥条件下的流变变形要小得多；在全饱和与干湿循环条件下的流变特性基本上比较接近，并且在全饱和条件下的流变变形要略大一些。粗粒料在第二级荷载下一直浸水与干湿循环条件下的流变出现了较大的差异，这可能与两试样内个别颗粒存在差异有关；随着这些颗粒的破损，这些差异得到消除，对更高荷载水平下的流变规律没有影响。

（3）通过现场蠕变试验表明：地基的沉降变形主要发生在加载阶段，待加载完成后，地基蠕变速率明显变慢，在试验末期，试验台沉降基本趋于稳定。相同状态下不同尺寸的试验台，平台底面尺寸越大，其蠕变沉降越大。当其他条件相同，试验环境不同时，试验台在干湿交替下的累计沉降值大于自然环境下的沉降值。含水率对蠕变变形的影响表现在：沉降初期，外界注水对填土料的变形有比较明显的影响，注水与沉降量成正相关的关系，但沉降趋于稳定之后，短期内大量注水只在注水期间提高填筑体沉降量与沉降速率，在注入的水被压缩排出后填筑体的沉降状态又恢复到注水之前，且沉降值无明显增大。针对碳酸盐岩大块石高填方地基的蠕变规律，提出控制碳酸盐大块石高填方地基蠕变的措施。

（4）通过喀斯特地区具有代表性的 4 个碳酸盐岩大块石高填方地基加固工程进行推广应用研究，取得了较好的推广效果。

第一篇　地基加固关键技术研究

喀斯特山区地质构造条件复杂，且高填方工程具有土石方量大、面积大的施工特点，导致山区高填方地基施工难度加大，变形特性及稳定控制与一般工程不同。山区高填方工程往往是就地取材，取材量很大，因而填料带有很强的地域性，而碳酸盐岩为我国西南地区的常见岩石，主要包括灰岩和白云岩两大类。以碳酸盐岩为主要填料的填方地基日益增多，其长期工程完工后的沉降直接关系到上面机场、高速公路、铁路、工业建筑等设施的正常使用。直接以高填方地基土作为建筑基础持力层，难以满足建筑物的承载力及沉降要求，因此必须对高填方地基进行处理。贵州正业工程技术投资有限公司依托"盘县煤（焦、化)-钢-电工业基地一期一步200万吨/年焦化场平及地基处理EPC总承包项目"，针对工业建筑物中碳酸盐岩大块石高填方地基的特点，选择具有代表性和典型性的试验区进行了振动碾压、冲击碾压、强夯等手段的地基加固关键技术试验研究，通过试验区的系统研究及结合项目工程的特点，提出了适用于碳酸盐岩大块石高填方地基的地基加固方法及其施工工艺、相关参数及检测手段。

第1章 研究区域环境地质条件

1.1 研究区工程概况

本书依托"盘县煤（焦、化）-钢-电工业基地一期一步 200 万吨/年焦化场平及地基处理 EPC 总承包项目"，该项目位于贵州省六盘水市盘州市鸡场坪镇，地处贵州、云南、广西三省（自治区）结合部，东北距贵阳市 310km。

盘州市"煤（焦、化）-钢-电"工业基地分两期建设，占地面积约 10.8km²。现已完成的区域为一期一步 200 万吨/年焦化场平及地基处理 EPC 总承包项目，占地面积约 0.4km²。该项目形成了三个平台，平台标高分别为 1795.9m（油库区）、1794.9m（化产区、焦炉区）、1792.5m（配煤区），以及场区道路。

建设场地工程平面布置图如图 1.1 所示，其原始地表正地形分布有云盘头、大山老包、大皮坡老包三个溶蚀残丘；负地形分布有玉琬井大冲沟、小冲沟及杨家村冲沟。场地建设将在东侧形成约 100m 高的人工挖方边坡，在南侧形成近 40m 高的人工填方边坡，场地内最大填方厚度 38m。

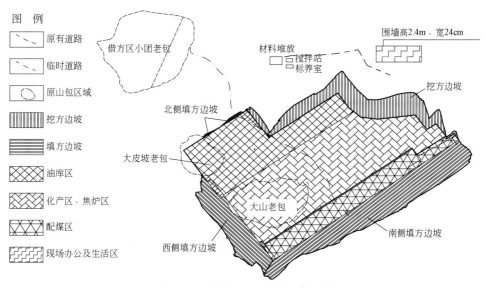

图 1.1 建设场地工程平面布置图

1.2　地形地貌与气象条件

1.2.1　地形地貌

　　研究区位于贵州省六盘水市盘州市鸡场坪镇。盘州市位于贵州省西部，六盘水市西南部，是贵州省的西大门，地处贵州省通往云南省的交通要道，素有"黔滇咽喉"之称。全境南北长107km，东西宽66km。东邻普安，南接兴义，西连云南省富源、宣威，北邻水城。

　　盘州市位于云贵高原上，高山跌宕起伏，在同纬度地方，盘州市西侧有一列略高的山脉——乌蒙山，境内岩溶地貌类型齐全，发育典型。山峦众多，延绵起伏；沟壑纵横，深履险峻。全区以高原山地为主，其基本特征是：西北高、东南低、中部隆起，大致呈由西向东倾斜的高原斜面。整个地形高低差异相当显著，属高中、中山地形。地貌形态多样，以高原山地为主，丘、谷、坝、原（小型山原及高原）次级地貌分布在山地中。全区山地（均为高中山、中中山、低中山）面积3342km^2，占土地总面积的82.4%；山地丘陵分布于海拔1600～2000m的地带，面积374km^2，占土地总面积的9.22%；坝地多分布于海拔1400～1900m的平缓地区，面积98.6km^2，占土地总面积的2.43%；山原地貌主要分布在海拔2200m以上的老黑山、八担山（八石山）、牛棚梁子等小型山原，面积241.4km^2，占土地总面积的5.95%。区内地貌有岩溶地貌（峰丛洼地地貌、峰丛谷地地貌、溶丘洼地地貌）、溶蚀-侵蚀构造地貌和剥蚀-侵蚀构造地貌3个大类，11个亚类（图1.2）。

　　场地自然标高最高约为1910m（位于云盘头顶端及魂堂子老堡西北侧），最低约为1750m（位于大山老包东北侧），最大高差达160m，地貌形态为低中山，场地内岩溶比较发育，存在较多的自然出露的岩溶现象，岩溶漏斗数量较多，其他的岩溶形态有溶洞、落水洞、石芽、溶沟和溶槽等。试验场地位于场区西侧大山老包与大皮坡老包之间的沟谷内，试验区顺沟谷发育方向展布，总体地形东部、北部高，西部低。

1.2.2　水文气象条件

　　盘州市属于中纬度带，气候以亚热带季风气候为主，在云贵高原面上，地势复杂多样，垂直地带性显著。地带性的差异，造就了地形、气候、湖泊、河流、植被和土壤的差异性。境内平均海拔在1400～1900m。距海位置较远，水汽的输送较困难，但是由于我国的河流较发达，其年均降水量在1390mm，日照时数在1593h。

　　盘州市地处长江水系和珠江水系的分水岭地区。受岩溶地貌影响，地表河网植被为中亚热带半湿润阔叶林。由紫红色的砂岩、页岩风化而成的紫色土与地下河网均有发育，互有衔接，且反复出现。区域内河床狭窄，水流急，落差大，水利资源丰富。由于降水较多加上排水有限，区域内也会形成比较小的沼泽地。

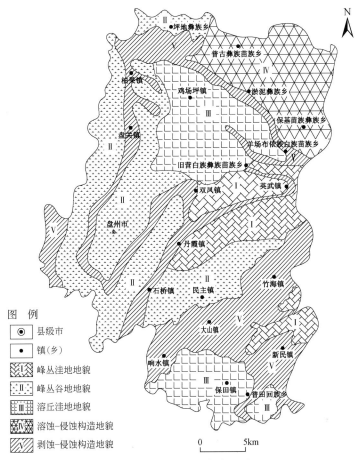

图 1.2　研究区地貌分区图

图　例

⊙ 县级市
● 镇（乡）
Ⅰ 峰丛洼地地貌
Ⅱ 峰丛谷地地貌
Ⅲ 溶丘洼地地貌
Ⅳ 溶蚀-侵蚀构造地貌
Ⅴ 剥蚀-侵蚀构造地貌

0　　　5km

1. 平均气温

　　按气象站所测，多年平均气温 15.2℃，全境 57.9% 的行政村年平均气温大于 14℃。气温分布受海拔的影响较为明显，南部边缘和河谷低洼地区可达 15～16℃，保基苗族彝族乡的陆家寨村年平均气温高达 17.4℃，北部的部分地区年均气温低于 12℃，乌蒙镇的罗基壳村、胜境街道的迤车村都仅 11.4℃，与陆家寨村相比净差 6℃之多。在冬季最冷月（1 月），大部分地区平均气温为 3～6℃，北部 2000m 以上地区为 1.4～2.5℃，东北部的陆家寨村高达 8℃。在春季（4 月），各地气温迅速回升，除北部少数地区低于 14℃外，各地均达 14～18℃，东北部的陆家寨村高达 20℃。整个春季，区内自北向南增温幅度高达 2～4℃。在夏季（7 月），除少数河谷地区达到 21～23℃外，大部分地区为 20～21℃，其中迤车村和罗基壳村只有 17.5℃和 17.7℃。在秋季（10 月），气温迅速下降，尤以北部为甚，除东北部、拖长江河谷、中部偏南地区在 14～16℃外，其余地区在 11～13℃。秋末开始，气温自南向北逐渐降低。

2. 降水蒸发

根据气象站雨量实测资料，平均年降水量为 1390.8mm。1965 年达 2105.5mm，1958 年仅 791.5mm，相差 1314mm。研究区各地年降水量总的分布趋势是由北向南递增，年降水量均在 1000mm 以上，除北部整个坪地彝族乡、舍烹村、普古村、清水村、土城村、盘关镇、海铺村、平关村、羊场坝等地年降水量不足 1300mm 外，其他地区都在 1300～1700mm。老厂村、乐民村等地区多达 1750mm 以上。区内各地的降水强度随季节降水量而变化，夏半年（雨季期）降水多而集中，冬半年（旱季）降水少。

1.3　场地地质条件

1.3.1　场地岩土的构成与特征

1. 第四系（Q）

本区域工程地质剖面图如图 1.3 所示，其第四系覆盖层主要为残积、坡积红黏土，为灰岩和泥岩在贵州省特殊的大降水量、气候潮湿环境中风化形成的。通常为褐黄色—红色，可塑—硬塑，从地表向下由硬变软，靠近基岩及溶沟溶槽内的土也常为软塑。土层分布很广，覆盖面积占 80% 以上，总体较薄，一般为 0～3m，局部也有大于 10m 的，基岩（包括石芽）间或出露，小范围内层厚即有很大的变化，低洼处局部黏土较厚，为红黏土经过搬运后沉积形成。场区内红黏土出露地表失水干缩后普遍存在裂隙，局部有挖开的新鲜面网状裂隙发育。

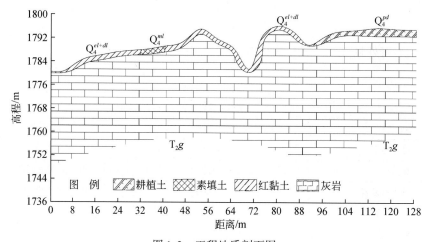

图 1.3　工程地质剖面图

根据土层性质的差别，将第四系地层分成 3 个大层。

（1）预留场地回填土及人工活动堆积（Q_4^{ml}）。人工活动堆积的主要是黏性土，含建筑垃圾、碎石等，主要分布在居民点及道路上。

（2）耕植土（Q_4^{pd}）。红色，含植物根系和残体，表面裂隙比较发育。场地内普遍分布。

（3）黏性土（Q_4^{el+dl}）。红黏土含水比（α_w）最小值 0.70，最大值 0.77，平均值 0.74。红黏土的状态分类为可塑—硬塑，表层较硬，到岩土结合面常为软塑。红黏土在场地内普遍分布，厚薄不均。淤泥质黏土（Q_4^{dl}）主要存在于黑谷洼附近。

2. 三叠系（T）

场地下伏岩层出露主要为三叠系关岭组（T_2g）白云岩、灰岩及泥岩，从第一段到第三段均有出露，小范围还出露有永宁镇组第二段（T_1yn^2），地层产状变化较小，倾向 205°~250°，倾角 10°~28°，平均产状为 230°∠18°。

挖方区白云岩为中厚层—厚层，主要出露在场地西侧的大山老包和大皮坡老包；白云质灰岩、含泥质灰岩主要为中厚层—厚层，局部薄层，出露在小山老包及云盘头区域；借方区小团老包主要为薄层灰岩，少量中厚层泥质石灰岩。根据各岩层性质的差别及其风化程度，划分为 3 个大层。

（1）三叠系关岭组第三段（T_2g^3）。主要为白云岩，地表出露范围主要在菜市场、大山老包一带。

（2）三叠系关岭组第二段（T_2g^2）。主要为灰岩夹泥质灰岩，地表出露范围主要在本歹小学、云盘头、朱家老包一带。

（3）三叠系关岭组第一段（T_2g^1）。岩性为泥岩夹泥质粉砂岩，呈互层状，局部地段为灰质泥岩，地表出露范围主要在新农村、魂堂子老堡一带。

1.3.2　场地岩土的物理力学性质

场地岩土为填料的主要来源，场地土石比为 3∶97，土层主要为硬塑红黏土，岩石主要为中厚层—厚层白云岩、薄层—厚层灰岩及中厚层—厚层含泥质灰岩。各岩土力学性能见表 1.1。根据野外钻探、工程实践经验，提出场地内各层土地基承载力特征值（f_{ak}）和压缩模量（E_s）。

表 1.1　地基承载力特征值和压缩模量表

岩土名称	地基承载力特征值 f_{ak}/kPa	压缩模量 E_s/MPa
淤泥质黏土	50~70	3.0~4.0
红黏土	100~150	6.0~10.0
中等风化白云岩	1000~2000	可不考虑压缩
强风化灰岩	250~300	25
中等风化灰岩	1500~3000	可不考虑压缩
中等风化泥岩	300~350	30
强风化泥岩	200~250	20
中等风化泥质灰岩	800~1000	可不考虑压缩

1.3.3　区域地质构造

盘州市地处扬子准台（Ⅰ）、上扬子台褶皱带（Ⅱ）、黔西迭陷褶断束（Ⅲ）的西部，大部分构造属北西向和北东向。其构造纲要图如图 1.4 所示。

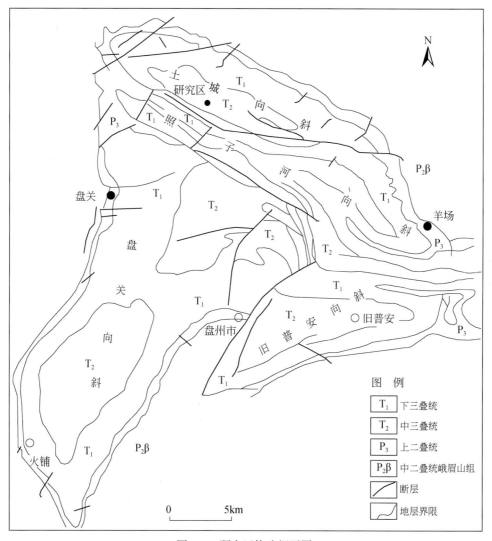

图 1.4　研究区构造纲要图

场地位于土城向斜北东翼东南端，单斜构造。土城向斜属于北西向构造之一。土城向斜轴向从西向东由北西 55°转东西向，轴线向南凸出呈弧形，长 50km，宽 2～8km，轴部出露地层为中三叠统关岭组（T_2g）。向斜南西翼被一条走向断层切割，局部见含煤地层。南西翼地层倾角 27°～28°，北东翼地层倾角平缓，一般为 10°～35°，西端及东南部断裂比较发育。

根据区域地质资料，在场区附近有鸡场坪-鲁那断裂带通过。鸡场坪-鲁那断裂带位于土城向斜中部，呈北东—北东东向展布，倾向南东或北西，倾角 30°～80°，落差 50～500m，由数条断层组成，以逆断层为主，对含煤地层破坏性大，但不是活动断层，对本场地无影响。

1.3.4　水文地质条件

场区属珠江水系上游，处于北盘江支流分水岭地段。场区无河流通过，距离场地最近的小河约 3km，场区周围和附近无大的水体。因灰岩为透水层且岩溶裂隙发育，场区内地表水为大气降水形成。地表流水沿地形斜坡向低洼处汇集后，从岩石裂隙、岩溶漏斗中流入地下，属地下水垂直循环带，稳定的地下水位埋藏较深。

因为地下水水位标高距场区地面标高较深，所以场区中的地下水对建筑施工没有大的影响。但由于下伏基岩有泥岩，泥岩产状决定了一些薄的泥岩隔水层，使地层中存在一定范围的层间水，如场区东北角水井边有一处泉水出露，云盘头南坡有三处层面岩溶泉出露，泉水流量随降雨有很大的变化，这些局部水体可能会对施工造成影响。泉、井统计见表 1.2。建设场地地下水类型为碳酸盐岩类岩溶水，稳定地下水位埋藏深度大于 100m。

表 1.2　泉、井统计

泉、井编号	地理位置	地面标高/m	说明
Q1	云盘头南坡	1777	流量较小，有水慢慢溢出，降雨后水量增加
Q2	云盘头南坡	1793	平时流量较大，降雨后水量增加
Q3	云盘头南坡	1806	平时流量很小，降雨后水量增加
Q4	场区东北角水井边	1863	已砌成 10m×4m 明井，无水漫井

取 2 组地下水样进行水质分析，分析参数表明该场地地下水对混凝土和混凝土结构中的钢筋具轻微腐蚀性，对钢结构具有弱腐蚀性。

第 2 章　碳酸盐岩大块石高填方地基加固关键技术试验研究

2.1　试验概况

目前，针对岩溶地区碳酸盐岩大块石高填方地基采用何种加固方案及其相关的设计参数、施工工艺及检测手段尚不明确。本章围绕碳酸盐岩大块石高填方地基的特点，选择了具有代表性和典型性的试验区，进行了振动碾压试验、冲击碾压试验、强夯试验等一系列现场试验研究。通过试验区的系统研究，提出适用于碳酸盐岩大块石高填方地基的加固方案及相关设计参数、施工工艺及检测标准。

2.1.1　试验场地及类型

试验区位于场区西侧大山老包与大皮坡老包之间的沟谷内，顺沟谷发育方向展布，如图 2.1 所示。

受场地开挖条件限制，本次试验填料主要采用大山老包、大皮坡老包的中厚层—厚层白云岩。试验后期采用小山老包的薄层—中厚层灰岩，云盘头的中厚层—厚层灰岩、含泥质灰岩；借方区小团老包的薄层灰岩。在施工过程中补充了部分薄层、中厚层、厚层白云质灰岩、泥质石灰岩的试验工作。

2.1.2　填料类型及粒径级配

填料主要为取自大山老包、大皮坡老包的中厚层—厚层白云岩，借方区小团老包的薄层灰岩，小山老包的薄层—中厚层灰岩，云盘头的中厚层—厚层灰岩、含泥质灰岩。其母岩为中三叠统关岭组（T_2g）岩层，岩体较破碎，主要为中风化，其最大粒径不大于 500mm，且黏粒含量均不大于 5%。对以上填料进行颗粒分析，得到如图 2.2 所示的填料粒径级配累计曲线。

观察图 2.2 发现，现场取得的四种填料粒径级配累计曲线均平滑连续，结合表 2.1 可得，其均为级配良好的块石，此类土经地基处理后，较细颗粒填充在粗颗粒形成的孔隙中，容易得到较高的干密度和较好的力学特性，适用于填方工程。

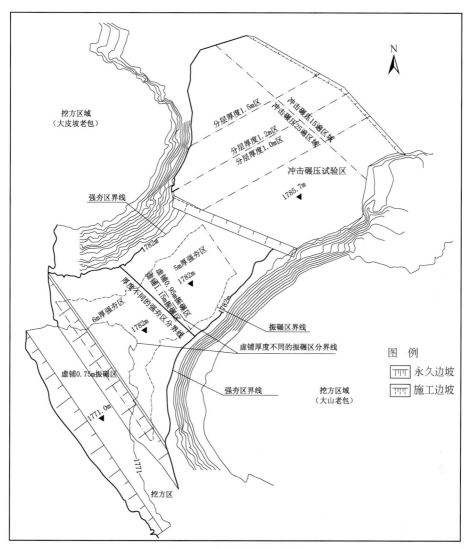

图 2.1　试验区平面布置图

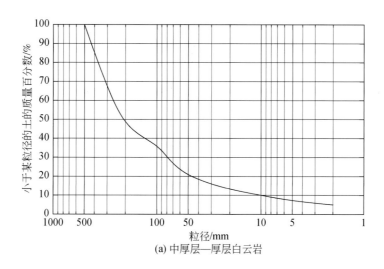

(a) 中厚层—厚层白云岩

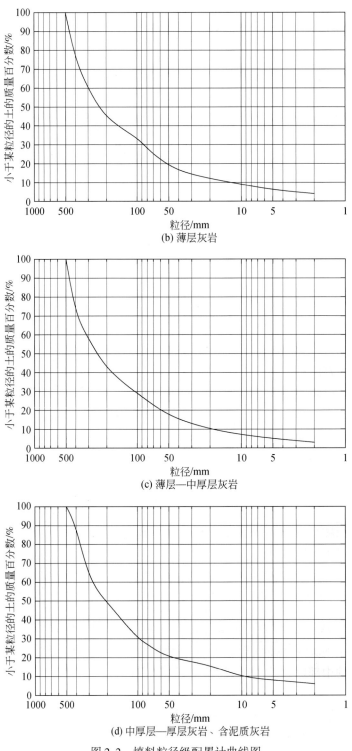

图 2.2　填料粒径级配累计曲线图

表 2.1　填料颗粒分析试验结果

填料	有效粒径 d_{10}/mm	d_{30}/mm	控制粒径 d_{60}/mm	平均粒径 d_{50}/mm	不均匀系数 C_u	曲率系数 C_c	级配
中厚层—厚层白云岩	10	80	250	205	25	2.6	级配良好
薄层灰岩	12.5	85	300	220	24	1.9	级配良好
薄层—中厚层灰岩	20	105	305	230	15.3	1.8	级配良好
中厚层—厚层灰岩、含泥质灰岩	9.3	94	360	210	39.7	2.6	级配良好

2.1.3　填料最大干密度

由填料粒径级配累计曲线可见，填料的平均粒径均大于 200mm，与常见的砂土、粉土、黏性土的粒径差距较大，为得到准确的试验结果，同时采用室内试验和现场试验测定填料最大干密度。

1. 室内试验

分别对大山老包及大皮坡老包的中厚—厚层白云岩，借方区小团老包的薄层灰岩，小山老包的薄层—中厚层灰岩，云盘头的中厚层—厚层灰岩、含泥质灰岩分别取样，送贵州黔水科研试验测试检测工程有限公司（原贵州省水利水电勘测设计研究院）进行最大干密度室内试验。试验结果见表 2.2。

表 2.2　最大干密度室内试验参数

序号	取样岩性	代表区域	最大干密度/(g/cm³)	最优含水率/%
1	中厚层—厚层白云岩	大山老包、大皮坡老包	2.08	12.6
2	薄层灰岩	小团老包	2.17	4.9
3	灰岩、含泥质灰岩，以中厚层为主，少量薄层及厚层	小山老包、云盘头	2.25	4.0

2. 现场最大干密度试验

现场最大干密度试验主要分 3 个试验区，平面布置如图 2.3 所示。

试验方法：在现场挖取一个约束坑，在坑中填入爆破后控制好级配的虚铺块石填料，在虚铺块石填料的中部取大样进行虚铺填料测试，测试完毕后重新填入；然后通过振动碾压或冲击碾压对填筑的填料进行压实，填料已压实沉降后满足要求。再在完全压实后的块石填料中部取大样进行压实后的填料测试，即获得虚铺块石填料和完全压实后的块石填料的含水率、干密度、块石填料级配[60,61]。

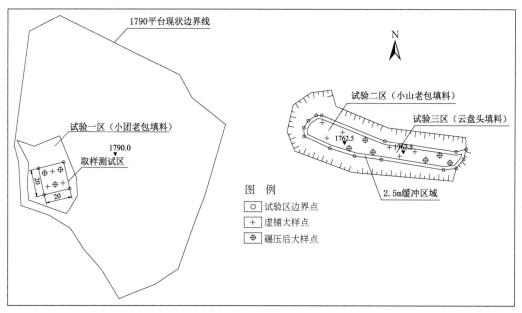

图 2.3　填料最大干密度现场试验平面布置图

1）白云岩（大山老包、大皮坡老包）

在基岩出露的区域，开挖平整一块不小于 100m×30m 的区域，选取基岩全部出露的 20m×30m 的范围，向下开挖岩石 1.0m 深，作为约束坑。在约束坑填入最大粒径不大于 500mm 自然级配的白云岩岩块进行最大干密度试验，本次试验通过冲击碾压对填筑的填料进行压实，冲击碾压沉降曲线如图 2.4 所示，可以看出随着冲击碾压遍数的增加，沉降曲线逐渐平缓，沉降量趋近于 0，满足要求，所获得的试验参数见表 2.3。

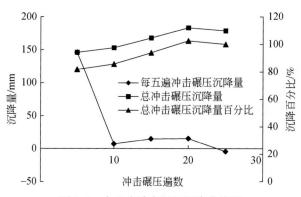

图 2.4　白云岩冲击碾压沉降曲线图

表 2.3　白云岩最大干密度试验（大样）参数

部位	施工情况	湿密度/（g/cm³）	含水率/%	干密度/（g/cm³）
最大干密度坑	虚铺	2.01	2.1	1.97
	冲击碾压	2.41	5.1	2.30

2）薄层灰岩（小团老包）

受场地条件所限，试验选择在施工过程中经过强夯、表层经过满夯的薄层灰岩施工区域进行。碾压场地不小于25m×25m，取样及沉降观测区域面积为20m×20m，即控制取样及沉降观测区域每边不小于2.5m的约束缓冲区，碾压前先采用满夯工艺对约束缓冲区进行满夯处理，相应地在取样及沉降观测区域底边、周边均可形成有效的约束。在试验区域填入虚填厚度1.0m、最大粒径不大于500mm自然级配的薄层灰岩岩块，试验区表层均匀埋置5~6个沙袋。试验结束后取大样测定薄层灰岩的最大干密度，取沙袋样作为薄层灰岩压实后的参考密度。由图2.5可以看出试验沉降基本满足要求，所获得的试验参数见表2.4。

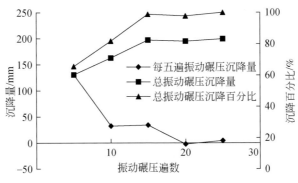

图 2.5　薄层灰岩振动碾压沉降曲线图

表 2.4　薄层灰岩最大干密度试验（大样）参数

部位	施工情况	湿密度/(g/cm³)	含水率/%	干密度/(g/cm³)
取样及沉降观测区域	虚铺	1.69	3.0	1.63
	振动碾压	2.16	3.4	2.09

3）薄层—中厚层灰岩（小山老包）

受场地条件所限，试验选择在施工过程中经过16遍振动碾压已基本无沉降，填料为中厚层—厚层灰岩、含泥质灰岩的施工区域进行，其沉降量与振动碾压遍数之间的关系，如图2.6所示。碾压场地呈长条形，取样及沉降观测区域面积不小于400m²，取样及沉降

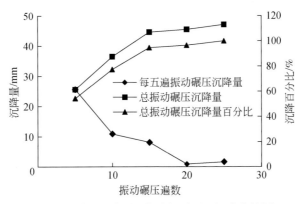

图 2.6　薄层—中厚层灰岩振动碾压沉降曲线图

观测区域周边均应布置不小于2.5m的约束缓冲区,碾压前先采用满夯工艺对约束缓冲区进行满夯处理,相应地在取样及沉降观测区域底边、周边均可形成有效的约束。在试验区域填入虚填厚度1.0m、最大粒径不大于500mm自然级配的薄层—中厚层灰岩岩块,试验区表层均匀埋置5~6个沙袋。试验结束后取大样测定薄层—中厚层灰岩的最大干密度,取沙袋样作为薄层—中厚层灰岩压实后的参考密度。由图2.6可以看出,试验沉降基本满足要求,现场试验所获得的试验参数见表2.5。

表2.5　薄层—中厚层灰岩密度试验（大样）参数表

部位	施工情况	湿密度/(g/cm³)	含水率/%	干密度/(g/cm³)
取样及沉降	虚铺	1.90	2.97	1.85
观测区域	振动碾压	2.29	3.17	2.22

4）中厚层—厚层灰岩、含泥质灰岩（云盘头）

受场地条件所限,试验选择在施工过程中经过16遍振动碾压已基本无沉降,填料为中厚层—厚层灰岩、含泥质灰岩的施工区域进行,其沉降量与振动碾压遍数间的关系如图2.7所示。碾压场地呈长条形,取样及沉降观测区域面积不小于400m²,取样及沉降观测区域周边均应布置不小于2.5m的约束缓冲区,碾压前先采用满夯工艺对约束缓冲区进行满夯处理,相应地在取样及沉降观测区域底边、周边均可形成有效的约束。在试验区域范围填入虚填厚度1.0m、最大粒径不大于500mm自然级配的中厚层—厚层灰岩、含泥质灰岩岩块,试验区表层均匀埋置5~6个沙袋。由图2.7可以看出,试验沉降基本满足要求,现场试验所获得的试验参数见表2.6。

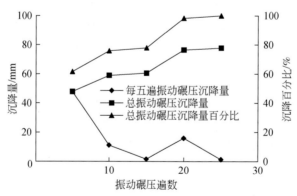

图2.7　中厚层—厚层灰岩、含泥质灰岩振动碾压沉降曲线图

表2.6　中厚层—厚层灰岩、含泥质灰岩密度试验（大样）参数表

部位	施工情况	湿密度/(g/cm³)	含水率/%	干密度/(g/cm³)
取样及沉降	虚铺	2.01	3.3	1.94
观测区域	振动碾压	2.26	3.67	2.18

3. 小结

综合本次最大干密度现场试验、室内试验数据，统计结果见表 2.7。

表 2.7　最大干密度试验结果统计表

序号	取样岩性	代表区域	室内试验	现场试验		
			最大干密度 /(g/cm³)	平均虚铺干密度 /(g/cm³)	平均压实干密度/(g/cm³)	增加比例/%
1	中厚层—厚层白云岩	大山老包、大皮坡老包	2.08	1.97	2.30	16.75
2	薄层灰岩	小团老包	2.17	1.63	2.09	28.22
3	薄层—中厚层灰岩	小山老包	2.25	1.85	2.22	20.0
4	中厚层—厚层灰岩、含泥质灰岩	云盘头		1.94	2.18	12.37

根据表 2.7 统计结果，室内试验获取的最大干密度与现场试验在约束条件下充分压实后获得的干密度有一定的差异，相互之间有高有低。鉴于大块石填料粒径大，实验室试验时采用相似级配缩小比例法进行试验，且最大粒径已超过规范要求，试验过程中材料的级配、形状均与现场填料有较大的差异，室内试验结果代表性差，因此不同填料最大干密度宜按现场在周边有约束、充分压实情况下获取的干密度指标取值，具体建议取值见表 2.8。

表 2.8　块石最大干密度指标

序号	取样岩性	代表区域	最大干密度/(g/cm³)
1	中厚层—厚层白云岩	大山老包、大皮坡老包	2.30
2	薄层灰岩	小团老包	2.09
3	薄层—中厚层灰岩	小山老包	2.22
4	中厚层—厚层灰岩、含泥质灰岩	云盘头	2.18

2.1.4　地基加固技术

试验填料的压实主要采用振动碾压、冲击碾压，夯实主要采用强夯。

振动碾压：振动碾压采用 25t 振动压路机，振动频率 20～30Hz，速度控制为 2km/h，碾压时采取分条叠合搭接。

冲击碾压：冲击碾压采用 5KJ 三角形冲击碾压机，速度控制为 12km/h，采用来回错轮方式，轨迹之间不重叠。

强夯：本次强夯采用加装数据自动采集装置的强夯机[60]，3000kN·m 夯击能夯点、4000kN·m 夯击能夯点采用的夯锤重量 27.8t、夯锤直径 2.6m，其分别对应的夯锤落距为 11.1m、14.7m；2000kN·m 夯击能夯点采用的夯锤重量为 15.15t，夯锤直径为 2.4m，夯锤落距为 13.5m。

2.1.5　地基检测手段

1）取大样检测

由于填料粒径大，本次试验按直径 2.5~3.0m、开挖深度 0.8~1.0m 的锅底形进行开挖取样，取样体积一般在 3.5m³ 以上。后期经对比分析，采用取样直径 1.0~1.5m、开挖深度约 1.0m 的取样方法，取样体积不小于 0.78m³。

具体方法为：先开挖取样；再将橡皮袋放置样坑内，在设定的压力下把水压入橡皮袋，使水充满橡皮袋，并使橡皮袋和取样坑侧壁、坑底充分接触。按照注入水量计算试样体积，并测量试样质量和含水率，即可算得试样密度。

其计算式如下：

$$V = \frac{m_w}{\rho_w} \tag{2.1}$$

$$\rho_d = \frac{m}{V(1+w)} \tag{2.2}$$

式中：V 为试样体积；ρ_d 为试样干密度；ρ_w 为水的密度；m_w 为注入水的质量；m 为取得试样的质量；w 为取得试样的含水率。

取大样检测的目的主要是测试回填区碾压后填料的夯碾度，测试强夯后填料的干密度。振动碾压区根据式（2.3）计算夯碾度：

$$\lambda_{hn} = \rho_{zk}/\rho_{zmax} \tag{2.3}$$

式中：λ_{hn} 为夯碾度；ρ_{zk} 为施工过程中的控制干密度；ρ_{zmax} 为近似最大干密度。

2）平板载荷试验

载荷板直径为 0.8m，分 8 级按慢速维持荷载法进行试验，最大试验堆载约 2200kN。

3）瑞利波测试

通过瞬态瑞利面波在填区分层介质中的传播特性，判断试验区填料的密实程度。测试仪器采用 SN98-12A 瑞利波仪，测试道数 12 道，道间距 1.0m，偏移距 2.0m，18 磅大锤人工激发。根据施工提供的检测批，采用瑞利波测试先进行普检，应按每 300~500m² 一个点布置一条瑞利波测线，其检测结果应满足目标值 290m/s。

4）沉降检测

按 5m×5m 布设沉降观测网进行沉降观测，沉降检测采用 DS1 精密水准仪测量。

2.2　碾压试验

2.2.1　概述

振动碾压和冲击碾压作为成熟的压实技术，已被广泛应用到地基填筑、软弱地基处理等领域。本节对不同分层厚度的大块石填方地基分别进行不同压实遍数的振动碾压和冲击碾压加固。对加固后的基地进行平板载荷试验、取大样检测、瑞利波测试、沉降检测。对比分析试验检测结果，得出适用于碳酸盐岩大块石填方地基的施工工艺，并对比各种检测方法的经济性和适用性，给出针对不同工况下的建议的检测方法组合。

2.2.2　振动碾压试验

1. 试验方案

1) 振动碾压加固方案

振动碾压试验区平面布置图，如图 2.8 所示，振动碾压试验区布置在试验基的最下层。振动碾压试验分别按 0.75m、0.95m、1.15m 三个虚铺厚度进行试验。虚铺 0.75m 振动碾压区布置在试验基最西侧 1771.0m 平台以下及内侧填方区 1770.0m 标高以下区域。虚铺 0.95m 振动碾压区布置在靠近冲击碾压区一侧，分层碾压填至设计标高 1775.95m。虚铺 1.15m 振动碾压区紧挨虚铺 0.75m 振动碾压区布置，分层碾压填至设计标高 1776.0m。碾压时采取分条叠合搭接，重叠振碾 8 ~ 10 遍，并控制最后两遍沉降小于 10mm。

2) 检测方案

振动碾压过程中进行全场沉降观测，每个试验区总回填厚度达到 3.0m 以上后进行 3 个平板载荷试验、3 个大样检测、3 条瑞利波测试。虚铺 0.75m 振动碾压区碾压完成达到设计标高 1771.0m 后进行检测；虚铺 0.95m 振动碾压区碾压完成达到设计标高 1775.95m 后进行检测；虚铺 1.15m 振动碾压区碾压完成达到设计标高 1776.0m 后进行检测。

2. 检测结果及分析

1) 平板载荷试验结果及分析

通过对振动碾压试验区进行平板载荷试验取得如下参数（表 2.9）。

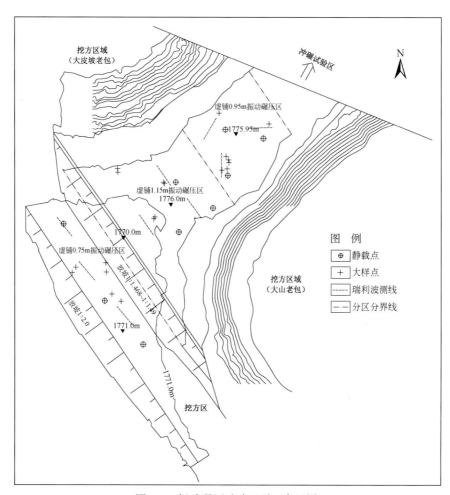

图 2.8　振动碾压试验区平面布置图

表 2.9　振动碾压试验区平板载荷试验参数表

部位	施工情况	最大荷载/kPa	最大沉降量/mm	承载力特征值/kPa	变形模量/MPa	备注
虚铺 0.75m	振动碾压	1000	5.72	>500	>69	
		1000	3.57	>500	>129	
		1000	3.82	>500	>128	
虚铺 0.95m	振动碾压	3000	16.89	>1500	>112	
		3600	48.43	1576	79	破坏
		3600	46.92	1576	>71	
虚铺 1.15m	振动碾压	2250	48.42	900	39	破坏
		2700	48.06	1125	53	破坏
		3150	48.15	1350	63	破坏

　　根据平板载荷试验结果，三种不同的虚铺厚度的承载力、变形模量均可满足地基设计

要求。相对而言，虚铺 0.95m 的平板载荷试验结果最好，相应压实效果也好；虚铺 0.75m 的平板载荷试验因堆载偏小，未能取得良好的试验数据；虚铺 1.15m 的平板载荷试验的压实质量较差。

试验参数表明，采用 25t 振动压路机，振动频率 20～30Hz，施工时行驶速度不超过 2km/h，虚铺 0.95m 厚度碾压效果最好，承载力特征值>1500kPa，变形模量>71MPa，满足地基设计要求。

2）取大样检测结果及分析

根据表 2.10 可以看出，各试验区经振动碾压 8～10 遍后，夯碾度平均值达到了 0.98～1.00，均满足地基加固初步设计目标值要求。但由图 2.9 可以看出，虚铺 0.95m 的夯碾度平均值最大，干密度平均值最大；虚铺 0.75m 的夯碾度平均值次之；虚铺 1.15m 的夯碾度平均值最小，干密度平均值最小。试验参数表明，采用 25t 振动压路机，振动频率 20～30Hz，施工时行驶速度不超过 2km/h，虚铺 0.95m 厚度，碾压效果最好，夯碾度 1.00，干密度 2.29g/cm³。

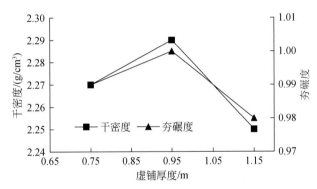

图 2.9　振动碾压试验区大样检测结果曲线图

表 2.10　振动碾压试验区大样检测参数表

部位	施工情况	试验情况			
		湿密度/(g/cm³)	含水率/%	干密度/(g/cm³)	夯碾度
虚铺 0.75m	振动碾压 8 遍	2.36	3.85	2.27	0.99
虚铺 0.95m	振动碾压 4～8 遍	2.40	4.81	2.29	1.00
虚铺 1.15m	振动碾压 8 遍	2.39	6.47	2.25	0.98

另外，在已完成的振动碾压区收集云盘头、小山老包、小团老包不同填料的大样数据，其中夯碾度是采用最大干密度试验提出的不同填料的干密度指标取值进行计算的。不同填料大样检测结果见表 2.11。

表 2.11　振动碾压试验区不同填料大样检测参数表

填料取样位置	湿密度/(g/cm³)	含水率/%	干密度/(g/cm³)	夯碾度
云盘头	2.20	3.4	2.13	0.98

填料取样位置	湿密度/(g/cm³)	含水率/%	干密度/(g/cm³)	夯碾度
小山老包	2.20	3.5	2.13	0.96
小团老包	2.12	3.2	2.05	0.98

3）瑞利波测试结果及分析

根据图 2.10 所示的瑞利波测试结果，三种不同的虚铺厚度瑞利波测试数据相关性基本一致，三种虚铺厚度回填体均呈现下高上低的情况，波速差异变化较大，同深度范围比较，虚铺 0.95m 波速平均值最大，虚铺 1.15m 波速平均值次之，虚铺 0.75m 波速平均值最小。

试验参数表明，采用 25t 振动压路机，振动频率 20~30Hz，施工时行驶速度不超过 2km/h，虚铺 0.95m 厚度，测试深度 1.0m 以下波速大于 250m/s。

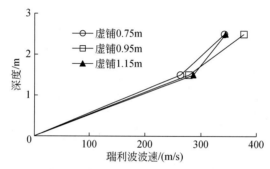

图 2.10　振动碾压试验区瑞利波波速随深度的变化曲线图

4）沉降检测结果及分析

根据图 2.11 和表 2.12 所示的沉降检测结果，三种不同的虚填厚度在碾压 8~10 遍时，同一分层厚度总沉降量差异较大，由于在铺填过程中，破碎锤、推土机及载重汽车在填筑体上的工作强度差异较大，故难于采用总沉降作为评价标准。但最后两遍碾压沉降量较稳定，均不大于 10mm。从分层平均沉降率（分层总沉降平均值与分层虚铺厚度的比值）来看，虚铺 0.95m 的压实效果最好，虚铺 0.75m 的压实效果次之，虚铺 1.15m 的压实效果最差。

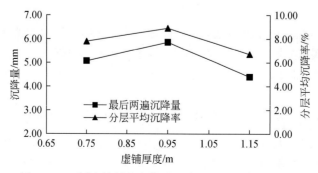

图 2.11　不同虚铺厚度沉降量及分层平均沉降率变化图

表 2.12　振动碾压试验区沉降检测参数表

部位	施工情况	最后两遍沉降/mm	总沉降/mm	分层平均沉降率/%
虚铺 0.75m	振动碾压 8 遍	5.07	58.36	7.8
虚铺 0.95m	振动碾压 8~10 遍	5.86	84.77	8.9
虚铺 1.15m	振动碾压 8 遍	4.40	77.18	6.7

试验参数表明，采用 25t 振动压路机，振动频率为 20~30Hz，施工时行驶速度不超过 2km/h，碾压效果最好，最后两遍碾压沉降量不大于 10mm。

3. 小结

通过试验资料综合分析，得出采用振动碾压法对碳酸盐岩大块石高填方地基进行处理的关键技术如下。

1）碾压工艺

建议采用 25t 压路机，振动频率 20~30Hz，施工时行驶速度小于 2km/h，采取分条叠合搭接碾压。单层最佳虚铺厚度为 0.95m，振动碾压遍数不低于 8 遍。

2）碾压质量检测要求

根据沉降检验、取大样检测及平板载荷试验资料，当碾压遍数不低于 8 遍，最后两遍碾压沉降量不大于 10mm，碾压填筑体的夯碾度大于 0.94，碾压填筑体承载力特征值及变形模量均满足地基加固初步设计目标值，即承载力特征值 $f_{ak} \geqslant 250\text{kPa}$，变形模量 $E_0 \geqslant 25\text{MPa}$。

3）检测方法评价分析

（1）取大样检测。取大样检测获得的数据直观、可靠。但其为破坏性检验，对碾压后的地基局部有破坏性，且为事后控制，容易造成返工现象，检测过程耗时费工。

（2）沉降检测。压实过程中的沉降观测获得的数据直观，对碾压体无破坏作用，为碾压过程事中控制，可在施工过程中对不合格体及时进行补强处理。但其获得的沉降数据非密实度控制指标，需采用取大样检测进行验证。

（3）瑞利波测试。由于单层振动碾压厚度不大，瑞利波测试不能用于单层振动碾压检测，只能作为碾压总厚度较大时的检测。该方法获得的数据直观，对碾压体无破坏作用。但其获得的沉降数据非密实度控制指标，需采用取大样检测进行验证，且为事后控制检测。

（4）平板载荷试验。由于单层振动碾压厚度不大，平板载荷试验用于单层振动碾压检测不合理，可作为碾压总厚度较大时的检测。该方法获得的地基承载力和变形模量数据直观、可靠，对碾压体无破坏作用。但平板载荷试验时间长，费用大，对施工影响较大。

4）建议检验方法

（1）建议振动碾压填筑体质量检测综合使用沉降检测和取大样检测两种手段，辅以一定数量的平板载荷试验。检测时以沉降检测为主要检验手段，对最后两遍沉降量较大的区域采用取大样检测。施工到一定厚度后，布置一定数量的平板载荷试验。

（2）单层碾压检测采用沉降检测，沉降检测点不低于每 300m² 一个点。最后两遍控制碾压沉降量不大于 10mm，否则须增加碾压遍数，直至合格。每个碾压检测区对相对最后两遍沉降量大的点位采用取大样检测，取大样数量不低于 3 个，夯碾度不低于 0.94。如出现大样不合格点，增加不低于 3 个取大样点，判定不合格区域，补碾后取大样直至合格。

（3）5～6 层碾压厚度作为一个检验批，除进行单层碾压检测工作外，每个检测区布置不少于 3 个点进行平板载荷试验。

（4）瑞利波测试可作为检验批检验时的辅助手段。

2.2.3　冲击碾压试验

1. 试验方案

1）冲击碾压加固方案

冲击碾压试验区布置在试验基的东北侧，共分四个试验区，分别为分层厚度 0.8m、1.0m、1.2m、1.5m 试验区，每个试验区分为碾压遍数 15 遍、25 遍的两个区域进行试验对比（图 2.12）。分别按压实后厚度 0.8m、1.0m、1.2m、1.5m 四个压实厚度方案进行填筑。回填起始标高为 1782.5m，0.8m 回填最终标高 1785.7m，分层厚度 1.0m 回填最终标高 1785.5m，分层厚度 1.2m 回填最终标高 1786.1m，分层厚度 1.5m 回填最终标高 1785.5m。

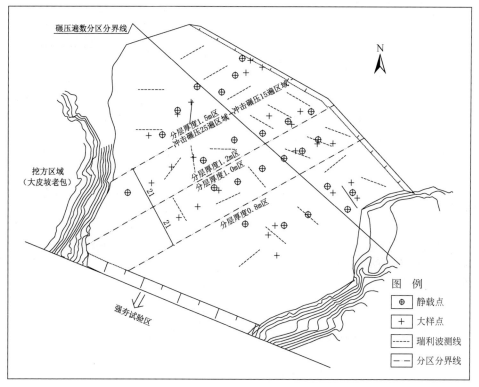

图 2.12　冲击碾压试验区平面布置图

2）检测方案

每层碾压过程中每间隔 5 遍进行一次沉降检验，总体碾压完毕后进行一次沉降检验。分层厚度 0.8m 区域冲击碾压 4 层后，分层厚度 1.0m、1.2m 区域冲击碾压 3 层后，分层厚度 1.5m 区域冲击碾压 2 层后，布置 3 个平板载荷试验进行检验，共做 24 个平板载荷试验检验点。载荷试验检验点在试验区内间距大于 5m，随机选取，保证不同类型试验分区的检验点之间互不干扰。分层厚度 0.8m 区域冲击碾压 4 层后，取 3 个大样进行检测；分层厚度 1.0m、1.2m 区域冲击碾压 3 层后取 3 个大样进行检测；分层厚度 1.5m 区域冲击碾压 2 层后取 3 个大样进行检测。大样布置点在试验区内的试验点间距大于 5m，随机采取，保证不同类型试验分区的大样取样点之间互不干扰。分层厚度 0.8m 区域冲击碾压 4 层后，布置 3 条瑞利波断面进行测试；分层厚度 1.0m、1.2m 区域冲击碾压 3 层后，布置 3 条瑞利波断面进行测试；分层厚度 1.5m 区域冲击碾压 2 层后，布置 3 条瑞利波断面进行测试。

2. 检测结果及分析

1）平板载荷试验结果及分析

由表 2.13 表明四种分层压实厚度，分别采用 15 遍及 25 遍冲击碾压，填筑体承载力特征值和变形模量指标均可满足地基加固初步设计目标值要求。由图 2.13、图 2.14 可以看出，总体来说压实效果具有随着冲击碾压遍数的增加，逐渐变好的规律。分层厚度 1.5m，冲击碾压 15 遍，经济性最好。

表 2.13　冲击碾压试验区平板载荷试验参数表

施工方式	厚度/m	碾压遍数	最大荷载/kPa	最大沉降量/mm	承载力特征值/kPa	变形模量/MPa
冲击碾压	0.8	碾压 15 遍	2000	24.91	1000	182.33
		碾压 25 遍	2000	19.25	1000	154.33
	1	碾压 15 遍	2000	30.12	1000	117.67
		碾压 25 遍	2000	11.21	1000	168.67
	1.2	碾压 15 遍	2000	48.47	1166.67	67
		碾压 25 遍	2000	47.97	1454.67	94.33
	1.5	碾压 15 遍	2000	22.88	1000	144
		碾压 25 遍	2000	17.89	1000	182

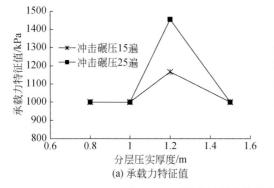
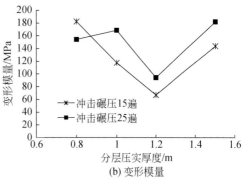

图 2.13　不同分层厚度承载力特征值及变形模量变化图

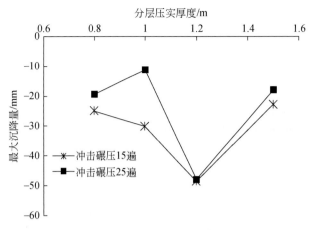

图 2.14　不同分层厚度最大沉降量变化图

2）取大样检测结果及分析

由表 2.14 冲击碾压试验区大样检测结果可以看出，各试验区夯碾度指标在 15 遍以后夯碾度均能满足地基加固初步设计目标值要求。由图 2.15 可以看出，相对而言碾压 25 遍的干密度平均值和夯碾度平均值基本都高于 15 遍区域。压实厚度 0.8m 区域由于填料厚度比较薄，干密度平均值和夯碾度平均值均高于其他区域。分层厚度 1.5m，冲击碾压 15 遍，经济性最好。

表 2.14　冲击碾压试验区大样检测参数表

厚度/m	区域	湿密度/（g/cm³）	含水率/%	干密度/（g/cm³）	夯碾度
0.8	碾压 15 遍	2.34	3.90	2.25	0.98
	碾压 25 遍	2.38	4.60	2.28	0.99
1.0	碾压 15 遍	2.32	4.23	2.22	0.97
	碾压 25 遍	2.35	4.63	2.25	0.98
1.2	碾压 15 遍	2.30	3.70	2.22	0.97
	碾压 25 遍	2.34	4.97	2.23	0.97
1.5	碾压 15 遍	2.32	4.23	2.22	0.97
	碾压 25 遍	2.35	4.40	2.25	0.98

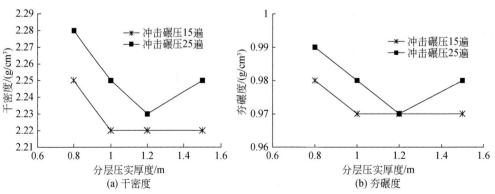

图 2.15　不同分层厚度的干密度及夯碾度曲线图

3) 瑞利波测试结果及分析

由图 2.16 可以看出，四种不同的虚铺厚度瑞利波测试数据相关性基本一致，均呈现下高上低的情况，总体来说，碾压 25 遍的瑞利波波速平均值大于碾压 15 遍，说明 25 遍碾压的压实效果更好。由图 2.17 可以看出，压实 1.2m 厚度区域瑞利波波速平均值最大，波速均匀性较好，压实效果更好。根据瑞利波测试结果，结合大样检测和平板载荷试验结果，三种虚铺厚度回填体均满足地基加固初步设计目标值要求。分层厚度 1.5m，冲击碾压 15 遍，经济性最好。

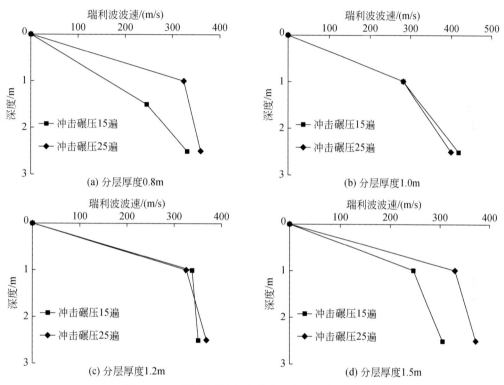

图 2.16　不同分层厚度瑞利波波速随深度的变化图

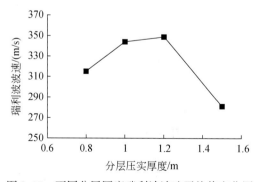

图 2.17　不同分层厚度瑞利波波速平均值变化图

4）沉降检测结果及分析

由图 2.18 和表 2.15 可以看出，各冲击碾压试验区冲击碾压 25 遍沉降量及分层平均沉降率比 15 遍沉降大，从而得出冲击碾压 15 遍的效果优于 25 遍。从图 2.18（b）可以看出，冲击碾压 15 遍铺填厚度 1.5m 试验区的分层平均沉降率最低，从而得出分层厚度 1.5m，冲击碾压 15 遍，地基处理效果最好。

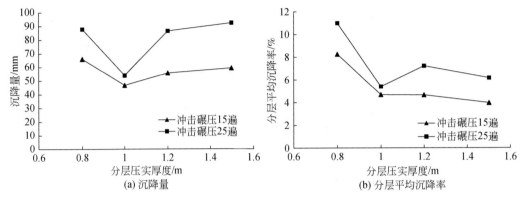

图 2.18　冲击碾压试验区沉降量及分层平均沉降率变化图

表 2.15　冲击碾压试验区沉降检测参数表

施工方式	区域	碾压 15 遍沉降量/mm	碾压 25 遍沉降量/mm	计算参数
冲击碾压	厚 0.8m 区	8.25	10.98	分层平均沉降率
		66.00	87.85	平均值
	厚 1.0m 区	4.68	5.40	分层平均沉降率
		46.78	54.00	平均值
	厚 1.2m 区	4.65	7.21	分层平均沉降率
		55.78	86.56	平均值
	厚 1.5m 区	3.96	6.16	分层平均沉降率
		59.33	92.33	平均值

3. 小结

通过试验资料综合分析，得出采用冲击碾压法对碳酸盐岩大块石高填方地基进行处理的关键技术如下。

1）碾压工艺

根据平板载荷试验、取大样检测、沉降检测、瑞利波测试的检验结果，结合工程施工的经济性分析，采用 25KJ 三角形轮冲击碾压机，速度控制为 12km/h，来回错轮方式，轨迹之间不重叠。分层厚度 1.5m，冲击碾压 15 遍，经济性最好。建议采用分层厚度 1.5m，冲击碾压不低于 15 遍，三角形轮冲击碾压。

2）碾压质量检测要求

根据四个不同厚度、不同碾压遍数的 8 个试验区沉降检测、取大样检测及平板载荷试验资料，当冲击碾压遍数不低于 15 遍，最后两遍控制碾压平均沉降量不大于 10mm，碾压填筑体的夯碾度大于 0.94，碾压填筑体的承载力特征值及变形模量均满足地基加固初步设计目标值，即承载力特征值 $f_{ak} \geqslant 250$kPa，变形模量 $E_0 \geqslant 25$MPa。

3）检测方法评价分析

（1）取大样检测。取大样检测获得的数据直观、可靠。但其为破坏性检验，对冲击碾压后的地基局部有破坏性，且为事后控制，容易造成返工现象，检测过程耗时费工。

（2）沉降检测。压实过程中的沉降观测获得的数据直观，对冲击碾压体无破坏作用，为碾压过程事中控制，可在施工过程中对不合格体及时进行补强处理。但其获得的沉降数据非密实度控制指标，需采用取大样检测进行验证。

（3）瑞利波测试。由于单层冲击碾压厚度不大，瑞利波测试不能用于单层冲击碾压检测，只能作为冲击碾压总厚度较大时的检测。该方法获得的数据直观，对冲击碾压体无破坏作用。但其获得的沉降数据非密实度控制指标，需采用取大样检测进行验证，且为事后控制检测。

（4）平板载荷试验。由于单层冲击碾压厚度不大，平板载荷试验用于单层冲击碾压检测不合理，可作为碾压总厚度较大时的检测。该方法获得的地基承载力和变形模量数据直观、可靠，对碾压体无破坏作用。但平板载荷试验时间长，费用大，对施工影响较大。

4）建议检测方法

（1）建议冲击碾压填筑体质量检测综合使用沉降检测和取大样检测两种手段，辅以一定数量的平板载荷试验。检测时以沉降检测为普检手段，对最后两遍沉降量较大的区域采用取大样检测。施工到一定厚度后，布置一定数量的平板载荷试验。

（2）单层冲击碾压检测采用沉降检测，沉降检测点不低于每 300m² 一个点。最后两遍控制碾压平均沉降量不大于 10mm，否则须增加碾压遍数，直至合格。每个碾压检测区对相对最后两遍沉降量大的点位采用取大样检测，取大样数量不低于 3 个，夯碾度不低于 0.94。如出现大样不合格点，增加不低于 3 个取大样点，判定不合格区域，补碾后取大样直至合格。

（3）4 层碾压厚度（5.0~6.0m）作为一个检验批，除进行单层碾压检测工作外，每个检测区布置不少于 3 个点进行平板载荷试验。

（4）瑞利波测试可作为检验批检验时的辅助手段。

5）注意事项

冲击碾压设备需要比较长的直线距离启动才能达到速度控制值，鉴于本场地回填区域平面主要为不规则折线，因此该碾压工艺应谨慎使用。

2.2.4　小结

振动碾压、冲击碾压通常用于加固软弱地基，目前在碳酸盐岩地区的相关应用研究还较少。依托盘县"煤（焦、化）-钢-电"一体化循环经济工业基地项目地基加固工程，选择振动碾压及冲击碾压施工工艺对碳酸盐岩大块石高填方地基加固关键技术进行研究，得出如下结论。

（1）两种加固工艺后的碳酸盐岩大块石高填方地基均能满足上部建筑物承载力及变形模量的需求，但冲击碾压的效果好于振动碾压。

（2）选择振动碾压加固碳酸盐岩大块石时，采用虚铺 0.95m 的分层厚度，碾压遍数 8~10 遍，其碾压效果最好；选择冲击碾压加固碳酸盐岩大块石时，采用铺填厚度 1.5m，碾压 15 遍，其加固和经济效果最好。

（3）对于碳酸盐岩大块石地基的检测，建议综合使用沉降检测与取大样检测，获得的数据直观、可靠，根据上部建筑物的需求辅以一定数量的平板载荷试验。瑞利波测试的数据非密实度控制指标，可作为参考。

2.3　强夯试验

2.3.1　强夯试验最佳夯击击数与有效加固深度研究

1. 试验方法

单点强夯和两遍强夯试验平面分布图如图 2.19 所示。在试验基顶部布置一个 660m² 的梯形试验区，试验区靠近冲击碾压区一侧。回填前地面平均标高为 1782.4m，虚填完成后地面标高为 1788.0m。试验区分为两个试验小区，东侧试验一区进行单点强夯试验，选取 10 号、11 号、12 号、13 号四个夯点位置分别布置 4000kN·m 夯击能及 3000kN·m 夯击能的单点强夯试验各两点。西侧试验二区布置两遍强夯试验，采用第一遍夯击能为 4000kN·m，第二遍夯击能为 3000kN·m，夯点间距为 8m×8m，夯实厚度 5m 的强夯工艺，4000kN·m 夯击能夯击遍数 14 击，3000kN·m 夯击能夯击遍数 12 击。

填料填筑采用堆填法，分层填筑厚度 1.4m，共 4 层，最终虚填厚度 5.6m，每层堆填完成后用推土机推平。

强夯有效加固深度检验：在试验二区，将能级为 4000kN·m 的第一遍夯中心点、能级为 3000kN·m 的第二遍夯中心点、第一遍夯点与第二遍夯点两夯点间的中点、第一遍夯点和第二遍夯点四夯点间的中点，作为有效加固深度检验点。钢球共埋设四层，第一层埋设于试验基表面，每个检验点埋设 2 个钢球，每层埋设共计 8 个，四层合计 32 个。钢球喷涂不同颜色的颜料便于识别。测量所有埋设钢球的初始平面坐标和标高。强夯有效加固深度检验点的位置尽量布置在单点夯击影响小的位置。

强夯点平面影响范围检验：单点强夯试验中各点沿纵横方向在夯锤直径范围外，间隔 0.5D（D 为夯锤直径，2.5m）、1D、1.5D、2D、2.5D 范围，平面埋设检验点，测量各个检验点的平面坐标和标高的初始值。

强夯工作全部完成后，将夯坑推平并采用 25t 振动碾压机进行 8 遍振动碾压对强夯表

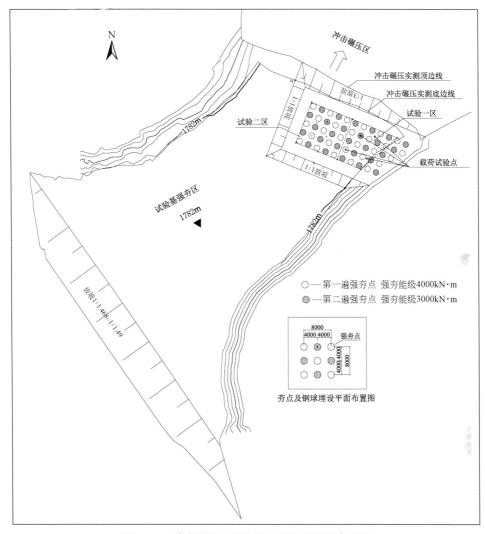

图 2.19 单点强夯和两遍强夯试验区平面布置图

层松动层进行压实处理。单点强夯试验的夯击击数目标值：单点强夯试验各夯点夯击数目标值为 ≥25 击，最后两击夯沉量 ≤5mm。记录各夯点每一击下的夯沉量、单点强夯试验每间隔 5 击检验点的位移情况。

强夯工作完成后，人工开挖探井测量钢球的位移情况。全部虚填工序完成后，取 2 件虚填大样检验。强夯结束，整平碾压后，在钢球埋设位置开挖探井取大样检验。大样检验点从地表开始，每米取一件大样。四个探井共计取大样 20 件。全部虚填工序完成后，选取 3 条瑞利波检验断面。强夯完成后在原虚填检验断面位置选取 3 条瑞利波检验断面。强夯完成后选取 4000kN·m 夯点一个位置，两夯点间一个位置、四夯点间一个位置进行平板载荷试验，共计 3 个平板载荷试验检验点。

2. 单点强夯试验

1) 位移检验

单点强夯试验过程中，检验各夯点每一击的夯沉量、每间隔 5 击检验各夯点的位移量。各夯击能单点强夯检验点的夯击次数与沉降量的关系如图 2.20 所示。

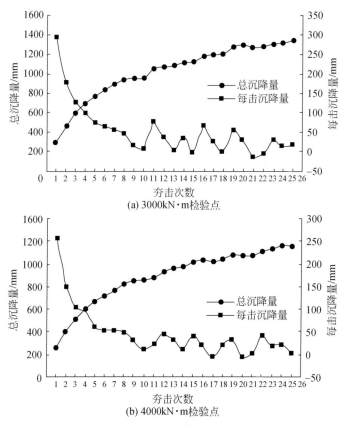

图 2.20　检验点的夯击次数与沉降量的关系图

强夯点平面影响范围检验的检验点竖向位移量与夯击次数的关系如图 2.21 所示。

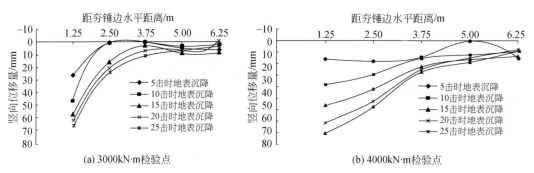

图 2.21　强夯点平面影响范围检验的检验点竖向位移量与夯击次数的关系图

确定最佳夯击次数后，在两遍强夯试验区选择 4000kN·m 第一遍夯点、3000kN·m 第二遍夯点、两夯点间、四夯点间，每填筑 1.4m 分层埋设钢球作为强夯有效加固深度检验及不同深度的平面影响范围检验的检验点。平面影响范围检验的检验点水平位移量与埋深的关系如图 2.22 所示。

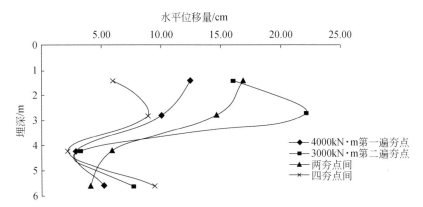

图 2.22　不同深度的平面影响范围检验的检验点水平位移量与埋深的关系图

另外，在小山老包填料两遍夯强夯区域，以小山老包的薄层—中厚层灰岩为填料进行 4000kN·m、3000kN·m 夯击能的单点强夯试验，并绘出夯击次数与沉降量的关系如图 2.23 所示。

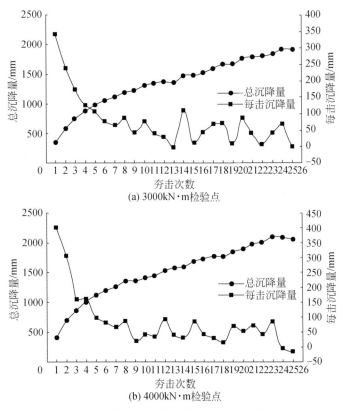

图 2.23　检验点夯击次数与沉降量的关系图

2）位移检验数据分析

由夯击次数与沉降量的关系图（图 2.23）可以看出，夯坑的沉降量大致是随着夯击次数的增加而增加的，每击的沉降量大致随着夯击次数的增加而逐渐减小。4000kN·m 夯击能夯坑最大累计沉降量 1338mm，3000kN·m 夯击能夯坑最大累计沉降量 1161mm。夯击能越大，夯坑单击夯沉量也就越大，实测数据表明 4000kN·m 夯击能每击夯沉量比 3000kN·m 夯击能每击夯沉量大 15% 左右。

a. 最佳夯击次数的选择

根据夯击次数与沉降量的关系图（图 2.23），结合技术经济分析，夯击击数 25 击的总夯沉量的 80% 对应的夯击次数为最佳夯击次数。4000kN·m 最佳夯击次数为 14 击，3000kN·m 最佳夯击次数为 12 击。

b. 单点强夯有效加固平面范围确定

由竖向位移量与夯击次数的关系图（图 2.21）可以看出，强夯后各个检验点与初始值比较，各点沉降值与检验点距夯坑的距离呈负相关关系。一般将累计沉降量 ≥10mm 的检验点平面范围作为单点强夯有效加固平面范围。本试验在最佳夯击击数情况下，单点强夯有效加固平面范围为 $1D \sim 1.5D$，此结论与探井开挖观测及取大样检测结果相符合。

3. 两遍强夯试验

1）平板载荷试验检验

强夯工作全部完成以后，选择 4000kN·m 夯点、两夯点间、四夯点间，总共 3 个检验点。

根据平板载荷试验结果（表 2.16），强夯填筑体的地基承载力特征值及变形模量均满足地基加固初步设计目标值的要求。说明两遍夯工艺参数施工的填筑体力学性能满足地基加固初步设计目标值的要求。

表 2.16　两遍强夯试验区平板载荷试验参数表

点号	最大荷载/kPa	最大沉降量/mm	承载力特征值/kPa	变形模量/MPa
23（4000kN·m 夯点）	2000	14.88	>500	>86
25（四夯点间）	2000	14.99	>500	>98
26（两夯点间）	2000	14.00	>500	>130

2）取大样检测

虚填全部完成后，在虚填填筑体取 2 件大样，测得虚铺大样湿密度、含水率和干密度见表 2.17；强夯工作全部完成以后，在埋设钢球的 4 个位置开挖探井，大样坑直径 1m、深 5m，开挖每 1m 取一件大样。每个探井取大样 5 件，共计 20 件，测得强夯后大样的湿密度、含水率、干密度、夯后密度增加比例、夯碾度，见表 2.18。

表 2.17　虚铺取大样检测参数表

大样位置	编号	湿密度/(g/cm³)	含水率/%	干密度/(g/cm³)
两遍强夯试验区	1	2.01	4.2	1.93
	2	2.02	3.8	1.95

表 2.18　探井取大样检测参数表

大样位置	深度/m	湿密度/(g/cm³)	含水率/%	干密度/(g/cm³)	夯后密度增加比例	夯碾度
4000kN·m夯点	0~1	2.61	3.50	2.52	29.90	1.10
	1~2	2.43	3.10	2.35	21.13	1.02
	2~3	2.40	3.80	2.31	19.07	1.00
	3~4	2.45	4.00	2.36	21.65	1.03
	4~5	2.27	3.00	2.21	13.92	0.96
	平均值	2.43	3.48	2.35	21.13	1.02
3000kN·m夯点	0~1	2.48	3.70	2.39	23.20	1.04
	1~2	2.36	3.50	2.28	17.53	0.99
	2~3	2.37	3.60	2.29	18.04	1.00
	3~4	2.32	3.80	2.24	15.46	0.97
	4~5	2.27	3.20	2.20	13.40	0.96
	平均值	2.35	3.64	2.28	17.32	0.99
两夯点间	0~1	2.21	3.30	2.14	10.31	0.93
	1~2	2.23	3.40	2.15	10.82	0.93
	2~3	2.35	4.20	2.26	16.49	0.98
	3~4	2.31	4.20	2.22	14.43	0.97
	4~5	2.21	4.00	2.14	10.31	0.93
	平均值	2.26	3.82	2.18	12.47	0.95
四夯点间	0~1	2.58	3.20	2.50	28.87	1.09
	1~2	2.41	4.00	2.32	19.59	1.01
	2~3	2.25	4.10	2.16	11.34	0.94
	3~4	2.24	4.30	2.15	10.82	0.93
	4~5	2.20	3.40	2.14	10.31	0.93
	平均值	2.34	3.80	2.25	16.19	0.98
总平均				2.27		0.99

从图 2.24 可以看出，夯后密度增加比例随深度的增加不断下降，4000kN·m 的探井大样夯后密度增加比例最大，四夯点间的探井大样夯后密度增加比例最小。

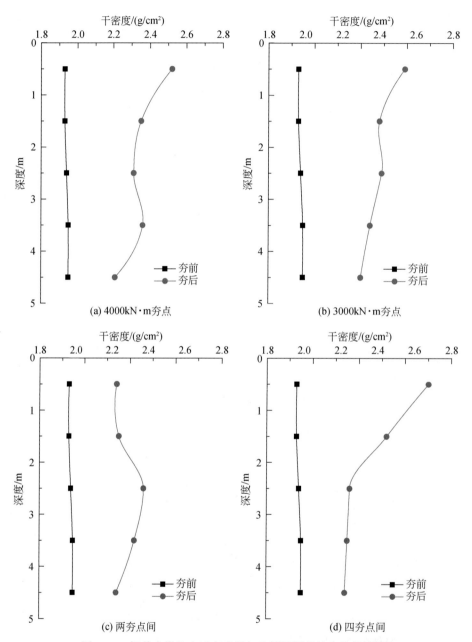

图 2.24　探井大样的夯后密度增加比例随深度的变化曲线图

由图 2.25 和表 2.19 可以看出，不同的取样位置（4000kN·m 夯点、30000kN·m 夯点、两夯点间、四夯点间）的密度及夯碾度的平均值均随取样深度的增加而逐渐减小。

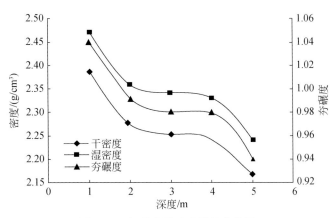

图 2.25   探井大样试验结果曲线图

表 2.19   探井取大样检测结果参数

深度/m	0~1	1~2	2~3	3~4	4~5
取样数	4	4	4	4	4
平均湿密度/(g/cm³)	2.47	2.36	2.34	2.33	2.24
平均含水率/%	3.43	3.50	3.93	4.08	3.40
平均干密度/(g/cm³)	2.39	2.28	2.26	2.24	2.17
平均夯碾度	1.04	0.99	0.98	0.98	0.94

另外，在施工过程中，在两遍夯强夯区收集云盘头、小山老包、小团老包不同填料的大样数据，各填料大样数据见表 2.20，其中夯碾度是采用最大干密度试验提出的干密度指标取值进行计算的。

表 2.20   强夯区不同填料取大样检测参数表

填料	平均湿密度/(g/cm³)	平均含水率/%	平均干密度/(g/cm³)	平均夯碾度
云盘头	2.23	3.8	2.15	0.99
小山老包	2.23	3.0	2.17	0.98
小团老包	2.17	3.4	2.11	1.01

3）取大样检测数据分析

a. 强夯后填筑体的夯碾度数据分析

根据探井取大样检测参数表（表 2.18），夯碾度为 0.93~1.10，夯碾度出现较多大于 1 的现象。通过探井开挖观察发现，强夯后的填筑体出现大量二次粒径重组现象。其原因是在夯击能的作用下，将原始填料重新破碎所致。因此用夯碾度已经难以客观表征强夯后填筑体的密实度，建议强夯填筑体不用夯碾度指标评价强夯后填筑体的密实度。

由表 2.18 单点垂向夯碾度平均值来看，4000kN·m 夯点、3000kN·m 夯点、两夯点间、四夯点间的夯碾度平均值为 0.95 ~ 1.02，均大于设计目标值 0.94。根据夯后不同深度下夯碾度统计结果，0 ~ 1.0m、1.0 ~ 2.0m、2.0 ~ 3.0m、3.0 ~ 4.0m、4.0 ~ 5.0m 深度夯碾度的平均值为 0.94 ~ 1.04，均大于设计目标值 0.94，证明本次强夯参数合理，强夯有效加固深度≥5.0m，夯点间距合理。

b. 强夯后填筑体的密实度数据分析

根据探井大样检测参数表（表 2.19）统计结果，试验区干密度一般随着深度增加逐渐减小，强夯后不同深度、不同区域的填料干密度较强夯前均有一定程度的增加。在分层厚度 5.0m 深度范围内，强夯后密实度相对于虚填密实度，在 4000kN·m 夯点下增加 13.92% ~ 29.9%；在 3000kN·m 夯点下增加 13.40% ~ 23.2%；在两夯点间增加 10.31% ~ 16.49%；在两夯点间增加 10.31% ~ 28.87%。

从大样密实度试验结果来看，强夯后填筑体为一个密度不均匀的夯填体，干密度为 2.14 ~ 2.52g/cm³，平均值为 2.27g/cm³，相较强夯加固前的平均密实度 1.94g/cm³，增加幅度 10.31% ~ 29.9%，底部 4 ~ 5m 区域平均增长 11.98%，也有较高的增长，最大干密度大于《建筑地基处理技术规范》（JGJ 79—2012）第 6.2.2 条规定的密度值 2.1 ~ 2.2g/cm³。夯点下密度最高，各个夯点在整个夯填体内形成高密度柱状夯填体。单层高密度柱状夯填体受力状态类似挤密桩的作用。多层夯填体中高密度柱状夯填体的交错排列，使整个夯筑体受力更加均衡。高密度柱状夯填体之间的夯填体受强夯的作用，发生振动位移填隙作用，增大了夯填体的密实度，同时综合调高了整个夯填体的密度，使整体夯填体密度更加均匀，力学性能更好。强夯后填筑体的总平均密实度为 2.27g/cm³。结合分层载荷试验分析，建议中厚层—厚层白云岩块石料夯填体最低控制干密度为 2.14g/cm³。

4）沉降检测

a. 强夯沉降检测

在虚填完成后，布置 5m×5m 方格网进行虚铺时的地表高程测量；强夯工作完成后，在试验区布置 5m×5m 方格网进行强夯后的地表高程测量。在强夯施工过程中，对强夯各夯点进行沉降检测，在强夯过程中测量各个夯点每次夯击时的沉降量，得到试验区夯前后标高测量数据和不同能级下强夯点沉降测量参数，见表 2.21 和表 2.22。

由试验区强夯前后标高测量参数表（表 2.21）可以看出，试验区实际虚填厚度 5.8m，强夯后平均沉降量 0.433m。强夯加固沉降量约占填铺厚度的 7.5%。

表 2.21　试验区强夯前后标高测量参数表

统计参数	虚铺标高/m	夯后标高/m	平均强夯压缩沉降量/m
平均值	1788.200	1787.767	0.433

注：虚铺前地面标高为 1782.400m

由强夯夯点最后六击沉降曲线图（图 2.26）可以看出：夯坑的竖向总沉降量与夯击次数总体呈正相关关系。夯点的每击夯沉量与夯击次数呈负相关关系，并且曲线有逐渐趋于水平的变化趋势。

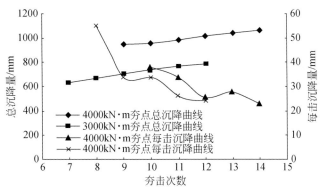

图 2.26　强夯夯点最后六击沉降曲线图

b. 强夯有效加固深度检验

选择 4000kN·m 第一遍夯点、3000kN·m 第二遍夯点、两夯点间、四夯点间,每填筑 1.4m,分层埋设钢球作为强夯有效加固深度的检验点。钢球共埋设 4 层,第一层埋设于试验基表面,每个检验点埋设 2 个钢球,每层埋设共计 8 个,四层合计 32 个。钢球喷涂不同颜色的颜料便于识别。测量所有埋设钢球的初始平面坐标和标高。经人工探井开挖,不同深度不同位置的钢球竖向位移曲线如图 2.27 所示。

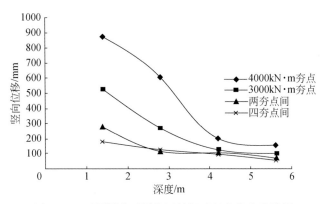

图 2.27　不同深度不同位置的钢球竖向位移曲线图

分析钢球竖向位移曲线可以看出,随着深度的增加,竖向位移逐渐减小。第一层钢球竖向位移为 53.5~157.0mm,平均值为 95.6mm。第二层钢球竖向位移为 95.5~204.0mm,平均值 132.8mm。第三层钢球竖向位移为 125.5~601.5mm,平均值为 278.5mm。第四层钢球竖向位移为 183.0~878.0mm,平均值为 466.3mm。4000kN·m 夯点下竖向位移最大,四夯点间竖向位移最小。

一般将竖向位移量 ≥50mm 的钢球检验点以上的深度范围作为单点强夯有效加固深度范围。本试验在最佳夯击击数情况下,单点强夯有效加固深度范围大于 5m,此结论与探井开挖观测及取大样检测结果相符。

5）瑞利波测试

虚填完成后，在试验区布置 3 条瑞利波断面进行虚填状态下的测试，将测试值作为瑞利波测试的初始值。强夯工作全部完成以后，在同样位置布置 3 条瑞利波断面进行强夯后的瑞利波测试。另外，在不同填料回填平台形成后，补充云盘头、小山老包、小团老包填料夯前虚铺、夯后压实状态下的瑞利波测试。不同填料的瑞利波波速随深度的变化如图 2.28 所示。

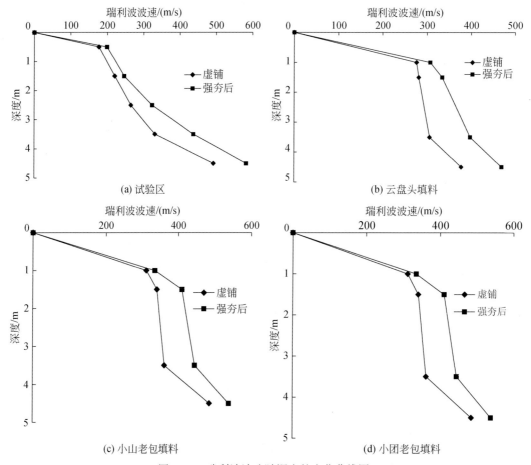

图 2.28　瑞利波波速随深度的变化曲线图

根据图 2.28 可以看出，试验区瑞利波波速自上而下逐渐增大。夯填体与虚铺填筑体的瑞利波波速比较，在不同深度范围内有 11.82%～31.93% 的增长。夯填体底部 4～5m 区域的增长值为 18.26%，相对增长较高。这也说明强夯有效加固深度大于 5.0m。夯填体瑞利波波速分层平均值为 358m/s。

4. 小结

通过试验资料综合分析，得出采用单点强夯法对碳酸盐岩大块石高填方地基进行处理的关键技术参数如下。

1）最佳夯击数

通过单点强夯试验确定4000kN·m夯击能最佳夯击击数为14击，3000kN·m夯击能最佳夯击击数为12击。4000kN·m、3000kN·m两遍夯后，地基承载力、变形模量指标均满足地基加固初步设计目标值要求。

2）单点强夯有效加固平面及有效加固深度

在最佳夯击击数情况下，单点强夯有效加固平面范围值≤5m，单点强夯有效加固深度范围值≥5m。

3）最低控制干密度

建议中厚层—厚层白云岩块石料夯填体最低控制干密度为2.14g/cm³。

4）二次粒径重组现象

强夯后的填筑体出现大量二次粒径重组现象。用夯碾度已经难以客观表征强夯后填筑体的密实度，建议强夯填筑体不用夯碾度指标评价强夯后填筑体的密实度。

2.3.2 复合强夯施工参数试验研究

1. 试验区的布置及装置

强夯试验按不同厚度、夯点间距、夯击遍数，共分为六个试验区，如图2.29所示。强夯试验分区参数见表2.22。

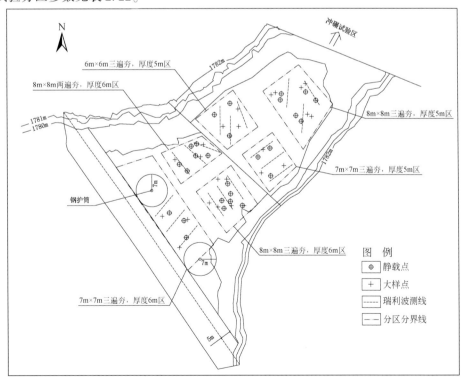

图2.29 强夯试验区平面布置图

表 2.22　强夯试验分区参数表

序号	厚度/m	夯点间距/m	夯击遍数	强夯工序	夯击能/(kN·m)
1	6	7×7	3	第一遍夯	4000
				第二遍夯	3000
				第三遍夯	2000
2	6	8×8	3	第一遍夯	4000
				第二遍夯	3000
				第三遍夯	2000
3	6	8×8	2	第一遍夯	4000
				第二遍夯	3000
4	5	6×6	3	第一遍夯	4000
				第二遍夯	3000
				第三遍夯	2000
5	5	7×7	3	第一遍夯	4000
				第二遍夯	3000
				第三遍夯	2000
6	5	8×8	3	第一遍夯	4000
				第二遍夯	3000
				第三遍夯	2000

　　强夯试验区厚度为 6m 的区域布置在试验基区域西侧，按夯点间距和夯击遍数分为 7m×7m 三遍夯、8m×8m 三遍夯、8m×8m 两遍夯三个试验区。开始回填标高为 1776.0m，施工时按虚铺厚度 1.1m 分 6 层填至标高 1782.6m，填料完成后进行强夯。

　　强夯试验区厚度为 5m 的区域布置在靠近冲击碾压试验区一侧，按夯点间距和夯击遍数分为 6m×6m 三遍夯、7m×7m 三遍夯、8m×8m 三遍夯三个试验区。开始回填标高为 1777.0m，施工时按虚铺厚度 1.12m 分 5 层填至标高 1782.6m，填料完成后进行强夯。

　　强夯时先进行 4000kN·m 夯击能夯点布置。根据设计坐标对强夯试验各区 4000kN·m 夯击能夯点进行放样，并根据现场实际地形将试验区布满夯点，然后进行强夯施工。强夯完成后采用挖掘机整平夯坑，用推土机碾压推平后，再进行下步强夯。以此类推完成 3000kN·m、2000kN·m 夯击能的施工。

　　强夯试验每遍点夯终夯标准为最后两击的夯沉量≤50mm，若夯沉量大于 50mm，应增加夯击数。满夯为一遍，采用夯印相互搭接 1/4，每点不小于两击，强夯区承载力≥250kPa，变形模量≥25MPa。

2. 检验

1）平板载荷试验

a. 强夯顶面平板载荷试验

试验基强夯完成以后，在各试验区中分别布置 3 个平板载荷试验检验点。压实厚度5m、6m 区域中各选取一个试验区，强夯后挖去上部 1/2 厚度夯填体的表面，分别布置 3个平板载荷试验检验点。强夯区平板载荷试验检验点均布置在四个夯点之间。同一层平板载荷试验检验点的间距不小于5m。试验结果见表 2.23。

表 2.23　各分区平板载荷试验参数表

序号	强夯区域	最大荷载/kPa	最大沉降量/mm	承载力特征值/kPa	变形模量/MPa	备注
1	7m×7m×6m 三遍夯	4000	18.50	>2000	>380	
		3500	13.41	>1750	>235	堆载不够
		4000	39.73	>1196	>70	
2	8m×8m×6m 三遍夯	4000	34.35	>1181	>68	
		4000	47.63	>1149	>68	
		4000	28.77	>1305	>77	
3	8m×8m×6m 两遍夯	4000	40.55	>1038	>63	
		4000	48.20	1282	66	破坏
		4000	49.15	993	51	破坏
4	6m×6m×5m 三遍夯	4000	35.92	>1189	>70	
		4000	33.17	>1481	>91	
		4000	35.03	>1190	>70	
5	7m×7m×5m 三遍夯	4000	41.87	>1400	>90	
		4000	48.35	829	50	破坏
		4000	33.93	>1209	>69	
6	8m×8m×5m 三遍夯	4000	38.14	>1273	>74	
		4000	27.59	>1535	>98	
		4000	31.31	>1397	>80	

根据平板载荷试验结果，6 个试验区强夯后的填筑体地基承载力、变形模量均满足地基加固初步设计目标值的要求。相对而言，8m×8m×6m 两遍夯的效果较差，其他强夯试验区载荷试验结果均较好。

b. 强夯中下部平板载荷试验

强夯及检验工作完成后，在 8m×8m×6m、8m×8m×5m 三遍夯试验区，挖去夯填体上部 1/2 层厚（2.5～3.0m），夯填体形成平台，每个平台布置 3 个平板载荷试验检验点，检验下部区域的夯填体。夯填体上部、下部平板载荷试验检验点平面坐标基本相同，试验结果见表 2.24。

表 2. 24　夯填体下部平板载荷试验参数表

施工方式	部位	最大荷载/kPa	最大沉降量/mm	承载力特征值/kPa	变形模量/MPa
强夯	8m×8m×6m 三遍夯	3500	48.01	1388	112
		4000	37.54	1879	152
		3500	48.08	1165	69
	8m×8m×5m 三遍夯	4000	49.95	1303	79
		4000	48.17	1324	93
		4000	49.92	1036	62

根据平板载荷试验结果，夯填体中下部 6 个载荷试验的地基承载力、变形模量均满足地基加固初步设计目标值要求。

2）取大样检测

a. 夯填体表层取大样检测

试验基强夯完成后，在每个试验区单层夯填体上部各布置 3 个取大样检验点。同一层取大样检验点与平板载荷试验检验点之间间距不小于 5m。各试验区单层夯填体上部取大样检验点检测结果见表 2.25。

表 2. 25　强夯试验各分区取大样检测参数表

施工方式	部位	湿密度/(g/cm³)	含水率/%	干密度/(g/cm³)	夯碾度
强夯	7m×7m×6m 三遍夯	2.53	3.73	2.44	1.06
	8m×8m×6m 三遍夯	2.52	3.93	2.43	1.06
	8m×8m×6m 两遍夯	2.46	3.43	2.38	1.03
	6m×6m×5m 三遍夯	2.49	3.73	2.41	1.05
	7m×7m×5m 三遍夯	2.46	4.30	2.36	1.03
	8m×8m×5m 三遍夯	2.44	3.83	2.35	1.02

根据载荷试验结果，6 个试验区强夯后的填筑体地基承载力、变形模量均满足地基处理初步设计目标值的要求。相对而言，8×8×6m 两遍夯的效果较差，其他强夯试验区载荷试验结果均较好。

b. 夯填体中下部取大样检测

表层取样完成后，在 8m×8m×6m、8m×8×5m 三遍夯试验区，挖去夯填体上部 1/2 层厚（2.5～3.0m），夯填体形成平台，每个平台布置 3 个取大样检验点，取大样位置与表层取大样位置基本一致。各试验区单层夯填体中下部取大样检验点检测结果见表 2.26。

表 2. 26　强夯试验区开挖 1/2 层厚取大样检测参数表

序号	部位	计算参数	湿密度/(g/cm³)	含水率/%	干密度/(g/cm³)	夯碾度
1	8m×8m×6m 三遍夯	平均值	2.34	4.63	2.23	0.97
2	8m×8m×6m 三遍夯	平均值	2.36	4.67	2.25	0.98

根据取大样检测结果，各试验区大样测试夯碾度均大于地基加固初步设计目标值要求的 0.94。测试大部分表层夯碾度指标大于 1.0，强夯大样目前只是取的浅层样，强夯后浅层岩体被破碎成碎块及粉粒，块石之间的空隙基本上被碎块、粉粒及少量黏土充填密实，造成浅层夯实填料夯碾度偏大。

3）瑞利波测试

强夯施工完成后，在强夯试验六个试验区每个试验区做 3 个断面的瑞利波测试，测试结果见表 2.27，并绘制强夯试验各分区瑞利波波速随深度变化的曲线图，如图 2.30 所示。

表 2.27　强夯试验各分区瑞利波试验参数表

部位	深度/m	瑞利波波速/(m/s)	分层瑞利波波速平均值/(m/s)
7m×7m×6m 三遍夯	0~2	285	332
	2~4	324	
	4~6	388	
8m×8m×6m 三遍夯	0~2	261	297
	2~4	292	
	4~6	336	
8m×8m×6m 两遍夯	0~2	262	298
	2~4	292	
	4~6	340	
6m×6m×5m 三遍夯	0~2	263	325
	2~4	317	
	4~6	395	
7m×7m×5m 三遍夯	0~2	308	338
	2~4	341	
	4~6	366	
8m×8m×5m 三遍夯	0~2	235	286
	2~4	291	
	4~6	333	

根据表 2.27 瑞利波测试结果，6 个试验区瑞利波波速均有自上而下逐渐增大的特点，6 个试验区在满足地基加固初步设计目标值要求的密实度、地基承载力、变形模量的前提下，分层平均瑞利波波速为 286~338m/s，瑞利波波速平均值为 313m/s。

建议采用瑞利波测试时，采用分层平均波速不小于 290m/s 作为判别标准。

4）沉降检测

强夯施工时，对强夯各夯点进行沉降检验。在夯前测量原地面标高，在强夯过程中测量各个夯点各次夯击时的沉降量，最后两击平均夯沉量≤50mm 时停止点夯，分别得到强夯试验各分区沉降检验参数表（表 2.28）和强夯试验各能级沉降检验参数表，见表 2.29。

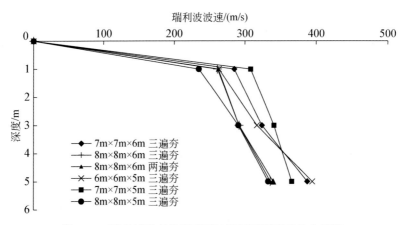

图 2.30　强夯试验各分区瑞利波波速随深度变化曲线图

表 2.28　强夯试验各分区沉降检验参数表

序号	强夯区域	强夯能级/(kN·m)	夯点数	夯击次数	最后两遍平均沉降量/mm	总沉降量/m
1	7m×7m×6m 三遍夯	4000	22	8.77	35.5	0.89
		3000	41	7.22	34.6	0.67
		2000	62	5.53	36.9	0.45
2	8m×8m×6m 三遍夯	4000	18	8.83	34.4	0.90
		3000	16	7.13	39.7	0.67
		2000	36	5.39	37.1	0.42
3	8m×8m×6m 两遍夯	4000	14	8.07	37.1	0.87
		3000	30	7.20	35.8	0.68
4	6m×6m×5m 三遍夯	4000	22	8.91	33.6	0.89
		3000	24	6.71	37.5	0.71
		2000	33	5.58	37.4	0.45
5	7m×7m×5m 三遍夯	4000	19	8.21	40.5	0.84
		3000	12	6.75	34.6	0.66
		2000	28	4.86	35.2	0.41
6	8m×8m×5m 三遍夯	4000	48	7.94	34.3	0.78
		3000	47	6.81	36.3	0.63
		2000	102	5.59	35.9	0.46

表 2.29　强夯试验各能级沉降检验参数表

序号	强夯能级/(kN·m)	夯点数	夯击次数	最后两遍平均沉降量/mm	总沉降量/m
1	4000	143	8.38	35.5	0.85
2	3000	170	6.99	36.1	0.67
3	2000	261	5.47	36.4	0.45

由图 2.31 可知，随着强夯能级的增加，达到最后两击夯沉量≤50mm 所需的夯击次数越大。在采用 4000kN·m 能级强夯击数平均值不超过 9 击、3000kN·m 能级强夯击数平均值不超过 8 击、2000kN·m 能级强夯击数平均值不超过 6 击的情况下，控制最后两击夯沉量≤50mm 进行强夯施工，即满足地基加固初步设计目标值要求。

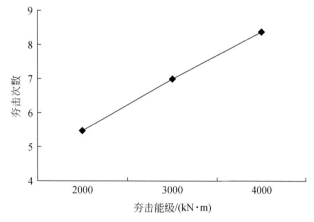

图 2.31　强夯夯击能级与夯击次数关系曲线（控制最后两击夯沉量≤50mm）

3. 小结

通过试验资料综合分析，得出采用强夯法对碳酸盐岩大块石高填方地基进行处理的关键技术参数如下。

1）强夯击数

采用 4000kN·m 能级强夯击数不低于 9 击、3000kN·m 能级强夯击数不低于 8 击、2000kN·m 能级强夯击数不低于 6 击，最后两击夯沉量均≤50mm 进行设计施工可满足地基加固初步设计目标值要求。为保证工程质量，建议采用单点强夯试验确定的 4000kN·m 能级最优击数 14 击、3000kN·m 能级最优击数 12 击进行施工图设计。

2）检测方法

强夯施工期间每层检测方案建议采用瑞利波测试进行自检，每 300～500m² 布置一个瑞利波检验点，各强夯分层采用 290m/s 作为瑞利波测试基本目标值。检验时对于瑞利波检验结果满足基本目标值的区域，按照瑞利波检验点的 20% 取大样进行两种方法的对比检验，同时 20000～50000m² 强夯区域进行一组平板载荷试验。对于各分区瑞利波测试波速低于基本目标值时，采用平板载荷试验及取大样检测进行验证。

3）相对不均质体问题

鉴于强夯处理后的夯填体为相对不均质体，参考《强夯地基加固技术规程》（CECS 279—2010）第 6.1.3 条及条文说明，碳酸盐岩大块石填方地基最大粒径已超过现有规范的规定，在实际应用时其岩石成分复杂，其最大干密度的确定非常困难，再用压实系数作为质量控制指标，就显得很不合理，误差较大。结合相关工程经验，对强夯地基密实度检测时，采用表 2.30 的密实度指标进行控制施工。

表 2.30 块石强夯地基密实度指标表

序号	岩性及特征	代表区域	最大干密度 /(g/cm³)	控制干密度 /(g/cm³)	平均控制干密度 /(g/cm³)
1	中厚层—厚层白云岩	大山老包、大皮坡老包	2.30	2.14	2.16
2	薄层灰岩	小团老包	2.09	1.94	1.96
3	薄层—中厚层灰岩	小山老包	2.22	2.06	2.09
4	中厚层—厚层灰岩、含泥质灰岩	云盘头	2.18	2.03	2.05

注：密实度测试时所有指标应不低于控制干密度，且数量不超过总数的 33%，分区测试数据平均值不低于平均控制干密度

2.3.3　小结

本次研究对强夯试验区强夯后，通过取大样检测、平板载荷试验、瑞利波测试及沉降检测等多种手段对加固效果进行检测。检测参数表明，强夯法对碳酸盐岩大块石高填方地基有明显效果。

通过系统研究，针对碳酸盐岩大块石高填方地基提出了强夯法地基加固关键技术参数如下：强夯时填料虚铺厚度≤5.6m，采用两遍夯，第一遍 4000kN·m，网度 8m×8m，网格形心增加一点，夯击数不少于 14 击；第二遍 3000kN·m，网度 8m×8m，夯于 4000kN·m 两夯点中间，夯击数不少于 12 击。第一遍、第二遍夯点最终形成网度 4m×4m。

2.4　碳酸盐岩大块石高填方地基加固关键技术分析

2.4.1　概述

岩溶地区块石填料地基最大粒径多超过现有规范的规定，针对该类高填方地基，现有规范对振动碾压、冲击碾压、强夯等地基加固技术的适用条件、施工工艺、相关参数及检测手段、填方地基蠕变变形监测及控制等均无明确规定。对典型的碳酸盐岩大块石高填方地基进行系统研究后，本章对不同地基加固方法的特点及其用于处理碳酸盐岩大块石高填方地基的适宜性进行评价。

2.4.2　不同填方地基加固方法的特点

针对碳酸盐岩大块石高填方地基的特点，本章选择了具有代表性的试验区进行了振动碾压、冲击碾压、强夯等地基加固技术试验研究。通过研究分析表明，以上加固方法加固

后的填土均可满足地基加固初步设计的地基承载力、变形模量等目标值要求，但各种地基加固手段的优缺点各异，适用条件也不尽相同，不同加固方法的优缺点及适用条件总结见表 2.31。

表 2.31 不同加固方法对比表

序号	施工方法	优点	缺点	适用条件
1	振动碾压	碾压后形成的压实体均匀性好，质量控制指标直观，便于操作	分层厚度薄，施工工效低。对填料物质组成、级配、最大粒径等要求高，块石碾压施工质量难控制，单方造价高	所有区域均适用
2	冲击碾压	碾压后形成的压实体均匀性一般，质量控制指标直观，便于操作	分层厚度较薄，施工工效较低。对填料物质组成、级配、最大粒径等要求较高，块石碾压施工质量较难控制，单方造价较高	只适用于场地相对宽敞的区域，不能用于边线曲折场地
3	强夯	单层处理厚度大，施工工效快。对填料物质组成、级配、最大粒径等要求较低，施工质量易于保证。造价较低，经济性好	处理后的夯填体为相对不均质体，均匀性稍差	适用于填方厚度较大的区域，处理面积较小区域经济性较差

2.4.3 小结

相对于其他地基加固方法，强夯法对于碳酸盐岩大块石高填方地基的加固有明显效果。强夯时填料虚铺厚度≤5.6m，采用三遍夯，第一遍 4000kN·m，网度 8m×8m，网格形心增加一点，夯击数不少于 14 击；第二遍 3000kN·m，网度 8m×8m，夯于 4000kN·m 两夯点中间，夯击数不少于 12 击。第一遍、第二遍夯点最终形成网度 4m×4m。采用振动碾压处理强夯不能处理的区域。振动碾压时虚铺厚度 0.95m，碾压遍数≥8 遍。强夯质量检验手段采用沉降检测、瑞利波检测、取大样检测、平板载荷试验四种检验方法综合使用[64]。

经振动碾压及冲击碾压工艺后的碳酸盐岩大块石高填方地基均能满足上部建筑物承载力及变形模量的需求，但冲击碾压的效果好于振动碾压[65]。选择振动碾压加固碳酸盐岩大块石时，采用虚铺 0.95m 的分层厚度，碾压遍数 8~10 遍，其碾压效果最好；选择冲击碾压加固碳酸盐岩大块石时，采用铺填厚度 1.5m，碾压 15 遍，加固和经济效果最好。振动碾压填筑体质量检测建议综合使用沉降检测和取大样检测两种手段，辅以一定数量的平板载荷试验。冲击碾压填筑体质量检测建议综合使用沉降检测和取大样检测两种手段，辅以一定数量的平板载荷试验。综上，针对碳酸盐岩大块石高填方地基建议以强夯为主，对强夯不能处理的区域，采用振动碾压进行处理。

第二篇 蠕变控制技术研究

　　高填方工程具有填方量大、填方高度高、厚度大等特点。目前，我国在建筑、冶金等行业对该类工程填方区域的建（构）筑物基础主要采用桩基础穿过填土层置于下伏稳定基岩上，导致该类型场地基础工程投资大、工期长、施工困难、经济效益不佳。如果能将建（构）筑物基础直接修建在经过强夯处理后的填方体上，将极大地节省造价、缩短工期。然而，填方体自身及其原地基除在施工阶段发生变形外，竣工后还会在高自重应力及上部荷载作用下继续产生长期工后沉降。但是，建于其上的有些重要设施对于地基沉降的要求非常严格，稍大的差异沉降可能就会严重影响正常使用。因此，对高填方长期工后沉降的控制和预测成为该类工程成功的关键。目前，受工程规模的限制，在工业与民用建筑行业对碳酸盐岩大块石高填方地基的长期蠕变研究尚处于空白状态。充分了解碳酸盐岩大块石高填方地基的长期变形特性，对于选取合理的设计与施工方法，进而保证上部结构物的长期正常使用与安全具有重要意义。通过碳酸盐岩大块石高填方地基现场蠕变试验研究填补了国内对碳酸盐岩大块石高填方地基在填料自重及大面积高附加荷载作用下长期蠕变研究的空白，给同类工程以借鉴。

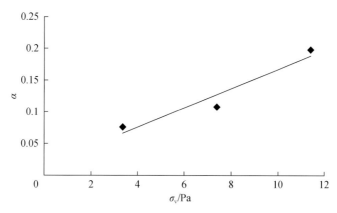

图 3.8　全干燥碎石料流变速率–加载荷载线性拟合图

经过拟合，可得到全干燥碎石料的参数 $k=0.0171$。

3.2.2　全饱和碎石料流变应变试验规律

由图 3.9 可以看出，全饱和碎石料的初始流变速率和流变应变基本上随着应力水平的增加而逐渐增大。同级荷载作用相同时间，全饱和碎石料的流变应变比全干燥碎石料的流变应变要大得多。在较短时间下流变应变与时间对数可以近似用线性关系来描述，但随着时间的延长，流变应变与时间对数不再具有较好的线性关系。对全饱和碎石料的流变应变进行对数函数拟合，如式（3.1）。

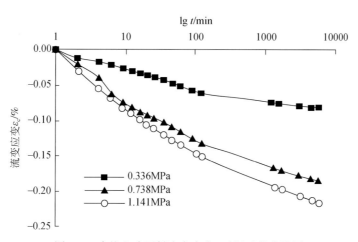

图 3.9　全饱和碎石料流变应变–时间对数曲线图

通过对每级荷载 60min 的流变应变与时间对数进行线性拟合，可得到时间对数坐标下的流变速率 α，见图 3.10 及表 3.6。

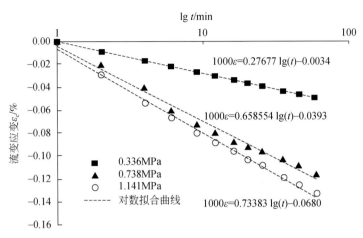

图 3.10　全饱和碎石料流变应变–时间对数线性拟合

表 3.6　全饱和碎石料每级荷载在时间对数坐标下的流变速率成果表

加载荷载/kPa	336	738	1141
流变速率	0.27677	0.65854	0.73383

对全饱和碎石料的流变速率与加载荷载进行线性拟合，如图 3.11 所示。

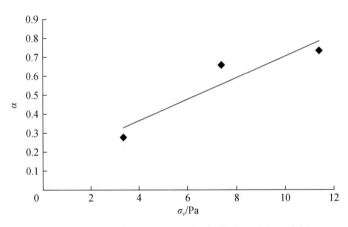

图 3.11　全饱和碎石料流变速率–加载荷载线性拟合图

经过拟合，可得到全饱和碎石料的参数 $k=0.073$。全饱和碎石料的参数 k 值为全干燥碎石料的 4.3 倍。

3.2.3　碎石料全干燥条件和全饱和条件总应变试验规律对比

在全干燥条件和全饱和条件下，碎石料在三级荷载作用下的总应变（包括加载时的瞬时应变和保持荷载不变时的流变）如图 3.12 所示。可以看出，每级荷载下全干燥条件比全饱和条件下的总应变小，进入流变阶段后，在相同荷载相同时间下，全饱和条件下的碎石料的总应变是全干燥条件下的总应变的 1.4~1.5 倍。

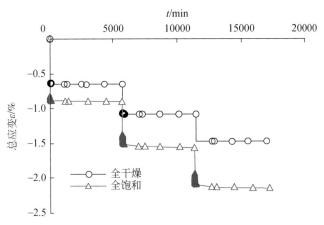

图 3.12　全干燥与全饱和条件下碎石料总应变–时间曲线图

3.2.4　碎石料全饱和条件和全干燥条件流变应变试验规律对比

全干燥条件及全饱和条件下，两个试件分别在三个荷载水平下的流变规律如图 3.13 所示，其中横轴时间以对数坐标表示。由图 3.13 可以看出，全干燥碎石料的流变速率和流变应变值均比全饱和碎石料小。

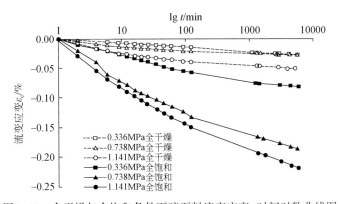

图 3.13　全干燥与全饱和条件下碎石料流变应变–时间对数曲线图

3.2.5　碎石料全饱和条件和干湿循环条件总应变试验规律对比

在全饱和条件和干湿循环条件下，碎石料在三级荷载作用下的总应变如图 3.14 所示，可以看出，在第一级荷载作用下，全饱和条件比干湿循环条件下的总应变相差较小。

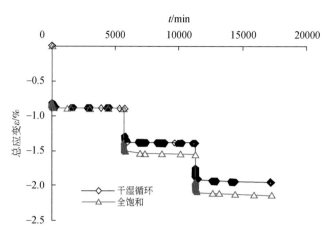

图 3.14　全饱和与干湿循环条件下碎石料总应变–时间曲线图

　　碎石料在第二级荷载作用下的总应变对比如图 3.15 所示，可以看出，试样在第二级荷载作用下，碎石料全饱和条件比干湿循环条件下的总应变大 30%，其中瞬时弹塑性应变相差 21%。

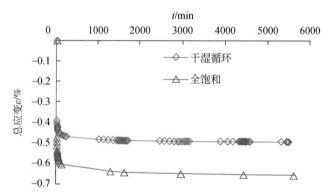

图 3.15　全饱和与干湿循环条件下碎石料在第二级荷载下总应变–时间曲线图

　　碎石料在第三级荷载作用下的总应变对比如图 3.16 所示，可以看出，试样在第三级荷载作用下，发生的瞬时弹塑性变形相近，之后发生 0.16%~0.19% 的流变应变，其中碎石料在饱和条件下比干湿循环条件下最终发生的总应变要稍大 0.03%。

　　对于全饱和试样，流变应变随着时间的增加逐渐增大，而对于干湿循环试样，每次浸水初期变形略有增长，待排干水后变形趋于平缓。其中第 3、4 次循环的试验结果如图 3.17 所示，为便于分析将纵轴坐标放大。

　　由图 3.17 可以看出，碎石料在干湿循环条件下，每次浸水饱和初期产生的应变很小（0.001%~0.002%），抽水后应变发展变得缓慢。由此可见，在实验室条件下，每次浸水饱和对碎石料的变形有一定的促进作用，但影响并不太大。

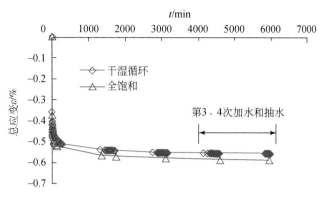

图 3.16　全饱和与干湿循环条件下碎石料在第三级荷载下总应变–时间曲线图

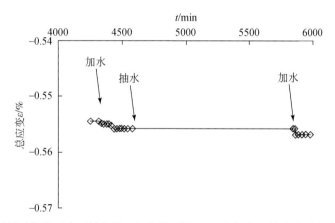

图 3.17　干湿循环条件下碎石料在第三级荷载下第 3、4 次加水和抽水的总应变–时间曲线图

3.2.6　碎石料全饱和条件和干湿循环条件流变试验规律对比

在第一级荷载作用下，全饱和和干湿循环条件下碎石料发生的流变应变对比如图 3.18 所示。可以看出，全饱和条件下的流变变形稍大一些，但是并不显著。

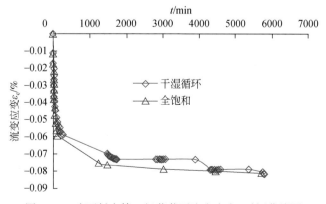

图 3.18　碎石料在第一级荷载下流变应变–时间曲线图

第二级荷载作用下，全饱和条件与干湿循环条件下碎石料的流变应变如图 3.19 所示，可见两者相差较大，全饱和条件下的流变应变比干湿循环条件下的流变应变大 75%。同时从图 3.15 可知，在该级荷载下，饱和条件下的瞬时应变也比干湿循环条件下的瞬时应变大得多。

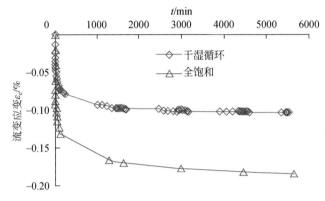

图 3.19　全饱和与干湿循环条件下碎石料在第二级荷载下流变应变–时间曲线图

在第三级荷载作用下，全饱和条件与干湿循环条件下碎石料发生的流变应变对比如图 3.20 所示，可以看出两者在数值上比较接近，而全饱和条件下的流变应变要稍大一些。

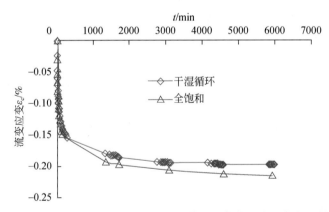

图 3.20　全饱和与干湿循环条件下碎石料在第三级荷载下流变应变–时间曲线图

碎石料在全饱和条件及干湿循环条件下，两个试样分别在三个荷载水平下的流变规律如图 3.21 所示，其中横轴以时间对数表示。同样可以看出，在多数情况下，干湿循环与全饱和条件下的流变之间差别不大，并且全饱和条件下的流变略大一些。只有在第二级荷载下，干湿循环与全饱和条件下的流变之间的差别比较明显，但是干湿循环条件下的流变仍然比全饱和条件下的流变小。在第二级荷载作用下出现较大差异的原因，可能是由于用于全饱和试验的试样内部存在个别石块含有细微裂缝，在第二级荷载加载时发生崩裂，进而引起较大变形。当这些个别石块破碎后，可以认为已基本消除这种情况。因此，对于更高荷载级别（第三级加载）下的流变规律可以认为没有受此影响。

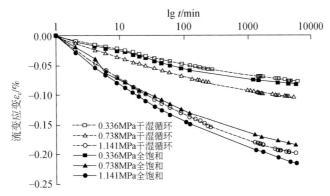

图 3.21　全饱和与干湿循环条件下碎石料流变应变–时间对数曲线图

3.3　小　　结

本项研究利用室内侧限压缩试验装置，对粗粒料在全干燥、全饱和及干湿循环条件下的流变特性进行了对比研究。从试验结果中可以发现，粗粒料在全干燥条件下的流变变形要小得多；全饱和与干湿循环条件下的流变特性基本上比较接近，并且在全饱和条件下的流变变形要略大一些。本试验中在第二级荷载作用下一直浸水与干湿循环条件下的流变出现了较大的差异的原因可能是由于全饱和试验的试样内部存在个别石块含有细微裂缝，随着这些个别石块的破损，这些差异得到消除，对更高荷载水平下的流变规律没有影响。

通过室内试验结果分析，对于现场注水试验，采用全饱和的试验所得到的结论是较安全的。但是在具体实施过程中，全饱和试验需要大量的水，并且大量水的流失会影响到其他试验台，因此建议采用间断性供水，或保持持续的小流量供水。只要使深部的填料保持充分浸润，其长期流变特性和完全饱和条件下的流变特性可以认为是比较接近的。

第4章 碳酸盐岩大块石高填方地基蠕变原位试验研究

4.1 试验概况

4.1.1 试验目的及技术路线

填方体自身及其原地基除在施工阶段发生变形外，竣工后还会在高自重应力作用下继续产生蠕变及固结压缩变形，因而其沉降往往会在工程完工后持续几年甚至几十年。长期工后沉降直接关系到上面机场、高速公路和铁路等设施的正常使用。因此在不设置桩基础的前提下，仅用强夯处理后的地基作为建筑基础持力层，其长期变形是否满足要求是研究强夯法处理碳酸盐岩大块石高填方地基的关键。

岩土工程的复杂多变性决定了原位试验才是验证室内试验结果的重要手段。首先，由于块石填料具有尺寸效应现象，即块石在不同的尺寸下其强度和变形存在一定的力学差异，因而室内试验条件下块石填料的强度和变形特性还不能直接应用于实际的岩土工程中。其次，不同载荷板尺寸的影响深度和范围不同，对地基的作用效应也不同，同时，由于室内试验受到时间效应及颗粒破碎等因素的限制，且碎石料变形滞后时间较长，为避免试验设备因保持长期稳定的外荷输入相对困难而导致的试验结果失真，本次拟采用现场原位试验让试验结果尽量反映拟建物地基基础的真实工作状态[65,66]。试验技术路线如图4.1所示。

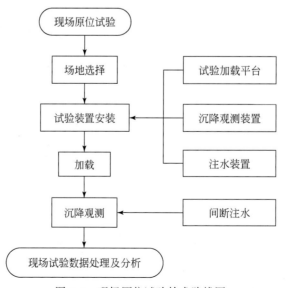

图 4.1 现场原位试验技术路线图

本次试验目的在于：

（1）获取强夯加固后的碳酸盐岩大块石高填方地基在自重及大面积加载长期荷载作用下的蠕变特征及蠕变规律。

（2）研究得出碳酸盐岩大块石高填方地基蠕变的影响因素、控制措施。

（3）论证分析荷载大、重要性高的建（构）筑物基础置于强夯后的碳酸盐岩大块石高填方地基上的可行性及长期变形是否满足要求。

4.1.2　试验场地选择

本试验依托于盘县"煤（焦、化）-钢-电"一体化循环经济工业基地项目。该项目中的地基加固及场平工程（以下简称"一期一步工程"）占地面积约 32 万 m²。根据场地原始地形特征，平场过程中将形成最大填方高度约 38.5m、最大回填面积 18 万 m² 的大面积填方区域，填筑体将作为大部分拟建（构）筑物的人工地基。拟建（构）筑物对地基变形敏感，需要对填土强度和变形进行严格控制。为了对下一步的地基基础设计提供依据和技术指导，同时为喀斯特地区碳酸盐岩大块石高填方地基的长期蠕变提供工程经验，本次试验拟选择"一期一步工程"南侧平台为试验场地。该平台宽度 26.4m、长 800m 左右，试验选择填方厚度较大区域进行，试验区填方厚 25~27m，可满足试验要求。

场地的填料组成详述如下：场区岩土为填料的主要来源，填料主要为挖方区天然石材，其母岩为三叠系关岭组（T_2g）岩层，岩体较破碎，岩石主要为中风化中厚层—厚层白云岩、薄层—厚层灰岩及中厚层—厚层含泥质灰岩。场地土石比为 3∶97，土层主要为硬塑红黏土。填料黏土含量不大于 5%，不得使用淤泥、膨胀土及有机质含量大于 5% 的土作为填料，填料均采用粒径≤500mm 的自然级配块石。各岩土力学性能见表 4.1。

表 4.1　填方体岩土力学性能表

岩土	重度 /(kN/m³)	抗剪强度		抗压强度	
		内聚力/kPa	内摩擦角/(°)	干燥状态下抗压强度/MPa	饱和状态下抗压强度/MPa
红黏土	17.0	30	10		
中等风化白云岩	26.7	3100	45	100	70
强风化灰岩	24.5	2000	35	30	25
中等风化灰岩	26.8	4800	50	118	88
中等风化含泥质灰岩	26.7	3800	45	115	74

本次试验地基加固方式以强夯法为主，对强夯不能处理的区域，采用振动碾压进行处理，填筑时间从 2011 年 2 月 28 日开始，2011 年 10 月 15 日填筑到指定高度。强夯地基的填料力学指标见表 4.2。

表 4.2　强夯地基填料力学指标

序号	处理方法	岩性及特征	地基承载力/kPa	变形模量/MPa
1		中厚层、厚层白云岩	300	30.0
2	强夯地基	中厚层、厚层灰岩、泥质灰岩	280	28.0
3		薄层灰岩	250	25.0

本试验场地平面布置和试验区剖面图如图 4.2 和图 4.3 所示。

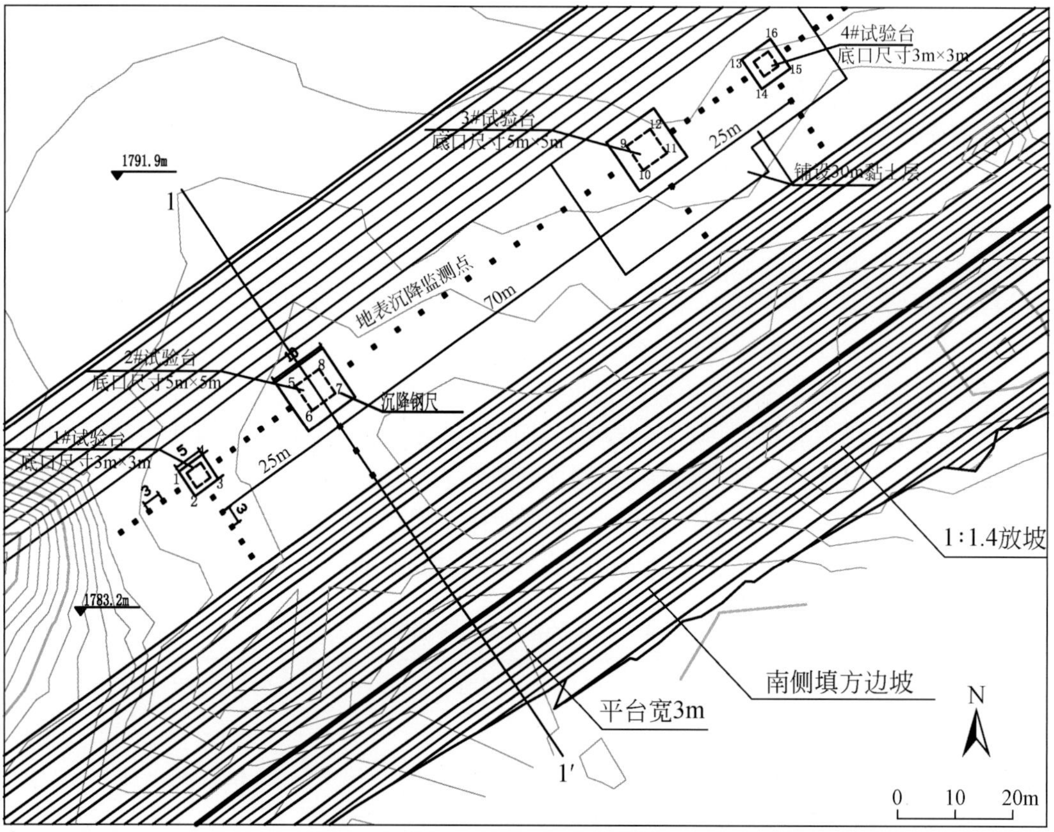

图 4.2　试验场场平面布置图

试验顺平台东西方向布置 4 个试验点，1#试验台与 2#试验台、3#试验台与 4#试验台间距 25.0m，2#试验台与 3#试验台间距 70.0m，具体试验区位置及试验点布置如图 4.2 所示。

4.1.3　试验周期

本次现场试验于 2012 年 1 月开始进行，分三个周期，由于现场多方面因素的制约，试验工期较长，至 2014 年 6 月基本完成预定的试验工作，试验总周期历时 30 个月。第一

所有注水点先采用钻机向下成孔 1.5m（孔径 91mm，共计 48 孔），孔内放置 ϕ25mm 的 PVC 管（底部封堵，下部 1.0m 范围间隔 50mm 螺旋形钻凿 ϕ5mm 的注水孔），PVC 管周边采用 10mm 左右的瓜米石填实。注水管必须在混凝土浇筑前进行加固处理，避免混凝土浇筑对已安注水管的影响。

3. 沉降观测装置

沉降观测装置包括 CFC40 型沉降仪、DS1 高精度水准仪（高程测量）、测量钢尺等，详 4.1.6 节试验观测一节。

4.1.5　试验方案

1. 加载

4 个试验台加载方式分为八级加载，加载起始时间为 2012 年 8 月 3 日，加载历时 101 天，至 2012 年 11 月 12 日结束，参考北京首钢国际工程技术有限公司提供的场地最大荷载建筑物基底应力 350kPa，本试验将原基底应力值放大 1.2 倍以检验地基稳定性，最终加载完成后保持所有试验台底部应力值为 420kPa（包含平台自重）。具体加载参数见表 4.3。

表 4.3　蠕变试验加载表

序号	试验台底部尺寸	加载后试验台底部应力/kPa	试验台自重及加载重量总和/kN
1	3.0m×3.0m	420	3780
2	5.0m×5.0m	420	10500

为准确达到加载重量，本次试验在试验台浇筑完成达到强度后，采用 4 台千斤顶顶升获取各试验台的自重。在加载过程中，对每个编织袋装料后均进行称量才能进行加载，以获取准确的加载重量。

试验台浇筑前预埋 ϕ90mm 的 PVC 管，将所有已完成的分层沉降观测孔延伸至试验台及最高加载面之上，并对试验台底部范围采用 10cm 左右中砂找平，上部作 10cm 厚的 C15 混凝土垫层。

先进行自然状态平台的加载蠕变试验，一个月后再进行湿润状态（间断注水）平台的注水加载蠕变试验。每组状态中 5.0m×5.0m 大平台先加载，半个月后 3.0m×3.0m 小平台再加载。

加载时要求加载对称、匀速。在试验台浇筑混凝土后观测沉降，共分 8 级进行加载，每级完成后进行沉降观测。

2. 注水

1）湿润状态（间断注水）下的试验台

对 1#、2#试验台在湿润状态下进行试验。先在蠕变试验阶段短期内对试验区大量注水，使试验区下部填料全部湿润。为保持试验区在影响范围内的填料处于润湿状态，再在大量注水完成后通过预埋注水管对试验区间隔 2～3 天进行注水，注水量为前期注水量的 30%，以观测试验台在饱水状态下的长期蠕变过程。通过清华大学对现场填料试样进行的室内侧限压缩蠕变对比试验可知，当试样一直饱和或采用间歇性供水使试样一直保持湿润，两者的蠕变规律非常接近，因此在现场采用间歇性供水。注水过程中采用小流量、长时间、低流速的注水方式，避免对下伏块石填料形成冲刷。

注水过程中拟定湿润碎石填料深度为试验台宽度的 5 倍，即 5m、3m 平台注水影响深度分别为 25m、15m，注水扩散角为 30°。两平台注水影响填料范围总体积为 16397m³，最低注水量为 476m³。1#、2#试验台按 1∶4 的比例分配注水量。

由于受块石填料渗透性及填料含水率等因素的影响，在实际注水过程中试验台的注水量与设计注水量存在一定的差异。注水过程中，1#试验台前期注水 28 天内，每次间隔 12 天向试验台注水，平台设计注水量为 6.40m³/d，设计总注水量为 76.80m³，而实际每次平均注水量为 7.32m³/d，而实际总注水量为 101.40m³；后期注水设计保持注水量为 1.92m³/d，设计总注水量为 102.00m³，实际每次平均注水量为 2.22m³/d，实际总注水量为 117.60m³。2#试验台前期注水 62 天内，每间隔 2～4 天向试验台注水，平台设计注水量为 25.60m³/d，设计总注水量应为 640.00m³，而实际每次平均注水量为 16.60m³/d，实际总注水量为 397.70m³；后期注水保持注水量为 7.68m³/d，设计总注水量为 300.00m³，而实际每次平均注水量为 4.80m³/d，实际总注水量为 172.80m³。从注水量对比表 4.4 可以看出，两试验台实际总注水量虽低于设计注水量，但依然大于影响范围填料湿润所需的最低注水量 476m³，实际注水量能够保证试验台下伏块石填料处于一直湿润状态。

表 4.4　实际注水量与设计注水量对比表

试验台	试验台底宽/m	前期注水设计总注水量/m³	前期注水实际总注水量/m³	后期注水设计总注水量/m³	后期注水实际总注水量/m³	实际注水总量/m³
1#	3	76.80	101.40	102.00	117.60	219.00
2#	5	640.00	397.70	300.00	172.80	570.50

2）自然状态下的试验台

3#、4#试验台在自然状态下进行蠕变试验观测。在蠕变试验末期，通过预埋的三组注水管进行每天 3 次连续 5 天的注水，待注水入渗 10 天后又连续注水 2 天，以观测自然状态下大量注水后地基的蠕变变形规律。对试验区集中注水时，3#试验台 7 天内总注水量 464.57m³，平均每天注水量为 66.37m³/d。4#试验台 7 天内总注水量 146.34m³，平均每天注水量为 20.91m³/d。两试验台总注水量大于最低注水量 476m³，能够满足影响范围填料湿润的注水需求。

4.1.6　试验观测

1. 观测流程

本次试验观测工作流程如图 4.11 所示。

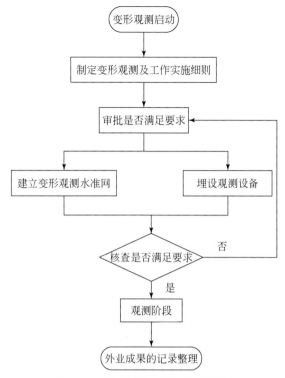

图 4.11　蠕变试验观测工作流程图

2. 观测项目

本次试验观测项目包括平面位移观测和沉降位移观测两部分，后续观测工作均围绕这两部分展开，本次试验观测项目见表 4.5。

表 4.5　沉降观测具体项目表

观测项目	具体名称	备注
沉降位移观测	试验台沉降观测 沉降环沉降观测 沉降管管口沉降观测 沉降标沉降观测	钢尺与试验台固定 沉降环套于沉降管外部
平面位移观测	地表蠕变变形观测	包括纵向和垂向共 50 个地表观测点

3. 建立变形观测水准网

在试验台东、西两端各 100m 处设置两个工作水准点与施工控制点（大山老包控制点施工网联测点）联测。从大山老包控制点出发，经过西侧道路，在 1783.2m 试验台到两个工作水准点，再到东南侧道路回到大山老包控制点组成闭合水准路线。闭合水准路线观测示意图如图 4.12 所示。按照规范：高程大于 4000m 或水准点的平均高差为 150～250m 的地区，二等水准路线上每个水准点均应测定重力。高程在 1500~4000m 或水准点间的平均高差为 50~150m 的地区，二等水准路线上重力点间的平均距离应小于 23km。本次测量高程为 1800m，水准点间高差 12m，不需重力测定。

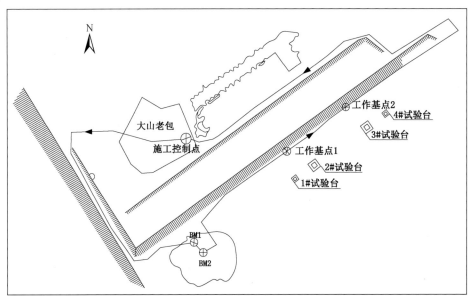

图 4.12　闭合水准路线观测示意图

4. 观测装置的安装

由图 4.13 可知，沉降观测装置安装由以下几部分组成。

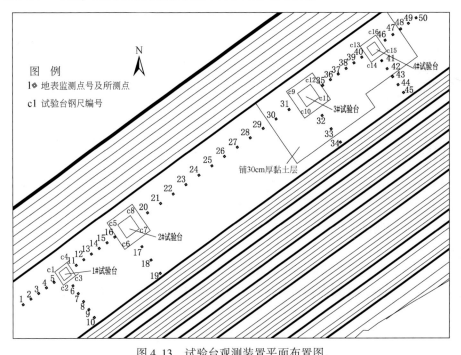

图 4.13　试验台观测装置平面布置图

1）平面位移观测装置

地表观测点以各试验台为中心在纵横方向上布置，地表观测点距离为一倍基础宽度，5m 和 3m 试验台之间的监测点距离取一倍较小基础宽度。地表观测点布置在试验台中心纵横方向上 3~5 倍基础宽度范围内。地表观测点总共设置 50 个，做法按照《建筑变形测量规范》（JGJ 8—2016）附录 A 图 A.0.6 设置。每个地表观测点都进行地表观测点沉降监测，共 50 个。地表观测点标示如图 4.14 所示。

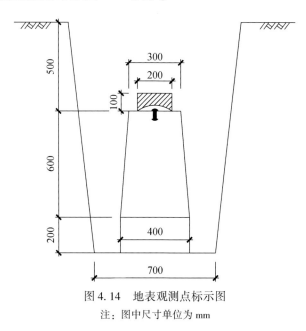

图 4.14 地表观测点标示图

注：图中尺寸单位为 mm

2）试验台沉降观测点布置

在每个试验台四角设置沉降观测点，四个试验台共计 16 个点，观测点采用粘贴 0.5mm 刻度的钢尺制作，试验通过观测尺的沉降变化以反映试验台的沉降变化，试验台沉降值取四个观测尺的平均值。

3）沉降管观测装置

每个试验台分层沉降测试分为两种类型，第一种为成孔后孔内放置沉降管及沉降环，采用分层沉降仪进行分层沉降测试，每个试验台布置 3 个测试点，共计 12 个测试点；第二种是参考《建筑变形测量规范》（JGJ 8—2016）中第 5.4.3 条，直接在不同深度成孔中埋设沉降标志量测分层沉降的方法进行分层沉降观测，每个试验台布置 3 个测试点，共计 12 个测试点。两种测试方法共计 24 个测试点。

a. 成孔

每个试验台布置 3 个分层沉降测试孔，在 5.0m×5.0m 试验台，第一个布置在试验台中心、第二个布置在距试验台中心横距 6.5m 的位置，第三个布置在距试验台中心横距 14.5m 的位置；在 3.0m×3.0m 试验台，第一个布置在试验台中心，第二个布置在距试验台中心横距 3.9m 的位置，第三个布置在距试验台中心横距 9.3m 的位置。

成孔深度与沉降环埋置深度根据试验台宽度确定。本次试验沉降环埋置深度最大考虑为试验台宽度的 5 倍，在 3 倍试验台宽度深度范围内按间隔 0.5 倍试验台底宽间隔埋置沉降环、3 倍以下按 1 倍试验台宽度间隔埋置沉降环。成孔深度为最下一个沉降环埋置深度以下不低于 2.0m。具体成孔布置、沉降环埋置及工作量见表 4.6。

表 4.6　分层沉降测试成孔工程量

试验台底部尺寸	试验台数量/个	成孔数量/个	预计成孔深度/m	钻探工程量/m	孔径/mm
3.0m×3.0m	2	6	20	120	91
5.0m×5.0m	2	6	30	180	91
合计	4	12		300	

注：成孔垂直度不大于 0.5%，不能采用套管。开孔 1.0m 范围采用 108mm 孔径

b. 沉降环位置

沉降环埋置深度见表 4.7。

表 4.7　沉降环埋置深度

沉降环埋置深度/m	
3.0m×3.0m 试验台	5.0m×5.0m 试验台
1.5	2.5
3.0	5.0
4.5	7.5
6.0	10
7.5	12.5
9	15
12	20
15	25

c. 沉降管、沉降环安装

成孔后，根据成孔孔深，将 φ53mm 分层沉降管按设计深度埋入孔中，用内径大于沉降管的塑料管将沉降环分别压入孔内待测各点深度位置，回填中砂加水密实。最底端的管口作封堵处理，以防泥沙堵塞（具体见图 4.15 和图 4.16）。管子全部到位后，在上部管口作耐久标记，以此作为测试时的参照点。测量出每个感应环的初始深度位置为以后测试初始参考值。

沉降管安装注意事项如下。

（1）为了防止沉降管内进水，所有接头部位及上下底盖都必须严格密封。具体方法是：将接头上好后，先用四颗小螺丝固定接头，然后用四氢呋喃（一种化学试剂，呈液体状态）与 PVC 颗粒原料调成混合物，将其沿接头部位慢慢渗入，待其稍干后，再用四氢呋喃沿接头部位用毛笔慢慢点一部分，使接头与管子完全溶在一起（四氢呋喃不要用太多，因为四氢呋喃可将 PVC 管完全溶解）。

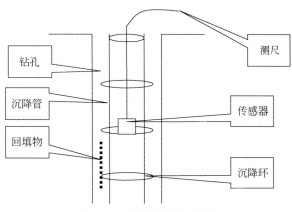

图 4.15　沉降管安装示意图

图 4.16　沉降管安装现场图

（2）孔口作较好的保护，外部再套一个比 PVC 管粗一点的铁管，上加盖子，铁管下面用砖砌成墩子。

（3）沉降管管口用锯子锯出一个小标记，每次测试都以该标记为基准点，孔口标高由水准仪测量。

d. 读数

分层沉降管蠕变监测采用孔口标高法。测试前在孔口作一标记，每次测试都以该标记为基准点，孔口标高由水准仪测量。位于各试验台中心的深层沉降管必须用套管保护起来，且套管要求有一定的强度，防止加载过程中挤压、碰撞破坏套管。每次观测的探头放置应缓慢、均匀，每个观测孔应进行不小于 3 次的进程、回程观测。3 次的进程、回程观测数据最大误差不大于 3mm，否则应增加观测次数，直至其中 3 次的进程、回程观测数据最大误差不大于 3mm 为止。观测时对进程、回程数据取三次观测数据的平均值。沉降环的测试数据按式（4.1）计算：

$$S_i = (J_i + H_i)/2 \tag{4.1}$$

式中：i 为一孔中测读的点数，即土层中磁环个数；S_i 为 i 测点距管口的实际深度，mm；J_i 为 i 测点在进程测读时距管口的平均深度，mm；H_i 为 i 测点在回程测读时距管口的平均深度，mm。

4）土体深层沉降标志测试装置

a. 成孔

每个试验台布置 3 个土体深层沉降标志埋设成孔，均布置在距试验台其中三个边中心点往外 0.5m 位置，土体深层沉降标志埋置深度与成孔深度一致。本次试验成孔标志埋置深度按 1.0 倍、2.0 倍、3.0 倍试验台底部尺寸埋置，具体见表 4.8。

表 4.8　土体深层沉降标志成孔深度

试验台底部尺寸	试验台数量/个	成孔深度/m			孔径/mm
		沉 1	沉 2	沉 3	
3.0m×3.0m	2	3	6	9	91
5.0m×5.0m	2	5	10	15	91

注：成孔垂直度不大于 0.5%。开孔 1.0m 范围孔径 108mm

b. 土体深层沉降标志埋设

土体深层沉降标志采用 ϕ80mm 圆钢制成，每个长 250mm，下端制成半球型，上端中心采用螺栓挂钩与 ϕ3mm 钢绞线（位移丝）连接。成孔完成后，向孔内注入少量中砂，采用 ϕ3mm 钢绞线（钢绳外套 ϕ20mm PVC 管）缓慢将土体深层沉降标志放置于孔底，多次轻提、放手采用土体深层沉降标志对孔底细沙进行夯实。夯实完成后在地表安置滑轮，将 ϕ3mm 钢绞线穿过滑轮后与重量约为土体深层沉降标志重量 1/2 的重物连接进行预张拉、张紧钢绳（张紧过程中注意钢绳应位于成孔中心），向孔壁与 ϕ20mm PVC 管之间的间隙填入中砂，浇水密实。完成后在试验台腹部安置滑轮组，将 ϕ3mm 钢绞线穿过滑轮组后与重量约为土体深层沉降标志重量 2/3 的重物连接张紧钢绳。在重物上部 ϕ3mm 钢绞线上粘贴钢尺，采用近似上述孔口标高法量测沉降标志埋设深度位置的沉降，安装完毕后测量出每个沉降标志初始深度所对应的钢尺读数，为以后测试初始参考值。深层沉降标志上部监测设施安装示意图如图 4.17 所示。

如图 4.17 所示，假定每次量测深层沉降标志物沉降值 X_{1i}，由每次加载地面沉降引起的试验台沉降值为 X_{3i}，钢条沉降值为 X_{2i}。试验台不发生偏心位移，且试验台及钢条刚度很大，在加载过程中自身变形可以忽略。另以 Y_0，Y_1，…，Y_i 计每次量测的钢尺读数值，Y_0 为初始读数。

故可知：试验台沉降＝定滑轮沉降＝钢条沉降。沉降值向下为正，沉降标志物采用钢绞线连接，未做温度修正。

由试验台沉降引起上部重物向下位移为 $2X_{3i}$；由沉降标志物沉降引起上部重物向上位移为 $-X_{1i}$；钢尺两次读数增量值为 $Y_i - Y_{i-1}$。

易知，$Y_i - Y_{i-1} + X_{2i} = 2X_{3i} - X_{1i}$，且 $X_{2i} = X_{3i}$，得

$$X_{1i} = X_{3i} - (Y_i - Y_{i-1}) \tag{4.2}$$

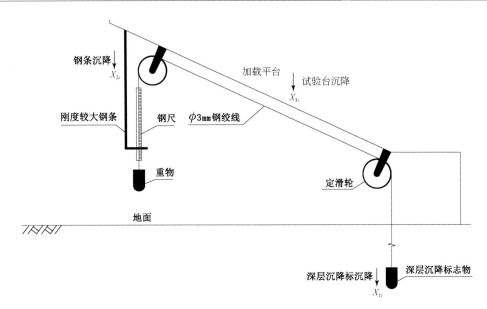

图 4.17　深层沉降标志上部监测装置示意图

式中：X_{1i} 为沉降标志物沉降值，mm；X_{2i} 为钢条沉降值，mm；X_{3i} 为试验台沉降引起上部重物向下的位移，mm；Y_0 为钢尺初始读数；Y_1，Y_2，$\cdots$，Y_i 为每次量测的钢尺读数值。X_{3i} 可由每次试验台的实测标高值计算而得；Y_i，Y_{i-1} 为加载前后实际钢尺读数。

5. 观测周期

由于填方地基的蠕变在填方完成的第一天起就一直在发生，且本试验填方地基还受到试验台的自重影响，因此沉降观测应在加载前进行，并待前期沉降趋于稳定之后再进行加载和后期沉降观测。由于本试验单个试验台的加载分 8 次进行，故每一次加载都需进行沉降观测并作好观测纪录，其中下一次的加载需在前一次的沉降趋于稳定之后进行，稳定标准为沉降速率小于 0.3mm/h。所有加载完成后的观测视实际沉降情况、天气情况等，观测频率可定在 2 ~ 5 天一次，其观测持续时间不得少于 180 天且直到每个观测周期内的最终观测值小于 1mm 为止。具体见表 4.9。

表 4.9　沉降周期及频率表

序号	监测时段	监测次数
1	分层沉降管、土体深层沉降标志安装完毕	1 次
2	试验台完成，沙袋加载前	1 次
3	沙袋加载过程中，总荷载完成 1/2	1 次
4	沙袋加载过程中，总荷载完成 3/4	1 次
5	沙袋加载完成	1 次
6	加载完成后第一个月	1 次/2 日
7	加载完成后第二个月	1 次/4 日
8	加载完成后二个月以后	1 次/7 日

6. 观测仪器

分层沉降观测采用 CFC40 型沉降仪，其测量精度为 ±1mm，测量深度可达到 50m。高程测量采用 DS1 高精度水准仪，二等水准测量仪器选用苏州一光 DS05 水准仪及 2m 铟瓦标尺，仪器精度为 0.3mm/km。

7. 测量等级及精度

本次沉降变形观测按二等水准测量精度要求形成闭合水准路线，单路线往返观测。一条路线的往返测量，须使用同一类型的仪器和转点尺承，沿同一道路进行。

每次监测时，采用水准仪将基点高程引至分层沉降观测点，分层沉降观测点相对于临近工作基点或基准点的高程的误差不大于 ±1.0mm。

每次监测应进行两次测量，两次读数差不应大于 2.0mm，否则增加测量次数。读数差小于 2.0mm 时，取平均值。试验台现场图如图 4.18 所示。

图 4.18　试验台现场图

4.2　原位试验结果分析

4.2.1　加载前各试验台沉降环的初始沉降值

为了观测到各沉降观测点在整个试验周期内的沉降变化，需在加载前得到各沉降观测点的高程，加载过程中以该高程为基准得到各观测点的相对位移即为观测到的相对沉降值。每次观测时应将前一期观测数据填入前期读数栏，测试完成后前期读数与进回程平均值差额为本期变化值，根据变化值判定测试数据合理性。每个沉降环观测次数不小于 3 次，观测数据测读至 1mm，3 次观测数据的极差应不大于 3mm，如超过应增加观测次数，直至 3 次观测数据的极差满足要求。观测最后得到的结果见表 4.10 ~ 表 4.13。

表 4.10　1#试验台各分层沉降环在不同孔的初始沉降观测值统计表　　　（单位：mm）

分层位置	孔号	1#试验台 3.0m×3.0m					
		2012 年 7 月 23 日	2012 年 7 月 28 日	变化值	2012 年 8 月 3 日	变化值	备注
		第一次观测值	第二次观测值		第三次观测值		
1.5m	1	3704	3703	−1	3703	0	
	2	2202	2201	−1	2202	1	
	3	2244	2244	0	2244	0	
3.0m	1	5156	5154	−2	5155	1	
	2	3691	3692	1	3691	−1	
	3	3738	3739	1	3738	−1	
4.5m	1	6632	6632	0	6632	0	
	2	5176	5176	0	5176	0	
	3	5199	5199	0	5199	0	
6.0m	1	8212	8212	0	8212	0	
	2	6671	6671	0	6671	0	
	3	6848	6848	0	6848	0	
7.5m	1	9629	9629	0	9629	0	
	2	8399	8400	1	8400	0	
	3	8548	8548	0	8548	0	
9.0m	1	11136	11135	−1	11135	0	
	2	9673	9673	0	9673	0	
	3	9676	9675	−1	9675	0	
12.0m	1	14201	14200	−1	14201	1	
	2	12592	12593	1	12593	0	
	3	12760	12759	−1	12759	0	
15.0m	1	17115	17115	0	17115	0	
	2	0	0	0	0	0	异常
	3	15620	15621	1	15620	−1	

表 4.11　2#试验台各分层沉降环在不同孔的初始沉降观测值统计表　　　（单位：mm）

分层位置	孔号	2#试验台 5.0m×5.0m					
		2012 年 7 月 24 日	2012 年 7 月 28 日	变化值	2012 年 7 月 30 日	变化值	备注
		第一次观测值	第二次观测值		第三次观测值		
2.5m	1	6313	6313	0	6313	0	
	2	4128	4129	1	4128	−1	
	3	3789	3789	0	3789	0	

续表

| 分层位置 | 孔号 | 2#试验台 5.0m×5.0m | | | | | |
		2012 年 7 月 24 日 第一次观测值	2012 年 7 月 28 日 第二次观测值	变化值	2012 年 7 月 30 日 第三次观测值	变化值	备注
5.0m	1	8452	8453	1	8451	0	
	2	6546	6547	1	6547	0	
	3	6403	6403	0	6403	0	
7.5m	1	10843	10843	0	10843	0	
	2	9055	9055	1	9055	0	
	3	8807	8807	0	8807	0	
9.0m	1	13513	13513	0	13513	0	
	2	11633	11634	1	11634	0	
	3	11477	11478	1	11478	0	
12.5m	1	15960	15960	0	15959	0	
	2	14017	14017	0	14016	−1	
	3	13338	13338	0	13338	0	
15.0m	1	18413	18413	0	18413	0	
	2	16516	16516	1	16516	−1	
	3	15446	15446	0	15446	0	
20.0m	1	23449	23449	0	23449	0	
	2	21570	21570	0	21569	−1	
	3	21442	21442	1	21442	−1	
25.0m	1	28320	28320	0	28320	0	
	2	26460	26459	−1	26458	−1	
	3	26601	26601	0	26601	0	

表 4.12　3#试验台各分层沉降环在不同孔的初始沉降观测值统计表　　（单位：mm）

| 分层位置 | 孔号 | 3#试验台 5.0m×5.0m | | | | | |
		2012 年 7 月 27 日 第一次观测值	2012 年 7 月 29 日 第二次观测值	变化值	2012 年 7 月 31 日 第三次观测值	变化值	备注
2.5m	1	5492	5492	0	5492	0	
	2	2951	2951	0	2951	0	
	3	3754	3754	0	3755	0	
5.0m	1	7970	7971	1	7970	−1	
	2	5425	5425	0	5425	0	
	3	6164	6164	0	6164	0	

续表

分层位置	孔号	3#试验台 5.0m×5.0m					
		2012 年 7 月 27 日 第一次观测值	2012 年 7 月 29 日 第二次观测值	变化值	2012 年 7 月 31 日 第三次观测值	变化值	备注
7.5m	1	10434	10434	0	10434	0	
	2	7879	7879	0	7879	0	
	3	8617	8618	1	8618	0	
9.0m	1	13047	13047	0	13047	0	
	2	10526	10526	0	10526	0	
	3	11201	11201	0	11202	1	
12.5m	1	15428	15428	0	15429	1	
	2	12853	12853	0	12853	0	
	3	13612	13612	0	13612	0	
15.0m	1	17927	17927	0	17928	0	
	2	14444	14444	0	14445	1	
	3	16076	16076	0	16076	0	
20.0m	1	23033	23033	0	23033	0	
	2	0	0	0	0	0	异常
	3	21159	21160	0	21160	1	
25.0m	1	27986	27986	0	27986	0	
	2	0	0	0	0	0	异常
	3	26022	26022	0	26022	0	

表 4.13　4#试验台各分层沉降环在不同孔的初始沉降观测值统计表　　（单位：mm）

分层位置	孔号	4#试验台 3.0m×3.0m					
		2012 年 7 月 26 日 第一次观测值	2012 年 7 月 29 日 第二次观测值	变化值	2012 年 7 月 31 日 第三次观测值	变化值	备注
1.5m	1	3651	3651	0	3651	0	
	2	2805	2825	20	2824	−1	
	3	2915	2915	0	2915	0	
3.0m	1	5140	5140	0	5140	0	
	2	4317	4317	1	4317	0	
	3	4312	4312	0	4312	0	
4.5m	1	6628	6628	0	6628	0	
	2	5810	5810	0	5810	0	
	3	5782	5781	−1	5782	1	

续表

分层位置	孔号	4#试验台 3.0m×3.0m					备注
		2012 年 7 月 26 日	2012 年 7 月 29 日	变化值	2012 年 7 月 31 日	变化值	
		第一次观测值	第二次观测值		第三次观测值		
6.0m	1	8215	8215	0	8215	0	
	2	7412	7413	1	7413	0	
	3	7391	7391	0	7391	0	
7.5m	1	9626	9626	0	9627	1	
	2	8793	8793	0	8793	0	
	3	8767	8782	15	8783	1	
9.0m	1	11117	11117	0	11117	0	
	2	10315	10315	0	10315	0	
	3	10272	10272	0	10272	0	
12.0m	1	14192	14192	0	14193	0	
	2	13390	13391	1	13391	1	
	3	13375	13375	0	13374	−1	
15.0m	1	17097	17097	0	17097	0	
	2	16285	16286	1	16285	−1	
	3	16280	16279	−1	16280	1	

4.2.2　加载中瞬时沉降观测及规律

1. 加载中的试验台沉降观测及规律

对四个试验台在自然状态下采取 8 次分级加载,根据试验台大小的不同加载重量也不同,但最终都使平台底部应力达到 420kPa,其中 1#、4#试验台底部尺寸为 3.0m×3.0m,2#、3#试验台底部尺寸为 5.0m×5.0m。试验台底部应力变化见表 4.14。加载中的地表沉降观测如图 4.19 所示,加载时间为 2012 年 8 月 3 日~2012 年 11 月 12 日。

表 4.14　各级加载试验台底部应力变化表　　　　（单位：kPa）

应力	1#	2#	3#	4#	加载时间
初始	68.7	103.3	103.3	64.5	2012 年 8 月 3 日
一级	112.8	142.8	142.8	112.78	2012 年 8 月 20 日
二级	156.7	182.4	182.4	156.67	2012 年 9 月 8 日
三级	200.56	222	222	200.56	2012 年 9 月 29 日
四级	244.44	261.6	261.6	244.44	2012 年 10 月 6 日
五级	288.33	301.2	301.2	288.33	2012 年 10 月 17 日

续表

应力	1#	2#	3#	4#	加载时间
六级	332.22	340.8	340.8	332.22	2012 年 10 月 29 日
七级	376.11	380.4	380.4	376.11	2012 年 11 月 3 日
八级	420	420	420	420	2012 年 11 月 12 日

在试验台四角设置钢尺,以便观测试验台的沉降量。每级加载后下级加载前对地表平面观测点及试验台钢尺进行一次测量。根据测量结果与初始值对比,得到每次加载后的沉降量,取四个钢尺沉降的平均值作为试验台沉降,加载过程中沉降变化如图 4.19 所示。

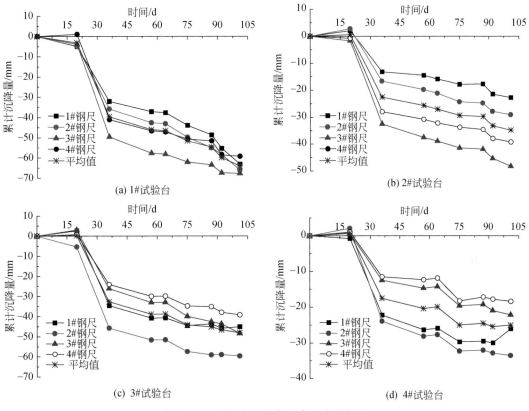

图 4.19　加载中试验台沉降累计变化图

通过分析可得出加载中试验台沉降规律如下。

a. 湿润状态下 (1#、2#试验台) 试验台沉降规律

加载过程中 1#、2#试验台的沉降变化曲线如图 4.19 所示,加载过程中 2#试验台较 1#试验台沉降相对均匀。1#试验台 1 号与 3 号钢尺最大相差 25.40mm;2#试验台 1 号与 3 号钢尺最大相差 20.50mm 出现在三级、四级加载过程中,在五级、六级加载后试验台沉降趋于均匀,第八次加载后最大相差为 3 号与 4 号钢尺的 8.45mm。八级加载完成后 1#试验台最大沉降量为 48.20mm,平均沉降量为 34.83mm;八级加载完成后 2#试验台最大沉降量为 67.65mm,平均沉降量为 63.98mm。1#试验台平均沉降速率为 0.345mm/d,2#试验

台平均沉降速率为0.633mm/d。在最终相同应力条件下1#试验台沉降量小于2#试验台，平均沉降量小29.15mm。

b. 自然状态下（3#、4#试验台）试验台沉降规律

加载过程中3#、4#试验台的沉降变化曲线如图4.19所示，加载中4#试验台相对3#试验台沉降较为均匀。3#试验台2号与4号钢尺沉降量最大相差23.9mm，4#试验台2号与4号钢尺沉降量最大相差为15.75mm。八级加载完成后3#试验台最大沉降量为59.60mm，平均沉降量为48.05mm，4#试验台最大沉降量为33.55mm，平均沉降量为25.04mm。3#试验台平均沉降速率为0.476mm/d，4#试验台平均沉降速率为0.248mm/d。加载过程中，在不同荷载条件下试验台的沉降也不同，由于3#试验台初始荷载较大，加载过程中底部受应力也较大，因此产生的沉降量相比4#试验台普遍较大。在八级加载完成后底部应力相同的条件下，4#试验台产生的沉降量也较3#试验台小，平均沉降量小23.01mm。

2. 加载中的分层沉降观测

1）分层沉降环观测

分层沉降环观测对于3.0m×3.0m试验台，观测深度设置在1.5m、3.0m、4.5m、6.0m、7.5m、9.0m、12.0m、15.0m处；对于5.0m×5.0m试验台，观测深度设置在2.5m、5.0m、7.5m、10.0m、12.5m、15.0m、20.0m、25.0m处。各试验台的分层沉降观测结果如图4.20～图4.23所示。

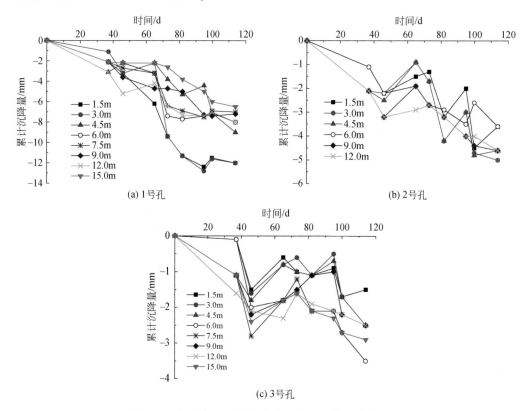

图4.20　加载中1#试验台各孔沉降环沉降累计变化图

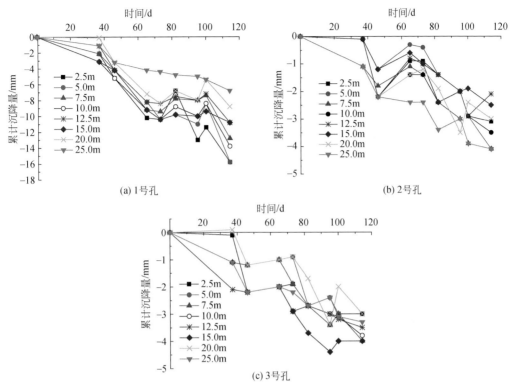

图 4.21　加载中 2#试验台各孔沉降环沉降累计变化图

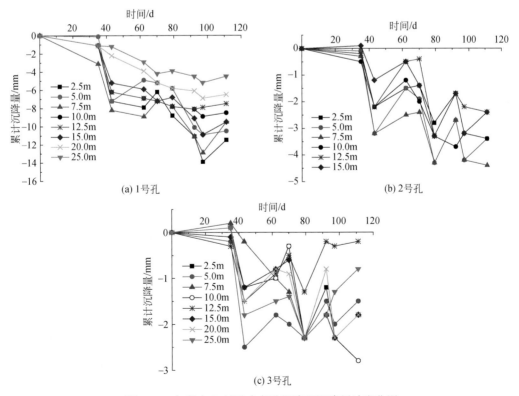

图 4.22　加载中 3#试验台各孔沉降环沉降累计变化图

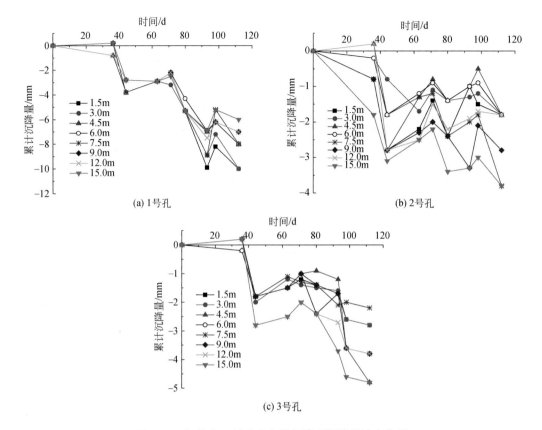

图 4.23　加载中 4#试验台各孔沉降环沉降累计变化图

通过分析可得出加载中沉降环沉降规律如下。

（1）湿润状态下（1#、2#试验台）沉降环沉降规律。加载过程中 1#试验台的沉降环沉降变化曲线如图 4.20 所示，加载中 1#试验台的 1 号孔从整体上呈现沉降环埋置深度越大则沉降值越小的趋势，八级加载后从上到下沉降值分别为 12.0mm、12.0mm、9.0mm、8.0mm、7.0mm、7.2mm、8.0mm、6.5mm。2 号孔及 3 号孔的规律不明显，但二者的沉降值与 1 号孔相比小得多，其中 2 号孔的沉降值八级加载后为 5.0mm，出现在 3.0m 处；3 号孔的沉降值八级加载后为 3.5mm，出现在 6.0m 处。在相同的深度位置，2 号孔的沉降值大于 3 号孔的沉降值。加载过程中 2#试验台的沉降环沉降变化曲线如图 4.21 所示，加载中 2#试验台的 1 号孔从整体上同样呈现沉降环埋置深度越大则沉降值越小的趋势，八级加载后从上到下沉降值分别为 15.8mm、15.8mm、12.8mm、13.8mm、10.8mm、10.8mm、8.8mm、6.8mm。2 号孔及 3 号孔的规律不明显，但二者的沉降值与 1 号孔相比小得多，其中二号孔的沉降值八级加载后为 4.1mm，出现在 5.0m、7.5m、25.0m 处；3 号孔的沉降值八级加载后为 4.0mm，出现在 5.0m、7.5m、15.0m 处。在相同的深度位置，2 号孔与 3 号孔的沉降值无明显规律。

（2）自然状态下（3#、4#试验台）沉降环沉降规律。加载过程中 3#试验台的沉降环沉降变化曲线如图 4.22 所示，加载中 3#试验台的 1 号孔从整体上呈现沉降环埋置深度越大则沉降值越小的趋势，八级加载后从上到下沉降值分别为 11.5mm、10.5mm、9.5mm、

8.5mm、7.5mm、6.5mm、6.5mm、4.5mm。2 号孔及 3 号孔的规律不明显，但二者的沉降值与 1 号孔相比小得多，其中 2 号孔的沉降值八级加载后为 4.4mm，出现在 7.5m 处；3 号孔的沉降值八级加载后为 2.8mm，出现在 10.0m 处。在相同的深度位置，2 号孔的沉降值大于 3 号孔的沉降值。加载过程中 4#试验台的沉降环沉降变化曲线如图 4.23 所示，加载中 4#试验台的 1 号孔从整体上同样呈现沉降环埋置深度越大则沉降值越小的趋势，八级加载后从上到下沉降值分别为 10.0mm、10.0mm、8.0mm、8.0mm、8.0mm、7.0mm、7.0mm、6.0mm。2 号孔及 3 号孔的规律不明显，但二者的沉降值与 1 号孔相比小得多，其中 2 号孔的沉降值八级加载后为 3.8mm，出现在 15.0m 处；3 号孔的沉降值八级加载后为 4.8mm，出现在 4.5m、15.0m 处。在相同的深度位置，2 号孔和 3 号孔的规律不明显，在浅层 2 号孔的沉降值小于 3 号孔的沉降值，在深层 2 号孔的沉降值大于 3 号孔的沉降值。

2）沉降管管口沉降观测及规律

测量预埋于成孔的沉降管管口的沉降量，即可从地表测量填筑体在深层沉降量的变化。沉降管管口变化如图 4.24 所示。5.0m×5.0m 试验台 1 号沉降管位于试验台中心处，2 号沉降管位于距试验台中心 6.5m 处，3 号沉降管位于距试验台中心 14.5m 处。3.0m×

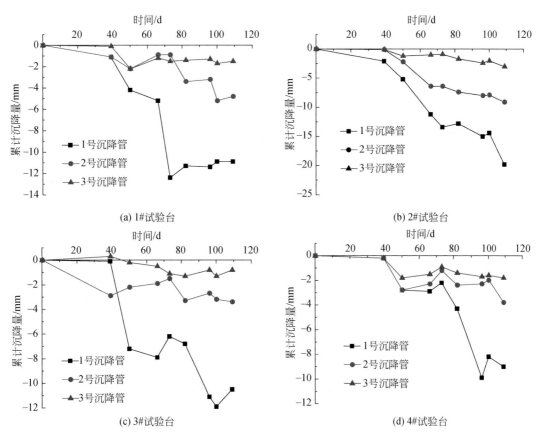

图 4.24　加载中试验台沉降管管口沉降累计变化图

3.0m 试验台 1 号沉降管位于试验台中心处，2 号沉降管位于距平台中心 3.9m 处，3 号沉降管位于距平台中心 9.3m 处。

通过研究分析可得出加载中沉降管管口沉降规律如下。

（1）湿润状态下（1#、2#试验台）沉降管管口沉降规律。加载过程中 1#、2#沉降管管口沉降变化曲线如图 4.24 所示，1#试验台沉降管管口最大沉降量为 1 号沉降管四级加载 12.4mm，2#试验台沉降管管口最大沉降量为 1 号沉降管八级加载 19.8mm。与 3#、4#试验台沉降管相比沉降量均略大于后者。加载完成后 1#试验台 1 号沉降管比 2 号沉降管的沉降量大 6.1mm，比 3 号沉降管的沉降量大 9.5mm。2#试验台 1 号沉降管比 2 号沉降管的沉降量大 10.7mm，比 3 号沉降管的沉降量大 16.7mm。

1#试验台 1 号沉降管管口累计沉降量比试验台平均沉降量小 23.925mm。2#试验台沉降管管口累计沉降量比试验台平均沉降量小 44.175mm。这与填筑体深层沉降小于表面沉降规律相同。

（2）自然状态下（3#、4#试验台）沉降管管口沉降规律。加载过程中 3#试验台、4#试验台沉降管管口沉降变化曲线如图 4.24 所示，沉降管产生沉降主要受试验台影响，即离试验台越近沉降管沉降量也越大。3#试验台 1 号沉降管管口加载完成后最大沉降量为 10.5mm，累计沉降量比 2 号沉降管沉降量大 7.1mm，比 3 号沉降管沉降量大 9.7mm。4#试验台 1 号沉降管管口加载完成后最大沉降量为 9.9mm，累计沉降量比 2 号沉降管沉降量大 5.2mm，比 3 号沉降管沉降量大 7.2mm。加载完成后沉降管管口最大沉降量为 3#试验台 1 号沉降管的 10.5mm，较该阶段下 3 号试验台平均沉降量小 37.55mm。八次加载结束后 3#试验台 2 号沉降管累计沉降 3.4mm，与其临近的 31 号地表观测点相比，累计沉降量小 5.5mm；3 号沉降管累计沉降 0.8mm，与其临近的 30 号地表观测点相比，累计沉降量小 5.1mm。而 4#试验台 2 号沉降管累计沉降 3.8mm，与其临近的 46 号地表检测点则向上抬升 1.9mm；3 号沉降管累计沉降 1.8mm，与其临近的 47 号地表检测点向上抬升 2.0mm。

3）沉降标观测

分层沉降标观测对于 3.0m×3.0m 试验台，观测深度设置在 3.0m、6.0m、9.0m 处；对于 5.0m×5.0m 试验台，观测深度设置在 5.0m、10.0m、15.0m 处。各试验台的分层沉降观测结果如图 4.25 所示。

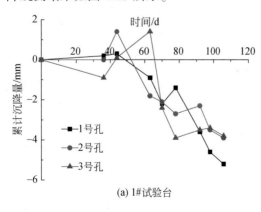

(a) 1#试验台

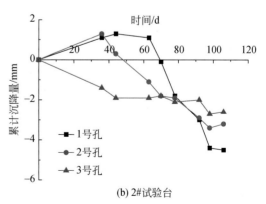

(b) 2#试验台

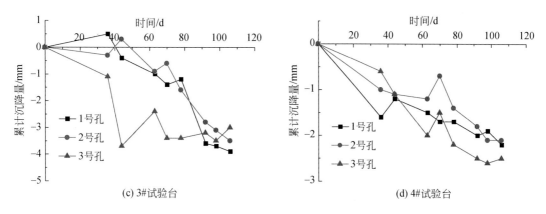

图 4.25　加载中各试验台各孔沉降标沉降累计变化图

通过研究分析可得出加载中沉降标沉降规律如下。

（1）湿润状态下（1#、2#试验台）沉降标沉降规律。加载过程中 1#、2#试验台沉降标的沉降变化曲线如图 4.25 所示，加载中 1#试验台的三个沉降标均后期呈现埋置深度越大则沉降值越小的趋势，八级加载后 1 号沉降标到 3 号沉降标的沉降值分别为 8.2mm、5.5mm、2.8mm。加载中 2#试验台的三个沉降标在四级加载完成后呈现埋置深度越大则沉降值越小的趋势，八级加载后 1 号沉降标到 3 号沉降标的沉降值分别为 9.5mm、8.6mm、8.5mm。综合 1#试验台及 2#试验台的数据对比可知：在荷载的作用下，试验台周围地基土在加载初期出现了往上拱的现象，而后期则发生了比较明显的地基沉降，其沉降值随着深度的增加整体呈减小的趋势。

（2）自然状态下（3#、4#试验台）沉降标沉降规律。加载过程中 3#、4#试验台沉降标的沉降变化曲线如图 4.25 所示，加载中 3#试验台的三个沉降标均呈现埋置深度越大则沉降值越小的趋势，八级加载后 1 号沉降标到 3 号沉降标的沉降值分别为 3.9mm、3.5mm、3.0mm。加载中 4#试验台的三个沉降标在四级加载完成后呈现埋置深度越大则沉降值越小的趋势，八级加载后 1 号沉降标到 3 号沉降标的沉降值分别为 2.2mm、2.1mm、2.5mm。综合 3#试验台及 4#试验台的数据对比可知：在自然状态下，地基土发生了一定的地基沉降，3#试验台的三个沉降标整体呈现埋置深度越大则沉降值越小的趋势；4#试验台的三个沉降标在四级加载完成后沉降差异不大，且沉降无明显规律。

3. 加载中平面位移变形观测

平面监测点加载中垂直位移如图 4.26、图 4.27 所示。其中 cz1、cz2…为试验台纵向一侧钢尺的平均沉降量，t1、t2…为试验台垂向一侧钢尺的平均沉降量。

通过研究分析可得出试验区平面位移变形规律如下。

（1）纵向平面监测点垂直变形规律。由图 4.26 和图 4.27 可知，在加载过程中纵向观测点主要表现为试验台钢尺沉降量远大于地表观测点的沉降，25 号、26 号、27 号观测点受试验台沉降向中间挤压的影响，该点位置向上隆起。但随试验的进行该处观测点也向下沉降。在纵向地表观测点中最大沉降量为七级加载后 1 号的 15.08mm，最大抬升高度为三

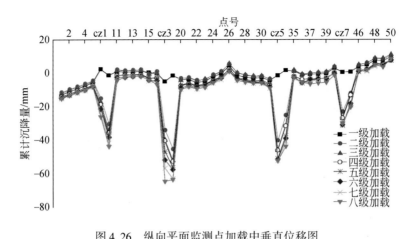

图 4.26　纵向平面监测点加载中垂直位移图

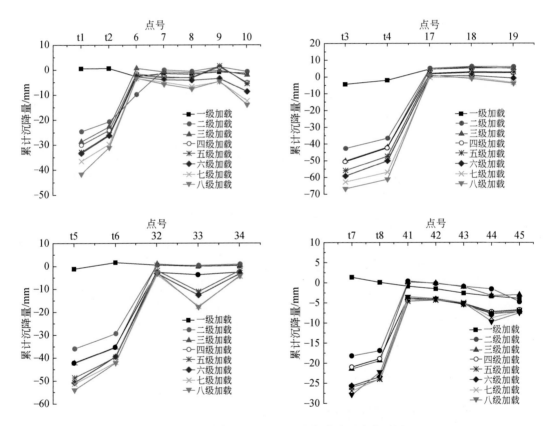

图 4.27　试验台垂向平面监测点加载中垂直位移图

级加载后 50 号的 11.19mm。

（2）垂向平面监测点垂直变形规律。垂向上试验台对地表观测点的影响主要表现为：试验台在加载过程中的沉降量远大于垂向上观测点的沉降。试验台产生沉降后向外侧挤压，使得靠近试验台的观测点向上隆起，并向外传递。地表观测点最大沉降量为八级加载后 33 号的 17.85mm，最大抬升高度为二级加载后 18 号的 6.25mm。

4.2.3　加载后蠕变沉降观测及规律

1. 加载后的试验台沉降观测

加载完成后，对试验台的沉降变化进行了长期的观测，取四个钢尺沉降的平均值作为平台的沉降，观测结果如图 4.28 所示。

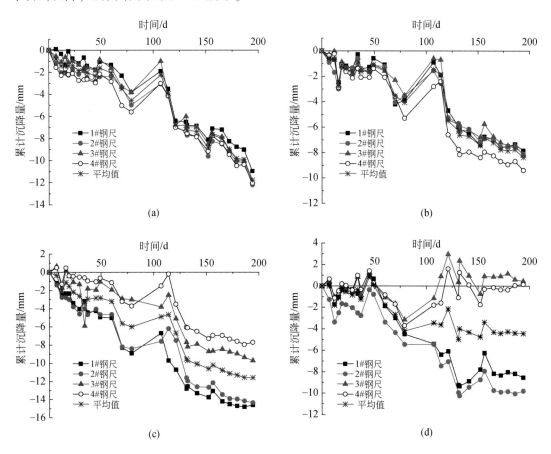

图 4.28　加载后试验台钢尺沉降累计变化图

通过分析可得出加载后试验台沉降规律如下。

（1）湿润状态下（1#、2#试验台）试验台沉降规律。加载完成后对 1#、2#试验台进行饱和注水，使得填料在长期浸湿状态下产生蠕变沉降。加载完成后 1#、2#试验台的沉降变化曲线如图 4.28 所示，固结阶段 1#、2#试验台沉降有明显的不均匀现象。1#试验台在固结沉降 70 天后钢尺沉降量产生较大分异，1 号、2 号钢尺继续沉降而 3 号、4 号钢尺沉降量基本保持不变甚至有向上抬升的趋势，2 号钢尺与 3 号有最大相差 11.00mm。2#试验台在固结阶段 1 号、2 号钢尺也较 3 号、4 号沉降量大，1 号钢尺与 4 号钢尺沉降量最大相差 7.25mm。在加载后固结蠕变阶段，1#试验台最大沉降量 9.80mm，最小沉降量为反沉降 0.45mm，钢尺平均沉降量 4.44mm，试验台平均沉降速率为 0.0229mm/d；2#试验台最大沉降量 14.60mm，最小沉降量 7.70mm，钢尺平均沉降量 11.59mm，试验台平均沉降速率为 0.0597mm/d。

（2）自然状态下（3#、4#试验台）试验台沉降规律。加载完成后对 3#、4#试验台在自然条件下进行观测，如图 4.28 所示，两个试验台下沉过程平稳均匀变化趋势基本相同，各个钢尺之间差量较小。即在相同应力条件下相同的外界条件试验台底部填料压缩沉降量变化也基本相同。在加载后固结蠕变阶段，观测结束时 3#试验台最大沉降量 8.95mm，最小沉降量 7.76mm，平均沉降量为 8.39mm，试验台平均沉降速率为 0.0432mm/d；观测结束时 4#试验台钢尺最大沉降量为 12.20mm，最小沉降量 10.95mm，平均沉降量为 11.78mm，试验台平均沉降速率为 0.0607mm/d。

2. 加载后的分层沉降观测

1）沉降环观测

加载后的沉降观测从 2012 年 11 月 19 日开始，至 2013 年 6 月 10 日为止，测得的最终沉降值可以认为基本趋于稳定，各试验台的分层沉降观测结果如图 4.29 ~ 图 4.32 所示（图中的沉降曲线已计入加载部分的沉降）。

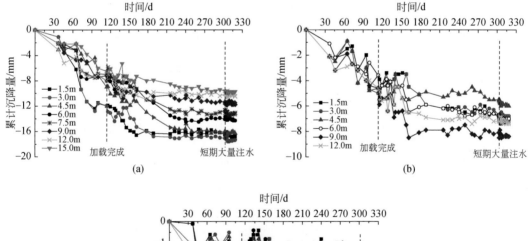

图 4.29　加载后 1#试验台各孔沉降环累计沉降量变化图

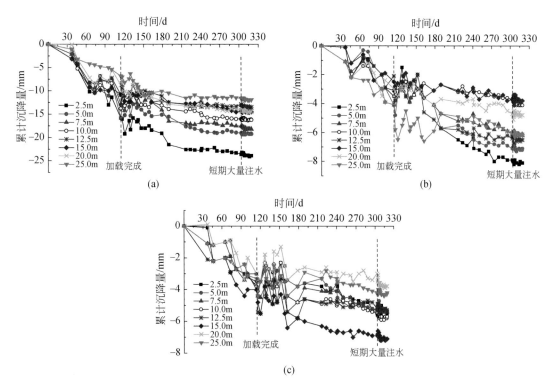

图 4.30 加载后 2#试验台各号孔沉降环累计沉降量变化图

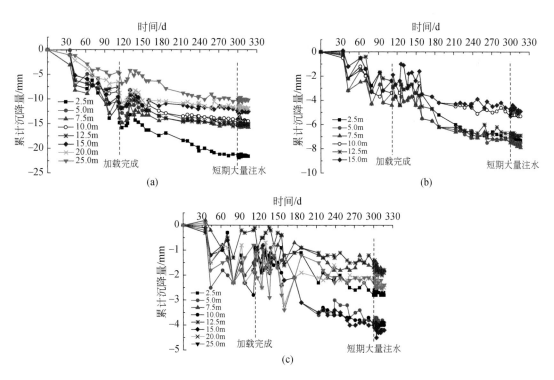

图 4.31 加载后 3#试验台各号孔沉降环累计沉降量变化图

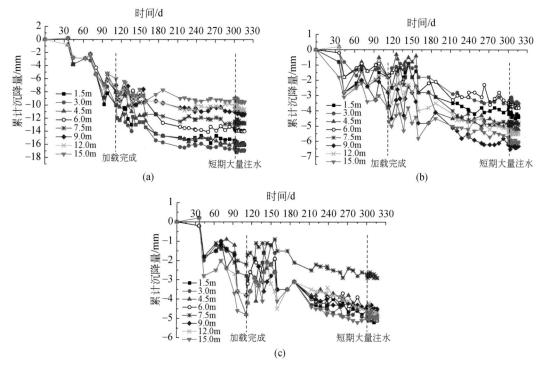

图 4.32　加载后 4#试验台各号孔沉降环累计沉降量变化图

通过分析可得出加载后沉降环沉降规律如下。

（1）湿润状态下（1#、2#试验台）沉降环沉降规律。对于1#试验台，受试验荷载的影响，1 号孔和 2 号孔的沉降明显大于 3 号孔的沉降。1 号孔和 2 号孔相比，1 号孔浅层的沉降大于 2 号孔，但越往深处，2 号孔沉降有大于 1 号孔沉降的趋势。对于2#试验台，受试验荷载的影响，1 号孔的沉降明显大于 2 号孔和 3 号孔的沉降，但对于 2 号孔和 3 号孔，其沉降差异在试验初期并不明显，甚至 3 号孔的沉降有大于 2 号孔沉降的趋势，但随着试验周期的延长，2 号孔的沉降在后期大于 3 号孔的沉降。这其中的原因，可能是 2 号孔离试验台比较近，试验初期由于试验台的下沉挤压使得试验台周围地基土上拱而造成的，而在后期由于沉降逐渐趋于稳定，该部分土又回落沉降，其下沉又大于不受试验影响部分的地基土，故 2 号孔的最终沉降大于 3 号孔的最终沉降。

（2）自然状态下（3#、4#试验台）沉降环沉降规律。对于3#试验台，受试验台荷载的影响，各分层处 1 号孔的沉降明显大于 2 号孔和 3 号孔的沉降。对于 2 号孔和 3 号孔，在 15m 处其沉降差开始减小，说明深度越深，地基土沉降受到试验台荷载的影响越小。对于4#试验台，其与3#试验台有所不同，表现在 1 号孔的沉降明显大于 2 号孔和 3 号孔的沉降，但对于 2 号孔和 3 号孔，其沉降在各分层处差异无明显规律，但沉降值均比较接近。

（3）综合 3#试验台及 4#试验台的数据对比可知：①填方土体即便经过了较好的碾压及夯实处理，当受到外荷载的作用时，仍然会发生比较明显的地基沉降，荷载越大，沉降作用越明显，其沉降规律整体上呈现深度越深则沉降值越小的趋势。②荷载作用之外的范围，各分层沉降值与荷载作用下的沉降值相比小得多，八级加载后的最大值为 4.8mm，但各孔内各分层沉降环的沉降规律与深度的关系不明显。③对于 3#试验台的 2 号孔及 3 号孔，同一深度位置 2 号孔沉降环的沉降大于 3 号孔沉降环的沉降，而对于 4#试验台，2 号孔及 3 号孔在同一深度位置则无这种规律。

2）沉降管管口沉降观测

试验台各沉降管的相对位置平面布置图如图 4.33 所示。

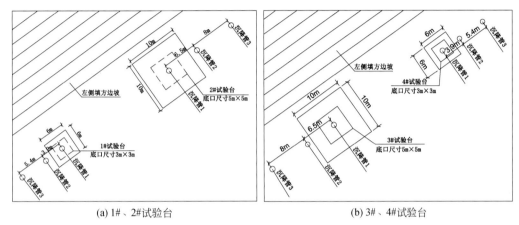

(a) 1#、2#试验台　　　　　　　　　　　　(b) 3#、4#试验台

图 4.33　试验台各沉降管的相对位置平面布置图

对四个试验台布设的沉降管进行长期观测，观测结果如图 4.34 所示。图为加载及加载后蠕变阶段沉降管沉降累计变化量。

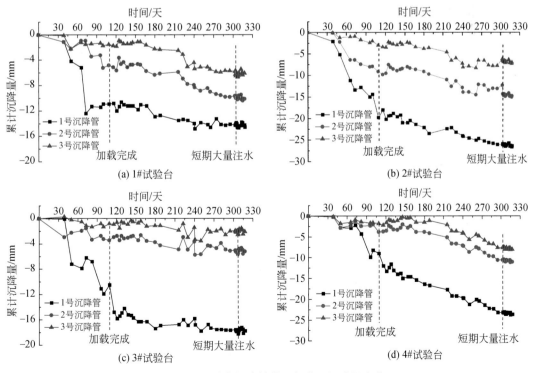

图 4.34　试验台沉降管管口加载后沉降量变化

通过研究分析可得出加载后沉降管管口沉降规律如下。

（1）湿润状态下（1#、2#试验台）沉降管管口沉降规律。加载完成后1#、2#试验台沉降管管口沉降变化曲线如图4.34所示，蠕变阶段持续注水后，1#、2#试验台沉降管沉降变化趋势与3#、4#试验台不同，主要表现为：1号沉降管管口沉降变化量与2号、3号基本一致，而3#、4#试验台的1号沉降管管口沉降变化与2号、3号沉降管有明显差别。

（2）自然状态下（3#、4#试验台）沉降管管口沉降规律。加载完成后3#、4#试验台沉降管管口沉降变化曲线如图4.34所示，通过沉降管管口沉降量的长期观测可以看出，3#、4#试验台在自然状态下1号沉降管管口沉降量明显大于2号、3号沉降管，最大沉降量为4#试验台1号沉降管管口的14.6mm。最终监测量对比，3#试验台1号沉降管管口沉降为17.8mm，较3#试验台钢尺沉降量小43.5mm；4#试验台1号沉降管管口沉降为23.6mm，较4#试验台钢尺沉降量小13.6mm。

3）沉降标观测

1#、2#、3#、4#试验台沉降标相对位置平面图如图4.35所示。

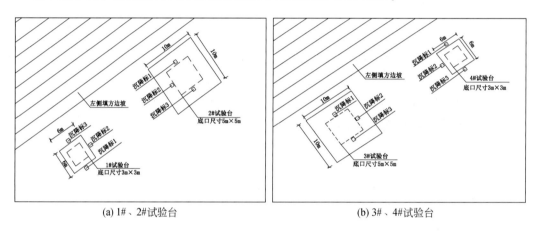

(a) 1#、2#试验台 (b) 3#、4#试验台

图4.35　试验台各沉降标的相对位置平面图

加载后的沉降观测从2012年11月19日开始，至2013年6月10日为止，测得的最终沉降值可以认为基本趋于稳定。各试验台的分层沉降观测结果如图4.36所示（图中的沉降曲线已计入加载部分的沉降）。

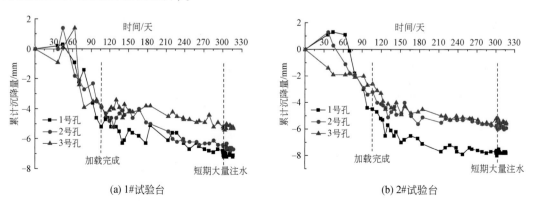

(a) 1#试验台 (b) 2#试验台

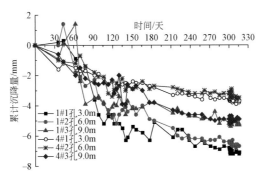

图 4.41　1#、4#试验台沉降标沉降曲线图

2）2#试验台和 3#试验台分层沉降规律对比

a. 沉降环沉降规律对比

由图 4.42 可知，2#试验台和 3#试验台沉降环的沉降有如下规律。

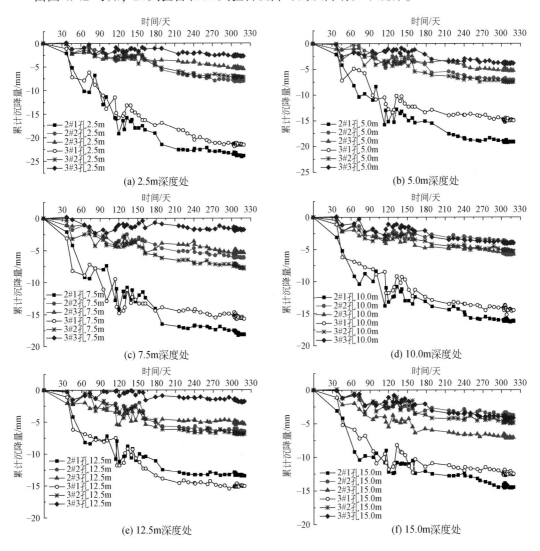

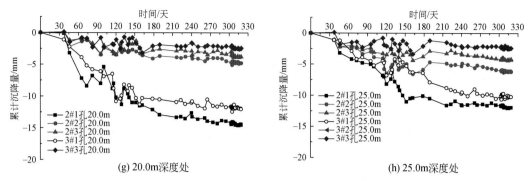

图 4.42　2#、3#试验台不同孔不同深度处的沉降曲线图

对于 1 号孔：沉降环受到注水的影响较大，除了 15.0m 处外，2#试验台其余各处沉降环的沉降均大于 3#试验台沉降环同一深度处的沉降。

对于 2 号孔：2#试验台沉降环的沉降与 3#试验台沉降环的沉降在同一深度处无明显规律，再加上有两个孔试验失败，故 2 号孔处的沉降规律还需进一步的验证。

对于 3 号孔：2#试验台沉降环的沉降基本大于 3#试验台沉降环同一深度处的沉降。

b. 沉降标沉降规律对比

由图 4.43 中 2#试验台和 3#试验台的对比可知：①部分孔在加载初期由于荷载的作用出现了上拱的现象，但后期均回落下沉；对于所有的孔，加载初期均有起伏回弹现象，但后期均趋于稳定。②在同一深度处 2#试验台的沉降大于 3#试验台的沉降，但越到深处，其沉降差异越减小。③两个试验台均呈现沉降标埋置深度越大则沉降值越小的趋势。

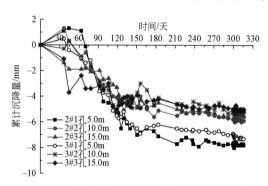

图 4.43　2#试验台和 3#试验台沉降标累计变化曲线图

3. 短期大量注水后沉降规律

1）自然状态下短期大量注水后沉降规律

a. 试验台沉降规律对比

在试验末期，通过预埋的三组注水管对 3#、4#试验台进行注水，以观测在自然干燥条件下短期大量注水后填筑体的蠕变变化。采用注水前三次测量的沉降速率与注水中及注水后的沉降速率作对比，见表 4.15。短期注水阶段对 3#试验台设计注水量为 76.8m³/d，对 4#试验台设计注水量为 19.2m³/d，共持续 5 天。在连续短期大量注水时，注水量未达到设

计每日注水总量，则采取适当延长短期大量注水时间。实质为 6 天短期大量注水，达到设计满足两个平台注水总量达到 476m³ 的要求。

表 4.15　注水后试验台钢尺沉降速率变化值统计表

参数	观测时间	3#试验台钢尺				均值	4#试验台钢尺				均值
		1	2	3	4		1	2	3	4	
注水前沉降速率/（mm/d）	5 月 10 日	0.014	0.007	−0.036	−0.036	−0.013	−0.071	−0.107	−0.129	−0.143	−0.113
	5 月 17 日	0.021	−0.007	0	0.036	0.012	−0.036	−0.021	−0.014	0.014	−0.014
	5 月 25 日	−0.071	−0.078	0.107	−0.1	−0.089	−0.279	−0.286	−0.271	−0.243	−0.270
注水中沉降速率/（mm/d）	5 月 26 日	−0.3	0.1	0.6	0.8	0.3	0.5	0.5	−0.2	−0.7	0.025
	5 月 26 日	−0.25	0.15	0.2	0.3	0.1	0.25	0.25	0	−0.35	0.0375
	5 月 27 日	0.1	0.233	0.333	0.4	0.267	0.367	−0.033	−0.067	−0.1	0.042
	5 月 27 日	−0.025	0.175	0.1	0.15	0.1	0.125	0.175	−0.15	−0.175	−0.006
	5 月 28 日	0.14	0.1	0.2	0.16	0.15	0.18	−0.1	0	0.14	0.055
	5 月 28 日	−0.017	0.117	0.167	0.133	0.1	0.15	0.0167	−0.133	−0.05	−0.004
	5 月 29 日	−0.071	−0.071	0.086	0.0286	−0.007	0.014	−0.1	0	0.043	−0.011
	5 月 29 日	−0.087	−0.162	0.025	0.025	−0.05	−0.063	−0.138	0.05	0.0375	−0.028
	5 月 30 日	−0.1	−0.1	0.067	−0.089	−0.056	−0.1	−0.167	−0.044	−0.011	−0.081
	5 月 30 日	−0.09	−0.07	0.1	−0.08	−0.035	−0.07	−0.11	−0.06	−0.07	−0.078
	6 月 1 日	−0.064	−0.1	−0.018	0	−0.046	−0.045	−0.082	−0.073	−0.045	−0.061
	6 月 1 日	−0.075	−0.058	0	0.033	−0.025	−0.008	−0.058	−0.05	−0.042	−0.04
注水后沉降速率/（mm/d）	6 月 5 日	−0.016	−0.016	0.011	0.011	−0.003	−0.016	−0.037	0.032	0.026	0.001
	6 月 5 日	−0.015	−0.025	0.03	0.02	0.003	−0.015	−0.035	−0.01	0.005	−0.014
	6 月 7 日	−0.022	−0.039	−0.009	−0.017	−0.022	0.022	−0.039	−0.026	−0.013	−0.014
	6 月 7 日	−0.013	−0.021	0	0	−0.008	0.029	−0.029	−0.017	0.004	−0.003
	6 月 10 日	−0.024	−0.038	−0.014	−0.014	−0.022	−0.017	−0.072	−0.028	−0.031	−0.037
	6 月 10 日	−0.023	−0.023	−0.027	−0.027	−0.025	−0.023	−0.07	−0.02	−0.003	−0.029

可以看出，在注水期间 3#试验台的沉降速率比注水前有很大提高，该阶段 3#试验台最大沉降速率为 0.30mm/d，较注水前蠕变阶段最大沉降速率（0.186mm/d）增大 1.6 倍。注水期间 4#试验台最大沉降速率为 0.70mm/d，较注水前蠕变阶段最大沉降速率（0.221mm/d）增大 3.2 倍。造成这种现象的原因是，一方面填料在长期载荷作用下碎石料颗粒破碎细化，在注水浸润后颗粒排列重新调整，加快了沉降速率；另一方面水分的增加使得碎石颗粒间摩擦系数降低，原本处于平衡状态的颗粒之间发生进一步的滑动摩擦。

b. 沉降环沉降规律对比

短期大量注水后沉降环的沉降观测结果如图 4.44、图 4.45 所示，虽然后期大量注水，但沉降环的沉降并未受到明显影响。1#试验台在该期间沉降环的沉降值除了一处达到0.6mm 外，其余均在 0.5mm 及以下；4#试验台有 3 处达到了 0.6mm，其余均在 0.5mm 及以下。

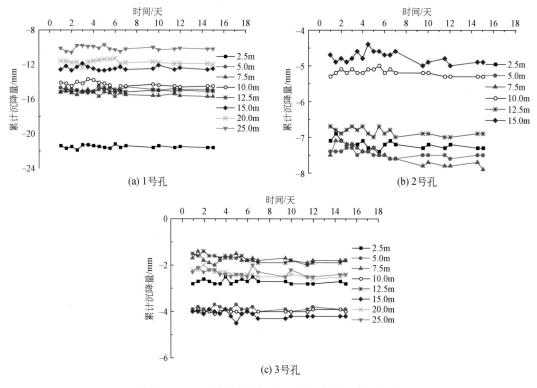

图 4.44　1#试验台各孔沉降环后期注水累计变化图

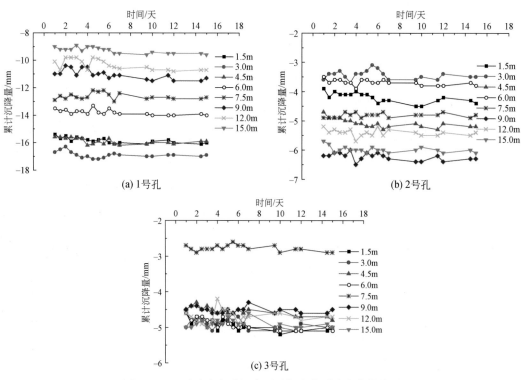

图 4.45　4#试验台各孔沉降环后期注水累计变化曲线图

c. 沉降标沉降规律对比

沉降标的沉降如图 4.46 所示，沉降标的沉降与沉降环的沉降规律基本类似，只是在注水初期偶有起伏的现象，但起伏不大，且在后期也基本趋于稳定。

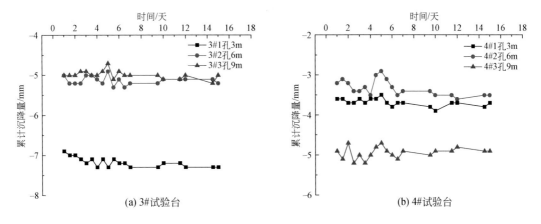

图 4.46　3#、4#试验台各孔沉降标后期注水累计变化曲线图

2）湿润状态下试验台后期浸泡极限状态沉降规律

a. 试验台沉降规律对比

对 1#、2#试验台在长期注水浸泡后短期大量注水，以检测填筑体在极限状态下的沉降规律。采取大量注水前三次沉降速率与注水中及注水后沉降速率做对比，见表 4.16。蠕变试验阶段 1#试验台设计长期注水量为 1.92m³/d，浸泡极限状态下设计注水量为 6.40m³/d。蠕变试验阶段 2#试验台设计长期注水量为 7.68m³/d，浸泡极限状态下设计注水量为 25.60m³/d。

表 4.16　注水后试验台钢尺沉降速率变化值统计表

参数	观测时间	1#试验台钢尺				均值	2#试验台钢尺				均值
		1	2	3	4		1	2	3	4	
注水前沉降速率/(mm/d)	5 月 10 日	-0.049	-0.022	0.005	-0.002	-0.017	-0.08	-0.081	-0.051	-0.043	-0.065
	5 月 17 日	-0.045	-0.021	0.006	-0.002	-0.015	-0.08	-0.078	-0.05	-0.042	-0.063
	5 月 25 日	-0.044	-0.022	0.003	0	-0.016	-0.08	-0.076	-0.05	-0.043	-0.062
注水中沉降速率/(mm/d)	5 月 26 日	0.5	1.1	0.4	0.1	0.525	0	0.1	0.2	1.2	0.375
	5 月 26 日	0.45	0.55	0.6	0.05	0.413	-0.5	-0.45	0.4	0.6	0.013
	5 月 27 日	0.167	0.367	-0.133	0.033	0.108	-0.067	-0.1	0.067	0.1333	0.008
	5 月 27 日	0.1	0.25	0.15	-0.075	0.106	-0.25	-0.225	0	0.1	-0.094
	5 月 28 日	-0.14	-0.1	0.08	-0.14	-0.075	-0.08	-0.1	0.04	0.36	0.055
	5 月 28 日	-0.15	-0.15	0.167	-0.017	-0.038	-0.067	-0.083	0.033	0.3	0.046
	5 月 29 日	-0.129	-0.243	0.086	-0.071	-0.089	-0.057	-0.043	0.057	0.0286	-0.004
	5 月 29 日	-0.237	-0.263	0.125	-0.012	-0.097	-0.025	-0.012	0.025	0.025	0.003
	5 月 30 日	-0.033	-0.078	-0.022	-0.144	-0.069	-0.178	-0.167	0	0	-0.086

续表

参数	观测时间	1#试验台钢尺				均值	2#试验台钢尺				均值
		1	2	3	4		1	2	3	4	
注水中沉降速率/(mm/d)	5月30日	−0.09	−0.11	0	−0.11	−0.078	−0.12	−0.11	0	0	−0.058
	6月1日	−0.045	−0.045	0.073	−0.045	−0.016	−0.055	−0.009	0	0.018	−0.011
	6月1日	−0.058	−0.058	0.1	−0.008	−0.006	−0.067	−0.042	0	0.017	−0.023
注水后沉降速率/(mm/d)	6月5日	0.037	0.037	0.095	0.037	0.051	0	0.005	0.021	0.074	0.025
	6月5日	0.025	0.005	0.09	0.035	0.039	0.03	0.025	0.02	0.07	0.036
	6月7日	−0.057	−0.057	0.087	0.039	0.003	−0.035	−0.039	−0.061	0	−0.034
	6月7日	−0.054	−0.054	0.083	0.038	0.003	−0.033	−0.038	−0.017	0.017	−0.018
	6月10日	−0.038	−0.038	0.021	−0.024	−0.02	−0.069	−0.059	−0.028	0	−0.039
	6月10日	−0.037	−0.043	0.04	0.003	−0.009	−0.033	−0.037	−0.007	0	−0.019

1#、2#试验台大量注水后都表现出注水阶段前期两个试验台有抬升趋势,在持续注水两天后开始沉降。1#试验台最大累计沉降量为1.05mm,最大沉降速率为0.263mm/d,较大量注水前平均0.016m/d的沉降速率有大幅增加;2#试验台最大累计沉降量为1mm,最大沉降速率为0.50mm/d,较大量注水前平均0.064m/d的沉降速率也有大幅增加。但在注水结束后,沉降速率逐步恢复到大量注水前。

b. 沉降环沉降规律对比

1#、2#试验台后期浸泡极限状态沉降规律如图4.47、图4.48所示,沉降环的沉降也未受到明显影响,只在三处超过了0.5mm,其余均在0.5mm以下。

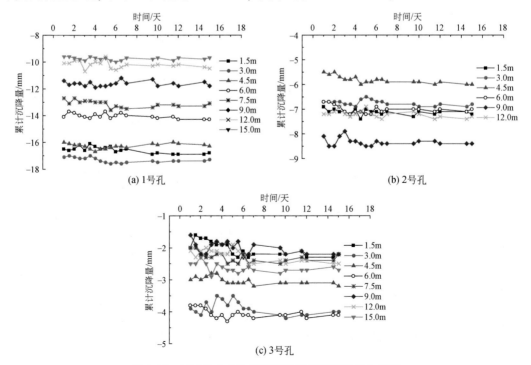

图4.47　1#试验台各孔沉降环后期累计沉降量曲线图

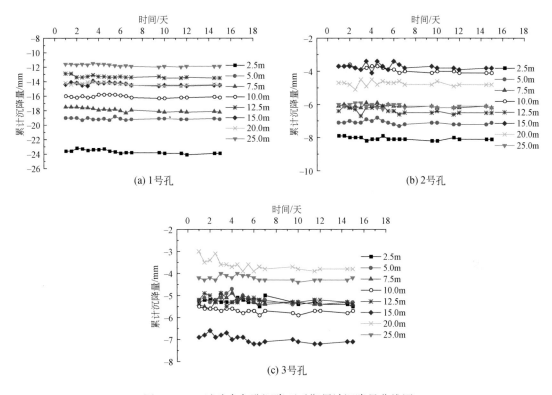

图 4.48   2#试验台各孔沉降环后期累计沉降量曲线图

c. 沉降标规律对比

1#、2#试验台沉降标的沉降如图 4.49 所示，此两处试验台的沉降标值更小，均在 0.4mm 以下，未发生明显的沉降。

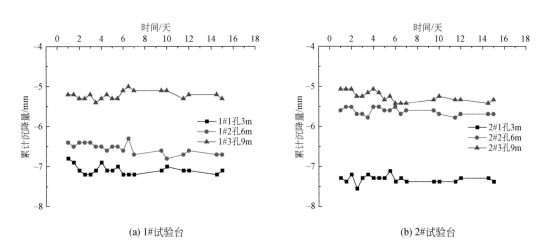

图 4.49   1#、2#试验台各孔沉降标后期注水累计沉降量变化曲线图

4. 自然状态短期大量注水和湿润状态下后期浸泡极限状态沉降规律对比

在短期注水期间对试验台钢尺进行测量，从注水开始试验台累计沉降量如图4.50所示。4个试验台对比（图4.50）可以看出，注水期间试验台累计沉降量变化情况基本一致，在注水初期均有抬升的情况，短期抬升后开始沉降。总体上看，1#、2#试验台变幅稍大于3#、4#试验台。而从试验台沉降速率上看，对比1#、4#试验台，1#试验台比4#试验台在注水前期沉降速率变幅较大，在注水中后期沉降速率变化基本相同（图4.51）。对比2#、3#试验台，两者沉降速率变化则基本一致。说明在自然状态下和湿润状态下填筑体在长期压缩沉降后填筑体材料基本已压实，短期内大量注水会提高填筑体沉降量与沉降速率，但在注入水被压缩排出后填筑体的沉降状态又恢复到注水之前。

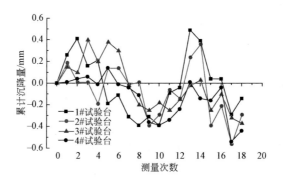

图4.50　大量注水阶段试验台累计沉降量变化图

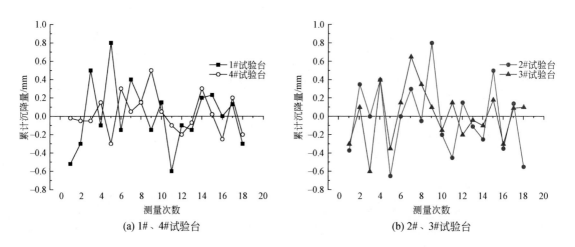

(a) 1#、4#试验台　　　　　　　　　　　(b) 2#、3#试验台

图4.51　注水阶段试验台累计沉降量对比图

4.2.5　小结

1. 试验台沉降规律

1）加载过程中的沉降规律

通过四个试验台的观测数据可知：填方区趋于稳定之后，在上部荷载的作用下，填方地基土仍会发生明显的瞬时沉降。八级加载完成后的沉降大小表现为2#试验台>3#试验台>1#试验台>4#试验台，可以看出填方地基土瞬时沉降受上部荷载的影响最大，受自身干湿状态的影响次之。

2）蠕变沉降规律

主要表现为1#试验台和2#试验台在注水状态下有明显的不均匀沉降现象，各个钢尺之间差量较大，而3#试验台和4#试验台在自然状态下的沉降则相对平稳，各个钢尺之间差较小。观测结束时1#试验台最大沉降量为9.80mm，最小沉降量为0.45mm，平均沉降量为4.44mm；2#试验台最大沉降量为14.36mm，最小沉降量为7.70mm，平均沉降量为11.59mm；3#试验台最大沉降量为9.40mm，最小沉降量为7.85mm，平均沉降量为8.39mm；4#试验台最大沉降量为12.20mm，最小沉降量为10.95mm，平均沉降量为11.78mm。平均沉降量的大小关系为4#试验台>2#试验台>3#试验台>1#试验台。

2. 分层沉降规律[69]

1）加载过程中的沉降规律

（1）1号孔：加载过程中四个试验台1号孔的沉降环从整体上均呈现沉降环埋置深度越大则沉降值越小的趋势。同一分层处，2#试验台1号孔沉降环的沉降>3#试验台1号孔沉降环的沉降，1#试验台1号孔沉降环的沉降>4#试验台1号孔沉降环的沉降。说明深层土在同一分层处，可能由于1#和2#试验台未做隔水处理，造成其沉降大于3#和4#试验台的沉降环沉降。

（2）2号孔和3号孔：4个试验台对应的2号孔沉降环及3号孔沉降环的分层沉降规律不明显，但同一深度处，二者的沉降值与各自对应的1号孔沉降环的沉降值相比要小得多。

沉降标在加载过程中主要表现与沉降环类似。

2）蠕变沉降规律

（1）1号孔：从同一深度处的蠕变沉降对比可知，4#试验台1号孔沉降环的沉降>1#试验台1号孔沉降环的沉降，3#试验台1号孔沉降环的沉降>2#试验台1号孔沉降环的沉降，但最终总沉降仍然是湿润状态下的沉降大于自然状态下的沉降，说明蠕变沉降阶段，自然状态下的沉降大于湿润状态下的沉降，湿润状态对沉降的影响更多体现在加载阶段。

（2）2号孔和3号孔：与加载过程中的沉降规律类似，两样表现为同一深度处，二者的沉降值与各自对应的1号孔沉降环的沉降值相比要小得多，但在各自的分层沉降方面无明显规律。

所有沉降标的蠕变沉降都不大，其中以3#试验台沉降标沉降值最大，为3.5mm，在沉降趋势方面无明显的规律可循。

3）试验区地表沉降观测

a. 加载过程中的沉降规律

纵向上主要表现为试验台钢尺沉降量远大于地表观测点的沉降，位于2#试验台和3#试验台之间的25号、26号、27号观测点受试验台沉降向中间挤压的影响，使得各点位置向上隆起，但随试验的进行该处观测点也向下沉降。在纵向地表观测点中最大沉降量为七级加载后1号观测点的15.08mm，最大隆起高度为三级加载后50号观测点的11.19mm。

垂向上主要表现为：试验台在加载过程中的沉降量远大于垂向上观测点的沉降。试验台产生沉降后向外侧挤压，使得靠近试验台的观测点向上隆起，并向外传递。地表观测点最大沉降量为八级加载后33号观测点的17.85mm，最大隆起高度为二级加载后18号观测点的6.25mm。

b. 蠕变沉降规律

地表观测点的沉降趋势与加载过程中基本一致。横向和垂向观测点的累计沉降量趋势为前期加载产生沉降的进一步演化。加载后横向地表观测点最大沉降量为加载结束后第75天1号观测点的15.90mm，最大抬升高度为加载结束后第13天50号观测点的11.12mm。垂向地表观测点最大沉降量为11.975mm，最大抬升高度为0.45mm。

4）后期短时间大量注水地基土的沉降规律

a. 试验台

大量注水后四个试验台有向上抬升的趋势，短时间后开始下沉。沉降速率较注水前均有大幅增加，但在注水完成后由于水逐渐流失，沉降速率逐渐恢复到注水前水平。

b. 分层沉降观测

后期大量注水对沉降环后期的沉降影响不大，从后期注水期间所有沉降环的沉降观测记录来看，大量注水后只有部分沉降环在注水初期出现小的波动，但整体波动不大，且在后期均基本趋于稳定。说明在后期回填石料沉降基本完成后，浸水对沉降的影响不大。

4.3　碳酸盐岩大块石高填方地基蠕变规律

在碳酸盐岩岩溶山区，高填方地基在机场、铁路、公路、土石坝工程等领域均有大量的研究。然而，对于碳酸盐岩大块石高填方地基在填料自重及大面积附加载荷作用下的变形研究并不多见。本书立足于工程实际，以场地开挖获取的块石填料填筑的高填方平台为试验对象，通过历时两年半的现场大型加载蠕变试验，并结合室内试验结果，在碳酸盐岩大块石高填方地基蠕变研究方面取得了一定的结果。

4.3.1　室内试验

通过对碳酸盐岩粗粒料填料进行室内长期变形特性进行研究得出如下结果。

第三篇　地基加固技术推广应用

强夯法在建筑施工中应用较为广泛，能够经济高效地完成地基处理，直接影响着建筑质量与安全。强夯法需要反复将质量较重的夯锤提升到一定高度后使其自由下落，夯锤携带的动能可在土体中转化成很大的冲击波和高应力，以此对地基土进行振密、挤密，达到提高地基承载力、减小孔隙比的目的。通过前期对碳酸盐岩大块石高填方地基加固关键技术的深入研究，得出了碳酸盐岩大块石高填方地基填筑加固处理技术、碳酸盐岩大块石高填方地基压（夯）实地基强度控制技术、碳酸盐岩大块石高填方地基的压（夯）实地基瞬时变形及蠕变变形控制技术等一系列的关键技术，弥补了国内碳酸盐岩大块石高填方地基加固技术的不足，填补了对碳酸盐岩大块石填料自重及大面积高附加荷载作用下长期蠕变研究的空白。但是由于岩溶山区复杂的地形地貌、多变的地质条件，大块石高填方地基的压（夯）实技术应用于不同地基条件下的实际工程时还有诸多问题有待解决，其应用范围还需进一步推广。

第5章　贵安新区高端装备制造产业园南部片区标准厂房工程

强夯的单击夯击能是衡量强夯法效率的重要标准，根据单击夯击能的大小可分为常规强夯和高能级强夯，高能级强夯的处理深度和处理效果更加显著。高能级强夯法能够改善碎石土抗振动液化的能力，还提升了土层的均匀性，降低了施工后差异沉降事故的发生概率，已经成为建筑施工中不可或缺的重要技术。本章选取贵安新区高端装备制造产业园南部片区标准厂房工程项目进行碳酸盐岩大块石高填方地基高能级强夯处理关键技术的研究，为以后岩溶地区大块石高填方地基的高能级强夯工程提供指导。

5.1　工程概况

贵安新区高端装备制造产业园南部片区标准厂房工程项目位于贵安新区马场镇，距花溪主城区约18.0km，地理位置优越，交通十分便利（图5.1）。项目主要由18栋钢结构厂房、11栋框架结构厂房、4栋配属用房（1栋办公楼、2栋宿舍、1栋食堂）组成，共有33栋建筑物，总占地面积为280005.41m²，总建筑面积为206270.36m²。该填方地基填料为场地内挖方区开挖的红黏土与石方（灰岩、白云岩），为虚填地基，且部分区域岩溶发育，须作夯实处理。

图5.1　项目地理位置图

5.2　场地工程地质条件

5.2.1　地形地貌

项目位于贵安新区，区域地貌上属于云贵高原中部地段，微地貌属侵蚀、剥蚀溶蚀中山地貌，场地地势中部较高，东部、西部较低。场地原始地面标高为 1191.13 ～ 1225.39m，高差约 34.26m。

5.2.2　地质构造

场区位于川心堡向斜东侧，场区地层主要为下三叠统。场地内基岩具单斜产状，倾向为 256°，倾角为 7°。场地基岩发育有两组优势节理，以闭合隐节理为主，贯通性多较差，结构面结合较差——一般，节理面间距 0.3 ～ 1.5m，节理裂隙张开度 1 ～ 3mm，表面粗糙，一般无充填或泥质胶结。根据区域地质图及勘察资料，场内无破坏性断裂构造通过，区域地质构造稳定。除了岩体中的节理裂隙外，场地尚有溶蚀裂隙、沟槽、溶洞、石芽等岩溶形态发育，且规模较大，对工程具有一定的影响。除了岩体中的节理裂隙及岩溶外，在地质构造上无其他可危害场地稳定性的不良地质现象。

5.2.3　场地岩土构成

1. 第四系

主要为素填土、耕植土、硬塑状红黏土、可塑状红黏土。其中，素填土为近期场地平整而堆积的，在场地局部分布，揭露厚度 0.40 ～ 7.80m，平均厚度 2.17m。耕植土在整个场地均有分布，揭露厚度 0.40 ～ 2.50m，平均厚度 0.81m。硬塑状红黏土在绝大部分场地分布，揭露厚度 0.40 ～ 19.00m，平均厚度 7.77m。可塑状红黏土在场地局部分布，揭露厚度 1.10 ～ 13.90m，平均厚度 5.14m。

2. 三叠系

由灰岩、白云质灰岩组成，其中强风化灰岩局部分布在南侧场地，揭露厚度 0.40 ～ 6.50m，平均厚度 2.77m；中等风化灰岩主要分布在南侧场地，分布稳定，厚度大；强风化白云质灰岩局部分布在北侧场地，揭露厚度 0.60 ～ 5.80m，平均厚度 2.61m；中等风化白云质灰岩主要分布在北侧场地，分布稳定，厚度大，如图 5.2 所示。

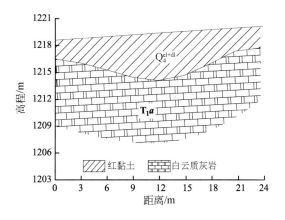

图 5.2　工程地质剖面图

5.3　试　验　概　况

5.3.1　试验场地选择

经实地考察，现场选取基本能代表大块石高填方地基填筑特点的三个回填区域作为试验场地，试验平面布置如图 5.3 所示，分别对回填厚度≤6m 区域（试验Ⅰ区）、6m<回填厚度≤10m 区域（试验Ⅱ区）与回填厚度>10m 区域（试验Ⅲ区）的填方地基作强夯试验。

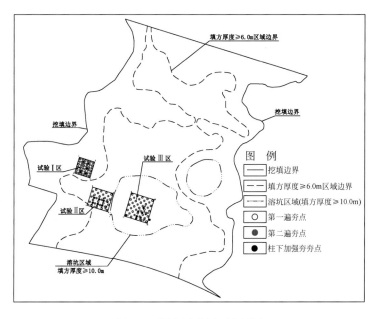

图 5.3　强夯试验平面布置图

5.3.2　场地回填现状

根据设计单位提供的贵安新区高端装备制造产业园南部片区标准厂房工程项目总平面布置图，场地平场完成后，将在场地东部及西部形成平均回填厚度约6.5m的填方地基（最大回填厚度16.0m）。

根据现场调查，填方地基在回填过程中，存在以下问题。

（1）回填填料主要选用场地内挖方区开挖的红黏土与石方（灰岩、白云岩），回填过程中土方与石方摊铺不均匀，出现不同种类的填料较大范围集中回填的现象。

（2）填料运至现场后，未严格进行分层回填与压实处理，只做虚填、推平处理。

5.3.3　强夯试验方法

根据场地填方地基回填现状，设计考虑分三个区域（回填厚度≤6m区域、6m<回填厚度≤10m区域、回填厚度>10m区域），采用不同的强夯工艺对填方地基作夯实处理。

选定的不同回填厚度的试验区域内，对不同夯锤、不同强夯能级的普夯夯点与柱下加强夯夯点（4000kN·m、6000kN·m、8000kN·m、10000kN·m、12000kN·m），各选择3个夯点作单点强夯试验，各试验区强夯试验参数见强夯试验参数表（表5.1）。

表 5.1　强夯试验参数表

试验区域	面积/m^2	强夯顺序	强夯能级/(kN·m)	夯点布置	夯锤参数
试验Ⅰ区（填方厚度≤6.0m区域）	576	第一遍夯	4000	6m×6m	夯锤重量40t，直径$D=2.52m$，锤底面积4.99m^2
		第二遍夯	4000	6m×6m	
		1500kN·m满夯	1500	满夯	
		柱下加强夯	8000	标准厂房柱位位置	
试验Ⅱ区（6.0m<填方厚度≤10.0m区域）	896	第一遍夯	6000	8m×8m	夯锤重量40t，直径$D=2.52m$，锤底面积4.99m^2
		第二遍夯	6000	8m×8m	
		1500kN·m满夯	1500	满夯	
		柱下加强夯	10000	标准厂房柱位位置	
试验Ⅲ区（填方厚度>10.0m区域）	1296	第一遍夯	10000	8m×8m	夯锤重量57t，直径$D=2.52m$，锤底面积4.99m^2
		第二遍夯	10000	8m×8m	
		1500kN·m满夯	1500	满夯	夯锤重量40t，直径$D=2.52m$，锤底面积4.99m^2
		柱下加强夯	12000	标准厂房柱位位置	夯锤重量57t，直径$D=2.52m$，锤底面积4.99m^2

每击夯沉量观测：单点强夯试验每个夯点夯击次数为 25 击，夯点布置如图 5.4 所示；在不同夯锤、不同能级强夯单点强夯过程中，应对每击夯沉量进行测量、记录。单点强夯试验过程中，还应对补料时间、补料方量、补料次数进行统计记录。

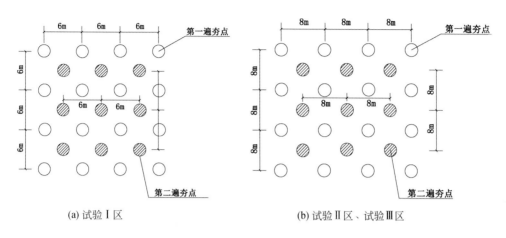

(a) 试验 I 区　　　　　　　　　　　　(b) 试验 II 区、试验 III 区

图 5.4　试验区夯点布置图

夯坑四周隆起量观测：在单点强夯试验每个夯点四周选定位置布置 8 个观测点（图 5.5），在单点强夯试验过程中，对强夯每击夯坑四周隆起量进行测量、记录。

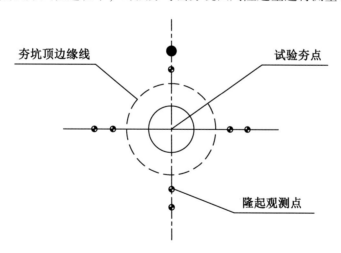

图 5.5　夯坑隆起观测点布置图

不同强夯能级单点强夯试验完成后，及时对测量数据进行分析整理，绘制夯击次数与单击夯沉量、总夯沉量、夯坑四周隆起量的关系曲线，以最终确定不同回填厚度的填方地基不同夯击能（4000kN·m、6000kN·m、8000kN·m、10000kN·m、12000kN·m）单点夯合理的夯击次数、补料时间及补料方量。

5.4　强夯试验结果分析

5.4.1　试验Ⅰ区结果分析

试验Ⅰ区填方地基回填厚度≤6.0m，设计采用四遍夯对该区域填方地基作夯实处理。其中第一遍夯与第二遍夯采用4000kN·m，第三遍夯为1500kN·m满夯，标准厂房柱下加强夯采用4000kN·m。

1. 第一遍夯（4000kN·m）试验结果分析

根据图5.6试验数据，试验Ⅰ区第一遍夯（4000kN·m）夯点累计夯沉量随着夯击次数的增加而增加；每击夯沉量随着夯击次数的增加而逐渐减小（试验过程中每次补料后，每击夯沉量会有突变提高，但总体呈每击夯沉量随着夯击次数的增加而逐渐减小的趋势）。试验Ⅰ区第一遍夯（4000kN·m）夯点最大夯沉量4.9m。当夯击次数达到12击后，最后两击平均夯沉量<100mm。

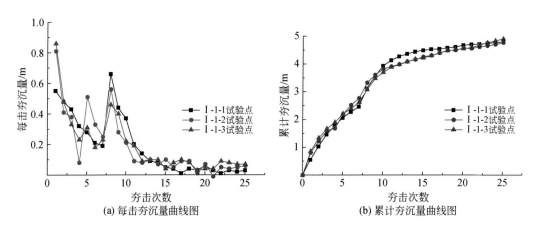

图5.6　试验Ⅰ区第一遍夯的夯沉量曲线图

根据图5.7可知，试验Ⅰ区第一遍夯（4000kN·m）夯坑四周最早于第4击出现隆起，并随夯击次数的增加而增大，20击后，夯坑四周隆起量不再提高。试验Ⅰ区第一遍夯的夯坑四周隆起量最大值为80mm，25击夯完后夯坑四周无较大规模隆起。

根据试验Ⅰ区第一遍夯（4000kN·m）每击夯沉量、累计夯沉量及夯坑四周累计隆起量综合分析，试验Ⅰ区第一遍夯（4000kN·m）应于第7击夯后补料（夯坑补平），12击后最后两击平均夯沉量<100mm，夯坑四周无较大规模隆起，为最佳夯击次数。试验Ⅰ区第一遍夯（4000kN·m）的停夯条件（满足其中一条即可）：①夯击次数达到12击；②最后两击平均夯沉量<100mm；③夯坑周围地面发生过大隆起（隆起高度≥20mm）；④按规定夯击次数补料，再夯过程中因夯坑过深而发生提锤困难。

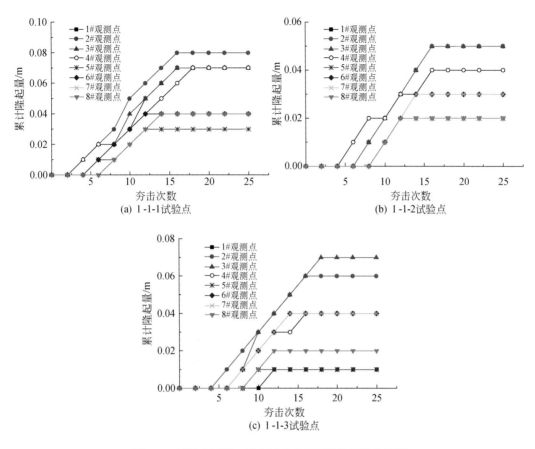

图 5.7　试验Ⅰ区第一遍夯试验点的累计隆起量曲线图

2. 第二遍夯（4000kN·m）试验结果分析

根据图 5.8 试验数据，试验Ⅰ区第二遍夯（4000kN·m）夯点累计夯沉量随着夯击次数的增加而增加；每击夯沉量随着夯击次数的增加而逐渐减小（试验过程中每次补料后，

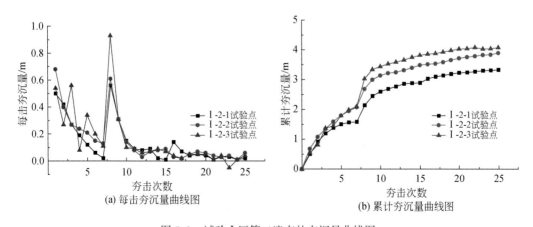

图 5.8　试验Ⅰ区第二遍夯的夯沉量曲线图

每击夯沉量会有突变提高，但总体呈每击夯沉量随着夯击次数的增加而逐渐减小的趋势）。试验Ⅰ区第二遍夯（4000kN·m）夯点最大夯沉量为4.08m。当夯击次数达到12击后，最后两击平均夯沉量<100mm。

　　根据图5.9试验数据，试验Ⅰ区第二遍夯（4000kN·m）夯点夯坑四周最早于第4击出现隆起，并随夯击次数的增加而增大，20击后，夯坑四周隆起量不再提高。试验Ⅰ区第二遍夯（4000kN·m）的夯坑四周隆起量最大值为100mm，25击夯完后夯坑四周无较大规模隆起。

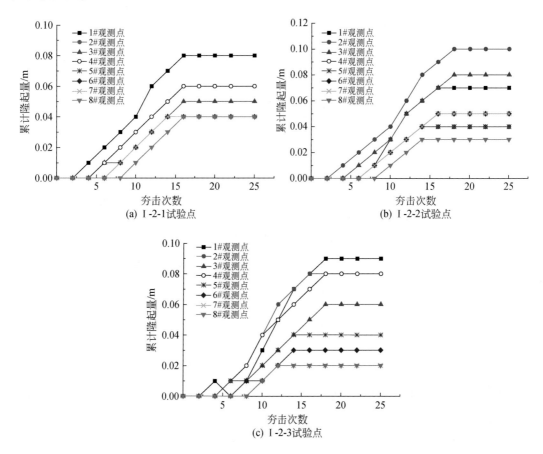

图5.9　试验Ⅰ区第二遍夯试验点累计隆起量曲线图

　　根据试验Ⅰ区第二遍夯（4000kN·m）每击夯沉量、累计夯沉量及夯坑四周累计隆起量综合分析，试验Ⅰ区第二遍夯（4000kN·m）应于第7击夯后补料（夯坑补平），12击后最后两击平均夯沉量<100mm，夯坑四周无较大规模隆起，为最佳夯击次数。试验Ⅰ区第二遍夯（4000kN·m）的停夯条件（满足其中一条即可）：①夯击数达到12击；②最后两击平均夯沉量<100mm；③夯坑周围地面发生过大隆起（隆起高度≥20mm）；④按规定夯击次数补料，再夯过程中因夯坑过深而发生提锤困难。

3. 标准厂房柱下加强夯（8000kN·m）试验结果分析

根据图 5.10 试验数据，试验Ⅰ区标准厂房柱下加强夯（8000kN·m）夯点累计夯沉量随着夯击次数的增加而增加；每击夯沉量随着夯击次数的增加而逐渐减小（试验过程中每次补料后，每击夯沉量会有突变提高，但总体呈每击夯沉量随着夯击次数的增加而逐渐减小的趋势）。试验Ⅰ区标准厂房柱下加强夯（8000kN·m）夯点最大夯沉量为 4.03m。当夯击次数达到 11 击后，最后两击平均夯沉量<200mm。

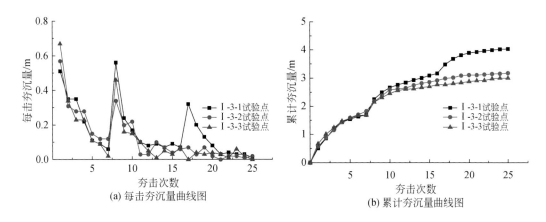

图 5.10　试验Ⅰ区柱下加强夯的夯沉量曲线图

根据图 5.11 试验数据，试验Ⅰ区标准厂房柱下加强夯（8000kN·m）夯坑四周最早于第 4 击出现隆起，并随夯击次数的增加而增大，10～12 击每击隆起量达到最大值（每击隆起量最大值为 70mm），强夯竖向夯沉加固效果减弱。试验Ⅰ区标准厂房柱下加强夯（8000kN·m）夯坑四周隆起量最大值为 680mm，25 击夯完后夯坑四周隆起规模较大。

根据试验Ⅰ区标准厂房柱下加强夯（8000kN·m）每击夯沉量、累计夯沉量及夯坑四周累计隆起量综合分析，试验Ⅰ区标准厂房柱下加强夯（8000kN·m）应于第 7 击后补料

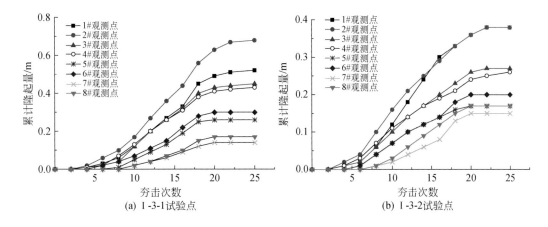

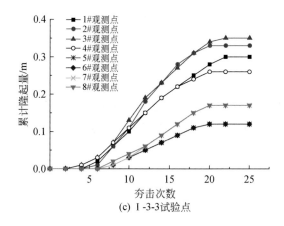

(c) Ⅰ-3-3试验点

图 5.11　试验Ⅰ区柱下加强夯试验点的累计隆起量曲线图

（夯坑补平），11 击后最后两击平均夯沉量<200mm，夯坑四周无较大规模隆起，为最佳夯击次数。试验Ⅰ区标准厂房柱下加强夯（8000kN·m）的停夯条件（满足其中一条即可）：①夯击数达到 11 击；②最后两击平均夯沉量<200mm；③夯坑周围地面发生过大隆起（隆起高度≥20mm）；④按规定夯击次数补料，再夯过程中因夯坑过深而发生提锤困难。

5.4.2　试验Ⅱ区结果分析

　　试验Ⅱ区填方地基 6.0m<填方厚度≤10.0m 区域，设计采用四遍夯对该区域填方地基作夯实处理。其中第一遍夯与第二遍夯采用 6000kN·m，第三遍夯为 1500kN·m 满夯，标准厂房柱下加强夯采用 10000kN·m。

1. 第一遍夯（6000kN·m）试验结果分析

　　根据图 5.12 试验数据，试验Ⅱ区第一遍夯（6000kN·m）夯点累计夯沉量随着夯击次数的增加而增加；每击夯沉量随着夯击次数的增加而逐渐减小（试验过程中每次补料

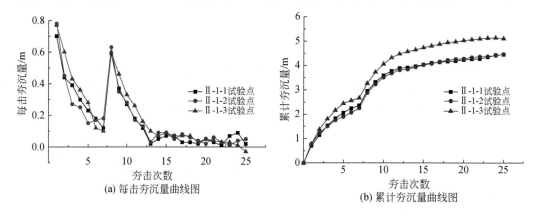

图 5.12　试验Ⅱ区第一遍夯的夯沉量曲线图

后，每击夯沉量会有突变提高，但总体呈每击夯沉量随着夯击次数的增加而逐渐减小的趋势）。试验Ⅱ区第一遍夯（6000kN·m）夯点最大夯沉量为 5.1m。当夯击次数达到 13 击后，最后两击平均夯沉量<100mm。

根据图 5.13 试验数据，试验Ⅱ区第一遍夯（6000kN·m）夯坑四周最早于第 6 击出现隆起，并随夯击次数的增加而增大，18 击后，夯坑四周隆起量不再提高。试验Ⅱ区第一遍夯（6000kN·m）夯坑四周隆起量最大值为 80mm，25 击夯完后夯坑四周无较大规模隆起。

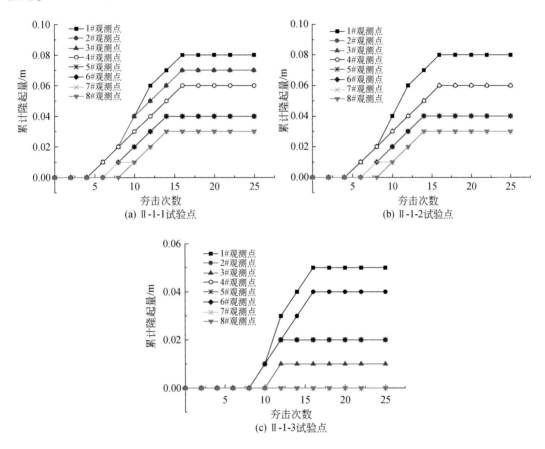

图 5.13　试验Ⅱ区第一遍夯试验点的累计隆起量曲线图

根据试验Ⅱ区第一遍夯（6000kN·m）每击夯沉量、累计夯沉量及夯坑四周累计隆起量综合分析，试验Ⅱ区第一遍夯（6000kN·m）应于第 7 击后补料（夯坑补平），13 击后最后两击平均夯沉量<100mm，夯坑四周无较大规模隆起，为最佳夯击次数。试验Ⅱ区第一遍夯（6000kN·m）的强夯停夯条件（满足其中一条即可）：①夯击数达到 13 击；②最后两击平均夯沉量<100mm；③夯坑周围地面发生过大隆起（隆起高度≥20mm）；④按规定夯击次数补料，再夯过程中因夯坑过深而发生提锤困难。

2. 第二遍夯（6000kN·m）试验结果分析

根据图5.14试验数据，试验Ⅱ区第二遍夯（6000kN·m）夯点累计夯沉量随着夯击次数的增加而增加；每击夯沉量随着夯击次数的增加而逐渐减小（试验过程中每次补料后，每击夯沉量会有突变提高，但总体呈每击夯沉量随着夯击次数的增加而逐渐减小的趋势）。试验Ⅱ区第二遍夯（6000kN·m）夯点最大夯沉量为5.10m。当夯击次数达到13击后，最后两击平均夯沉量<100mm。

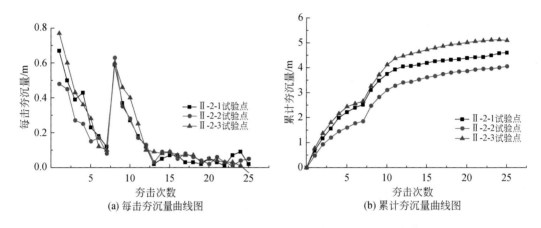

图5.14　试验Ⅱ区第二遍夯的夯沉量曲线图

根据图5.15试验数据，试验Ⅱ区第二遍夯（6000kN·m）夯坑四周最早于第6击出现隆起，并随夯击次数的增加而增大，20击后夯坑四周隆起量不再提高。试验Ⅱ区第二遍夯（6000kN·m）的夯坑四周隆起量最大值为90mm，25击夯完后夯坑四周无较大规模隆起。

根据试验Ⅱ区第二遍夯（6000kN·m）每击夯沉量、累计夯沉量及夯坑四周累计隆起量综合分析，试验Ⅱ区第二遍夯（6000kN·m）应于第7击后补料（夯坑补平），13击后最后两击平均夯沉量<100mm，夯坑四周无较大规模隆起，为最佳夯击次数。试验Ⅱ区第

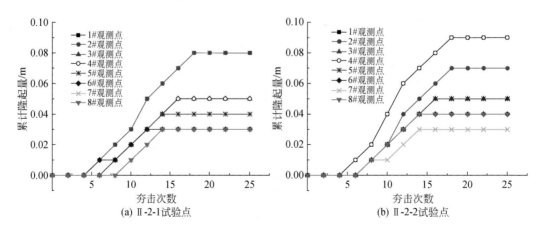

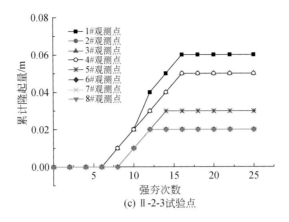

图 5.15　试验 II 区试验点累计隆起量曲线图

二遍夯（6000kN·m）的强夯停夯条件（满足其中一条即可）：①夯击数达到 13 击；②最后两击平均夯沉量<100mm；③夯坑周围地面发生过大隆起（隆起高度≥20mm）；④按规定夯击次数补料，再夯过程中因夯坑过深而发生提锤困难。

3. 标准厂房柱下加强夯（10000kN·m）试验结果分析

根据图 5.16 试验数据，试验 II 区标准厂房柱下加强夯（10000kN·m）夯点累计夯沉量随着夯击次数的增加而增加；每击夯沉量随着夯击次数的增加而逐渐减小（试验过程中每次补料后，每击夯沉量会有突变提高，但总体呈每击夯沉量随着夯击次数的增加而逐渐减小的趋势）。试验 II 区标准厂房柱下加强夯（10000kN·m）的夯点最大夯沉量为6.20m。当夯击次数达到 12 击后，最后两击平均夯沉量<250mm。

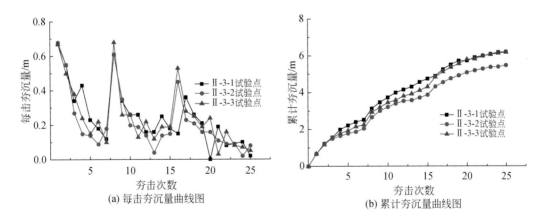

图 5.16　试验 II 区柱下加强夯的夯沉量曲线图

根据图 5.17，试验 II 区标准厂房柱下加强夯（10000kN·m）的夯坑四周最早于第 2击出现隆起，并随夯击次数的增加而增大，第 10～12 击及第 16～18 击时（第 16 击补料）每击隆起量达到最大值（每击隆起量最大值为 120mm），强夯竖向夯沉加固效果减弱。试验Ⅱ区标准厂房柱下加强夯（10000kN·m）的夯坑四周隆起量最大值为710mm，25击夯完后夯坑四周隆起规模较大。

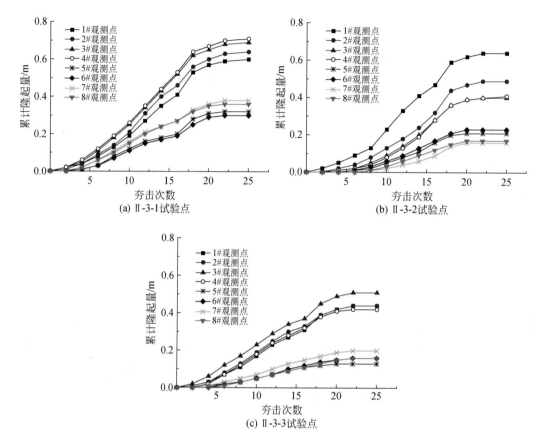

图 5.17　试验Ⅱ区柱下加强夯试验点的累计隆起量曲线图

根据试验Ⅱ区标准厂房柱下加强夯（10000kN·m）每击夯沉量、累计夯沉量及夯坑四周累计隆起量综合分析，试验Ⅱ区标准厂房柱下加强夯（10000kN·m）应于第7击后补料（夯坑补平），13击后最后两击平均夯沉量<250mm，夯坑四周无较大规模隆起，为最佳夯击次数。试验Ⅱ区标准厂房柱下加强夯（10000kN·m）的停夯条件（满足其中一条即可）：①夯击数达到13击；②最后两击平均夯沉量<250mm；③夯坑周围地面发生过大隆起（隆起高度≥20mm）；④按规定夯击次数补料，再夯过程中因夯坑过深而发生提锤困难。

5.4.3　试验Ⅲ区结果分析

试验Ⅲ区填方地基填方厚度>10.0m区域，设计采用四遍夯对该区域填方地基作夯实处理。其中第一遍夯与第二遍夯采用10000kN·m，第三遍夯为1500kN·m满夯，标准厂房柱下加强夯采用12000kN·m。

1. 第一遍夯（10000kN·m）试验结果分析

根据图 5.18 试验数据，试验Ⅲ区第一遍夯（10000kN·m）的夯点累计夯沉量随着夯击次数的增加而增加；每击夯沉量随着夯击次数的增加而逐渐减小（试验过程中每次补料后，每击夯沉量会有突变提高，但总体呈每击夯沉量随着夯击次数的增加而逐渐减小的趋势）。试验Ⅲ区第一遍夯（10000kN·m）夯点最大夯沉量 7.13m。当夯击次数达到 13 击后，最后两击平均夯沉量<100mm。

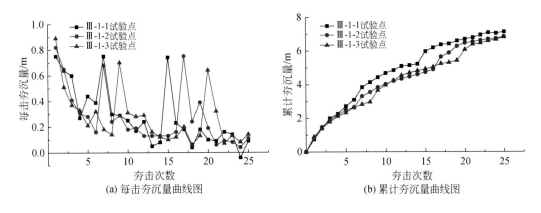

图 5.18　试验Ⅲ区第一遍夯的夯沉量曲线图

根据图 5.19 试验数据，试验Ⅲ区第一遍夯（10000kN·m）的夯坑四周在第 1～6 击时有夯沉现象，原因在于填料松散、填方地基回填厚度较大；在第 8 击后，夯点夯坑四周开始随夯击次数增加缓慢隆起。试验Ⅲ区第一遍夯（10000kN·m）夯完后，夯坑四周基本无隆起。

根据试验Ⅲ区第一遍夯（10000kN·m）每击夯沉量、累计夯沉量及夯坑四周累计隆起量综合分析，试验Ⅲ区第一遍夯（10000kN·m）应于第 7 击后补料（夯坑补平），13

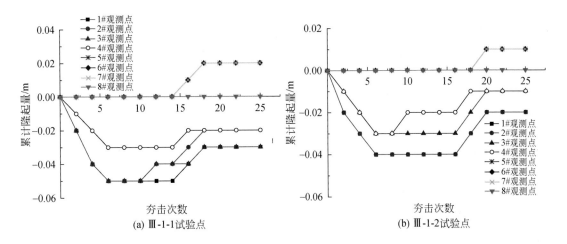

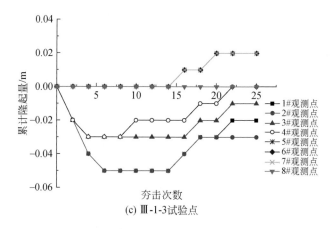

图 5.19　试验Ⅲ区第一遍夯试验点的累计隆起量曲线图

击后的最后两击平均夯沉量<250mm，夯坑四周无较大规模隆起，为最佳夯击次数。试验Ⅲ区第一遍夯（10000kN·m）的强夯停夯条件（满足其中一条即可）：①夯击数达到13击；②最后两击平均夯沉量<250mm；③夯坑周围地面发生过大隆起（隆起高度≥20mm）；④按规定夯击次数补料，再夯过程中因夯坑过深而发生提锤困难。

2. 第二遍夯（10000kN·m）试验结果分析

根据图 5.20 可知，试验Ⅲ区第二遍夯（10000kN·m）的夯点累计夯沉量随着夯击次数的增加而增加；每击夯沉量随着夯击次数的增加而逐渐减小（试验过程中每次补料后，每击夯沉量会有突变提高，但总体呈每击夯沉量随着夯击次数的增加而逐渐减小的趋势）。试验Ⅲ区第二遍（10000kN·m）的夯点最大夯沉量为 7.27m。当夯击次数达到 12 击后，最后两击平均夯沉量<250mm。

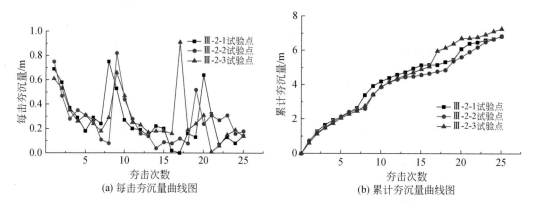

(a) 每击夯沉量曲线图　　　　　(b) 累计夯沉量曲线图

图 5.20　试验Ⅲ区第二遍夯的夯沉量曲线图

根据图 5.21 试验数据，试验Ⅲ区第二遍夯（10000kN·m）的夯点夯坑四周在第 1～6 击时有夯沉现象，原因在于填料松散、填方地基回填厚度较大；在第 6 击后，夯点夯坑四周开始随夯击次数增加缓慢隆起。试验Ⅲ区第二遍夯（10000kN·m）的夯坑四周隆起量最大值为 250mm。

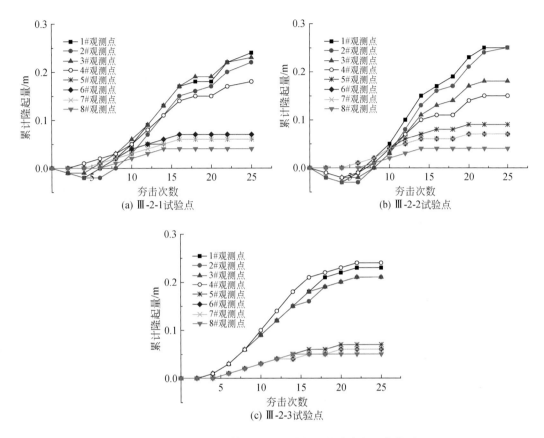

图 5.21　试验Ⅲ区第二遍夯试验点的累计隆起量曲线图

根据试验Ⅲ区第二遍夯（10000kN·m）每击夯沉量、累计夯沉量及夯坑四周累计隆起量综合分析，试验Ⅲ区第二遍夯（10000kN·m）应于第 7 击后补料（夯坑补平），12击后最后两击平均夯沉量<250mm，夯坑四周无较大规模隆起，为最佳夯击次数。试验Ⅲ区第二遍夯（10000kN·m）的强夯停夯条件（满足其中一条即可）：①夯击数达到 12 击；②最后两击平均夯沉量<250mm；③夯坑周围地面发生过大隆起（隆起高度≥20mm）；④按规定夯击次数补料，再夯过程中因夯坑过深而发生提锤困难。

3. 标准厂房柱下加强夯（12000kN·m）试验结果分析

根据图 5.22 试验数据，试验Ⅲ区标准厂房柱下加强夯（12000kN·m）夯点累计夯沉量随着夯击次数的增加而增加；每击夯沉量随着夯击次数的增加而逐渐减小（试验过程中每次补料后，每击夯沉量会有突变提高，但总体呈每击夯沉量随着夯击次数的增加而逐渐减小的趋势）。试验Ⅲ区标准厂房柱下加强夯（12000kN·m）的夯点最大夯沉量为 7.27m。当夯击次数达到 13 击后，最后两击平均夯沉量<250mm。

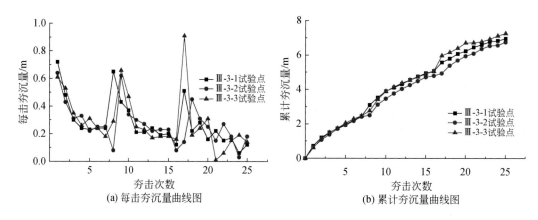

图 5.22　试验Ⅲ区柱下加强夯的夯沉量曲线图

根据图 5.23 试验数据，试验Ⅲ区标准厂房柱下加强夯（12000kN·m）的夯坑四周最早于第 1 击出现隆起，并随夯击次数的增加而增大，10～18 击时每击隆起量较大（每击隆起量最大值为 120mm），强夯竖向夯沉加固效果减弱。试验Ⅲ区标准厂房柱下加强夯（12000kN·m）的夯坑四周隆起量最大值为 710mm，25 击夯完后夯坑四周隆起规模较大。

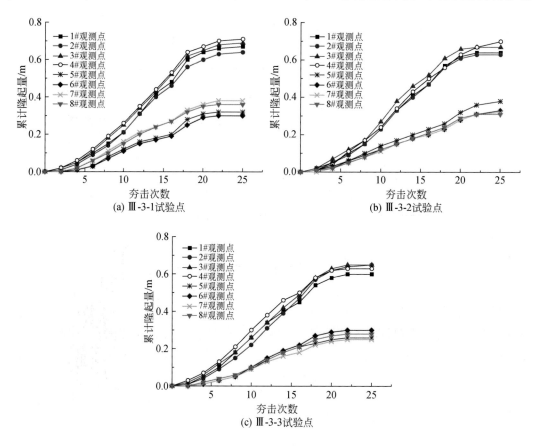

图 5.23　试验Ⅲ区柱下加强夯试验点的累计隆起量曲线图

根据试验Ⅲ区标准厂房柱位下强夯（12000kN·m）每击夯沉量、累计夯沉量及夯坑四周累计隆起量综合分析，试验Ⅲ区标准厂房柱下加强夯（12000kN·m）应于第 7 击后补料（夯坑补平），13 击后最后两击平均夯沉量<250mm，夯坑四周无较大规模隆起，为最佳夯击次数。试验Ⅲ区标准厂房柱位下强夯（12000kN·m）停夯条件（满足其中一条即可）：①夯击数达到 13 击；②最后两击平均夯沉量<250mm；③夯坑周围地面发生过大隆起（隆起高度≥20mm）；④按规定夯击次数补料，再夯过程中因夯坑过深而发生提锤困难。

5.5　试验检测

平板载荷试验：在单点强夯试验完成后，每个试验区内在标准厂房柱下加强夯夯点位置处各选 3 个夯点（不得选用单点强夯试验夯点）做一组平板载荷试验，以确定柱位下部填土地基的承载力与变形模量。试验结果见表 5.2。

表 5.2　平板载荷试验参数表

填方区域	最大荷载/kPa	累计沉降量/mm	承载力特征值/kPa	变形模量/MPa
试验Ⅰ区（填方厚度≤6.0m 区域）	600	8.96	≥250	≥25
	600	8.11	≥250	≥25
	600	9.86	≥250	≥25
试验Ⅱ区（6.0m<填方厚度≤10.0m 区域）	600	9.1	≥250	≥25
	600	8.59	≥250	≥25
	600	7.8	≥250	≥25
试验Ⅲ区（填方厚度>10.0m 区域）	600	8.28	≥250	≥25
	600	9.21	≥250	≥25
	600	8.44	≥250	≥25

5.6　强夯工艺参数

根据平板载荷试验结果，经强夯夯实工艺处理后，贵安新区高端装备制造产业园南部片区标准厂房工程项目填方地基夯实质量满足设计要求（标准厂房柱位下填方地基承载力特征值 f_{ak}≥250kPa，变形模量 E_0≥25MPa）。填方地基强夯处理工艺参数根据试验Ⅰ区、试验Ⅱ区及试验Ⅲ区强夯试验资料及工程经验综合确定，具体见强夯工艺参数表（表 5.3）。

表 5.3　强夯工艺参数表

试验区域	强夯顺序	强夯能级/(kN·m)	夯点布置	补料时间	停夯条件
填方厚度≤6.0m区域	第一遍夯	4000	6m×6m	第7击后	①夯击数达到12击；②最后两击平均夯沉量<100mm；③夯坑周围地面发生过大隆起（隆起高度≥20mm）；④按规定夯击次数补料，再夯过程中因夯坑过深而发生提锤困难
	第二遍夯	4000	6m×6m	第7击后	①夯击数达到12击；②最后两击平均夯沉量<100mm；③夯坑周围地面发生过大隆起（隆起高度≥20mm）；④按规定夯击次数补料，再夯过程中因夯坑过深而发生提锤困难
	1500kN·m满夯	1500	满夯	—	—
	柱下加强夯	8000	标准厂房柱位位置	第7击后	①夯击数达到11击；②最后两击平均夯沉量<200mm；③夯坑周围地面发生过大隆起（隆起高度≥20mm）；④按规定夯击次数补料，再夯过程中因夯坑过深而发生提锤困难
6.0m<填方厚度≤10.0m区域	第一遍夯	6000	8m×8m	第7击后	①夯击数达到13击；②最后两击平均夯沉量<100mm；③夯坑周围地面发生过大隆起（隆起高度≥20mm）；④按规定夯击次数补料，再夯过程中因夯坑过深而发生提锤困难
	第二遍夯	6000	8m×8m	第7击后	①夯击数达到13击；②最后两击平均夯沉量<100mm；③夯坑周围地面发生过大隆起（隆起高度≥20mm）；④按规定夯击次数补料，再夯过程中因夯坑过深而发生提锤困难
	1500kN·m满夯	1500	满夯	—	—
	柱下加强夯	10000	标准厂房柱位位置	第7击后	①夯击数达到13击；②最后两击平均夯沉量<250mm；③夯坑周围地面发生过大隆起（隆起高度≥20mm）；④按规定夯击次数补料，再夯过程中因夯坑过深而发生提锤困难
填方厚度>10.0m区域	第一遍夯	10000	8m×8m	第7击后	①夯击数达到13击；②最后两击平均夯沉量<250mm；③夯坑周围地面发生过大隆起（隆起高度≥20mm）；④按规定夯击次数补料，再夯过程中因夯坑过深而发生提锤困难

续表

试验区域	强夯顺序	强夯能级 /(kN·m)	夯点布置	补料时间	停夯条件
填方厚度>10.0m 区域	第二遍夯	10000	8m×8m	第7击后	①夯击数到达 12 击；②最后两击平均夯沉量<250mm；③夯坑周围地面发生过大隆起（隆起高度≥20mm）；④按规定夯击次数补料，再夯过程中因夯坑过深而发生提锤困难
	1500kN·m 满夯	1500	满夯	—	—
	柱下加强夯	12000	标准厂房柱位位置	第7击后	①夯击数到达 13 击；②最后两击平均夯沉量<250mm；③夯坑周围地面发生过大隆起（隆起高度≥20mm）；④按规定夯击次数补料，再夯过程中因夯坑过深而发生提锤困难

5.7　沉　降　观　测

　　地基加固工程完成后，对上部建筑的施工过程和工后沉降进行观测，沉降观测工作起始于 2014 年 11 月，截止时间为 2016 年 4 月，历时 18 个月，观测对象有 5#、7#、9#、12#混凝土标准厂房，16#、24#、33#、34#钢结构标准厂房，2#宿舍、3#食堂。观测周期，对于单层厂房为 20～30 天观测一次；对于多层建筑，每完成一层观测一次，完工后为20～30 天观测一次，场区观测建筑分布如图 5.24 所示。

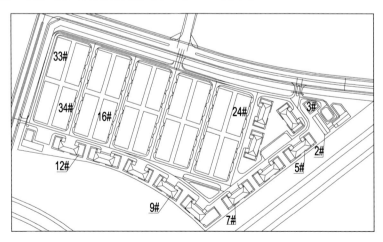

图 5.24　场区观测建筑分布

　　各类建筑物沉降观测点布置如图 5.25 所示。
　　其中7#和12#混凝土标准厂房，16#、24#、33#钢结构标准厂房，2#宿舍累次沉降观测变化如图 5.26 所示。

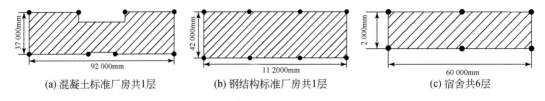

图 5.25　建筑物沉降观测点布置

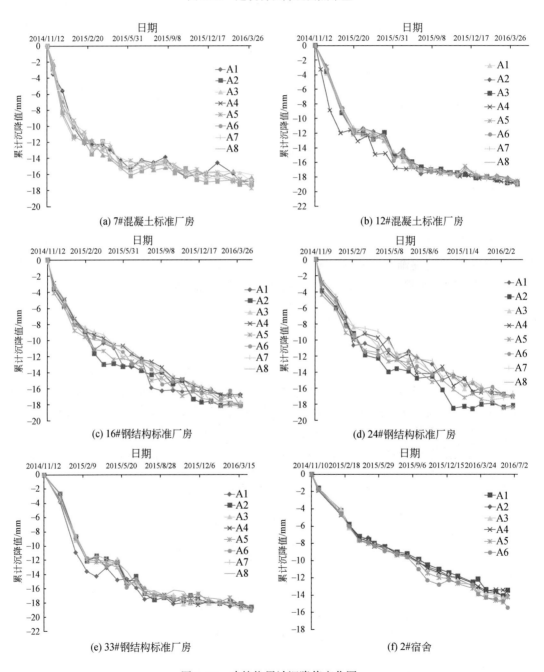

图 5.26　建筑物累计沉降值变化图

标准厂房累计沉降值见表5.4，取各个沉降观测点的平均值。

表5.4　标准厂房累计沉降值统计表

建筑物类别	建造完成时沉降值/mm	观测结束时沉降值/mm	允许沉降值/mm
7#混凝土标准厂房	−11.41	−17.00	120
12#混凝土标准厂房	−11.90	−18.85	120
16#钢结构标准厂房	−10.80	−17.61	120
24#钢结构标准厂房	−9.44	−17.30	120
33#钢结构标准厂房	−12.09	−18.85	120

2#宿舍累计沉降观测值见表5.5，取各个沉降观测点的平均值，地基变形允许值由整体倾斜控制。

表5.5　2#宿舍累计沉降值统计表

建造完成时沉降值/mm	观测结束时沉降值/mm	整体倾斜值	允许倾斜值
−7.52	−14.18	0.0001	0.004

由图5.26和表5.4、表5.5所示，建筑物的沉降随着时间的延续，逐渐减小，前期沉降速度较快，后期逐渐趋于稳定。各类建筑物的沉降均满足《建筑地基基础设计规范》（GB 50007—2011）第5.3.4条中对建筑物地基的变形沉降量要求。

5.8　小　　结

根据平板载荷试验结果，经强夯夯实工艺处理后，贵安新区高端装备制造产业园南部片区标准厂房工程项目填方地基夯实质量满足设计要求，通过沉降观测结果可知各类建筑物的沉降较小，变形沉降能够较好地满足《建筑地基基础设计规范》（GB 50007—2011）第5.3.4条中对建筑物地基的变形沉降量要求。贵安新区高端装备制造产业园南部片区标准厂房工程的顺利建成和投入使用，也证实了将碳酸盐岩大块石高填方地基作为建筑地基是可行的。

第6章 贵州省织金丰伟·龙湾国际项目

强夯置换法是强夯法的进一步补充和运用，是将夯坑内的回填块石、碎石等粗颗粒材料用夯锤夯击，使填料挤进软弱土层中形成连续的强度较高的墩体的方法，同时形成的墩体的渗透系数大，提供了良好的排水条件，能够有助于墩周范围的软弱土层孔隙水压力的消散，加快固结过程，减少工后沉降。该方法适用于高饱和度、低透水性、低强度、高压缩性的软土地基的处理。强夯置换法是一种经济、快速、有效的软弱地基的处理手段，主要用于沿海地区的软弱地基处理，后被运用与西部山区高填方地基的处理。根据现场的地质条件，选择合理的强夯参数就能够达到预期的加固目的。经过强夯置换法处理后的块石墩体与墩间土所形成的复合地基共同承担上部建构筑物的荷载，置换后的复合土体抗剪强度得到了加强。本章结合贵州省织金丰伟·龙湾国际项目对冲洪积软弱地基采用强夯置换法联合满夯工艺处理进行探讨，提出相关施工处理参数，为类似工程提供参考依据。

6.1 工 程 概 况

织金丰伟·龙湾国际项目位于贵州省毕节市织金县南部。本次施工段3#地块位于整个项目场地的西部中段，位于金中大道西侧。场地地势较平坦，地理位置优越，交通十分便利（图6.1）。项目主要由3栋高层、14栋多层及5栋低层（1#楼商业部分、2#楼商业部分、3#楼商业部分、4#楼商业部分、5#楼商业部分、16#楼商业部分、17#楼商业部分）组成，共有22栋建筑物，建筑用地面积为49918.84m²，总建筑面积为148010.08m²。

由于拟建建筑物为高层建筑，场地岩溶发育强烈，土层强度较低，地下水水位较高。若采用桩基础的形式，需埋藏至较深的中等风化基岩作为持力层，这会增加基础工程的施

图6.1　项目地理位置图

工难度、施工工期与工程投资规模。场地下伏为冲洪积层，为古河道或古河汊沉积形成的软弱层，其卵石含量在40%以上，其余被黏土、砂砾、泥质充填，基岩为强—中等风化灰岩，承载力较低不能直接作为天然地基持力层。若不进行地基处理则产生的不均匀沉降会影响上部建筑物安全使用。地基不均匀沉降会造成上部建（构）筑物的沉降、变形、开裂，不能保证地基上部建（构）筑物的安全与正常使用；为尽量减小和避免以上问题对本项目工程建设的影响，同时节省工程投资，采用强夯置换法联合满夯工艺处理进行加固。

6.2　场地工程地质条件

6.2.1　地形地貌

场地属于河流冲洪积地貌，地势平坦，整个场地高差较小。场地原始地面标高为1307.7～1311.0m，高差约3.3m。场地西侧为南门河，周边环境条件较简单。

6.2.2　场地的岩土构成

1. 第四系

（1）耕土（Q^{pd}）：黑褐色，结构松散，含大量植物根系，厚度薄，场区分布较广。

（2）黏土（Q^{al+pl}）：褐黄色，稍有光泽，可塑状，土质较均匀致密，埋藏于耕土层下，场地分布广泛。

（3）卵石（Q^{al+pl}）：灰色，松散—稍密，卵石含量40%以上，不均匀，卵石形状以亚圆—圆形为主，磨圆度好；卵石成分为砂岩、石灰岩，砾径大小不一，一般为2～5cm，无分选性；以黏土、砂粒、泥充填为主，无胶结，遍布场地。

2. 二叠系

场地下伏基岩为下二叠统茅口组（P_1m），灰色、深灰色薄—中厚层灰岩，层状构造，细晶结构，节理裂隙发育，节理面充填黏土，偶见陡倾节理。根据下伏基岩岩体的风化特征、裂隙特征、坚固性、完整性、岩溶发育特征及建筑性能，同时参照建筑物上部荷载大小及可能采用的基础形式，将场地下伏岩体划分为A、B二个岩体质量单元。A岩体质量单元主要为破碎的中等风化及岩溶洞隙分布的岩体，岩体破碎。B岩体单元由中等风化灰岩组成，岩体较破碎（图6.2）。

6.2.3　场地岩土的物理力学性质

1. 耕土

厚度小且无利用价值，在进行基础施工时应将其清除。

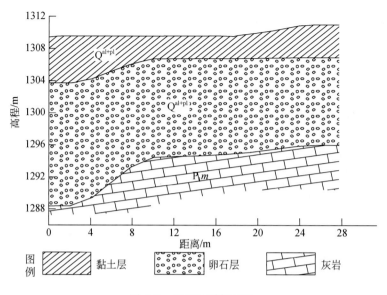

图 6.2　工程地质剖面图

2. 可塑黏土

根据地勘报告提供可塑黏土的物理力学指标统计数据如下：$\gamma = 18.12\text{kN/m}^3$；$E_s = 4.77\text{MPa}$；$c = 25.3\text{kPa}$；$\varphi = 4.4°$（表 6.1）。结合相邻场地已有建筑经验，根据《贵州省建筑地基基础设计规范》确定地基承载力 $f_a = 100\text{kPa}$；可见该层可塑黏土承载力较低为软弱土层。

表 6.1　场地主要岩土体物理力学指标表

	天然重度/(kN/m³)	内摩擦/(°)	内聚力/kPa	压缩模量/MPa	承载力/MPa
黏土层	18.12	4.4	25.3	4.77	0.1
卵石层	—	—	—	—	0.2
基岩	27.85	—	—	42.2	4.22

3. 卵石层物理力学指标

按超重型动力触探及工程经验确定卵石层承载力（表 6.1）。根据勘察报告提供超重型动力触探试验统计，场地卵石平均击数统计值为 3.54 击，$N_{120} = 3.54$，根据《岩土工程勘察规范》（GB 50021—2001）（2009 年版）表 3.3.8-2，该卵石属稍密碎石土，根据《工程地质手册》（第四版）表 3-2-22 成都地区卵石土极限承载力标准值，同时结合地区经验，确定本场地卵石承载力特征值为 200kPa，变形模量为 10MPa。

夯坑补料虚填总方量=虚填厚度×夯锤底面积=11.73×3.14×(2.5/2)^2=57.55m^3，夯坑补料虚填方量按夯锤底面积计算（表6.4），暂未考虑在夯击能作用下对锤底作用区域扩大面积的影响。

表 6.4　夯坑补料数据统计表

序号	1	2	3	4	5	6	7	8	9	10	11	合计
补料对应击数	第3击	第5击	第7击	第9击	第12击	第15击	第19击	第23击	第26击	第29击	第32击	
夯坑深度/cm	173	208	208	234	272	234	231	228	186	144	124	1173
虚填厚度/cm	95	87	74	87	186	96	103	132	121	84	108	

根据现场实际开挖观测及量测，设计墩体从原始地面开始夯击，墩体材料在夯击能作用下按10°～15°的扩散角向周边扩散。总计形成墩体高度为4.5m，夯墩墩体直径约3.5m。墩体体积为55.4m^3。夯墩虚填体积与夯实后体积的比值为57.55/55.4=1.04∶1。

6.3.4　满夯加固

在强夯置换完成后，在场区内继续铺填填料，填料厚度为1.8～2.5m，将回填至基础垫层底标高以上200mm处。同样选择夯锤直径2.5m，重45t的圆形夯锤，采用3000kN·m满夯进行处理，夯印相互搭接1/4。并在已形成的置换夯墩位置处增加一定的夯击次数。

6.4　试　验　检　测

在满夯处理完成后即形成了由强夯墩体及墩体间软弱土层、上层换填填料共同组成的碳酸盐岩大块石填料强夯置换复合地基。对于该地基的质量、加固效果，以及能否作为上部建筑持力层等问题，需要进一步检测。为此本次试验中选取单墩，采用现场浅层平板载荷试验加以论证。

6.4.1　检验设备及方法

采用桩基静载仪，对加固地基进行检测（图6.7）。该仪器利用慢速维持荷载法，采用全自动油泵逐级加载。上方为承重平台，堆载荷载，最大压重力为2000kN。荷载值通过压力传感器测量，承压板沉降则通过对称布置的4个位移传感器测量，所有位移传感器均用磁性表座固定于基准梁上。

6.4.2　检验结果

对加固后5处强夯试验点区域进行多级加载检验，根据上部建筑物的荷载特征每级加载量如下。1号试验点最大试验荷载750kPa，累计沉降量22.73mm；2号试验点最大试验

图 6.7　平板载荷试验现场图

荷载 1400kPa，累计沉降量 63.95mm；3 号试验点最大试验荷载 1400kPa，累计沉降量 70.26mm；4 号试验点最大试验荷载 750kPa，累计沉降量 27.11mm；5 号试验点最大试验荷载 1400kPa，累计沉降量 56.89mm。加载过程变化曲线如图 6.8 所示。

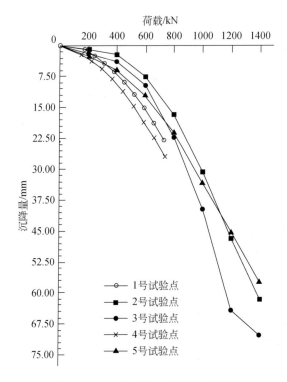

图 6.8　试验点荷载与沉降量曲线图

　　各试验点在荷载作用下随荷载的增长基本呈线性变化。根据图 6.8 按插值法进行取值，1 号试验点承载力特征值为 528.9kPa，变形模量为 38.4MPa。2 号试验点承载力特征值为 400kPa，变形模量为 86.6MPa。3 号试验点承载力特征值为 400kPa，变形模量为 77.4MPa。4 号试验点承载力特征值为 468.8kPa，变形模量为 87.55MPa。5 号试验点承载力特征值为 400kPa，变形模量为 52MPa。检测结果表明，本次试验的强夯墩体均能够满足设计要求。

6.5　施 工 工 艺

6.5.1　填料回填技术要求

（1）回填压实前必须清除原耕植土层，且耕植土不能作为填料回填。

（2）填料要求采用爆破后自然级配块石、碎石，粒径大于 300mm 的颗粒含量不宜超过全重的 30%，最大粒径不宜大于 500mm。其中黏土含量不大于 5%（以体积计量，且黏土不得集中），不得使用淤泥、膨胀土及有机质含量>5% 的土作为填料。

6.5.2　施工技术要求

采用强夯置换、强夯进行地基加固，处理顺序为：根据主体设计单位提供的基础埋置深度要求（基础埋深 1.5m，已考虑垫层厚度 0.1m）及满夯层回填厚度（不低于 1.8m 且不应大于 2.5m）进行场平开挖—填料（500mm）—强夯置换处理—填料（回填至基础垫层底标高以上 200mm 处，考虑 10% 回填厚度的虚铺）—强夯（满夯，对置换墩位置应加强）。具体要求如下。

1. 强夯置换施工要求

（1）置换夯采用 8000kN·m 点夯夯击能，有效加固深度为 6~7m。

（2）强夯置换夯锤宜采用圆柱形，锤底静接地压力可取 80~300kPa。本次试验选用夯锤直径 2.5m，重 45t，夯锤基底静接地压力为 91.72kPa，夯锤落距 18m。

（3）根据所选取的单点置换夯夯点下伏土层深度，设计墩长应不小于 4.0m。

（4）夯点布置方式根据建筑物基础形式、位置，布设于基础底部。

（5）单点置换夯夯击次数不低于 18 击。

（6）夯点的收锤标准：最后两击的平均夯沉量不大于 20cm；累计夯沉量为设计墩长的 1.5~2 倍；墩底穿透软弱土层，且达到设计墩长。

（7）在起锤可行条件下，应多夯击少喂料，夯坑喂料宜为夯坑深度的 1/3~1/2。

（8）现场夯坑填料采用自然级配块石、碎石，粒径大于 300mm 的颗粒含量不宜超过全重的 30%，最大粒径不宜大于 500mm。

2. 强夯施工要求

（1）满夯：强夯采用 3000kN·m 夯击能，有效加固深度为 6~7m。

（2）满夯层厚度：1.8m≤满夯铺填厚度≤2.5m。

（3）强夯夯锤宜采用圆形，锤底静接地压力可取 25~40kPa。本次施工选用夯锤直径 2.5m，重 45t，夯锤基底静接地压力为 91.72kPa，夯锤落距 7m。

（4）夯击方式：一遍夯，采用一夯挨一夯的顺序施工，夯印相互搭接 1/4。

（5）夯点的收锤标准：最后两击的平均夯沉量不大于 50mm。

（6）夯击次数：每点不小于 3 击，如夯沉量过大，需考虑适当增加夯击次数。

6.5.3　工程质量检测

质量控制指标：采用强夯置换及强夯夯实复合地基后，地基承载力特征值 $f_{ak} \geqslant$ 320kPa，变形模量 $E_0 \geqslant 18$MPa。

1. 平板载荷试验检测

在强夯处理复合地基面层后，对场地内选取至少 3 个点做平板载荷试验，以确定填土地基的承载力与变形模量。

2. 其他检测方法

（1）探井：选取一个置换墩，在墩中心点位置布置探井，探井开挖深度不应小于设计墩长，且应进入卵石层。

（2）钻探：选取一个置换墩，在墩中心点位置布置一个钻孔，钻孔深度应进入墩底以下卵石层不低于 2~3m。

（3）动力触探：两墩中心部位及墩的内、外侧（相对两墩之间为内侧）边缘布置动力触探孔。检测深度应进入墩底以下卵石层不低于 2~3m。

图 6.9 为检测点示意图，根据现场夯点实际布置情况，检测点数量可适当增加或减少；检测点布置位置根据现场实际调整及选取。

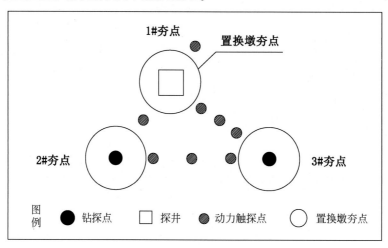

图 6.9　检测点示意图

6.6 小　结

对于贵州山区工程建设遇到基岩埋藏较深，若采用桩基础的形式，需埋藏至较深的中等风化基岩，这会增加基础工程的施工难度、施工工期与工程投资规模，而卵石层承载力较低不能直接作为天然地基持力层。先采用 8000kN·m 点夯击能对上覆软弱土层进行强夯置换，累计夯沉量应不小于下伏土层厚度；然后在地表铺填 1.8 ~ 2.5m 厚填料，采用 3000kN·m 夯击能进行满夯加固处理。经过该方法加固后的碎石墩体与墩间土体及上覆加固垫层共同形成强夯换填置换复合地基。经过现场检测表明，该地基承载力能够满足上部建筑物的要求，可在类似工程中应用。因此，对于该类地基可采用碳酸盐岩大块石作为回填填料，运用强夯置换法与满夯相结合的方式对下伏软弱土层进行加固。

第7章　遵义市新蒲新区新城虾子镇辣椒城综合物流园交易中心建设项目

7.1　工程概况

该项目位于遵义市新蒲新区东部新城虾子镇，距新蒲新区新城24km，距离遵义市区35km，南临G56杭瑞高速、交通性主干道二号路，交通便利（图7.1）。

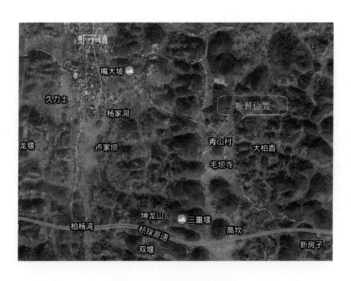

图7.1　项目地理位置图

该项目主要由31栋建筑组成，总规划占地面积为303644m²，总建筑面积为246606m²。本次地基加固范围为厂区内交易中心地块，处理面积约27238m²，交易中心为框架结构，两层，最大单柱荷载为4000kN。建筑场地平场完成后，在场地北部及南部形成平均回填厚度6~7m的填方地基（最大回填厚度11.7m，本次地基加固范围内最大回填厚度约9.2m）。若该填方地基不作压实处理，在今后的使用过程中，将因地基不均匀沉降造成上部建（构）筑物的沉降、变形、开裂，不能保证地基上部建（构）筑物的安全与正常使用，若建（构）筑物基础全部采用桩基础则不利于节省工程投资。为尽量减小和避免以上问题对该项目工程建设的影响，节省工程投资，采用强夯法进行地基加固。

7.2　场地工程地质条件

7.2.1　地形地貌

场区地貌单元为峰丛谷地地貌类型，场地总体上呈北高南低，场地标高 807.1～885.0m，高差为 77.9m，无高陡奇特地形。

7.2.2　岩土构成

1. 第四系

主要为素填土、硬塑红黏土、可塑红黏土。其中，素填土为近期场地平整而堆积，黄褐色—杂色，稍密、不均匀，主要由块石组成，夹带少量黏性土，母岩为灰岩；硬塑红黏土，黄褐色，硬塑状，致密状结构，干强度及韧性高，中压缩性，摇振反应无，切面光滑，场地内红黏土的复浸水特征为 I 类，即收缩后复浸水膨胀，能恢复到原位，为残坡积成因，绝大部分场地分布，平均厚度 5m；可塑红黏土，黄褐色，可塑状，致密状结构，干强度及韧性高，中压缩性，摇振反应无，切面光滑，底部含少量风化碎石，场地内红黏土的复浸水特征为 II 类，即收缩后复浸水膨胀，不能恢复到原位，为残坡积成因，场地局部分布，平均厚度 2m。

2. 三叠系

薄层灰岩，主要成分为方解石，岩体较破碎，属较硬岩，岩体基本质量等级为 IV 级，平均埋藏深度约 14m，分布稳定，厚度大（图 7.2）。

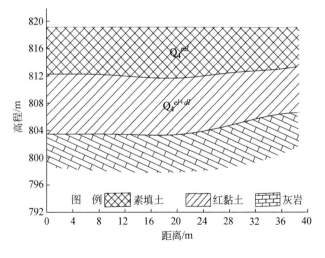

图 7.2　工程地质剖面图

7.2.3　水文地质

场地地势较高，未发现场地内常年性地表水体。场区地下水类型主要为土层中的上层滞水和基岩裂隙水，其中上层滞水主要赋存于红黏土的裂隙和土中，水量有限，大气降水补给，无统一水位，分布不均匀，常呈透镜状分布，水量随季节性变化大；基岩裂隙水主要赋存于基岩节理裂隙和岩溶破碎带中，埋藏较深。据钻探水位观测，无初见水位，均为钻孔混合水位，个别高程较低处见少量分布，其水位主要为804.2m。由于钻探期间为枯水季节，考虑到丰水期的地下水位还会升高2~3m。丰水期雨水对施工场地岩土的侵蚀破坏，施工时应注意完善场地及基槽的排水措施，防止雨水大量汇集影响桩基础施工。

7.2.4　场地现状及可能遇到的岩土工程问题

1. 场地现状

根据设计单位提供的虾子镇辣椒城综合物流园交易中心总平面布置图及现状回填地形，地基处理范围内场地平场完成后，回填标高大致在818.6m，将在场地北侧及南侧形成平均回填厚度6~7m的填方地基（最大回填厚度9.2m）。

根据现场调查，填方地基在回填过程中，存在以下问题。

（1）回填填料主要选用场地内挖方区开挖的红黏土与石方（灰岩），回填过程中土方与石方摊铺不均匀，出现不同种类的填料较大范围集中回填的现象。

（2）未作填方地基加固工程设计，填料运至现场后，未严格进行分层回填与压实处理，只做虚填、推平处理。

（3）未采取有效的检测手段对填方地基回填质量进行检测，不能确定填方地基回填质量是否满足设计及规范要求。

2. 可能遇到的岩土工程问题

根据上述现场施工实际情况，建设场地内施工完成后，填方地基在今后的使用过程中，将可能出现以下不利情况。

（1）由于填方地基填料未作压实处理，且土方与石方填料较大范围集中回填，在今后的使用过程中填方地基将可能出现较大范围的不均匀沉降，进而造成上部建（构）筑物开裂、变形，严重影响上部建（构）筑物的安全与正常使用。

（2）填方地基未作压实处理，建筑物基础不能选用独立基础并以填方地基作为基础持力层，需采用桩基础并以埋藏较深的中等风化基岩作为持力层（中等风化基岩平均埋藏深度为14m）。桩基础的基础型式将大大增加基础工程的施工难度、工期与工程投资规模。

7.3　施 工 工 艺

结合现场施工实际情况及相关工程经验,设计采用强夯工艺对遵义虾子镇辣椒城综合物流园交易中心填方地基作夯实处理。

7.3.1　填料回填技术要求

(1) 回填压实前必须清除原耕植土层,且耕植土不能作为填料回填。

(2) 填料要求采用爆破后自然级配块石、碎石,粒径大于300mm的颗粒含量不宜超过全重的30%,最大粒径不宜大于500mm。其中黏土含量不大于5%(以体积计量,且黏土不得集中),不得使用淤泥、膨胀土及有机质含量>5%的土作为填料。

7.3.2　强夯施工技术要求

1) 厚度在0~1.5m的区域

初步设计采用满夯处理,满夯采用3000kN·m夯击能,一遍夯,采用一夯挨一夯的顺序施工,夯印相互搭接1/4;最后两击的平均夯沉量不大于50cm;每点不小于3击,如夯沉量过大,需考虑适当增加夯击次数。

建筑物独基位置,在满夯完推平后,还应补充一遍单点强夯置换。单点强夯:采用8000kN·m夯击能,夯击数不小于25击;夯点布设于建筑物独基位置;在单点强夯过程中,应根据夯沉情况补填块石填料再夯;当夯坑深度≤0.5m,最后两击平均夯沉量≤200mm时,即可停夯。

夯完推平作4遍振动碾压处理。振动碾压初步设计采用20t振动压路机,振动频率20~30Hz,施工时行驶速度不应超过2km/h,碾压时采取分条叠合搭接,每次重叠1/2碾轮。

2) 厚度在1.5~6m的区域

设计采用二遍夯对填方地基作夯实处理。第一遍夯采用6000kN·m夯击能,夯点间距根据建筑物轴网,纵向6m,横向8.4m、9.2m,避开建筑物基础位置,夯击数不小于10击;在单点强夯过程中,应根据夯沉情况补填块石填料再夯;当夯坑深度≤0.5m,最后两击平均夯沉量≤150mm时,即可停夯。第二遍夯采用4000kN·m夯击能,夯点根据第一遍夯夯点间距插空布设,且应布设于建筑物基础外轴网线上,夯击数不小于10击;在单点强夯过程中,应根据夯沉情况补填块石填料再夯;当夯坑深度≤0.5m,最后两击平均夯沉量≤100mm时,即可停夯。

建筑物独基位置,在强夯完推平后,还应补充一遍单点强夯置换。单点夯采用8000kN·m夯击能,夯击数不小于25击;夯点布设于建筑物独基位置。在单点强夯过程中,应根据夯沉情况补填块石填料再夯;当夯坑深度≤0.5m,最后两击平均夯沉量≤200mm时,即可停夯。

夯完推平作 4 遍振动碾压处理。振动碾压初步设计采用 20t 振动压路机，振动频率 20～30Hz，施工时行驶速度不应超过 2km/h，碾压时采取分条叠合搭接，每次重叠 1/2 碾轮。

3）回填厚度大于 6m 的区域

设计采用二遍夯对填方地基作夯实处理。第一遍夯采用 8000kN·m 夯击能，夯点间距根据根据建筑物轴网，纵向 6m，横向 8.4m、9.2m，避开建筑物基础位置，夯击数不小于 10 击；在单点强夯过程中，应根据夯沉情况补填块石填料再夯；当夯坑深度≤0.5m，最后两击平均夯沉量≤200mm 时，即可停夯。第二遍夯采用 6000kN·m 夯击能，夯点根据第一遍夯夯点间距插空布设，且应布设于建筑物基础外轴网线上，夯击数不小于 10 击；在单点强夯过程中，应根据夯沉情况补填块石填料再夯；当夯坑深度≤0.5m，最后两击平均夯沉量≤150mm 时，即可停夯。

建筑物独基位置，在强夯完推平后，还应补充一遍单点强夯。单点强夯：采用 12000kN·m 夯击能，夯击数不小于 25 击；夯点布设于建筑物独基位置；在单点强夯过程中，应根据夯沉情况补填块石填料再夯；当夯坑深度≤0.5m，最后两击平均夯沉量≤250mm 时，即可停夯。

夯完推平作 4 遍振动碾压处理。振动碾压初步设计采用 20t 振动压路机，振动频率 20～30Hz，施工时行驶速度不应超过 2km/h，碾压时采取分条叠合搭接，每次重叠 1/2 碾轮。

7.4　工程质量检测

质量控制指标：采用强夯夯实后，地基承载力特征值 f_{ak}≥220kPa，变形模量 E_0≥18MPa；其余场地填方地基采用强夯夯实后，地基承载力特征值 f_{ak}≥180kPa，变形模量 E_0≥16MPa。

平板载荷试验检测：在强夯地基加固完成后，于建筑物基础位置选取至少 3 个点作平板载荷试验进行质量检验，以确定强夯地基加固后的承载力与变形模量；如验证填土夯实质量不合格，则加一倍检验点，其控制指标应满足设计要求，否则应对建筑物柱位填方地基作进一步夯实处理。

7.5　小　　结

采用强夯工艺处理后的填方地基，地基强度高，沉降小，可作为建筑物人工地基使用。建筑物基础位置，在单点强夯完成后，不需要再作独基基坑开挖，可直接在最后碾压工序后开始进行基础砌筑（场地内回填标高为 818.6m，设计标高为 819.6m），将进一步减少基础工程施工工序，减少工作量，节省工程投资，缩短工期。

第8章 贵州双龙航空港经济区双龙北线宝能汽车城部分填方边坡地基处理项目

8.1 工程概况

贵州双龙航空港经济区双龙北线 B-03 地块土地一级开发整理项目（宝能汽车城）位于双龙航空港经济区北侧，场地南侧紧邻双龙北线，场地北侧距离外环北路约 250m。大寨河从场地中部沿东西方向贯穿整个地块，场地中部南北方向存在一条规划道路（图 8.1）。

图 8.1 项目地理位置图

大寨河北侧地块设计标高为 1076.0m，大寨河南侧地块分为 4 个台地，设计标高分别为 1095.6m、1093.6m、1092.6m、1084.6m，根据场平设计标高与周边地形相对关系，场地内存在大量挖、填边坡。

8.2 场地工程地质条件

8.2.1 地形地貌

场区位于溶蚀低中山及槽谷地貌。场地中部由大寨河从东向西将场区分为南北两个部分，场地整体呈南北两边高、中间低。场地内主要分布有 7 座溶蚀残丘山体，山体间分布 4 条溶蚀冲沟。地形总体起伏较大，场地最高标高为盐井坡，1172.4m；最低标高为大寨河附近，标高 1058.3m，最大高差 114.1m。场地西侧存在一处农林用地。大寨河自东向西横穿整个场地，河道周边为 20m 保护地带。场地内存在 22 颗古树，需进行保护。场地的地表岩溶裂隙发育，东南侧发育岩溶落水洞，落水洞顶标高约为 1078.0m，底部水面标高约为 1062.5m。

8.2.2 地质构造

根据龙洞堡幅地质图，场地位于江西坡向斜南翼，场区东南侧为永乐断层。场地出露地层为三叠系安顺组（T_1a），岩性为中厚层浅灰色白云岩、灰岩，呈单斜产出，倾向 120°~140°，倾角 15°~20°。节理裂隙发育一般，从旁侧出露岩层观测，主要发育两组节理，平均间距 0.5m，一组节理产状 165°∠82°，另一组节理产状 327°∠77°。主要结构面的类型为裂隙、层面，为硬性结构面，张开度 1~3mm，岩-屑充填，结合程度为差——一般，相应结构类型为裂隙块状结构。

区域断层及地质构造稳定，场地内岩体构造及风化节理裂隙发育，以浅部风化节理为主，发育规模小，构造节理较少，以闭合隐节理为主，贯通性多较差，结构面结合一般。除了岩体中的节理裂隙外，尚有溶蚀裂隙、沟槽、溶洞、落水洞、石芽等岩溶形态发育。在地质构造上无其他可危害场地稳定性的不良地质现象。

场地除岩溶微发育及节理裂隙发育外，未见其他滑坡、崩塌、泥石流、采空区、地面沉降等不良地质作用。

8.2.3 场地的岩土构成

根据现场踏勘及场地勘察报告，场区边坡岩土构成主要为上覆土层和下伏基岩。上覆土层主要为耕植土和红黏土；下伏基岩为三叠系安顺组（T_1a）白云岩、灰岩。

（1）耕植土（Q^{pd}）：黑褐色，含大量植物根系，结构松散，平均厚度约 0.30m，场地内分布较广。

（2）红黏土（Q^{el+dl}）：褐黄色，土质均匀，结构致密，局部含少量风化残块及铁锰结核，为硬—软塑红黏土，靠近大寨河河道区域及较深溶槽中发育软塑红黏土，厚薄不均，部分区域厚度达 10m。

（3）三叠系安顺组（T_1a）白云岩：灰白色，中厚层，细晶结构，节理裂隙发育，主要分布于大寨河北侧。以中等风化岩体为主，表层发育少量强风化及溶沟（槽），中等风化岩体为较硬岩，岩体较破碎，按《岩土工程勘察规范》（GB 50021—2001）表 3.2.2-3，中等风化岩体基本质量等级为Ⅳ级。

（4）三叠系安顺组（T_1a）灰岩：浅灰色，薄—中厚层，层状构造，节理裂隙发育，主要分布于大寨河南侧。以中等风化岩体为主，表层发育少量强风化及溶沟（槽），中等风化岩体为较硬岩，岩体较破碎，按《岩土工程勘察规范》（GB 50021—2001）表 3.2.2-

3，中等风化岩体基本质量等级为Ⅳ级。

选取红黏土厚度达 10m 左右的填方边坡区域作为研究对象，剖面图如图 8.2 所示。

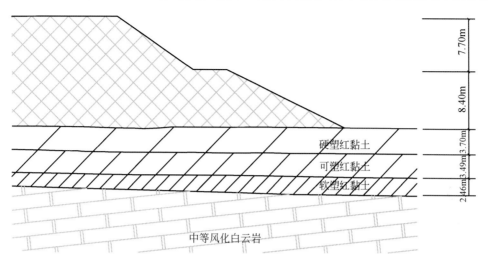

图 8.2　拟填边坡剖面图

8.2.4　水文条件

1. 地表水

场地中部为大寨河，自东往西贯穿整个场地，根据水文资料，场地东侧为河流上游，100 年一遇洪水位标高为 1062.65m。拟建场地属溶残丘缓坡地貌，场地内整体地形地势高低起伏较大。拟建场地主要地表水为大气降水。大气降水时，地势较高处的雨水顺坡面汇流进入地势较低的洼地内。

2. 地下水

据区域水文地质资料，场地内地下水主要可分为孔隙水和岩溶水。孔隙水赋存于第四系松散土层中，属上层滞水，主要受大气降水补给，埋深浅，主要赋存于地形低洼地带。岩溶水赋存于岩溶洞隙之中，拟建场下伏基岩为区域性含水岩组，节理裂隙较发育，为降水入渗及径流水的良好通道，降水易通过基岩中的节理、岩溶通道入渗补给地下水，地下水以溶洞—裂隙型为主，富水性中等—丰富。

场地东南侧发育岩溶落水洞，位于南侧回填区，落水洞顶标高约 1078.0m，落水洞顶口面积为 484m²，往下逐渐变小。底部水面标高约 1062.5m，溶洞顶部标高距离水面标高为 15.5m。

场区地下水对边坡影响较小，大寨河洪水水位高于填方边坡坡脚，填方边坡需采取有效措施隔离河水冲刷。

8.3　填方边坡地基处理

8.3.1　拟填边坡稳定性分析

采用 GeoStudio 和 Midas GTS NX 建立图 8.2 中的边坡进行稳定性分析，红黏土和白云岩参数通过室内试验获得，填方体参数通过现场直剪试验获得，如图 8.3 所示。材料参数见表 8.1，所有材料均采用莫尔库仑本构。

表 8.1　材料参数

材料	容重 $\gamma/(kN/m^3)$	内聚力 c/kPa	内摩擦角 $\varphi/(°)$	弹性模量 E/kPa
硬塑红黏土	17.61	38.99	10.36	50000
可塑红黏土	17.12	37.46	6.85	32000
软塑红黏土	16.71	28.42	3.02	16000
中风化白云岩	26.51	200	40	500000
填方边坡	22	40	39.6	50000

图 8.3　填方体直剪试验

经过计算，两种方法对填方边坡的安全系数的计算结果分别为 1.309（GeoStudio 模型简化 Bishop 法）和 1.288（Midas GTS NX 强度折减法），潜在滑裂面基本一致如图 8.4 所示，该边坡安全等级为一级，安全系数要求大于 1.35，故需要对地基进行处理。

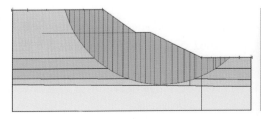

图 8.4　原始边坡潜在滑裂面

8.3.2　红黏土层软弱地基处理方案

1. 极限平衡法填方边坡稳定性分析

考虑从拟填边坡坡脚向边坡内部 10m 范围进行碎石粒料桩孔内深层强夯地基处理（downhold dynamic compaction，DDC 法）。夯坑粒料采用自然级配块石、碎石，粒径大于 300mm 的颗粒含量不宜超过全重的 30%，最大粒径不大于 500mm，黏土含量<5%，粒料桩采用正方形布置，桩间距 2m，夯后桩径为 1.5m，粒料桩长度为整个红黏土层厚度。粒料桩强度参数的室内试验得到的结果为内聚力为 100kPa，内摩擦角为 44°，考虑到碎石之间并没有内聚力，而强夯后碎石之间的咬合作用会在宏观上会产生一个内聚力[70]，经专家论证，最终粒料桩强度参数采用填方边坡土体强度参数，粒料桩容重 $\gamma_p = 24\text{kN/m}^3$，弹性模量 $E_p = 100000\text{kPa}$。工程中常用的复合地基强度参数计算如式（8.1）~式（8.5）[71]。桩体布置范围内的复合地基强度参数见表 8.2。

$$c_c = c_s(1-m) + mc_p \tag{8.1}$$
$$\tan\varphi_c = \tan\varphi_s(1-m) + m\tan\varphi_p \tag{8.2}$$
$$E_c = E_s(1-m) + mE_p \tag{8.3}$$
$$\gamma_c = \gamma_s(1-m) + m\gamma_p \tag{8.4}$$
$$m = A_p/A_e \tag{8.5}$$

式中，c_s、c_p 分别为土体和桩体的内聚力；φ_s、φ_p 分别为土体和桩体的内摩擦角；E_s、E_p 分别为土体和桩体的弹性模量；γ_s、γ_p 分别为土体和桩体的容重；m 为复合地基面积置换率；A_p、A_e 分别为桩体的横截面积和该桩体所承担的地基处理面积。

表 8.2　复合地基材料参数

材料	容重 $\gamma/(\text{kN/m}^3)$	内聚力 c/kPa	内摩擦角 $\varphi/(°)$	弹性模量 E/kPa
硬塑红黏土粒料桩	20.42	39.43	24.99	72000
可塑红黏土粒料桩	20.15	38.58	23.32	61920
软塑红黏土粒料桩	19.92	33.52	21.5	52960

建立粒料桩分别布置 0m（0 排）、4m（2 排）、6m（3 排）、8m（4 排）、10m（5 排）、12m（6 排）、14m（7 排）、16m（8 排）范围的 GeoStudio 模型，如图 8.5 所示，采用简化 Bishop 法和瑞典条分法分别计算安全系数，计算结果见表 8.3。

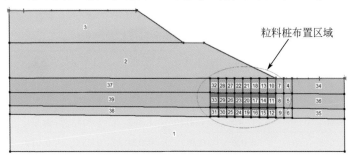

图 8.5　GeoStudio 模型

表 8.3　极限平衡法安全系数计算结果

粒料桩布置范围	0m	4m	6m	8m	10m	12m	14m	16m
瑞典条分法	1.221	1.270	1.299	1.336	1.382	1.424	1.515	1.548
简化 Bishop 法	1.309	1.410	1.462	1.520	1.586	1.652	1.722	1.807
安全系数差值	0.088	0.14	0.163	0.184	0.204	0.228	0.207	0.259

由于瑞典条分法未考虑土条间水平力作用，安全系数计算结果较简化 Bishop 法偏于安全，表 8.3 显示随着粒料桩布置范围的增加，瑞典条分法与简化 Bishop 法的安全系数计算结果差值越来越大。由于复合地基的强度参数基于加权平均而来[72]，上述结果的可靠度有待进一步验证，故建立有限元模型进行分析验证。

2. 有限元法填方边坡稳定性分析

建立含有粒料桩的有限元模型如图 8.6 所示，粒料桩采用实体单元，所有材料均为莫尔库仑本构，采用强度折减法计算 0 排、2 排、3 排、4 排、5 排、6 排、7 排、8 排桩的安全系数；同时按照 GeoStudio 模型建立不同粒料桩布置范围的有限元模型如图 8.7 所示，安全系数计算结果见表 8.4。

图 8.6　含粒料桩的有限元模型

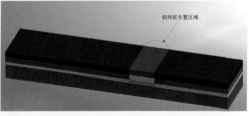

图 8.7　复合强度参数有限元模型

表 8.4　有限元模型安全系数计算结果

粒料桩布置排数/范围	0 排 (0m)	2 排 (4m)	3 排 (6m)	4 排 (8m)	5 排 (10m)	6 排 (12m)	7 排 (14m)	8 排 (16m)
粒料桩有限元模型	1.288	1.357	1.401	1.434	1.480	1.513	1.577	1.628
复合强度参数有限元模型	1.288	1.363	1.413	1.463	1.513	1.571	1.636	1.687
安全系数差值	0	0.006	0.012	0.029	0.033	0.058	0.059	0.059

根据表 8.4 计算结果，随着粒料桩布置排数的增加，粒料桩有限元模型与复合强度参数有限元模型的安全系数差值逐渐增大，当布置排数达到设计人员要求的 5 排 10m 时，安全系数差值达到粒料桩有限元模型的 2.2%，当布置到 8 排 16m 时，安全系数差值达到粒料桩有限元模型的 3.6%。由此可以得出复合强度参数有限元模型的计算结果偏大，在复合地基范围较小时边坡稳定性计算精度尚可，但是当复合地基范围较大时计算精度会有明显误差。对于设计人员粒料桩布置 10m 范围的方案，有限元计算结果可以满足安全系数 1.35 的要求，最后按该方案实施，现场施工照片如图 8.8 所示。

图 8.8 现场施工照片

8.3.3 极限平衡法与有限元强度折减法对比分析

图 8.9 为极限平衡法和有限元模型计算安全系数结果汇总，其中安全系数计算结果最小的为瑞典条分法，最大的为简化 Bishop 法。由于复合强度参数有限元模型的计算结果偏

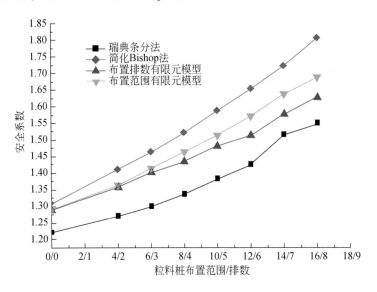

图 8.9 极限平衡法和有限元模型安全系数计算结果

高，若采用极限平衡法进行该类边坡的稳定性计算，推荐采用假定条件偏于安全的瑞典条分法；而简化 Bishop 法计算结果会显著高于粒料桩有限元模型的计算结果，故不推荐采用。

对于粒料桩有限元模型，由于粒料桩为圆形，导致桩单元及附近的单元模型网格密度特别大，计算会耗费大量时间；而对于采用复合地基强度参数建立的有限元模型，其网格较为均匀，可以大大节约计算时间，本算例中两种有限元模型的计算时间差距为 5~7 倍。

8.4　小　　结

（1）对于粒料桩复合地基填方边坡，复合强度参数有限元模型得到的复合内聚力和内摩擦角偏高，这对于边坡稳定性评价不利。

（2）极限平衡法推荐采用瑞典条分法，其安全系数计算结果较粒料桩有限元模型始终偏低，计算结果偏保守；不推荐计算安全系数偏高的简化 Bishop 法。

（3）当粒料桩布置范围小于 10m 时，可以采用复合强度参数建立有限元模型进行计算，可以节约大量的计算时间，计算误差不超过 3%；当粒料桩布置范围超过 10m 时，建议建立粒料桩有限元模型进行分析，并与瑞典条分法进行相互验证。

参 考 文 献

[1] 蒋忠诚，袁道先，曹建华. 中国岩溶碳汇潜力研究 [J]. 地球学报，2012，33（2）：129-134.

[2] 王程亮. 山区机场已填筑高填方地基再处理方法研究 [D]. 北京：清华大学，2015.

[3] 曹光栩. 山区机场高填方工后沉降变形研究 [D]. 清华大学，2011.

[4] 龚晓南. 地基处理手册 [M]. 北京：中国建筑工业出版社，2008.

[5] 曹胜平. 强夯法在机场地基处理工程中的应用研究 [D]. 北京：中国地质大学（北京），2018.

[6] 黄磊. 山区高填方地基强夯试验及加筋土挡墙工作性能研究 [D]. 杭州：浙江大学，2013.

[7] 周梦佳，宋二祥. 高填方地基强夯处理的颗粒流模拟及其横观各向同性性质 [J]. 清华大学学报（自然科学版），2016（12）：1312-1319.

[8] 李锋瑞. 超高填方地基分层回填强夯加固关键技术 [J]. 施工技术，2017，46（1）：46-50.

[9] 许一相，刘晖洛. 强夯法在山地高填方地基处理中的应用研究 [J]. 建筑结构，2016（s2）：528-530.

[10] 王峰. 强夯法在莱芜电厂碎石土地基加固中的应用 [D]. 南京：南京大学，2014.

[11] 黄达，金华辉. 土石比对碎石土强夯地基加固效果影响规律瑞利波检测分析 [J]. 岩土力学，2012，33（10）：3067-3072.

[12] 黄达，金华辉，吴雄伟. 碎石土强夯加固效果荷载试验分析 [J]. 西南交通大学学报，2013，48（03）：435-440.

[13] 金华辉. 山区碎石土地基强夯加固效果分析及预测评价 [D]. 重庆：重庆大学，2012.

[14] 霍新雯. 强夯加固地基承载力与变形模量原位测试的试验研究 [D]. 沈阳：沈阳建筑大学，2013.

[15] 安春秀，黄磊，黄达余等. 强夯处理碎石回填土地基相关性试验研究 [J]. 岩土力学，2013，34（08）：273-278.

[16] 王祎望，王仁刚，闫韶兵. 动刚度和动力触探在强夯地基检测中的应用 [J]. 岩土力学，2004，25（05）：839-842.

[17] 罗恒，邹金锋，李亮. 红砂岩碎石土高填方路基强夯加固时的动应力扩散及土体变形试验研究 [J]. 岩土力学与工程学报，2007（s1）：2701-2706.

[18] 杨世基. 冲击压实技术在路基工程中的应用 [J]. 公路，1999（7）：1-5.

[19] 王春华，绿俊，赵勇. 冲击碾压技术在云南新河高速粉土路基填筑中的应用 [J]. 施工技术，2013，42（5）：89-92.

[20] 徐超，吴芳. 冲击碾压法及其在处理虹桥机场浅层软粘土地基中的应用 [J]. 勘察科学技术，2009（5）：25-28.

[21] 姜海福，连海. 冲击碾压技术在港口工程地基加固中的应用 [J]. 水运工程，2011（6）：152-155.

[22] Clegg B，Berrangé A R. The development and testing of an impact roller [J]. The Civil Engineer in South Africa，1971，13（3）：65-73.

[23] 交通部公路科学研究院. 公路冲击碾压应用技术指南 [M]. 北京：人民交通出版社，2006.

[24] 娄国充. 冲击压实技术处理高速公路湿陷性地基的应用研究 [J]. 岩石力学与工程学报，2004，24（7）：1207-1210.

[25] 谭炜，凌建明，刘文. 冲击碾压处理不均匀软弱地基试验研究 [J]. 地下空间与工程学报，2008，

4 (2)：112-117.

[26] 徐超，陈忠清，叶观宝．冲击碾压法处理粉土地基试验研究 [J]．岩土力学，2011，32 (s2)：389-392.

[27] 李延刚．冲击碾压加固吹填粉细砂地基机理及应用 [J]．北京科技大学学报，2010 (4)：536-542.

[28] 安明，韩云山．强夯法与分层碾压法处理高填方地基稳定性分析 [J]．施工技术，2011，40 (10)：71-73.

[29] 李金奎，吴凯．挤密桩处理高填方湿陷性黄土地基的现场试验分析 [J]．广西大学学报（自然科学版），2018 (1)：198-204.

[30] 胡长明，梅源，王雪艳．素土挤密桩处理超高填方下深厚湿陷性黄土地基的试验研究 [J]．安全与环境学报，2012 (5)：201-203.

[31] 章亮．挤密砂桩技术在高填方浅层非自重湿陷性黄土段拓宽工程的研究 [J]．公路交通科技（应用技术版），2015 (3)：58-61.

[32] 张东刚，闫明礼．CFG 桩复合地基技术及工程实践（第 2 版） [M]．北京：水利水电出版社，2006.

[33] 张建．CFG 桩复合地基在桥头填方路基的应用 [J]．工程建设与设计，2017 (6)：33-35.

[34] 张骋．高填方路堤 CGF 桩网复合地基性状研究 [D]．成都：西南交通大学，2014.

[35] 沈珠江，左元明．堆石料的流变特性试验研究 [C]．上海：同济大学出版社，1991.

[36] 梁军，刘汉龙，高玉峰．堆石蠕变机制分析与颗粒破碎特性研究 [J]．岩土力学，2003，24 (3)：479-483.

[37] 程展林，丁红顺．堆石料工程特性试验研究 [J]．人民长江，2007，38 (7)：110-114.

[38] 殷宗泽．土工原理 [M]．北京：中国水利水电出版社，2007.

[39] 殷宗泽．高土石坝的应力与变形 [J]．岩土工程学报，2009，31 (1)：1-14.

[40] 宋二祥，曹光栩．山区高填方地基蠕变沉降特性及简化计算方法探讨 [J]．岩土力学，2012，33 (06)：1711-1718.

[41] 曹光栩，宋二祥，徐明．山区机场高填方地基工后沉降变形简化算法 [J]．岩土力学，2011，32 (s1)：1-5.

[42] Cheng Y P, White D J, Bowman E T, et al. The observation of soil microstructure under load [C] // Kishino Y (ed). Proc 4th Int Conf on Micromechanics of Granular Media, Powders and Grains. Rotterdam：Taylor & Francis，2001：69-72.

[43] Goodwin A K, O'Neil l M A, Anderson W F. The use of X-ray computer tomography to investi gate particulate interactions within opencast coal mine backfills [J]. EngGeology, 2003, 70 (3-4)：331-341.

[44] 徐明，宋二祥．高填方长期工后沉降研究的综述 [J]．清华大学学报：自然科学版，2009 (6)：786-789.

[45] 蒋彭年．非饱和土工程性质简论 [J]．岩土工程学报，1989，11 (6)：39-59.

[46] 郦能惠．密云水库走马莊副坝裂缝原因分析 [R]．北京：清华大学，1965.

[47] 米占宽．高面板坝坝体流变性状研究 [D]．南京：南京水利科学研究院，2001.

[48] 华东水利学院．土石坝工程 [M]．北京：水利电力出版社，1978.

[49] 陈明致，金来契．堆石坝设计 [M]．北京：水利出版社，1982.

[50] Terzaghi K. Discussion on spring and lower river dams [J]. Trans of ASCE, 1960, 125 (2)：139-159.

[51] Brandon T L, Duncan J M, et al. Hydrocompression settlement of deep fills [J]. ASCE Journal of Geotech Eng, 1990, 116 (10)：1536-1548.